中国科学院大学研究生/本科生教学辅导书系列
中国科学院大学教材出版中心资助
中国科学院大学一流学科建设项目资助

光学探针与传感分析

Spectroscopic Probes and Sensing Analysis

马会民　主编

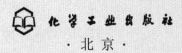

·北京·

本书由基础篇和应用篇共 12 章组成，系统介绍了光学探针与传感分析的基础知识及其应用。主要内容包括：光学探针的基本概念与发展状况；光学探针的激发模式、响应模式和设计方法；小分子、大分子和纳米光学探针；检测离子、小分子、大分子的光学探针；环境敏感和细胞器光学探针及其分析应用。

本书内容丰富、资料新颖、可读性强，充分反映了光学探针基础理论及其应用研究的新进展和新成果，可作为高等院校相关专业教师、研究生、高年级本科生的教学辅导书或参考书，也可供化学、生物、医学、环境、材料等领域的有关科研人员参考。

图书在版编目（CIP）数据

光学探针与传感分析/马会民主编． —北京：化学工业出版社，2020.5
ISBN 978-7-122-36393-0

Ⅰ．①光… Ⅱ．①马… Ⅲ．①光学分析法-研究 Ⅳ．①O657.3

中国版本图书馆 CIP 数据核字（2020）第 039768 号

责任编辑：李晓红　张　欣　　　　　　装帧设计：王晓宇
责任校对：刘　颖

出版发行：化学工业出版社(北京市东城区青年湖南街 13 号　邮政编码 100011)
印　　装：中煤（北京）印务有限公司
710mm×1000mm　1/16　印张 33　字数 645 千字　2020 年 7 月北京第 1 版第 1 次印刷

购书咨询：010-64518888　　　　　　售后服务：010-64518899
网　　址：http://www.cip.com.cn
凡购买本书，如有缺损质量问题，本社销售中心负责调换。

定　价：198.00 元　　　　　　　　　　　　　　版权所有　违者必究

前言

光是人们借助观察与认识微观世界的最便利的工具之一。公元一世纪人们就开始了基于光学探针与分析物的相互作用而引起光信号变化的光传感分析（用橡子的提取物显色检验铁）。这是一个古老而又始终充满活力的研究领域，且在人类社会与现代科学的发展历程中扮演着重要角色。究其原因有二：一是许多老的光学探针其分析性能已满足不了实际应用的要求，需要更新换代、发展性能更优良的探针；二是随着社会与科学的快速发展，不断出现新的或特殊的需求，需要研制新品种探针以满足新的目的。尽管该领域研究的重要性毋庸置疑，且其应用获得了巨大的发展，但是，到目前为止，还没有一本全面、系统地介绍光学探针与传感分析的专业书籍出现。对此，本书做了这样的尝试。

本书的准备与完成，得益于同行们的鼎力支持和出版社编辑的热情邀请。虽然本人从事光学探针与传感分析研究三十年有余，也有心将来对其总结一番，但由于精力有限与事务繁忙，所以一直未下决心。在多次学术会议上或电话中，本人受到李编辑的邀请，盛情难却，终于在2018年拟定了写作框架，并邀请了众多年富力强、成就卓著的中、青年学者一同撰写书稿的相关章节。

本书分基础篇和应用篇，共12章。其中，基础篇包括：绪论，光学探针的激发模式，光学探针的响应模式，光学探针的设计方法，小分子光学探针，大分子光学探针和纳米光学探针共7章；应用篇包括：离子的检测，小分子的检测，大分子的检测，环境敏感的光学探针及其分析应用和细胞器的光学探针及其分析应用共5章。

参与本书编写的有来自不同单位的几十位专家学者。他们的认真负责、积极奉献、谦逊合作精神是本书得以完成的重要保证；他们的前沿成果和深刻视角是本书的特色和基石。来自各位作者的部分研究内容与成果得到国家自然科学基金的支持。本书的出版得到中国科学院大学一流学科建设项目资助。在此一并表示感谢。

本书可供化学、生物、医学、环境、材料等领域的研究工作者参考，也可作为高等院校教师、研究生、高年级本科生的教学辅导或参考用书。

最后，由于作者水平所限、内容涉及面广，书中不妥之处以及一些内容出现交叉在所难免；同样，一些遗漏也难以避免，恳请读者批评指正。

马会民

2020 年 5 月于北京

目 录

基础篇

第1章　绪论 …………………… 002
 1.1 光学探针与传感分析的
　　 发展历程 ………………… 003
 1.2 光学传感分析原理 ……… 006
 1.3 光学探针的结构特征与
　　 设计策略 ………………… 011
 1.4 光学探针的分类 ………… 014
 　参考文献 …………………… 019
第2章　光学探针的激发模式 … 022
 2.1 单光子激发 ……………… 022
　　 2.1.1 单光子激发荧光
　　　　　 产生原理 ………… 022
　　 2.1.2 单光子激发光源 … 024
　　 2.1.3 单光子激发荧光
　　　　　 成像应用简介 …… 025
　　 2.1.4 展望 ……………… 027
 2.2 双光子激发 ……………… 028
　　 2.2.1 双光子激发荧光
　　　　　 产生原理 ………… 028
　　 2.2.2 双光子激发光源 … 030
　　 2.2.3 双光子荧光成像
　　　　　 应用简介 ………… 030
　　 2.2.4 展望 ……………… 033
 2.3 上转换发光 ……………… 033
　　 2.3.1 上转换发光简介 … 033

　　 2.3.2 上转换发光机理 … 034
　　 2.3.3 上转换发光激发
　　　　　 光源 ……………… 036
　　 2.3.4 上转换发光的生物
　　　　　 分析应用简介 …… 037
　　 2.3.5 展望 ……………… 038
 2.4 化学发光（化学能激发）… 039
　　 2.4.1 化学发光的发展
　　　　　 历程 ……………… 039
　　 2.4.2 化学发光的基本
　　　　　 原理及特点 ……… 039
　　 2.4.3 化学发光分析的
　　　　　 仪器 ……………… 040
　　 2.4.4 化学发光的应用
　　　　　 及展望 …………… 041
 2.5 电致化学发光 …………… 043
　　 2.5.1 电致化学发光的
　　　　　 特点 ……………… 043
　　 2.5.2 电致化学发光的
　　　　　 发光机理 ………… 044
　　 2.5.3 电致化学发光的
　　　　　 应用 ……………… 045
 2.6 生物发光 ………………… 047
　　 2.6.1 生物发光的发展
　　　　　 历程 ……………… 047

- 2.6.2 生物发光的基本原理及特点 ⋯⋯⋯⋯ 047
- 2.6.3 生物发光分析的仪器 ⋯⋯⋯⋯⋯⋯⋯ 048
- 2.6.4 生物发光的应用及展望 ⋯⋯⋯⋯⋯⋯ 048
- 2.7 荧光各向异性（偏振光激发）⋯⋯⋯⋯⋯⋯⋯ 050
  - 2.7.1 荧光偏振的发展历程 ⋯ 050
  - 2.7.2 荧光偏振基本原理及优缺点 ⋯⋯⋯⋯⋯⋯ 051
  - 2.7.3 荧光偏振分析仪器 ⋯⋯ 052
  - 2.7.4 荧光偏振分析应用及展望 ⋯⋯⋯⋯⋯⋯ 052
- 2.8 超分辨荧光显微成像 ⋯⋯⋯ 053
  - 2.8.1 超分辨荧光显微成像技术发展历程 ⋯⋯⋯⋯ 053
  - 2.8.2 超分辨荧光显微成像技术基本原理 ⋯⋯⋯⋯ 054
  - 2.8.3 超分辨荧光显微成像仪 ⋯⋯⋯⋯⋯⋯⋯⋯ 054
  - 2.8.4 超分辨荧光显微成像技术应用及展望 ⋯⋯⋯ 055
- 参考文献 ⋯⋯⋯⋯⋯⋯⋯⋯⋯⋯⋯ 056

第3章 光学探针的响应模式 ⋯⋯ 063
- 3.1 光信号强度改变 ⋯⋯⋯⋯⋯ 063
  - 3.1.1 猝灭型光学探针 ⋯⋯⋯ 063
  - 3.1.2 打开型光学探针 ⋯⋯⋯ 066
- 3.2 波长与强度改变 ⋯⋯⋯⋯⋯ 068
  - 3.2.1 比率型荧光探针 ⋯⋯⋯ 068
  - 3.2.2 荧光共振能量转移型探针 ⋯⋯⋯⋯⋯⋯⋯ 072
- 3.3 荧光寿命的改变 ⋯⋯⋯⋯⋯ 077
  - 3.3.1 时间相关单光子计数法 ⋯⋯⋯⋯⋯⋯⋯⋯ 080
  - 3.3.2 相移法 ⋯⋯⋯⋯⋯⋯⋯ 080
- 3.4 荧光各向异性的改变 ⋯⋯⋯ 083
  - 3.4.1 荧光各向异性的物理基础 ⋯⋯⋯⋯⋯⋯⋯ 083
  - 3.4.2 荧光各向异性分析的特点与应用 ⋯⋯⋯⋯⋯ 083
- 参考文献 ⋯⋯⋯⋯⋯⋯⋯⋯⋯⋯⋯ 084

第4章 光学探针的设计方法 ⋯⋯ 087
- 4.1 质子-脱质子反应 ⋯⋯⋯⋯⋯ 087
- 4.2 配位反应 ⋯⋯⋯⋯⋯⋯⋯⋯ 091
- 4.3 氧化还原反应 ⋯⋯⋯⋯⋯⋯ 094
- 4.4 共价键的形成与切断 ⋯⋯⋯ 099
- 4.5 聚集与沉淀反应 ⋯⋯⋯⋯⋯ 102
- 4.6 超分子的主客体识别作用 ⋯ 103
  - 4.6.1 环糊精 ⋯⋯⋯⋯⋯⋯⋯ 104
  - 4.6.2 杯芳烃 ⋯⋯⋯⋯⋯⋯⋯ 106
  - 4.6.3 葫芦脲 ⋯⋯⋯⋯⋯⋯⋯ 107
- 4.7 共轭结构可变 ⋯⋯⋯⋯⋯⋯ 108
- 参考文献 ⋯⋯⋯⋯⋯⋯⋯⋯⋯⋯⋯ 114

第5章 小分子光学探针 ⋯⋯⋯⋯ 121
- 5.1 偶氮类 ⋯⋯⋯⋯⋯⋯⋯⋯⋯ 121
- 5.2 多环芳烃类 ⋯⋯⋯⋯⋯⋯⋯ 124
- 5.3 三苯甲烷类 ⋯⋯⋯⋯⋯⋯⋯ 129
- 5.4 氧杂蒽类 ⋯⋯⋯⋯⋯⋯⋯⋯ 133
- 5.5 香豆素类 ⋯⋯⋯⋯⋯⋯⋯⋯ 137
- 5.6 卟啉类 ⋯⋯⋯⋯⋯⋯⋯⋯⋯ 140
- 5.7 BODIPY 类 ⋯⋯⋯⋯⋯⋯⋯ 144
- 5.8 萘酰亚胺类 ⋯⋯⋯⋯⋯⋯⋯ 146
- 5.9 联吡啶及邻菲啰啉类 ⋯⋯⋯ 149
- 5.10 花菁类 ⋯⋯⋯⋯⋯⋯⋯⋯⋯ 152
- 5.11 螺吡喃类 ⋯⋯⋯⋯⋯⋯⋯⋯ 156
- 5.12 方酸菁类 ⋯⋯⋯⋯⋯⋯⋯⋯ 158
- 参考文献 ⋯⋯⋯⋯⋯⋯⋯⋯⋯⋯⋯ 161

第6章 大分子光学探针 ⋯⋯⋯⋯ 173
- 6.1 荧光高分子探针 ⋯⋯⋯⋯⋯ 174

  6.1.1　荧光高分子聚合物……174
  6.1.2　荧光共轭聚合物………178
 6.2　核酸类探针……………………184
  6.2.1　核酸杂交探针…………185
  6.2.2　核酸适配体探针………189
 6.3　蛋白质光学探针………………196
  6.3.1　基于基因编码荧光
     蛋白的光学探针……197
  6.3.2　基于酶的光学探针……205
  6.3.3　基于特异性识别的
     蛋白光学探针………209
 6.4　结语……………………………214
 参考文献………………………………214

第7章　纳米光学探针…………219

 7.1　量子点类光学探针……………219
  7.1.1　量子点的基本特征……219
  7.1.2　量子点的分类…………220
  7.1.3　量子点的基本性质……221
  7.1.4　量子点的光学性质……223
  7.1.5　量子点的合成…………227
  7.1.6　量子点的表面修饰……229
  7.1.7　量子点光学探针的
     应用…………………233
 7.2　基于碳纳米材料的光学
   探针………………………………237
  7.2.1　基于碳纳米发光
     材料的分类…………237
  7.2.2　基于碳纳米发光
     材料的合成策略……240
  7.2.3　基于碳纳米发光
     材料的性质…………242
  7.2.4　基于碳纳米发光
     材料的发光机理……243

  7.2.5　基于碳纳米发光
     材料的应用…………244
 7.3　基于金属纳米材料的光学
   探针………………………………246
  7.3.1　基于金属纳米发光
     材料的分类…………246
  7.3.2　基于金属纳米发光
     材料的合成策略……248
  7.3.3　基于金属纳米发光
     材料的性质…………249
  7.3.4　基于金属纳米发光
     材料的发光机理……252
  7.3.5　基于金属纳米发光
     材料的应用…………253
 7.4　基于二氧化硅纳米材料
   光学探针…………………………255
  7.4.1　二氧化硅纳米材料的
     制备方法……………255
  7.4.2　基于二氧化硅纳米材
     料光学探针中荧光团
     的种类………………258
  7.4.3　基于二氧化硅纳米材
     料光学探针的应用…258
 7.5　稀土上转换发光纳米材料……260
  7.5.1　稀土上转换发光纳米
     材料的发光机理……261
  7.5.2　稀土上转换发光纳米
     材料的发光性能……262
  7.5.3　稀土上转换发光纳米
     材料的合成策略……264
  7.5.4　稀土上转换发光纳米
     材料的应用…………265
 参考文献………………………………268

应用篇

第8章 离子的检测 ·················· 284
- 8.1 金属离子 ···················· 285
  - 8.1.1 基于络合反应的金属离子光学探针 ·············· 285
  - 8.1.2 基于化学键切断反应的金属离子光学探针 ··· 303
  - 8.1.3 基于化学键形成反应的金属离子光学探针 ··· 310
- 8.2 阴离子探针 ················ 312
  - 8.2.1 基于络合反应的阴离子光学探针 ·············· 312
  - 8.2.2 基于化学键切断反应的阴离子光学探针 ······ 318
  - 8.2.3 基于化学键形成反应的阴离子光学探针 ······ 319
- 参考文献 ······················ 321

第9章 小分子的检测 ··············· 333
- 9.1 氨/胺类物质检测 ············ 333
  - 9.1.1 氨/胺 ················· 334
  - 9.1.2 肼 ·················· 337
- 9.2 酚类物质检测 ··············· 340
  - 9.2.1 2,4,6-三硝基苯酚 ······· 340
  - 9.2.2 苯硫酚 ··············· 344
- 9.3 硫醇类物质检测 ············ 348
- 9.4 氨基酸检测 ················ 362
- 9.5 活性氧物种检测 ············ 367
  - 9.5.1 过氧化氢探针 ········· 367
  - 9.5.2 次氯酸根探针 ········· 369
  - 9.5.3 过氧亚硝基探针 ······· 372
  - 9.5.4 超氧阴离子探针 ······· 375
  - 9.5.5 羟基自由基探针 ······· 378
  - 9.5.6 一氧化氮探针 ········· 380
  - 9.5.7 其它活性氧物种探针 ··· 382
- 9.6 其它物质检测 ··············· 383
- 参考文献 ······················ 384

第10章 大分子的检测 ·············· 393
- 10.1 蛋白酶 ···················· 393
  - 10.1.1 氨（基）肽酶荧光探针 ·················· 395
  - 10.1.2 半胱天冬酶 ········· 412
  - 10.1.3 基质金属蛋白酶 ····· 414
  - 10.1.4 其它蛋白酶 ········· 415
- 10.2 核酸 ···················· 421
  - 10.2.1 阳离子染料 ········· 423
  - 10.2.2 有机碱染料 ········· 425
  - 10.2.3 金属配合物 ········· 427
  - 10.2.4 核酸荧光探针 ······· 428
  - 10.2.5 其它类型核酸探针 ··· 430
- 10.3 其它生物大分子 ············ 431
- 参考文献 ······················ 433

第11章 环境敏感的光学探针及其分析应用 ··· 448
- 11.1 极性敏感的光学探针 ········ 448
- 11.2 黏度敏感的光学探针 ········ 452
- 11.3 温度敏感的光学探针 ········ 457
- 11.4 压力敏感的光学探针 ········ 465
- 11.5 酸度敏感的光学探针 ········ 467
- 参考文献 ······················ 472

第12章 细胞器光学探针及其分析应用 ··· 480
- 12.1 细胞器靶向光学探针设计策略 ·················· 481
- 12.2 溶酶体光学探针 ············ 483
  - 12.2.1 溶酶体概述 ········· 483

12.2.2 溶酶体靶向探针设计
方法…………………483
12.2.3 溶酶体靶向探针应用
举例…………………484
12.2.4 溶酶体靶向探针存在
的问题与挑战………486
12.3 线粒体光学探针……………486
12.3.1 线粒体概述…………486
12.3.2 线粒体靶向探针
设计方法……………487
12.3.3 线粒体靶向探针
应用举例……………489
12.3.4 线粒体靶向探针存
在的问题与挑战……491
12.4 细胞核光学探针……………491
12.4.1 细胞核概述…………491
12.4.2 细胞核靶向探针
设计方法……………492
12.4.3 细胞核靶向探针
应用举例……………493
12.4.4 细胞核靶向探针存
在的问题与挑战……494
12.5 细胞膜光学探针……………495

12.5.1 细胞膜概述…………495
12.5.2 细胞膜靶向探针
设计…………………495
12.5.3 细胞膜靶向探针
应用举例……………495
12.5.4 细胞膜靶向探针存
在的问题与挑战……498
12.6 内质网与高尔基体光学
探针……………………………498
12.6.1 内质网与高尔基体
概述…………………498
12.6.2 内质网与高尔基体
靶向探针设计………499
12.6.3 内质网和高尔基体
靶向探针应用举例…502
12.6.4 内质网与高尔基体
靶向探针存在的问
题与挑战……………505
12.7 总结与展望…………………506
参考文献…………………………507

索引……………………………………513

基础篇

第1章　绪论
第2章　光学探针的激发模式
第3章　光学探针的响应模式
第4章　光学探针的设计方法
第5章　小分子光学探针
第6章　大分子光学探针
第7章　纳米光学探针

第1章 绪论

马会民

中国科学院化学研究所

    分析试剂与分析仪器是分析化学的重要研究领域，二者具有同等重要的作用。与分析仪器类似，分析试剂也是许多新型分析方法发展的物质基础。分析试剂种类繁多，用途广泛。从经典的沉淀剂、滴定剂、掩蔽剂、萃取剂、指示剂、显色剂等，到现代的示踪剂、标记试剂、荧光探针、发光试剂等，分析试剂在分析化学的发展历程中扮演着重要角色[1]。在众多的分析试剂中，其中具有光信号响应的分析试剂称为光学探针。显然，光学探针主要包括吸光（显色或比色）、荧光及发光分析试剂，是现代分子光谱分析的核心内容之一。

    过去，显色、荧光、发光试剂通常分别进行论述。目前，依据该领域的不断演变和快速发展，可具体定义为：光学探针是指与目标物质（或环境因素）发生相互作用或反应（包括配位、包合和基团反应等）并引起光学（吸光、荧光或发光）性质的变化，利用这些光信号的变化从而对目标物质进行分析与测定的一类分析试剂[2-4]。需指出，在具体的研究中，可采用荧光探针、显色或比色探针；然而，大多数探针不仅产生荧光变化，而且会有颜色的改变，所以通常情况下推荐使用具有更广泛含义的术语——光学探针，显得更为简明和全面。光学探针的英文为 spectroscopic probe （也有用 optical probe 的）。本书采用 spectroscopic 而非 optical，是因为前者更符合分析化学的分光色彩[5]，而后者更适合物理学范畴；另一字"探针"目前应用较多的是 probe，其它不同的习惯用法有 dye、indicator、reagent、label、chemosensor、sensor [该术语不具有"器件（device）"特征，因而有些人不建议使用[6]] 等，它们的含义本质上是一样的。

    光学探针的特点是通过向无光学响应或弱光学响应的物质提供强光学响应，使原先无法进行或难于进行的光学分析变得可能。这不仅改善分析的灵敏度，而且能大幅度提高对样品的时空分辨能力，在某些情况下可以直接用肉眼观察一个分子事件或现象（如 KI-淀粉试纸从白色到蓝色的颜色变化反映了氧化剂将 I⁻ 氧

化为 I_2 的分子事件的发生)。除了在传统的光学、色谱衍生化等分析领域获得广泛应用外,光学探针目前还成为环境、生命科学中深入了解各种生理参数、生物分子的变化,进而揭示生理功能的重要传感与成像分析工具。因此,该领域一直受到人们的关注。

1.1 光学探针与传感分析的发展历程

传感分析(sensing analysis)这一概念目前比较模糊。这可能是多学科不断交叉与发展的结果。从最宽泛的定义来看,传感分析是一种分析检测技术,是利用一种传感装置或体系检测其周围环境中的事件或变化,进而提供相应的输出信号与信息。

由于光是人们借助其观察与认识微观世界的最便利的工具之一,所以,利用光信号变化而开展的光传感分析深受人们的青睐,并广泛存在于自然界中。例如,萤火虫腹部夜间发光可进行光语交流,并引诱异性;一些花朵、植物中色素的颜色变化可指示酸碱度等环境因素的改变(八仙花在碱性、酸性土壤中分别开粉红色和蓝色的花);在古代,"烽火台"的白天放烟、夜间举火早已作为边防报警的信号。因此,广义上的光传感分析历史悠久,其确切的诞生时间无从考究。类似地,人类发现和应用天然矿物、植物染料至少已有五千年的历史,栽培和使用植物靛蓝染料也至少有两千多年。这可有战国时期荀况(公元前 313—前 238)的名句"青,取之于蓝,而青于蓝"佐证。

然而,有文字记载的基于光学探针与分析物的相互作用而引起光信号变化的光传感分析则可能始于公元 1 世纪的古罗马,老普林尼(Pliny the Elder,公元 23—79)用橡子的提取物(五倍子酸,化学名称 3,4,5-三羟基苯甲酸)显色检验铁[1,7]。1565 年西班牙内科医生 Nicolás Monardes 观察到,浸泡在紫檀木制作的木杯中的水可发出神奇的蓝光(这种光后来称作荧光,主要荧光组分是 matlaline),并指出此现象可用于鉴别紫檀木的真伪。这是最早的关于荧光现象及其分析应用的记录资料[8]。1602 年意大利的 Vincenzo Cascariolo 发现,一种天然的重晶石(含 $BaSO_4$)其煅烧产物可以发光,这是第一次有关磷光的报道。此磷光可能来自重晶石煅烧时产生了掺杂的 BaS(一种磷光化合物)[9]。Robert Boyle(1627—1691)用石芯作酸碱显色指示剂,此后导致滴定分析的诞生[7]。化学发光最早是在 1669 年由德国一位炼金术士 Hennig Brand 发现的,当时他试图通过将尿液加热到极高的温度来制造黄金,结果偶然地产生了磷(反应产物之一),磷与空气中的氧反应发出绿光[10]。18 世纪,人们从天然动植物中提取了更多的有机分析试剂并用作光学探针。

进入 19 世纪,光学探针开始应用于定量分析,到 19 世纪中期不仅诞生了第一代光度计而且还出现了人工合成的非天然染料用作光学探针[1,7,8,11]。1815 年 H. Vogel 提出用姜黄的提取物（现称姜黄素）显色检验 B(Ⅲ)；1828 年 F. A. H. Descroizilles 用天然靛蓝溶液作氧化还原滴定指示剂。洛吩碱（lophine）首次由 Auguste Laurent 于 1844 年制得，但其在碱性介质中与氧化剂反应产生绿色光的化学发光性质直到 1877 年才由 B. Radziszewski 发现。1852 年 W. B. Herapath 报道了用硫氰酸盐比色法定量测定 Fe(Ⅲ)；同年，George G. Stokes（1819—1903）在考察奎宁和叶绿素的荧光发射时发现，它们的发射波长要比入射光的波长更长，首次阐明这种现象是物质吸收了光后重新发出不同波长的光，并于次年定义其为荧光（fluorescence）[9]。1856 年 W. H. Perkin 首次人工合成了非天然的化学染料苯胺紫（mauveine，系三苯甲烷类碱性染料）[11]；同年，C. Williams 制备了花菁（cyanine）[12]。C. Mene 于 1861 年合成了第一个偶氮染料，即对氨基偶氮苯（aniline yellow），现用于生物染色[12]。1868 年 F. Göppelstöder 提出用桑色素荧光测定铝离子，这是最早的荧光定量分析工作[9]。德国科学家 Adolf von Baeyer 于 1871 年首次合成了非天然的荧光染料荧光素以及酚酞等，并获 1905 年的诺贝尔化学奖。P. Griess 等于 1881 年提出了用重氮偶合反应检验亚硝酸。M. Ceresole 于 1887 年制备了罗丹明 B。19 世纪末，Alfred Werner 推动了配合物理论的发展，从而有效地促进了新有机分析试剂及其与金属离子反应的系统研究。

　　进入 20 世纪，随着光学探针与传感分析在理论和方法上的不断积累、发展和完善，性能优良的光学探针大量涌现，特别是分析功能团（识别单元）的概念对光学探针的设计与合成起到了指导作用，并促进了相关仪器的发展。例如，1902 年德国化学家 A. J. Schmitz 合成了鲁米诺，其化学发光性质随后由 H. O. Albrecht 在 1928 年发现。俄罗斯科学家 L. A. Chugaev 于 1905 年报道了丁二酮肟与镍的选择性反应，A. E. Chichibabin 则在 1915 年合成了吡啶偶氮萘酚（PAN）。重要的是，1928 年奥地利分析化学家 Fritz Feigl（1891—1971）提出了有机分析试剂与金属离子反应的特效功能团（specific group）的概念，并建立了点滴分析（spot analysis；spot test）；同年，代替肉眼观察的光电荧光计问世，从而促进了光传感分析的较快发展。20 世纪中期，S. B. Savvin 合成了显色试剂偶氮胂Ⅲ，V. I. Kuznetsov、E. B. Sandell 等多位分析化学家还进一步开展了分析功能团（analytical function group）研究（大多针对无机离子），且随着光电倍增管的完善很快出现了各种商品化的分子光谱分析仪[1,13-16]。1967 年 C. J. Pedersen 合成了冠醚化合物[1]，1968 年 Treibs 和 Kreuzer 制备了 BODIPY 染料[17]。

　　1978 年 Christoph Cremer 和 Thomas Cremer 兄弟借助光学探针标记技术推出了第一台实用的共聚焦激光扫描显微镜，并在 20 世纪 80 年代迅速普及[18]。1985 年第一个比率型荧光探针问世[19]。2008 年，三位科学家下村修（Osamu Shimomura，日本）、钱永健（Roger Y. Tsien，美国）和马丁·查尔菲（Martin Chalfie，美国）

因发现和改造绿色荧光蛋白的贡献而分享了该年度诺贝尔化学奖。利用不同的光学探针和标记技术，Stefan Hell、Eric Betzig 和 William Moerner 先后研制出了超分辨荧光显微镜，其分辨率突破了传统显微镜的光学衍射极限，从而一同赢得了 2014 年度诺贝尔化学奖[20]。

由上述可知，光学探针与传感分析是一个古老但又始终充满活力的研究领域[1-23]。其原因有二：一是许多老的探针其分析性能已满足不了现代的要求，需要更新换代、发展性能更优良的探针；二是随着科学技术的快速发展，不断出现新的或特殊需求，因此需要研制新品种探针以满足新的目的（如，发展靶向定位功能的检测亚细胞器中分析物的荧光成像探针等）[4]。表 1-1 列出了光学探针与传感分析发展历程中的一些相关研究或事件；有关材料可参见不同专著与文献[1-23]。其中，部分里程碑进展见图 1-1，可以看出，与其它许多研究领域不同（诺贝尔奖仅光顾一次），光学探针与传感分析可以数次获得诺贝尔奖。因此，这是一个有前途的方向；若有更优异的光学探针或超高分辨率仪器出现，相信诺贝尔奖将会再次造访这个领域。

表 1-1　光学探针与传感分析发展历程中的一些相关研究或事件

年代	科学家	发现或成就	文献
公元 1 世纪（古罗马）	Pliny the Elder（公元 23—79）	用橡子的提取物（五倍子酸）显色检验铁（第一个显色传感分析）	[1,7]
1565	Nicolás Monardes（1493—1588）	浸泡在紫檀木杯中的水可发蓝光，可用于鉴别紫檀木的真伪（最早的荧光现象及其分析应用的记录资料）	[8]
1602	Vincenzo Cascariolo	重晶石（含 $BaSO_4$）的煅烧产物（可能产生了掺杂的磷光化合物 BaS）可以发光（首次有关磷光的报道）	[8,21]
1666	Isaac Newton（1643—1727）	首次用棱镜将白光分散为七色光，并称之为光谱（spectrum）	[5]
1669	Hennig Brand	磷与空气中的氧反应发出绿光（首次有关化学发光现象的记录资料）	[10]
1852	W. B. Herapath	硫氰酸盐比色法测定铁（Ⅲ）（最早的比色定量分析）	[1]
1853	George G. Stokes（1819—1903）	首次提出术语荧光（fluorescence）	[9]
1856	William Henry Perkin（1838—1907）	首次人工合成了非天然的化学染料苯胺紫（mauveine）	[11]
1856	C. H. G. Williams	首次制备了花菁（cyanine）	[12]
1860	Robert Bunsen（1811—1899）和 Gustav Kirchhoff（1824—1887）	共同发明了第一代光度计（在电子光敏元件出现之前，通常借助肉眼观察与估计）	[11]
1861	C. Mene	合成了第一个偶氮染料对氨基偶氮苯（aniline yellow；现用于生物染色）	[12]

续表

年代	科学家	发现或成就	文献
1868	F. Göppelstöder	用桑色素（morin）荧光测定铝离子（最早的荧光定量分析工作）	[9]
1869	Carl Graebe（1841—1927）和 Carl Liebermann（1842—1914）	首次人工合成天然染料茜素（alizarin）	[22]
1871	Adolf von Baeyer（1835—1917）	首次合成非天然的荧光染料荧光素（fluorescein）以及酚酞等	[9]
1877	B. Radziszewski	洛吩碱（lophine）在碱性介质中与氧化剂反应可产生绿色的化学发光	[1,15]
1887	Maurice Ceresole	合成了罗丹明 B（rhodamine B）	[23]
1902	Aloys Josef Schmitz	合成了鲁米诺（luminol）	[15]
1928	Fritz Feigl（1891—1971）	提出了有机分析试剂与金属离子反应的特效功能团（specific group）的概念	[1]
1959	S. B. Savvin	合成了偶氮胂Ⅲ（arsenazo Ⅲ）	[1]
1968	A. Treibs 和 F. H. Kreuzer	合成了氟硼二吡咯（BODIPY）	[17]
1978	Christoph Cremer 和 Thomas Cremer	研制出第一台实用的共聚焦激光扫描显微镜	[18]
1985	G. Grynkiewicz, M. Poenie 和 R. Y. Tsien	提出了第一个比率型荧光探针	[19]
2008	Osamu Shimomura, Roger Y. Tsien 和 Martin Chalfie	先后发现和改造绿色荧光蛋白（大分子光学探针），获该年度诺贝尔化学奖	[20]
2014	Stefan Hell, Eric Betzig 和 William Moerner	利用不同的光学探针和标记技术先后研制出了超分辨荧光显微镜，获该年度诺贝尔化学奖	[20]

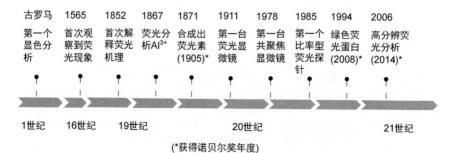

(*获得诺贝尔奖年度)

图 1-1　光学探针与传感分析的里程碑进展

1.2　光学传感分析原理

光是一种电磁波，具有波动性和粒子性，即波粒二象性。

光的波动性表现为折射、干涉、衍射、偏振等。光常用波长（λ）、频率（ν;

单位为赫兹 Hz）和光速（c）三个基本参量来描述，其关系为：

$$c = \lambda \nu \tag{1-1}$$

式中，c 是常数，由此可见波长越短，频率越高；反之，波长越长，频率越低。光在真空中的传播速度为 3.0×10^8 m/s；光的传播速度随介质不同而异，并与介质的折射率为反比关系。

光的粒子性表现为光电效应、康普顿效应、黑体辐射等。光是一种不连续的粒子流，其中的粒子称为光子。不同波长的光具有不同的能量（E），可表示为：

$$E = h\nu = hc/\lambda \tag{1-2}$$

式中，h 是普朗克（Plank）常数（6.626×10^{-34} J·s）。该公式将光的粒子性和波动性有机地联系在一起。

光按其波长可分为不同的区域[24]，如表 1-2 所示。

表 1-2 光的分区

光谱区域	波长范围	光子能量	主要量子跃迁类型	主要光谱分析方法
γ射线	< 0.01 nm	> 124 keV	核能级跃迁	γ射线光谱、穆斯堡尔谱
X射线	0.01 ~ 10 nm	124 keV ~ 124 eV	内层电子能级跃迁	X射线光谱分析
远紫外	10 ~ 200 nm	124 ~ 6.2 eV	外层电子能级跃迁	真空紫外光谱分析
紫外	200 ~ 400 nm	6.2 ~ 3.1 eV	外层电子能级跃迁	紫外光谱、原子光谱分析
可见光	400 ~ 700 nm	3.1 ~ 1.7 eV	外层电子能级跃迁	比色法/吸收光谱、荧光光谱、磷光光谱、化学发光法
近红外（近红外Ⅰ）（近红外Ⅱ）	0.7 ~ 1.4 μm（0.7 ~ 0.9 μm）（1 ~ 1.4 μm）	1.7 ~ 0.89 eV	分子振动-转动能级跃迁	近红外光谱分析、近红外荧光成像
中红外	1.4 ~ 50 μm	0.89 eV ~ 24.8 meV	分子振动-转动能级跃迁	红外光谱分析
远红外	50 ~ 1000 μm	24.8 ~ 1.24 meV	分子振动-转动能级跃迁	红外光谱分析
微波	0.001 ~ 1 m	1.24 meV ~ 1.24 μeV	分子转动、电子自旋能级跃迁	微波谱、顺磁共振波谱分析
无线电波	> 1 m	< 1.24 μeV	核自旋磁能级跃迁	核磁共振波谱分析

目前，基于光学探针的传感分析主要涉及紫外、可见和近红外光谱区域的 200 ~ 1400 nm 的光。根据上述定义，光学传感分析的原理是：利用光学探针与周围的分析物/环境因素产生相互作用并伴有光信号（如波长、强度、寿命等）的变化而进行分析，如图 1-2 所示。这种光信号变化传到信号变换与放大器，再经计算机数据处理与显示，进而获取需要的信息。不难理解，如何使光学探针与分析对象产生专一性的、大的、快的且最好是可逆的光信号响应（这实际上是选择性、灵敏度以及速度等问题）便成为该领域的一个关键课题。

另一方面，由于人类目前更加关心自身的健康与生存环境，所以，生物和环境物质自然成了光传感分析与研究的主要对象。在这些样品的基质中，通常含有多环芳烃以及核酸、血红蛋白、氨基酸等生物分子。这些物种的吸收或发射波长一般小于 700 nm（图 1-3），所以，发展近红外（700～1400 nm）光学探针将有助于消除背景光信号的干扰，也是该领域的一个重要研究方向。

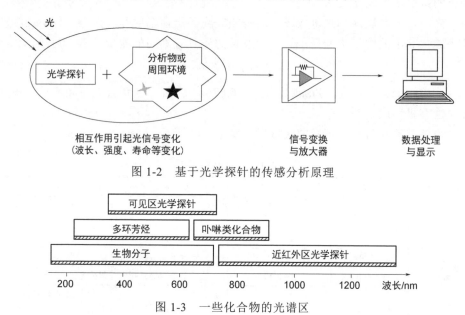

图 1-2　基于光学探针的传感分析原理

图 1-3　一些化合物的光谱区

光传感分析有多种分类法。若按照光的能量与分析物的相互作用的性质来区分，光传感分析的类型主要有吸收光谱法、发射光谱法、散射光谱法等。本书主要介绍吸收光谱法和发射光谱法。

（1）吸收光谱法（absorption spectroscopy/spectrometry）

吸收光谱法也称吸光光度法（absorption photometry，spectrophotometry），是指分析物与光源辐射的能量产生相互作用，从低能级跃迁到高能级而吸收了一部分能量，通过样品后剩下的那部分光能量被检测器接收，形成吸收强度随着波长的变化而变化的光谱。通常，在吸收光谱法中，光源、样品、检测器在同一直线上。

吸收光谱法的定性分析主要通过吸收波长的位置与强度而进行，其定量分析则是基于朗伯-比尔（Lambert-Beer）定律：

$$A = -\lg T = -\lg(I/I_0) = \varepsilon b c \qquad (1-3)$$

式中，A 为吸光度（absorbance），无量纲的量；T 为透射率（transmittance）；I 为透射光强度；I_0 为入射光强度；b 为光程，cm；c 为分析物浓度，mol/L；

ε 为摩尔吸光系数 [molar absorptivity 或 molar extinction coefficient; 单位为 L/(mol·cm)],与物质的性质、入射光波长、温度、溶剂等因素有关。朗伯-比尔定律表明:当一束单色光通过含有吸光物质的溶液后,溶液的吸光度与吸光物质的浓度及溶液的厚度成正比。在同一波长处,溶液中的不同组分其吸收行为互不相干,且吸光度具有加和性。通常,吸光度在 0.2~0.8 之间测量较为准确;吸收光谱法较适于微量物质的测定(微摩尔浓度水平),相对误差为 2%~5%。

(2) **发射光谱法**(emission spectroscopy)

发射光谱法也称发光分析法(luminescence analysis),是指物质受到外部能量(光照、化学能、电能、热能等)的激发,由低能态或基态跃迁到较高能态,当其返回基态时以光辐射的形式释放能量并被检测器接收,形成发光强度随着波长的变化而变化的光谱。

发光类型可按激发模式即提供激发能的方式来分类。例如,物质通过光照而被激发,所产生的发光称为光致发光(photoluminescence)。它包括荧光和磷光(phosphorescence)两种(图 1-4),前者由第一激发单重态(S_1)的电子直接回到基态(S_0)而产生(寿命较短,一般为纳秒水平);后者经碰撞等,电子转到三重态,再由最低的激发三重态(T_1)回到基态而产生(寿命较长,可达毫秒甚至数小时)。长寿命的发光为时间分辨技术提供了基础。与吸收光谱法不同,光致发光的光源、检测器通常彼此垂直,不在同一直线上。

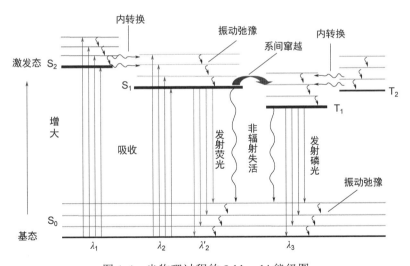

图 1-4 光物理过程的 Jablonski 能级图

光致发光中的荧光光谱包括激发光谱和发射光谱。在固定的发射波长处,不断改变激发光(入射光)的波长照射样品,并记录相应的荧光强度随激发波长变化而获得的谱图,称为荧光激发光谱(fluorescence excitation spectrum),简称激发光谱（由于不同测量仪器的特性，激发光谱与吸收光谱通常有所差异）。在固定的激发波长处，不断改变荧光的测定波长（即发射波长），并记录样品的荧光强度随发射波长变化而获得的谱图，称为荧光发射光谱（fluorescence emission spectrum），简称发射光谱。荧光激发光谱和发射光谱具有如下特征：发射光谱的形状通常与激发波长无关，但其强度与激发波长有关；激发光谱和发射光谱的轮廓呈镜像关系；发射峰位总是大于激发峰位，这种峰位之间的波长差称为斯托克斯位移（Stokes shift）。斯托克斯位移的存在说明激发态分子在返回到基态之前经历了振动弛豫、内转换等过程而消耗了部分激发能。

荧光分析主要通过光的波长、强度、量子产率、寿命等参数而进行定性，其定量分析则是基于下述关系式：

$$F = 2.3\Phi I_0 \varepsilon bc \tag{1-4}$$

式中，F 为荧光强度；Φ 为荧光量子产率（物质所发射的光子数目与其被激发时所吸收的光子数目之比值）；I_0 为照射到样品上的光强度；ε 为分析物的摩尔吸光系数；b 为样品池厚度；c 为分析物浓度。其中，Φ 有两种测定方法，即绝对测定法和相对测定法；通常，以硫酸奎宁（在 0.05 mol/L H_2SO_4 介质中 $\Phi = 0.55$，激发波长约为 350 nm）、荧光素（在 0.1 mol/L NaOH 介质中 $\Phi = 0.95$，激发波长约为 496 nm）、罗丹明 6G（在乙醇介质中 $\Phi = 0.95$，激发波长约为 530 nm）等作参考标准，采用相对测定法和下述公式进行测定：

$$\Phi = \frac{\Phi_S A_S I \eta^2}{A I_S \eta_S^2} \tag{1-5}$$

式中，Φ 和 Φ_S 分别为待测物质和参比标准物质的荧光量子产率；A 和 A_S 分别为待测物质和参比标准物质在相应激发波长下的吸光度；I 和 I_S 分别为待测物质和参比标准物质的积分荧光强度；η 和 η_S 分别为待测物质和参比标准物质溶剂的折射率。由于激发态分子可能存在着非辐射跃迁过程等，所以 Φ 通常小于 1；而有应用价值的荧光探针其 Φ 值一般大于 0.1。

荧光分析的灵敏度通常比吸光光度分析高两个数量级，较适于痕量物质的测定（纳摩尔浓度水平），相对误差为 5%～10%。荧光分析常受到多种因素的影响，其中荧光探针本身的特性、仪器因素、环境因素等应重点考虑。

常见的其它形式还有化学发光（chemiluminescence；由化学反应提供激发能）、生物发光（bioluminescence；由生物体提供激发能）、电致发光（electroluminescence；借助电能激发）等。除激发方式不同外，这些发光其机理在本质上是类似的。

需指出，光学探针通常为离子和分子形式，其吸收光谱和发射光谱一般为带状光谱（与原子的线状光谱不同），属于分子光谱范畴。因此，本书所讨论的内容仅涉及基于光学探针的分子光谱传感分析研究。

1.3 光学探针的结构特征与设计策略

光学探针通常由光学基团（信号响应单元）、识别基团（反应/标记单元）和桥联键三部分组成，前二者通过适当的桥联键而连接在一起（在某些情况下，光学基团和识别基团二者直接集成为一体而无需桥联键）[25]。其中，识别单元决定对不同分析物的选择性，而信号响应单元则起着将反应信息转变为光信号的作用。因此，在进行光学探针设计时，不仅要考虑识别单元对分析物的反应选择性，使之尽可能的高，而且还必须考虑信号响应单元的特性，使目标物质尽可能大地改变其光学响应，以获得高的灵敏度。图 1-5 给出了光学探针的结构特征、响应原理以及具体示例。

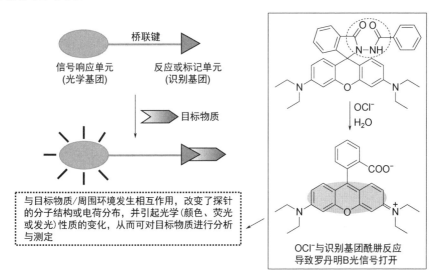

图 1-5 光学探针的结构特征、响应原理以及示例

光学探针的光信号响应有多种模式。常见的有：①光信号强度改变，包括猝灭型（on-off，turn-off）和打开型（off-on，turn-on）两种，打开型也称增强型（enhancement）。②波长与强度改变，如荧光共振能量转移（FRET）、比率型（ratiometric）探针。③寿命等。它们可用不同的光物理过程（光诱导电子转移、电荷转移、能量转移等）进行解释。

这些响应模式都有各自的特点[4]。例如，猝灭型探针是基于光信号由强变弱而进行分析；由于其具有高的背景信号，故在分析检测领域（特别是在低浓度分析物检测时）优势不明显。打开型探针是基于光信号由无到有、或由弱变强而进行分析，由于其低的背景光信号，因而通常具有高的检测灵敏度；然而，这种基于荧光强度变化的检测易受探针浓度、测试环境、光程长度等因素的影响，因此当用于生物体系如细胞时，比较适用于痕量物质的灵敏与定性分析，而不适于定量测定。比率型荧光探针是基于两个波长处的荧光强度比值进行检测，可以较好地消除上述多种因素的干扰，故比较适用于分析物的准确定量测定；不过，比率型探针由于产生波长的漂移，所以整个检测体系同样具有高的背景荧光，其检测灵敏度通常低于打开型探针，且分析操作较麻烦。鉴于此，在实际应用中根据具体的需要选择合适的探针则是关键。

根据研究目的与分析对象的不同，光学探针通常有两类设计策略（图 1-6）[4,26]。一类是基于不同的化学反应，另一类是基于合适的物理环境因素（如极性、黏度、温度、压力等）。前者主要利用如下五种化学反应：质子-脱质子化反应，配合反应，氧化还原反应，共价键的形成与切断，聚集与沉淀反应。

图 1-6 光学探针的设计策略

① 质子-脱质子化反应　主要是借助 —OH、—COOH、—NH$_2$ 等基团对酸度的敏感性而用于 pH 光学探针等的设计。pH 探针通常可提供的精确测量范围仅有两个 pH 单位，即 pK_a±1。若需要 pH 响应范围宽的探针，一个有效措施是将多个质子敏感的电负性原子（如 N 或/和 O）设置在荧光体的不同、但差别又不大的电子环境中，以产生近似线性的 pH 响应。另一方面，质子敏感的电负性原子也是金属离子的配位原子，通常会引起配合作用而产生干扰。因此，电负性原子的设置应尽量避免提供适当的立体空穴或五/六元环配合物形成的环境。

② 配合反应　常用于金属离子等光学探针的设计。这类探针通常具有反应速度（即光信号响应）快、反应可逆的优点，非常适用于分析物浓度的动态变化监测。需指出，溶液 pH 可改变电负性配位原子的质子化状态和配位能力，从而影响探针的性能，因此，缓冲溶液的使用一般必不可少。配合型探针的设计关键是如何借助分子识别、主-客体超分子作用、空间体积匹配等因素，构筑高选择性的配位识别单元。常用的手段有：设计与金属离子体积相匹配的空穴或环，如冠醚等；构筑便于五/六元环配合物的形成环境；软硬酸碱原理的运用，如向荧光体中引入软碱原子 S 用于软酸 Hg^{2+} 的检测等。

③ 氧化还原反应　主要用于氧化还原性物质（如活性氧物种）光学探针的设计，但也可用于金属离子、蛋白酶、小分子等物质的探针构建。其中，活性氧物种的特点是浓度低、寿命短、氧化性相近；因此，对探针的要求是灵敏度高、捕获快、选择性好。这通常需要借助特殊的化学反应才能实现。

④ 共价键的形成与切断　可用于各种无机物、有机物或生物活性物质的光学

探针的设计。其中,共价键的形成很早就广泛用于色谱衍生和生物分子的标记,近年注重利用亲电/亲核加成等偶联反应、分析物诱导分子内环化、亲电/亲核取代等特殊的反应来发展无需色谱分离的高选择性光学探针;共价键的切断主要是借助多米诺分解、诱导水解与消除、氧化切割等作用来设计蛋白酶、金属离子、活性氧等物种的光学探针。与络合型探针相比,这类探针通常具有更高的灵敏度和选择性,但反应速度较慢、且可逆性较差,所以通常不适于分析物浓度的动态变化监测。

⑤ 聚集与沉淀反应 主要是利用物质在反应前后溶解度的改变来设计探针,其光信号响应机理可用局部黏度的变化会影响分子的整体运动性、分子内旋转或非辐射去活过程来解释。这种聚集与沉淀反应曾广泛用于蛋白酶的聚集型或固态型光学探针的设计。例如,1992 年 R. P. Haugland 等报道了碱性磷酸酶的沉淀型或固态型荧光探针。这类聚集与沉淀型探针也可称聚集增强型光学探针或聚集诱导发光探针[27,28],其优点是利用沉淀的原位形成可方便地确定分析物的位置;其缺点也是固有的,即在分析体系(如细胞等)中经常出现分布不均、甚至沉淀的现象,这会造成荧光测定误差较大、重复性较差的弊端。

应指出,还可借助超分子、体积匹配、共轭结构可变等作用来设计光学探针。虽然它们散见于不同的化学反应中,但是对其进行单独的讨论也十分必要,特别是利用共轭结构可变的措施,可发展出分析性能较易预测的优良光学探针。

上述这些设计策略虽然是宽泛的,但它们有助于读者在整体或宏观上了解光学探针的本质。显然,这些策略适用于小分子、大分子、纳米等各类光学探针的设计,对基于其它(如电化学)信号响应原理的探针制备也具有重要的借鉴作用。除此之外,人们还广泛结合各种光物理过程扰动原理(光诱导电子转移、电荷转移、能量转移等)来设计光学探针[26,29]。

不同的研究目的对光学探针有着不同的要求。在通常情况下,由于光学探针的最终目的是用于分析和检测,因此,其最重要的评价标准是新探针是否具有优良的分析性能。这需要从三方面着手,即灵敏度、选择性和实用性[25,30]。

灵敏度取决于分析物与光学探针作用后对光学响应的改变程度。理想的探针是其本身无光学响应,与分析物作用后则产生强的光学信号。然而,许多探针含有光学基团,本身具有光学响应;这就需要设计识别单元或合适的桥联键,使探针与分析物作用后其波长和/或强度产生变化。对此,使用光学响应强的基团,如吸光响应的偶氮基、荧光响应的罗丹明母体和化学发光响应的邻苯二甲酰肼等,将有助于提高波长发生变化的探针的分析灵敏度。

选择性的需求分两种,一是分类或分组型的光学探针,其选择性主要取决于标记或识别基团,这对色谱衍生化极为重要(如丹磺酰氯中的活性氯标记各种氨基酸);二是检测单一物质的专属性光学探针,它往往需要利用特殊的化学反应,或通过合理地引入辅助基团，或利用体积匹配因素、静电/氢键作用以及实验条件的优化等才能实现。

实用性则包括探针易于合成、制备，与分析物的反应快速、可逆且易于操作（用于生物体系时最好能在水介质中进行）等。

1.4 光学探针的分类

光学探针有多种分类法。如，可以根据响应原理、分析对象、结构特征等进行分类，各有特点。采用不同的角度分类，目的是为了便于记忆和选用。

按响应原理分类：主要有显色探针［chromogenic probe；也叫比色探针（colorimetric/color probe）］和发光探针（luminescent/luminescence probe）两大类。根据上述光传感分析原理，发光探针显然还包括荧光探针（fluorogenic/fluorescent/fluorescence probe）、磷光探针（phosphorescent/phosphorescence probe）、化学发光探针（chemiluminescent/chemiluminescence probe）等。

按分析对象分类：主要有检测离子的探针、检测小分子的探针、检测大分子（蛋白质、核酸等）的探针、环境敏感光学探针、亚细胞器光学探针等。

按结构特征分类：主要有小分子、大分子和纳米光学探针三类。分别简介如下。

（1）小分子光学探针

根据结构特点进一步细分为偶氮类、多环芳烃类、三苯甲烷类、氧杂蒽类、香豆素类、卟啉类、BODIPY类、萘酰亚胺类、联吡啶及邻菲啰啉类、花菁类、螺吡喃类、方酸菁类等。

偶氮类光学探针含有 –N=N– 基团，具有很深的颜色，每个N原子上都有一对孤对电子，可形成顺、反异构体；偶氮化合物的 –N=N– 双键超快的构象变化会导致荧光猝灭，因此，该类化合物通常用作显色剂（比色探针）而不是荧光探针。如，代表性显色剂偶氮胂Ⅲ（**1**）。

多环芳烃涉及萘、蒽、菲、芘等。这类化合物因毒性大，故其应用受到一定限制。值得一提的是，蒽的9位和/或10位引入强供电子基团，可捕获单线态氧形成内过氧化物，从而用于发展单线态氧的光学探针（如，$^1O_2$化学发光探针**2**）。

三苯甲烷（也叫三芳甲烷，triarylmethane）类光学探针包括荧光酮、二甲酚橙、结晶紫、荧光素、罗丹明等母体的多种衍生物[1,31]，其光学性能优良，并广泛用于各种物质的分析。如，结晶紫（**3**）常用于生物组织学或革兰氏染色；荧光酮类试剂与有机溶剂或表面活性剂配合使用，是测定一系列高价金属离子（锗、钼、钨、钛、锆、钽等）的重要显色剂。荧光素、罗丹明结构还是优良的荧光母体，人们以其为平台，特别是借助其母体中五元环的开、关作用，通过设置不同的识别基团，发展了一系列性能更为优越的新型光学探针，如汞的光学探针罗丹明B硫内酯（**4**）；通过将荧光素、罗丹明结构中的氧桥置换为硅、碲桥，可获得具有近红外分析波长的光学探针。

氧杂蒽（xanthene；**5**），也称呫吨，其衍生物主要包括试卤灵（**6**）、甲酚紫（**7**）等；部分三苯甲烷类探针同时也具有氧杂蒽结构的特点，如荧光素、罗丹明母体等。它们一般具有量子产率高、分析波长长、生物兼容性好等优点，是发展打开型或比率型光学探针的重要荧光母体。

香豆素类光学探针具有较强的荧光和较大的斯托克斯位移，且对pH敏感，可用于pH检测。然而，在实际工作中，香豆素荧光体由于分析波长较短（$\lambda_{ex/em} \approx$ 360/450 nm）其直接应用逐渐变少，反而较常用作荧光供体发展FRET等比率型光学探针。如用香豆素与罗丹明母体构建的探针**8**可对Cu^{2+}进行比率荧光检测。

卟啉是一类大环化合物，其母体结构为卟吩（**9**），周围可以连接不同取代基，并可与许多金属离子 1:1 结合形成金属卟啉，如血红蛋白的铁卟啉、叶绿素的镁卟啉、维生素 B_{12} 的钴卟啉等。卟啉类化合物一般微溶于水，呈蓝紫色，其 Soret 吸收带位于 400～450 nm，半峰宽窄，摩尔吸光系数很高（可达 10^6 L·mol^{-1}·cm^{-1} 水平），是灵敏度最高的一类显色剂，并具有强荧光，在分子识别、光传感分析中获得了广泛应用。该类化合物在不同条件下可形成一维的 *J* 型（端对端排列）和 *H* 型（面对面排列）二聚体，并引起 Soret 带漂移。卟啉类光学探针的缺点是与分析物的反应速度较慢，通常需要加热或催化剂等。

BODIPY（核心骨架 **10**）类光学探针具有摩尔吸光系数和荧光量子产率高、荧光半峰宽窄、光稳定性好、对溶剂极性和 pH 不敏感等优点，适于作荧光标记探针。在 BODIPY 中心骨架上引入强的吸电子基，或在 3,5-位上通过 Knoevenagel 缩合反应引入推电子基的芳香结构来扩大共轭体系，均可导致分析波长向长波长移动（红移，red shift）。BODIPY 类光学探针的缺点是斯托克斯位移小，这一性质可用于 homo-FRET（也称 donor-donor FRET；常规的 FRET 叫 hetero-FRET，即 donor-acceptor FRET）研究。

1,8-萘酰亚胺（核心骨架 **11**）类光学探针通常为吸-供电子共轭体系，其荧光性质易受取代基影响。例如，萘环上若有给电子基团，则可产生强荧光；若引入吸电子基团，则不显示荧光。萘酰亚胺 4 位上含有氨基或羟基的母体，常用于发展打开型或比率型光学探针，并具有良好的稳定性、细胞与组织穿透性。该类探针的缺点是分析波长一般小于 600 nm。

联吡啶（**12**）及邻菲啰啉（**13**）类光学探针均为氮杂环化合物，是高选择性检测 Fe(Ⅱ)、Cu(Ⅱ)等离子的经典显色剂，迄今仍广泛使用；其缺点是水溶性较差，通常需使用有机溶剂。近十年，这类氮杂环衍生物与一些金属离子如钌（Ⅱ）、铕（Ⅲ）等配合可构建化学发光、长寿命（毫秒级）发光探针，有力推动了时间分辨技术的发展。

花菁类化合物（cyanine；核心骨架 **14**）是以次甲基链（–CH=CH–）连接两个氮原子所构成的共轭分子，通常带有正电荷，具有很深的颜色和高的摩尔吸光系数，是目前发展近红外光学探针最常用的荧光母体，其分析波长大多在 600～800 nm 之间。该类探针最大的缺点是稳定性差、量子产率低（约 0.1 水平）和易发生聚集，故其应用有时受到限制。近些年来，人们发现花菁的分解或降解产物半花菁表现出较高的稳定性，且仍具有近红外分析波长，因此受到新的重视。

螺吡喃（spiropyran）分子中的吲哚环和苯并吡喃环通过中心处的螺碳原子（sp^3 杂化）相连接，因而两个环相互正交、构不成共轭，形成无色的闭环体；在紫外光（< 400 nm）照射或金属离子等作用下，螺环处的 C—O 键发生异裂，继而电子排布和分子结构发生显著变化，使两个芳环单元变为平面共轭结构，形成有色的半花菁类开环体，在 500～600 nm 范围出现强的吸收峰。再在可见光、加热、或去金属离子等条件下，发生可逆闭环，又回复原来结构而消色。如图 1-7 所示，这种可逆的结构异构化行为，使螺吡喃成为一种重要的有机光致变色化合物，并广泛用于光开关探针的设计与制备。类似的化合物还有螺硫吡喃等。

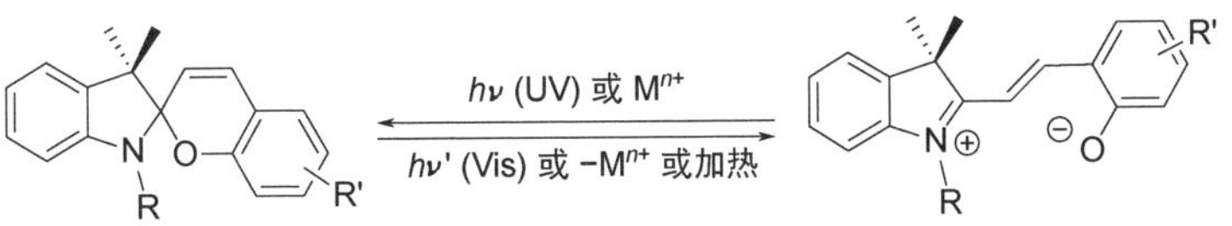

图 1-7　螺吡喃及其衍生物可逆开-闭环反应

方酸菁（squaraine）类光学探针大多由方酸（**15**）衍生而来，分为对称、不对称型方酸菁，有很深的颜色，适于作光敏剂。它们具有独特的芳香四元环体系，是一类强荧光有机染料，光稳定性和量子产率高，分析波长主要分布在红色和近红外区域（600～700 nm），并表现出双光子吸收。其缺点是水溶性欠佳，在水环境中易聚集；引入磺酸基是最常用的改进试剂水溶性的方法。

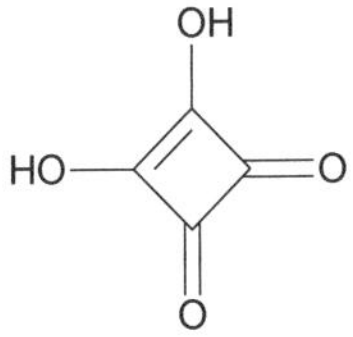

15

一些光学基团或母体［也可称荧光体（fluorophore）或荧色体（fluorochrome）］及其衍生出的小分子光学探针见图 1-8，它们都有各自的适用场合，其中亮度（摩尔吸光系数和量子产率的乘积）是一个重要指标。好的探针其亮度通常大于 20000。荧色体越亮，表现出的信噪比越高，所需的试剂量越少和激发光强越弱，对生物体系（如细胞）的干扰越小。为了提高亮度，需要设计更高刚性或更大共轭结构的荧光分子。

（2）大分子光学探针

常见的有水溶性高分子显色剂/荧光试剂、荧光共轭聚合物、核酸适配体探针、荧光蛋白等。

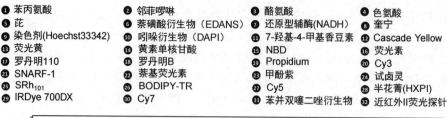
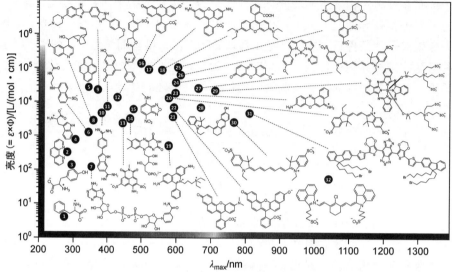

图 1-8 一些小分子光学探针的亮度及其最大吸收波长

水溶性高分子显色剂最早于 1989 年由中科院化学所梁树权实验室提出[3,32,33]。其设计思想是,将光学基团赋予水溶性高分子,并利用高分子链的增效作用,使所制得的试剂兼具显色和增效等多种功能。据此,将不同的光学基团分别与主链非共轭的聚乙烯醇、聚 2-丙烯胺、壳聚糖等进行连接,制得了相应的高分子光学探针,并用于铝、镁、铟、铜、铁、氢离子的测定,获得了比相应小分子更好的效果。

荧光共轭聚合物主要是指主链为共轭结构并具有荧光性质的高分子化合物,目前已用于各种蛋白酶和 DNA 的检测[34]。

上述高分子光学探针的缺点是提纯、表征较为困难,且久置易变质。

核酸适配体(aptamer)是利用体外筛选技术(SELEX)从随机寡核苷酸文库中筛选获得的对目标物质具有很高特异性与亲和力的一段寡核苷酸片段,将不同光学基团赋予此类核酸结构,从而可制备出不同的新型核酸适配体光学探针,并用于光传感分析[35]。

荧光蛋白的出现革新了生命科学的研究。最早出现的是绿色荧光蛋白(green fluorescent protein,GFP),它是由下村修等人在 1962 年从水母中发现的。GFP

是由 238 个氨基酸组成的单体蛋白质，分子量约 27 kDa。在氧气存在下，GFP 分子内的三肽 Ser65-Tyr66-Gly67 经过自身催化环化、氧化，形成了对羟基苯亚甲基咪唑环酮生色团而发光，且荧光稳定、抗光漂白能力强。然而，GFP 的分析波长小于 500 nm，对生物体的穿透性能力受限。近年，俄罗斯科学家 Dmitriy Chudakov 研制出穿透性强的深红色荧光蛋白，显著提高了活体和组织成像的质量。在普通的实验室中，如何通过活细胞等方便地表达出性能优良的荧光蛋白，仍是该类探针获得更广泛应用的瓶颈问题。

（3）纳米光学探针

这一类探针种类多样。依据纳米材料的组分不同，这类探针可分为基于量子点（CdTe、CdSe 等）、二氧化硅、碳、金属、稀土（上转换）等纳米材料的光学探针。

量子点的特点是尺寸较小，且其尺寸和荧光发射波长在 300~2400 nm 的波段内可调，可实现一元激发、多元发射，光化学稳定性好。然而，高毒性是量子点探针在生物体内应用的致命缺点。

二氧化硅、碳纳米材料（包括碳点、石墨烯等）的特点是生物兼容性好、制备成本低。

金属纳米材料（如贵金属纳米簇等）部分具有双光子激发特性，在光学探针领域具有发展潜力。

含有稀土元素的上转换发光纳米材料是一种在近红外光激发下能发出可见光的特殊材料，可通过多光子机制把长波辐射转换成短波辐射。这种近红外激发具有较强的组织穿透能力、对生物组织损伤小、几乎不存在背景荧光的干扰，因此在生物与医学成像上有重要的应用前景。

与有机光学探针相比，纳米光学探针的优点主要是化学和光稳定性高、波长范围可调性强，尤其是较容易制备出具有近红外Ⅱ区特性的纳米光学探针，因此，受到人们的广泛关注；其缺点是重复性较差（主要由尺寸、表面修饰/性质或在样品如细胞中分布的非均一性等问题所致），且不适于尺寸较小的亚细胞器研究。

本书以下篇章将对上述内容进行较详细地介绍与讨论，主要包括：光学探针的激发模式、响应模式和设计方法，小分子、大分子和纳米光学探针，检测离子、小分子、大分子的光学探针，环境敏感和亚细胞器光学探针及其分析应用。

参 考 文 献

[1] 张华山，王红，赵媛媛. 分子探针与检测试剂. 北京：科学出版社，2002.
[2] 马会民，余席茂，陈观铨，曾云鹗. 测定细胞内游离钙的有机显色剂与荧光试剂. 化学通报，**1993**, 56(11): 37-42.
[3] 马会民，梁树权. 光学分析试剂. 化学通报，**1999**, 62(10): 29-33.
[4] Zhou, J.; Ma, H. M. Design principles of spectroscopic probes for biological applications. *Chem. Sci.,* **2016**,

7: 6309-6315.

[5] 徐惟诚总编辑. 不列颠百科全书. 国际中文版. 第16卷). 北京：中国大百科全书出版社，1999: 14-15.

[6] Wolfbeis, O. S. Probes, sensors, and labels: Why is real progress slow? *Angew. Chem. Int. Ed.*, **2013**, 52: 9864-9865.

[7] Stephen, W. I. Historical survey of the compounds as uses of organic reagents in analytical chemistry. *Analyst*, **1977**, 102: 793-803.

[8] Valeur, B.; Berberan-Santos, M. N. A brief history of fluorescence and phosphorescence before the emergence of quantum theory. *J. Chem. Educ.*, **2011**, 88: 731-738.

[9] Valeur, B. Molecular fluorescence. Weinheim: Wiley-VCH, 2002.

[10] Emsley, J. The shocking history of phosphorus, London: Macmillan, 2000.

[11] (日)广田襄. 现代化学史. 丁明玉译. 北京：化学工业出版社，2018.

[12] Zollinger, H. Color chemistry (2nd ed.). Weinheim: VCH, 1991.

[13] Kuznetsov, V. I. Fundamentals of the action of organic reagents employed in inorganic analysis. *Zh. Anal. Khim.*, **1947**, 2: 67-84.

[14] Sandell, E. B.; Onishi, H. Photometric determination of traces of metals. General aspects. New York: Wiley-Interscience, 1978.

[15] 林金明. 化学发光基础理论与应用. 北京：化学工业出版社，2004.

[16] Lakowicz, J. R. Principles of fluorescence spectroscopy (3rd ed.). New York: Springer, 2006.

[17] Treibs, A.; Kreuzer, F. H. Difluorboryl-complexe von di- und tri-pyrrylmethenen. *Justus Liebigs Ann. Chem.*, **1968**, 718: 208-223.

[18] Pawley, J. Handbook of biological confocal microscopy (3rd ed.). New York: Springer, 2006. pp.1-19.

[19] Grynkiewicz, G.; Poenie, M.; Tsien, R. Y. A new generation of Ca^{2+} indicators with greatly improved fluorescence properties. *J. Biol. Chem.*, **1985**, 260: 3440-3450.

[20] 晋卫军. 分子发射光谱分析. 北京：化学工业出版社，2018.

[21] 许金钩, 王尊本. 荧光分析法. 第3版. 北京：科学出版社，2006.

[22] Bien, H. S.; Stawitz, J.; Wunderlich, K. Anthraquinone dyes and intermediates. Ullmann's Encyclopedia of Industrial Chemistry. Weinheim: Wiley-VCH, 2000.

[23] Sagoo, S. K.; Jockusch, R. A. *J. Photochem. Photobiol. A, Chem.*, **2011**, 220: 173-178.

[24] Haynes, W. M. (ed.). CRC Handbook of Chemistry and Physics (92nd ed.). Boca Raton: CRC Press, 2011, p.10.233.

[25] 马会民, 苏美红, 梁树权. 三嗪类光学探针与标记分析. 分析化学，**2003**, 31(10): 1256-1260.

[26] Li, X. H.; Gao, X. H.; Shi, W.; Ma, H. M. Design strategies for water-soluble small molecular chromogenic and fluorogenic probes. *Chem. Rev.*, **2014**, 114: 590-659.

[27] Z. Huang, E. Terpetschnig, W. You, R. P. Haugland. 2-(2'-Phosphoryloxyphenyl)-4(3H)-quinazolinone derivatives as fluorogenic precipitating substrates of phosphatases. *Anal. Biochem.*, **1992**, 207: 32-39.

[28] Prost, M.; Canaple, L.; Samarut, J.; Hasserodt, J. Tagging live cells that express specific peptidase activity with solid-state fluorescence. *ChemBioChem*, **2014**, 15: 1413-1417.

[29] de Silva, A. P.; Gunaratne, H. Q. N.; Gunnlaugsson, T.; Huxley, A. J. M.; McCoy, C. P.; Rademacher, J. T.; Rice, T. E. Signaling recognition events with fluorescent sensors and switches. *Chem. Rev.*, **1997**, 97: 1515-1566.

[30] 马会民. 生物大分子的定位光学标记与区域结构分析（第36章）//生命分析化学（汪尔康主编）. 北京：科学出版社，2006.

[31] 马会民, 王建华, 邵元华. 分析化学的其他重要进展（第26章）//高速发展的中国化学（姚建年主编）. 北京: 科学出版社，2012.

[32] Liang, S. C.; Zang, E. L. Spectrophotometric determination of In(III) with the polymeric chromogenic reagent PV-FPAQ. *Fresenius' Z. Anal. Chem.,* **1989**, 334: 511-513.

[33] Ma, H. M.; Huang, Y. X.; Liang, S. C. PA-FPNS: its synthesis and use in spectrophotometric determination of magnesium. *Talanta,* **1996**, 43: 21-26.

[34] 贺芳, 王树. 基于水溶性共轭聚合物的蛋白质检测. 化学进展, **2009**, 21: 2372-2378.

[35] Li, J.; Yan, H. F.; Wang, K. M.; Tan, W. H.; Zhou, X. W. Hairpin fluorescence DNA probe for real-time monitoring of DNA methylation. *Anal. Chem.*, **2007**, 79: 1050-1056.

第2章 光学探针的激发模式

李贞[1]，刘志洪[2]
1. 湖北大学；2. 武汉大学

光学探针是基于检测目标诱导或调控的光信号变化实现分析传感的工具，而光信号的产生则是由发光物质吸收能量，使基态电子跃迁至激发态，随后，激发态电子通过辐射跃迁的形式回到基态，从而发射出光子。根据发光物质吸收能量的不同形式，目前的光学探针激发模式可分为单光子/多光子激发、上转换发光、化学发光、电致发光、生物发光、偏振光激发和超分辨荧光。上述几种不同的激发模式中，单光子/多光子激发、上转换发光、偏振光发光以及超分辨荧光都是由光子提供激发能量，化学发光和生物发光的激发能量则是来源于化学反应，而电致发光则是由外加电能提供激发能量。由于激发能量来源不同，因此几种激发模式的原理也有很大区别，所需仪器也不尽相同。本章将分别对上述几种激发模式作详细介绍。

2.1 单光子激发

2.1.1 单光子激发荧光产生原理

在外界光源激发下，发光材料吸收激发光光子能量由较低能级的基态跃迁到较高能级的激发态，激发态分子通过辐射跃迁和非辐射跃迁返回到基态。辐射跃迁的衰变过程中伴随着光子的发射，即产生荧光或磷光。荧光是一种典型的光致发光现象。单光子激发荧光是目前应用最为广泛的一类发光分析手段，同时也是一种 Stokes（斯托克斯）发光过程，即荧光的发射光波长大于其激发光波长。荧光产生过程中涉及光子吸收和光子产生两个过程，这两个过程可以用荧光产生机理图进行描述（如图2-1所示）。

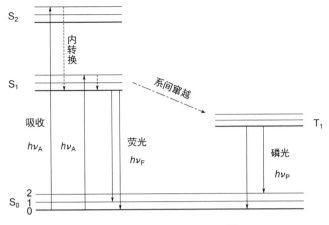

图 2-1 荧光产生机理图[2]

需要指出的是，有机小分子和无机纳米材料（如半导体量子点、贵金属纳米簇或原子簇等）的光物理过程是有区别的。有机小分子染料的激发/发射过程通常用分子轨道来解释，而无机纳米材料的发光原理则更为复杂，常见的有能带理论（价带与导带之间的电子跃迁）、表面态发光等。本章仅以有机小分子为例来叙述单光子激发的过程。根据分子轨道理论和鲍林规则，分子中同一轨道所占据的电子必须具有相反的自旋方向，即自旋配对。如果激发态分子的分子轨道全部电子都是自旋配对的，则该分子处于激发态单重态，用符号 S 表示。如果某一分子轨道的两个电子自旋方向相同，即分子具有不配对的电子，分子则处于激发态三重态，用符号 T 表示。一般有机分子的基态都处于单重态。符号 S_0、S_1、S_2 分别代表分子的基态、第一激发单重态、第二激发单重态；符号 T_1、T_2 分别代表分子第一激发三重态、第二激发三重态。

如图 2-1 所示，处于基态（S_0）的荧光团吸收一个光子被激发到激发态（S_1，S_2，S_3，…）。跃迁过程中吸收光子的能量等于跃迁过程中所涉及的两个能级的能量差。高能级的激发态通过振动弛豫、内转换等形式跃迁到低能态（如 $S_3 \rightarrow S_2$、$S_2 \rightarrow S_1$、$S_1 \rightarrow S_0$）。由于激发单重态的内转换速率极快，S_2 以上高能态具有极短的寿命（$10^{-11} \sim 10^{-13}$ s），这些高能态在发生辐射跃迁之前便以非辐射跃迁形式衰减到 S_1 态。因此，荧光发射通常是来自 S_1 的最低振动能级到基态的辐射跃迁过程，而磷光发射通常来自 T_1 振动能级到基态辐射跃迁过程。单光子激发荧光可以定义为：在光照条件下，荧光物质吸收一个激发光光子能量由基态跃迁到激发单重态，再由最低激发单重态（S_1）辐射跃迁返回至基态（S_0）并伴随发光现象[1,2]。

荧光分子对不同波长的光吸收能力不同，不同波长激发光具有不同的荧光激发效率。如果固定激发波长，不断测定不同发射波长的荧光强度，所得到不同发射波长的荧光强度与波长的谱图称为发射光谱。如果固定发射波长，不断改变激发光波长,所得到不同激发波长条件下固定发射波长的荧光强度的谱图称为激发光谱。激发光谱和发射光谱是物质的基本特性,是荧光物质鉴定和荧光定量分析的基础。

荧光激发和发射光谱具有一些重要的特性:①通常荧光物质的发射波长总是大于激发波长,这一现象称为 Stokes(斯托克斯)位移。如图 2-1 所示,Stokes 位移产生主要原因可以归结为:激发态荧光分子辐射跃迁到基态时不可避免地经历了振动弛豫、内转换等能量损失过程。Stokes 位移的产生有效地减少荧光发射光谱中激发光散射引起的干扰,大大提高了荧光检测的灵敏度。②通常荧光分子的荧光发射光谱与激发光波长无关,也被称为 Kasha 规则。荧光分子被激发到高电子能级或振动能级时,会迅速(10^{-12} s)地通过内转换、振动弛豫等途径跃迁到单重态第一激发态的最低振动能级,随之发生辐射跃迁产生荧光,因此,荧光分子的发射光谱通常与激发光波长无关。改变激发光波长,荧光发射波长位置不会改变,但荧光强度会发生改变。③荧光发射光谱通常是一个带状光谱。荧光产生过程通常是第一激发单重态到基态的过程,因此荧光发射光谱通常只有一个发射带。在荧光产生过程中,基态和激发态中都伴随有许多振动、转动能级,因此发射光谱通常是连续的,形成带状光谱。④荧光激发光谱和发射光谱通常呈镜像对称。激发过程是基态(S_0)到激发态(S_1),而荧光发射通常是激发态(S_1)到基态(S_0)的过程。需要指出,有一些荧光物质激发和发射光谱偏离镜像对称规则,例如某些分子的激发态和基态结构、构型发生改变,某些物质的激发态发生质子转移或形成激发态多聚体等。

2.1.2 单光子激发光源

由荧光产生的原理可知,有机荧光分子的激发波长决定于激发态和基态的能级差。常见的有机荧光团的激发波长通常在紫外和可见光区(200~650 nm),近年来近红外吸收的有机荧光团的吸收通常在 650~900 nm,例如花菁类染料(Cy5,Cy7)、氮杂 BODIPY[3-7]。有机荧光团的最大激发波长主要由分子结构决定,不同结构的荧光团具有不同的最大激发波长。不同激发波长对荧光强度会产生较大影响。因此,光源是否满足或接近有机荧光染料/探针的最大荧光激发波长在分析检测和细胞成像应用中具有重要意义。

① 弧光灯　氙灯是目前荧光分光光度计使用最为广泛的一种光源。这种光源可以在 250~800 nm 范围内提供连续波长光输出。这种弧光灯外套为石英,内充氙气。氙灯发光原理是弧光放电产生电子与 Xe 碰撞过程中,Xe 发生离子化并产生连续波长的发射光。氙灯室温下其压力为 0.5 MPa,工作时为 2 MPa,这种高压状态下存在着爆裂的危险,安装和操作时要注意防护。氙灯产生高能射线对人眼具有不可逆损伤,工作状态时绝对禁止直视光源。氙灯启动时需要 20~40 kV 的电压,操作时要注意安全。氙灯使用寿命约为 2000 h。

为了克服传统氙灯的缺点，近年来新推出脉冲氙灯。脉冲氙灯输出脉冲峰值通常远大于传统氙灯，具有低功耗、低热量产生和对生物样品具有更小的光损伤的优点。

② 汞灯　汞灯是利用汞蒸气放电发光的光源。汞灯发射出线状光谱，发光强度大，发射波长主要集中在紫外区。受限于汞的发射线，汞灯应用范围较窄。

③ 石英-卤钨灯　石英-卤钨灯在可见光区和近红外光区可以提供连续发射波长。随着近年近红外检测和成像的发展，石英-卤钨灯有较好的应用前景。

④ 固态光源 LED 光源和发光二极管　这类光源价廉，操作时消耗能量少、产热低，发射光的波长处于相对较窄的光谱中（半高宽约 10~40 nm）。但这类光源通常提供一小段光谱区间的光输出，多个 LED 光源可提供连续发射波长的光源。

⑤ 激光光源　激光光源强度大，单色性好。激光光源的应用大大提高了荧光分析法的灵敏度，实现了单分子检测的目标，把荧光分析技术推向一个新高度。这类光源已经广泛应用于共聚焦荧光显微镜。

2.1.3　单光子激发荧光成像应用简介

荧光成像法具有高选择性、高灵敏性、无损和可视化的特点，可用于细胞的检测分析、组织切片成像分析和活体小动物成像研究，已经被广泛应用到医学和生物学等研究领域[8-13]。2014 年，Xian 和马会民课题组报道了一种检测多硫化氢的探针，该探针是由荧光素（fluorescein）荧光团和 4-硝基 2-氟苯甲酸通过酯键连接构成的，由于探针的螺环结构破坏了荧光素的共轭体系，其自身并不具有荧光性能；多硫化氢存在时，荧光素被释放，荧光信号增强，实现了对多硫化氢的检测（图 2-2）[14]。该探针对多硫化氢表现出高度选择性和灵敏性。研究者利用该探针实现了 HeLa 细胞中外源性多硫化氢的荧光成像检测（图 2-3）。

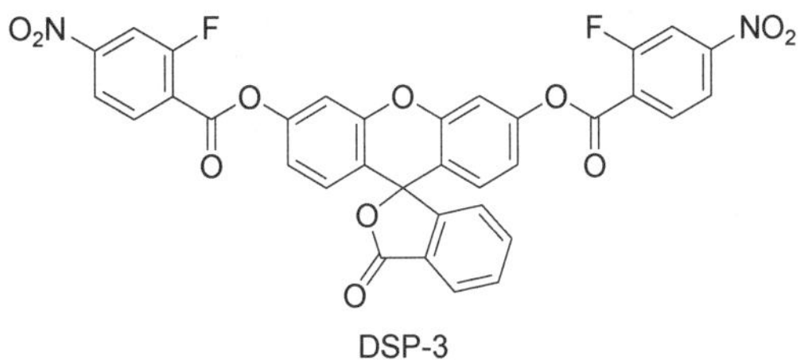

图 2-2　单光子荧光探针 DSP-3 结构

花菁染料是一种常用的单光子近红外荧光染料，被广泛应用于单光子激发近红外荧光成像。2016 年，钱旭红课题组基于花菁染料发展了一种新型的过氧亚硝酸根（$ONOO^-$）比率型荧光探针（图 2-4）[15]。该探针中 Cy3 和 Cy5 通过共价连接，形成了一个荧光共振能量转移（FRET）的供受体对。在 530 nm 光照条件下，

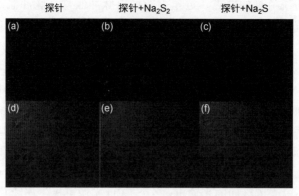

图 2-3　DSP-3 在活细胞中检测多硫化氢的成像分析[14]

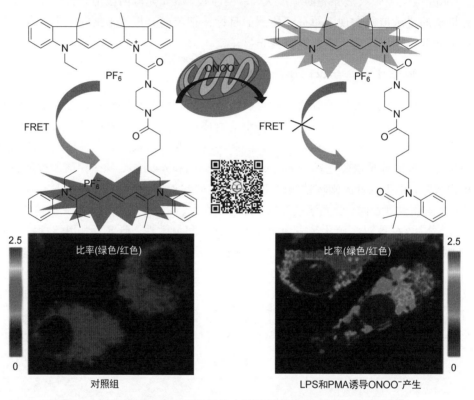

图 2-4　比率型过氧亚硝酸根荧光探针的响应原理和细胞成像[15]

Cy3 被激发，并通过荧光共振能量转移激发 Cy5，产生 660 nm 的荧光。当探针溶液中加入 ONOO⁻ 后，Cy5 被氧化分解，无法发生能量转移，此时，发射出供体 Cy3 在 560 nm 处的荧光，从而实现了对 ONOO⁻ 的比率型（I_{660}/I_{560}）检测。由于花菁染料的正电荷和亲脂性，探针可以选择性定位到细胞中的线粒体，实现线粒体中 ONOO⁻ 的荧光检测。该探针可以对细胞中外源性和内源性 ONOO⁻ 进行荧光检测,有望揭示 ONOO⁻ 在相关生物过程中的作用,对活性氧的研究具有重要意义。

硅罗丹明是近几年发展起来的一种新型近红外荧光染料[16-19]。与传统荧光团相比,硅罗丹明具有非常优良的性质,如较大的摩尔吸光系数($>10^4$ dm^3·mol^{-1}·cm^{-1}),良好的水溶性,在水中有较高的量子产率(约 0.3)和近红外发射性质(650～720 nm),硅罗丹明是一种光学性质良好的近红外荧光染料,在近红外荧光成像中具有很好的应用前景。Nagano 报道了一类基于硅罗丹明的次氯酸荧光探针 MMSiR 和 wsMMSiR(图 2-5)[20]。探针 wsMMSiR 与次氯酸反应后开环,释放出近红外荧光,最大发射波长为 670 nm,量子产率为 0.31。探针 wsMMSiR 可以对细胞吞噬过程中次氯酸的释放进行实时监测。研究者利用该探针对小鼠腹膜炎进行了活体近红外荧光成像,实现了活体中次氯酸实时、无损和可视化的成像研究。

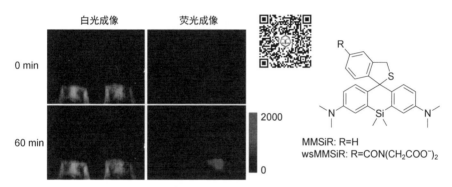

图 2-5　次氯酸荧光探针 MMSiR 和 wsMMSiR 以及腹膜炎小鼠活体成像[20]

2.1.4　展望

单光子激发荧光成像已经成为一种应用普遍的基本方法,在生物学和医学研究领域获得了广泛应用。该方法具有简单灵敏,易于实现无损、实时成像的特点。但是,在实际应用中仍然存在诸多缺陷:①常用荧光染料荧光性质仍需进一步改善和提高。大多数用于荧光成像的商业化荧光染料光稳定性差,易发生光漂白,无法用于长时间的荧光成像观察。常用染料包括 BODIPY、荧光素、罗丹明和花菁染料的 Stokes 位移较小,通常最大激发和最大发射波长只有 20 nm 左右的差别,容易造成激发和发射光谱的重叠。在实际应用中,荧光强度易受激发条件和细胞环境的影响,如激发光波长和强度、细胞内 pH、极性、黏度和探针在细胞内的分布和浓度等都会对有机分子的荧光造成影响,使荧光成像在定量研究上的准确性受到了一定限制。②荧光成像的深度无法满足医学实际要求。单光子成像的一个瓶颈就是有限的光穿透深度。紫外、可见光无法穿过组织表皮,适合细胞或切片成像。即使近红外光的最大成像深度也只有几个毫米,目前近红外荧光活体成像也只能对皮下瘤进行成像,直接对活体内部脏器进行无损成像尚有难度。因此,长期以来,单光子激发成像在临床上的应用受到了限制。近年来,双光子激发荧光成像、近红外Ⅱ区(1000~1700 nm)荧光成像、光声成像等新型光学成像方法的兴起,其成像深度相对传统单光子近红外荧光成像得到了进一步增大,是目前研究的热门领域,有望进一步拓宽单光子激发荧光在生物医学上的实际应用。

2.2 双光子激发

2.2.1 双光子激发荧光产生原理

20世纪30年代初,德国科学家Maria Goppert-Mayer第一次在理论上提出了双光子吸收的设想[21],直到20世纪60年代激光的发明,双光子吸收现象才被实验证明[22]。随着商品化亚皮秒脉冲激光器的出现,使双光子吸收更容易在实验室中被检测和观察到。20世纪90年代初,Denk等首次将双光子激发应用于双光子共聚焦荧光成像,双光子荧光成像得到了飞速发展。目前,双光子共聚焦荧光成像已经发展成为生物和医学研究必不可少的重要工具。

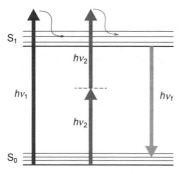

图2-6 单光子激发和双光子激发过程示意图

双光子吸收是一种三阶非线性光学现象,是指在强光条件下,物质同时吸收两个相同的光子经过虚拟"中间态"到达激发态的过程(如图2-6)。在双光子激发过程中,物质到达激发态吸收的两个光子能量与单光子激发到达激发态吸收一个光子的能量相同($h\nu_1 = 2h\nu_2$, $\lambda_2 = 2\lambda_1$),双光子激发波长是单光子激发波长的两倍(实际过程中由于振动弛豫等非辐射过程的存在,双光子激发波长通常小于单光子激发波长的两倍),因此,双光子激发波长通常位于红外区(700~900 nm)[23-28]。在双光子激发模式下,物质吸收一个光子达到虚拟中间态,由于虚拟中间态寿命很短(10^{-15} s),只有在极短的时间内(约0.5 fs)吸收另一个相同的光子才能到达激发态,因此,双光子激发只有在极高的瞬时光子密度(10^{31} 光子·cm^{-2}·s^{-1})的条件下才能发生。物质通过双光子激发达到激发态并产生荧光,称为双光子激发荧光。双光子激发需要极高的光子密度,通常只有在焦点处激发波长三次方的体积(λ^3)内的分子才能有效地被双光子激发,因此具有很高的空间分辨率(图2-7)。这一特征保证了焦点以外的物质不被激发,从而可以有效降低荧光分子的光漂白现象。在双光子激发过程中，双光子吸收强度与两个光子相互作用相关，所以，双光子激发产生的荧光强度与激发光功率的2次方成正比。虽然与单双光子激发荧光的激发模式不同，但是与激发态相关的荧光性质不受影响，例如荧光染料的发射光谱和荧光寿命在单、双光子激发模式下是一致的[29-32]。

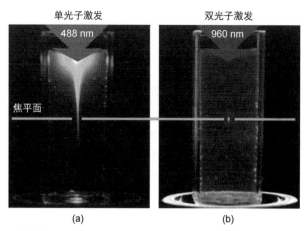

图 2-7　荧光素的单光子激发荧光（激发光源为 488 nm 激光器）（a）和双光子激发（b）荧光图（激发光源为 960 nm 飞秒脉冲激光器）[32]

我们通常用吸光系数来表征单光子吸收能力的强弱。对于物质单光子吸收能力大小，通常用单光子吸收截面 σ_1 来表征，σ_1 通常在 $10^{-15} \sim 10^{-17}$ cm^2 范围内。同样，双光子吸收能力是物质的特性，为了表征双光子吸收能力的大小通常用双光子吸收截面值 δ 来衡量。双光子吸收截面 δ 乘以荧光量子产率（Φ）的结果通常称为有效双光子吸收截面。为了纪念 Goppert-Mayer 对双光子吸收理论的杰出贡献，双光子吸收截面的单位为 GM，1 GM=10^{-50} cm^4·s·光子$^{-1}$·分子$^{-1}$。生物体内的分子如 NADH 和叶酸具有极低的有效双光子吸收截面（<10^{-4} GM），大多数有机荧光团的有效双光子吸收截面值一般在 1~300 GM 范围内，而硒化镉-硫化锌（CdSe-ZnS）量子点的有效双光子吸收截面高达 50000 GM。有效双光子吸收截面越大意味着可以用更低的激发光功率激发产生足够亮的荧光，从而可有效地降低光漂白，有望实现对样本进行长时间的荧光成像观察。

正是由于双光子近红外激发和焦点处激发的特点，双光子激发探针在分析检测和荧光成像上具有无可比拟的优势[33-38]：①双光子激发能够有效避免生物背景荧光的干扰。生物分子包括氨基酸、蛋白质等都具有一定的荧光发射性质，在单光子激发下容易被激发产生背景荧光，降低检测或成像的信噪比。但是，这些荧光分子几乎不具备双光子吸收性质，在双光子激发条件下，只能观察到探针/染料的荧光，从而有效避免了生物背景荧光的干扰，提高了荧光成像和检测的信噪比。②双光子激发波长对生物组织损伤比较小。双光子激发波长通常在近红外区

（700～1000 nm），对生物样品具有极低的光损伤。③近红外激发能对深层生物组织进行荧光成像。由于生物分子对紫外光和可见光有较强的吸光系数和散射能力，紫外光和可见光通常具有较浅的成像深度，仅适用于活体表面成像。而生物组织对近红外光（700～900 nm）的吸收和散射较小，因此近红外光激发在组织中具有较大的成像深度，适于活体成像。同时，由于双光子激发仅发生在激发光焦点处，焦点以外不易发生光漂白，双光子激发下荧光团具有较强耐光漂性质，适合长时间荧光成像观察。这一特点也赋予双光子荧光成像较高的空间分辨率。这些优异特点促使双光子荧光成像广泛应用于细胞和活体动物成像领域。

2.2.2 双光子激发光源

与单光子激发光源相比，双光子激发需要极高瞬时光子密度，因此，普通激发光源无法满足双光子激发条件。飞秒脉冲激光器的出现和商业化，使双光子吸收现象更为容易实现，促使双光子激发荧光成像在生物上获得了广泛的应用和关注。目前，用于双光子激发的光源通常是采用锁模钛宝石飞秒脉冲激光器，这种激光器输出激光波长范围在 680～1000 nm，脉冲频率约为 80 MHz，脉冲宽度约为 100 fs，可以有效地激发双光子荧光团产生荧光，已被广泛应用于双光子激发光物理性质和双光子荧光成像研究。

2.2.3 双光子荧光成像应用简介

近年来，基于双光子激发荧光探针已经广泛应用于生物体中活性物质（包括金属离子、pH、活性氧、活性氮和气体信号分子等）的检测和成像。细胞中金属离子（钙、镁、锌、钠等）的双光子荧光成像是最早开始研究的对象之一。细胞中金属离子含量丰富，与细胞基本功能和生物过程紧密相关。2007 年，Cho 课题组报道了镁离子双光子荧光探针 AMg1 和 AMg1-AM，该探针采用 2-乙酰基-6-(二甲氨基)萘作为双光子荧光团，邻氨基酚-N,N,O-三乙酸作为镁离子荧光探针（见图 2-8）[39]。该探针本身具有弱荧光，与镁离子结合后，荧光增强，最大有效双光子吸收截面为 125 GM（780 nm）。在双光子共聚焦显微镜条件下，利用该探针可以实时、动态观察在羰基氰化氯苯腙（CCCP）刺激下细胞内镁离子浓度动态变化。该探针也可对小鼠脑切片进行双光子成像（图 2-9）。通过脑部切片成像，可以清楚地观察到小鼠脑部组织的形态，其最大观测深度可达到 300 μm，充分证明了双光子荧光成像具有较大的成像深度。

次氯酸是一种重要的活性氧，与免疫、炎症和肿瘤等过程紧密相关。2015 年，袁林和 Chang 报道了第一例次氯酸双光子荧光探针 TP-HOCl-1 和线粒体、溶酶体靶向的双光子荧光探针（LYSO-TP 和 MITO-TP）[40]。该类探针与次氯酸在极短时间（秒级）反应后，产生较强的荧光，实现对次氯酸的高灵敏和高选择性检测。

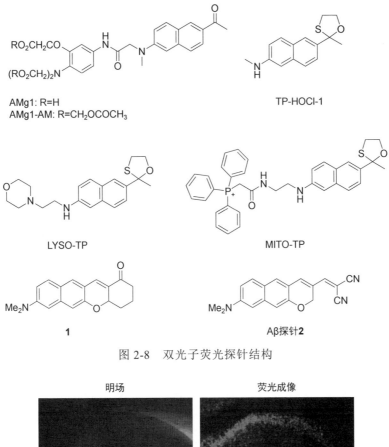

图 2-8 双光子荧光探针结构

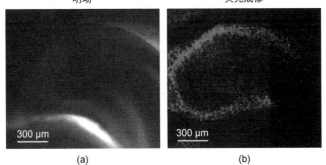

图 2-9 探针 AMg1-AM 用于小鼠脑部海马体切片成像[39]

研究者在该探针共价修饰不同的基团，实现了对不同细胞器的靶向定位成像。该探针修饰三苯基膦基团后具有线粒体靶向性，可对线粒体中的次氯酸进行成像；该探针修饰吗啉基团后可定位于溶酶体，实现对溶酶体中次氯酸的成像。探针 LYSO-TP 和 MITO-TP 不仅可以对亚细胞结构中次氯酸进行双光子成像，还可以应用到 LPS 诱导小鼠腿部炎症组织中次氯酸 3D 双光子荧光成像（图 2-10）。

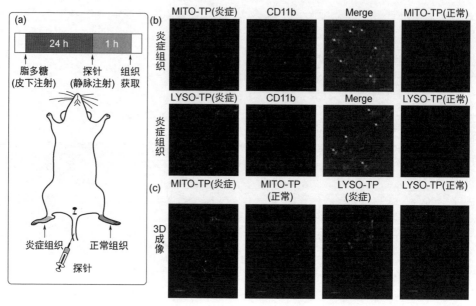

图 2-10　LPS 诱导小鼠腿部炎症过程中次氯酸双光子荧光成像[40]

近年来，掀起了大脑相关疾病的研究热潮。在大脑相关疾病研究中，利用无损和实时的双光子成像对大脑进行可视化研究得到研究者的青睐。韩国科学家 Ahn 等人开发了一类苯并香豆素类双光子荧光团 **1** 和 Aβ 探针 **2**（图 2-8），该类荧光团双光子激发波长在 900 nm 左右，发射在红光区（>600 nm）[41]。较长双光子激发波长和红光发射有效降低了生物背景荧光，增大了成像深度。Aβ 探针 **2** 可以对 Aβ 聚集体进行荧光检测，最大发射波长为 679 nm，最大双光子激发波长为 1000 nm。该探针可以对小鼠的大脑前额皮质中 Aβ 斑块进行深度成像，成像深度达 300 μm。通过双光子荧光 3D 成像可以对 Aβ 斑块在空间分布和形态进行可视化的成像和检测（图 2-11）。这个工作表明利用双光子荧光成像可以很好地对

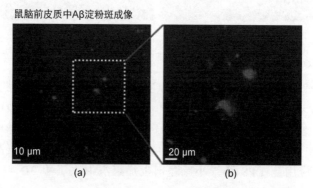

图 2-11　小鼠大脑前额皮质中 Aβ 斑块活体双光子荧光成像[41]

大脑相关的神经性疾病进行无损的可视化研究，同时也说明了双光子荧光成像为当前相关疾病研究提供了一种很有前景的研究工具。

2.2.4 展望

近二十年来，双光子荧光成像已经发展成为荧光成像的一个重要分支，广泛应用于生物和医学研究等领域。双光子荧光成像在细胞、组织切片和活体成像等研究领域发挥着重要作用，揭示了许多重要的生命活动过程和机制。需要指出的是，近年来双光子发展仍然有很多局限。一方面，双光子激发需要用到价格十分昂贵的飞秒钛宝石激光器，限制了它在分析检测和成像中的应用，阻碍了双光子检测和成像的推广。因此，发展低成本用于双光子激发的飞秒脉冲激光器仍是双光子激发亟待攻克的一个重要瓶颈。另一方面，目前双光子激发荧光染料大多是近红外激发，而发射波长往往在紫外和可见光区，无法完全发挥双光子成像在近红外荧光成像的优势和作用。开发近红外激发/近红外发射（NIR-to-NIR）的双光子荧光团仍然是双光子成像发展的一个重要方向。目前，已有研究者在这个方向做出了初步的探索性工作。同时，荧光团的双光子吸收截面远小于单光子吸收截面，开发具有较大双光子吸收截面且兼具良好生物相容性的双光子激发染料/探针，可以有效地发挥双光子成像的优势。通过这些双光子性质的优化，可利用较低功率激光激发染料/探针，减小光漂白和光损伤，增大荧光成像深度，实现长时间对细胞、组织和活体小动物的无损、实时成像观察。

2.3 上转换发光

2.3.1 上转换发光简介

早在20世纪60年代，科学家们就发现了上转换发光过程，上转换发光是一种完全不同于双光子激发的反Stokes发光过程。上转换发光的一般原理为：处于基态1的发光中心吸收激发光光子能量或通过能量转移获取能量到达激发态2，随后，吸收另一个激发光光子能量或发生相应的能量转移过程，促使发光中心到达更高的激发态3。发光中心通过辐射跃迁的形式从激发态3回到基态1或其它能量较低的能级，并发射出高能量光子（图2-12）。与双光子激发不同，此过程具有较长寿命的亚稳态中间能级，从而确保有较多电子处于中间能级以吸收第二个激发光光子的能量[42]。

目前，在低能量连续波激发下发生上转换发光的过程有两种，它们分别是稀土离子的上转换发射和三重态-三重态湮灭（TTA）上转换发光。

2.3.2 上转换发光机理

（1）稀土离子上转换发光

Auzel 等[43,44]在 20 世纪 60 年代就发现了稀土离子的上转换发光过程，在玻璃基质中泵浦 Yb^{3+}，可以观察到 Er^{3+} 的上转换发射。由于稀土离子 f 轨道电子的构型，它们具有丰富的能级，且大部分能级都具有较长的寿命（大约是毫秒级），因此，大多数报道的上转换发光的材料是共掺杂了稀土离子作为敏化剂和激活剂。稀土掺杂材料具有独特的上转换发光性质，包括几百纳米的反 Stokes 位移（甚至可以大于 600 nm），较窄的发射带，较长的发光寿命以及优异的光稳定性。在早期的研究中，这类材料主要应用于构建激光器和防伪等领域[45-47]。近十年来，尺寸、结构和形貌等可控的纳米级稀土掺杂上转换纳米材料被有效合成[48]，这类材料进而逐渐被应用于细胞及活体的生物成像、生物/化学传感及其它光学领域[49]。

稀土上转换发光过程常见的发光机理主要分为三类：激发态吸收（excited state absorption，ESA）、能量转移上转换（energy transfer upconversion，ETU）和光子雪崩（photo avalanche，PA）。由于光子雪崩在纳米尺寸的稀土掺杂材料中极其少见，因此我们主要讨论另外两种发光机理。

激发态吸收是最简单的上转换发光过程，是指具有多个能级的单个离子通过亚稳态能级连续吸收两个或多个激发光光子的能量跃迁至更高能级的激发态，然后再通过辐射弛豫回到基态的过程。其具体过程如图 2-12（a）所示，处于基态 G 的电子通过基态吸收过程吸收一个激发光光子到达亚稳态能级 E_1。若亚稳态能

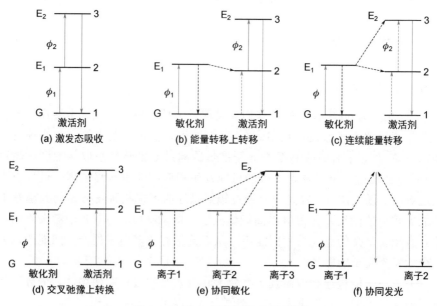

图 2-12 稀土上转换发光机理[42]

级 E_1 和更高激发态能级 E_2 之间的能级差与激发光光子的能量相匹配,处于 E_1 能级的离子就会再吸收一个光子到达 E_2 能级,之后从 E_2 能级返回基态产生上转换发光。为了使 ESA 过程更为有效,发光中心需具有阶梯状分布的能级(而只有少数离子如 Er^{3+}、Ho^{3+}、Tm^{3+} 和 Nd^{3+} 具有这样的能级结构),且能级差需与商品化的半导体激光器的激发波长相匹配(大约 975 nm 或 808 nm)。另外,为了促使 ESA 更容易发生,需要有较高的泵浦功率密度和较大的吸收截面。而如此苛刻的要求,限制了 ESA 的应用。同时,ESA 易发生在较低掺杂浓度(<1%)的情况下,如果掺杂浓度过高会导致不利的非辐射交叉弛豫过程,从而降低上转换发光效率[45]。

能量转移上转换是目前最有效的上转换发光过程,与只需单个稀土离子的 ESA 过程不同,能量转移上转换过程涉及两个相邻的不同离子,比 ESA 过程更为有效。两种不同的离子分别称为敏化剂和激活剂,敏化剂具有比激活剂更大的吸收截面。如图 2-12(b)~(f)所示,有五种形式的能量转移,分别是伴随 ESA 的能量转移上转换、连续能量转移、交叉弛豫上转换、协同敏化、协同发光[45,50]。前三种能量转移过程不涉及协同效应,如伴随 ESA 的能量转移,敏化剂首先吸收一个泵浦光子,从基态 G 跃迁到亚稳态能级 E_1,之后敏化剂通过偶极-偶极相互作用将能量以非辐射形式传递给处于基态 G 或 E_1 激发态的激活剂,使激活剂到达能量更高的 E_2 能级,而敏化剂则回到基态。在连续能量转移过程中,只有敏化剂吸收光子,激活剂则通过两次能量转移过程到达其亚稳态能级 E_1 和激发态 E_2。如果敏化剂和激活剂具有类似的性质,交叉弛豫上转换则会发生。在 E_1 激发态时,敏化剂和激活剂都可以吸收激发光子的能量,随后,发生能量转移过程促使激活剂到达 E_2 激发态,而敏化剂则回到基态。后两种上转换发光过程由于有多个离子中心参与敏化或发光过程,因此涉及协同效应。在协同敏化过程中,两个离子分别各吸收一个光子,之后一起将能量转移给第三个离子,使其跃迁至 E_2 激发态。对于协同发光,两个相互作用的离子分别各吸收一个光子,协同产生上转换发射。ETU 过程中的上转换效率依赖于相邻敏化剂-激活剂之间的平均距离,而该距离由稀土离子的掺杂浓度决定,因此 ETU 过程对稀土离子的掺杂浓度具有一定要求。由于稀土离子的吸收截面小、吸收光谱窄,因此稀土掺杂上转换纳米颗粒(UCNP)的发光效率非常低,这已成为该领域亟待解决的问题之一。

(2)三重态-三重态湮灭上转换(TTA-UC)

另一种上转换发光过程则是三重态-三重态湮灭上转换(TTA-UC)。20 世纪 60 年代,Parker 等研究者在吸收和发射都处于紫外光区的有机发色团中首次发现了 TTA 过程[51]。由于发光效率较低、严重的氧气诱导的发光猝灭以及有机发色团较差的光稳定性,TTA 过程一直未引起研究者的广泛关注[52-55]。直到 2005 年,在商品化低功率绿色激光激发下（<5 mW，532 nm），肉眼观察到了 TTA 上转换发射，TTA 过程才引起了研究者的广泛关注[56]。目前，已有大量基于有机染料和金属配合物的 TTA 上转换过程的报道，其发光过程主要集中在有机溶剂、固态聚合物基质和疏水纳米颗粒中，而这些材料的发射光谱范围则可从紫外光区到近红外光区，在光电器件和生物成像等领域都有应用[52-55]。

与稀土离子的上转换发光不同，TTA 上转换发光过程中的敏化剂和湮灭剂都是小分子发色团，且以它们的三重态作为中间能级。如图 2-13 所示，在一个典型的 TTA 上转换发光过程中，敏化剂首先被长波长的激发光激发至单重激发态 $^1S^*$，之后，敏化剂通过系间窜越到达三重激发态 $^3T^*$。通过三重态-三重态能量转移（TTET），敏化剂将其三重态能量转移至湮灭剂并跃迁至基态。重复此过程产生大量具有较长三重态寿命的湮灭剂，当两个处于三重激发态的湮灭剂发生碰撞时，湮灭剂到达单重激发态，随后通过辐射跃迁的形式回到基态，从而产生有效的 TTA 上转换发光过程[52]。TTA 上转换发光效率远远高于稀土掺杂纳米颗粒的上转换发光，但是 TTA-UC 材料通常是通过自组装的方式制备，对环境较敏感，因此 TTA-UC 材料的稳定性在一定程度上限制了其实际应用。

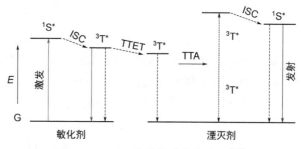

图 2-13　TTA 上转换发光示意图[42]

2.3.3　上转换发光激发光源

与同时吸收两个或多个近红外光子的双光子过程不同，上转换发光过程由于存在长寿命的中间能级，可连续吸收激发光子的能量，因而可使用功率较低的连续光源作为激发光，如连续波激光器、氙灯、卤素灯，甚至是太阳光。稀土掺杂上转换纳米材料通常选用 Nd^{3+} 和 Yb^{3+} 离子作为敏化剂，其吸收分别位于 808 nm 和 980 nm 处，因此可选用商品化 808 nm 和 980 nm 连续波激光器作为激发光源。而目前 TTA-UC 材料的敏化剂吸收波长大多位于紫外/可见光区，因此可选用与单光子激发荧光相同的激发光源，如氙灯、卤素灯或激光器等。相较于价格昂贵的飞秒激光器，上转换发光的激发光源便宜易得，较大程度地促进了上转换发光在生物医学等研究领域的应用。

2.3.4 上转换发光的生物分析应用简介

上转换发光长波激发短波发射的特点使其能够有效地避免来自生物样本的自发荧光从而提高信背比,另外,低能量激发光可有效降低对生物组织的光损伤,因此,上转换发光特别适合应用于生物成像。

Zijlmans 首次报道了利用稀土掺杂上转换纳米颗粒(UCNP)进行高性能的生物成像,他们利用亚微米尺寸的 $Y_2O_2S:Yb/Tm$ 纳米颗粒通过免疫组化技术研究前列腺癌胚抗原(PSA)在石蜡包埋的人前列腺组织中的分布[57]。他们观察到在 NIR 光激发下,非特异性自发荧光被完全消除,且在连续的高能量激发光辐射下,UCNP 也未发生光漂白现象。

近几年,UCNP 已被广泛应用于高对比度生物成像,将表面未功能化的 UCNP 与多种不同细胞系孵育,它都可以通过内吞作用进入细胞,并在 NIR 激光激发下,观察到明显的上转换发光信号[58]。徐淑坤等将表面偶联了抗体的 $NaYF_4:Yb/Er$ 纳米颗粒应用于高特异性的细胞膜表面抗原表达的 HeLa 细胞染色和成像(图 2-14)[59]。Zako 等在 $Y_2O_3:Er$ 纳米颗粒表面修饰环形肽 RGD,发现该纳米复合物可以特异性靶向 $\alpha_v\beta_3$ 整合素过表达的癌细胞[60]。

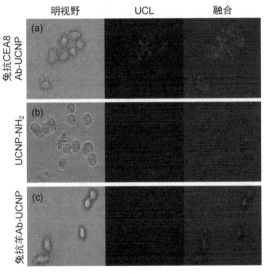

图 2-14 上转换纳米颗粒用于高特异性细胞膜表面抗原表达的 HeLa 细胞染色和成像[59]

由于 UCNP 近红外激发具有较大的组织穿透深度、较高的信背比以及较低的生物毒性,因而 UCNP 材料也非常适合应用于活体成像[61]。目前,已有大量关于 UCNP 应用于活体成像的报道,其生物模型包括细菌、秀丽隐杆线虫、小鼠、兔子以及植物等。张勇等通过皮下注射和肌肉注射两种方式向小鼠身体表面和深层组织注射 UCNP 和量子点，在近红外光激发下，可以观察到明显的绿色上转换发光，而量子点由于需要紫外光激发，未观察到任何发光信号[62]。该研究证实了 UCNP 在体内成像邻域的优势。随后，UCNP 在示踪、特异性靶向及高分辨率、高灵敏度成像等领域得到了广泛应用[63-66]。

TTA-UC 材料应用于生物成像的报道还较少，李富友等利用二氧化硅包覆敏化剂与湮灭剂获得了 532 nm 激发，蓝光发射的 TTA-UC 纳米颗粒，并将其应用于细胞以及小鼠淋巴成像[67]。随后他们又利用 BSA-左旋糖苷稳定的油滴将敏化剂和湮灭剂进行组装，从而有效降低由于发色团聚集和氧气导致的 TTA 上转换发光猝灭。利用该材料，可在 635 nm 激发光照射下，直接实现小鼠高对比度上转换发光成像（图 2-15），并无需对小鼠进行皮肤移除处理[68]。

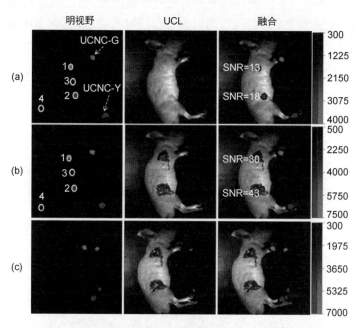

图 2-15　635 nm 激发 TTA 上转换发光材料应用于小鼠成像[68]

2.3.5　展望

近年来，上转换发光材料由于其优异的光物理和化学性质引起了研究者的广泛关注，并在生物医学研究领域发挥着重要的作用。但是，无论是 UCNP 还是 TTA-UC 材料仍存在其亟待解决的问题。对于 UCNP 而言，极低的发光效率严重制约了其进一步发展。因此，利用天线敏化作用提高纳米颗粒对激发光的吸收能力为提高 UCNP 发光效率提供了有效途径。在生物应用过程中，UCNP 在体内无法进行生物降解，因此，UCNP 的生物安全性也越来越引起研究者的关注。发展有效的合成及表面功能化方法使 UCNP 在生理条件下具有长时间的稳定性，且易被生物体清除，是解决该问题的关键。而 TTA-UC 所面临的瓶颈首先则是其较低的光稳定性及化学稳定性。这是由于：TTA 过程中的敏化剂和湮灭剂都为有机发色团，光稳定性不佳；三重态易受氧气影响，TTA 上转换发光易被氧气猝灭；敏化剂和湮灭剂通常是通过弱相互作用进行组装，对周围环境极其敏感。因此，急需发展新型的敏化剂与湮灭剂材料及材料合成方法来克服这一难题。其次，目前报道的 TTA 上转换体系激发/发射仍处于可见光区，在组织中的穿透深度较低。所以，发展近红外激发/发射的 TTA 上转换材料也是该领域一个重要的研究方向。

2.4 化学发光（化学能激发）

2.4.1 化学发光的发展历程

化学发光现象最早发现于一些生物体内，如萤火虫、海洋生物等，但是当时人们难以解释其发光机理。19 世纪后期，人们开始发现某些非生物类的有机化合物也可以出现化学发光现象。1877 年，Radziszewski 发现洛芬碱（lophine，2,4,5-三苯基-1,3-咪唑）在碱性条件下被过氧化氢等物质氧化时可以发射绿光。但是在此发现之后，化学发光方向的研究进展十分缓慢，直到 1928 年，Albrecht 观察到鲁米诺（luminol，3-氨基苯二甲酰肼）在碱性介质中的化学发光现象。这一发现是有机化合物化学发光研究史上的里程碑，鲁米诺化学发光体系至今仍在各类化学发光体系中占据重要地位。1935 年，Gleu 和 Petsch 发现了光泽精（lucigenin，N,N-二甲基吖啶硝酸盐）与过氧化氢化学发光体系，该体系具有较高的化学发光效率。

大部分化学发光体系的发光强度十分微弱、发光时间短暂，这在化学发光的研究早期带来了一些困难。高灵敏度光电传感器的诞生解决了这一问题，从 20 世纪 70 年代开始，化学发光研究领域进展较快。20 世纪 80 年代，我国陕西师范大学、福州大学、武汉大学等开始对化学发光现象进行原始研究[69]，之后人们成功合成了许多新种类的化学发光化合物，并逐步建立了较完善的化学发光体系[69-71]。

2.4.2 化学发光的基本原理及特点

化学发光是分子吸收化学反应所产生的化学能而被激发并发射光子的过程。其基本原理为：在通常情况下，大多数分子处于较为稳定的基态最低振动能级，某些分子在化学反应的过程中吸收了反应产生的化学能之后，其电子会被激发，分子从基态跃迁至激发态，激发态分子是不稳定的，会通过多种去活化过程（包括辐射跃迁和非辐射跃迁过程）返回基态。在返回基态的过程中，若能量以光子的形式释放出来，发射出一定波长的光，就会发生化学发光现象。化学发光不需要外界提供激发能，这是它和其它发光过程的一个显著区别。

化学发光的产生需要满足以下基本条件：相关的化学反应需要释放足够多的能量，足够发光物质从基态跃迁至激发态，许多氧化还原反应可以满足这一能量要求，所以目前发现的大多数化学发光体系是氧化还原体系；化学反应产生的能量至少需要能被一种物质所接受，并且被激发到激发态；处于激发态的分子需要具备一定的化学发光量子效率，可以释放出光子，或者可以转移它所吸收的能量给另一个分子，使该分子被激发并且释放出光子，而不是以热的形式释放激发能。

化学发光有直接发光和间接发光两种基本类型（如图2-16）。

直接发光过程：
化学发光反应物1 + 化学发光反应物2 ——→ 化学反应激发态产物 + 化学反应其他产物
化学反应激发态产物 ——→ 化学反应激发态产物的基态形式 + 发光信号

间接发光过程：
化学发光反应物1 + 化学发光反应物2 ——→ 化学反应激发态产物 + 化学反应其他产物
荧光剂的基态形式 + 化学反应激发态产物 ——→ 荧光剂的激发态形式 + 化学反应激发态产物的基态形式
荧光剂的激发态形式 ——→ 荧光剂的基态形式 + 发光信号

图2-16 化学发光的过程

化学反应的激发态产物（C^*）在返回基态（C）的过程中，直接释放光子的过程为直接发光过程。然而在一些化学发光体系中，由于激发态产物本身不能发光或者发光能力很弱，所以加入荧光剂（F）作为能量受体，荧光剂吸收激发态产物的能量跃迁至激发态（F^*）后发光。

根据参与反应的物质种类分类，常见的化学发光体系有：鲁米诺与强氧化剂（如过氧化氢、高锰酸钾、铁氰化钾等）化学发光体系、吖啶酯类化学发光体系（如光泽精与过氧化氢）、过氧化草酸酯类化学发光体系、碱性高碘酸钾化学发光体系、酸性高锰酸钾化学发光体系、酸性硫酸铈化学发光体系、中性稀土配合物化学发光体系等。此外，还可以根据反应介质的不同，将化学发光体系分为气相化学发光（主要包括臭氧、一氧化氮、挥发性硫化物等物质的化学发光反应）、液相化学发光、固相化学发光和非均相化学发光几类。

2.4.3 化学发光分析的仪器

化学发光过程实际上是依靠化学反应自身的能量激发而发光，所以与之相关的分析测试仪器只需要检测光信号并且记录、传输检测结果即可。然而由于大多数化学发光产生的光信号比较微弱且时间较短，给检测造成了一定的困难，所以起初化学发光分析的发展较慢。光电倍增管出现之后，人们于 1950 年制造出了商品化的化学发光测试装置，并于 20 世纪 60 年代，初步实现了对化学发光信号的定量分析。时至今日，化学发光分析已经得到了较大的发展，检测方法从最初的照相法，发展为光电法和电荷耦合法；检测对象也从便携式单管样品，发展为 48、96、384 等多孔微孔板样品；仪器的操作方式从手动检测，发展为原位、自动、在线检测。

如图 2-17 所示，化学发光分析仪器包含以下基本构造：

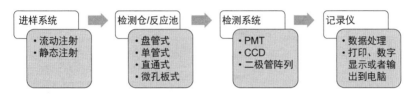

图 2-17　化学发光分析仪器的基本构造

进样系统负责将化学发光反应所需要的试剂以特定的方式注入反应池中，该过程需要实现精确的定量加样，来保证测量的一致性；反应池是化学发光反应进行的场所；检测系统负责收集化学发光反应产生的光信号，并对其进行信号转换和扩大；记录仪负责对收集到的信号进行处理，并且进一步以各种方式输出检测结果。

2.4.4　化学发光的应用及展望

化学发光分析法是一种痕量分析方法，在化学发光反应中，当物质被化学能激发之后，在其返回基态的过程中会以光子的形式释放出能量，化学发光的强度依赖于化学反应的速率，而反应速率又依赖于参与反应的物质浓度。化学发光分析法的定量原理为：参与反应的待测物的浓度与化学发光强度在一定条件下为线性关系，通过检测化学发光强度，就可以确定待测物的浓度。

化学发光分析法在实际应用中具有以下优势：不需要外部光源和色散装置，不仅避免了入射光对检测的干扰，同时避免了外加光源不稳定时可能导致的波动，大大降低了噪声，提高了信噪比；检测灵敏度高、线性范围宽[72]；设备简单，可以实现快速分析和自动化检测（例如流动注射化学发光分析）。

化学发光分析的检测对象有以下几种：化学发光反应中的反应物；化学发光反应中的催化剂、增敏剂、抑制剂；偶合反应中的反应物、催化剂、增敏剂等。除此之外，还可以用能产生化学发光现象的分子标记其它物质，有效地拓展了化学发光分析法的应用范围[73]。目前化学发光分析法已经用于多种物质的检测，如无机化合物的检测（金属离子、其它无机化合物等）、有机化合物的检测（有机酸碱、氨基酸、糖类、药物、胆固醇类脂等)、生物领域的检测(血浆和血清、尿液、红细胞等)[74]。如图 2-18 所示,徐国宝课题组构建了青蒿素-鲁米诺化学发光体系,实现了对血迹高灵敏、高选择性的检测。

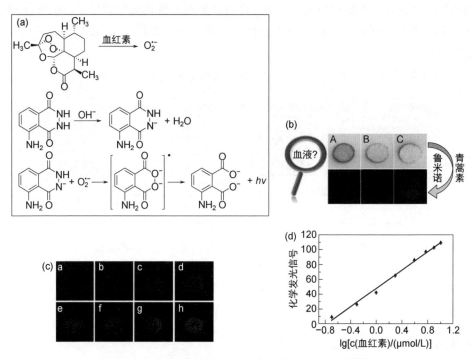

图 2-18 化学发光分析法对血液的选择性检测[74]

(a) 青蒿素-鲁米诺化学分光体系检测血迹的反应机理;(b) 在滤纸上检测不同样品的效果图 (A—咖啡样品;B—红茶样品;C—血液样品);(c) 稀释不同倍数的血液样品的化学发光成像 (A—100000 倍;B—50000 倍;C—20000 倍;D—10000 倍;E—5000 倍;F—2000 倍;G—1000 倍;H—500 倍);(d) 化学发光信号强度与血液样品浓度 (取对数) 的线性关系

在具有高检测灵敏度的同时,化学发光分析也具有一些局限性,如检测的选择性较差、化学发光体系较少等。针对上述局限性,目前化学发光分析的发展趋势为:完善现有的化学发光体系和开发更多新的化学发光体系,以及将化学发光技术与其它技术联用。对现有体系的完善包括针对发光效率较低或者反应速率较慢的化学发光体系开发高效催化剂、对有化学发光性质的分子进行结构修饰来提高发光效率等[75]。而与部分方法联用则可以改善化学发光分析法选择性一般的问题,对待测样品实现高效的分离,也可以对样品中含量较少的待测物实现富集,最终同时实现较高选择性和高灵敏度的检测。例如将化学发光分析法与毛细管电泳技术或高效液相色谱联用,在进行化学发光反应之前,对样品进行前处理(包括复杂组分的分离和低组分含量的富集),从而改善检测效果[76,77]。除此之外,化学发光技术还可以与免疫分析技术联用（图2-19），采用化学发光分子可以对抗体或者抗原实现无辐射、有效期长的标记，同时兼具了高灵敏度和高特异性的检测优势[78,79]。

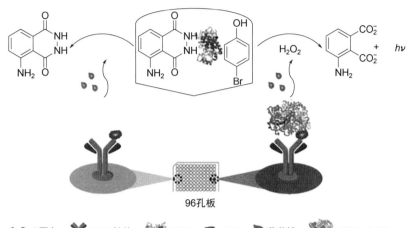

图2-19 化学发光法与免疫分析技术联用检测黄曲霉素B1[79]

2.5 电致化学发光

电致化学发光（electrochemiluminescence，ECL）是以电化学和化学发光为基础发展起来的一种分析方法，也被称为电致发光。19世纪20年代科学家首次发现电致化学发光现象[80,81]，但对这种电化学技术尤其是机理方面的研究则始于20世纪60年代的一些开创性工作[82-84]。随后，电子技术和电化学设备的迅猛发展极大地推动了电致化学发光技术的发展进步，到20世纪80年代后电致化学发光技术开始与其它多种检测技术联用，从而提高了电致化学发光检测的稳定性和重现性，实现了电致化学发光在分析检测中的应用[85,86]。进入21世纪以来，分析学家对电致化学发光方法的研究热情空前高涨，机理研究进一步深入，应用领域也进一步拓宽，分析性能亦进一步完善。目前，电致化学发光技术已作为一种高效、灵敏的分析检测技术，在生命分析、环境监测和食品安全等领域获得了广泛应用。

2.5.1 电致化学发光的特点

电致化学发光是通过在含有发光物质的电极表面施加一定的电压或通过一定的电流从而发生电化学反应产生某种物质，该物质与自身或溶液中的其它物质进行电子转移反应形成激发态,随后从激发态回到基态而产生发光的一种现象[87,88]。电致化学发光检测仪器设备简单,操作方便,其主要组成部分包括电信号发生装置和发光检测装置两个部分。该方法结合了电化学和光谱学的独特分析优势:首先,与基于光致发光的分析方法不同,电致化学发光无需借助外来光源激发,因而其背景信号(如散射光、自荧光)明显降低,无需使用昂贵的仪器即可获得高灵敏度和高信噪比的检测;其次,电致化学发光信号可以由施加在电极上的电势精确控制,其高重现性和高精度克服了电化学方法的一些不足;最后,电致化学发光技术不同于化学发光方法的是可以利用定向修饰电极来构建高选择性的传感系统[89]。

2.5.2 电致化学发光的发光机理

电致化学发光作为一种由电化学反应激发的化学发光现象,许多的电活性物质都可以直接或间接的产生电致化学发光响应,应用较多的发光试剂主要包括酰肼类化合物(如鲁米诺)、吖啶类化合物(如光泽精)、金属配合物(如钌联吡啶)及半导体纳米材料(量子点)等。根据发光过程中电位控制的方法以及参与发光反应的物质种类,电致化学发光的发光机理可以分为湮灭型(annihilation)和共反应剂型(coreactant)两类[90]。

湮灭型 ECL 是指在电极表面施加一定波形的电压或电流信号进行电解,电解形成的氧化态自由基和还原态自由基发生湮灭反应后形成发光物质的激发态,再经过弛豫后发光。此方式按激发态分子产生的路径可以分为单重激发态途径和三重激发态途径两类。

湮灭型 ECL 过程可按下列反应式表达:

$$S - e \longrightarrow S^{\cdot+} \quad \text{电极氧化}$$

$$S + e \longrightarrow S^{\cdot-} \quad \text{电极还原}$$

$$S^{\cdot+} + S^{\cdot-} \longrightarrow {}^1S^* + S \quad \text{单重激发态途径}$$

$$\left.\begin{array}{l} S^{\cdot+} + S^{\cdot-} \longrightarrow {}^3S^* + S \\ {}^3S^* + {}^3S^* \longrightarrow {}^1S^* + S \end{array}\right\} \text{三重激发态途径}$$

$${}^1S^* \longrightarrow S + h\nu \quad \text{化学发光}$$

当电解产生的氧化态自由基 $S^{\cdot+}$ 和还原态自由基 $S^{\cdot-}$ 反应产生的能量较高时,可以通过产生单重激发态来产生 ECL 辐射,如果 $S^{\cdot+}$ 和 $S^{\cdot-}$ 反应产生的能量比较低,不足以产生单重激发态时,则可以通过三重激发态途径发生 ECL 辐射。但由于水溶液中的 $S^{\cdot+}$ 和 $S^{\cdot-}$ 有时不够稳定,而且 ECL 溶剂的电位窗口太窄,不利于 $S^{\cdot+}$ 和 $S^{\cdot-}$ 的形成,湮灭型 ECL 过程也容易受溶液中氧猝灭效应的影响[90],所以共反应剂型 ECL 的研究应用范围更广。

共反应剂型 ECL 过程可按下列反应式表达：

$$S - e \longrightarrow S^{\cdot +} \quad \text{电极氧化}$$

或

$$S + e \longrightarrow S^{\cdot -} \quad \text{电极还原}$$

$$S^{\cdot +} + R \longrightarrow {}^1S^* + O \quad \text{与还原剂反应}$$

或

$$S^{\cdot -} + O \longrightarrow {}^1S^* + R \quad \text{与氧化剂反应}$$

$$^1S^* \longrightarrow S + h\nu \quad \text{化学发光}$$

共反应剂型 ECL 是指具有电致化学发光性能的化合物在电极表面被电解氧化或还原后可以与溶液中的还原剂 R 或氧化剂 O（共反应剂）之间发生电子转移反应，形成发光物质的激发态，然后产生光辐射。因此，若体系中存在共反应剂时，仅在电极表面施加正或负电压，即可产生电致化学发光。这类 ECL 的主要优点是，自由基能在水溶液中形成并由此产生 ECL，无需电位循环，与普通有机溶剂相比，电位较低，为电致化学发光生物分析开辟了广阔的应用领域[91]。许多发光试剂如碱性鲁米诺、光泽精、一些量子点材料等的 ECL 均属于共反应剂型发光机理。

2.5.3 电致化学发光的应用

电致化学发光技术由于其固有的低背景和电势可控性，已成为一种高灵敏分析工具并应用于检测多种目标物，包括金属离子[92]、小分子[93]、DNA[94]、蛋白质[95]、细胞[96]和免疫分析[97]等。此外，由于 ECL 技术具有较好的时空分辨性，且电致化学发光成像法可以很好地观察电极表面电化学发光强度的分布情况，因此电致化学发光成像法在多目标分析领域快速发展，并成功应用于高通量单细胞检测[98]、基因毒素筛查[99]等。

ECL 分析技术结合了抗原-抗体相互作用的高亲和力和 ECL 的内在特性，对临床样品中分析物的高灵敏度和高选择性检测方面具有广阔的应用前景。袁若等[100]利用一步水热法制得的 SnS_2 量子点（SnS_2 QDs）作为新型电致化学发光试剂，实现了巨细胞病毒 pp65 抗体的超灵敏检测。量子点是一类很有前景的 ECL 材料，可通过调节量子点的组成和尺寸，实现 ECL 波长覆盖可见光到近红外光区域。该团队首次利用 SnS_2 QDs 作为 ECL 材料，并以过硫酸根（$S_2O_8^{2-}$）作为共反应试剂和银纳米花（Ag NFs）作为共反应促进剂构建了 SnS_2 QDs/$S_2O_8^{2-}$/Ag NFs 的三元电化学发光体系（图 2-20），结合环形多肽-DNA 纳米机器来扩增放大，在 1 fmol/L～100 nmol/L 范围内对 pp65 抗体表现出良好的线性响应，其检测限低至 0.33 fmol/L，为高灵敏度和高选择性地疾病临床诊断开辟了一条有效途径。

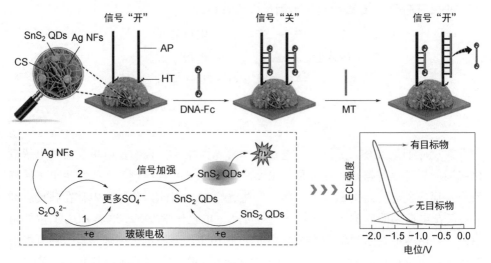

图 2-20　$SnS_2\ QDs/S_2O_8^{2-}/AgNFs$ 的三元电化学发光体系[100]

肿瘤的发生和发展往往涉及不同肿瘤标志物分子的综合量化信息，目前已报道的生化传感器大多用于单一肿瘤标志物检测，经常会导致临床分析中假阳性或者假阴性结果的出现。多目标生化分析方法不仅可以有效地提高医学诊断的准确性，还可以缩短分析时间、降低检测成本。电化学发光免疫分析是最新一代的商业化临床免疫检测技术，但传统的强度依赖型电化学发光免疫分析只能对疾病标志物进行逐一或平行分析，过程耗时且样本消耗量大。基于微孔板阵列的电化学发光成像免疫分析平台可实现多个疾病标志物的同时检测，但此平台往往需要制备性能稳定的多抗体预包被的微阵列电极，工艺较为复杂。苏彬等[101]基于多模式电化学发光测量与成像平台，利用几种合成的电化学发光波长迥异的钌、铱金属配合物的电化学发光具有电位跟随性的性质，建立了一种电位分辨多色电化学发光体系，并将其成功应用于宫颈癌中多种肿瘤标志物的同时识别和检测（图 2-21）。

尽管电致化学发光技术近几年来发展快速，出现了许多新型的电致化学发光试剂，拓宽了电致化学发光传感策略，高通量电致化学发光免疫分析技术也已经商业化，但是该技术未来仍有许多的挑战需要解决。首先，开发稳定、高效、经济的电致化学发光试剂，目前广泛应用的电致化学发光探针是 $Ru(bpy)_3^{2+}$ 类配合物，这类探针的价格高昂且氧化还原电势高；其次，构建新型的电化学发光平台并与其它技术联用满足各类研究需求；最后，进一步开展电化学发光机理的研究，为提高电化学发光效率提供理论基础。

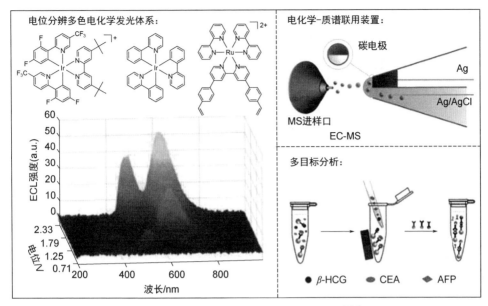

图 2-21 电位分辨多色电化学发光体系[101]

2.6 生物发光

2.6.1 生物发光的发展历程

很久之前，人们已经发现了生物发光现象。公元前，亚里士多德就描述了真菌和死鱼的生物发光现象。1668年，罗伯特·波义耳通过实验证明生物发光过程需要氧气的参与。1885年，法国生理学家 Dubois 首次较清楚地解释了生物发光的机制。在实验中，他分别提取了荧光甲壳虫素的冷水提取物（具有对热不稳定的特性）和热水提取物（具有对热稳定的特性），并且发现在氧气的存在下，两种提取物可以在混合时发光。后来冷热水提取物分别被命名为参与生物发光反应的必需物质：荧光素酶和荧光素（luciferin）❶。

如图 2-22 所示，目前已经发现了多种具有生物发光现象的生物，如细菌、真菌、昆虫、水母、乌贼、海星、鱼类、虾类等，其中很大一部分生活在海洋中。绝大多数生物依靠荧光素-荧光素酶系统发光，而不同结构的荧光素-荧光素酶反应体系，可以产生不同波长的生物发光。

2.6.2 生物发光的基本原理及特点

生物发光是一种特殊类型的化学发光，生物发光过程存在于生物体内，不依

---

❶ 本小节中的荧光素泛指所有在生物体内发现的，可产生生物发光的物质。有别于染料分子荧光素（fluorescein）。

图 2-22 自然界中的生物发光现象

赖对外界能量的吸收，而且是体内合成的化学物质在相应酶的催化下，高效地将天然酶促化学反应产生的化学能转变为光能的过程，该过程所发出的光辐射，是生物体释放能量的一种方式。

生物发光现象是通过荧光素和荧光素酶的化学反应产生的，同时几乎所有生物发光过程都需要氧的参与；生物发光反应属于酶-底物类型的反应，但是它们的复杂程度不同，所以不同的生物发光反应会涉及不同数目、不同结构的底物（荧光素）和酶（荧光素酶），从而发出不同波长的光；生物发光的波长范围很宽，几乎可以包括所有的可见光区域。

生物发光现象可以根据发光生物的种类不同而分类，如萤火虫发光、节足动物和鱼类发光、腔肠动物发光、细菌发光等，但是目前只有几个确定物种的生物发光体系研究得较完善，可以被应用于分析定量实验和活体成像研究[102,103]。

2.6.3 生物发光分析的仪器

与化学发光类似，生物发光过程不依靠外部光源的能量刺激，所以应用于生物发光分析的仪器，只需要检测生物发光信号并进行处理、输出即可。虽然生物发光过程的能量转化效率接近百分之百，但是每个催化反应产生的光子数有限，所以在微量反应中，肉眼难以观察到生物发光现象。在生物发光分析中，需要依靠具有电荷耦合器件（charge-coupled device，CCD）等装置的高灵敏度检测器来实现对于光信号的捕捉。与此同时，生物发光分析的检测器不需要安装光学滤片，因此缩短了待测样品和检测器之间的距离，可以提高检测效率。

2.6.4 生物发光的应用及展望

生物发光的光信号强度与反应中产生的光子数量呈线性相关，而在一定的范围内，光子产生的速率又与酶促反应中荧光素的浓度、荧光素酶的浓度以及 ATP 的含量呈线性相关。所以在生物发光检测体系中，如果保持其它反应成分的浓度过量而且恒定，就可以通过测定光信号强度来确定某个与生物发光反应相关的物质浓度或者生物学活性。生物发光只需依靠天然的酶促化学反应而发光，在应用时不需要添加外界光源供能,所以在检测中,具有低本底和高灵敏度的优势。除此之外,由于生物发光反应的相关物质来源于生物体内,所以这些物质在引入生物样品时具有非放射性、非侵袭性、非创伤性的特点,荧光素作为荧光素酶的底物,在参与反应时会被荧光素酶包裹在其结构内部,有效避免了对活体生物样品正常的生理活动和其它酶促反应的潜在影响。将生物发光应用于活体成像中,可以实现实时动态的检测。

生物发光最早的应用是对 ATP 实现定量检测,这一方法至今仍可以用于快速检测细胞活性[104]。ATP 是生物发光反应的必需物质,在一定的范围内,ATP 的浓度与生物发光强度呈线性关系,与此同时,ATP 作为生物进行生命活动的能量来源,其浓度又与细胞活性密切相关。正常情况下生物体内的 ATP 含量较为稳定,一旦细胞处于死亡状态,ATP 的合成立即停止,但 ATP 酶仍然具有活性,会导致 ATP 的浓度急剧下降。所以提取细胞内的 ATP,利用生物发光法测量样品提取物的发光强度,代入由 ATP 标准试剂作出的标准曲线中,即可对样品提取物中所含的 ATP 进行定量,从而进一步得到样品中活细胞的含量。通常情况下反应过程较快,只需要几分钟即可完成,而且检出限很低,最低可以达到 10 个细胞以下。另外还有报道利用上述原理检测消耗 ATP 的生物酶的浓度,从而研究某些相关的生物过程,如 CAMP-蛋白激酶 A—ATP 体系中各物质的活性变化情况[105]。

除了检测样品提取物溶液的生物发光情况之外,生物发光活体成像技术也在生命科学领域得到了广泛的应用,该方法能够实时、动态地监测活的生物体内活性分子的分布和生理过程,对于肿瘤迁移、基因表达等研究领域有重要辅助作用[106]。如图 2-23 所示,组织蛋白酶 B(cathepsin B)在多种肿瘤细胞中存在过表达现象,通过构建对其响应的激活型生物发光探针,可以实现肿瘤部位的生物发光成像。

在具体的应用中,可以通过对荧光素(底物)的结构进行修饰,影响生物发光反应中酶与底物的识别过程或者与 ATP 的相互作用过程,从而检测某些物质的生物学活性。这一检测方法的原理为:将待测物的识别基团修饰到荧光素与酶互相识别的关键位点或者与 ATP 作用的关键位点时,就会对它们之间的相互识别、相互作用产生影响,导致生物发光反应无法进行或者发光强度明显减弱。而当待测物质存在时,可以切除这个识别基团,使之与荧光素分离,游离出来的荧光素可以在 ATP、荧光素酶的作用下,发生生物发光现象[107]。如果保证 ATP、荧光素酶等反应成分充足且持续过量,而且反应条件稳定时,生物发光的强度就与游离出来的荧光素在一定范围内呈线性相关,而游离出来的荧光素浓度又与待测物的生物活性或者浓度正相关,由此可以实现对待测物的定量。目前已经有用该方法检测半胱氨酸、半胱氨酸-天冬氨酸蛋白酶活性(与细胞凋亡相关)、caspase-1、钙蛋白酶、硝基还原酶等物质活性的报道[108-111]。

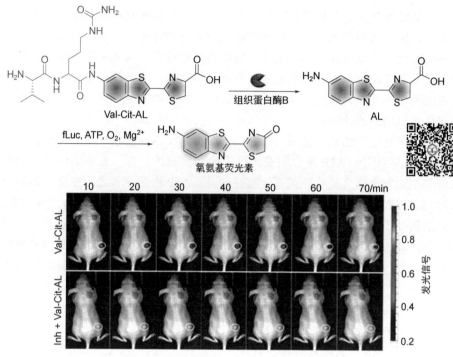

图 2-23　应用生物发光反应实现肿瘤成像[106]

此外，还可以将发光基团重组的病原体微生物或者肿瘤细胞引入实验动物体内，其感染、生长、转移的过程可以通过检测生物发光现象实现实时动态的研究；荧光素酶可以作为报告基团，成为研究基因调控的有力工具；荧光素酶等生物发光相关的物质还可以在免疫及基因标记分析中，标记抗原、抗体或者核酸，实现对特异性的抗原、抗体和靶基因的检测；一些水母发光蛋白的生物发光过程对钙离子有高度依赖型，可以利用此特性对细胞内外的钙离子浓度进行实时、快速、动态的检测。

生物发光现象在生命科学等领域具有十分重要的应用价值和研究意义，发现新的生物发光物种并了解其发光现象的生物学意义，深入研究生物发光相关物质的结构和发光机理，扩大生物发光分析的可应用范围，是未来生物发光研究领域的重要发展趋势。

2.7　荧光各向异性（偏振光激发）

2.7.1　荧光偏振的发展历程

荧光偏振的原理是 Perrin 在 20 世纪 20 年代提出的，而后 Weber 进一步发展完善了相关理论[112,113]。均相溶液中的荧光偏振免疫分析在20世纪60年代又被Dandliker等人提出和应用，其中抗原-抗体免疫模型至今仍是主要的构建荧光偏振探针的方法[114]。经过几十年的发展，荧光偏振免疫分析已经趋于成熟，成为一种实用的分析手段。

2.7.2 荧光偏振基本原理及优缺点

荧光偏振分析是使用连续或脉冲的偏振光激发荧光分子，并收集平行和垂直于激发方向的荧光，进而对荧光偏振进行分析的技术。如图2-24所示，如果在荧光仪的光源和检测器前分别加上起偏器与检偏器，用$I_\parallel$表示当起偏器与检偏器取向平行时的荧光强度，用$I_\perp$表示当起偏器与检偏器取向垂直时的荧光强度，则定义荧光偏振P为：

$$P = \frac{I_\parallel - I_\perp}{I_\parallel + I_\perp}$$

荧光各向异性r为：

$$r = \frac{I_\parallel - I_\perp}{I_\parallel + 2I_\perp}$$

当发射光为完全偏振光时，$P = r = 1$；当发射光为非偏振光时，$P = r = 0$。

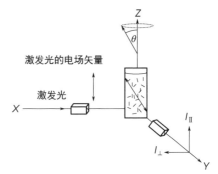

图2-24 荧光偏振的检测[115]

在一个各向同性的荧光样品中，使用偏振光激发时，光会优先被吸收偶极与光偏振方向平行的分子吸收，二者夹角θ越大吸收概率越低，这种现象被称为光选择。分子发射荧光时荧光的偏振方向与分子的发射偶极有关，但也会随着分子自身的转动而改变。在理想情况下，不考虑分子的转动和其它能量转移过程，荧光分子的内在各向异性 $r_0 = \frac{2}{5} \times \left(\frac{3\cos^2\beta - 1}{2} \right)$，$\beta$是吸收偶极和发射偶极的夹角。因此溶液中测得的$r$也总是小于1，经过推导可知$r \leqslant 0.4$，$P \leqslant 0.5$，在分子的吸收偶极和发射偶极共线的情况下取最大值。应当注意的是，散射光是完全偏振的（$P = r = 1$），因此散射光的干扰会增大荧光偏振。

如果用脉冲光源激发，荧光偏振会随时间而衰减，这是由于分子在激发态的转动会造成取向偏离激发光的偏振方向，造成消偏振。衰减一般是多指数的，而在连续光源激发下，所测得的荧光偏振可以认为是整个消偏振过程的加权平均值。以一个球形分子为例，其旋转相关时间，即分子转动一弧度的时间 $\varphi = \frac{\eta V}{RT}$，其中

η 为黏度，V 为体积，R 为理想气体常数，T 是热力学温度。其稳态下的荧光各向异性可以用 Perrin 公式描述：

$$r = \frac{r_0}{1+(\tau/\varphi)}$$

其中，τ 是荧光寿命。由此可见，分子体积会直接影响荧光偏振衰减和稳态荧光偏振，分子越大，其旋转相关时间越长，荧光偏振和荧光各向异性也越强，据此，可以测定荧光分子的体积。

值得注意的是，Perrin 公式中 τ/φ 项表明，荧光各向异性直接受到荧光寿命和分子体积二者的比值影响，且这种影响不是线性的。当 τ 一定时，随着 φ 的增大，r 对 φ 的变化率越来越小，因此荧光偏振能够测定的 φ 和分子体积的范围是有限的。当分子体积太大时，荧光偏振对分子体积的变化不再敏感。假如用普通的有机荧光分子来标记抗原进行免疫反应，则抗原的体积（可近似认为与分子量成正比）不能太大，一般需小于 160 kDa。当然，如果增大 τ 值，即使用长荧光寿命的分子如钌配合物来进行标记，检测范围可以得到拓展[114]。

荧光偏振分析具有直接检测均相溶液不需要洗涤的特点，因而方法比较简便，重复性和准确度较好，并且有利于开发自动化检测方法。同时，由于荧光偏振检测的是荧光的比值，因此可以检测浑浊样品和有色样品而不受干扰。但荧光偏振的大部分应用也局限于免疫分析方法，检测需要有对应的抗体，且 P 值变化程度有限，灵敏度没有明显优势。

2.7.3 荧光偏振分析仪器

荧光偏振有专用的分析仪器和酶标仪，但也可以在普通的荧光仪上安装偏振附件以进行测定。需要注意的是，由于仪器对不同偏振方向的荧光收集效率可能不同，需要引入一个校正因子 G，定义 $G=S_v/S_h$。其中，S_v 是仪器在垂直方向上的灵敏度，而 S_h 是仪器在水平偏振方向上的灵敏度。对于普通的光源和检测器成直角的荧光仪，当用垂直方向的激发光激发时，垂直方向和水平方向上的荧光强度之比 $I_{VV}/I_{VH} = G \cdot I_\parallel / I_\perp$。而当激发光在水平方向上时，检测器由于和光源垂直，此时 $I_{HV}/I_{HH} = G \cdot I_\perp / I_\perp = G$。因此，$I_\parallel / I_\perp = (I_{VV}/I_{VH}) / (I_{HV}/I_{HH})$，$P = (I_\parallel + I_\perp)/(I_\parallel - I_\perp) = (I_\parallel / I_\perp - 1) / (I_\parallel / I_\perp + 1)$。实际分析中偏振值通常用 mP 来表示，1 P = 1000 mP。

2.7.4 荧光偏振分析应用及展望

荧光偏振的一个重要应用是荧光偏振免疫分析（FPLA）。将小分子荧光团标记到抗原上，随着抗原-抗体免疫反应的发生，小分子被连接到大得多的抗体上，分子体积发生显著变化，旋转受到阻碍，荧光偏振增强。当体系内还含有未标记的抗原时，通过竞争法可以测定体系内未标记抗原的含量，抗原浓度越高，荧光偏振越弱。当然利用标记的抗原还可以直接检测抗体的含量。由此建立了检测血清、食品等样品中药品、农药、毒素、毒品等目标物的分析方法。Glahn-Martínez 等用近红外荧光染料标记了药物霉酚酸，再加入样品，最后与其抗体反应，通过竞争法检测了人血清中的霉酚酸[116]。

核酸适配体技术也可以用于荧光偏振分析，赵强等将荧光素标记的适配体和生物素-链霉亲和素标记的互补 DNA 链结合，当目标物与适配体结合，将适配体链从互补链上解离下来后，荧光偏振减弱，由此实现了对黄曲霉素等目标物的高灵敏检测[117]。

此外，也有报道将小分子通过化学反应连接到纳米颗粒表面，实现了对荧光偏振的调控。叶邦策等通过在富含 T 碱基的 DNA 链上分别标记纳米金和荧光素，通过汞离子和 T 碱基的相互作用把两条链连到一起，实现了对汞离子的高灵敏荧光偏振检测[118]。

荧光偏振还可以用于显微成像，检测细胞内的黏度，荧光探针与蛋白的结合及分子的取向。Vinegoni 等利用双光子荧光偏振显微成像技术直接表征了细胞内药物与靶点的结合[119]。

由于种种原因，荧光偏振分析未成为像 ELISA、化学发光免疫分析一样的标准化检测方法。但荧光偏振作为一个独特的荧光分析维度，具有重要作用和独特优势，还可以用于表征荧光小分子与大分子/纳米材料的结合，值得引起重视。

2.8 超分辨荧光显微成像

2.8.1 超分辨荧光显微成像技术发展历程

荧光显微镜的出现，使得从细胞乃至分子水平上观察精细结构和生理病理过程变得简便，因而受到广泛重视，技术不断革新。在宽场荧光显微镜的基础上，又发展出了激光扫描共聚焦显微镜，多光子荧光显微镜等新技术，使得研究者们可以获得更高质量的荧光显微图像。然而，由于光波之间的衍射作用，点光源发出的光不能用透镜汇聚成无限小的光斑，距离过近的两个光斑将无法分辨，显微镜的分辨率不能无限提高。19 世纪末，阿贝提出光学显微镜的分辨率存在极限，其公式为 $d=\dfrac{\lambda}{2N_A}$，其中 λ 为波长，N_A 为物镜的数值孔径。对于可见光范围的成像来说，极限在 200 nm 左右。减小 λ 和增大 N_A 固然可以提高显微镜的分辨率，但对于光学显微镜来说，提升空间是有限的。为了解决这一问题，多位科学家从不同角度出发，突破了阿贝极限。由于超分辨荧光显微镜的巨大作用和重大意义，Eric Betzig，Stefan W. Hell 和 William E. Moerner 在该领域的工作获得 2014 年的诺贝尔化学奖。在这里，我们简单介绍两类主要的超分辨荧光显微成像技术。

2.8.2 超分辨荧光显微成像技术基本原理

1994 年 Stefan W. Hell 等提出了通过抑制荧光光斑大小的方法实现超分辨显微成像的技术——受激发射损耗荧光显微术（STED）[120]。在 STED 中，使用的光源不是常规的与荧光分子吸收波长匹配的单束激发光，而是由两个同心的光束组成。内层仍是圆形的用于激发荧光分子的激发光，而外层添加了一个环形的与发射波长匹配的损耗光。损耗光的作用是通过受激辐射的方式使激发态的荧光分子返回到基态，而不是通过发射荧光的方式自行回到基态。由于损耗光是环形的，中心区域不受影响，仍可发射荧光，但中心区域受损耗光的限制，光斑直径只有几十纳米，从而实现了超分辨荧光成像。损耗光的波长需要与发射光波长相匹配，但又要避免再次激发荧光，故一般波长选在荧光长波长的区域。该方法对荧光分子并没有太严格的要求，成像速度也较快，但需要使用较高功率的损耗光照射，容易产生光漂白现象。

2006 年，另一类超分辨显微技术被开发出来，即 Eric Betzig 等提出的光激活定位显微术（PALM）[121]和庄小威等报道的随机光学重建显微术（STORM）[122]。虽然名称和使用的标记物质不同（PALM 使用荧光蛋白标记，而 STORM 使用小分子荧光染料进行标记），但其基本思路是相同的，即绕开阿贝极限中光斑间距的限制，每次仅使个别分子发光，使得分子的间距大于光斑的直径，每个光斑对应于一个荧光分子，通过数学算法解出每个光斑的精确位置，再随机激活其它分子，通过多次拍摄和叠加获得最终的图像。这样，成像分辨率的限制因素就由光斑间的衍射变成了对单个光斑位置的定位精度。这种方法理论上的分辨率极限可以达到单分子水平，但对仪器灵敏度和数据处理也提出了很高的要求，对荧光探针也有特殊的要求，即其要具备光激活、光开关或光转换的特性，在不同光照下可以显现不同的光物理性质，以便每次仅使随机的少量分子发光，而大多数分子保持在暗态。具有这些特殊性质的荧光蛋白是一类重要的超分辨探针。由于要重复拍摄很多次，其成像速度也远慢于普通显微镜，得到一张高质量的图像甚至需要几分钟至几十分钟。

2.8.3 超分辨荧光显微成像仪

STED 的结构类似于激光扫描共聚焦显微镜，不过同时使用两束激光。损耗光通过相位调制，形成中空光斑，与激发光嵌套在一起同时照射样品。STED 还可以通过再添加一个 z 方向上的损耗光实现三维超分辨成像。一般来说，损耗光功率越强，图像分辨率越高。但由于光漂白和光损伤的原因，也不能无限提高损耗光功率。由于 STED 仍是一种点扫描技术，因此成像速度和普通共聚焦显微镜类似，可以实现实时成像，追踪动态过程。

PALM/STORM 更类似于宽场荧光显微镜，虽然光源一般是激发光和激活光两束激光分别照射。与普通荧光显微镜的区别在于，系统对相机的灵敏度要求很高，因为单分子发光的信噪比很低。超分辨显微镜的物镜也要具有大的数值孔径，以利于提高分辨率。同时，为了减少背景噪声和焦点外的荧光，全内反射荧光和斜入射技术也被引入到系统中，使激光仅照亮样品浅表的局部区域。最后，由于这类成像技术的空间精度很高，而成像时间较长，所以对位置漂移的校正是必要的。一般使用纳米金、量子点等光稳定性好，信噪比高的材料作为基准点来校正，对于固定的样品还可以采用软件计算的方式进行校正。

对单分子的定位，实际上是对单分子发光形成的艾里斑的中心位置的求解。艾里斑可以用点扩散函数（PSF）描述，可以采用高斯拟合等方式来确定二维平面上的中心位置。通过对同一个分子的多次定位，将位置取平均值即得到最后的位置。定位精度可以用 $\Delta = s/\sqrt{N}$ 来表示，其中，s 是 PSF 的标准偏差，N 是由同一个分子发射的光子数目。对于三维成像，可以采用加柱透镜产生像散的方式或者用离焦图像拟合的方式获得 z 方向位置的信息。

2.8.4 超分辨荧光显微成像技术应用及展望

得益于分辨率的提高，许多先前难以观察清楚的细胞结构和相互作用可以被更清晰地成像。如图 2-25，庄小威课题组利用 STORM 技术对神经轴突进行成像，

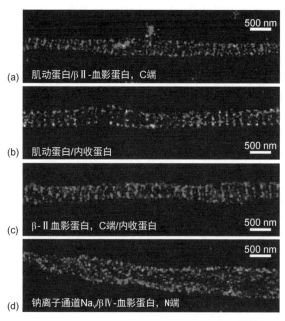

图 2-25 利用 STORM 对神经轴突成像[123]

其中肌动蛋白、血影蛋白、内收蛋白组成了有序的准一维栅格状结构，间距为 180~190 nm，钠离子通道周期排布于骨架上[123]。

Stefan W. Hell 课题组利用 STED 对麻醉小鼠的神经进行成像。他们观察到了小鼠树突棘形态的动态变化，能够获得 70 nm 以下的分辨率（图 2-26）[124]。

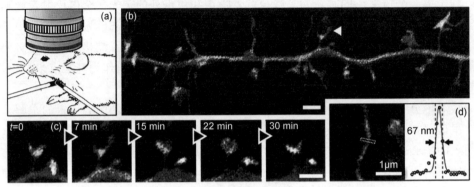

树突棘形态的动态观测

图 2-26　利用 STED 对小鼠脑部体感皮层神经成像[124]
（a）63 倍物镜下经气管插管的麻醉小鼠；（b）观察到的轴突和树突的结构；
（c）30min 内树突棘形态的变化；（d）获得了 67 nm 的分辨率

超分辨成像在技术上的发展趋势是进一步开发新的超分辨方法和不断提高成像分辨率。由于仪器和样品的各种限制因素，STED 和 PALM/STORM 技术并不能无限提高分辨率，目前可以达到 30 nm 左右的分辨率。在 STED 和 PALM/STORM 之后，还有许多改进和拓展的方法被提出，如 isoSTED、dSTORM 等。其中，结合了 STED 和 PALM/STORM 优势的 MINIFLUX 技术可以实现 1 nm 的空间分辨率，令人印象深刻。

在生物应用上，仍需要设计合成更多的光转换荧光探针，以用于更多生理病理过程和细胞结构的详细研究。荧光蛋白是一类主要的具有光转换性质的荧光材料，可以在细胞内原位表达，但其种类有限且成本较高。

参 考 文 献

[1] 武汉大学. 分析化学. 下册. 第 5 版. 北京：高等教育出版社, 2007: 208.

[2] Lakowicz, J. R. Principles of fluorescence spectroscopy (Third edition). Springer Science, 1999, 1-38.

[3] Lim, S.-Y.; Hong, K.-H.; Kim, D. I.; Kwon, H.; Kim, H.-J. Tunable heptamethine-azo dye conjugate as an NIR fluorescent probe for the selective detection of mitochondrial glutathione over cysteine and homocysteine. *J. Am. Chem. Soc.*, **2014**, 136: 7018-7025.

[4] Kumar Kishor, S.; Thorat, G.; Ravikanth, M. Synthesis and properties of covalently linked aza BODIPY-BODIPY dyads and aza BODIPY-(BODIPY)$_2$ triads. *J. Org. Chem.*, **2017**, 82: 6568-6577.

[5] Sun, M.; Yu, H.; Zhu, H.; Ma, F.; Zhang, S.; Huang, D.; Wang, S. Oxidative cleavage-based near-infrared fluorescent probe for hypochlorous acid detection and myeloperoxidase activity evaluation. *Anal. Chem.*,

2014, 86: 671-677.

[6] Boens, N.; Leen, V.; Dehaen, W. Fluorescent indicators based on BODIPY. *Chem. Soc. Rev.*, **2012**, 41:1130-1172.

[7] Tang, B.; Yu, F.; Li, P.; Tong, L.; Duan, X.; Xie, T.; Wang, X. A near-infrared neutral pH fluorescent probe for monitoring minor pH changes: imaging in living HepG2 and HL-7702 cells. *J. Am. Chem. Soc.*, **2009**, 131: 3016-3023.

[8] Iwatate, R. J.; Kamiya, M.; Umezawa, K.; Kashima, H.; Nakadate, M.; Kojima, R.; Urano, Y. Silicon rhodamine-based near-infrared fluorescent probe for γ-glutamyltransferase. *Bioconjugate Chem.*, **2018**, 29: 241-244.

[9] Yu, D.; Huang, F.; Ding, S.; Feng, G. Near-infrared fluorescent probe for detection of thiophenols in water samples and living cells. *Anal. Chem.*, **2014**, *86*: 8835-8841.

[10] Gu, K.; Liu, Y.; Guo, Z.; Lian, C.; Yan, C.; Shi, P.; Tian, H.; Zhu, W.-H. In situ ratiometric quantitative tracing of intracellular leucine aminopeptidase activity via an activatable near-infrared fluorescent probe. *ACS App. Mater. Interfaces*, **2016**, 8: 26622-26629.

[11] Feng, L.; Yang, Y.; Huo, X.; Tian, X.; Feng, Y.; Yuan, H.; Zhao, L.; Wang, C.; Chu, P.; Long, F.; Wang, W.; Ma, X. Highly selective NIR probe for intestinal β-glucuronidase and high-throughput screening inhibitors to therapy intestinal damage. *ACS Sensors*, **2018**, 3: 1727-1734.

[12] Liu, H.-W.; Chen, L.; Xu, C.; Li, Z.; Zhang, H.; Zhang, X.-B.; Tan, W. Recent progresses in small-molecule enzymatic fluorescent probes for cancer imaging. *Chem. Soc. Rev.*, **2018**, 47: 7140-7180.

[13] Yu, F.; Han, X.; Chen, L. Fluorescent probes for hydrogen sulfide detection and bioimaging. *Chem. Commun.*, **2014**, 50: 12234-12249

[14] Liu, C.; Chen, W.; Shi, W.; Peng, B.; Zhao, Y.; Ma, H.; Xian, M. Rational design and bioimaging applications of highly selective fluorescence probes for hydrogen polysulfides. *J. Am. Chem. Soc.*, **2014**, 136: 7257-7260.

[15] Jia, X.; Chen, Q.; Yang, Y.; Tang, Y.; Wang, R.; Xu, Y.; Zhu, W.; Qian, X. FRET-based mito-specific fluorescent probe for ratiometric detection and imaging of endogenous peroxynitrite: dyad of Cy3 and Cy5. *J. Am. Chem. Soc.*, **2016**, 138: 10778-10781.

[16] Grimm, J. B.; Brown, T. A.; Tkachuk, A. N.; Lavis, L. D. General synthetic method for Si-fluoresceins and Si-rhodamines. *ACS Cent. Sci.*, **2017**, 3: 975-985.

[17] Koide, Y.; Urano, Y.; Hanaoka, K.; Terai, T.; Nagano, T. Evolution of group 14 rhodamines as platforms for near-infrared fluorescence probes utilizing photoinduced electron transfer. *ACS Chem. Biol.*, **2011**, 6: 600-608

[18] Butkevich, A. N.; Mitronova, G. Y.; Sidenstein, S. C.; Klocke, J. L.; Kamin, D.; Meineke, D. N.; D'Este, E.; Kraemer, P.-T.; Danzl, J. G.; Belov, V. N.; Hell. S. W. Fluorescent rhodamines and fluorogenic carbopyronines for super-resolution STED microscopy in living cells. *Angew. Chem. Int. Ed.*, **2016**, 55: 3290-3294.

[19] Kushida, Y.; Nagano, T.; Hanaoka, K. Silicon-substituted xanthene dyes and their applications in bioimaging. *Analyst*, **2015**, 140: 685-695.

[20] Koide, Y.; Urano, Y.; Hanaoka, K.; Terai, T.; Nagano, T. Development of an Si-rhodamine-based far-red to near-infrared fluorescence probe selective for hypochlorous acid and its applications for biological imaging. *J. Am. Chem. Soc.*, **2011**, 133: 5680-5682.

[21] Göppert-Mayer, M. Über elementarakte mit zwei quantensprüngen. *Ann. Phys.*, **1931**, 401: 273-294.

[22] Kaiser, W.; Garrett, C. G. B. Two-photon excitation in CaF_2: Eu^{2+}. *Phys. Rev. Lett.*, **1961**, 7: 229-231.

[23] Pawlicki, M.; Collins, H. A.; Denning, R. G.; Anderson, H. L. Two-photon absorption and the design of two-photon dyes. *Angew. Chem. Int. Ed.*, **2009**, 48: 3244-3266.

[24] Terenziani, F.; Katan, C.; Badaeva, E.; Tretiak, S.; Blanchard-Desce, M. Enhanced two‐photon absorption of organic chromophores: theoretical and experimental assessments. *Adv. Mater.*, **2008**, 20: 4641-4678.
[25] He, G. S.; Tan, L.-S.; Zheng, Q.; Prasad, P. N. Multiphoton absorbing materials: molecular designs, characterizations, and applications. *Chem. Rev.*, **2008**, 108: 1245-1330.
[26] Sumalekshmy, S.; Fahrni, C. J. Metal ion-responsive fluorescent probes for two-photon excitation microscopy. *Chem. Mater.*, **2011**, 23: 483-500.
[27] Xu, C.; Zipfel, W.; Shear, J. B.; Williams, R. M.; Webb, W. W. Multiphoton fluorescence excitation: New spectral windows for biological nonlinear microscopy. *Proc. Natl. Acad. Sci. USA*, **1996**, 93: 10763-10768.
[28] Denk, W.; Svoboda, K. Photon upmanship: why multiphoton imaging is more than a gimmick. *Neuron*, **1997**, 18: 351-357.
[29] Albota, M.; Beljonne, D.; Brédas, J. L.; Ehrlich, J. E.; Fu, J. Y.; Heikal, A. A.; Hess, S. E.; Kogej, T.; Levin, M. D.; Marder, S. R.; McCord-Maughon, D.; Perry, J. W.; Röckel, H.; Rumi, M.; Subramaniam, G.; Webb, W.W.; Wu, X. L.; Xu, C. Design of organic molecules with large two-photon absorption cross sections. *Science*, **1998**, 281: 1653-1656.
[30] Patterson, G. H.; Piston, D. W. Photobleaching in two-photon excitation microscopy. *Biophys. J.*, **2000**, 78: 2159-2162.
[31] Williams, R. M.; Zipfel, W. R.; Webb, W. W. Multiphoton microscopy in biological research. *Curr. Opin. Chem. Biol.*, **2001**, 5: 603-608.
[32] Zipfel, W. R.; Williams, R. M.; Webb, W. W. Nonlinear magic: multiphoton microscopy in the biosciences. *Nat. Biotechnol.*, **2003**, 21:1369-1377.
[33] Masanta, G.; Lim, C. S.; Kim, H. J.; Han, J. H.; Kim, H. M.; Cho, B. R. A mitochondrial-targeted two-photon probe for zinc ion. *J. Am. Chem. Soc.*, **2011**, 133: 5698-5700.
[34] Zhou, L.; Zhang, X.; Wang, Q.; Lv, Y.; Mao, G.; Luo, A.; Wu, Y.; Wu, Y.; Zhang, J.; Tan. W. Molecular engineering of a TBET-based two-photon fluorescent probe for ratiometric imaging of living cells and tissues. *J. Am. Chem. Soc.*, **2014**, *136*: 9838-9841.
[35] Yu, H.; Xiao, Y.; Jin. L. A lysosome-targetable and two-photon fluorescent probe for monitoring endogenous and exogenous nitric oxide in living cells. *J. Am. Chem. Soc.*, **2012**, 134: 17486-17489.
[36] Liu, X.-L.; Du, X.-J.; Dai, C.-G.; Song, Q.-H. Ratiometric two-photon fluorescent probes for mitochondrial hydrogen sulfide in living cells. *J. Org. Chem.*, **2014**, 79: 9481-9489.
[37] Jiao, X.; Li, Y.; Niu, J.; Xie, X.; Wang, X.; Tang, B. Small-molecule fluorescent probes for imaging and detection of reactive oxygen, nitrogen, and sulfur species in biological systems. *Anal. Chem.*, **2018**, 90: 533-555.
[38] Mao, Z.; Ye, M.; Hu, W.; Ye, X.; Wang, Y.; Zhang, H.; Li, C.; Liu, Z. Design of a ratiometric two-photon probe for imaging of hypochlorous acid (HClO) in wounded tissues. *Chem. Sci.*, **2018**, 9: 6035-6040.
[39] Kim, H. M.; Jung, C.; Kim, B. R.; Jung, S.-Y.; Hong, J. H.; Ko, Y.-G.; Lee, K. J.; Cho, B. R. Environment‐sensitive two‐photon probe for intracellular free magnesium ions in live tissue. *Angew. Chem. Int. Ed.*, **2007**, 46: 3460-3463.
[40] Yuan, L.; Wang, L.; Agrawalla, B. K.; Park, S.-J.; Zhu, H.; Sivaraman, B.; Peng, J.; Xu, Q.-H.; Chang, Y.-T. Development of targetable two-photon fluorescent probes to image hypochlorous acid in mitochondria and lysosome in live cell and inflamed mouse model. *J. Am. Chem. Soc.*, **2015**, 137: 5930-5938.
[41] Kim, D.; Moon, H.; Baik, S. H.; Singha, S.; Jun, Y. W.; Wang, T.; Kim, K. H.; Park, B. S.; Jung, J.; Mook-JungKyo, I.; Ahn, H. Two-photon absorbing dyes with minimal autofluorescence in tissue imaging: application to in vivo imaging of amyloid-β plaques with a negligible background signal. *J. Am. Chem. Soc.*, **2015**, 137: 6781-6789.
[42] Zhou, J.; Liu, Q.; Feng, W.; Sun, Y.; Li, F. Upconversion luminescent materials: advances and applications.

Chem. Rev., **2015**, 115: 395-465.

[43] Auzel, F. Compteur quantique par transfert d'energie entre de Yb^{3+} a Tm^{3+} dans un tungstate mixte et dans verre germinate (France). *C. R. Acad. Sci.*, **1966**, 262: 1016-1019.

[44] Auzel, F. Compteur quantique par transfert d'energie entre de Yb^{3+} a Tm^{3+} dans un tungstate mixte et dans verre germinate (France). *C. R. Acad. Sci.*, **1966**, 263: 819-821.

[45] Auzel, F. Upconversion and anti-stokes processes with f and d ions in solids. *Chem. Rev.*, **2004**, 104: 139-173.

[46] Scheps, R. Upconversion laser processes. *Prog. Quantum Electron.*, **1996**, 20: 271-358.

[47] Gamelin, D. R.; Gudel, H. U. Upconversion processes in transition metal and rare earth metal systems. *Trans. Metal Rare Earth Comp.*, **2001**, 214: 1-56.

[48] Sun, L.-D.; Wang, Y.-F.; Yan, C.-H. Paradigms and challenges for bioapplication of rare earth upconversion luminescent nanoparticles: small size and tunable emission/excitation spectra. *Acc. Chem. Res.*, **2014**, 47: 1001-1009.

[49] Gai, S.; Li, C.; Yang, P.; Lin, J. Recent progress in rare earth micro/nanocrystals: soft chemical synthesis, luminescent properties, and biomedical applications. *Chem. Rev.*, **2014**, 114: 2343-2389.

[50] Auzel, F. Materials and devices using double-pumped-phosphors with energy transfer. *Proc. IEEE*, **1973**, 61: 758-786.

[51] Parker, C. A.; Hatchard, C. G. *Proc. Chem. Soc. London*, **1962**, 14: 386.

[52] Singh-Rachford, T. N.; Castellano, F. N. Photon upconversion based on sensitized triplet-triplet annihilation. *Coord. Chem. Rev.*, **2010**, 254: 2560-2573.

[53] Ceroni, P. Energy up‐conversion by low‐power excitation: new applications of an old concept. *Chem. Eur. J.*, **2011**, 17: 9560-9564.

[54] Zhao, J. Z.; Ji, S. M.; Guo, H. M. Triplet-triplet annihilation based upconversion: from triplet sensitizers and triplet acceptors to upconversion quantum yields. *RSC Adv.*, **2011**, 1: 937-950.

[55] Simon, Y. C.; Weder, C. Low-power photon upconversion through triplet-triplet annihilation in polymers. *J. Mater. Chem.*, **2012**, 22: 20817-20830.

[56] Islangulov, R. R.; Kozlov, D. V.; Castellano, F. N. Low power upconversion using MLCT sensitizers. *Chem. Commun.*, **2005**, 30: 3776-3778.

[57] Zijlmans, H. J. M. A. A.; Bonnet, J.; Burton, J.; Kardos, K.; Vail, T.; Niedbala, R. S.; Tanke, H. J. Detection of cell and tissue surface antigens using up-converting phosphors: a new reporter technology. *Anal. Biochem.*, **1999**, 267: 30-36.

[58] Chen, G.; Qiu, H.; Prasad, P. N.; Chen, X. Upconversion nanoparticles: design, nanochemistry, and applications in theranostics. *Chem. Rev.*, **2014**, 114: 5161-5214.

[59] Wang, M., Mi, C. C., Wang, W. X., Liu, C. H., Wu, Y. F., Xu, Z. R., Mao, C. B., Xu, S. K. Immunolabeling and NIR-excited fluorescent imaging of HeLa cells by using $NaYF_4$: Yb, Er upconversion nanoparticles. *ACS Nano*, **2009**, 3: 1580-1586.

[60] Zako, T.; Nagata, H.; Terada, N.; Utsumi, A.; Sakono, M.; Yohda, M.; Ueda, H.; Soga, K.; Maeda, M. Cyclic RGD peptide-labeled upconversion nanophosphors for tumor cell-targeted imaging. *Biochem. Biophys. Res. Commun.*, **2009**, 381: 54-58.

[61] Zhou, J.; Liu, Z.; Li, F. Y. Upconversion nanophosphors for small-animal imaging. *Chem. Soc. Rev.*, **2012**, 41: 1323-1349.

[62] Chatterjee, D. K.; Rufaihah, A. J.; Zhang, Y. Upconversion fluorescence imaging of cells and small animals using lanthanide doped nanocrystals. *Biomaterials*, **2008**, 29: 937-943.

[63] Liang, T.; Li, Z.; Wang, P.; Zhao, F.; Liu, J.; Liu, Z. Breaking through the signal-to-background limit of upconversion nanoprobes using a target-modulated sensitizing switch. *J. Am. Chem. Soc.* **2018**, 140:

14696-14703.

[64] Qu, A.; Sun, M.; Xu, L.; Hao, C.; Wu, X.; Xu, C.; Kotov, N. A.; Kuang, H. Quantitative zeptomolar imaging of miRNA cancer markers with nanoparticle assemblies. *Proc. Natl. Acad. Sci. USA*, **2019**, 116: 3391-3400.

[65] Guo, H.; Song, X.; Lei, W.; He, C.; You, W.; Lin, Q.; Zhou, S.; Chen, X.; Chen, Z. Direct detection of circulating tumor cells in whole blood using time-resolved luminescent lanthanide nanoprobes. *Angew. Chem. Int. Ed.*, **2019**, 58: 12195-12199.

[66] Li, Z.; Liang, T.; Lv, S.; Zhuang, Q.; Liu, Z. A rationally designed upconversion nanoprobe for in vivo detection of hydroxyl radical. *J. Am. Chem. Soc.*, **2015**, 137: 11179-11185.

[67] Liu, Q.; Yang, T.; Feng, W.; Li, F. Blue-emissive upconversion nanoparticles for low-power-excited bioimaging in vivo. *J. Am. Chem. Soc.*, **2012**, 134: 5390-5397.

[68] Liu, Q.; Yin, B.; Yang, T.; Yang, Y.; Shen, Z.; Yao, P.; Li, F. A general strategy for biocompatible, high-effective upconversion nanocapsules based on triplet-triplet annihilation. *J. Am. Chem. Soc.*, **2013**, 135: 5029-5037.

[69] 陈国南, 张帆. 化学发光与生物发光——理论与应用. 福州: 福建科学技术出版社, 1998.

[70] 林金明. 化学发光基础理论与应用. 北京: 化学工业出版社, 2004.

[71] 屈凌波, 吴拥军. 化学发光分析技术及其在药品食品分析中的应用. 北京: 化学工业出版社, 2012.

[72] 刘彦明, 刘二保, 程介克. 检测溶液中单分子. 分析化学, **2002**, 30: 1000-1004.

[73] Tiwari, A.; Dhoble, S. J. Recent advances and developments on integrating nanotechnology with chemiluminescence assays. *Talanta*, **2017**, 180: 1-11.

[74] Gao, W.; Wang, C.; Muzyka, K.; Kitte, S. A.; Li, J.; Zhang, W.; Xu, G. Artemisinin-luminol chemiluminescence for forensic bloodstain detection using smart phone as detector. *Anal. Chem.*, **2017**, 89: 6160-6165.

[75] 穆小静, 夏之宁. 化学发光试剂的结构修饰及化学发光性能研究进展. 化学通报, **2009**, 72: 195-201.

[76] 吉邢虎, 徐秦峰, 何治柯. 毛细管电泳化学发光检测系统新进展. 分析化学, **2008**, 36: 1579-1586.

[77] 高英, 苏颖颖, 侯贤灯. 化学发光技术在色谱柱后检测中的应用. 化学研究与应用, **2008**, 20: 943-951.

[78] 林金明, 赵利霞, 王栩. 化学发光免疫分析. 北京: 化学工业出版社, 2008.

[79] Li, J.; Zhao, X.; Chen, L.-J.; Qian, H.-L.; Wang, W.-L.; Yang, C.; Yan, X.-P. p-Bromophenol enhanced bienzymatic chemiluminescence competitive immunoassay for ultrasensitive determination of aflatoxin B1. *Anal. Chem.*, **2019**, 91: 13191-13197.

[80] Dufford, R. T.; Nightingale, D.; Gaddum, L. W. Luminescence of grignard compounds in electric and magnetic fields, and related electrical phenomena. *J. Am. Chem. Soc.*, **1927**, 49: 1858-1864.

[81] Harvey, N. Luminescence during electrolysis. *J. Phys. Chem.*, **1928**, 33: 1456-1459.

[82] Hercules, D. M. Chemiluminescence resulting from electrochemically generated species. *Science*, **1964**, 145: 808-809.

[83] Visco, R. E.; Chandross, E. A. Electroluminescence in solutions of aromatic hydrocarbons. *J. Am. Chem. Soc.*, **1964**, 86: 5350-5351.

[84] Santhanam, K. S. V.; Bard, A. J. Chemiluminescence of electrogenerated 9,10-diphenylanthracene anion radical1. *J. Am. Chem. Soc.*, **1965**, 87: 139-140.

[85] Abruna, H. D.; Bard, A. J. Electrogenerated chemiluminescence. 40. A chemiluminescent polymer based on the tris(4-vinyl-4'-methyl-2,2'-bipyridyl)ruthenium(II) system. *J. Am. Chem. Soc.*, **1982**, 104: 2641-2642.

[86] Collinson, M. M.; Wightman, R. M. High-frequency generation of electrochemiluminescence at microelectrodes. *Anal. Chem.*, **1993**, 65: 2576-2582.

[87] Richter, M. M. Electrochemiluminescence (ecl). *Chem. Rev.*, **2004**, 104: 3003-3036.

[88] Kesarkar, S.; Rampazzo, E.; Zanut, A.; Palomba, F.; Marcaccio, M.; Valenti, G.; Prodi, L.; Paolucci, F. Dye-doped nanomaterials: Strategic design and role in electrochemiluminescence. *Curr. Opin. Electrochem.*,

2018, 7: 130-137.

[89] Li, S.; Liu, Y.; Ma, Q. Nanoparticle-based electrochemiluminescence cytosensors for single cell level detection. *TrAC Trend Anal. Chem.*, **2019**, 110: 277-292.

[90] Valenti, G.; Rampazzo, E.; Kesarkar, S.; Genovese, D.; Fiorani, A.; Zanut, A.; Palomba, F.; Marcaccio, M.; Paolucci, F.; Prodi, L. Electrogenerated chemiluminescence from metal complexes-based nanoparticles for highly sensitive sensors applications. *Coord. Chem. Rev.*, **2018**, 367: 65-81.

[91] Carrara, S.; Arcudi, F.; Prato, M.; Cola, L. D. Amine-rich nitrogen-doped carbon nanodots as a platform for self-enhancing electrochemiluminescence. *Angew. Chem. Int. Ed.*, **2017**, 56: 4757-4761.

[92] Xiong, C.; Liang, W.; Wang, H.; Zheng, Y. N.; Zhuo, Y.; Chai, Y. Q.; Yuan, R. In situ electro-polymerization of nitrogen doped carbon dots and their application in an electrochemiluminescence biosensor for the detection of intracellular lead ions. *Chem. Commun.*, **2016**, 52: 5589-5592.

[93] Kitte, S. A.; Gao, W.; Zholudov, Y. T.; Qi, L. M.; Nsabimana, A.; Liu, Z. Y.; Xu, G. B. Stainless steel electrode for sensitive luminol electrochemiluminescent detection of H_2O_2, glucose, and glucose oxidase activity. *Anal. Chem.*, **2017**, 89: 9864-9869.

[94] Wu, M. S.; He, L. J.; Xu, J. J.; Chen, H. Y. RuSi@Ru(bpy)$_3^{2+}$/Au@Ag$_2$S nanoparticles electrochemiluminescence resonance energy transfer system for sensitive DNA detection. *Anal. Chem.*, **2014**, 86: 4559-4565.

[95] Wu, M. S.; Yuan, D. J.; Xu, J. J.; Chen, H. Y. Electrochemiluminescence on bipolar electrodes for visual bioanalysis. *Chem. Sci.*, **2013**, 4: 1182-1188.

[96] Valenti, G.; Scarabino, S.; Goudeau, B.; Lesch, A.; Jović, M.; Villani, E.; Sentic, M.; Rapino, S.; Arbault, S.; Paolucci, F.; Sojic, N. Single cell electrochemiluminescence imaging: From the proof-of-concept to disposable device-based analysis. *J. Am. Chem. Soc.*, **2017**, 139: 16830-16837.

[97] Muzyka, K. Current trends in the development of the electrochemiluminescent immunosensors. *Biosens. Bioelectron.*, 2014, 54: 393-407.

[98] Wang, N.; Feng, Y.; Wang, Y.; Ju, H. X.; Yan, F. Electrochemiluminescent imaging for multi-immunoassay sensitized by dual DNA amplification of polymer dot signal. *Anal. Chem.*, **2018**, 90: 7708-7714.

[99] Hvastkovs, E. G.; So, M.; Krishnan, S.; Bajrami, B.; Tarun, M.; Jansson, I.; Schenkman, J. B.; Rusling, J. F. Electrochemiluminescent arrays for cytochrome p450-activated genotoxicity screening. DNA damage from benzo[a]pyrene metabolites. *Anal. Chem.*, **2007**, 79: 1897-1906.

[100] Lei, Y. M.; Zhou, J.; Chai, Y. Q.; Zhuo, Y.; Yuan, R. SnS$_2$ quantum dots as new emitters with strong electrochemiluminescence for ultrasensitive antibody detection. *Anal. Chem.*, **2018**, 90: 12270-12277.

[101] Guo, W.; Ding, H.; Gu, C.; Liu, Y. H.; Jiang, X. C.; Su, B.; Shao, Y. H. Potential-resolved multicolor electrochemiluminescence for multiplex immunoassay in a single sample. *J. Am. Chem. Soc.*, **2018**, 140: 15904-15915.

[102] Chen, S.-F.; Navizet, I.; Roca-Sanjuán; Daniel; Lindh, R.; Liu, Y.-J.; Ferré, Nicolas. Chemiluminescence of coelenterazine and fluorescence of coelenteramide: a systematic theoretical study. *J. Chem. Theory Comput.*, **2012**, 8: 2796-2807.

[103] Kaskova, Z. M.; Tsarkova, A. S.; Yampolsky, I. V. 1001 Lights: luciferins, luciferases, their mechanisms of action and applications in chemical analysis, biology and medicine. *Chem. Soc. Rev.*, **2016**, 45: 6048-6077.

[104] Riss, T. L.; Moravec, R. A. Use of multiple assay endpoints to investigate the effects of incubation time, dose of toxin, and plating density in cell-based cytotoxicity assays. *Assay Drug Dev. Technol.*, **2004**, 2: 51-62.

[105] Kumar, M.; Hsiao, K.; Vidugiriene, J.; Goueli, S. A. A bioluminescent-based, HTS-compatible assay to monitor G-protein-coupled receptor modulation of cellular cyclic AMP. *Assay Drug Dev. Technol.*, **2007**, 5: 237-245.

[106] Ni, Y.-H.; Hai, Z.-J.; Zhang, T; Wang, Y.-F.; Yang, Y.-Y.; Zhang, S.-S.; Liang, G.-L. Cathepsin B turning

bioluminescence "on" for tumor imaging. *Anal. Chem.*, **2019**, 91, DOI:10.1021/acs.analchem.9b04254.

[107] Li, J.; Chen, L.; Du, L.; Li, M. Cage the firefly luciferin-a strategy for developing bioluminescent probes. *Chem. Soc. Rev.*, **2013**, 42: 662-676.

[108] Dragulescu-Andrasi, A.; Liang, G.; Rao, J. In vivo bioluminescence imaging of furin activity in breast cancer cells using bioluminogenic substrates. *Bioconjugate Chem.*, **2009**, 20: 1660-1666.

[109] Zhang, M.-M.; Wang, L.; Zhao, Y.-Y.; Wang, F.-Q.; Wu, G.-D.; Liang, G.-L. Using bioluminescence turn-on to detect cysteine in vitro and in vivo. *Anal. Chem.*, **2018**, 90: 4951-4954.

[110] Kindermann, M.; Roschitzki-Voser, H.; Caglič, D.; Repnik, U.; Miniejew, C.; Mittl, P. R. E.; Kosec, G.; Grütter, M. G.; Turk, B.; Wendt, K. U. Selective and sensitive monitoring of caspase-1 activity by a novel bioluminescent activity-based probe. *Chem. Biol.*, **2010**, 17: 999-1007.

[111] Leippe, D. M.; Nguyen, D.; Zhou, M.; Good, T.; Kirkland, T. A.; Scurria, M.; Bernad, L.; Ugo, T.; Vidugiriene, J.; Cali, J. J.; Klaubert, D. H.; O'Brien, M. A. A bioluminescent assay for the sensitive detection of proteases. *BioTechniques*, **2011**, 51: 105-110.

[112] Perrin, F. Polarisation de la lumière de fluorescence. Vie moyenne des molécules dans l'etat excité. *J. Phys. Radium.*, **1926**, 7: 390-401.

[113] 许金钩, 王尊本. 荧光分析法. 第 3 版. 北京: 科学出版社, 2006: 184.

[114] 朱广华, 郑洪, 鞠熀先. 荧光偏振免疫分析技术的研究进展. 分析化学, 2004, 32: 102-106.

[115] Jameson, D. M.; Ross, J. A. Fluorescence polarization/anisotropy in diagnostics and imaging. *Chem. Rev.*, **2010**, 110: 2685-2708.

[116] Glahn-Martínez, B.; Benito-Peña, E.; Salis, F.; Descalzo, A. B.; Orellana, G.; Moreno-Bondi, M. C. Sensitive rapid fluorescence polarization immunoassay for free mycophenolic acid determination in human serum and plasma. *Anal. Chem.*, **2018**, 90: 5459-5465.

[117] Li, Y.; Zhao, Q. Aptamer structure switch fluorescence anisotropy assay for small molecules using streptavidin as an effective signal amplifier based on proximity effect. *Anal. Chem.*, **2019**, 91: 7379−7384.

[118] Ye, B.-C.; Yin, B.-C. Highly sensitive detection of mercury(II) ions by fluorescence polarization enhanced by gold nanoparticles. *Angew. Chem. Int. Ed.*, **2008**, 47: 8386-8389.

[119] Vinegoni, C.; Feruglio, P. F.; Brand, C.; Lee, S.; Nibbs, A. E.; Stapleton, S.; Shah, S.; Gryczynski, I.; Reiner, T.; Mazitschek, R.; Weissleder, R. Measurement of drug-target engagement in live cells by two-photon fluorescence anisotropy imaging. *Nat. Protoc.*, **2017**, 12: 1472-1497.

[120] Hell, S. W.; Wichmann, J. Breaking the diffraction resolution limit by stimulated emission: stimulated-emission-depletion fluorescence microscopy. *Opt. Lett.*, **1994**, 19: 780-782.

[121] Betzig, E.; Patterson, G. H.; Sougrat, R.; Lindwasser, O. W.; Olenych, S.; Bonifacino, J. S.; Davidson, M. W.; Lippincott-Schwartz, J.; Hess, H. F. Imaging intracellular fluorescent proteins at nanometer resolution. *Science*, **2006**, 313: 1642-1645.

[122] Rust, M. J.; Bates, M.; Zhuang, X. W. Sub-diffraction-limit imaging by stochastic optical reconstruction microscopy (STORM). *Nat. Methods*, **2006**, 3: 793-795.

[123] Xu, K.; Zhong, G.; Zhuang, X. W. Actin, spectrin, and associated proteins form a periodic cytoskeletal structure in axons. *Science*, **2013**, 339: 452-456.

[124] Berning, S.; Willig, K. I.; Steffens, H.; Dibaj, P.; Hell, S. W. Nanoscopy in a living mouse brain. *Science*, **2012**, 335: 551.

第 3 章 光学探针的响应模式

周进 [1,2]，马会民 [1]
1. 中国科学院化学研究所；2. 潍坊医学院

光学探针的基本响应模式有猝灭型、打开型和比率型三种，其它响应模式还有荧光寿命和荧光各向异性的变化等[1]。这些响应模式可用光诱导电子转移、电荷转移、能量转移等不同的光物理过程进行解释，通常表现为荧光强度和/或波长的改变等。借助这些变化即可进行定性、定量分析。

3.1 光信号强度改变

3.1.1 猝灭型光学探针

猝灭型响应模式又称荧光关闭型，指的是探针的荧光强度被各种反应因素（如激发态的反应、能量转移、配合反应和分子内碰撞等）引起的荧光强度降低的现象。目前，对痕量物质进行荧光检测与成像分析仍然十分困难，是一个研究热点。猝灭型荧光探针由于其存在较高的背景信号，所以在分析物的检测方面没有明显优势。如图 3-1 所示，当分析物的浓度位于检测限附近时，与高荧光背景相比，荧光信号的变化不易被观察到。早期的荧光分析有许多是基于荧光猝灭响应而进行的。

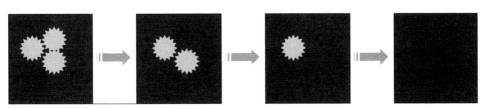

图 3-1　荧光猝灭型响应模式（比较左侧两幅图的光信号，分析物的浓度在检测限附近时仅产生弱的对比效果）[1]

在荧光分析中荧光猝灭是一种常见的现象。造成荧光猝灭的物质可称为猝灭剂，常见的猝灭剂有碘离子、顺磁性金属离子、硝基、硫原子等。

卤素具有电负性，容易从外界环境中获得电子，从而使最外层电子数达到2个或者8个电子的稳定结构。卤素的半径越小则其吸电子的能力就越强，越容易形成阴离子，导致其非金属性就越强。在卤素中，非金属性最强的元素是氟，它最容易形成氢键，因此可以通过氟离子与荧光分子的作用形成氢键，从而导致光学性质的变化；而碘离子由于具有较大的半径，所以较难与荧光分子发生氢键作用。然而，碘离子具有重原子效应（即原子序数较大的重原子，其高核电荷引起或增强了荧光分子的自旋-轨道耦合作用，增大了$S_0 \rightarrow T_1$吸收跃迁和$S_1 \rightarrow T_1$系间窜越的概率，从而出现荧光猝灭、磷光增强的现象），对普通荧光分子具有很强的猝灭作用，因此通过一般的络合作用来设计碘离子的荧光探针则比较难，特别是发展荧光增强型的探针颇具挑战性。基于静电作用的碘离子探针，由于存在碘离子的重原子效应，荧光信号的输出通常为猝灭模式。这种检测方式容易受到样品中存在的其它荧光猝灭剂（如溶液中的氧）的干扰而造成假阳信号，且信噪比和检测灵敏度低，可靠性差[2,3]。

许多过渡金属离子（如Cu^{2+}、Mn^{2+}、Fe^{3+}等）均含有未成对电子。它们表现为顺磁性，与荧光探针作用会导致荧光猝灭。这种顺磁性荧光猝灭机理是：顺磁性金属离子与探针分子作用后会加快荧光团内部交叉能量的传递速度，促进系间窜越，使得探针分子由激发单重态跃迁至激发三重态，转入三重态的分子会将多余的能量消耗于与其它分子的碰撞之中，进而导致荧光猝灭。例如，Cu^{2+}作为顺磁性离子，其荧光探针多为猝灭型的。猝灭型荧光探针不仅不利于高通量信号的输出，而且其它猝灭形式也会对其产生干扰[4]。

在荧光团中引入硝基往往会使荧光强度明显减弱。硝基是一种强吸电子取代基，N上孤对电子的电子云不与苯环上的π电子云共平面，不像供电子基团那样与芳环共享共轭π键和形成p-π共轭键。这类化合物的$n \rightarrow \pi_1^*$跃迁属于禁阻行为，摩尔吸光系数较小（约为10^2），$S_1 \rightarrow T_1$的系间窜越占优势，因而荧光强度较弱，但波长通常红移[5]。

硫原子具有较强的供电子能力，因此常用作强荧光猝灭剂。将其引入至荧光体中，是构筑低背景信号光学探针的重要手段之一[6]。

根据猝灭剂与荧光分子相互作用性质的不同，可以将荧光猝灭过程分为静态猝灭和动态猝灭[7]，其猝灭机制简述如下：

静态猝灭（static quenching）也称接触猝灭（contact quenching），是指在激发之前基态荧光分子与猝灭剂相互接触形成了非荧光的配合物，从而造成荧光强度降低的现象。配合物的形成一方面可能与荧光分子竞争吸收激发光，即产生内过滤效应；另一方面，猝灭剂与基态荧光分子形成的配合物即使在激发态时发生解离产生新的发光型体，但由于配合物离解较慢，以致激发态的复合物经由非辐射途径衰减为基态的过程更为有效。假设猝灭剂与基态荧光分子形成 1∶1 的配合物，则静态猝灭遵循下列关系：

$$\frac{F_0}{F} = 1 + K[\mathrm{Q}] \qquad (3\text{-}1)$$

式中，F_0 与 F 分别为猝灭剂不存在和存在时的荧光物质的荧光强度；K 为配合物的结合常数；[Q]为猝灭剂的浓度。

动态猝灭（dynamic quenching）也称碰撞猝灭（collisional quenching），是指猝灭剂与激发态荧光分子相互碰撞而引起荧光强度降低的现象。在此过程中，激发态荧光分子通过电荷转移或者能量转移的形式丧失激发能而返回基态。动态猝灭过程遵循 Stern-Volmer 方程[7,8]：

$$\frac{F_0}{F} = \frac{\Phi_\mathrm{f}^0}{\Phi_\mathrm{f}} = \frac{k_\mathrm{f} + \Sigma k_\mathrm{i} + k_\mathrm{q}[\mathrm{Q}]}{k_\mathrm{f} + \Sigma k_\mathrm{i}} = 1 + \frac{k_\mathrm{q}[\mathrm{Q}]}{k_\mathrm{f} + \Sigma k_\mathrm{i}} = 1 + k_\mathrm{q}\tau_0[\mathrm{Q}] = 1 + K_\mathrm{SV}[\mathrm{Q}] \qquad (3\text{-}2)$$

式中，F_0 与 F 分别为猝灭剂不存在和存在时的荧光物质的荧光强度；Φ_f^0、Φ_f 分别为猝灭剂不存在和存在时的荧光物质的量子产率；k_f 为荧光发射的速率常数；Σk_i 为分子内所有非辐射衰变过程的速率常数的总和；k_q 为猝灭剂与荧光物质双分子碰撞猝灭过程的速率常数。τ_0 为没有猝灭剂存在条件下测得的荧光寿命；[Q]为猝灭剂的浓度；K_SV 为 Stern-Volmer 猝灭常数，是双分子碰撞猝灭速率常数与不存在猝灭剂时荧光物质发射荧光的表观速率常数的比值，它意味着这两种衰变途径之间的竞争。根据猝灭剂不存在与猝灭剂存在时荧光寿命的不同，可得到 Stern-Volmer 方程的另一种表达形式：

$$\frac{\tau_0}{\tau} = 1 + K_\mathrm{SV}[\mathrm{Q}] \qquad (3\text{-}3)$$

式中，τ 为猝灭剂存在条件下测得的荧光寿命。

从式（3-1）及式（3-2）可以看出，如果以 $\frac{F_0}{F}$ 对 [Q] 作图将得到一条直线，直线的斜率分别为配合物的结合常数和 Stern-Volmer 猝灭常数。单纯通过测量荧光强度以及 $\frac{F_0}{F}$ 与 [Q] 的关系式，以区分所发生的猝灭现象究竟属于动态猝灭还是静态猝灭是不严格的，还应利用附加信息加以区分。最确切的判断静态猝灭和动态猝灭的方法是测量激发态寿命。静态猝灭中，猝灭剂的存在并没有改变荧光分子激发态寿命，而动态猝灭中，猝灭剂改变了荧光分子的激发态寿命，即静态猝

灭 $\frac{\tau_0}{\tau}=1$，动态猝灭 $\frac{\tau_0}{\tau}=\frac{F_0}{F}$。但由于实验条件的限制，大多数实验室很难完成。一般可以通过以下几种方法对静态猝灭和动态猝灭进行区分。

① 通过吸收光谱区分　静态猝灭是猝灭剂与基态荧光分子形成配合物的过程；配合物的形成往往导致荧光物质吸收光谱的变化。动态猝灭影响激发态荧光分子，因而不改变荧光分子的吸收光谱，据此可以通过吸收光谱来区分静态猝灭和动态猝灭。

② 通过双分子动态猝灭常数区分　对于动态猝灭，各种猝灭剂与荧光分子的最大扩散碰撞猝灭速率常数为 2.0×10^{10} L/(mol·s)。在假定 τ_0 为 10^{-8} s 条件下，可计算出双分子动态猝灭过程的速率常数。如果计算所得 k_q 远大于 2.0×10^{10} L/(mol·s)，那么说明此猝灭过程是静态猝灭，而非受扩散控制的动态猝灭[9,10]。动态猝灭过程与扩散有关，温度升高将增大溶液的双分子扩散系数，从而增大双分子动态猝灭常数。而温度升高有可能降低配合物的稳定性，从而减小静态猝灭的程度。通过作不同温度条件下的 $\frac{F_0}{F}$ 与 [Q] 关系图，根据不同温度条件下得到的直线斜率的不同判断猝灭类型。如果直线的斜率随着温度的升高而增大，说明此猝灭过程可能为动态猝灭；反之，如果直线的斜率随温度的升高而降低说明此猝灭过程可能为静态猝灭。温度较高时，扩散速度更快，因此荧光分子与猝灭剂的碰撞概率更大从而提高猝灭效率，更利于动态猝灭。而对于静态猝灭，较高的温度通常会减弱配合物的结合或促进其解离，所以导致非荧光配合物含量减少，即荧光增强。

③ 通过荧光寿命区分　目前，测定荧光分子的荧光寿命是区分静态猝灭和动态猝灭最准确的方法。对于静态猝灭，猝灭剂是不能改变荧光分子在其激发态的寿命；而对于动态猝灭，由于猝灭剂的存在从而导致荧光寿命的缩短，即荧光寿命的减小是动态猝灭的特征[11]。

为了便于研究与分析，常常将荧光猝灭过程按照动态猝灭和静态猝灭分别来讨论。实际上，任何一个荧光猝灭过程会同时包含动态和静态猝灭的混合过程，只是二者在整体上会存在主次之分[12]。

荧光猝灭效应已广泛用于不同分析物（特别是金属离子）的检测、药物分子与生物大分子的相互作用研究中，例如核酸分子与药物分子、蛋白质与药物分子的相互作用研究。通过荧光猝灭现象可以了解生物大分子与药物分子的结合位点数、结合常数、热力学常数以及作用力类型等信息。

3.1.2　打开型光学探针

打开型响应模式又叫荧光增强型，指的是荧光探针与分析物反应后荧光信号增强的现象。打开型探针通常具有低背景荧光信号的优点，因而有利于提高信/背比和检测灵敏度。如图3-2（a）所示，相对于几乎黑暗的背景，当分析物的浓度在检测限附近时即可产生易于观察和反差大的荧光信号变化，有助于灵敏地检测出探针与分析物作用后的荧光信号。在细胞成像等实际应用中，"打开型"光学探针不仅可避免繁琐的清洗细胞吸附的探针等操作，而且可克服这种因细胞表面的非特异性吸附而导致的假阳性信号。因此，"打开型"荧光探针比"关闭型"荧光探针的设计合成显得更有意义。

打开型光学探针通常可借助分析物对化学键的切割作用来构建。其中，一个常用的手段是基于罗丹明、荧光素等荧光母体的内酯、内酰胺等五元螺环结构的开、关行为来设计探针。图3-2（b）示出了基于罗丹明B的铜离子打开型光学探针1及其响应机理。该探针通过对罗丹明B酰氯化，继而与羟胺反应而得。它具有内酰胺的五元环结构，探针本身几乎无荧光；然而，当探针与Cu^{2+}离子反应时，由于Cu^{2+}能够选择性地切割探针中的酰胺键，并导致最终水解产物罗丹明B的生成，因而其荧光响应可以得到极大的增强。这种打开型荧光反应非常灵敏，对Cu^{2+}离子的检测限可达纳摩尔浓度水平，可用于痕量Cu^{2+}离子的检测[13]。

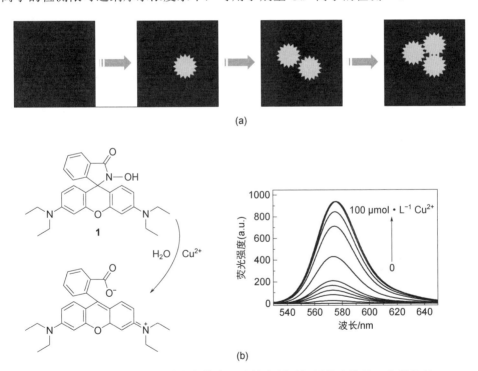

图3-2　（a）荧光打开型响应模式（比较左侧两幅图的光信号，分析物的浓度在检测限附近时即可产生大的反差与对比效果）[1]；
　　　　（b）铜离子的打开型光学探针1及其响应机理[13]

打开型光学探针的另一个常用的设计措施是基于荧光体中含有的游离羟基（-OH）、氨基（-NH$_2$）的保护-脱保护或取代作用。荧光体的这种取代作用（通常是引入不同的识别反应单元）将扰动分子内的电子"推-拉"效应等光物理过程，从而导致荧光猝灭；当探针与分析物反应后，取代基被移除，释放出游离的羟基或氨基，荧光体的强荧光得以恢复。有许多荧光体具有这种特性，如试卤灵、荧光素、甲酚紫、含羟基或氨基的香豆素和半菁等等。马会民等[6]首次对此行为进行了总结，对许多含有游离的-OH、-NH$_2$的荧光体而言，这似乎具有一定的通用性。

然而，这类基于单波长处荧光强度变化而检测的探针易受探针浓度、测试环境、光程长度等因素的影响，故在生物体系（如细胞）中应用时比较适用于痕量物质的灵敏与定性分析，而不适用于定量分析。

3.2 波长与强度改变

3.2.1 比率型荧光探针

比率型荧光响应通常是指探针与分析物反应后，其最大激发或发射光谱的波长产生了漂移变化；基于这种位移，可以通过计算两个波长处的荧光强度比值来进行测量。比率测量的优点是通过除法操作有效地消除了多种因素（如探针漂白、焦距变化、激光强度变化等）的影响，甚适合于精确的定量分析（图3-3）[1]。此种响应模式的突出特征在于光谱形状及比率的变化值与分析物的浓度一一对应，通过相除操作提供了内置校正，从而为定量分析提供了基础[14]，在细胞等生物体系的检测应用方面具有明显的优势。然而，比率型探针有两个缺点：一是由于比率型探针通常产生波长漂移，所以整个检测体系同样具有较高的荧光背景，其检测灵敏度通常低于打开型探针；二是荧光测定与数据处理复杂、费时[1]。

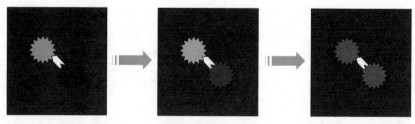

图3-3 荧光比率型响应模式（存在高的荧光背景，检测灵敏度通常低于打开型探针）[1]

需要指出的是，以下比率测定方法是不可取的：①使用荧光强度敏感探针和荧光强度不敏感探针的简单混合物进行比率测量[因为两种探针的一些参数（如浓度变化、不同的稳定性等）并不能像单个比率探针那样经过数据相除而消除]；②比率测量模式用于紫外可见吸收度测量（因这种除法操作不会进一步改善检测灵敏度与准确度）。事实上，吸光度通常是相对于试剂空白而测定的，其本身已是一种比率测量模式，因此吸光度的测定已经消除了一些在荧光测试中常见因素的影响。

最早的比率荧光探针于1985年由美国的钱永健（R. Y. Tsien）等人提出[15,16]。他们合成了 Ca^{2+} 荧光探针 Fura2。该探针具有钙螯合剂 EGTA 的结构特征与识别功能，其空间结构恰与 Ca^{2+} 的大小相匹配。当钙、镁离子共存时，该探针能特异性地结合 Ca^{2+} 并产生荧光激发光谱的漂移变化。然而，Fura2 本身为极性大的多羧酸化合物，难以进入细胞；对此，将羧基酯化，制成不能与 Ca^{2+} 结合但却具有亲脂性的乙酸甲酯形式 Fura2/AM，以增强细胞膜的通透性。Fura2/AM 与细胞孵育可透过细胞膜进入细胞，并被胞浆内的酯酶水解为 Fura2，后者与胞浆内游离 Ca^{2+} 结合形成 1:1 的配合物，同时产生荧光激发光谱的漂移变化。Fura2 及其 Ca^{2+} 配合物的最大荧光激发波长分别为 380 nm 和 340 nm，在此二波长处的荧光强度比值（F_{340}/F_{380}）与 Ca^{2+} 浓度在一定范围内呈正比，据此可定量测定细胞内 Ca^{2+} 浓度的变化。

以上述荧光探针 Fura2 与钙离子形成 1:1 配合物为例，比率荧光定量测定公式推导如下[15]。假设荧光探针的浓度和光程的长度足够小，且不同荧光物种的荧光强度与其浓度成正比，那么两种荧光物种在两个不同波长处总共可产生 4 个荧光强度相关系数。它们分别是：荧光探针本身（即游离探针）在不同波长 λ_1、λ_2 处产生的荧光强度系数 S_{f1} 和 S_{f2}，探针与分析物结合所形成的配合物在波长 λ_1、λ_2 处产生的荧光强度系数 S_{b1} 和 S_{b2}。理论上，这些 S 系数遵循荧光定量关系式 $F = 2.3\Phi I_0 \varepsilon bc$ [参见第 1 章公式（1-4）]，即荧光强度相关系数是量子产率、激发光强度、摩尔吸光系数、光程长度以及仪器测量效率等因素之积。在实际中，这 4 个 S 值很容易通过测量含有已知浓度的游离探针和 Ca^{2+} 饱和的探针稀溶液的荧光强度而得到。在探针 Fura2 与 Ca^{2+} 的反应混合液中，假设游离探针的浓度为 c_f、探针与 Ca^{2+} 形成的配合物浓度为 c_b，并根据荧光具有加和性，那么反应溶液在 λ_1 和 λ_2 处的总荧光强度则分别为：

$$F_1 = S_{f1}c_f + S_{b1}c_b \tag{3-4a}$$

$$F_2 = S_{f2}c_f + S_{b2}c_b \tag{3-4b}$$

探针与钙离子结合形成 1:1 配合物 [Fura2+Ca^{2+}]，其解离反应式为：[Fura2+Ca^{2+}] = [Fura2] + [Ca^{2+}]，可见探针和配合物的浓度 c_f 和 c_b 与 [Ca^{2+}] 有关，并可有下述关系式：

$$c_b = c_f[Ca^{2+}]/K_d \tag{3-5}$$

式中，K_d 是配合物的有效解离常数。定义荧光比率 R 是 F_1/F_2 的比值，则有：

$$R = F_1/F_2 = (S_{f1}c_f + S_{b1}c_b)/(S_{f2}c_f + S_{b2}c_b) =$$

$$(S_{f1} + S_{b1}[Ca^{2+}]/K_d)/(S_{f2} + S_{b2}[Ca^{2+}]/K_d) \tag{3-6}$$

$$[Ca^{2+}] = K_d\left(\frac{R-(S_{f1}/S_{f2})}{(S_{b1}/S_{b2})-R}\right)\left(\frac{S_{f2}}{S_{b2}}\right) \tag{3-7}$$

需指出，在上述等式中，S_{f1}/S_{f2} 只是 R 在 $[Ca^{2+}]$ 为 0 时的极限值，可表示为 R_{min}；而 S_{b1}/S_{b2} 是在 $[Ca^{2+}]$ 饱和时类似的极限值，用 R_{max} 表示。则上述方程可以写成：

$$[Ca^{2+}] = K_d\left(\frac{R-R_{min}}{R_{max}-R}\right)\left(\frac{S_{f2}}{S_{b2}}\right) \tag{3-8}$$

这与下述单波长荧光强度的校准方程很相似：

$$[Ca^{2+}] = K_d\left(\frac{F-F_{min}}{F_{max}-F}\right) \tag{3-9}$$

公式（3-8）和公式（3-9）的使用条件取决于以下假设：探针与 Ca^{2+} 以 1:1 结合；探针在标准液中与在细胞内的表现行为或反应性质一致；探针的浓度很低，这样其荧光强度与浓度呈线性比例关系。若这些条件不满足，则在实际应用中将受到一定影响。

公式（3-9）中的 F、F_{min}、F_{max} 要在相同的仪器灵敏度、光程长度、探针总有效浓度下测得。然而在单层细胞、普通光学显微镜以及流式细胞仪的实验中，这些条件很难得到满足。此方法也无法克服由于探针漂白和泄漏造成的影响。

然而，应用公式（3-8）进行比率法测定时，探针的浓度、仪器灵敏度等则可以在不同比率测量时自由调整，因为这些影响因素在比率中通过相除已经消除。所以，比率测量模式可以改善准确度（注意：比率测量并不能改善灵敏度，因灵敏度取决于工作曲线的斜率或光信号的对比度）。此外，检测系统的稳定性是必要的，且 R、R_{min}、R_{max} 都必须在相同的仪器上进行测量，以便任何一个波段的偏差对测量值产生同效的影响[15,16]。

比率型荧光探针通常基于两种光物理过程来设计，一是分子内电荷转移（internal charge transfer，ICT），二是荧光共振能量转移（fluorescence resonance energy transfer，FRET；详见下节）。

分子内电荷转移是一种最常用的设计比率型荧光探针的原理。此类荧光探针的设计是将供电子基团和吸电子基团通过共价键连接，形成具有"推-拉"作用的大共轭体系。其响应原理是：当探针中的识别基团与分析物发生相互作用后，将改变分子内的电子推-拉效应,即分子内电荷发生重排,偶极矩也相应发生变化;在光的激发下波长发生蓝移或者红移,从而实现对分析物的比率检测。当识别基团是供电子基团,且与目标分析物发生反应后使得其供电子能力降低,HOMO/LUMO 的能级差变大,那么将会导致激发和发射波长发生蓝移;反之,当识别基团是吸电子基团,与分析物发生反应后使得电子受体的吸电子能力增强,HOMO/LUMO 的能级差变小,则导致吸收和发射波长红移。这类探针被广泛用于阳离子检测[17,18]。例如,荧光探针 Fura2 与 Ca^{2+} 结合形成的配合物即为 ICT 响应机理(图 3-4):由于配位原子 N、O 参与配位,其孤对电子的供电子性能减弱,导致能级差增大、激发波长产生蓝移,从而可用于钙离子的比率荧光检测;又如,探针 **2** 与锌离子结合(图 3-4),产生发射波长的红移,据此建立了细胞内锌离子的比率荧光成像分析方法[19]。

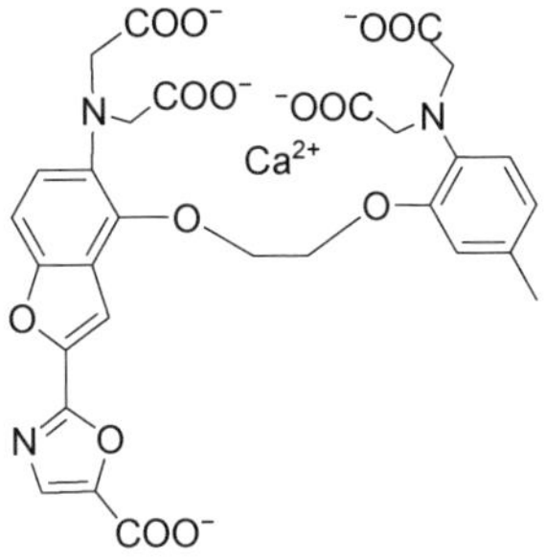

图 3-4 Fura2 与 Ca^{2+} 形成的配合物以及探针 **2** 与 Zn^{2+} 的识别反应

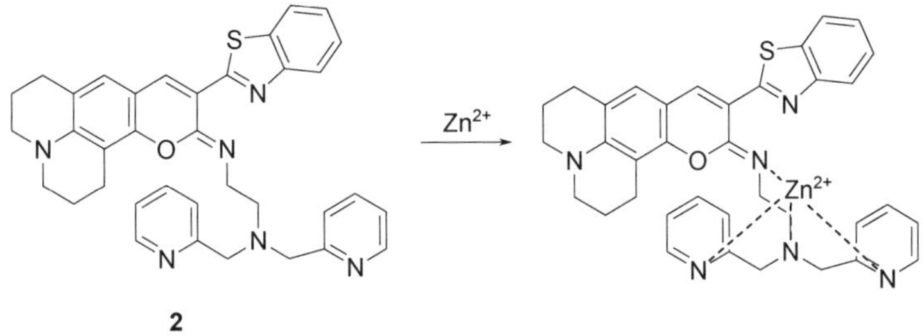

近年,ICT 响应机理还用于非金属离子的光学探针设计。如,万琼琼等[20]利用 H_2S 对叠氮基团的还原反应,在甲酚紫荧光母体上引入叠氮基,并借助探针反应时从吸电子叠氮基到供电子氨基的转变,提出了一种新的长波长比率型 H_2S 光学探针 **3**(图 3-5)。该探针本身在 566 nm 处有强烈荧光;当与 NaHS(H_2S 供体)作用时,探针产生 ICT 效应,其发射波长红移至 620 nm 处,从而实现了 H_2S 的比率荧光检测。该探针已用于细胞与斑马鱼活体中 H_2S 的荧光成像分析。

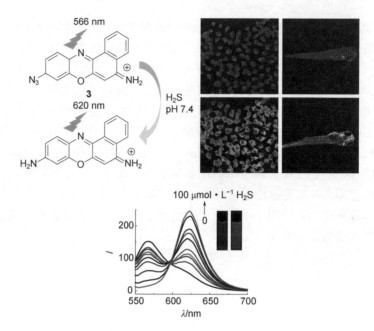

图 3-5　探针 3 对 H_2S 的比率荧光响应[20]

3.2.2　荧光共振能量转移型探针

前已述及，荧光共振能量转移原理也是比率型光学探针的常用设计方法之一。荧光共振能量转移理论于 1948 年由德国科学家 Förster 首次提出，因此该理论又称作 Förster 能量转移[11,21]。荧光共振能量转移主要用作"光谱尺"测量 10~100 Å 范围内两个荧光团之间的距离，这两个荧光团分别称为供体（donor）和受体（acceptor）。如果它们离得较近，且其中供体的荧光发射光谱与受体的荧光激发光谱有相当程度的重叠（图 3-6），则当供体被激发时，在激发态的供体和非激发态的受体的跃迁偶极子之间发生长程（通过空间）共振耦合作用，激发态的供体将非辐射能量转移给非激发态的受体，受体则接受此能量而被激发。能量转移的结果将导致供体的荧光强度减弱、寿命缩短，而受体获得能量跃迁到激发态；如果受体的量子产率足够高，则发射出受体的荧光。

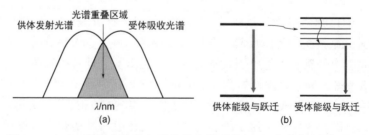

图 3-6　FRET 中荧光供体与受体的光谱重叠（a）和能级跃迁（b）

由于偶极-偶极通过空间共振相互作用,所以能量传递速率常数(K_T)与供体-受体之间的距离(R)密切相关。Förster 研究并获得了以下关系式[11]:

$$K_T = \frac{1}{\tau_D^0}\left(\frac{R_0}{R}\right)^6 \quad (3\text{-}10)$$

或者

$$E_T = \frac{k_T}{1/\tau_D^0 + k_T} = \frac{1}{1+(R/R_0)^6} \quad (3\text{-}11)$$

$$R_0 = [8.8\times10^{23}\kappa^2 n^4 \Phi_D J(\lambda)]^{1/6} \quad (3\text{-}12)$$

式中,τ_D^0 是供体的激发态在无能量转移时的寿命;R_0 是临界距离(能量传递效率为 50%时供体与受体间的距离 Å);E_T 是能量传递效率;κ^2 为随机取向因子(取值范围为 0~4,当供体和受体分子处于随机取向时,通常取值为 2/3);Φ_D 为供体(无受体存在下)的荧光量子产率;n 为折射率;$J(\lambda)$是供体发射光谱与受体激发光谱图的重叠部分的积分。

应指出,能量传递的速度不仅和距离有关,也和荧光团偶极方向有关。因此,公式(3-10)可改写为:

$$K_T = \frac{3}{2}\frac{\kappa^2}{\tau_D^0}\left(\frac{R_0}{R}\right)^6 \quad (3\text{-}13)$$

此外,在供体的荧光寿命时间内,供体和受体之间的空间距离变化可忽略;测定距离必须大于 10 Å,这样才能避免短程相互作用(short-range interaction)的影响;由于是 6 次方的函数关系,R 的测量在临界距离附近时比较灵敏,所以在选择 R_0(供体-受体对)时,要考虑测定的距离 R 应在 $0.5 R_0 < R < 1.5 R_0$ 之内。

FRET 有两种形式。在多数情况下,供体和受体是不同的荧光团,这种能量传递称为 Hetero-FRET[11,21],即通常所说的 FRET,可以根据供体和受体的荧光强度的变化来测定;如果荧光体的激发光谱与发射光谱有较大的重叠(一般是 Stokes 位移很小的荧光体),这种荧光体本身就有可能产生能量传递,这种传递叫 Homo-FRET 或者 donor-donor energy migration(DDEM),在此种情况下,可以通过测量荧光的去偏振和各向异性的衰减来测定能量迁移速率。以下简要讨论 Hetero-FRET 和 Homo-FRET 两种共振能量转移形式。

在 Hetero-FRET 中,能量传递效率可以用稳态或时间分辨荧光光谱法分别测定。稳态荧光光谱法有 3 种测定方法[11],在测定过程中必须注意供体和受体的浓度及其所处的微环境是保持恒定的。

方法 1:供体荧光强度的减少。供体传递能量给受体将引起供体的量子产率减小，传递效率可由下式计算：

$$E_\text{T} = 1 - \frac{\Phi_\text{D}}{\Phi_\text{D}^0} \qquad (3\text{-}14)$$

Φ_D^0 和 Φ_D 分别是无受体和有受体时的供体量子产率。在无受体和有受体情况下，分别测量供体在其激发波长 λ_D 处的吸光度（A）和荧光强度（I），上式可以改写为：

$$E_\text{T} = 1 - \frac{A_\text{D}^0}{A_\text{D}} \frac{I_\text{D}}{I_\text{D}^0} \qquad (3\text{-}15)$$

方法2：受体的吸收光谱和激发光谱。校正后的激发光谱可用下式描述：

$$I_\text{A}(\lambda, \lambda_\text{A}^\text{em}) = C\Phi_\text{A}[A_\text{A}(\lambda) + A_\text{D}(\lambda)E_\text{T}] \qquad (3\text{-}16)$$

其中 C 是常数（仪器因子）。

吸收光谱为：

$$A(\lambda) = A_\text{A}(\lambda) + A_\text{D}(\lambda) \qquad (3\text{-}17)$$

如果供体在 λ_A 没有吸收，则

$$\frac{I_\text{A}(\lambda_\text{A}, \lambda_\text{A}^\text{em})}{A_\text{A}(\lambda_\text{A})} = C\Phi_\text{A} \qquad (3\text{-}18)$$

$$\frac{I_\text{A}(\lambda_\text{D}, \lambda_\text{A}^\text{em})}{A_\text{A}(\lambda_\text{D})} = C\frac{\Phi_\text{A}[A_\text{A}(\lambda_\text{D}) + A_\text{D}(\lambda_\text{D})E_\text{T}]}{A_\text{A}(\lambda_\text{D})} \qquad (3\text{-}19)$$

其中 $I_\text{A}(\lambda_\text{D}, \lambda_\text{A}^\text{em})$ 和 $A_\text{A}(\lambda_\text{D})$ 分别为受体在供体激发波长 λ_D 处的荧光强度和吸光度（其余类同），上述二式合并得：

$$E_\text{T} = \frac{A_\text{A}(\lambda_\text{A})}{A_\text{D}(\lambda_\text{D})} \left[\frac{I_\text{A}(\lambda_\text{D}, \lambda_\text{A}^\text{em})}{I_\text{A}(\lambda_\text{A}, \lambda_\text{A}^\text{em})} - \frac{A_\text{A}(\lambda_\text{D})}{A_\text{A}(\lambda_\text{A})} \right] \qquad (3\text{-}20)$$

方法3：受体荧光的增加。在能量传递时受体的荧光强度增加，与没有能量传递时的荧光强度之比得到传递效率：

$$E_\text{T} = \frac{A_\text{A}(\lambda_\text{D})}{A_\text{D}(\lambda_\text{D})} \left[\frac{I_\text{A}(\lambda_\text{D}, \lambda_\text{A}^\text{em})}{I_\text{A}^0(\lambda_\text{D}, \lambda_\text{A}^\text{em})} - 1 \right] \qquad (3\text{-}21)$$

需要指出的是，$A_\text{A}(\lambda_\text{D})$ 通常很小而难以准确测定，这易导致能量传递效率测定值的较大误差。

时间分辨荧光光谱能直接提供能量传递速率的信息，如果供体在脉冲光激发下其荧光衰减是单指数的，通过测定荧光衰减时间 τ_D（有能量传递）和 τ_D^0（无能

量传递），并根据下式可以计算能量传递速率常数、传递效率以及供体和受体间的距离：

$$\frac{1}{\tau_D} = \frac{1}{\tau_D^0} + K_T \tag{3-22}$$

$$E_T = 1 - \frac{\tau_D}{\tau_D^0} \tag{3-23}$$

$$R = \frac{R_0}{(\tau_D^0/\tau_D - 1)^{1/6}} \tag{3-24}$$

发生 Hetero-FRET 必须同时满足以下几个条件：①供体的斯托克斯位移要足够大，即供体、受体的激发光谱要尽可能分开，同时供体的发射光谱与受体的吸收光谱必须重叠；②供体与受体的荧光生色团必须以适当的方式排列；③供体、受体之间必须足够接近，距离在 10 nm 以内，这样发生能量转移的概率才会高。

在 Homo-FRET 测量中，可以用稳态荧光光谱法分别测量平行和垂直于激发光方向的荧光发射 I_{VV} 和 I_{VH}，并通过下式计算荧光各向异性 r 和荧光团之间的距离 R：

$$r = \frac{I_{VV} - I_{VH}}{I_{VV} + 2I_{VH}} \tag{3-25}$$

$$R = R_0 \left(\frac{2r - r_1}{r_1 - r}\right)^{1/6} \tag{3-26}$$

其中，r_1 为在仅标记一个荧光团时所得到的荧光各向异性。此外，采用时间分辨荧光仪和单光子计数法，可以测定荧光各向异性的衰减，从而得到能量传递的动力学信息。例如，Duan 等[22]利用转氨反应，将二聚体蛋白 DsbC 的 N 末端修饰成邻二羰基，并与含肼基的 BODIPY 类荧光探针偶联，继而用 $NaBH_3CN$ 还原，对蛋白质 N 末端进行了特异性荧光标记，结合 DDEM 荧光检测技术，研究了在变性条件下该蛋白的解折叠行为，并测定了两个 N 末端的距离为 35 Å（图 3-7）。

FRET 机制作为"光谱尺"除主要用于两个荧光团之间的距离测定之外，还可用于比率型荧光探针的设计。它是通过同时调控两个荧光团的荧光强度来实现比率检测。例如，Yuan 等[23]报道了基于 FRET 机理的荧光探针 **4**（图 3-8），其中荧光供体是香豆素母体，受体是罗丹明母体。该探针可以分别实现对 H_2O_2、NO 和 H_2O_2/NO 的检测。当只有 H_2O_2 存在时，探针与其反应后，在 400 nm 的激发光下可以发射出波长为 460 nm 的香豆素荧光；当只有 NO 与探针反应时，在 550 nm 的激发光下可以发射出波长为 580 nm 的罗丹明荧光；当探针与 H_2O_2 和 NO 反应

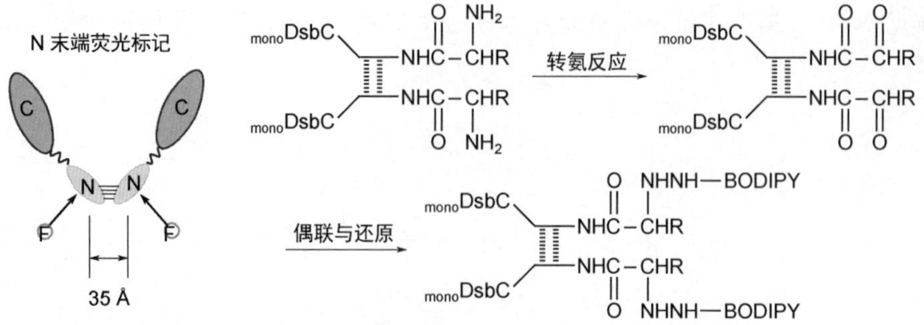

图 3-7　二聚体蛋白 DsbC 的 N 末端荧光标记与距离测定[22]

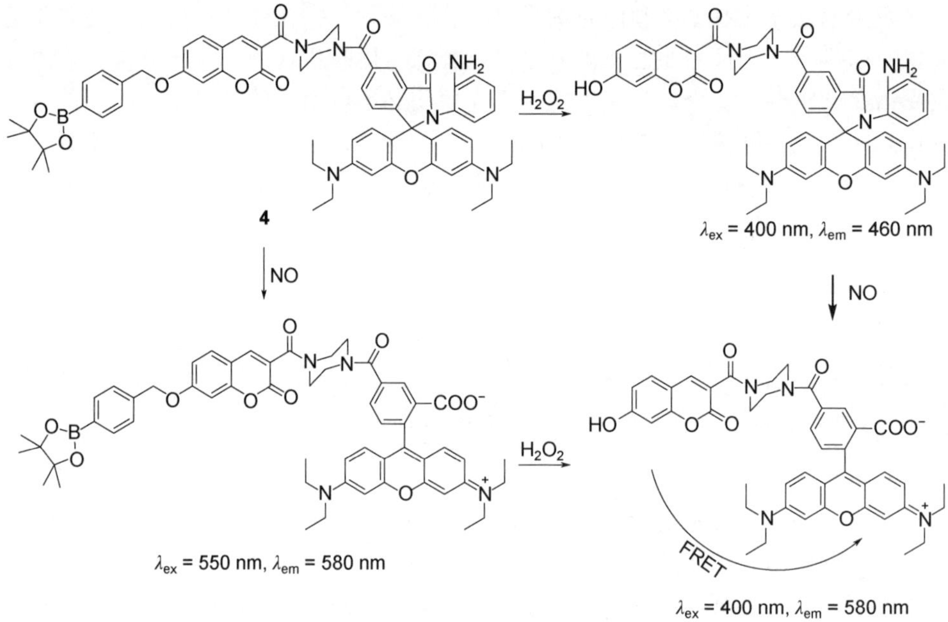

图 3-8　基于 FRET 的探针 4 与 H_2O_2、NO 和 H_2O_2/NO 的反应

后，由于分子内存在 FRET，在 400 nm 的激发光下可以发出波长为 580 nm 的罗丹明荧光。该探针已用于同时监测巨噬细胞内生成的 NO 和 H_2O_2。

Feng 等[24]报道了基于 FRET 机理的荧光探针 5（图 3-9），可用于检测过渡金属钯。该探针中的能量供体是 3-氨基邻苯二甲酰亚胺，能量受体是荧光素母体，其中荧光供体 3-氨基邻苯二甲酰亚胺还具有激发态分子内质子转移的性质。在加入钯金属之前，由于荧光素部分处于闭环状态，无 FRET 发生，所以探针本身只发出 490 nm 的 3-氨基邻苯二甲酰亚胺荧光；然而，当探针与钯反应后，引发荧光素内脂的开环以及 FRET 的产生，从而在 547 nm 处发出了荧光素的黄绿色荧光。该探针可对钯进行比率荧光检测。

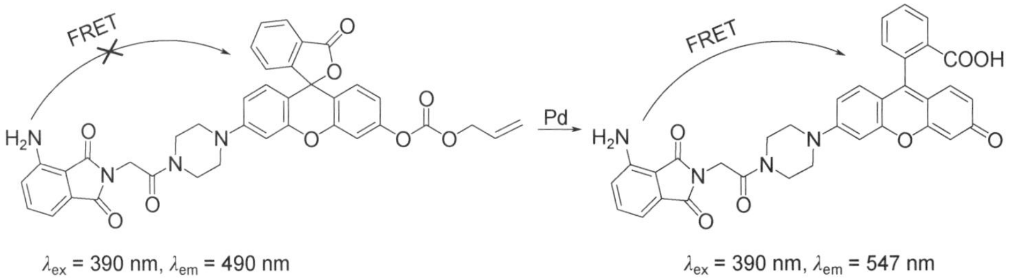

图 3-9 探针 **5** 的 FRET 响应机理

化合物 **6**（图 3-10）是基于 FRET 原理而设计的检测 ONOO⁻ 的比率型荧光探针[25]。该探针在未加入 ONOO⁻ 时，存在分子内的 FRET，发出波长为 651 nm 的荧光；当在体系中加入 ONOO⁻ 并与荧光受体发生亲核、氧化反应后，分子内的 FRET 阻断，发出的是供体香豆素的荧光（$\lambda_{ex/em}$ = 420/473 nm）。该探针还具有双光子荧光性质，并可用来检测 HepG2/RAW264.7 细胞内 ONOO⁻ 的产生。

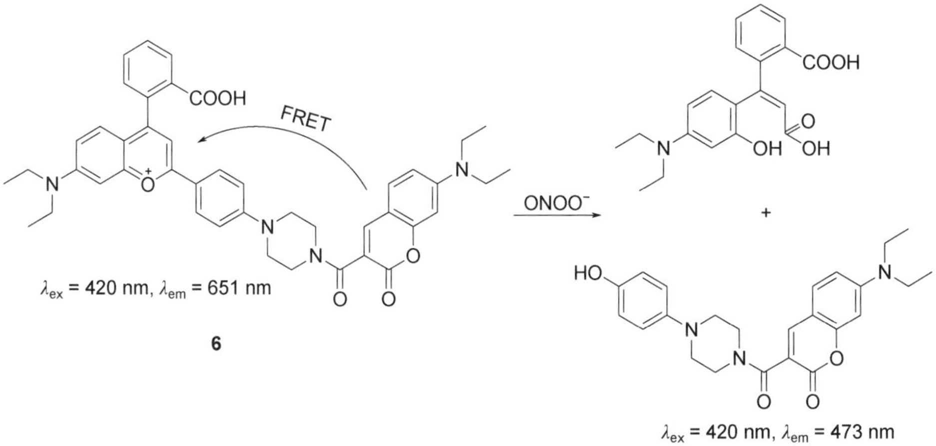

图 3-10 基于 FRET 的探针 **6** 与 ONOO⁻ 的反应

3.3 荧光寿命的改变

荧光寿命（τ）定义为当激发光切断后荧光分子的荧光强度衰减到原强度的 1/e 所需要的时间。荧光寿命的变化也是一种重要的光信号响应模式，它代表了荧光分子的 S₁ 激发态的平均寿命，是反映物质光物理或者光化学反应过程特性的一种重要参数。

$$\tau = 1/(k_f + \Sigma K) \tag{3-27}$$

式中，k_f 表示荧光发射速率常数；ΣK 代表各种分子内非发射衰变过程速率常数的总和[7]。

荧光的衰变通常为单指数衰变过程，在时间为 τ 之前就有 63% 的激发态分子已经衰变了，37% 的激发态分子则在时间大于 τ 的时刻衰变。

激发态的平均寿命与跃迁概率有关[7]，两者的关系可大致表示为 $\tau \approx 10^{-5}/\varepsilon$（$\varepsilon$ 为摩尔吸光系数，单位为 L/(mol·cm)。$S_0 \to S_1$ 是许可跃迁，通常 $\varepsilon \approx 10^3$，因而荧光的寿命大致为 10^{-8} s；$S_0 \to T_1$ 的跃迁是自旋禁阻的，$\varepsilon \approx 10^{-3}$，因而磷光的寿命大致为 10^{-2} s。

在没有非辐射衰变过程的情况下，荧光分子的寿命称为本征寿命（intrinsic lifetime），用 τ_0 表示为 $\tau_0 = 1/k_f$。

荧光强度的衰变通常遵循下述关系式

$$\ln I_0 - \ln I_t = t/\tau \tag{3-28}$$

式中，I_0 和 I_t 分别表示时间 $t = 0$ 和 t 时刻的荧光强度。在实验中，通过测定不同时刻所对应的 I_t 值，并作出 $\ln I_t \sim t$ 的关系曲线，由所得直线斜率即可计算荧光寿命值[7]。

荧光寿命是荧光团本身的一种固有特性，该参数不受激发光强度、荧光团光漂白的影响；然而，荧光寿命受内部因素（如荧光团结构）和其它外部因素（如温度、极性及猝灭剂等）的影响较大。这种两面性（即敏感性和独立性）使得荧光寿命法既是一种独立的分析方法，又是对传统荧光强度测量法的补充[26]。表 3-1 列出了一些常见物质的荧光寿命和分析波长。

表 3-1　一些常见物质的荧光寿命和分析波长

荧光物质	荧光寿命/ns	$\lambda_{ex/em}$/nm	溶剂
嵌二萘	>100	341/376	水
$Ru(bpy)_2(dcpby)[PF_6]_2$	375	458/650	水
香豆素	2.5	460/505	乙醇
Oregon Green 488	4.1	493/520	pH 9①
Alexa Fluor 488	4.1	494/519	pH 7.4①
荧光素	4	495/517	pH 7.5①
吖啶橙	2	500/530	pH 7.8
BODIPY FL	5.7	502/510	乙醇
CY3	0.3	548/562	pH 7①
CY3B	2.8	558/572	pH 7①

续表

荧光物质	荧光寿命/ns	$\lambda_{ex/em}$/nm	溶剂
罗丹明 B	1.68	562/583	pH 7.8[①]
CY5	1	646/664	pH 7[①]
Alexa Fluor 647	1	651/672	水
ATTO 655	3.6	655/690	水
吲哚菁绿	0.52	780/820	水

① 磷酸盐缓冲液。

荧光寿命的测定与各种新仪器的不断发展密切相关。在19世纪中叶，人们就曾基于"余辉"持续时间的不同来对材料进行分类，并通过目视观察法研究荧光和磷光之间的差异：当去除光源时，荧光化合物立即停止发射，而磷光化合物具有持久可见的余辉。为了解释持续时间的差异，H. Emsmann 参考了特定的原子性质，指出磷光分子比荧光分子"保持能量"更长[27]。由于荧光瞬间消失，因此最初的寿命研究集中于磷光。许多磷光物质其发射时间持续几分钟甚至几小时；对超出目视观察能力的磷光发射（<0.1 s），则需要采用其它装置。第一次测量短于几分之一秒的时间间隔，是由 H. Fizeau 在 1849 年通过使用旋转齿轮产生光脉冲测量光速获得的[28]。此后，E. Becquerel 发展了能够测量短至 10^{-4} s 时间间隔的磷光计[29]；Becquerel 的儿子 Henri Becquerel 子承父业，于 1896 年在研究铀盐中的磷光时，偶然发现了铀的放射性，即在光激发停止几天后，原本发出高强度光的铀化合物晶体仍然能够持续发出光线，并且持续时间更长，远远超过了普通的磷光持续时间。这一发现为现代核医学、核成像等技术奠定了基础，在一定意义上是现代许多成像方法（如，闪烁扫描、正电子发射断层扫描、单光子发射计算机断层扫描以及许多其它基于放射性同位素的成像技术和生物分析等）的"鼻祖"。

Becquerel 的磷光计不能测量更快的荧光。1926 年，E. Gaviola 研制了新的仪器[30]，并测定了罗丹明 B 等在甘油和水中的荧光寿命值，与现代荧光寿命仪器所得到的结果非常相似。Gaviola 称他的荧光寿命仪器为荧光计。

前已述及，荧光寿命的测定主要由荧光强度随时间的衰减曲线拟合所得；欲获取强度衰减曲线，需要在荧光衰减期间获取至少 10 个以上的采样光强。然而，荧光寿命大多处于纳秒量级，所以获取这种时间范围内的荧光衰减曲线，对光强的时间采样分辨率要求在 100 ps 以下。目前的电子瞬时记录器一般难于达到此要求，并且荧光信号对于这种电子设备来说相对较弱，很难得到合适的强度衰减曲线。因此，现代的荧光寿命测定通常采取一些特殊的方法来完成。目前主要有两类，即时域法和频域法[31]。

时域法又称脉冲法，而频域法又称相移法。二者最大的区别是采用的光源不同，基于时域的脉冲法一般采用短脉冲光源，基于频域的相移法采用调制光源。显然，由于激发光源的不同，两种方法得到的信号有很大区别，但整体而言二者在理论上是等价的，均是被测样品真实荧光函数与仪器响应函数卷积的结果。脉冲法得到的荧光发射强度首先增加，达到峰值后开始逐渐衰减，当激发光的强度可以忽略后，衰减情况就变得与仪器响应函数一致。因此，欲得到真实的仪器响应函数参数，需要对测得的荧光信号进行解卷积的运算。

相移法的激发光源为正弦函数形状的简谐波，它与仪器响应函数卷积结果仍为一个正弦函数，且被测样品真实荧光函数与仪器测得荧光函数的频率一致，只是存在相位上的差别以及平衡位置与幅度上变化。相位上的变化用相移（θ）表示，而平衡位置与振幅上的变化则用调制因子或解调系数（m）表示。由于这些参数均可直接通过被测样品真实荧光函数与仪器测得荧光函数的比较而得到，因此相移法不需要通过解卷积的手段来获得数据。下面简要介绍两种普通的荧光寿命测量方法。

3.3.1 时间相关单光子计数法

时间相关单光子计数法（time-correlated single photon counting，TCSPC）是一种常用的荧光寿命测量技术，也是灵敏度最高的一种，并在光子迁移、光学时域反射和飞行时间测量中也越来越重要。然而，由于仪器昂贵、维修费用高，故一般实验室并不具备。TCSPC是一种时域测量方法，它测量光探测器（通常是光电倍增管）上的单光子信号与激光脉冲之间的时间间隔[32]。其基础是将发射荧光看作是一个随机事件，在受激的荧光分子中，每个荧光分子发射荧光光子的时间是随机的，有快慢之分，而荧光的负指数衰减曲线就是发射荧光光子事件概率的时间分布曲线。在实验上，用一个时间持续期尽可能短（通常脉冲宽度小于1 ns）的脉冲光来激发荧光分子，随后检测荧光分子所发射的第一个荧光光子到达光信号检测器的时间，这一时间是以激发脉冲开始作用的起始时间为基准的。这样，通过多次周期循环，并用时间槽对各个时间间隔进行统计，获得时间分布的柱状统计图，即受激后发射荧光的时间概率分布（图3-11），最后通过指数拟合得到荧光强度衰减曲线，由此得到衰变过程的动力学参数与荧光寿命信息。

3.3.2 相移法

上述TCSPC法属于时域测量法，激发光必须是脉冲光源，而相移法则属于频域测量法。图3-12是相移法的示意图[31]。

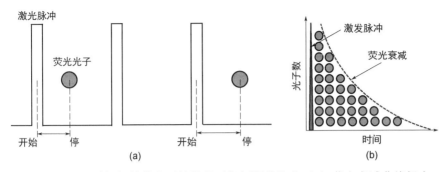

图 3-11 （a）时间相关单光子计数的时间间隔获取和（b）荧光衰减曲线拟合

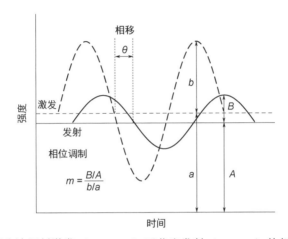

图 3-12 在正弦波调制激发（- - -）下荧光发射（——）的相位和调制情况

激发光源的直流成分为 a；被测物质发射荧光信号的直流成分为 A；激发光源的振幅为 b；被测物质荧光信号的振幅为 B；θ 为发射光相对于激发光的相位延迟（即相移）；m 为解调系数

荧光寿命使用相移法进行测量的概念最早是在 1926 年由 Gaviola 提出的。该法成熟于 20 世纪 80 年代，当时已经有了商品化的相移法荧光寿命测量系统，并成为一个重要手段。相移法使用的激发光源是强度按正弦规律调制的调整光源，用此激发光源照射样品，得到的被测样品的荧光强度与激发光源的强度有一定的关系，均为同一频率的正弦调制信号。由于荧光寿命的存在（即由于吸收、振动弛豫和荧光发射产生的时滞），故发射光会落后于激发光，这个滞后的相位差就是相移 θ。然而，吸收所需时间在飞秒量级，而振动弛豫在 100 ps 左右，所以相位延迟主要由纳秒量级的荧光寿命产生。通过测量荧光信号相对于激发光信号的相移以及解调系数 m 来计算荧光寿命（图 3-12）。

设激发光调制角频率为 ω，可以得到相移 θ 与荧光寿命 τ_θ 的关系：

$$\tan\theta = \omega\tau_\theta \tag{3-29}$$

即

$$\tau_\theta = \tan\theta / \omega \quad (3\text{-}30)$$

解调系数 m（发射波振幅与激发波振幅之比）与寿命 τ_m 及调制角频率 ω 间的关系为：

$$m = \frac{B/A}{b/a} \quad (3\text{-}31)$$

$$\tau_m = \frac{1}{\omega}\sqrt{\frac{1}{m^2} - 1} \quad (3\text{-}32)$$

通过实验获得相关参数，并利用上述公式即可计算荧光寿命值。

当被测物质为单一成分而不是混合成分且按照单指数衰减时，$\tau_\theta = \tau_m$，此即我们要测定的荧光寿命，亦即 $\tau = \tau_\theta = \tau_m$；显然，此时荧光寿命测定变得简单易行，因此，该方法应用非常广泛。当为多种荧光分子混合物时，存在 $\tau_\theta < \tau < \tau_m$；此时则需要进行多指数拟合，且操作繁琐，实际应用则变得困难。

利用物质的荧光寿命不同，可以开展时间分辨荧光分析。该分析技术是基于不同发光体的发光衰减速率的不同，配置使用带时间延迟设备的脉冲光源（闪光灯或激光器）和带有门控时间电路的检测器件，通过选定延迟时间和门控时间，对发射单色器进行扫描，得到时间分辨荧光发射光谱，从而实现对光谱重叠但是荧光寿命不同的组分进行分辨和分别测定。例如，8-羟基喹啉和其衍生物 5,7-二溴-8-羟基喹啉的荧光光谱重叠，但它们的荧光寿命分别为 22.8 ns 和 6.0 ns，因此可采用时间分辨法对二者的混合物进行同时测定。实验发现，延迟至 40 ns 之后，只有 8-羟基喹啉还产生明显的荧光，而 5,7-二溴-8-羟基喹啉的荧光几乎可忽略；因此，将荧光的测量时间延迟至 40 ns 之后测定，可获得 8-羟基喹啉的含量，并借助荧光加和光谱与差减法进而获得 5,7-二溴-8-羟基喹啉的含量[33]。

来自生物内源性物质的自身荧光及光源杂散光均为短寿命荧光（纳秒级）；若使用较长寿命（微秒至毫秒级）的荧光探针对生物体进行荧光分析，在激发光和检测窗口之间引入适当的延迟时间，可有效避免短寿命荧光背景干扰，极大地提高信噪比和分析准确度[7]。此外，由于荧光寿命相比磷光寿命要短得多，所以磷光更有利于时间分辨技术的实施。

利用荧光寿命的不同还可以开展生物成像分析。该方法是利用合适波长的入射脉冲光对生物样品进行激发，通过测量生物活体或组织中的有关物质的荧光强度衰减过程与时间的不同，来获得生物微环境、荧光分子的能级结构等信息，同时还可用于区分样品中的分子种类。荧光寿命成像分析除了具备一般荧光显微成像的高特异性、高灵敏度等特点外，还具有对微环境变化敏感、可定量测量等优势，因此近二十年来已在许多领域得到较广泛的应用，尤其是在生物医学、疾病诊断与治疗以及纳米材料的生物应用等研究方面，均获得了快速的发展[34]。例如，

Alam 等[35,36]基于黄素腺嘌呤二核苷酸、色氨酸等内源性荧光物质,采用荧光寿命成像技术研究发现了抗癌药物的使用可增加前列腺癌细胞内这些物质的荧光寿命,并揭示了色氨酸与烟酰胺腺嘌呤二核苷酸的相互作用关系,对抗癌药物治疗效果的监控具有积极意义。

值得注意的是,1990 年 Webb 等[37]报道了双光子荧光寿命成像技术,并在近年得到了较快的发展。该技术利用低散射的近红外光进行双光子激发,具有低的光漂白和光毒性、超强的组织穿透能力、亚细胞水平的分辨率以及固有的层析能力等优势。此外,该技术还能够利用内源性光学标志物获得不同对比度,实现无标记成像,被认为是目前最适于活体光学显微成像的分析方法之一[38],因而具有重要的发展前景。

3.4 荧光各向异性的改变

3.4.1 荧光各向异性的物理基础

荧光各向异性(fluorescence anisotropy)是荧光分子的一种固有性质,也是荧光分子光信号响应的一种重要模式,并与激发模式密切相关。荧光各向异性与荧光偏振(fluorescence polarization)是对荧光分子的同一发光性质的不同的表达。目前,荧光各向异性在阐述相关理论问题时较荧光偏振简单,其应用更普及。在第 2 章,有关荧光各向异性的物理基础已有描述,在此不再赘述。

荧光各向异性 r 是一个无量纲的参数,其大小与分子的转动速度、液体的黏稠度、温度、分子体积有关。如果荧光分子较大,其运动较慢,则具有较大的荧光各向异性值;反之,如果荧光分子较小,其分子运动较快,则其荧光各向异性较小。正由于荧光各向异性(荧光偏振)与分子的运动相关,所以分子的结合、解离、降解或构象变化都可引起分子运动行为的改变,从而引起荧光各向异性的变化。而且,许多生物分子还可实现均相测量,这使荧光各向异性测定在生物学等研究中备受关注[39]。此外,当样品中存在多种荧光物质时,所测得的荧光各向异性是各种荧光物质荧光各向异性的平均值。

3.4.2 荧光各向异性分析的特点与应用

荧光各向异性分析法具有如下优点:①响应时间快。只要物质之间相互作用引起荧光各向异性变化,这种作用即可被实时监测,并成为研究分子间相互作用机理和作用位点等相关问题的有力工具。②与其它荧光响应信号模式相比,荧光探针的设计相对简单。③荧光各向异性的测定属于另一种意义上的比率检测法,与荧光的绝对强度无关,并具有降低自身荧光干扰、避免光漂白等特点[40]。④作为一种均相分析法，其无需分离，操作简单；同时还可以与酶标仪等一起联用，以满足高通量测定需求。

鉴于荧光各向异性或荧光偏振测定的诸多优点，目前该方法已广泛应用于生命科学、临床医学、药物分析和环境科学等领域。例如，房喻等[41]设计合成了一种水溶性小分子萘二甲酰亚胺荧光探针（NA，图 3-13），通过紫外可见吸收与荧光光谱对其基本光物理性质进行了考察。研究表明，该探针可以富集在阴离子聚集体表面，且其荧光及荧光各向异性强烈依赖于介质极性和黏度，并在水溶液中显示出较高的荧光量子产率和较长的荧光寿命。利用这些特性，不仅实现了对阴离子表面活性剂的选择性检测，而且将该探针置于表面带负电荷的生物膜体系中，还成功分析了细胞膜和大肠杆菌，为快速检测水体中微生物的污染提供了一种新方法。

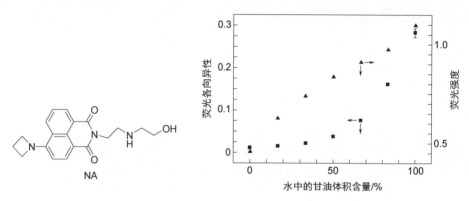

图 3-13　NA 的分子结构及 NA（10 μmol/L）的荧光各向异性和在 $\lambda_{ex/em}$ = 440 nm/560 nm 处的荧光强度[41]

参 考 文 献

[1] Zhou, J.; Ma, H. M. Design principles of spectroscopic probes for biological applications. *Chem. Sci.,* **2016**, 7: 6309-6315.

[2] Grabowski Z. R.; Rotkiewicz K.; Rettig, W. Structural changes accompanying intramolecular electron transfer: focus on twisted intramolecular charge-transfer states and structures. *Chem. Rev.,* **2003**, 103: 3899-4031.

[3] Ho, H. A.; Leclerc, M. New colorimetric and fluorometric chemosensor based on a cationic polythiophene derivative for iodide-specific detection. *J. Am. Chem. Soc.,* **2003**, 25: 4412-4413.

[4] Zeng, H.; Thompson, R. B.; Maliwal, B. P.; Fones, G. R.; Moffett, J. W.; Fierke, C. A. Real-time determination of picomolar free Cu(Ⅱ) in seawater using a fluorescence-based fiber optic biosensor. *Anal. Chem.,* **2003**, 75: 6807-6812.

[5] 张华山，王红，赵媛媛. 分子探针与检测试剂. 北京：科学出版社，2002.

[6] Wu, X. F.; Shi, W.; Li, X. H.; Ma, H. M. *Acc. Chem. Res.,* **2019**, 52: 1892-1904.

[7] 许金钩，王尊本. 荧光分析方法. 北京：科学出版社，2006.

[8] Dewey, T. G. Biophysical and biochemical aspects of fluorescence spectroscopy, New York: Plenum Press, 1991: 1-41
[9] Ware, W. R. Oxygen quenching of fluorescence in solution: an experimental study of the diffusion process. *J. Phys. Chem.*, **1962**, 66: 455-458.
[10] Lakowicz, J. R.; Weber, G. Quenching of fluorescence by oxygen. Probe for structural fluctuations in macromolecules. *Biochemistry*, **1973**, 12: 4161-4170.
[11] Valeur, B. Molecular Fluorescence: Principles and Applications. Weinheim: Wiley-VCH, 2002.
[12] 晋卫军. 分子发射光谱分析. 北京：化学工业出版社，2018.
[13] Chen, X. Q.; Ma, H. M. H. Characterization of rhodamine B hydroxylamide as a highly selective and sensitive fluorescence probe for copper(Ⅱ). *Anal. Chim. Acta*, **2009**, 632: 9-14.
[14] 陈忠林, 李红玲, 韦驾, 肖义, 于海波. 基于激发态能量转移机理比率型荧光探针的研究进展. 有机化学，**2015**，35: 789-801.
[15] Grynkiewicz, G.; Poenie, M.; Tsien, R. Y. A new generation of Ca^{2+} indicators with greatly improved fluorescence properties. *J. Biol. Chem.*, **1985**, 260: 3440-3450.
[16] 马会民, 余席茂, 陈观铨, 曾云鹗. 测定细胞内游离钙的有机显色剂与荧光试剂. 化学通报, **1993**, 56(11): 37-42.
[17] de Silva, A. P.; Gunaratne, H. Q. N.; Gunnlaugsson, T.; Huxley, A. J. M.; McCoy, C. P.; Rademacher, J. T.; Rice, T. E. *Chem. Rev.*, **1997**, 97: 1515-1566.
[18] Li, X. H.; Gao, X. H.; Shi, W.; Ma, H. M. *Chem. Rev.*, **2014**, 114: 590-659.
[19] Komatsu, K.; Urano, Y.; Kojima, H.; Nagano, T. Development of an iminocoumarin-based zinc sensor suitable for ratiometric fluorescence imaging of neuronal zinc. *J. Am. Chem. Soc.*, **2007**, 129: 13447-13454.
[20] Wan Q. Q.; Song Y. C.; Li Z.; Gao X. H.; Ma, H. M. In vivo monitoring of hydrogen sulfide using a cresyl violet-based ratiometric fluorescence probe. *Chem. Commun.*, **2013**, 49: 502-504.
[21] Andrews, D. L.; Demidov, A. A. Resonance energy transfer. Chichester: John Wiley & Sons, 1999.
[22] Duan, X. J.; Zhao, Z.; Ye, J. P.; Ma, H. M.; Xia, A. D.; Yang, G. Q.; Wang, C. C. *Angew. Chem. Int. Ed.*, **2004**, 43: 4216-4219.
[23] Yuan, L.; Lin, W.; Xie, Y.; Chen, B.; Zhu, S. Single fluorescent probe responds to H_2O_2, NO, and H_2O_2/NO with three different sets of fluorescence signals. *J. Am. Chem. Soc.*, **2012**, 134: 1305-1315.
[24] Feng, W.Y.; Bai, L. Y.; Jia, S. W.; Feng, G. Q. A novel phthalimide-rhodol-based ESIPT-FRET system for rapid colorimetric and ratiometric fluorescent detection of palladium. *Sens. Actuators B, Chem.*, **2018**, 260: 554-562.
[25] Cheng, D.; Pan, Y.; Wang, Lu.; Zeng, Z.; Yuan, L.; Zhang, X.; Chang, Y. Selective visualization of the endogenous peroxynitrite in an inflamed mouse model by a mitochondria-targetable two-photon ratiometric fluorescent probe. *J. Am. Chem. Soc.*, **2017**, 139: 285-292.
[26] Berezin, M. Y.; Achilefu, S. Fluorescence lifetime measurements and biological imaging. *Chem. Rev.*, **2010**, 110: 2641-2684.
[27] Emsmann, H. Positive und negative fluorescenz. Phosphorescenz und fluorescenz. *Ann. Phys.*, **1861**, 190: 651-657.
[28] Fizeau, H. Sur une expérience relative à la vitesse de propagation de la lumière. *C. r. hebd. séances Acad. Sci. Paris*, **1849**, 90: 132.
[29] Becquerel, E. Recherches sur divers effets lumineux qui résultent de l'action de la Lumière sur les corps. *Ann. Chim. Phys.*, **1859**, 55: 5-119.
[30] Gaviola, E. The time of decay of the fluorescence of dye solutions. *Ann. Phys.*, **1926**, 81: 681-710.
[31] Lakowicz, J. R. Principles of fluorescence spectroscopy (3rd ed.). New York: Springer, 2006.

[32] O'connor, D. V.; Phillips, D. Time-correlated single photon counting. London: Academic Press, 1984.

[33] Onoue, Y.; Morishige, K.; Hiraki, K.; Nishikawa, Y. Simultaneous fluorimetric determination of 8-quinolinol and 5,7-dihalo-8-quinolinols by differences in their fluorescence lifetimes. *Anal. Chim. Acta,* **1979**, 106: 67.

[34] Berezin, M. Y.; Achilefu, S. Fluorescence lifetime measurements and biological imaging. *Chem. Rev.*, **2010**, 110: 2641-2684.

[35] Periasamy, A.; Alam, S. R.; Svindrych Z, Wallrabe H. FLIM-FRET image analysis of tryptophan in prostate cancer cells. *Proc. SPIE*, **2017**, 10414: 1041402.

[36] Alam, S. R.; Wallrabe, H.; Svindrych, Z.; Christopher, K. G.; Chandra, D.; Periasamy, A. Effects of anti-cancer drug doxorubicin on endogenous biomarkers NAD(P)H, FAD and Trp in prostate cancer cells: a FLIM study. *Proc. SPIE*, **2017**, 10069: 100691L.

[37] Denk, W.; Strickler, J. H.; Webb, W. W. Two-photon laser scanning fluorescence microscopy. *Science*, **1990**, 248: 73-76.

[38] Pittet, M. J.; Weissleder, R. Intravital imaging. *Cell*, **2011**, 147: 983-991.

[39] Jameson, D. M.; Ross, J. A. Fluorescence polarization/anisotropy in diagnostics and imaging. *Chem. Rev.,* **2010**, 110: 2685-2708.

[40] Liu, J.; Cao, Z.; Lu, Y. Functional nucleic acid sensors. *Chem. Rev.*, **2009**, 109: 1948-1998.

[41] Wang, L.; Wang, G.; Shang, C.; Kang, R.; Fang, Y. Naphthalimide-based fluorophore for soft anionic interface monitoring. *ACS Appl. Mater. Interfaces*, **2017**, 9: 35419-35426.

第 4 章 光学探针的设计方法

史文[1]，周进[2]，马会民[1]
1. 中国科学院化学研究所；2. 潍坊医学院

马会民等[1,2]根据研究目的与分析对象的不同，系统地归纳并阐明了光学探针常用的设计策略，主要包括两大类：一类是基于合适的物理环境敏感因素（如，极性、黏度、温度、压力等）；另一类是基于不同的化学反应。前者另辟了一章（第11章）介绍，在此不再赘述。后者主要利用了如下五种不同的化学反应：①质子-脱质子化反应；②配位反应；③氧化还原反应；④共价键的形成与切断；⑤聚集与沉淀反应。这种分类主要是基于分析化学四大化学平衡和有机化学共价键的变化提出的，各个种类之间也不是孤立的。例如，金属离子的配位原子往往也是质子的结合位点，因此，配位反应通常受溶液的 pH 影响；活性氧物种的氧化作用通常伴随着共价键的破坏与切断；聚集与沉淀反应的调控一般是通过亲水、疏水基团的引入或离去。此外，在电荷、亲疏水、尺寸等效应作用下所发生的超分子主客体识别反应，以及化学键反应所伴随的共轭结构改变等也是常见的光学探针的设计方法。其中，针对不同的分析物，如何开发高效的化学识别反应以制备出性能优良的光学探针则是问题的关键。一般而言，高效的化学反应包含两层含义：①分析物能快速促进反应平衡朝着产生光学响应的方向进行；②反应具有特异性。本章将着重介绍基于上述不同化学反应的光学探针的设计方法。

4.1 质子-脱质子反应

此类反应主要是借助-OH、-COOH、-NR$_2$ 等含强电负性原子的基团对酸度的敏感性而用于 pH 等光学探针的设计[2]。决定溶液 pH 值的质子浓度是一种影响化学反应的重要因素，因此 pH 的准确测量对表征反应体系的微环境及其变化有十分重要的意义。光学探针在 pH 值测量方面一直扮演者重要的角色[3]。习惯上，人们把用于 pH 滴定或 pH 试纸的光学探针称为 pH 指示剂。例如，石蕊是一种古老的从植物中提取的 pH 指示剂，呈现深蓝色的固体。石蕊能够以溶液或试纸的形式使用，遇酸呈现红色，而遇碱呈现蓝色。其它 pH 指示剂的响应范围及变色条件很容易从各种试剂手册中查到[4]。

pH 光学探针含有与质子结合、解离的 O、N 等电负性原子，其质子的结合态和解离态会改变分子内的电荷分布，从而产生对 pH 敏感的光信号变化。这种光信号变化主要表现为强度和波长漂移的改变，前者是指光信号强度随 pH 变化而改变，后者则是构建比率荧光测定的基础，即基于两个波长处的荧光强度的比值随 pH 变化而进行分析。在第 2 章中已介绍，在用于一些生物体系（如细胞内荧光成像等）时，基于单波长处荧光强度变化的 pH 探针易受探针浓度、仪器参数等因素的影响，不适于定量分析；而比率型 pH 荧光探针则可以克服这些弊端而开展定量测量，所以是当前 pH 荧光探针发展的主要方向[5]。

pH 光学探针可以精确测量的 pH 范围约为 $pK_a \pm 1$，因此，在实际应用中需要设计或选择合适 pK_a 的探针以满足不同的检测目的。例如，细胞外液中 H^+ 的浓度约为 40 nmol/L（pH ≈ 7.4），其变动幅度一般在 0.1~0.2 个 pH 单位，因此检测细胞质 pH 的探针其 pK_a 应接近 7.4；又如，溶酶体是一种酸性细胞器，其 pH 值一般在 5 左右，所以用于溶酶体 pH 检测的探针其 pK_a 应接近 5[6]。在某些情况下，若需要 pH 响应范围宽的光学探针，可采取下述措施来设计，即将多个质子敏感的电负性原子设置在荧光母体的差别不大但又不同的电子环境中，使各个 pK_a 产生交叠并呈近似线性的 pH 响应。

荧光素及其衍生物由于含有多个质子敏感基团，所以成为构建 pH 荧光探针的常用荧光母体。1982 年，Tsien 等[7]设计了荧光素衍生物 BCECF（图 4-1），并用于细胞质 pH 的测量。在 pH 3.6~9.2 的范围内，BCECF 的激发峰（500 nm）和发射峰（526 nm）随 pH 的增大而增强，可用作强度型 pH 荧光探针。此外，分别用 490 nm 和 440 nm 两个激发波长激发 BCECF，以测得的 530 nm 处荧光发射峰强度之比为检测信号，BCECF 还可用作双激发、单发射模式的比率型荧光探针，并能对细胞质的 pH 进行成像与测量。与荧光素相比，BCECF 具有如下优点：① BCECF 带有更多的负电荷，能够增加其在细胞内的停留时间；② BCECF 的 pK_a 为 6.97 左右，更适合细胞质 pH 的测量；③ BCECF 容易被酯化而便于载入细胞；④ BCECF 的荧光更稳定，不受离子强度的影响，也没有表现出任何亚细胞结构的靶向性。在此基础上，荧光素的其它衍生物在细胞内 pH 测定方面也获得了重要发展。其中，SNARF（图 4-1）是荧光素的萘衍生物，其激发波长为 515 nm，在 535 nm 和 610 nm 两个发射波长处荧光强度随 pH 的变化呈现良好的比率响应，pK_a 为 7.5 左右，是一种单激发、双发射模式的比率型 pH 荧光探针。SNARF 的分析波长较长，可显著降低光毒性以及生物背景荧光的干扰，可用于癌细胞表面 pH 的检测[8]。BCECF 和 SNARF 已得到试剂公司的商业化生产与销售。

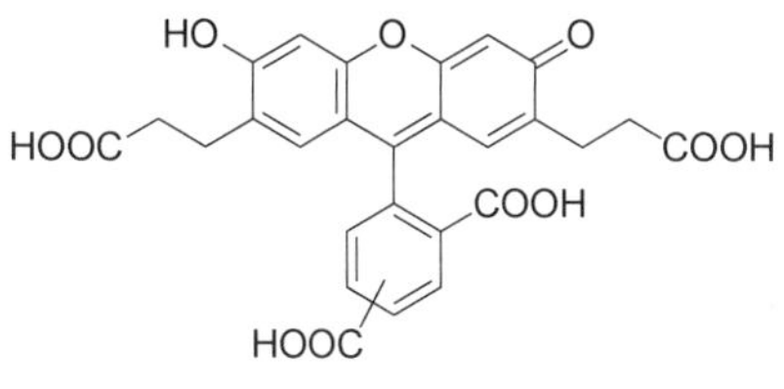

图 4-1　BCECF 及 SNARF 的化学结构

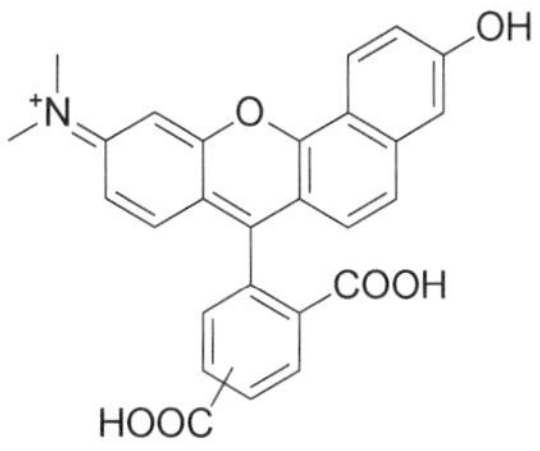

Han 等[9]将 pH 敏感的荧光素与 pH 惰性的荧光团 BODIPY 连接，构建了一个比率型荧光探针 **1**。在中性和碱性条件下，该探针发射 520 nm 的荧光素荧光；在酸性条件下，则在 600 nm 处发射 BODIPY 的荧光。两波长处荧光强度的比值对 4.0～6.5 的 pH 变化非常灵敏。该探针与血清白蛋白结合形成的复合物，能在不同温度下进入 COS-7 细胞的不同细胞器：在 4℃时，复合物分布在 pH 7.4 的胞液；而当温度为 37℃时，复合物聚集于 pH 5.4 的内含体。

将质子敏感基团羟基引入到长波长的菁类染料中，可发展出近红外 pH 荧光探针。马会民等[10]以 IR780 为原料合成了一个靶向溶酶体的近红外比率型 pH 探针 **2**。当激发光为 635 nm 时，**2** 在 670 nm 和 708 nm 处的荧光强度之比随 pH 的增大而减小，pK_a 为 5.0。该探针具有优良的溶酶体靶向功能以及较高的光稳定性，已成功用于测定细胞溶酶体的 pH。利用该探针还揭示出细胞溶酶体的 pH 会随着热刺激而升高，而且此 pH 升高过程在短时间内是不可逆的。

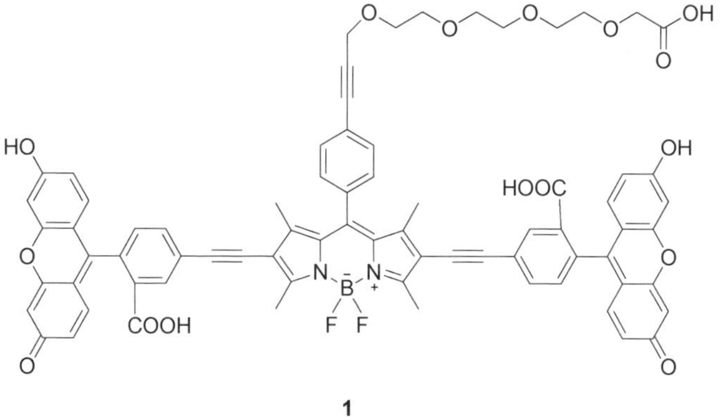

第 4 章　光学探针的设计方法

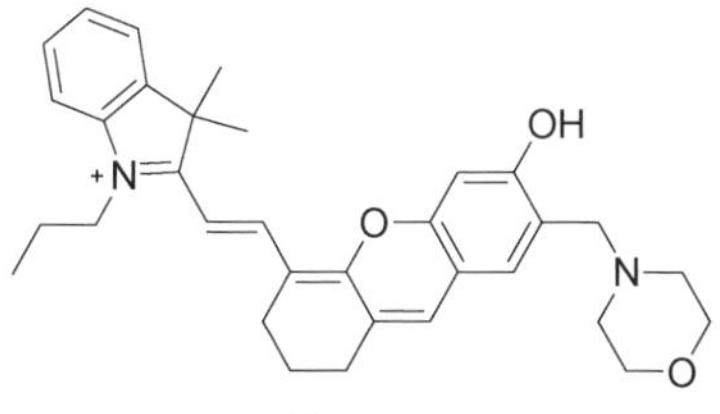

需指出，质子敏感的电负性原子（如 N 或/和 O）也是金属离子的配位原子，通常会产生配位作用而引起干扰。所以，这些电负性原子在荧光体中的设置应尽量避免给金属离子提供空间体积匹配或形成五、六元环配合物的环境。

除了用于设计 pH 光学探针外，质子-脱质子反应还可用于发展其它物质的光学探针，例如，用于 F^- 等阴离子光学探针的设计。其原理为：氟的电负性较大，容易与强极性的 OH 或 NH 中的 H 结合而形成氢键，产生去质子化作用，导致探针的光学性质发生改变，从而实现对 F^- 的检测[11]。Sarkar 等[12]以丹磺酰氯、1,3-丙二胺和 4-氯-7-硝基苯并噁二唑为原料，合成了含有丹磺酰胺和硝基苯并噁二唑两种光学基团的探针 3。在 CH_3CN 溶液中加入 F^-，探针 3 在 527 nm 处的荧光发射峰减弱，这是因为硝基苯并噁二唑荧光团的 NH 与 F^- 以氢键形式结合，发生脱质子化作用，增强分子内光诱导电子转移效应，从而导致 527 nm 处荧光猝灭。该探针与 F^- 的络合常数为 $1.15×10^5$ L/mol，可用于 F^- 的检测。

基于类似的脱质子原理，许多含有 OH 的荧光体也可用于发展检测阴离子的光学探针。其中，以邻羟基芳香醛为原料，与含有 $-NH_2$ 的芳香胺缩合，是这类探针的主要构建方法之一[13]。例如，Suganya 和 Velmathi[14]以 4-氨基偶氮苯和 5-氯水杨醛为原料，设计合成了含有酚羟基的荧光探针 4。在 $DMSO/H_2O$（9:1，体积比）溶液中加入 F^-，探针 4 在 375 nm 处紫外吸收峰减弱，520 nm 处增强，溶液由黄色变浅粉色；与此同时，探针在 480 nm 处的荧光发射峰增强。然而，AcO^- 离子也能产生类似的光谱变化。其反应机理是这些阴离子与探针的酚羟基中的氢形成氢键，产生了脱质子效应，从而导致光谱发生改变。

在探针中引入多个 OH 与 NH 识别位点，能够提高对 F^- 的检测效果。在 CH_3CN 中，探针 5[15]与 F^- 反应后，其 342 nm 处的紫外吸收峰减弱，404 nm 处产生新的吸收峰（等吸收点位于 377 nm 处），溶液颜色由无色变为黄色；同时，探针在 431 nm 处的荧光发射峰红移到 489 nm 处。该探针对 F^- 的检测限为 $3.0×10^{-8}$ mol/L。机理研究表明，探针 5 中 OH 与 NH 同时参与了氢键的形成。在此基础上，研究发现 CH_3CN 和 MeOH 的混合溶液能够进一步提高对 F^- 的选择性，并避免了其它阴离子如 AcO^- 的干扰。

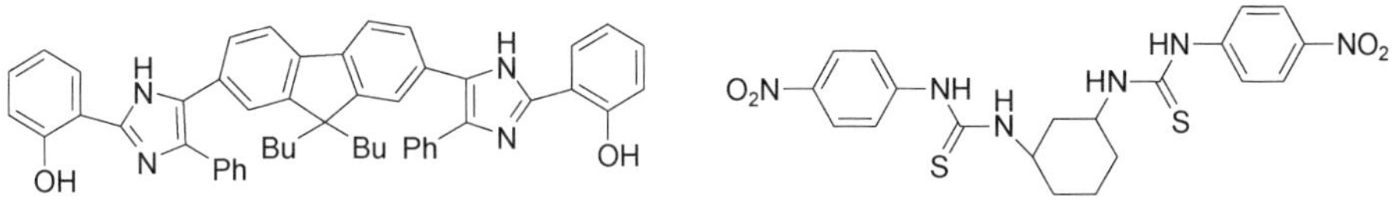

CN⁻也可使具有活泼 NH 的荧光探针发生脱质子反应，引起光谱性质的变化，从而实现 CN⁻的检测。如，Lees 等[16]以环己烷为桥联键、硫脲为识别基团，设计合成了光学探针 **6**。该探针与 CN⁻反应后，360 nm 处的吸收峰下降，475 nm 处产生新的吸收峰，颜色由黄色变为红色。核磁共振滴定实验表明，在 0.4 倍量（物质的量）CN⁻的作用下，NH 基团上的氢峰几乎完全消失。

图 4-2 给出了光学探针 **7** 的结构。核磁共振实验表明，CN⁻可与该探针的醛基发生亲核加成反应，并导致羟基上的质子脱去，向邻近的醛基转移[17]。这一反应引起了探针在 436 nm 处的荧光增强，而在 521 nm 处的荧光降低，从而可用作比率型荧光探针对 CN⁻进行测定，检出限为 1.6 μmol/L。脱质子反应还导致探针在 346 nm 处的紫外吸收强度降低，并在 438 nm 处产生新的吸收峰。

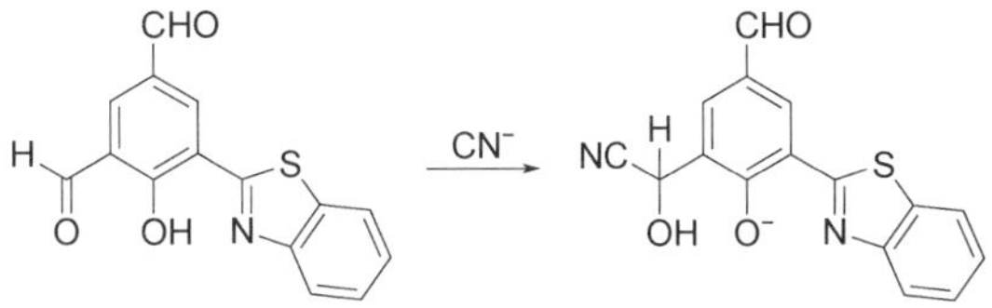

图 4-2　光学探针 **7** 与 CN⁻的反应机理[17]

4.2　配位反应

配位反应是由配位体通过配位键与中心原子（或离子）形成配位化合物的反应。中心原子（或离子）大多数是金属阳离子，因此，配位反应也经常是指由金属阳离子的价电子空轨道与电负性原子的电子之间通过静电引力发生的相互作用。该类反应主要用于金属离子光学探针的设计，其最大的优点是反应速度（即光信号响应）快且可逆，非常适用于分析物浓度的动态变化监测。利用配位反应设计金属离子光学探针，重点是考虑金属离子的电子轨道构型、配位反应特性、尺寸大小等因素来设计相应的识别配体。

配位反应常用的设计思路包括：①基于金属离子的正电荷性质，采用含孤对电子的 N、O、S 等原子以及 −COOH、−OH 等容易脱质子形成负电荷的基团来构筑合适的配体；②许多金属离子倾向于形成稳定的五、六元环配合物，因此，设计的配体应具有便于五、六元环配合物形成的环境；③基于金属离子的尺寸大小不同，设计与其体积相匹配的空穴或环，如冠醚等；④利用软硬酸碱原理设计相应金属离子的配体,如将 S、Se 等软碱原子引入至荧光母体中以用于检测 Hg^{2+} 等软酸阳离子。需要指出,溶液 pH 的改变可影响电负性配位原子的质子化状态和配位能力,进而影响此类光学探针的分析性能。因此,检测体系的 pH 通常需使用缓冲溶液控制在一定的范围内。

化合物 **8** 示出了含有 −COOH、−OH 的荧光探针 3-羟基-2-萘甲酸与 Be^{2+} 在 pH 7.5 的水介质中形成的 1:1 配合物,其中六元环的形成导致蓝色荧光的产生,可在 $\lambda_{ex/em}$ = 380/460 nm 处测定 Be^{2+}[18]。

一些同族的金属离子往往具有不同的体积,如碱金属离子 Na^+ 和 K^+,其选择性测定可通过设计含有与之体积相匹配的空穴或环的光学探针来完成。冠醚作为一种超分子主体,具有特殊的环状空腔结构,且含有能与金属离子配位的 O 原子,因此在 Na^+ 和 K^+ 光学探针的识别基团设计中常被采用。如,Tsien 等[19]发展了基于 1,7-二氮杂唑-4,10,13-三氧基环十五烷的 Na^+ 光学探针 **9**。该探针对 Na^+ 表现出良好的选择性,解离常数为 7.4 mmol/L,与 K^+ 的解离常数为 166 mmol/L。该探针与 Na^+ 结合后,引起激发光谱发生蓝移,可以采用比率法对细胞内的 Na^+ 测量与成像。如果增大冠醚环的大小,使用 1,10-二氮杂唑-4,7,13,16-四氧杂环十八烷为识别基团,则所得探针 **10** 对 K^+ 的选择性优于 Na^+[20]。

含氮杂环烷烃也是一类常见的金属配体，可用于金属离子光学探针的设计。探针 **11** 即是一例，它是通过将 1,4,7,10-四氮环十二烷与蒽连接而得，并可用于 Zn^{2+} 的识别[21]。该探针与 Zn^{2+} 反应后，N 上的孤对电子参与了 Zn^{2+} 的配位作用，抑制了光诱导电子转移效应，使探针在 416 nm 左右的荧光增强。

除了饱和含 N 杂环，不饱和含 N 杂环也用于金属离子的识别。如 8-羟基喹啉-5-磺酸（**12**）可与许多金属离子形成配合物[22]。实验表明，在所测试的 78 种金属离子中，42 种金属离子能够造成荧光增强。其中，Cd^{2+} 引起的荧光增强最大，其次为 Zn^{2+}、Mg^{2+}；Fe^{3+} 反而可使其它离子引起的荧光增强猝灭。

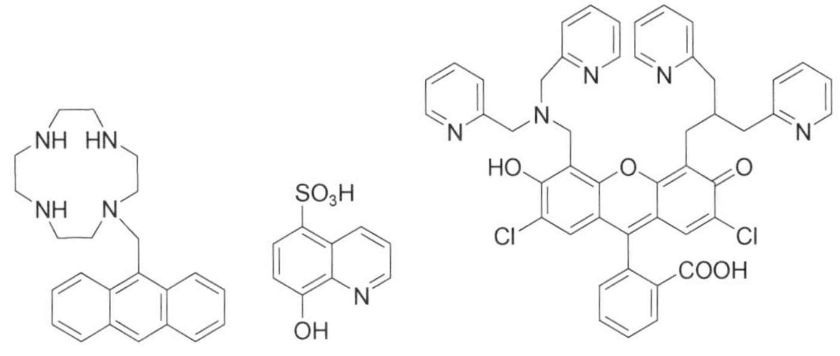

N,N,N',N'-四（2-吡啶甲基）乙二胺是一种可以透过细胞膜的金属离子螯合剂，常用于金属离子掩蔽。Lippard 等[23]利用其类似的结构为识别基团，发展了细胞内 Zn^{2+} 成像的荧光探针 **13**。该探针本身的激发波长为 515 nm，量子产率为 0.39；与 Zn^{2+} 结合后，所形成的配合物的激发波长变为 507 nm，量子产率提高到 0.89，配合物的解离常数约为 0.7 nmol/L。该探针可用于细胞内 Zn^{2+} 浓度的检测。

光学探针 **14** 由硝基苯并呋喃荧光团和 1,4,7,10-四氮杂环十二烷配体构成[24]。该探针可与 Zn^{2+}、Cd^{2+} 和 Cu^{2+} 形成配合物，吸收波长由 486 nm 分别蓝移到 367 nm、381 nm 和 450 nm。所形成的金属配合物中金属离子的配位数仍未达到饱和状态，可以与卤素阴离子进一步结合（图 4-3），从而还可对卤素阴离子产生光学响应。例如，Zn^{2+}-**14** 配合物与 Cl^- 反应后导致 520 nm 处的荧光降低，而 Cd^{2+}-**14** 配合物与 Cl^- 反应后却引起 520 nm 处的荧光增强。这些不同的光谱变化行为具有分析应用前景。

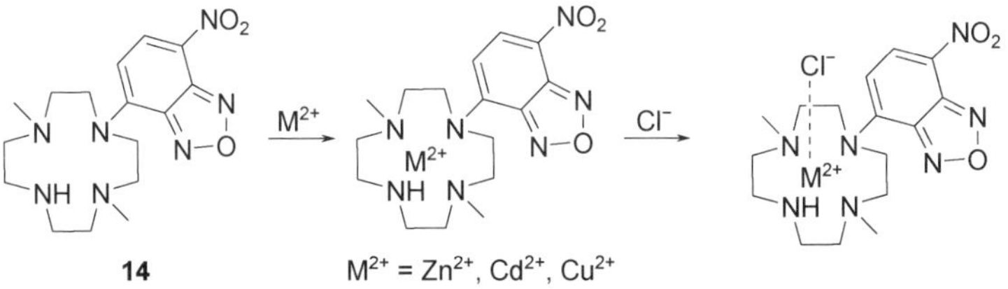

图 4-3 探针 **14** 与金属离子和 Cl^- 的配位反应[24]

软硬酸碱原理的运用也是设计高选择性光学探针的一条重要途径。化合物 **15**（图 4-4）即是利用此原理而得到的 Hg^{2+} 的光学探针[25]。通过引入软碱 S 原子，探针可在水溶液中与软酸 Hg^{2+} 离子产生高选择性的配位结合，并导致罗丹明母体五元环的内酰胺结构打开和荧光（$\lambda_{ex/em}$ = 530/582 nm）增强，检测限达 50 nmol/L；在相同条件下，Zn^{2+}、Cu^{2+}、Ni^{2+}、Fe^{3+} 等均不产生荧光响应。

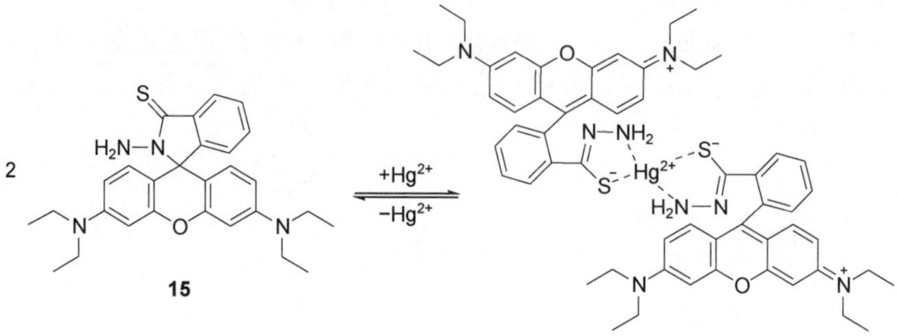

图 4-4 探针 **15** 与 Hg^{2+} 的配位反应[25]

另一方面，一些阴离子具有强电负性，能够与金属阳离子结合，并夺去金属配合物中的中心离子。这种配位取代反应也可用于光学探针的设计。例如，Hamachi 等[26]以 Zn^{2+}-双-2-氨甲基吡啶（DPA）为识别基团，以氧杂蒽为光学基团，制备了荧光探针 **16**，可用于核苷磷酸盐的检测。该探针由两部分组成：含有 DPA 的氧杂蒽配体和两个被结合的 Zn^{2+}。单晶结构分析表明，当 Zn^{2+} 与配体反应时，会结合一个水分子，且水中的氧原子亲核攻击氧杂蒽，致使共轭结构破坏，因此配合物的荧光背景极低。探针与核苷磷酸盐（如三磷酸腺苷）反应时，Zn^{2+} 被其磷酸根结合夺去，氧杂蒽的共轭结构恢复，523 nm 处的荧光增加约 33 倍。然而，该探针对其它磷酸盐物种缺乏选择性，焦磷酸根、二磷酸腺苷等物质都能够结合 Zn^{2+} 造成荧光增加。

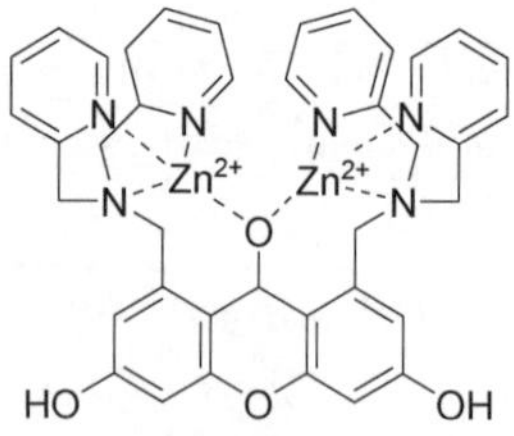

4.3 氧化还原反应

氧化还原反应通常用于具有氧化还原性物质（如活性氧物种、氧化还原蛋白酶等）的光学探针设计。对于细胞而言，氧化还原动态平衡是生物体内最基本、最重要的生物化学特征之一，氧化性物质与还原性物质的活性及比例决定着细胞内的氧化应激状态。一般情况下，细胞能够对自身氧化应激状态进行实时调控，以维持相对稳定的生理状态，从而保证细胞正常的生命活动。然而当细胞受到外界刺激或者在病理状态下，氧化性物质浓度升高或还原性物质过量消耗则会打破细胞内氧化还原平衡，氧化应激升高，导致细胞及生物体损伤。参与细胞内氧化还原反应的物质很多，其中，氧化性物质主要是活性氧物种（reactive oxygen species, ROS），还原性物质包括生物巯基类物质等。此外，各种氧化还原蛋白酶（如单胺氧化酶、硝基还原酶等）也能催化一些物质的氧化或还原反应，对维持生物体功能必不可少。

大多数氧化还原性物质（特别是活性氧物种）具有寿命短、浓度低的特点，而且彼此之间反应性质相似，易产生交叉干扰。因此，对其光学探针的要求是捕获快、灵敏度高、选择性好[1]。然而，欲构筑与发展具有这些性能的光学探针则是一项颇具挑战性的工作。这通常需要借助特殊的化学反应并联用其它措施才能实现。其中，一个常用的活性氧物种光学探针的设计思路是，利用还原剂将荧光体或识别单元转化为还原态，以形成具有低背景光信号的探针；当探针与活性氧物种发生氧化反应后，则得到初始的光学基团并恢复光学信号，从而实现检测[27]。由 Zn 粉还原二氯荧光素并进一步酯化所得到的荧光探针 17（二氯二氢荧光素双乙酸酯）即遵循此种响应机理[27,28]。在 490 nm 左右的激发光下，探针 17 的背景荧光很弱；被活性氧物种氧化后，探针恢复成荧光素母体并在 525 nm 左右产生强烈的荧光响应。该探针已广泛用于细胞内活性氧物种的荧光成像分析。然而，该探针存在如下不足：① H_2O_2、$^1O_2$、$ONOO^-$ 和 •OH 均可氧化探针并产生光学信号，对活性氧物种缺乏选择性；② 易被空气中的氧气氧化，稳定性欠佳；③ 荧光响应受 pH 影响较大；④ 探针容易被光漂白。为了弥补这些不足，二氢罗丹明等类似物被相继报道[27,29,30]。

17

Yuan 等[31]通过杂化香豆素-菁荧光体合成了检测 •OH 的光学探针 **18**（图 4-5）。该探针由硼氢化钠还原香豆素-菁染料而得，发射波长为 495 nm；与 •OH 反应后，探针产生较大的共轭，发射波长红移到 651 nm。该探针在两个发射波长处的荧光强度比值与 •OH 浓度呈良好的线性关系，反应速度快，且荧光响应不受其它活性氧物种的干扰，对 •OH 具有良好的选择性，适用于细胞中 •OH 的荧光成像。

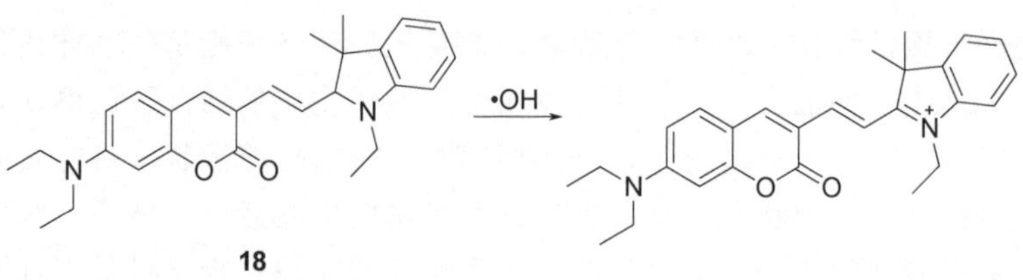

图 4-5　探针 18 与 ·OH 的氧化反应[31]

Li 等[32]报道了 ·OH 的近红外打开型光学探针 19（图 4-6）。该探针利用了 ·OH 对芳香化合物独特的羟基化作用，以有效避免其它活性氧物种（如 OCl^-、$ONOO^-$）的干扰；同时，由于 ·OH 具有亲电性，所以在芳香环上引入强的供电子甲氧基，提高了探针对 ·OH 的捕获能力。探针 19 与 ·OH 反应后，通过电子重排，导致 π-共轭体系扩展并产生强的近红外荧光发射，具有高的分析灵敏度。该探针已成功用于活细胞内铁自氧化过程中痕量 ·OH 的荧光成像分析。

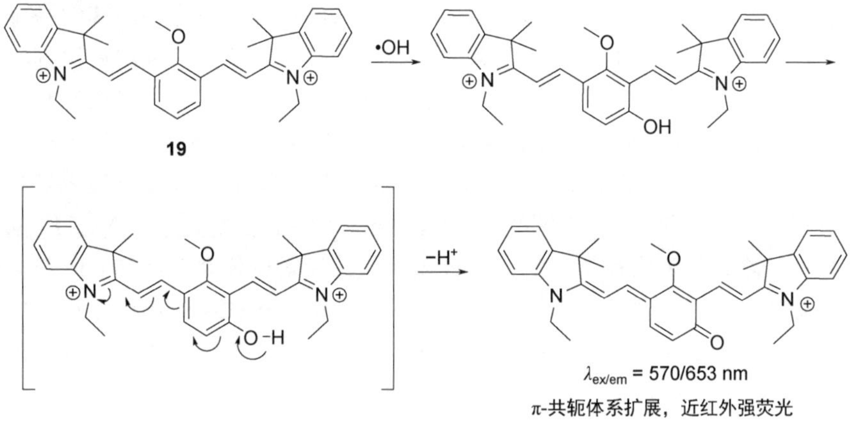

图 4-6　探针 19 与 ·OH 的氧化反应[32]

探针 20 是基于 H_2O_2 对苯硼酸的氧化水解反应而设计[33]。将荧光素的两个酚羟基用硼酸频哪醇酯取代，得到了关环状态的荧光素衍生物，背景荧光极低。探针与 H_2O_2 反应后，苯硼酸频哪醇酯被氧化并水解离去，生成荧光素，伴随着 515 nm 左右荧光增加。该反应选择性好，对 H_2O_2 的荧光增强响应是叔丁基过氧化氢、$O_2^{\cdot -}$、NO 以及 OCl^- 的 500 倍以上，是 ·OH 的 3 倍。该探针能够透过细胞膜，并用于细胞内 H_2O_2 的荧光成像。

H_2O_2 除了具有氧化性，还具有一定的亲核性。基于 H_2O_2 的氧化-亲核水解活性，能够实现 H_2O_2 的检测。如，Maeda 等[34]报道了光学探针 21，发现 H_2O_2 能够通过亲核取代并水解探针中的五氟苯磺酸酯键，从而导致荧光团的释放与荧光增强。该探针能够避免 ·OH、$ONOO^-$ 等物种的干扰，但 $O_2^{\cdot -}$ 存在一定的影响。

通过改变苯磺酸上的取代基而得到的探针 **22**，则对超氧阴离子 $O_2^{\cdot-}$ 具有良好的选择性[35]。

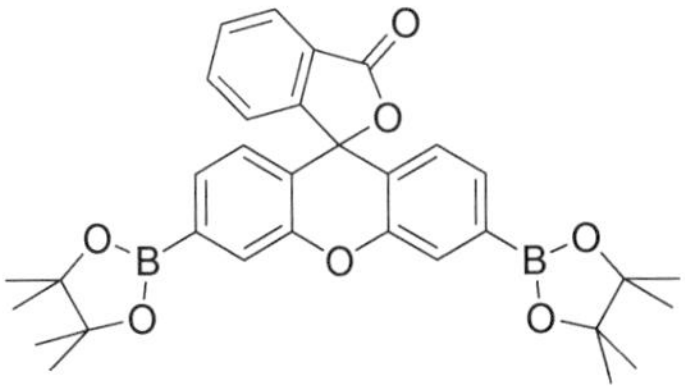

20

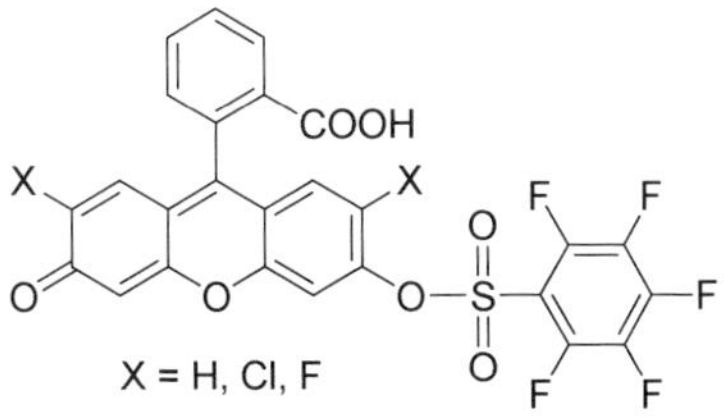

21 X = H, Cl, F

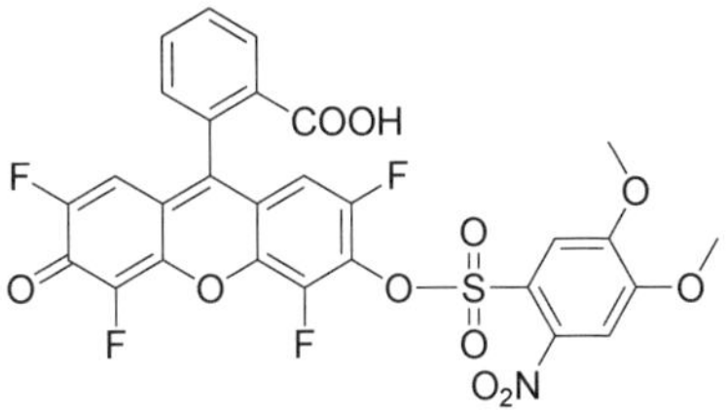

22

HOCl 的光学探针通常利用其对某些化合键的氧化切断作用而设计。Nagano 等[36]以苯酚为猝灭基团设计了光学探针 **23**。由于苯酚的供电子能力较强，能够以光诱导电子转移的原理猝灭荧光团的荧光；探针与 HOCl 反应后，苯酚基团离去，并产生类似于罗丹明的荧光。该探针的选择性有限，•OH 和 $ONOO^-$ 也能够产生明显的荧光响应。于是，他们将 S 原子引入，得到选择性更高的 HOCl 光学探针 **24**[37]。由于 S 原子以及五元环结构的存在，致使探针本身几乎无荧光；当 HOCl 氧化硫原子并断裂该五元环后，探针转化成较大共轭结构的氧杂蒽荧光体，从而产生强荧光。该探针能够进入细胞膜，可用于细胞内 HOCl 的荧光成像。

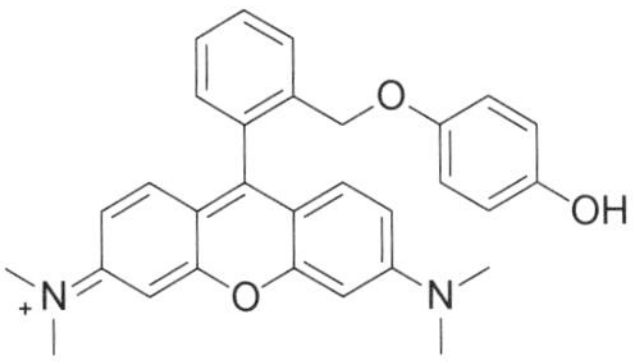

23

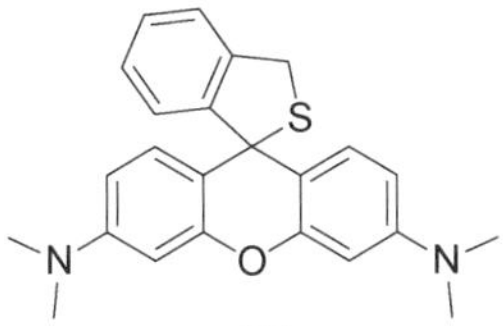

24

H_2S 是重要的气体信使分子，具有还原性。在 H_2S 探针的设计中，主要利用 H_2S 对叠氮基团的还原反应，即此反应可使探针中的吸电子叠氮基还原为推电子的氨基，这种推-拉电子效应的转换可改变荧光信号。探针 **25** 和 **26** 是含有叠氮基团的罗丹明衍生物，它们即遵循这一响应机理[38]。由于叠氮基团的猝灭效应，探针 **25** 和 **26** 本身没有荧光；当 H_2S 将叠氮还原为氨基时，伴随着强荧光的产生，检测限约为 5～10 μmol/L。该还原反应对 H_2S 具有一定选择性，5 mmol/L 的谷胱甘肽和半胱氨酸不产生干扰，但是 $O_2^{\cdot-}$ 会产生约 25%～50% 左右的荧光增强。成像实验表明，在细胞内 25 对 H_2S 的荧光响应比 26 更加灵敏。

25　　　　　　　　　**26**　　　　　　　　　**27**

Wang 等[39]报道了丹磺酰氯的叠氮衍生物 27。它与 H_2S 反应在 535 nm 处可产生 40 倍的荧光增强。与上述探针 25 相比，27 与 H_2S 的反应速度更快，如在含有牛血清的缓冲溶液中加入 H_2S，在 1 min 内荧光增加即可达到稳定的最大值，可用于老鼠血液里 H_2S 含量的测定。

氧化还原蛋白酶也是光学探针领域重要的分析对象。例如，近年研究表明，在缺氧组织或细胞以及肿瘤中硝基还原酶的含量相对正常状态一般有所升高，其检测具有重要的科学研究价值。在辅酶烟酰胺腺嘌呤二核苷酸磷酸（NADPH）的存在下，硝基还原酶可以还原芳香硝基化合物或硝基取代的杂环化合物为氨类产物，因此，其光学探针常利用此反应来设计。即将硝基引入到荧光体中，当有硝基还原酶存在时，这种吸电子的硝基猝灭基团被还原成供电子的氨基，荧光体产生分子内电荷的重排，从而引起荧光信号的改变，据此实现硝基还原酶的检测。Ma 等[40,41]分别以硝基呋喃、硝基噻吩为识别基团，以试卤灵为荧光基团构建了高灵敏的硝基还原酶荧光探针 28 和 29。它们具有低的荧光背景，与硝基还原酶反应后，硝基被还原为氨基并导致呋喃/噻吩基团离去，释放出游离的试卤灵，在 585 nm 处产生显著的荧光增强。探针 28 和 29 对硝基还原酶的检测限分别为 0.27 ng/mL 和 0.1 ng/mL，表现出了高的检测灵敏度，且选择性好，不受其它还原性物质的干扰，分别用于缺氧环境下 A549 细胞中硝基还原酶的原位成像以及大肠杆菌生长过程中硝基还原酶含量的实时检测。

28 R = O; **29** R = S

酪氨酸酶是一种重要的氧化性酶，可催化氧化酪胺或酪氨酸为相应的苯醌结构从而导致黑色素的生成。酪氨酸酶常常会在黑色素瘤细胞中过表达，被认为是一种重要的黑色素瘤的生物标志物。含有 4-氨基苯酚结构的前药可以被酪氨酸酶催化氧化为邻二醌产物，再经过分子内电子重排过程，这种邻二醌结构可脱去并释放药物。基于此机理，Zhou 等[42]设计了荧光探针 30。该探针被酪氨酸酶氧化，释放游离的荧光团，在 547 nm 处产生显著的荧光增强，可用于观察酪氨酸酶从黑素体到溶酶体的迁移行为。

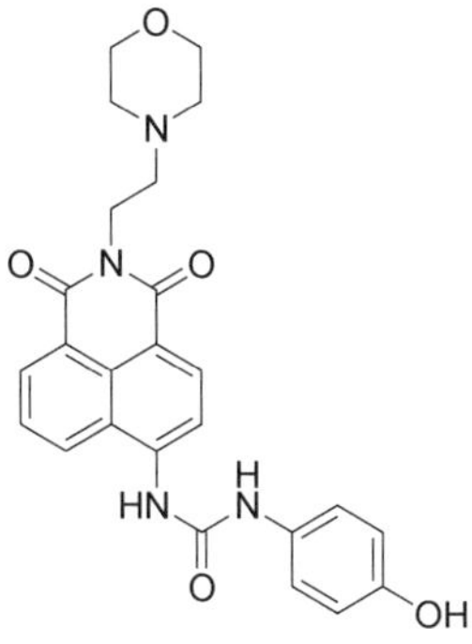

30

4.4 共价键的形成与切断

共价键的形成与切断反应是有机化学的核心内容，可用于各种分析物光学探针的设计。基于该类反应的光学探针其响应机理主要为：将光学基团与猝灭基团通过活性化学键连接，得到低背景的光学探针；加入分析物后，活性化学键与之发生选择性的取代或切断反应，猝灭基团被改变或者离去，光学基团被释放，体系光学信号增强。与前文所述的配位型探针相比，该类型探针一般具有更高的分析灵敏度，但其化学识别反应通常是不可逆的，因此不适于分析物浓度的动态变化检测。

共价键的形成反应很早就用于分析化学的色谱衍生和生物分子的标记研究。近年，一个重要发展方向是利用分析物诱导分子内环化、亲电/亲核取代、亲电/亲核加成等化学反应来发展无需色谱分离的高选择性光学探针。例如，Kim 等[43]报道了荧光探针 **31**（图 4-7）。在 pH 7.4 的缓冲溶液中，该探针与 Hg^{2+} 发生脱硫、分子内环化反应，导致尼罗蓝荧光体的荧光发射峰由 652 nm 蓝移至 626 nm，可用于 Hg^{2+} 高灵敏度与高选择性检测。

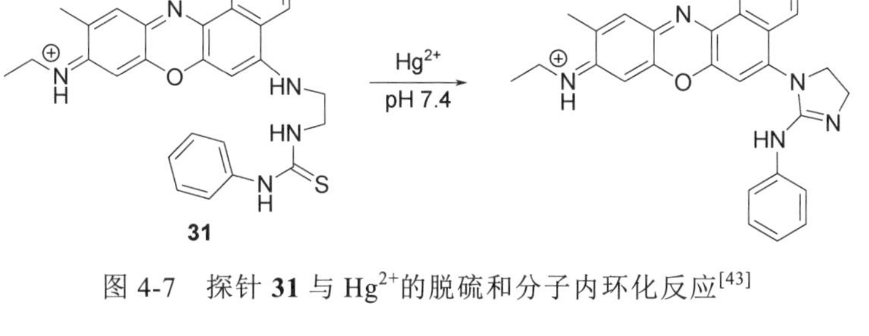

图 4-7 探针 **31** 与 Hg^{2+} 的脱硫和分子内环化反应[43]

马会民等[44]利用甲胺的亲核取代作用制备了一个原位标记甲胺的光学探针 **32**。该探针通过吸电子的 1,3,5-三嗪基团猝灭喹啉的荧光，甲胺与三嗪环上的活泼氯发生亲核取代反应后，分子内电子推-拉效应得到改变，使三嗪基团的猝灭效应减弱，探针在 405 nm 处的荧光显著增加。该探针对甲胺的检测限为 64 nmol/L，可用于乙硫苯威水解所产生的甲胺检测。

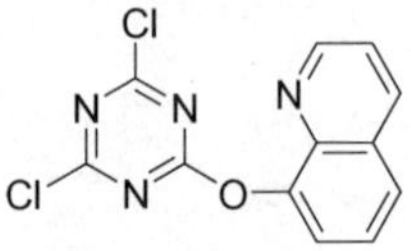

32

基于氨基与醛基作用生成席夫碱的反应，Glass 等[45]报道了荧光探针 **33**（图 4-8）。由于醛基的猝灭效应，探针的荧光背景较低；与氨基酸反应生成席夫碱后，醛基的猝灭效应被抑制，且分子内氢键的形成增加了探针共轭结构的刚性，从而使探针在 495 nm 处的荧光极大增加，并伴随着吸收光谱的红移。该探针对大多数氨基酸均有荧光响应，可用于氨基酸的分析。

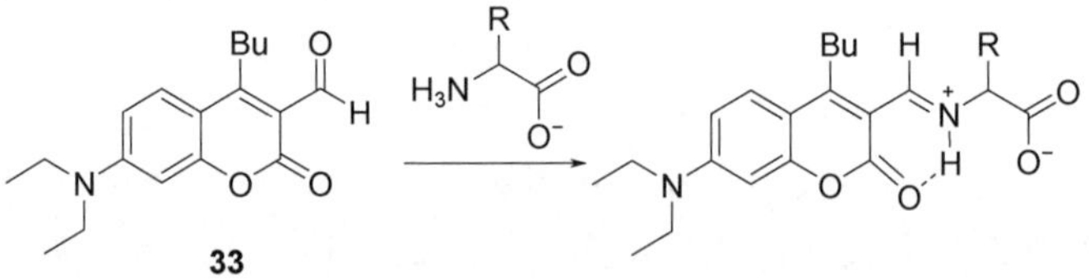

33

图 4-8　探针 **33** 与氨基酸的席夫碱反应（R 不同的氨基酸侧链）[45]

巯基与马来酰亚胺的迈克尔加成反应经常用于生理巯基物种的标记与光学衍生。基于马来酰亚胺对荧光基团的猝灭作用，该反应也可用于生理巯基物种的光学探针设计。Nagano 等[46]考察了不同位置衍生的马来酰亚胺 BODIPY 的荧光性质，筛选出的邻位马来酰亚胺衍生物的探针 **34**（图 4-9）具有最低的荧光背景。与乙酰半胱氨酸反应后，该探针在 $\lambda_{ex/em}$ = 505/520 nm 处的荧光增强了 350 倍，显示了较高的信号背景比。该探针已成功用于含有巯基的牛血清白蛋白凝胶电泳的

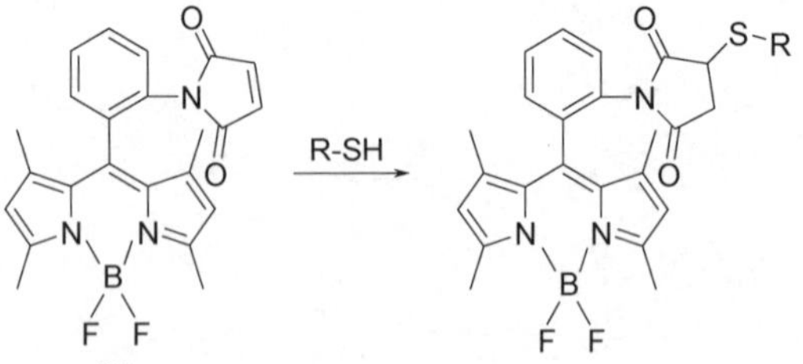

34

图 4-9　探针 **34** 与乙酰半胱氨酸（R—SH）的加成反应

显色实验。除了与马来酰亚胺的迈克尔加成反应，生理巯基物质与其它 α,β-不饱和醛酮的加成反应也可用于光学探针的设计[47]。这些加成反应也是其它具有亲核性质的分析物（如亚硫酸根、氰根等）的探针设计基础。

共价键的切断反应主要是借助催化水解与消除、多米诺分解、氧化切割等作用来构筑蛋白酶、活性氧物种、金属离子等的光学探针。显然，前文所述的氧化还原反应也经常伴随着氧化切断化学键的反应，即，许多活性氧物种的光学探针兼具氧化还原反应和化学键形成或切断反应多种机理，严格的区分有时则比较困难。鉴于活性氧物种的光学探针前边已有描述，因此，以下仅简要介绍若干基于共价键切断反应而设计的蛋白酶光学探针。

蛋白酶对相应底物的化学键催化水解与切断反应是其光学探针设计的重要基础。在早期的研究中，对硝基苯酚、对硝基苯胺是蛋白酶光学探针设计中最常用的生色团。当它们的羟基或氨基被酶的底物结构衍生时，其光学性质发生改变，这样所得到的探针与酶反应时，其底物结构被催化水解与消除，释放出游离的生色团，在可见光区恢复其吸收信号。然而，随着活体原位荧光成像技术的快速发展，各种长波长的蛋白酶光学探针也得到了长足的进步。例如，Urano 等[48]开发了检测 β-半乳糖苷酶活性的荧光探针 **35**。该探针通过将底物 β-半乳糖引入到氧杂蒽母体中的羟基而获得，其荧光背景很弱。当与 β-半乳糖苷酶反应后，探针中的底物结构被水解清除，导致在 550 nm 处的荧光增加了 76 倍，显示了较高的灵敏度。该探针已用于细胞和果蝇样品中 β-半乳糖苷酶的荧光成像。

β-内酰胺酶可在细菌体内表达（真核生物体内并不表达），是一种能够高效水解 β-内酰胺类抗生素的酶，并与细菌的耐药性密切相关。Rao 等[49]设计了具有头孢菌素结构的 β-内酰胺酶荧光探针 **36**。β-内酰胺酶能够切断头孢菌素底物结构的内酰胺键，并通过分子内的电子重排促使头孢菌素离去，释放试卤灵荧光团。探针 **36** 在水中稳定，半衰期为 182 h，反应后荧光增加达 42 倍。由于该探针波长较长，所以可用于胶质瘤细胞中 β-内酰胺酶表达的检测与成像。

有些蛋白酶能够特异性地水解特定氨基酸序列的肽键，因此，其探针可将相应的氨基酸底物与光学基团通过肽键连接来构建。当蛋白酶催化水解与切断探针的肽键时，将引起荧光信号的变化，从而实现检测。Shi 等[50]基于该原理设计了 γ-谷氨酰转肽酶的荧光探针 **37**。该探针以甲酚紫为光学基团，通过其氨基与谷氨酸

的 γ-羧基形成肽键而得到。探针的荧光背景很低，但与 γ-谷氨酰转肽酶反应后，谷氨酸被水解，释放出甲酚紫荧光团，导致反应体系在 585 nm 处的荧光增强。该探针对 γ-谷氨酰转肽酶的检测限为 5.6 mU/L，可用于细胞内 γ-谷氨酰转肽酶的荧光成像分析。此外，该原理还用于亮氨酸氨肽酶、丙氨酸氨肽酶等多种蛋白酶光学探针的设计。

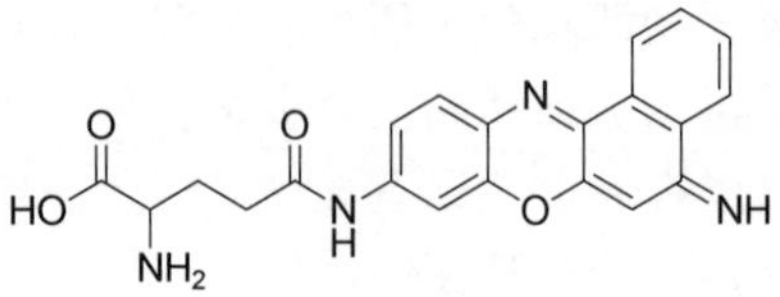

37

4.5 聚集与沉淀反应

聚集与沉淀反应也可用于不同物质的光学探针的设计。该类探针通常是借助物质在反应前后溶解度的改变来设计，其光信号响应机理与经典的黏度敏感荧光探针的类似，即，可用局部黏度的变化影响分子内旋转与非辐射去活过程来解释。这种反应很早就用于蛋白酶的聚集型或固态型光学探针的发展[51,52]，例如，1993 年 Huang 等[53]制备了碱性磷酸酶的沉淀型荧光探针 **38**（图 4-10）。该探针因含有水溶性的磷酸根基团，故其本身易溶于水；同时，由于存在分子内绕单键的自由旋转运动加剧了非辐射去活过程，所以探针本身荧光很弱。然而，碱性磷酸酶可水解并切除水溶性的磷酸根基团，所形成的产物水溶性变差并产生沉淀，致使局部黏度增大，同时存在分子内氢键的形成，这些因素严重抑制了分子内自由旋转运动与非辐射去活过程，导致反应体系的荧光显著增强。不难理解，这类探针又可称聚集增强型荧光探针或聚集诱导发光探针[51]，其优点是可避免一些探针的快速扩散效应，能准确定位分析物的位置；缺点是，由于该类探针对黏度敏感，因此，若不是测定黏度而是测定其它物质，则固有的黏度影响无法或难以消除。

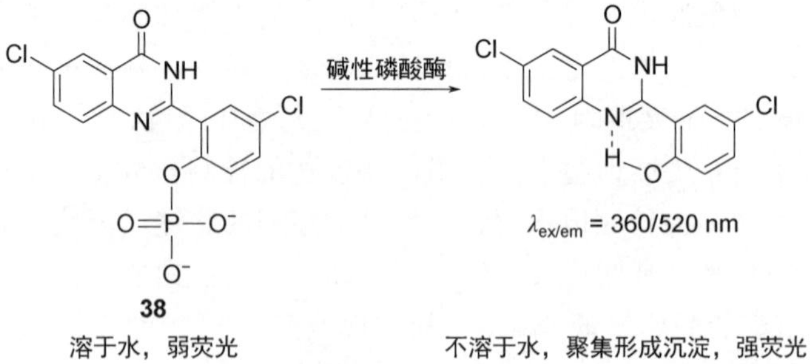

38
溶于水，弱荧光　　　　　不溶于水，聚集形成沉淀，强荧光
$\lambda_{ex/em} = 360/520$ nm

图 4-10　探针 **38** 与碱性磷酸酶反应生成不溶于水的沉淀荧光产物

化合物 39 是基于四苯乙烯溶解度的改变而设计的聚集与沉淀型荧光探针,也可用于碱性磷酸酶的检测[54]。通过将水溶性的磷酸根基团引入至非水溶的四苯乙烯荧光体中,得到了水溶性的化合物 39,消除了四苯乙烯的沉淀作用,使探针分子具有较低的荧光背景;当探针与碱性磷酸酶反应时,水溶性的磷酸根被水解清除,导致非水溶性的四苯乙烯生成与聚集,反应体系在 450 nm 处的荧光增加。该探针对碱性磷酸酶的检测限为 0.2 U/L。然而,由于四苯乙烯的溶解性较差,该类荧光探针倾向于沉积在细胞的疏水性脂膜里,这不仅造成分布不均,而且有可能使探针失去对分析物的响应,因此,有时这反而影响探针在细胞成像方面的应用。

另一种典型的在反应前后具有水溶性改变性质的荧光体是水杨醛腙。它的特点在于通过简单的邻羟基苯甲醛和肼的席夫碱反应,即可得到水杨醛腙类化合物(40)。由于此类化合物的羟基能够与席夫碱的亚胺形成六元环的分子内氢键,所以可产生聚集诱导荧光增强现象[55]。调控分子上氧和氮的配位状态,能够改变分子的溶解性,从而实现光谱信号的改变和分析物的检测。

必须指出,当用于细胞等生物体系时,上述聚集型或固态型荧光探针则可能出现分布不均、甚至沉淀,从而导致分析测量的误差大、重复性欠佳的问题。相反,另一类只有在高浓度或固体状态时才出现的聚集并引起猝灭现象(主要由于内滤效应等抑制了荧光信号)的大多数常规荧光探针(如荧光素等),则能克服聚集增强型荧光探针的弊端,并具有显著的优势。其原因是:生物体系通常有一个重要的需求前提,那就是尽可能使用低浓度的探针以减少对其不良的扰动作用,因此,这些常规探针在低浓度下使用,既不产生聚集与沉淀,又满足了对生物体系干扰小的需求,有效克服了上述聚集增强型荧光探针的缺点。可见,每类探针都具有各自的优缺点,合理的选择以满足相应的实际需求是关键。

4.6 超分子的主客体识别作用

1987 年诺贝尔化学奖授予了 J.M. Lehn、D.J. Cram 和 C.J. Pedersen 三名科学

家,以奖励他们"发展和使用了具有高选择性分子间相互作用结构"。此后,Lehn提出的超分子化学概念得到了极大的发展,并在光学探针的设计领域占有重要的地位[56-58]。超分子是指多个分子通过分子间弱相互作用缔结而成的复杂而有序的特定结构。组成超分子的微观单元通常是多个不同的化学分子或离子,其聚集数可以确定也可以不确定。微观单元之间常见的相互作用包括:氢键、静电作用、π-π作用、疏水作用等。广义的超分子作用包括分子与离子之间的配位作用以及生物大分子(如蛋白质、DNA等)之间的结合作用。本节主要讨论基于环糊精、杯芳烃以及葫芦脲三种超分子结构单元的主客体识别作用所构建的光学探针。这些探针分子都具备特殊的空腔结构,能够选择性地与某些化学结构结合。通常,这些具备空腔的分子称为主体分子,而与主体分子作用或位于空腔中的分子称为客体分子,两者结合后形成主-客体超分子结构。目前,客体分子(包括光学基团)之间竞争性、与主体分子形成可逆的主-客体结构的平衡反应已被广泛用于光学探针的设计[59]。例如,指示剂取代是设计超分子光学探针的重要思路之一。具体策略为,使用光学指示剂与主体分子形成主-客体结构,建立光学分子的基准。当目标物质被引入分析体系时,由于目标物质对主体分子的竞争性结合作用,前述光学指示剂被目标物质取代,从而释放到溶液中。通常游离的光学指示剂与结合态的指示剂会产生不同的光学信号,能够实现目标物质的光学分析。该过程既是一种新的基于多种作用的化学识别的原理,也能够与本章前述的多种化学识别反应相结合,利用客体分子与主体分子亲和力的变化,产生光学信号从而实现分析。该体系的优势体现在:通常,光学基团与识别的主体分子是非共价键的超分子结构,避免了复杂的有机合成。因此,多种主体结构和光学指示剂都可以被用于超分子光学探针体系的设计,使该体系具备了极大的应用范围和潜力。通常,基于指示剂取代策略的光学探针较难以用于细胞等生物体内的荧光成像应用,这是由于其可逆结合容易受到复杂生物基质的干扰。

4.6.1 环糊精

环糊精(cyclodextrin, CD)是由5个以上的D-吡喃葡萄糖单元通过 α-1,4 糖苷键构成的筒状分子(见图4-11)[60]。常见的环糊精为 α-环糊精(6个葡萄糖苷)、β-环糊精(7个葡萄糖苷)以及 γ-环糊精(8个葡萄糖苷)。环糊精特殊的筒状结构具备内疏水、外亲水的特性,使其具备一定的水溶性,其内部的疏水空腔可以结合某些疏水的分子,因此,环糊精被用于多种染料和药物的基质,调控其溶解性。需要注意的是,尺寸效应是环糊精超分子结构能够形成的关键因素,其重要性甚至超过了分子间其它相互作用[61]。

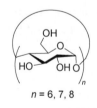

图 4-11 环糊精的化学结构

Ueno 等[62]设计了 γ-环糊精与芘的共价结合物（图 4-12），并将其用于多种有机化合物的检测。在含有 10% DMSO 的水溶液中，该结合物中的芘倾向于形成二聚体，在 470 nm 处发射二聚体的荧光峰；芘的这一倾向性诱导该结合物也形成二聚体，其中两个芘同时占据两个环糊精的空腔结构。当在该体系中加入其它有机化合物时，客体分子进入环糊精空腔，芘被新的客体分子取代而破坏了稳定的二聚体形式，荧光发射峰恢复为芘单体的 378 nm 处。通过对 42 种化合物的筛查发现，某些甾族化合物，如鹅去氧胆酸、熊去氧胆酸和石胆酸等，能够降低 470 nm 处的荧光，具有良好的选择性，可用于这些物质的分析应用。类固醇类和胺类物质能够同时降低 470 nm 和 378 nm 处的荧光，显示了猝灭效应。基于类似的原理，Suzuki 等[63]将该体系用于溶液中 HCO_3^- 的检测。γ-环糊精与芘通过丙胺连接 [图 4-12（c）]，该结构在硼酸缓冲液中表现出芘二聚体的荧光峰。在加入 10 mmol/L 的 $NaHCO_3$ 后，该体系中芘单体的荧光峰明显上升，并且伴随着 250～300 nm 的圆二色谱峰的显著增加。其它阴离子不导致光谱变化，且该过程只能够在 pH 7～10 的缓冲溶液中被观察到，证明 HCO_3^- 在该过程中起到主要作用。

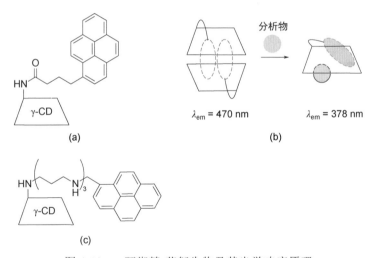

图 4-12　γ-环糊精-芘衍生物及其光学响应原理

Nau 等[64]基于 2-氨基萘-6-磺酸（ANS）染料分子与 γ-环糊精的超分子结构发展了三磷酸腺苷双磷酸酶的分析方法（图 4-13）。实验表明，ANS 可以与 γ-环糊精形成主-客体结构，并且产生强烈的荧光；三磷酸核苷酸则展现了竞争性的结合能力，能够使主-客体结构的荧光猝灭。然而，三磷酸腺苷双磷酸酶能够水解三磷酸核苷酸上的磷酸键，生成的单磷酸核苷酸则无法猝灭体系的荧光，利用该过程的光谱差异，可以测量三磷酸腺苷双磷酸酶的活性。该方法具备通用性，有望用于其它磷酸酶活性的测定[65]。

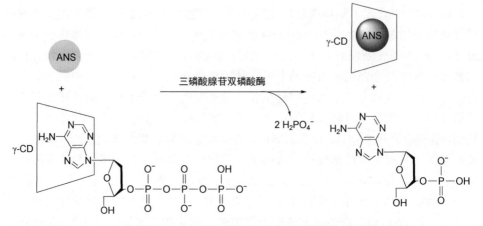

图 4-13　γ-环糊精-ANS 超分子结构用于三磷酸腺苷双磷酸酶活性测定

4.6.2　杯芳烃

杯芳烃（calixarene）是由多个苯酚通过亚甲基连接所构成的大环化合物，因其结构像一个开口的酒杯而被命名为杯芳烃。杯芳烃也具有大小可调的空腔结构，常见的杯芳烃含有 4~8 个重复的苯酚单元（CX4，CX5，CX6 及 CX8）（图 4-14）。

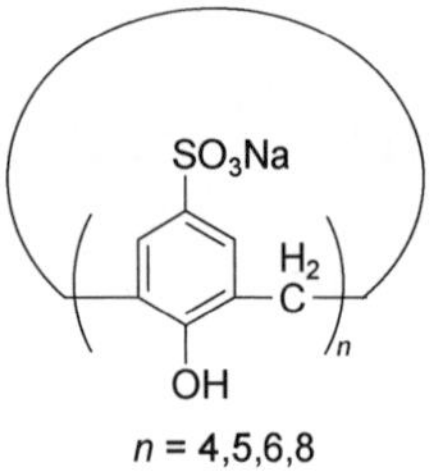

图 4-14　典型的杯芳烃化学结构

为了克服有机试剂水溶性差的缺点，一个有效的方法是引入强水溶性基团如磺酸。磺酸基引入到杯芳烃，可提高其水溶性，且其负电荷还可增加杯芳烃对含有正电荷分子的结合能力和选择性[66,67]。基于该原理，Shinkai 等[66]发展了基于染料-杯芳烃超分子结构的乙酰胆碱检测方法（图 4-15）。含有吡啶阳离子的芘乙烯与 CX6 形成复合物，荧光猝灭；含有正电荷的乙酰胆碱分子能够与吡啶阳离子

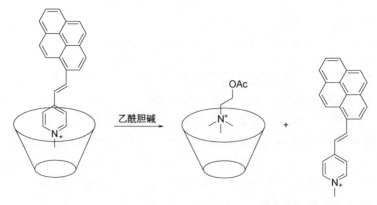

图 4-15　染料-杯芳烃超分子结构用于乙酰胆碱的检测

竞争性占据CX6的空腔，从而释放出游离的荧光团，体系的荧光恢复。在此基础上，染料-杯芳烃超分子结构被进一步用于胆碱、乙酰胆碱酶以及胆碱氧化酶活性的测定研究[67]。

与环糊精相比，杯芳烃结构的柔性更大，针对不同的客体分子，其构型会产生较大变化，特别是对球型的分子具备较高的选择性。例如，球形阳离子染料分子DBO（2,3-二氮杂二环[2.2.2]辛-2-烯）与CX4结合以后会造成荧光猝灭。Nau等[68]利用该过程设计了氨基酸脱羧酶的检测方法（图4-16）。其原理为赖氨酸、精氨酸、组氨酸、鸟氨酸等带正电荷的氨基酸与其相应的脱羧酶反应后减少了一个羧基，其正电荷效应更加显著，因此能够取代DBO荧光分子与CX4结合，DBO分子被释放从而产生荧光增强。

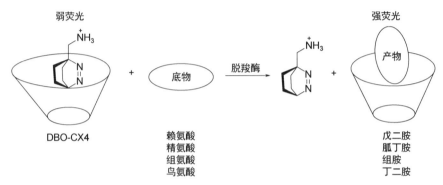

图4-16　DBO-CX4复合物用于脱羧酶的测定

4.6.3　葫芦脲

葫芦脲（cucurbit[*n*]uril, CB[*n*]）是一类由甘脲及甲醛在酸性条件下缩合得到的木桶状结构，其结构含有5~11个重复单元（图4-17）。研究最多的是CB[6]、CB[7]和CB[8]三种分子[69]。葫芦脲两端的开口结构尺寸相同，其疏水空腔直径大于端口直径，可以结合客体分子。因其两端含有羰基和酰胺基团，能够通过氢键及偶极作用识别金属离子或极性基团。葫芦脲在离子通道、分离固定相、离子选择性电极以及药物传输等方面得到了广泛的应用[70]。近年来，葫芦脲在光学探针领域的研究也得到重视。

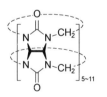

图4-17　葫芦脲的化学结构

Zhou等[71]研究了亚甲基蓝与CB[7]在水中形成的超分子复合物（图4-18）。结果表明，CB[7]的加入会造成亚甲基蓝的荧光增强。通过荧光及紫外光谱的变化，可以得出两者形成了1:1的结合产物，结合常数约为4.5×10^4 L/mol。此外，加入尼古丁可以猝灭体系荧光。该反应显示了良好的选择性，并成功用于香烟中尼古丁含量的检测。

图 4-18 亚甲基蓝-CB[7]复合物用于尼古丁的检测

Ghale 等[72]发展了一种基于 CB[7] 的免标记测试蛋白酶活性的方法（图 4-19）。蛋白内切酶嗜热菌蛋白酶的底物肽段与 CB[7]表现出了中等强度的结合能力（$K \approx 10^4$ L/mol）；嗜热菌蛋白酶切割底物肽段后产生 N 末端的苯丙氨酸，其与 CB[7]表现了高的结合能力（$K > 10^6$ L/mol）。在吖啶橙与 CB[7] 结合的体系中，反应产物可以取代吖啶橙与 CB[7]的结合，造成体系荧光减弱，据此可对蛋白酶活性进行检测。该方法已用于嗜热菌蛋白酶的抑制剂活性评价。

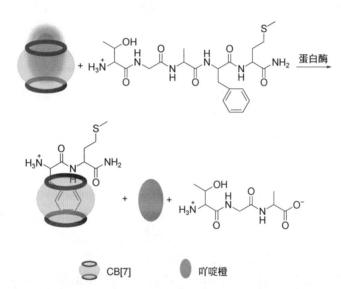

图 4-19 吖啶橙-CB[7]复合物用于蛋白酶的检测

4.7 共轭结构可变

光学探针的光信号响应伴随着其分子轨道的变化，其中包含复杂的光诱导电子、能量或质子转移等过程。尽管分子轨道的理论模型可以对这些光物理过程及现象做出一定程度的解释，但其模型精度十分有限，难以应用于更多光学探针的设计。近年，史文和马会民[73]提出了一种新型的共轭结构可变（changeable conjugated systems，CCS）的荧光体及其荧光响应机理（图 4-20），并被用于光学探针的设计。众所周知，常见的 pH 指示剂酚酞就是一个具有可变共轭结构的光学探针。酚酞属于典型的三苯甲烷结构的酸碱指示剂。在 pH < 8.3 的溶液中，三个苯环通过 sp^3 杂化的碳原子连接，相互之间不共轭，溶液呈无色；在 pH > 8.3 的溶液中，其酚羟基脱去质子并重排形成醌，促使 sp^3 碳转化为 sp^2 碳，两个苯环形成大的共轭结构，溶液呈紫红色。在 pH 滴定实验中，这种从无色到有色的颜色变化便于操作人员判断滴定终点，因此，酚酞被广泛用于从酸到碱的滴定终点判断。

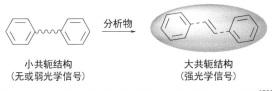

图 4-20　共轭结构可变的荧光体及其光信号响应[73]

荧光素类探针的响应原理也包含三苯甲烷共轭结构的变化。荧光素的酚羟基在质子化或化学基团封闭后，会促使三苯甲烷的中心碳原子形成螺五元环内酯的结构，中心碳以 sp^3 杂化的形式存在；而在脱去质子或封闭基团后，会促使 sp^3 碳原子转变为 sp^2 碳原子，形成氧杂蒽的共轭结构。该过程伴随着强烈的颜色变化和荧光增强。例如，乙酰基封闭的乙酰荧光素为白色固体，在溶液中为无色溶液；与酯酶反应之后，探针脱去乙酰基，释放出荧光素，形成黄绿色溶液（图 4-21）。该探针的另一个优点是乙酰化提高了探针的脂溶性，使其更容易进入细胞。一旦进入细胞后，探针在胞浆酯酶的作用下水解并释放出相对亲水的荧光素，延长了其在细胞内的驻留时间，有利于荧光成像的应用[74,75]。除了乙酰荧光素，类似响应机理的荧光素类探针有磷酸酶荧光探针[76]、超氧阴离子荧光探针[77]、F$^-$ 荧光探针[78]、羟基被硼酸酯取代[34]的 H$_2$O$_2$ 荧光探针等。

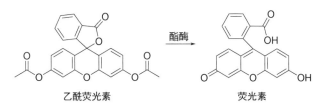

图 4-21　乙酰荧光素的结构及对酯酶的响应原理

罗丹明是另一类能够通过三苯甲烷的可变共轭结构产生光学响应的荧光母体。例如，罗丹明 110 具有类似于荧光素的可修饰苯胺基团，可通过化学修饰促使其共轭结构改变而封闭荧光。荧光探针 **41** 即是如此，它是通过将肽段引入至罗丹明 110 的氨基而得到的丝氨酸蛋白酶荧光探针[79]；然而，该类探针构建方法仅仅适用于含有可修饰氨基的罗丹明。近年来，通过罗丹明母体的羧基与亲核性的氨基反应生成五元内酰胺螺环类光学探针得到了较大发展，并已成为构建性能优良光学探针的重要方法之一。这类探针具备灵敏度高、荧光增强的同时伴随强烈的颜色变化，且合成简单的特点。较早的基于这种思路的光学探针为罗丹明 B 酰肼（图 4-22）[80]。其合成方法为罗丹明 B 与三氯氧磷反应生成罗丹明 B 酰氯，后者与水合肼反应生成五元内酰胺环，得到罗丹明 B 酰肼。该探针的水溶液为无色，在 Cu^{2+} 的催化作用下，内酰胺环水解，得到紫红色的罗丹明 B，并产生强烈的荧光。随后多种含有氨基的化合物被应用于罗丹明内酰胺的合成，例如羟胺[81]、乙二胺[82]、二甲基吡啶乙二胺[83]等。其中，肼、乙二胺等含有多个氨基的结构所形成的罗丹明类探针，可进一步修饰并发展为不同分析物的选择性光学探针。

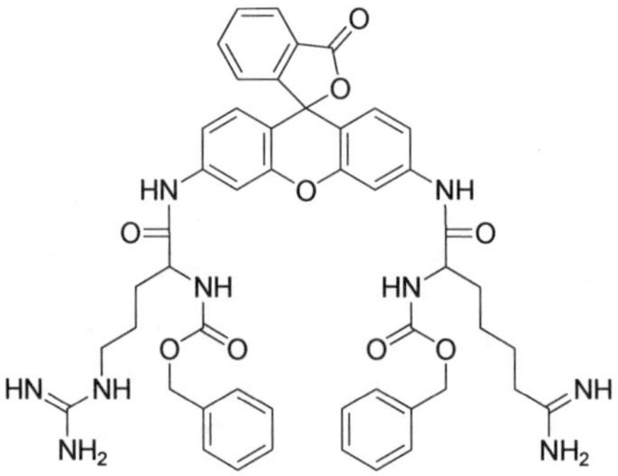

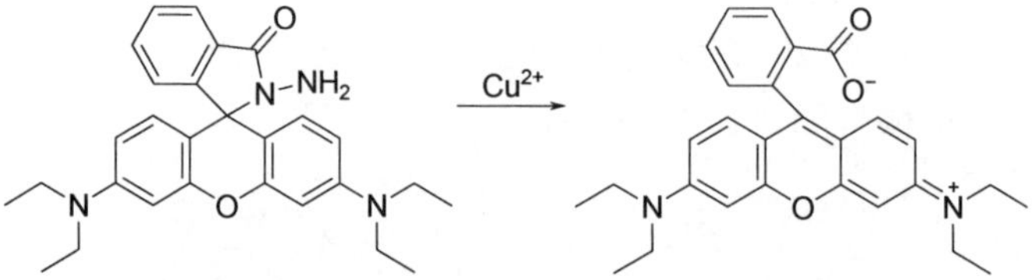

图 4-22 罗丹明 B 酰肼的结构及其对 Cu^{2+} 的响应

与亲核性的胺类似，富电子的硫和硒化合物也可用于罗丹明五元螺环的构建。由于硫与 Hg^{2+} 的高亲和性，罗丹明 B 内硫酯（**42**）可以选择性与汞发生脱硫反应，从而产生颜色与荧光[84]。该探针还被用于植物根部对 Hg^{2+} 的吸收过程的成像分析[85]。进一步研究发现，罗丹明内硫酯的五元环可以被 OCl^- 选择性打开，而其它活性氧物种则不能，此行为可用于细胞内 OCl^- 的成像检测[86-88]。

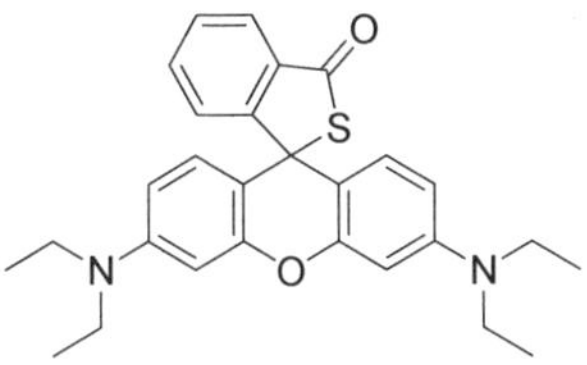

42 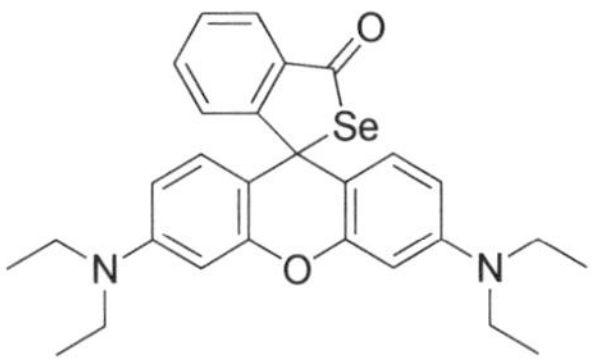　　**43** 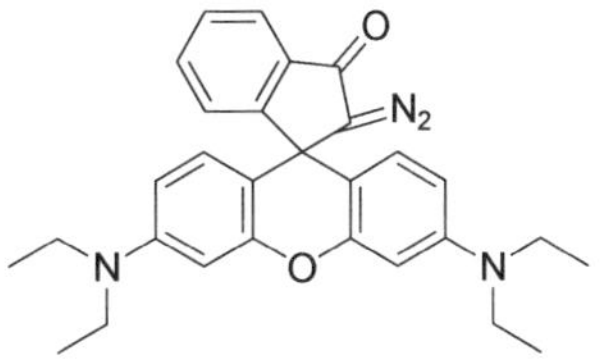　　**44**

史文等[89]借助共轭结构可变的罗丹明 B，发展了对 Ag^+ 和 Hg^{2+} 具有同等选择性的光学探针罗丹明 B 内硒酯（**43**），并用于成像比较 Ag^+ 和 Hg^{2+} 进入细胞的速度和分布。此外，基于硒对 NO 的亲和性，该探针还可用于 NO 的选择性检测和荧光成像[90]。

重氮甲烷罗丹明 B（**44**）是利用碳负离子的亲核性所构建的特殊的五元螺环罗丹明化合物[91]。在光照条件下，该化合物通过亚甲基卡宾中间体的重排，恢复氧杂蒽的共轭结构，产生荧光。该荧光激活过程已被用于超分辨荧光成像[92]。

其它罗丹明结构的类似物，包括其它元素取代的罗丹明（如硅罗丹明[93]）以及氧杂蒽环的共轭扩大产物[94]，由于具有较长的分析波长，有助于避开生物背景的干扰，因此也得到了人们的重视。同时，这些类似物保留了易于衍生，并能调控其光谱性质的内酰胺位点，有望用于更多光学探针的发展。

螺吡喃荧光体是一种应用广泛的光致变色化合物。关环结构的螺吡喃含有一个苯并吡喃和一个吲哚结构；两者通过共用一个 sp^3 杂化的碳原子相互连接，彼此之间不共轭，在可见光区无吸收。在紫外光的照射下，螺吡喃环断裂并通过一系列的电子重排形成开环的共轭结构，从而产生颜色及荧光信号[95]。除了紫外光照射，该开环过程还可以通过金属离子与吡喃上氧原子的配位作用触发，但该响应需要额外结构的协同作用。例如，将 8-羟基喹啉引入螺吡喃母体得到喹啉螺吡喃结构（图 4-23）[96]。该化合物能够与 Fe^{3+} 或 Cu^{2+} 配位并打开螺吡喃环，产生强烈的颜色响应。螺吡喃母体苯环上取代基的改变能够显著改变选择性，可分别对 Zn^{2+}、Co^{2+}、Hg^{2+}、Cu^{2+}、Cd^{2+}、Ni^{2+} 等金属离子产生响应[97]。与此同时，该开环过程也伴随着明显的荧光增强响应，有利于金属离子的高灵敏检测[98]。

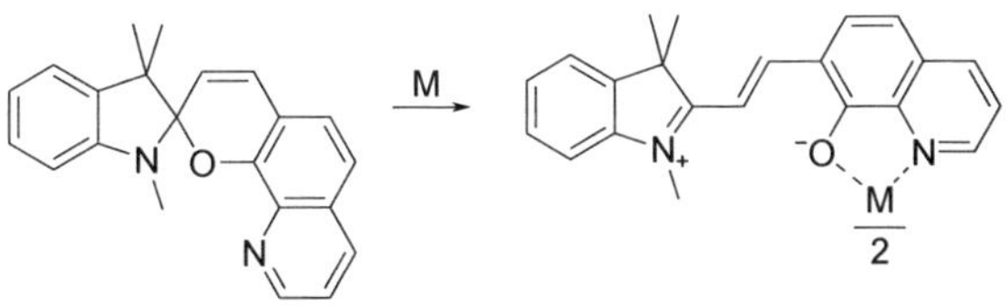

图 4-23　8-羟基喹啉螺吡喃的共轭结构改变与响应原理

螺吡喃类金属离子探针更多的应用体现在分子逻辑门的设计中，例如，将冠醚结构连接在吲哚结构的不同位置，能够分别实现对金属离子和紫外光照射刺激的"AND"以及"OR"的运算响应（图 4-24）。当冠醚结构位于吲哚的氮原子上时，探针分子受到金属离子或紫外光照射的刺激则可产生光学响应[99]；当冠醚结构位于吲哚的两个亚甲基位置时，探针分子必须在金属离子和紫外光照射同时存在的条件下，才能够产生颜色响应[100]。

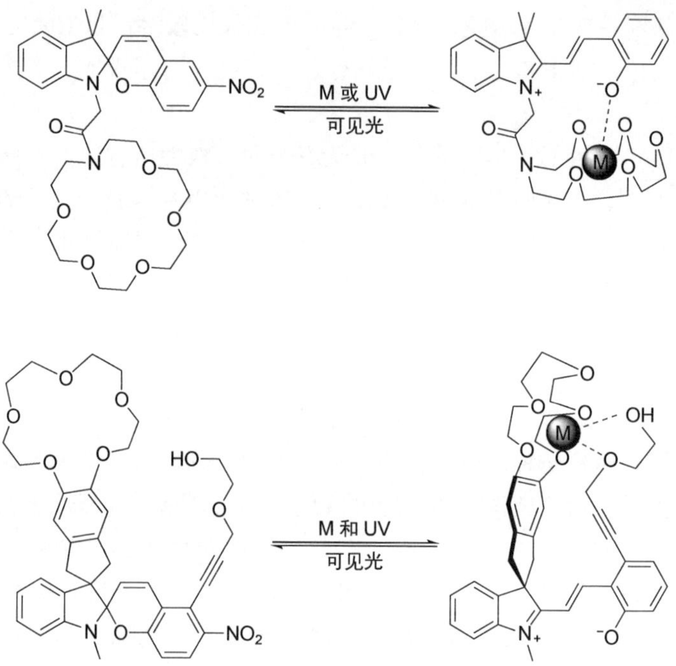

图 4-24　不同冠醚-螺吡喃衍生物的响应原理

方酸化合物广泛用于光学记录、光电转化、非线性光学以及光热治疗研究中。该类化合物的波长较长，吸收和发射峰在 640～850 nm 区域，有利于避开生物样品的背景荧光。方酸化合物易受亲核试剂的进攻而发生加成反应，从而破坏其近红外的光学特征，并产生光学响应。该过程及其逆过程可用于构建长波长的荧光探针。例如，CN^- 离子对方酸的亲核加成作用破坏了方酸的共轭结构，使其在 641 nm 处的吸收峰降低，该过程可用于 CN^- 的灵敏检测，检测限为 0.1 μg/mL[101]。同时，巯基物种也可产生类似的共轭破坏作用，使方酸类探针由蓝色变为无色，吸光度降低 [图 4-25（a）]。该类探针可用于人血清中生理巯基物种的总量测定[102]。Hg^{2+} 离子与方酸-巯基的加成产物反应，能够恢复方酸的共轭结构，使其颜色恢复且荧光增强 [图 4-25（b）] [103,104]。

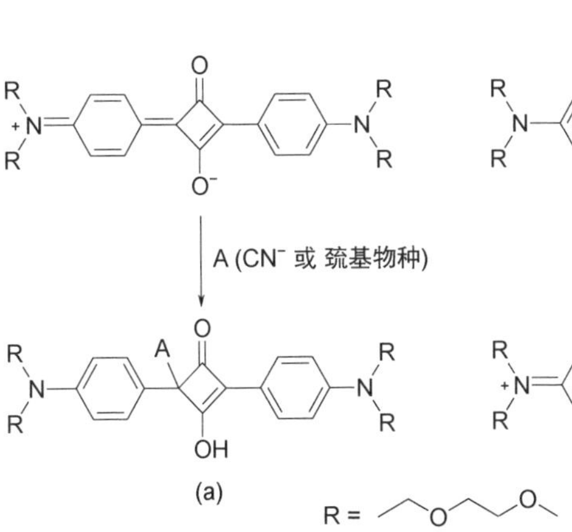

图 4-25 方酸衍生物的结构变化及其响应原理

香豆素的共轭衍生物也容易发生亲核加成反应,产生类似于方酸化合物共轭结构的破坏与恢复过程。利用此机理,人们获得了不同生理巯基物种的选择性光学探针。化合物 **45**(图 4-26)具有多个与氨基酸的巯基和氨基反应的位点,最大吸收峰在 500 nm。它与半胱氨酸(Cys)反应后,500 nm 处的吸收峰下降,在 374 nm 处产生新的吸收峰;与高半胱氨酸(Hcy)反应时,前两分钟的光谱变化与半胱氨酸的反应类似,但此后会在 491 nm 处产生新的吸收峰;而与还原性谷胱甘肽(GSH)的反应则在 432 nm 处产生新的吸收峰。这些不同的光谱变化来自三种生理巯基物质对探针的不同反应位点,可分别用于分析[105]。

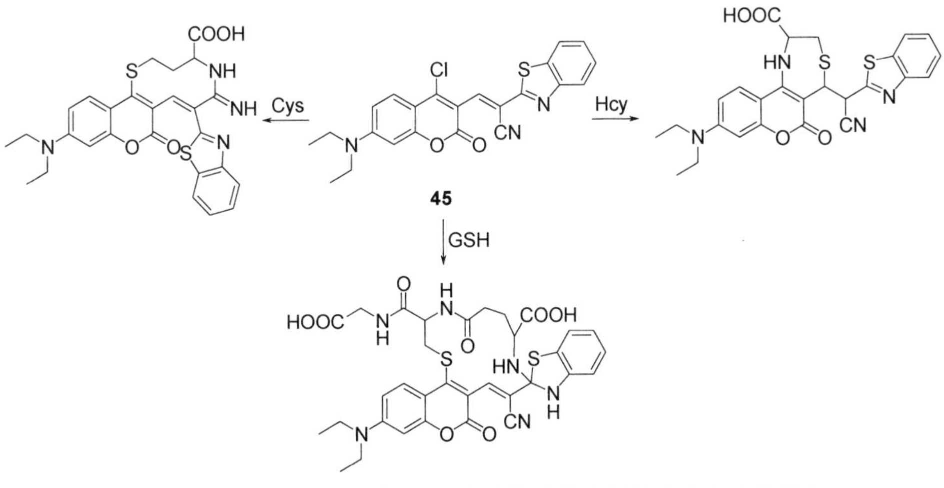

图 4-26 香豆素类衍生物 **45** 与巯基物质的选择性反应和结构变化

花菁类染料通常以吲哚、吡啶、喹啉等杂环为端基，通过多个亚甲基连接，形成大共轭结构，因此具有较长的分析波长。通过富电子的亲核试剂或还原剂可以调控其共轭程度，实现荧光的关闭和打开，该过程被用于巯基或者活性氧物种的荧光检测[106]。此外，通过2,4-二醛基苯酚连接吲哚结构得到的菁类衍生物具有易修饰的苯酚基团，对苯酚基团进一步修饰上识别基团，可破坏共轭结构，产生很低荧光背景；当识别基团被分析物选择性切断后，所得的苯酚结构向稳定的醌式转变，生成大的共轭结构，进而产生近红外的荧光响应（图4-27）[32,107]。

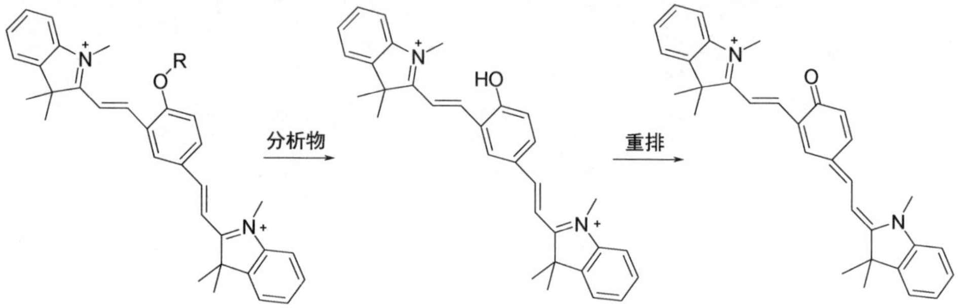

图4-27 含有可变共轭结构的花菁类染料的响应原理

上述这些设计方法在某种意义上比较宽泛，但它们在用于小分子、大分子、纳米等各类光学探针设计时存在一定的通用性，因此具有重要的参考与借鉴意义。

参 考 文 献

[1] Li, X. H.; Gao, X. H.; Shi, W.; Ma, H. M. Design strategies for water-soluble small molecular chromogenic and fluorogenic probes. *Chem. Rev.*, **2014**, 114: 590-659.

[2] Zhou, J.; Ma, H. M. Design principles of spectroscopic probes for biological applications. *Chem. Sci.*, **2016**, 7: 6309-6315.

[3] Han, J. Y.; Burgess, K. Fluorescent indicators for intracellular pH. *Chem. Rev.*, **2010**, 110: 2709-2728.

[4] 王敏主编. 分析化学手册. 2. 化学分析. 第3版. 北京: 化学工业出版社, 2016: 558.

[5] Hou, J. T.; Ren, W. X.; Li, K.; Seo, J.; Sharma, A.; Yu, X. Q.; Kim, J. S. Fluorescent bioimaging of pH: from design to applications. *Chem. Soc. Rev.*, **2017**, 46: 2076-2090.

[6] Shi, W.; Li, X. H.; Ma, H. M. Fluorescent probes and nanoparticles for intracellular sensing of pH values. *Methods Appl. Fluoresc.*, **2014**, 2: 042001.

[7] Rink, T. J.; Tsien, R.; Pozzan, Y. T. Cytoplasmic pH and Free Mg^{2+} in Lymphocytes. *J. Cell Biol.*, **1876**, 8: 146-148.

[8] Anderson, M.; Moshnikova, A.; Engelman, D. M.; Reshetnyak, Y. K.; Andreev, O. A. Probe for the measurement of cell surface pH in vivo and ex vivo. *Proc. Natl. Acad. Sci. USA*, **2016**, 113: 8177-8181.

[9] Han, J.; Loudet, A.; Barhoumi, R.; Burghardt, R. C.; Burgess, K. A ratiometric pH reporter for imaging protein-dye conjugates in living cells. *J. Am. Chem. Soc.*, 2009, 131: 1642-1643.

[10] Wan, Q. Q.; Chen, S. M.; Shi, W.; Li, L. H.; Ma, H. M. Lysosomal pH rise during heat shock monitored by a lysosome-targeting near-infrared ratiometric fluorescent probe. *Angew. Chem. Int. Ed.*, **2014**, 53:

10916-10920.

[11] 张惠敏，吴彦城，尤嘉宜，曹梁. 氟离子荧光探针设计、合成与应用的新进展. 有机化学, **2016**, 36: 2559-2582.

[12] Bhoi, A. K.; Das, S. K.; Majhi, D.; Sahu, P. K.; Nijamudheen, A.; Anoop N., Rahaman, A.; Sarkar, M. Analyte interactions with a new ditopic dansylamide-nitrobenzoxadiazole dyad: a combined photophysical, NMR, and theoretical (DFT) study. *J. Phys. Chem. B*, **2014**, 118: 9926-9937.

[13] Alam, P.; Kachwal, V.; Laskar, I. R. A multi-stimuli responsive "AIE" active salicylaldehyde-based Schiff base for sensitive detection of fluoride. *Sens. Actuators B*, **2016**, 228: 539-550.

[14] Suganya, S.; Velmathi, S. Simple azo-based salicylaldimine as colorimetric and fluorescent probe for detecting anions in semi-aqueous medium. *J. Mol. Recognit.*, **2013**, 26: 259-267.

[15] Kumar, D.; Thomas, K. R. J. 2-Hydroxyarylimidazole-based colorimetric and ratiometric fluoride ion sensors. *RSC Adv.*, **2014**, 4: 56466- 56474.

[16] Odago, M. O.; Colabello, D. M.; Lees, A. J. A simple thiourea based colorimetric sensor for cyanide anion. *Tetrahedron*, **2010**, 66: 7465-7471.

[17] Goswami, S.; Manna, A.; Paul, S.; Das, A. K.; Aich, K.; Nandi, P. K. Resonance-assisted hydrogen bonding induced nucleophilic addition to hamper ESIPT: ratiometric detection of cyanide in aqueous media. *Chem. Commun.*, **2013**, 49: 2912-2914.

[18] Onishi, H. Photometric determination of traces of metals (4th ed., Part IIA), New York: John Wiley & Sons, 1986. pp.226-227.

[19] Minta, A.; Tsien, R. Y. Fluorescent indicators for cytosolic sodium. *J. Biol. Chem.*, **1989**, 264: 19449-19457.

[20] Ast, S.; Schwarze, T.; Müller, H.; Sukhanov, A.; Michaelis, S.; Wegener, J.; Wolfbeis, O. S.; Korzdorfer, T.; Drkop, A.; Holdt, H. A highly K^+-selective phenylaza-[18]crown-6-lariat-ether-based fluoroionophore and its application in the sensing of K^+ ions with an optical sensor film and in cells. *Chem. Eur. J.*, **2013**, 19: 14911-14917.

[21] Akkaya, E. U.; Huston, M. E.; Czarnik, A. W. Chelation-enhanced fluorescence of anthrylazamacrocycle conjugate probes in aqueous solution. *J. Am. Chem. Soc.*, **1990**, 112: 3590-3593.

[22] Soroka, K.; Vithanage, R. S.; Phillips, D. A.; Walker, B.; Dasgupta, P. K. Fluorescence properties of metal complexes of 8-hydroxyquinoline-5-sulfonic acid and chromatographic applications. *Anal. Chem.*, **1987**, 59: 629-636.

[23] Walkup, G. K.; Burdette, S. C.; Lippard, S. J.; Tsien, R. Y. A new cell-permeable fluorescent probe for Zn^{2+}. *J. Am. Chem. Soc.*, **2000**, 122: 5644-5645.

[24] Amatori, S.; Ambrosi, G.; Fanelli, M.; Formica, M.; Fusi, V.; Giorgi, L.; Macedi, E.; Micheloni, M.; Paoli, P.; Pontellini, R.; Rossi, P.; Varrese, M. A. Multi-use NBD-based tetra-amino macrocycle: fluorescent probe for metals and anions and live cell marker. *Chem-Eur. J.*, **2012**, 18: 4274-4284.

[25] Zheng, H.; Qian, Z. H.; Xu, L.; Yuan, F. F.; Lan, L. D.; Xu, J. G. Switching the recognition preference of rhodamine B spirolactam by replacing one atom: design of rhodamine B thiohydrazide for recognition of Hg(Ⅱ) in aqueous solution. *Org. Lett.*, **2006**, 8: 859-861.

[26] Ojida, A.; Takashima, I.; Kohira, T.; Nonaka, H.; Hamachi, I. Turn-on fluorescence sensing of nucleoside polyphosphates using a xanthene-based Zn(Ⅱ) complex chemosensor. *J. Am. Chem. Soc.*, **2008**, 130: 12095-12101.

[27] Haugland, R. P. The handbook of fluorescent probes and research products (9th ed.). Eugene: Molecular Probes, 2002. pp.747-766.

[28] Brandt, R.; Keston, A. S. Synthesis of diacetyldichlorofluorescin: A stable reagent for fluorometric analysis.

Anal. Biochem., **1965**, 11: 6-9.

[29] Qin, Y.; Lu, M.; Gong, X. Dihydrorhodamine 123 is superior to 2,7-dichlorodihydrofluorescein diacetate and dihydrorhodamine 6G in detecting intracellular hydrogen peroxide in tumor cells. *Cell Biol. Int.*, **2008**, 32: 224-228.

[30] Hempel, S. L.; Buettner, G. R.; O'Malley, Y. Q.; Wessels, D. A.; Flaherty, D. M. Dihydrofluorescein diacetate is superior for detecting intracellular oxidants: comparison with 2',7'-dichlorodihydrofluorescein diacetate, 5(and 6)-carboxy-2',7'- dichlorodihydrofluorescein diacetate, and dihydrorhodamine 123. *Free Radical Bio. Med.*, **1999**, 27: 146-159.

[31] Yuan, L.; Lin, W. Y.; Song, J. Z. Ratiometric fluorescent detection of intracellular hydroxyl radicals based on a hybrid coumarin-cyanine platform. *Chem. Commun.*, **2010**, 46: 7930-7932.

[32] Li, H. Y.; Li, X. H.; Shi, W.; Xu, Y. H.; Ma, H. M. Rationally designed fluorescence •OH probe with high sensitivity and selectivity for monitoring the generation of •OH in iron autoxidation without addition of H_2O_2. *Angew. Chem. Int. Ed.*, **2018**, 57: 12830-12834.

[33] Chang, M. C. Y.; Pralle, A.; Isacoff, E. Y.; Chang, C. J. A selective, cell-permeable optical probe for hydrogen peroxide in living cells. *J. Am. Chem. Soc.*, **2004**, 126: 15392-15393.

[34] Maeda, H.; Fukuyasu, Y.; Yoshida, S.; Fukuda, M.; Saeki, K.; Matsuno, H.; Yamauchi, Y.; Yoshida, K.; Hirata, K.; Miyamoto, K. Fluorescent probes for hydrogen peroxide based on a non-oxidative mechanism. *Angew. Chem. Int. Ed.*, **2004**, 43: 2389-2391.

[35] Maeda, H.; Yamamoto, K.; Kohno, I.; Hafsi, L.; Itoh, N.; Nakagawa, S.; Kanagawa, N.; Suzuki, K.; Uno, T. Design of a practical fluorescent probe for superoxide based on protection-deprotection chemistry of fluoresceins with benzenesulfonyl protecting groups. *Chem. Eur. J.*, **2007**, 13: 1946-1954.

[36] Koide, Y.; Urano, Y.; Kenmoku, S.; Kojima, H.; Nagano, T. Design and synthesis of fluorescent probes for selective detection of highly reactive oxygen species in mitochondria of living cells. *J. Am. Chem. Soc.*, **2007**, 129: 10324-10325.

[37] Kenmoku, S.; Urano, Y.; Kojima, H.; Nagano, T. Development of a highly specific rhodamine-based fluorescence probe for hypochlorous acid and its application to real-time imaging of phagocytosis. *J. Am. Chem. Soc.*, **2007**, 129: 7313-7318.

[38] Lippert, A. R.; New, E. J.; Chang, C. J. Reaction-based fluorescent probes for selective imaging of hydrogen sulfide in living cells. *J. Am. Chem. Soc.*, **2011**, 26: 10078-10080.

[39] Peng, H.; Cheng, Y.; Dai, C.; King, A. L.; Predmore, B. L.; Lefer, D. J.; Wang, B. A fluorescent probe for fast and quantitative detection of hydrogen sulfide in blood. *Angew. Chem. Int. Ed.*, **2011**, 50: 9672-9675.

[40] Li, Z.; Li, X.; Gao, X.; Zhang, Y.; Shi, W.; Ma, H. M. Nitroreductase detection and hypoxic tumor cell imaging by a designed sensitive and selective fluorescent probe, 7-[(5-Nitrofuran-2-yl)methoxy]-3H-phenoxazin-3-one. *Anal. Chem.*, **2013**, 8: 3926-3932.

[41] Li, Z.; Gao, X. H.; Shi, W.; Li, X. H.; Ma, H. M. 7-((5-Nitrothiophen-2-yl)- methoxy)-3H-phenoxazin-3-one as a spectroscopic off-on probe for highly sensitive and selective detection of nitroreductase. *Chem. Commun.*, **2013**, 49: 5859-5861.

[42] Zhou, J.; Shi, W.; Li, L. H.; Gong, Q. Y.; Wu, X. F.; Li, X. H.; Ma, H. M. Detection of misdistribution of tyrosinase from melanosomes to lysosomes and its upregulation under psoralen/ultraviolet A with a melanosome-targeting tyrosinase fluorescent probe. *Anal. Chem.*, **2016**, 88: 4557-4564.

[43] Lee, M. H.; Lee, S. W.; Kim, S. H.; Kang, C.; Kim, J. S. Nanomolar Hg(II) detection using nile blue chemodosimeter in biological media. *Org. Lett.*, **2009**, 11: 2101-2104.

[44] Ma, H. M.; Jarzak, U.; Thiemann, W. In situ fluorescent labeling of highly volatile methylamine with 8-(4,6-dichloro-1,3,5-triazinoxy)quinoline. *New J. Chem.*, **2001**, 25: 872-874.

[45] Feuster, E. K.; Glass, T. E. Detection of amines and unprotected amino acids in aqueous conditions by formation of highly fluorescent iminium ions. *J. Am. Chem. Soc.*, **2003**, 125: 16174-16175.
[46] Matsumoto, T.; Urano, Y.; Shoda, T.; Kojima, H.; Nagano, T. A thiol-reactive fluorescence probe based on donor-excited photoinduced electron transfer: Key role of ortho substitution. *Org. Lett*, **2007**, 9: 3375-3377.
[47] Niu, L. Y.; Chen, Y. Z.; Zheng, H. R.; Wu, L. Z.; Tung, C. H.; Yang, Q. Z.. Design strategies of fluorescent probes for selective detection among biothiols. *Chem. Soc. Rev.*, **2015**, 44: 6143-6160.
[48] Kamiya, M.; Asanuma, D.; Kuranaga, E.; Takeishi, A.; Sakabe, M.; Miura, M.; Nagano, T.; Urano, Y. β-Galactosidase fluorescence probe with improved cellular accumulation based on a spirocyclized rhodol scaffold. *J. Am. Chem. Soc.*, **2011**, 133: 12960-12963.
[49] Gao, W. Z.; Xing, B. G.; Tsien, R. Y.; Rao, J. H. Novel fluorogenic substrates for imaging β-lactamase gene expression. *J. Am. Chem. Soc.*, **2003**, 125: 11146-11147.
[50] Li, L. H.; Shi, W.; Wang, Z.; Gong, Q. Y.; Ma, H. M. Sensitive fluorescence probe with long analytical wavelengths for gamma-glutamyl transpeptidase detection in human serum and living cells. *Anal. Chem*, **2015**, 87: 8353-8359.
[51] Prost, M.; Canaple, L.; Samarut, J.; Hasserodt, J. *ChemBioChem*, **2014**, 15: 1413-1417.
[52] Huang, Z. J.; Terpetschnig, E.; You, W.; Haugland, R. P. *Anal. Biochem.*, **1992**, 207: 32-39.
[53] Huang, Z. J.; You, W. M.; Haugland, R. P.; Paragas, V. B.; Olson, N. A.; Haugland, R. P. A novel fluorogenic substrate for detecting alkaline phosphatase activity in situ. *J. Histochem. Cytochem.*, **1993**, 41: 313-317.
[54] Liang, J.; Kwok, R. T. K.; Shi, H. B.; Tang, B. Z.; Liu, B. Fluorescent light-up probe with aggregation-induced emission characteristics for alkaline phosphatase sensing and activity study. *ACS Appl. Mater. Interfaces*, **2013**, 5: 8784-8789.
[55] Gunduz, T.; Kilic, E.; Atakol, O.; Kenar, A. Titrations in non-aqueous media. 9. Potentiometric titrations of symmetrical aliphatic diamines and their schiff-bases in different solvents. *Analyst*, **1987**, 112: 1735-1738.
[56] You, L.; Zha, D.; Anslyn, E. V. Recent advances in supramolecular analytical chemistry using optical sensing. *Chem. Rev.*, **2015**, 115: 7840-7892.
[57] Ma, X.; Zhao, Y. L. Biomedical applications of supramolecular systems based on host-guest interactions. *Chem. Rev.*, **2015**, 115: 7794-7839.
[58] Langton, M. J.; Serpell, C. J.; Beer, P. D. Anion recognition in water: Recent advances from a supramolecular and macromolecular perspective. *Angew. Chem. Int. Ed.*, **2016**, 55: 1974-1987.
[59] Dsouza, R. N.; Pischel, U.; Nau, W. M. Fluorescent dyes and their supramolecular host/guest complexes with macrocycles in aqueous solution. *Chem. Rev.*, **2011**, 111: 7941-7980.
[60] Crini, G. Review: A history of cyclodextrins. *Chem. Rev.*, **2014**, 114: 10940-10975.
[61] Elbashir, A. A.; Dsugi, N. F. A.; Mohmed, T. O. M.; Aboul-Enein, H. Y. Spectrofluorometric analytical applications of cyclodextrins. *Luminescence*, **2014**, 29: 1-7.
[62] Ueno, A.; Suzuki, I.; Osa, T. Host guest sensory systems for detecting organic-compounds by pyrene excimer fluorescence. *Anal. Chem.*, **1990**, 62: 2461-2466.
[63] Suzuki, I.; Ui, M.; Yamauchi, A. Supramolecular probe for bicarbonate exhibiting anomalous pyrene fluorescence in aqueous media. *J. Am. Chem. Soc.*, **2006**, 128: 4498-4499.
[64] Florea, M.; Nau, W. M. Implementation of anion-receptor macrocycles in supramolecular tandem assays for enzymes involving nucleotides as substrates, products, and cofactors. *Org. Biomol. Chem.*, **2010**, 8: 1033-1039.
[65] Elbashir, A. A.; Dsugi, N. F. A.; Mohmed, T. O. M.; Aboul-Enein, H. Y. Spectrofluorometric analytical applications of cyclodextrins. *Luminescence*, **2014**, 29: 1-7.

[66] Shinkai, S.; Mori, S.; Koreishi, H.; Tsubaki, T.; Manabe, O. Hexasulfonated calix[6]arene derivatives - a new class of catalysts, surfactants, and host molecules. *J. Am. Chem. Soc.*, **1986**, 108: 2409-2416.

[67] Guo, D. S.; Uzunova, V. D.; Su, X.; Liu, Y.; Nau, W. M. Operational calixarene-based fluorescent sensing systems for choline and acetylcholine and their application to enzymatic reactions. *Chem. Sci.*, **2011**, 2: 1722-1734.

[68] Hennig, A.; Bakirci, H.; Nau, W. M. Label-free continuous enzyme assays with macrocycle-fluorescent dye complexes. *Nat. Methods*, **2007**, 4: 629-632.

[69] Ni, X. L.; Xiao, X.; Cong, H.; Liang, L. L.; Chen, K.; Cheng, X. J.; Ji, N. N.; Zhu, Q. J.; Xue, S. F.; Tao, Z. Cucurbit[n]uril-based coordination chemistry: From simple coordination complexes to novel poly-dimensional coordination polymers. *Chem. Soc. Rev.*, **2013**, 42: 9480-9508.

[70] Lagona, J.; Mukhopadhyay, P.; Chakrabarti, S.; Isaacs, L. The cucurbit[n]uril family. *Angew. Chem. Int. Ed.*, **2005**, 44: 4844-4870.

[71] Zhou, Y. Y.; Yu, H. P.; Zhang, L.; Xu, H. W.; Wu, L. A.; Sun, J. Y.; Wang, L. A new spectrofluorometric method for the determination of nicotine base on the inclusion interaction of methylene blue and cucurbit[7]uril. *Microchim. Acta*, **2009**, 164: 63-68.

[72] Ghale, G.; Ramalingam, V.; Urbach, A. R.; Nau, W. M. Determining protease substrate selectivity and inhibition by label-free supramolecular tandem enzyme assays. *J. Am. Chem. Soc.*, **2011**, 133: 7528-7535.

[73] Shi, W.; Ma, H. M. Spectroscopic probes with changeable pi-conjugated systems. *Chem. Commun.*, **2012**, 48: 8732-8744.

[74] Guilbault, G. G.; Kramer, D. N. Fluorometric determination of lipase, acylase, alpha-, and gamma-chymotrypsin and inhibitors of these enzymes. *Anal. Chem.*, **1964**, 36: 409-412.

[75] Kramer, D. N.; Guilbault, G. G. A substrate for fluorometric determination of lipase activity. *Anal. Chem.*, **1963**, 35: 588-589.

[76] Huang, Z. J.; Olson, N. A.; You, W. M.; Haugland, R. P. A sensitive competitive elisa for 2,4-dinitrophenol using 3,6-fluorescein diphosphate as a fluorogenic substrate. *J. Immunol. Methods*, **1992**, 149: 261-266.

[77] Maeda, H.; Yamamoto, K.; Nomura, Y.; Kohno, I.; Hafsi, L.; Ueda, N.; Yoshida, S.; Fukuda, M.; Fukuyasu, Y.; Yamauchi, Y.; Itoh, N. A design of fluorescent probes for superoxide based on a nonredox mechanism. *J. Am. Chem. Soc.*, **2005**, 127: 68-69.

[78] Yang, X. F.; Ye, S. J.; Bai, Q.; Wang, X. Q. A fluorescein-based fluorogenic probe for fluoride ion based on the fluoride-induced cleavage of tert-butyldimethylsilyl ether. *J. Fluoresc.*, **2007**, 17: 81-87.

[79] Leytus, S. P.; Melhado, L. L.; Mangel, W. F. Rhodamine-based compounds as fluorogenic substrates for serine proteinases. *Biochem. J.*, **1983**, 209: 299-307.

[80] Dujols, V.; Ford, F.; Czarnik, A. W. A long-wavelength fluorescent chemodosimeter selective for Cu(II) ion in water. *J. Am. Chem. Soc.*, **1997**, 119: 7386-7387.

[81] Chen, X. Q.; Jia, J.; Ma, H. M.; Wang, S. J.; Wang, X. C. Characterization of rhodamine B hydroxylamide as a highly selective and sensitive fluorescence probe for copper(II). *Anal. Chim. Acta*, **2009**, 632: 9-14.

[82] Shiraishi, Y.; Miyamoto, R.; Zhang, X.; Hirai, T. Rhodamine-based fluorescent thermometer exhibiting selective emission enhancement at a specific temperature range. *Org. Lett.*, **2007**, 9: 3921-3924.

[83] Kwon, J. Y.; Jang, Y. J.; Lee, Y. J.; Kim, K. M.; Seo, M. S.; Nam, W.; Yoon, J. A highly selective fluorescent chemosensor for Pb^{2+}. *J. Am. Chem. Soc.*, **2005**, 127: 10107-10111.

[84] Shi, W.; Ma, H. M. Rhodamine B thiolactone: A simple chemosensor for Hg^{2+} in aqueous media. *Chem. Commun.*, **2008**: 1856-1858.

[85] Zhang, Y. Y.; Shi, W.; Feng, D.; Ma, H. M.; Liang, Y.; Zuo, J. R. Application of rhodamine b thiolactone to fluorescence imaging of Hg^{2+} in arabidopsis thaliana. *Sens. Actuators B-Chem.*, **2011**, 153: 261-265.

[86] Zhan, X. Q.; Yan, J. H.; Su, J. H.; Wang, Y. C.; He, J.; Wang, S. Y.; Zheng, H.; Xu, J. G. Thiospirolactone as a recognition site rhodamine B-based fluorescent probe for imaging hypochlorous acid generated in human neutrophil cells. *Sens. Actuators B-Chem.*, **2010**, 150: 774-780.

[87] Chen, X.; Lee, K. A.; Ha, E. M.; Lee, K. M.; Seo, Y. Y.; Choi, H. K.; Kim, H. N.; Kim, M. J.; Cho, C. S.; Lee, S. Y.; Lee, W. J.; Yoon, J. Y. A specific and sensitive method for detection of hypochlorous acid for the imaging of microbe-induced HOCl production. *Chem. Commun.*, **2011**, 47: 4373-4375.

[88] Zhou, J.; Li, L. H.; Shi, W.; Gao, X. H.; Li, X. H.; Ma, H. M. HOCl can appear in the mitochondria of macrophages during bacterial infection as revealed by a sensitive mitochondrial-targeting fluorescent probe. *Chem. Sci.*, **2015**, 6: 4884-4888.

[89] Shi, W.; Sun, S. N.; Li, X. H.; Ma, H. M. Imaging different interactions of mercury and silver with live cells by a designed fluorescence probe rhodamine B selenolactone. *Inorg. Chem.*, **2010**, 49: 1206-1210.

[90] Sun, C. D.; Shi, W.; Song, Y. C.; Chen, W.; Ma, H. M. An unprecedented strategy for selective and sensitive fluorescence detection of nitric oxide based on its reaction with a selenide. *Chem. Commun.*, **2011**, 47: 8638-8640.

[91] Belov, V. N.; Wurm, C. A.; Boyarskiy, V. P.; Jakobs, S.; Hell, S. W. Rhodamines NN: A novel class of caged fluorescent dyes. *Angew. Chem. Int. Ed.*, **2010**, 49: 3520-3523.

[92] Grimm, J. B.; English, B. P.; Choi, H.; Muthusamy, A. K.; Mehl, B. P.; Dong, P.; Brown, T. A.; Lippincott-Schwartz, J.; Liu, Z.; Lionnet, T.; Lavis, L. D. Bright photoactivatable fluorophores for single-molecule imaging. *Nat. Methods*, **2016**, 13: 985-988.

[93] Koide, Y.; Urano, Y.; Hanaoka, K.; Terai, T.; Nagano, T. Development of an Si-rhodamine-based far-red to near-infrared fluorescence probe selective for hypochlorous acid and its applications for biological imaging. *J. Am. Chem. Soc.*, **2011**, 133: 5680-5682.

[94] Yuan, L.; Lin, W. Y.; Yang, Y. T.; Chen, H. A unique class of near-infrared functional fluorescent dyes with carboxylic-acid-modulated fluorescence on/off switching: rational design, synthesis, optical properties, theoretical calculations, and applications for fluorescence imaging in living animals. *J. Am. Chem. Soc.*, **2012**, 134: 1200-1211.

[95] Paramonov, S. V.; Lokshin, V.; Fedorova, O. A. Spiropyran, chromene or spirooxazine ligands: insights into mutual relations between complexing and photochromic properties. *J. Photochem. Photobiol. C*, **2011**, 12: 209-236.

[96] Phillips, J. P.; Mueller, A.; Przystal, F. Photochromic chelating agents. *J. Am. Chem. Soc.*, **1965**, 87: 4020.

[97] Evans, L.; Collins, G. E.; Shaffer, R. E.; Michelet, V.; Winkler, J. D. Selective metals determination with a photoreversible spirobenzopyran. *Anal. Chem.*, **1999**, 71: 5322-5327.

[98] Winkler, J. D.; Bowen, C. M.; Michelet, V. Photodynamic fluorescent metal ion sensors with parts per billion sensitivity. *J. Am. Chem. Soc.*, **1998**, 120: 3237-3242.

[99] Inouye, M.; Ueno, M.; Kitao, T.; Tsuchiya, K. Alkali-metal recognition induced isomerization of spiropyrans. *J. Am. Chem. Soc.*, **1990**, 112: 8977-8979.

[100] Inouye, M.; Akamatsu, K.; Nakazumi, H. New crown spirobenzopyrans as light- and ion-responsive dual-mode signal transducers. *J. Am. Chem. Soc.*, **1997**, 119: 9160-9165.

[101] Ros-Lis, J. V.; Martinez-Manez, R.; J. Soto, J. A selective chromogenic reagent for cyanide determination. *Chem. Commun.*, **2002**: 2248-2249.

[102] Ros-Lis, J. V.; Garcia, B.; Jimenez, D.; Martinez-Manez, R.; Sancenon, F.; Soto, J.; Gonzalvo, F.; Valldecabres, M. C. Squaraines as fluoro-chromogenic probes for thiol-containing compounds and their application to the detection of biorelevant thiols. *J. Am. Chem. Soc.*, **2004**, 126: 4064-4065.

[103] Ros-Lis, J. V.; Marcos, M. D.; Martinez-Manez, R.; Rurack, K.; Soto, J. A regenerative chemodosimeter

based on metal-induced dye formation for the highly selective and sensitive optical determination of Hg^{2+} ions. *Angew. Chem. Int. Ed.*, **2005**, 44: 4405-4407.

[104] Ros-Lis, J. V.; Casasus, R.; Comes, M.; Coll, C.; Marcos, M. D.; Martinez-Manez, R.; Sancenon, F.; Soto, J.; Amoros, P.; Haskouri, J. El; Garro, N.; Rurack, K. A mesoporous 3D hybrid material with dual functionality for Hg^{2+} detection and adsorption. *Chem. Eur. J.*, **2008**, 14: 8267-8278.

[105] Yin, G. X.; Niu, T. T.; Yu, T.; Gan, Y. B.; Sun, X. Y.; Yin, P.; Chen, H. M.; Zhang, Y. Y.; Li, H. T.; Yao, S. Z. Simultaneous visualization of endogenous homocysteine, cysteine, glutathione, and their transformation through different fluorescence channels. *Angew. Chem. Int. Ed.*, **2019**, 58: 4557-4561.

[106] Kundu, K.; Knight, S. F.; Willett, N.; Lee, S.; Taylor, W. R.; Murthy, N. Hydrocyanines: A class of fluorescent sensors that can image reactive oxygen species in cell culture, tissue, and in vivo. *Angew. Chem. Int. Ed.*, **2009**, 48: 299-303.

[107] Karton-Lifshin, N.; Segal, E.; Omer, L.; Portnoy, M.; Satchi-Fainaro, R.; Shabat, D. A unique paradigm for a turn-on near-infrared cyanine-based probe: noninvasive intravital optical imaging of hydrogen peroxide. *J. Am. Chem. Soc.*, **2011**, 133: 10960-10965.

第5章 小分子光学探针

李照[1]，马会民[2]
1. 陕西师范大学；2. 中国科学院化学研究所

小分子光学探针一般是指分子量小于一万道尔顿且对分析物具有光学响应的化合物。因为这类探针具有确定的分子量与元素组成，所以，无论其合成制备还是分析性能，均表现出重复性好的优点。此外，小分子光学探针由于其分子量小，故它们在生物体系中易于扩散、分布均匀且重现性好，非常适于生物样品（如，特别是体积小的亚细胞器等）的成像研究，并广泛应用于化学、材料、环境等其它领域。第 1 章已述及，光学基团是小分子光学探针的重要组成部分，其作用是将分子识别信息通过光信号表达出来。光学基团的光化学性质与探针分子的识别性能密切相关，并已成为光学探针领域中一个重要研究内容。迄今，已有大量的光学基团或荧光体被合成出来，且人们对其光物理性能的认识和研究也不断地深入。小分子光学探针结构多样，根据荧光体的结构特点，可以将其大致分为以下几类：偶氮类、多环芳烃类、三苯甲烷类、氧杂蒽类、香豆素类、卟啉类、BODIPY 类、萘酰亚胺类、联吡啶及邻菲啰啉类、花菁类、螺吡喃类、方酸菁类等。本章将着重介绍这些小分子光学探针。

5.1 偶氮类

偶氮类光学探针的结构特征是含有"–N=N–"偶氮基团。该基团存在顺式和反式两种异构体。这两种构型的偶氮分子通常具有明显不同的紫外可见吸收光谱，并且偶极矩、亲疏水性等性质也存在着明显的差异[1]。该类光学探针的 –N=N– 双键超快的构象变化通常导致荧光团的荧光猝灭，如偶氮胂Ⅲ、偶氮氯膦Ⅲ、酸性铬蓝 K、钙镁试剂等均无明显的荧光。这类化合物一般用作显色剂（比色探针）而不是荧光探针，并在阳离子、阴离子、中性小分子、核酸、蛋白质等物质的检测方面发挥着重要作用[2,3]。偶氮试剂主要包括偶氮苯、变色酸偶氮试剂、杂环偶氮试剂、三氮烯类试剂等。

偶氮苯的邻位引入双羟基所形成的化合物，如 2,2′-二羟基偶氮苯衍生物，可与金属离子生成配合物而用于显色、荧光测定。不同颜色配合物的形成取决于金属离子的半径、电荷、介质的酸碱性、试剂结构等因素。Hiraki[4]比较了在 2,2′-二羟基偶氮苯试剂的邻、间、对位引入不同取代基所生成的偶氮试剂的性能，发现偶氮试剂 **1** 对铝离子具有很好的选择性，试剂 **2** 与镓离子可以形成具有荧光的化合物。

某些偶氮苯衍生物还可与阴离子产生显色作用。例如，化合物 **3** 是基于简单的偶氮苯而发展的氰根离子（CN^-）的比色探针[5]。随着 CN^- 的加入，化合物 **3** 的溶液颜色立刻由无色变为红色，而加入其它阴离子则无变化，因此该探针能够选择性与可视化分析 CN^-，且具有较高的检测灵敏度。

次氯酸根（OCl^-）在细胞的分化、迁移、信号传导和免疫等生理过程中起着调控作用，因此对 OCl^- 的识别与检测也颇为重要。Han 等[6]基于 HOCl 与偶氮苯基团的特异性反应合成了偶氮类光学探针 **4**。该探针本身在中性水溶液中不产生荧光；当加入 OCl^- 后，偶氮基团被氧化切断从而释放出荧光团，产生强荧光，且对 OCl^- 具有较高的选择性。

焦磷酸根（PPi）在生物体内发挥着非常重要的作用。由于 PPi 在水溶液中发生水合作用，使得在水中选择性检测 PPi 充满挑战性。Lee 等[7]设计合成了包含两个二甲基吡啶胺（DPA）-Zn^{2+} 的偶氮类比色探针 **5**，可在 pH 6.5～8.3 范围内选择性识别焦磷酸根。该探针结合 PPi 的能力是结合其它单磷酸根的 1000 倍，且与 PPi 反应后导致吸收光谱发生巨大红移，溶液颜色也发生变化。

除了用作阴离子的比色探针外，偶氮苯类光学探针还可用来检测氨基酸。例如，Xu 等[8]将甲基橙与四氯钯钾盐反应，合成了一种能在水溶液中比色检测氨基酸的环化钯偶氮配合物 **6**。已知钯或铂与氨基酸具有很强的配位作用，所以选用钯偶氮配合物作为比色报告分子。这种钯(Ⅱ)或铂(Ⅱ)的环化配合物对不同的氨基酸表现出不同的显色反应。在生理 pH 水溶液中，不同侧链基团的氨基酸在紫外-可见吸收光谱上有明显的区别，可用于其分析鉴定。

近年，偶氮苯类光学探针中 −N=N− 双键还被用作荧光猝灭和缺氧识别基团，在缺氧环境以及相关酶作用下发生还原断裂，从而使荧光重新打开。基于此机理所发展的光学探针已经广泛应用在生物还原酶和缺氧的检测中。化合物 **7** 即是这样一种具有高选择性、长波长特性的偶氮类探针[9]。当探针 **7** 与细胞色素 P450 还原酶反应后，偶氮键被切断，导致荧光增强。该探针对细胞色素 P450 还原酶和低氧环境都具有一定的选择性和敏感性，在鉴定体内肿瘤细胞不同缺氧状态方面显示出潜力。

李照等[10]以偶氮苯作识别单元，并与荧光母体氨基半菁连接，发展了检测缺氧相关酶的近红外荧光探针 **8**。该探针通过对缺氧相关酶的荧光响应变化可以有效地将缺氧条件下 4T1 和 HepG2 细胞区分开来。另外，该探针毒性低、生物兼容性好，已成功应用于接种 4T1 细胞的 BALB/c 小鼠活体荧光成像分析，肿瘤区域的荧光明显增强，可有效区分肿瘤和正常组织。

变色酸偶氮类探针的典型代表是偶氮胂Ⅲ和偶氮氯膦Ⅲ，它们曾于 20 世纪五六十年代推出，也属于变色酸双偶氮类化合物。近年，人们通过变换取代基及取代位置、研究试剂的分子结构及其反应性能的关系，揭示出要得到高灵敏度、高选择性的变色酸双偶氮类显色剂，其分子结构应具备如下条件：①分子结构应是不对称的。因为分子的对称结构使变色酸两端电子云分布均匀，难于极化。②试剂的助色基团必须电负性大（能产生强烈的诱导效应），同时具有未共用的 p 电子对（能产生 p-π 共轭，使分子中的电子云的流动性增强）。此种基团卤素元素很合适，而且取代基数越多，作用则越大，从而使分子中的电荷自分析功能基团一端强烈地移向助色基团一端。据此，武汉大学和华东师范大学制备了多个性能优良的新型稀土显色剂，如二溴一氯偶氮胂、三溴偶氮胂等[11]。

杂环偶氮类主要指含杂原子的吡啶、噻唑和苯并噻唑等环与偶氮基构成的主骨架类化合物[11]。该类试剂相邻的配位基团以同种类原子为好，通常具有高选择性，如 2,4-二氨基-5-(4,5-二甲基噻唑偶氮)甲苯是铜的特效试剂。化合物 **9** 也是一种杂环偶氮试剂，其别名为荧光镁试剂[3]，对镁离子有极高的选择性，检测限达到 0.1 μg/mL，且不受钙离子等影响。

三氮烯类是指分子结构中含有"–N=N–NH–"基团的一类化合物。该类试剂在非离子型表面活性剂（如 Triton X-100）的存在下与 Cd、Hg 等发生灵敏的选择反应。如化合物 **10**（2-氯-4-硝基苯基重氮氨基偶氮苯）在 pH 7.80 介质中与 Cd^{2+} 形成 1:2 红色配合物，可直接测定环境水样、工业废水、铝合金中痕量镉[12]。该类试剂结构多呈线型，难于呈现所谓的空间包笼形状，然而却对镉等特别灵敏与专属，对此目前尚无满意的答案，也许可从其它方面如热力学稳定性上得到解释。

5.2 多环芳烃类

多环芳烃类光学探针是指分子结构中含有两个以上苯环的芳香族化合物，它们具有大离域的 π 共轭结构。典型的多环芳烃有萘、蒽、芘等共轭体系[13-16]。重要的是，蒽、芘能产生激基缔合物荧光，这一特征是其它种类荧光团不具备的。到目前为止，基于激基缔合物原理设计的荧光探针，几乎都是以蒽和芘作为荧光基团[14-16]。多环芳烃类光学探针的优点是化学性质稳定，长时间光照或酸碱环境都很难引起结构的变化，在金属离子及生物分子等的检测方面发挥着重要的作用。但该类光学探针的最大吸收波长较短，其荧光易受生物体自发荧光的干扰，并且水溶性差。另外，这类化合物因毒性大，故其应用受到一定限制[15]。

萘类光学探针通常具有优良的光谱性质和电化学性质，合成方法简单，容易进行修饰[17]，并且具有良好的生物相容性。萘还具有双光子荧光性质。相比其它双光子芳香化合物，萘衍生物拥有更大的双光子吸收截面，故而常常用于双光子荧光探针的设计[18]。Kim 等[19]基于萘合成了镁离子的双光子荧光探针 **11**。该探针以邻氨基苯酚-*N*,*N*,*O*-三乙酸为识别位点检测 Mg^{2+}；Mg^{2+}与识别位点的配位作用抑制了光诱导电子转移（PET）过程，从而导致荧光恢复，且荧光增强与镁离子的浓度成正比关系。该探针对镁离子具有很好的选择性，并可制成酯透过细胞膜，已应用于动物组织的荧光成像。

探针 **12** 是以萘为荧光团、冠醚作为金属钠离子的识别基团而合成的 Na^+ 双光子荧光探针[20]。由于冠醚中氮原子的孤对电子的 PET 效应，探针的荧光被猝灭；加入钠离子之后抑制了 PET，导致荧光恢复。该探针的细胞毒性小，并且在组织成像时可获得 120 μm 的穿透深度，对细胞和组织成像具有很好的应用价值。

萘类光学探针还用于一些氧化还原性物质的检测。Chang 等[21]以萘为荧光团、硼酸酯为识别基团，设计合成了检测细胞中的 H_2O_2 的探针 **13**。H_2O_2 将探针中硼酸酯氧化为羟基，经过一系列重排反应将氨基脱保护，改变了体系的电荷分布，导致荧光波长红移。该探针对生物体具有低的毒性，通过双光子显微镜能够看到细胞以及组织中 H_2O_2 的分布。

二氧化硫衍生物也属于氧化还原性物质，其浓度超过一定范围便会对人体健康产生损害。谭蔚泓等[22]以萘衍生物作为能量供体、以半花菁染料作为猝灭基团以及识别基团合成了双光子荧光探针 **14**。二氧化硫衍生物与探针 **14** 中的半花菁染料的不饱和碳碳双键发生加成反应,改变了萘衍生物基团与半花菁染料基团之间的荧光共振能量转移过程,导致体系荧光性质发生变化,从而可对二氧化硫衍生物进行分析检测。该探针已用于细胞及组织的荧光成像。进一步,张晓兵等[23]利用萘衍生物作为能量供体,氧杂蒽骨架作为能量受体,二苯基磷苯甲酸酯作为识别基团,设计了一个检测次硝酸(HNO)的双光子比率型荧光探针 15;当 HNO 与识别基团反应后,供体的发射强度减弱而受体的发射强度增强,对 HNO 产生了比率型响应。该探针对次硝酸的检测具有高灵敏度和高选择性,并可用于细胞和组织的双光子比率荧光成像。

蒽类光学探针由三个刚性稠合苯环组成,荧光强度较高,在乙腈中的量子产率为 0.36,且在波长 340～380 nm 之间有三个明显的精细吸收带,其发射波长以 415 nm 为中心清晰可见[24]。蒽作为常见的芳环已广泛用于荧光受体的设计中,至今人们对蒽及其衍生物荧光性质的研究仍很活跃[25]。有必要指出,蒽的 9,10-位可与单线态氧形成不稳定的内过氧化物,因此,在光学探针设计中蒽荧光体常用作单线态氧的识别基团,特别是在蒽的 9,10-位引入强的电子供体,可显著增加蒽对单线态氧的捕获能力,并形成较稳定的内过氧化物。

锌离子(Zn^{2+})在生物体的大脑活动、基因转录和免疫功能等过程中扮演着重要角色,选择性识别和检测 Zn^{2+} 具有重要的生物学意义。Akkaya 等[26]采用 Zn^{2+} 的受体全氮杂 18-冠-6 设计合成了蒽类光学探针 16。该探针中 PET 过程使得蒽的荧光猝灭,溶液中加入 Zn^{2+} 后,PET 过程禁阻,荧光显著增强。该探针的优点是可用于水溶液介质中 Zn^{2+} 的检测。

氮原子上具有孤对电子，对一些金属阳离子具有很强的配位能力。利用此机理，Yoon 等[27]合成了连接咪唑基团的蒽系化合物 17。该化合物呈分子钳形结构，即荧光团上所连接的咪唑基团之间存在一定的空间，对体积大小匹配的金属银离子具有很好的识别效果。当向溶液中加入 Ag^+ 后，体系荧光发生猝灭，并可用于检测。

蒽类光学探针也常用于阴离子的检测。Kim 等[28]以蒽为荧光团，并通过两个咪唑基团连接，形成蒽二聚体，制备了荧光探针 18，对 $H_2PO_4^-$ 具有高选择性识别作用。荧光光谱滴定实验表明，体系中加入 $H_2PO_4^-$ 后，增加了氮原子的电子云密度，从而产生了选择性荧光猝灭现象。

18　　　　**19**　　　　**20**

与离子相比，有机中性分子结构既具有立体结构与构象，又有特定的功能基团，其分子识别机理也较为复杂。其中，非共价键作用力（如氢键等）对分子的三维结构和功能起着重要作用，通常是分子识别的主要动力。Wang 等[29]利用 9-氯甲基蒽与二乙醇胺反应，合成了 N-(9-蒽甲基)二乙醇胺 19。该化合物通过羟基氧原子与硼酸反应形成氢键，伴随着荧光强度明显增强，实现了对硼酸分子的识别。

探针 20 含有硼酸和氮原子，二者的协同作用可识别糖分子[30]。其中，探针中的硼酸基团与糖作用后，硼原子的杂化状态发生了改变，硼酸的酸性增强，有效地抑制了氮原子上孤对电子的 PET 过程，从而导致探针分子的荧光明显增强。

芘类光学探针的分子骨架含有 4 个苯环，具有大的 π 共轭结构，荧光量子产率高（如，在丙酮中芘的荧光量子产率可达 0.99），且光学稳定性好，荧光寿命长[31]。在低浓度时，芘能够产生单体激发态荧光，并具有精细结构的特点；在某些条件下，芘可产生激基缔合物荧光，该荧光带强且宽、但无精细结构[32]。芘衍生物荧光光谱与物质所处的环境密切相关[33]，且该类探针一般溶于有机溶剂中，在水中的溶解度非常小。研究者利用芘作为荧光基团设计的探针已被广泛用于各类离子和小分子的检测。

Shyamal 等[34]设计合成了芘类荧光探针 21。该探针对金属 Al^{3+} 有专一的选择性。在乙腈-水溶液中加入 Al^{3+}，与探针结合产生荧光，而加入乙二胺四乙酸

（EDTA）后，体系荧光被猝灭，所以探针还可以反向检测 EDTA。

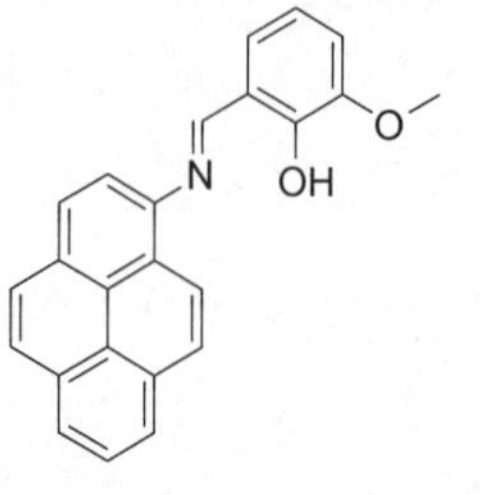

21 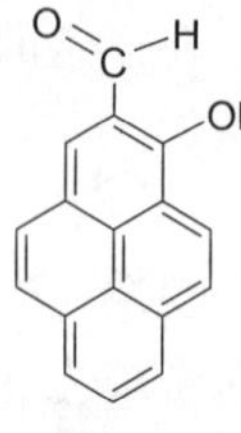   22 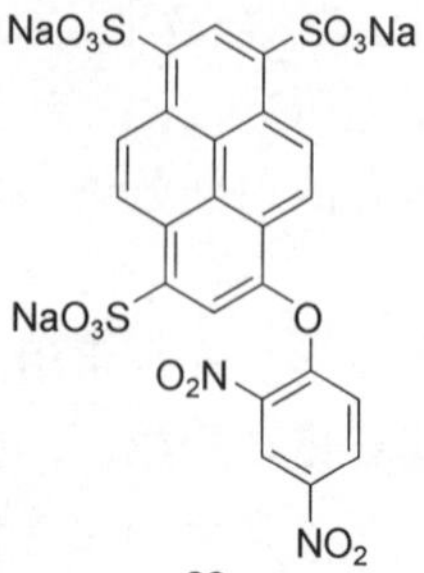   23

化合物 22 是一个基于芘荧光团且结构简单的赖氨酸荧光探针[35]。在含乙腈的缓冲溶液中加入赖氨酸，探针 22 的活泼甲酰基与赖氨酸的氨基反应，导致溶液荧光强度增强，并且溶液颜色由浅黄色变为粉红色。该探针对赖氨酸的检测具有很高的选择性。

Yao 等[36]基于亲核取代反应，将高量子产率的水溶性 8-羟基芘-1,3,6-三磺酸三钠盐（HPTS）与含有强吸电子基团的 3,5-二硝基苯通过醚键连接，合成了芘类荧光探针 23。苯硫酚与 23 反应，引起醚键断裂，并导致 HPTS 的强荧光产生。该荧光响应非常灵敏，且选择性好。此外，探针 23 具有很好的水溶性，能裸眼检测苯硫酚。

当两个芘基团靠的非常近时，就会产生面-面方向上的激基缔合物的荧光发射。通过与特定的客体离子配位，将会导致两个芘单元的位置不同，从而产生单体或激基缔合物的荧光发射[37]。Yao 等[38]合成了这样一个芘类荧光探针 24。该探针与 Hg^{2+} 反应，可使两个芘单元靠近，产生激基缔合物的荧光发射。该探针对 Hg^{2+} 具有高选择性、高灵敏度和可逆的荧光增强响应。

Wu 等[39]设计合成了结构中含有两个芘单元的荧光探针 25。该探针能与铬离子（Cr^{3+}）发生相互作用形成分子内激基缔合物，并导致芘单体-激基缔合物荧光强度比率发生变化。随着 Cr^{3+} 的加入，探针在 454 nm 处出现了一个新的芘激基缔合物的荧光发射峰，荧光光谱发生了红移，其它金属阳离子不干扰。此外，该探针已成功用于实际水样中铬离子的检测和活细胞的荧光成像。

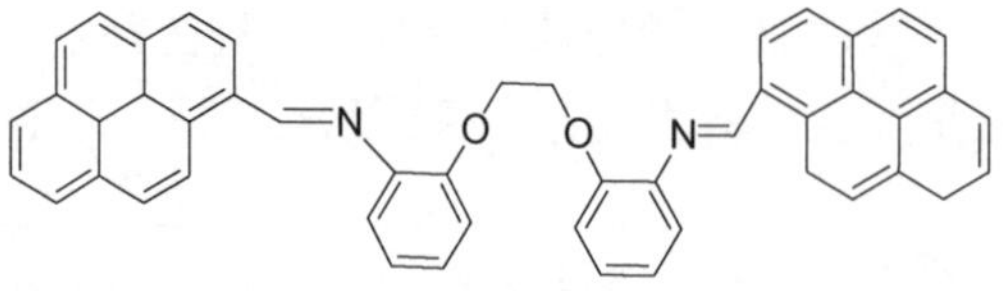

24 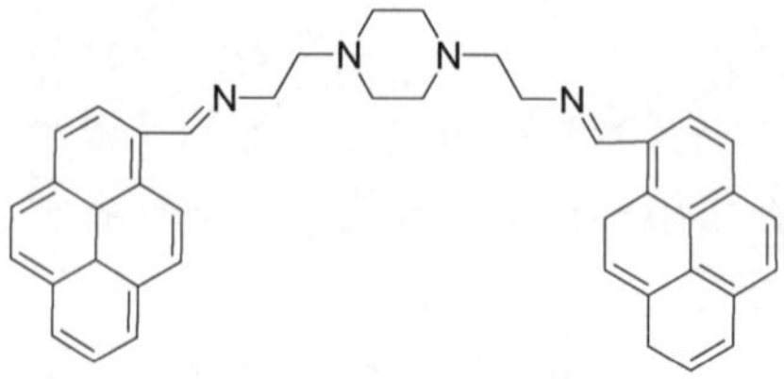   25

5.3 三苯甲烷类

三苯甲烷类光学探针的结构特征是在中心碳原子周围连接有三个苯环[40-43]。根据连接的助色基团不同,三苯甲烷类染料又分为酸性染料与碱性染料。酸性染料中多含有羟基、羧基、磺酸基,如二甲酚橙、苯胺蓝、甲基蓝等。其中,苯胺蓝常用作生物染色剂(包括组织、细胞质、结缔组织的染色),也是一种酸碱指示剂。甲基蓝常用于丝绸和皮革的染色,也是动物组织学的染色剂;重要的是,它作为生物染色剂几乎无毒,且对 pH 值变化很敏感,故还可作为 pH 指示剂。2007年,董川等[44]采用同步荧光法发展了基于甲基蓝的人血清蛋白检测法。甲基蓝在 pH 4.1 时以酸式存在(图 5-1);当在其溶液中加入人血清蛋白时,甲基蓝与人血清蛋白结合形成配合物,导致同步荧光强度显著增强。据此,建立了一种简便、快速、高灵敏度、线性范围宽的人血清蛋白测定方法。

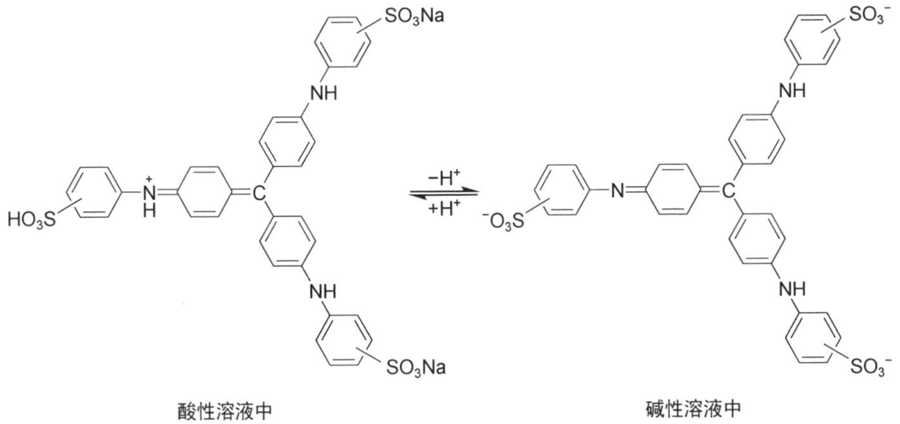

图 5-1 甲基蓝在酸性和碱性溶液中的两种存在形式

三苯甲烷碱性染料则多以季铵盐形式存在,主要包括结晶紫、孔雀绿等。

荧光酮、荧光素、罗丹明等衍生物也属于三苯甲烷类染料。其中,荧光酮类试剂的水溶性一般较差,但它们与有机溶剂或表面活性剂配合使用则是测定一系列高价金属离子的重要比色探针。荧光素、罗丹明结构具有很好的刚性平面和较大的共轭结构,且具有摩尔吸光系数大、荧光量子产率高、激发和发射波长均在可见光区、生物兼容性好等特点,因此在生物医学领域中应用非常广泛[45,46]。在这些荧光团母体上引入不同的取代基团,如烷基、芳基、卤素、磺酸基等反应性基团,或将氧桥置换为硅、硒桥,不仅可以调节其最大吸收和发射波长,而且可改善其分析性能。值得一提的是,人们借助荧光素、罗丹明母体中五元环的开、关作用,通过引入不同的识别基团,构建了一系列性能更为优良的光学探针。

罗丹明类化合物在溶液中通常有三种存在形式：阳离子、两性离子以及内酯形式[47]。以罗丹明 B 为例，其三种形式的结构及其互变关系如图 5-2 所示。在酸性溶液中，罗丹明的羧基因质子化而以阳离子形式存在。在中性和碱性溶液中，罗丹明化合物因为其羧基发生电离而以两性离子的形式存在。在极性较小的有机溶剂中，罗丹明两性离子则可逆地转变成一种关环状态的罗丹明内酯形式。这种五元内酯环导致了 π 共轭结构骨架的破坏，从而表现出无色和无荧光。在这三种形式中，开环状态的阳离子形式和两性离子形式都表现出红色和很强的荧光。前已述及，罗丹明类染料的优势是具有较宽的波长范围和较高的荧光量子产率，其最大吸收和发射波长较长，一般都在 530 nm 以上，受样品背景干扰相对较少，光学信号稳定性好，抗光漂白能力强，对 pH 不敏感[48]。罗丹明类探针的开环反应较容易发生，并且其开环和闭环之间的荧光、颜色变化十分显著。这种特殊的化学结构和优越的光学性能使得罗丹明类染料已成为分析化学和生命科学等领域中常用的光学探针之一[49-52]。

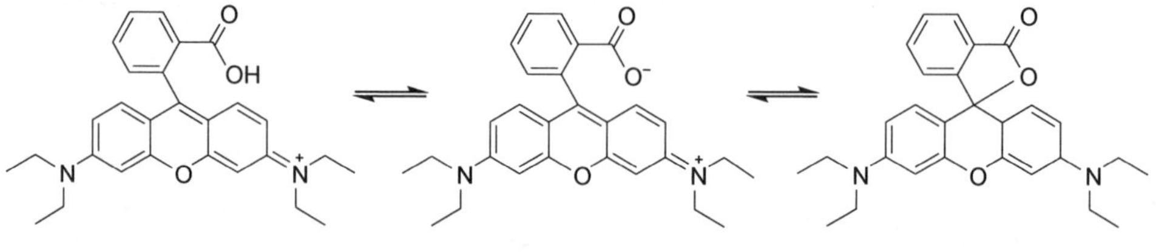

阳离子　　　　　　两性离子　　　　　　内酯形式

图 5-2　罗丹明 B 的三种结构形式及其互变关系

史文和马会民[50]利用五元内酯环的开关反应以及 Hg^{2+} 的高亲硫性，合成了罗丹明 B 内硫酯 **26**。该探针本身没有荧光，在中性水溶液中能够快速、选择性地与 Hg^{2+} 反应，而不与其它金属离子反应。基于反应过程中所引起的颜色和荧光信号变化，可以实现 Hg^{2+} 的高灵敏、高选择性检测。进一步，以丹磺酰基作为荧光供体、罗丹明 B 作为荧光受体，并通过哌嗪进行连接，发展了水溶性的荧光共振能量转移（FRET）型探针 **27**[51]。探针分子中的酰肼键能在 HOCl 的作用下被选择性切断，从而导致分子内荧光共振能量转移效率的降低，同时伴随荧光供体在 501 nm 处的荧光增强。该探针由于引入了阳离子型的罗丹明 B 单元，其水溶性得到了显著改善，且细胞膜通透性好，可用于细胞中 HOCl 的荧光成像。

探针 **28** 称作罗丹明 B 内硒酯[52]。它在含有 20% 乙醇的 HEPES 缓冲溶液中可与一氧化氮（NO）产生高选择性、高灵敏度的荧光打开反应；作用机理是 Se-NO 化学键的形成诱导了罗丹明 B 内硒酯的开环，并最终生成罗丹明 B，导致了荧光信号恢复。该探针已用于细胞内 NO 的荧光成像分析。

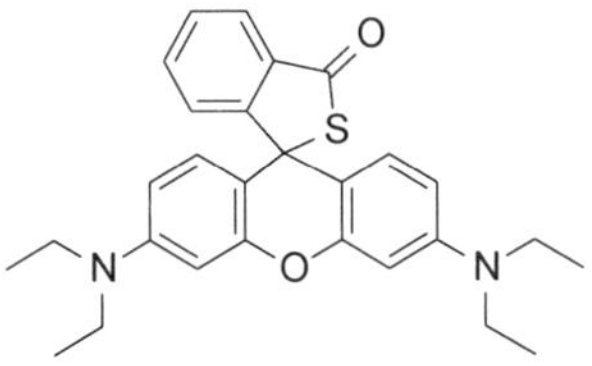

26 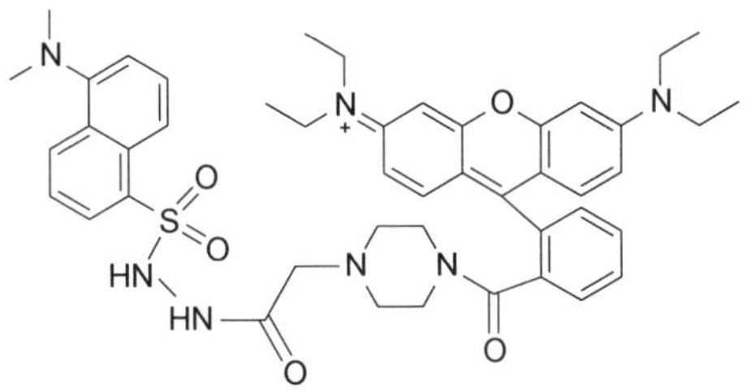 **27**

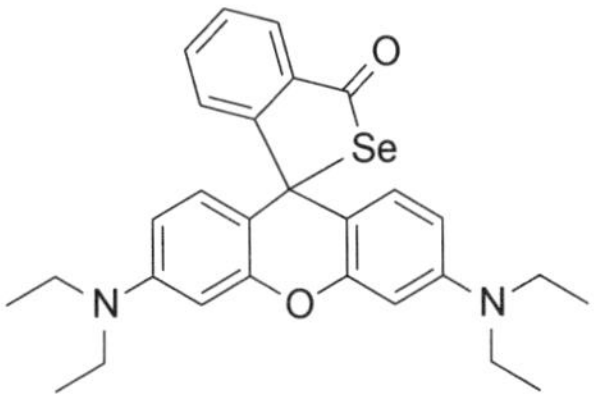

28

高峰等[53]通过罗丹明 B 酰肼合成了 pH 敏感的荧光探针 **29**。氢离子诱导的螺内酰胺开环，导致共轭程度显著提高和荧光增强。该探针已用于胃癌细胞中 pH 的荧光成像分析。

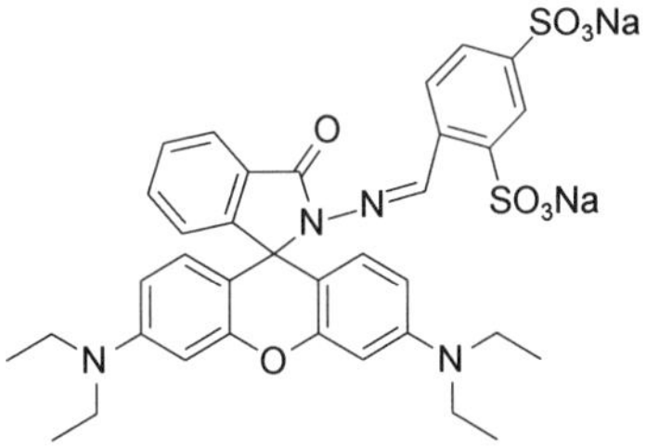

29 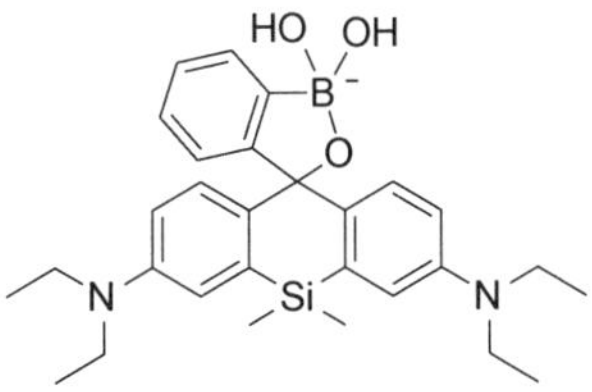 **30** 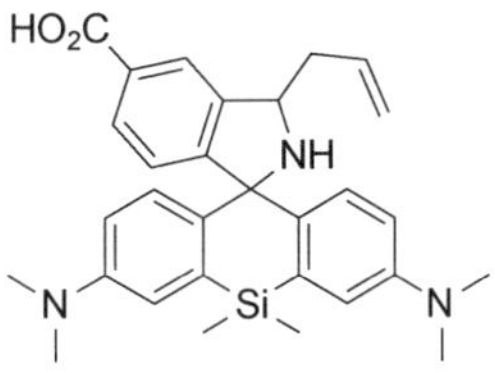 **31**

将罗丹明氧桥结构中的氧原子用硅原子取代则得到硅基罗丹明。因其仍然保留了罗丹明的基本结构，所以罗丹明的许多优良性能也得以保留；而且，在共轭结构中引入硅原子，还使吸收和发射光谱红移至近红外区，更适于生物成像研究。Wang 等[54]在硅基罗丹明结构的基础上，设计合成了检测 pH 探针 **30**。在酸性条件下，硼酸盐水解开环，导致荧光强度明显增强；在中性和微碱性的环境中，该探针以螺环的结构存在，并不表现明显的荧光。此外，该探针还具有优异的溶酶体定位性能，可实时监测溶酶体 pH 值的变化。

甲醛作为一种活性羰基物种，存在于人身体的各个部位，其代谢失衡与多种疾病相关。Chang 等[55]也在硅基罗丹明的基础上，设计合成了检测甲醛的荧光探针 **31**。在甲醛存在的条件下，该探针的内酰胺环与甲醛生成席夫碱而开环，引起荧光增强，据此可采用荧光成像的方法监测乳腺癌细胞中的甲醛。

另一种典型的三苯甲烷类染料是荧光素，其分子内含有游离的羟基，易发生醚化、酯化和酰胺化反应[56]，并且其水溶性好。与罗丹明的性质相似[57]，关环状态的荧光素内酯形式无荧光，开环状态则表现出很强的荧光（图5-3）。荧光素类光学探针除具有上述优点外，还存在一些不足，并在一定程度上限制了其进一步的应用。例如，它们的荧光量子产率对 pH 比较敏感（由于生物体内的生理环境的影响，其荧光量子产率通常降低）；斯托克斯位移较小，使得荧光受到入射光的干扰相对较大；亲脂性差，难以渗入细胞，所以用于细胞的研究效果较差；在强光照射下容易分解或漂白。对此，研究者采用不同的措施对荧光素进行修饰，以改善其发光性质，进而作为荧光探针并用于分析物的检测[58]。

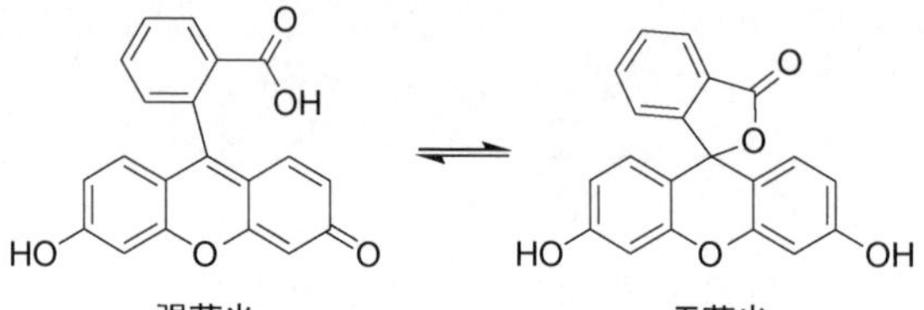

图 5-3　荧光素的两种结构形式

化合物 **32** 是以荧光素为母体而得到的检测 Cu^{2+} 的光学探针[59]。该探针自身不发射荧光；当加入 Cu^{2+} 后，探针分子与 Cu^{2+} 之间形成 1:1 配合物，随后 Cu^{2+} 配合物促进酰胺键的水解断裂，释放出荧光素荧光团而发出强荧光。该探针对 Cu^{2+} 具有很高的选择性。

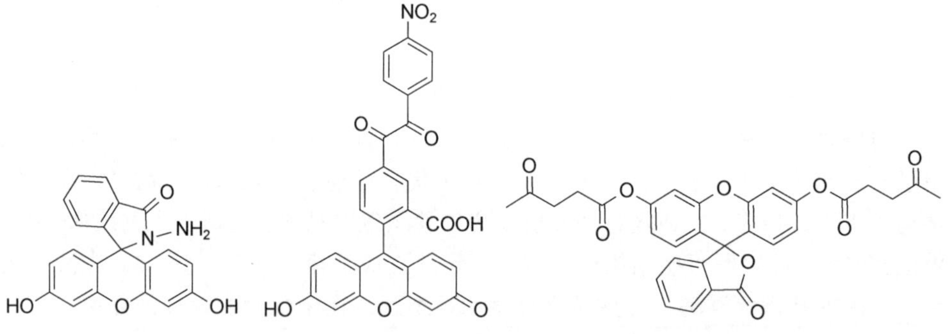

Nagano 等[60]将苯乙二酮结构引入到荧光素中，合成了检测 H_2O_2 的探针 **33**。由于探针分子内存在 PET 过程，其荧光较弱；当加入 H_2O_2 后，乙二酮结构被氧化切断，禁阻了分子内 PET 过程，使得体系荧光增强。该探针已用于巨噬细胞和人表皮癌细胞的荧光成像分析。

荧光素的羟基发生取代反应或保护/脱保护反应均可封闭其强荧光；当这些取

代基移除后则荧光恢复。据此，人们发展了一系列的打开型光学探针并用于不同物质的分析。Du 等[61]将两个乙酰丙酮酸与荧光素的羟基连接，发展了一种打开型荧光探针 34。探针本身几乎没有荧光，亚硫酸根能够脱去这两个乙酰丙酮酸酯基团，从而使荧光得以恢复。在 HEPES 缓冲体系中，该探针能专一性识别亚硫酸根，可用于白酒中亚硫酸根的检测。

硫化氢（H_2S）作为第三种气体信号分子，广泛存在于人体及其它生物体中，并在细胞生长、保护心血管系统以及抗氧化等过程中扮演着重要的角色。Xian 等[62]利用 H_2S 的亲核性，并用合适的取代基将荧光素的羟基封闭，制备了具有双亲电中心的探针 35。由于探针的螺环处于关闭状态，因此其本身无荧光；当加入 H_2S 后，H_2S 与探针反应并发生分子内重排，产生环状二硫化合物离去，最终释放出开环结构的荧光素，发出强绿色荧光，可用于细胞中 H_2S 的检测。Miller 等[63]合成了乙基取代的荧光素探针 36，可用于测定细胞色素 P450 的活性。

半乳糖苷酶是细胞溶酶体中的水解酶，其重要的生理功能是催化水解糖苷键，将乳糖转化成半乳糖。Nagano 等[64]基于荧光素设计合成了检测半乳糖苷酶的荧光探针 37；当探针在缓冲溶液中遇到半乳糖苷酶后，糖单元被水解掉，荧光素的羟基变为氧负离子，发射出强绿色荧光。该荧光探针相比传统的双羟基保护的荧光探针具有更高的灵敏度，可用于活细胞中半乳糖苷酶的荧光成像分析。

5.4 氧杂蒽类

氧杂蒽也称呫吨，其结构特征是蒽分子中间苯环上的碳原子被氧或氮等杂原子取代而生产的衍生物，主要包括试卤灵、甲酚紫等[65,66]。前已述及，部分三苯甲烷类探针同时也具有氧杂蒽结构的特点，如荧光素、罗丹明母体等。它们一般具有量子产率高，分析波长长，生物兼容性好等优点。当氧杂蒽类荧光团含有游离的氨基和羟基时，其取代作用通常会导致荧光封闭；与相关分析物反应后，取代基被移除，从而使母体的强荧光恢复。因此，这些荧光母体常用于发展打开型或比率型的光学探针[66]。然而，部分氧杂蒽荧光团（如荧光素）受酸碱影响较大，所以在检测过程中需要严格控制酸度[67]。

试卤灵（resorufin）属于典型的氧杂蒽类荧光染料，其化学名称为7-羟基吩噁嗪酮。它的7-羟基可以发生解离，pK_a = 5.8，故试卤灵的吸收光谱和荧光光谱对弱酸性 pH 较为敏感[68]，例如，当 pH 从 4 升为 7 时，荧光逐渐增强。然而，当 pH > 7 时，试卤灵主要以阴离子形式存在，其溶液呈粉红色并显示强的红色荧光，最大吸收波长在 574 nm 左右（伴有 535 nm 肩峰），最大发射波长位于 585 nm，量子产率达 0.74，且这些光谱性质几乎不再随 pH 而改变。因此，试卤灵在生理 pH 范围内其光信号是稳定的。此外，试卤灵及其衍生物还具有良好的细胞膜通透性和分散性。更重要的是，在试卤灵的分子结构中，7-位酚羟基的取代作用通常会导致荧光猝灭且颜色变浅（一般呈淡黄色），但当这些取代基与相关物质作用而移除后，则又会释放出试卤灵，从而伴随其颜色和荧光的恢复[69]。人们利用这一特性以及试卤灵的其它优点，通过在 7-羟基上引入不同的识别单元，发展了一系列新的光信号打开型探针（图 5-4），并用于生物、环境等样品中相关物质的检测与成像分析，取得了良好的效果[70,71]。

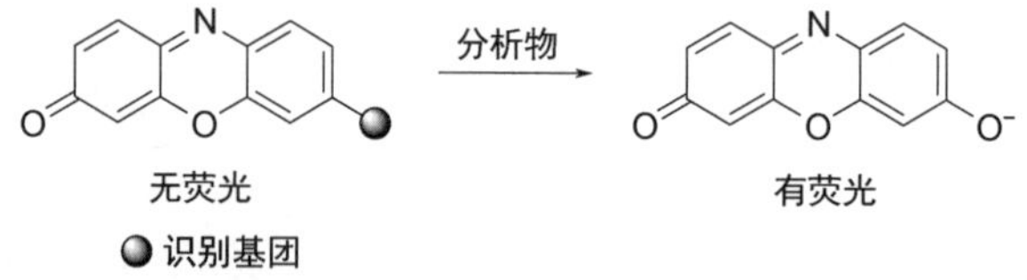

图 5-4　试卤灵类探针的响应机理

马会民等[72]利用铅离子（Pb^{2+}）能选择性催化水解磷酸二酯键的特性，以 $POCl_3$ 为桥联剂，将试卤灵荧光体与猝灭剂对硝基苯酚连接，制得了检测 Pb^{2+} 的光学探针 38。该探针由于可发生分子内光诱导电子转移作用而仅表现出较弱的荧光；然而，Pb^{2+} 的引入可选择性催化探针中的磷酸酯键水解而断裂，从而使试卤灵得以释放、荧光得到恢复。该探针对 Pb^{2+} 表现出很高的选择性，常见的其它过渡金属离子不干扰荧光测定。

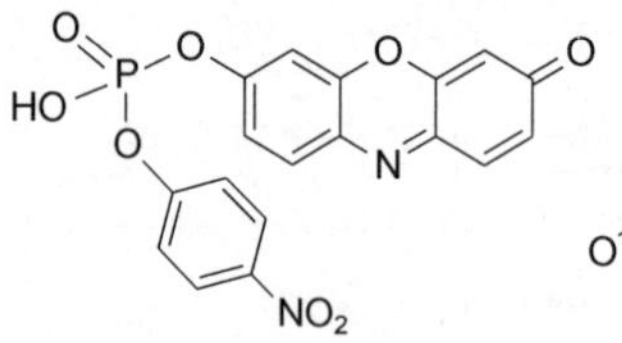

38 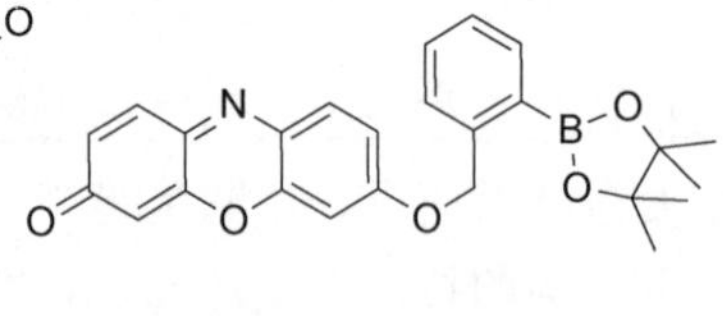　　　　　**39** 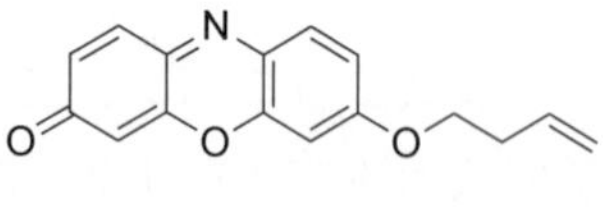　　　　　**40**

以试卤灵为荧光母体，并基于过氧化苯甲酰与 H_2O_2 具有类似的水解切割苯基硼酸酯的作用，陈巍等[73]发展了光学探针 39。该探针在含有 10%乙醇的 KH_2PO_4-Na_2HPO_4 缓冲溶液中，可对过氧化苯甲酰产生快速和灵敏的显色及荧光响应，并用于面粉和抗菌剂等实际样品中过氧化苯甲酰的检测。

张阳阳等[74]以试卤灵作为光信号响应单元，以可与臭氧发生特异性加成反应的丁烯基作识别单元，设计合成了对臭氧具有高选择性、高灵敏度的光信号打开型探针 **40**。该探针对臭氧的检测限为 0.056 mg/m^3，可满足国际环境空气质量的标准（0.1 mg/m^3），目前已用于空气和细胞中臭氧的荧光分析测定。

试卤灵母体还用于发展不同蛋白酶的光学探针。如，羧酸酯酶与多种药物、环境毒物及致癌物的解毒和代谢有关，并参与脂质运输和代谢。另外，肝微粒体羧酸酯酶与特定致癌物的代谢及肝癌的发生相关。因此，生物体系中羧酸酯酶的荧光成像分析引起了人们的关注。马会民等[75]基于试卤灵发展了检测羧酸酯酶的荧光探针 **41**。该探针与羧酸酯酶作用后，能释放出具有强荧光的试卤灵，使体系的荧光得以恢复，溶液颜色变为粉红色，可用肉眼检测羧酸酯酶含量的变化。该探针已用于活细胞的荧光成像分析。

41

42

43

肿瘤细胞缺氧通常可导致胞内的硝基还原酶的增加。在缺氧条件下，细胞内的硝基还原酶可催化多种外源硝基芳香族化合物发生单电子转移，生成硝基阴离子自由基，随后进一步被还原成羟胺或氨基。这种还原行为已广泛用在药物的激活和硝基芳香族化合物的生物降解中，并成为实现药物生物治疗和体内降解代谢的关键步骤。李照等[76]以试卤灵为荧光母体，以 5-硝基呋喃作为特异性反应基团，设计合成了一种检测硝基还原酶的荧光探针 **42**。硝基还原酶将该探针的硝基还原成氨基，发生 1,6-重排和消除反应，释放出试卤灵荧光团，荧光显著增强。该探针对硝基还原酶表现出快速、灵敏的显色和荧光响应，可用于 HeLa 和 A549 细胞在正常和缺氧条件下的荧光成像分析。

吴晓峰等[77]以试卤灵作为光学信号响应单元，并以 3-羟基苯作为酪氨酸酶的新识别单元，发展了具有低背景信号、高灵敏度的荧光探针 **43**。该探针对酪氨酸酶表现出了很高的灵敏度，并有效克服了活性氧物种的干扰，已用于细胞内痕量酪氨酸酶的成像分析。

另一个重要的氧杂蒽荧光体是甲酚紫（cresyl violet），又称甲酚青莲。它具有较强的组织穿透能力和良好的生物相容性,常用作动物实验中神经细胞的染色剂[78]。甲酚紫水溶液呈紫色,其最大吸收和发射波长分别为 585 nm 和 625 nm,可避免生物体系中短波长背景荧光的干扰。此外,甲酚紫具有较高的荧光量子产率(量子产率为 0.51)和良好的化学与光稳定性,且光学性质不受常见生物物质的干扰。重要的是,与试卤灵荧光体的羟基取代反应类似,甲酚紫 9-氨基的取代反应通常也会导致荧光猝灭甚至波长漂移[66],而取代基发生反应脱去后,甲酚紫荧光母体被释放出来,荧光也随之恢复。利用这一特性,人们通过在 9-氨基上设置不同的识别单元,设计合成了一系列新的甲酚紫类打开型和比率型光学探针(图 5-5),并用于不同生物分子的检测与荧光成像分析[79,80]。

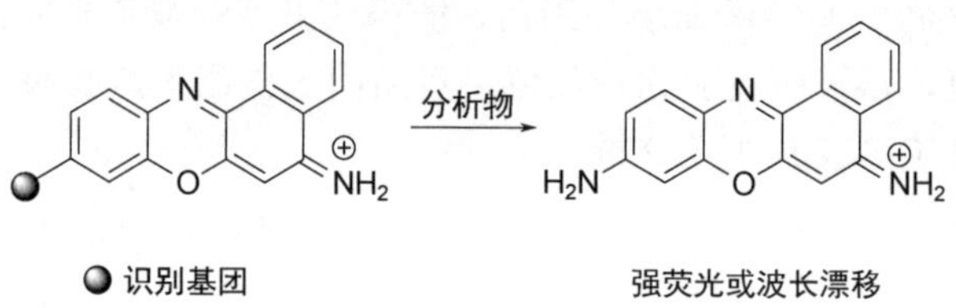

图 5-5　甲酚紫类光学探针的响应

甲酚紫类光学探针究竟是表现为打开型还是比率型荧光响应,在很大程度上取决于所使用的激发波长。马会民等[66]首次对此进行了总结:若使用其正常的激发波长(约 585 nm),则一般表现为打开型荧光响应;若采用其等吸收点(isosbestic point)波长(约 525 nm)进行激发,则通常表现为比率型荧光响应。比率型荧光探针可以通过不同荧光波长处信号强度变化的比值表达检测信息。因此,比率型荧光探针可以避免由探针浓度波动等外部因素对定量检测带来的干扰。构建比率型荧光探针并用于生命物质的检测与生物成像示踪具有重大的研究和实用价值。万琼琼等[81]以甲酚紫为荧光母体,设计合成了比率型 H_2S 荧光探针 44。该探针上的吸电子基团叠氮基可以有效地被 H_2S 还原成供电子基团氨基,这种拉-推电子效应的转换使荧光发射峰从 560 nm 红移至 625 nm。该探针具有良好的稳定性、较高的量子产率与选择性,可用于活细胞与活体斑马鱼中 H_2S 的比率荧光成像分析。

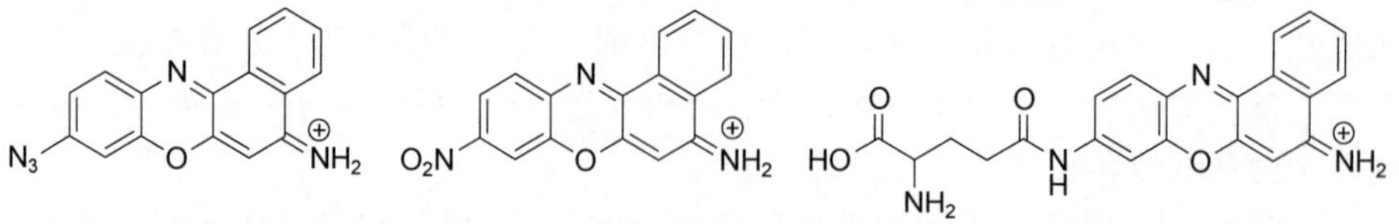

化合物 45 是以甲酚紫为荧光母体通过一步法而合成的荧光打开型硝基还原酶探针[82]。该探针利用硝基还原酶对硝基的特异性催化还原并恢复成甲酚紫母体,导致了荧光强度显著提高。该探针表现出良好的稳定性、较高的灵敏度与选择性,可用于细胞中缺氧状态下硝基还原酶的监测以及活体斑马鱼中硝基还原酶

的分布研究。

利用甲酚紫,并基于 γ-谷氨酰转肽酶对谷氨酸肽键的特异性切割作用,李丽红等[83]设计合成了高选择性荧光探针 **46**。反应后,体系荧光强度显著增强,并且多种生理物种对反应体系均无影响。另外,该探针具有较低的细胞毒性与良好的细胞膜穿透性,可用于临床血清样品和细胞中 γ-谷氨酰转肽酶的可视化检测。

化合物 **47** 是利用甲酚紫而发展的焦谷氨酸氨肽酶光学探针[84]。该探针与焦谷氨酸氨肽酶反应后,溶液颜色由橘色变为紫色,且荧光强度大幅增强。该探针具有优良的选择性、较好的灵敏度与生物兼容性,可用于细胞中焦谷氨酸氨肽酶分布情况与变化趋势的检测。进一步,龚秋雨等[85]通过在甲酚紫的 9-氨基上引入 L-亮氨酸,设计合成了亮氨酸氨肽酶的荧光打开型探针 **48**。利用该探针并结合共聚焦荧光成像技术,发现了亮氨酸氨肽酶含量较高的癌细胞对顺铂药物具有更强的抗药性。此外,该探针还成功用于人肝脏微粒体中亮氨酸氨肽酶的检测。

丙氨酸氨肽酶广泛存在于哺乳动物体内。人体尿液中丙氨酸氨肽酶的含量可作为某些肾脏类疾病的初步诊断指标。贺新元等[86]通过在甲酚紫 9-氨基上连接丙氨酸单元,合成了一种比率型荧光探针 **49**。由于丙氨酸基团具有吸电子效应,使得甲酚紫内的电荷转移程度被弱化,伴随着探针的荧光发射波长蓝移。该探针与丙氨酸氨肽酶反应后释放出甲酚紫母体,荧光发射波长恢复至 626 nm。该探针已用于稀释 500 倍的人体尿液中丙氨酸氨肽酶的检测。此外,由于肝癌细胞中的丙氨酸氨肽酶呈现高表达,因此,该探针还可用于肝癌细胞与正常细胞的区分。

5.5 香豆素类

香豆素(coumarin)是一类天然杂环化合物,其基本骨架为苯并吡喃酮结构(图 5-6)。香豆素母体结构本身为无色,且在常温下也没有荧光;但是,母体结构中引入具有电子效应基团,会使其荧光量子产率发生改变[87]。加强或减弱香豆

图 5-6 香豆素的母体结构

素衍生物的"推-拉"电子能力可对其荧光的产生以及荧光发射波长的位置进行调控[88]。香豆素类光学探针具有斯托克斯位移大、荧光量子产率和光稳定性高、水溶性和生物兼容性好、易于衍生修饰等优点[89]。该类化合物结构中有碳碳双键、碳氧双键及内酯结构,双键能够增加分子的共轭程度,内酯增加了分子的刚性,因此香豆素类化合物被广泛用作荧光团来设计和构筑金属离子、阴离子、中性小分子的光学探针。然而,其光谱性质容易受溶剂环境、特别是 pH 的影响,因此在实际应用中通常需要严格控制溶液的酸度。此外,香豆素荧光母体由于分析波长较短($\lambda_{ex/em} \approx 360/450$ nm),其直接应用逐渐减少;相反,较常作为荧光供体,用于 FRET 型光学探针的构建[90]。

人体内的铁元素是构成血红蛋白、肌红蛋白等物质的重要组分,并与能量代谢关系密切。同时,铁离子(Fe^{3+})的转运、储存以及平衡都与有机体紧密相关,铁离子的缺乏和过量都会导致各种各样的机体功能紊乱。林伟英等[91]以香豆素为荧光母体发展了 Fe^{3+} 的比率型荧光探针 50。该探针引入了氨基作为强供电子基团和氰基作为强吸电子基团,Fe^{3+} 的加入促使探针的席夫碱键发生水解,导致 573 nm 处的荧光减弱,同时在 461 nm 处出现一个强的发射峰,发射波长漂移了 112 nm,从而可实现 Fe^{3+} 的比率荧光检测。

Wu 等[92]设计合成了以香豆素为荧光团,三唑取代的 8-羟基喹啉为识别基团的荧光探针 51。该探针对 Pb^{2+} 离子具有很高的亲和力和选择性,解离常数 K_d 为 0.1 mmol/L。在加入 Pb^{2+} 后,探针的溶液颜色从无色变为黄色,从视觉上可观察到颜色的变化,并且荧光强度显著增加。研究表明,Pb^{2+} 与该探针按照 1:1 的化学计量比结合,可有效抑制 PET 过程,从而导致荧光强度增加。

基于亲核加成反应,Li 等[93]以 7-二乙氨基-3-醛基香豆素为荧光体合成了检测环境中高毒性的 CN^- 的光学探针 52。高亲核性的 CN^- 进攻探针中连接氰基的双键,使体系的推拉电子效应发生变化,荧光发射光谱蓝移。该探针可用于细胞中外源性 CN^- 的荧光成像。

香豆素的 7-羟基与叔丁基二苯基硅基团连接,得到了检测氟离子的荧光探针 53[94]。该探针不仅可以检测水中的氟离子,而且具有良好的细胞膜通透性,细胞毒性小,可用于 A549 细胞的 F^- 荧光成像。

香豆素母体还用于巯基化合物、肼等小分子物质的光学探针设计。例如，Wang 等[95]设计合成出 7-二乙氨基-3-羟基香豆素，并在 3-羟基上引入吸电子基团 2,4-二硝基苯磺酸，合成了特异性识别苯硫酚的荧光增强型探针 **54**。2,4-二硝基苯醚部分既可以作为识别位点，同时又使 7-二乙氨基-3-羟基香豆素的荧光猝灭。该探针与苯硫酚反应切除了猝灭基团，引起荧光增强，可用于实际水样中苯硫酚的检测。

Yin 等[96]在 7-二乙氨基香豆素的 4-位引入氯原子，同时在 3-位引入醛基，设计合成了检测谷胱甘肽的比率型荧光探针 **55**。在含 90%水体系中，该探针与谷胱甘肽（GSH）反应引起荧光发射峰产生红移，荧光由黄绿色变成橙色，呈现一个很好的比率荧光响应，溶液的颜色由橙色变成橙红色，并且该探针细胞毒性低，细胞膜通透性好，可用于细胞中 GSH 的荧光成像分析。

前已提及，香豆素可作为荧光供体，用于发展 FRET 型光学探针。如，赵宝祥等[97]将香豆素荧光团作为能量供体、部花青荧光团作为能量受体，设计合成了香豆素-部花青探针 **56**。该探针的部花青单元与 H_2S 发生亲核加成反应，共轭结构被破坏，FRET 过程受到抑制，导致部花青单元的荧光猝灭，香豆素单元的荧光增强，从而实现了 H_2S 的比率荧光检测，并具有高选择性、高灵敏度、响应快速等优点。该探针已用于 HeLa 细胞中外源性和内源性 H_2S 的检测。

化合物 **57** 是基于罗丹明-香豆素而构建的 FRET 型荧光探针，可用于 HOCl 检测[98]。该探针在碱性条件下对 HOCl 的荧光响应快速，选择性和灵敏度高，并具有良好的细胞膜通透性，适用于活细胞中 HOCl 的荧光成像分析。

氮杂香豆素是香豆素的类似物。相比于传统的香豆素染料，由于氮杂环的存在，氮杂香豆素衍生物表现出光谱的红移和极强的发光，在一定程度上克服了传统的香豆素母体分析波长短的缺点。Li 等[99]在传统的香豆素母体的 4 位引入 N 杂原子后，得到了具有更长吸收和发射波长的氮杂香豆素，进一步修饰发展了具有近红外吸收和发射的氮杂香豆素-半菁类结构的亚硫酸盐探针 **58**。该探针能在温和的条件下快速地识别亚硫酸酸盐，与此同时伴随着明显的颜色变化以及比率型荧光光谱的变化。该探针不仅能够检测食品中的亚硫酸盐含量，而且还能够用于检测活细胞外源性以及内源性的亚硫酸盐。

彭孝军等[100]基于氮杂香豆素及分子内电荷转移（ICT）原理发展了可以检测肼的探针 **59**。该探针与肼的反应速度快，在两分钟内即可达到平衡，且选择性高，同时伴随着吸收光谱和荧光光谱较大的蓝移，溶液的颜色由原来的紫色变为黄色，荧光由原来的红色转变为黄绿色。该探针不仅可以实现水中微量肼的比色和比率荧光检测，而且还可用于细胞内肼的荧光成像分析。

5.6 卟啉类

卟啉是由 4 个吡咯环通过次甲基相连形成的共轭大环化合物，其母体结构为卟吩，周围可以连接不同取代基（图 5-7）[101-103]。卟啉环共有 26 个 π 电子，能提供 π-π 跃迁和电荷转移。如果环内的吡咯质子氢被金属离子取代，则形成金属卟啉。有许多金属离子可与卟啉结合，生成 1:1 的金属卟啉配合物，典型的有维生素 B_{12} 的钴卟啉、血红蛋白的铁卟啉、叶绿素的镁卟啉等。由于吡咯环的 2 个氮原子可以接受质子，另外 2 个氮原子又可以提供质子，因而卟啉属于两性化合物。该类化合物一般微溶于水，呈蓝紫色，其 Soret 吸收带位于 400～450 nm，半峰宽窄，摩尔吸光系数和荧光量子产率高，光稳定性好，并具有大的斯托克斯位移，是灵敏度较高的一类显色剂。卟吩环上有 11 个共轭双键，这个高度共轭的体系极易受到吡咯环及次甲基的电子效

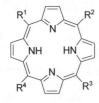

图 5-7　卟啉的结构

应影响，从而表现出不同的电子光谱。如果在卟啉环上改变取代基、调节 4 个氮原子的给电子能力、引入不同的中心金属离子，或者改变不同亲核性的轴向配体，就会使卟啉和金属卟啉具有不同性质，可以得到不同功能的卟啉化合物[101-104]。此外，取决于不同的实验条件，该类化合物可形成一维的 J 型（端对端排列）和 H 型（面对面排列）二聚体，并造成 Soret 带漂移。这些特点使得卟啉成为理想的荧光基团，广泛应用于不同分析物的光学探针的设计中。然而，卟啉类光学探针的弊端是与分析物的反应速度较慢，通常需要加热或使用催化剂等。

  卟啉环内的氮原子与金属离子的配位作用常被用来设计与制备阳离子的光学探针。张晓兵等[105]将单氨基卟啉和三联吡啶连接起来，设计了 Cd^{2+} 的高选择性荧光探针 **60**。在 417 nm 的波长下激发，由于分子内的 PET 作用，该探针本身荧光较弱，但当加入 Cd^{2+} 后，PET 被抑制，荧光得到显著增强。该探针已用于水样中 Cd^{2+} 的检测。

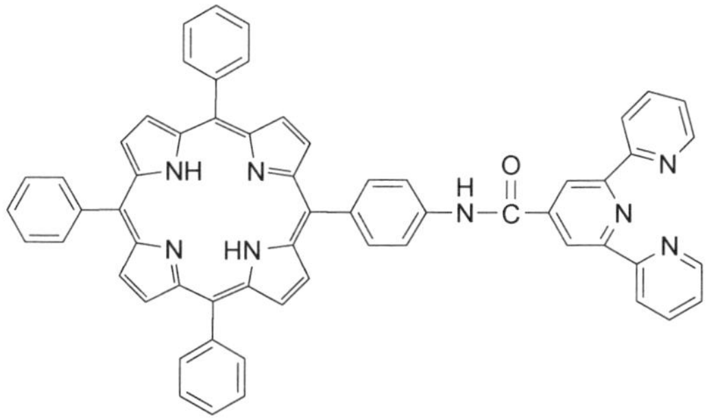

60

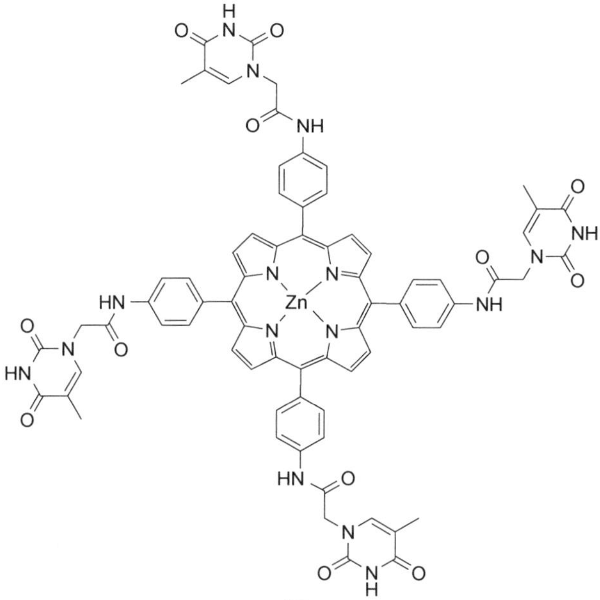

61

He 等[106]通过酰胺键将锌卟啉与胸腺嘧啶单元连接,设计合成了荧光探针 **61**,其中锌卟啉为荧光基团,胸腺嘧啶为识别基团。当 Hg^{2+} 和探针中胸腺嘧啶基团配位形成稳定的特异性 T-Hg^{2+}-T 结构后,可诱导探针分子聚集,从而导致荧光强度减弱甚至完全猝灭。据此,建立了 Hg^{2+} 的荧光分析法。

卟啉类化合物也可发展为检测阴离子的光学探针。二氰基乙烯基(DCV)是典型的 CN^- 的识别基团。Chen 等[107]在卟啉环上引入 DCV,得到了一种高选择性打开型 CN^- 荧光探针 **62**。该探针本身荧光非常微弱,但在二氯甲烷溶液中加入 CN^- 后,荧光恢复。这是由于 CN^- 进攻识别基团 DVC,抑制了扭曲分子内电荷转移过程,从而造成荧光增强。田禾等[108]将锌卟啉和萘酰亚胺连接,发展了检测 F^- 的荧光探针 **63**。当有 F^- 存在时,用 365 nm 波长激发时卟啉的荧光发生猝灭,而用 504 nm 波长激发时卟啉的荧光增强。这一行为可用于 F^- 检测。

Cheng 等[109]利用 PET 机理合成了一种可在室温下检测硫离子的卟啉类荧光探针 **64**。当硫离子与几乎无荧光的探针发生反应后,二硝基苯磺酸单元离去,PET 过程被抑制,体系荧光恢复,达到识别硫离子的目的。该探针已用于神经细胞中硫离子的检测。类似的,Kotani 等[110]将两分子吖啶盐与卟啉相连,制备了光学探针 **65**。该探针本身荧光背景很低,几乎没有荧光;但当与超氧阴离子(超氧化钾的 18 冠-6 醚）反应时，可引起卟啉母体的荧光显著增强，从而可用于超氧阴离子的传感分析。

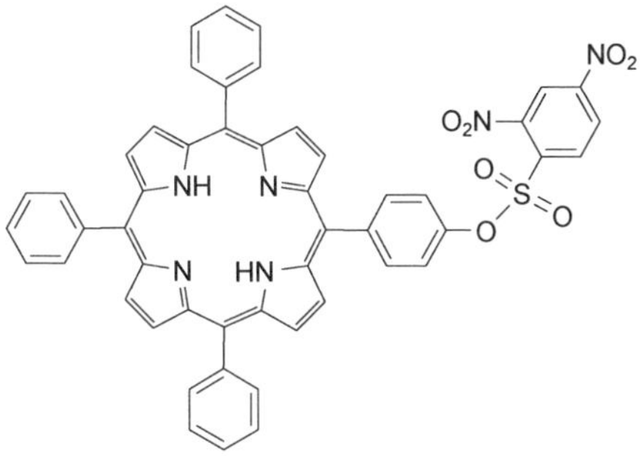

64

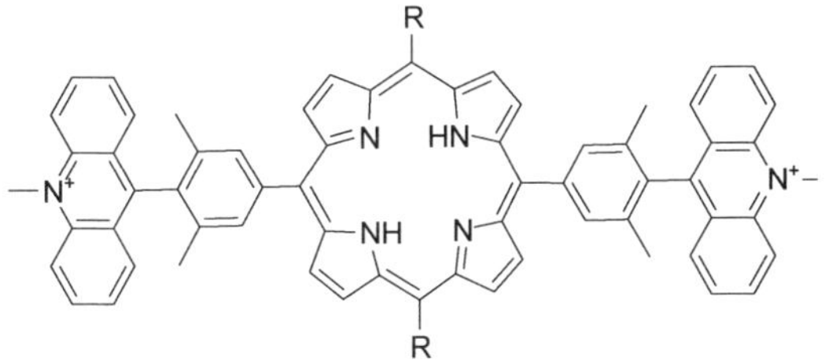

R = 3,5-二异戊氧基苯基
65

半胱氨酸（Cys）是含巯基的氨基酸，其生理浓度水平是重要的健康指标。Cys 缺乏和儿童生长缓慢、浮肿、嗜睡和肝脏损伤等病症相关。因此，生物巯基物质的定量检测对相关疾病研究具有重要意义。Ikawa 等[111]设计合成了一种检测 Cys 的荧光探针 **66**。该探针与 Cys 可发生加成反应，从而引起体系的荧光光谱变化。

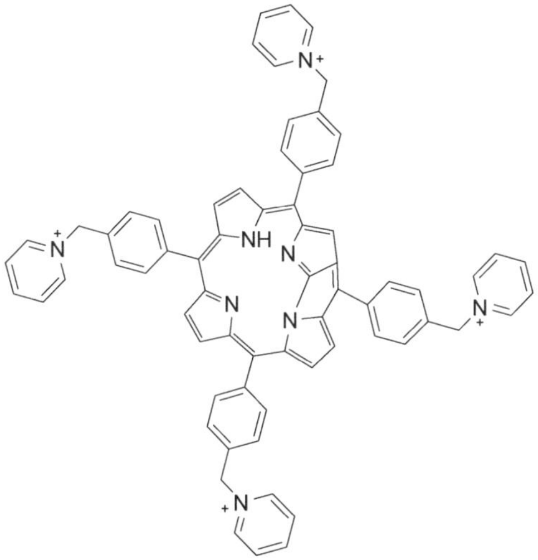

66

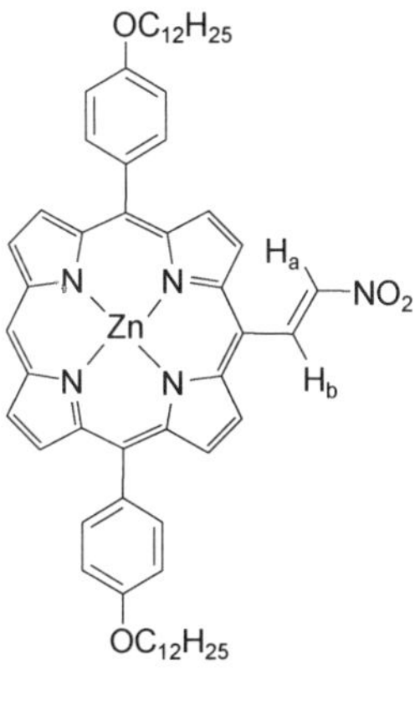

67

第 5 章　小分子光学探针　　143

该探针结构中含有 4 个吡啶基团，水溶性很好，故可直接在水中进行检测，避免其它体系使用有机溶剂的缺点。类似的，Wang 等[112]基于迈克尔加成反应机理，以卟啉为骨架并与硝基乙烯连接，合成了卟啉类近红外荧光探针 67。该探针对生物硫醇有较高的选择性，反应荧光增强。基于该探针的荧光打开方式和近红外发射特性，可实现活细胞中硫醇物质的荧光成像分析。

5.7 BODIPY 类

BODIPY 是英文 boron dipyrromethene difluoride 或 difluoroboron dipyrromethene 的缩写，其中文名称为二氟二吡咯亚甲基硼。BODIPY 的结构如图 5-8 所示，母体是由左右两侧的吡咯环与中间一个硼氮六元杂环形成，具有良好的刚性平面共轭结构，氟原子则处在平面结构两边[113]。BODIPY 类染料具有很多优异的光物理与化学性能[114,115]，如：对光辐射具有强的吸收能力，具有大的摩尔吸光系数，荧光量子产率值高（一般高于 0.6），吸收和发射波长都在可见光波段（>500 nm），荧光半峰宽窄，光稳定性好，对极性和 pH 不敏感（不易受测试体系和周围环境的影响），适于作荧光标记探针。另外，其结构易于修饰，在 BODIPY 中心骨架上引入强的吸电子基，或在 3,5-位置上通过 Knoevenagel 缩合反应引入推电子基的芳香结构、扩大共轭体系，均可导致分析波长红移[116]。然而，BODIPY 衍生物自身也存在一些缺陷，比如水溶性不好，斯托克斯位移小等。

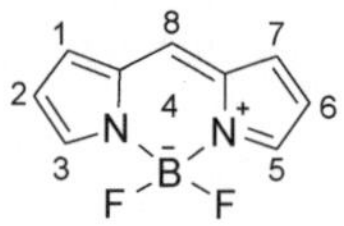

图 5-8 BODIPY 类荧光母体的结构

钱旭红等[117]以 BODIPY 为荧光母体，设计合成了能够同时对 Hg^{2+} 和 Ag^+ 产生不同光学响应的探针 68。加入 Hg^{2+} 后，1,3-丙二硫醇对醛基的保护被解除，探针吸收波长蓝移，溶液颜色由浅粉色变为黄色，用肉眼即可进行观察。加入 Ag^+ 后探针在 550 nm 处的荧光增强，但没有明显的光谱位移；其它金属离子均对探针无响应。

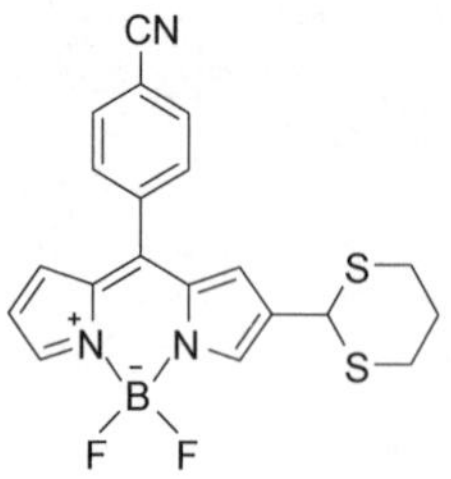

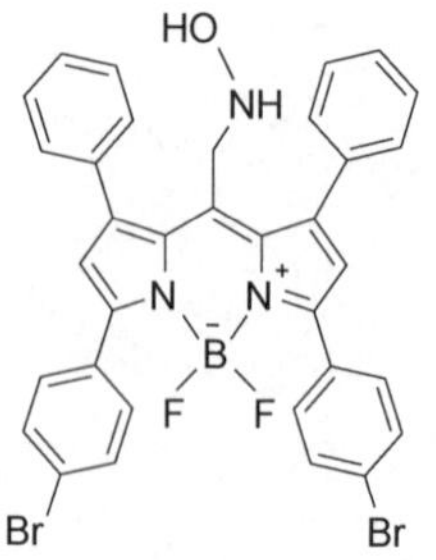

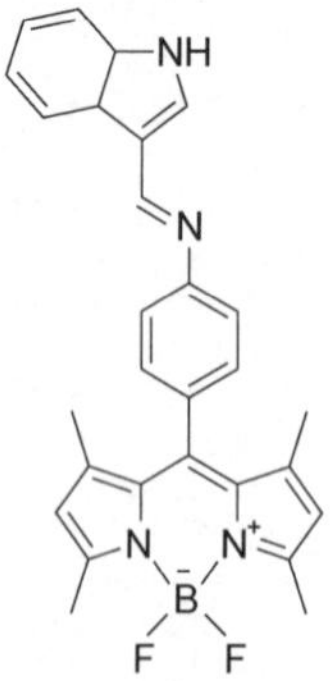

陈令新等[118]报道了一种基于 PET 机理的用于检测 Fe^{3+} 的 BODIPY 类探针 **69**。当反应体系中只有探针存在时，由于 PET 作用荧光被猝灭；当加入 Fe^{3+} 后，Fe^{3+} 能够选择性氧化羟胺基团，使体系荧光增强。此外，由于羟胺基团的存在，该探针的水溶性良好，可对 MCF-7 细胞中外源性的 Fe^{3+} 进行荧光成像。

化合物 **70** 是基于席夫碱而构建的 BODIPY 类打开型光学探针。在乙腈溶液中，该探针与苯环相连的氮原子因 PET 作用导致荧光猝灭；与 HSO_4^- 反应后，溶液颜色由黄色变为绿色，同时 HSO_4^- 中的羟基和氮原子之间形成氢键，抑制了 PET 作用，515 nm 处的荧光增强，其它阴离子对探针几乎没有影响[119]。

BODIPY 类荧光团可通过 Knoevenagel 缩合反应引入推电子基的芳香结构，从而扩大共轭体系，使分析波长红移。利用此原理，Ekmekci 等[120]合成了高灵敏度和高选择性的 CN^- 的比率型荧光探针 **71**。探针与 CN^- 反应后，其波长在 561 nm 处的吸收峰降低，而在 594 nm 波长处出现一个新的吸收峰，且在 571 nm 处出现了一个等吸收点，并伴随着可逆的红-蓝颜色变化。

基于巯基物质的芳环亲核取代作用，陆金鑫等[121]以 BODIPY 为荧光母体，2,4-二硝基苯磺酰为识别基团，合成了检测半胱氨酸的荧光探针 **72**。探针本身存在分子内电荷转移效应而呈现弱的荧光，而加入半胱氨酸后，导致二硝基苯磺酸单元的清除和荧光显著增强，且该荧光响应对半胱氨酸表现出高的灵敏度和选择性。

Nagano 等[122]设计合成了检测 NO 的 BODIPY 类荧光探针 **73**。在正常条件下，位于苯环上的两个氨基具有很强的给电子能力，可发生从氨基到 BODIPY 母体的光诱导电子转移过程，使探针的荧光猝灭；与 NO 反应后，两个氨基与 NO 形成五元环三唑结构，且由于三唑环中 –N=N– 的吸电子作用，使得 PET 作用受到抑制，导致体系的荧光增强。

化合物 **74** 是以 BODIPY 为母体，2-醛肟基为识别基团而构筑的检测次氯酸荧光探针[123]。探针与 HOCl 反应后从红色变为橘红，并发出绿色荧光。核磁和质谱研究表明，该探针并没有生成醛基或羧酸，而是生成氧化腈，但该产物稳定性较差，可进一步在溶液中快速发生分解。

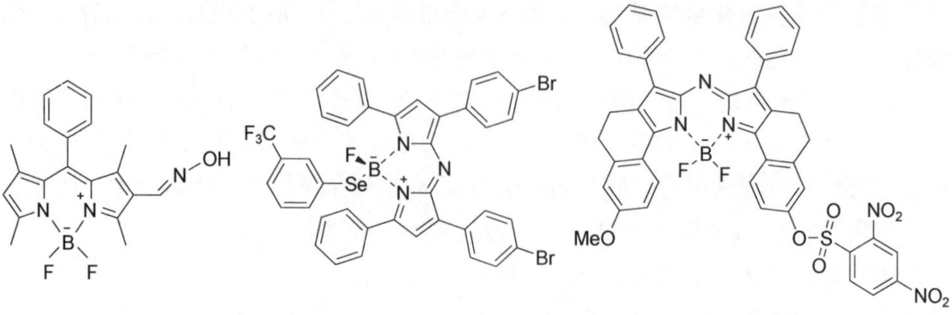

74　　**75**　　**76**

氮杂氟硼二吡咯（aza-BODIPY）是 BODIPY 母体中 8 位碳原子被氮原子替代而形成 BODIPY 类似物，具有更长的吸收、发射波长（一般在 650 nm 以上，接近于近红外区域），已引起人们的广泛关注。唐波等[124]据此发展了检测氟离子的近红外荧光探针 **75**。该探针包含一个 Se—B 键，并具有 PET 响应，因此其荧光很弱；当与 F⁻ 反应后，Se—B 键断裂，变成 F—B 键，导致 690 nm 处的荧光强度显著增强，可用于 F⁻ 的灵敏检测。此外，Aza-BODIPY 骨架还用于发展检测硫醇类物质的近红外荧光探针 **76**[125]。该探针本身荧光较弱，荧光量子产率只有 0.03；当其与半胱氨酸作用时，巯基破坏了二硝基苯磺酸酯，使其脱离 aza-BODIPY 中心骨架，导致荧光显著增强，其最大荧光发射波长可达 755 nm。

5.8　萘酰亚胺类

萘酰亚胺类染料是由萘所衍生而来的，通常为吸-供电子共轭体系。其中 1,8-萘酰亚胺还是一类性能良好的双光子荧光母体，如图 5-9 所示，它具有大的刚性平面，光稳定性好，斯托克斯位移大，荧光量子产率高，其荧光性质易受取代基影响[126,127]。若在萘环上引入供电子基团，通常可产生强荧光；若引入吸电子基团，则不显示荧光。萘酰亚胺的结构易于修饰，可以通过改变萘酰亚胺顶部氮原子或 4 位所连接的取代基来调控其水溶性、荧光波长范围及荧光量子产率。一般而言，萘酰亚胺氮原子的修饰对其发光性能影响较小，主要影响溶解性；对萘酰亚胺光谱的调节主要利用 4 位的修饰，当修饰成氨基、苯胺、烷基链胺时通常会产生强的黄绿色发射，若修饰为羟基、氰基（如，苯酚、醇类等）则

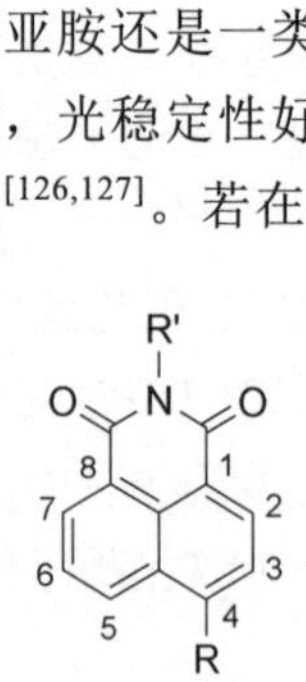

图 5-9　1,8-萘酰亚胺类化合物的结构

发射蓝光[128,129]。有趣的是，4 位上含有氨基或羟基的萘酰亚胺，可用于发展比率型（多数情况）或打开型光学探针[66]，且其光学性质对 pH 不敏感，并具有良好的细胞与组织穿透性，广泛应用于荧光传感领域。然而，该类探针的缺点是分析波长一般小于 600 nm，不适于活体成像分析。

以 1,8-萘酰亚胺为荧光体、炔基为钯离子的反应位点，Zhou 等[130]设计了一种能够灵敏检测 Pd^{2+} 的比率型荧光探针 **77**。该探针与 Pd^{2+} 反应之后，炔丙基离去，醚键转化为羟基阴离子，引起荧光体的电荷分布改变，其发射由蓝光转变为黄绿光。这种荧光响应对 Pd^{2+} 具有良好的特异性，可用于细胞以及组织中 Pd^{2+} 荧光成像。

利用 Si-O 键作为氟离子的识别位点，Kim 等[131]设计了基于萘酰亚胺结构的检测氟离子的比率型荧光探针 **78**。由于氨基甲酸酯弱的供电子效果，探针自身呈现蓝光；与 F^- 反应后，探针经过一系列的分子内重排将氨基释放出来，发出强烈的黄绿色荧光，从而实现了比率荧光检测氟离子。

过氧亚硝基阴离子（$ONOO^-$）是一种活性氮物种，可导致硝化应激反应。它存在于各种病理过程中，会引发癌症和神经退行性疾病。唐波等[132]设计合成了基于 ICT 机理的检测过氧亚硝基荧光探针 **79**。由于酰胺基团供电子能力很弱，该探针本身荧光很弱，当与过氧亚硝基反应之后，游离氨基被释放出来，ICT 作用增强，从而导致黄绿色荧光显著增强。该探针已应用于托卡朋诱导肝脏细胞中毒后引起的 $ONOO^-$ 含量变化的检测。

探针 **80** 可用于细胞中生物硫醇的比率荧光成像。该探针以萘酰亚胺为荧光团，2,4-二硝基苯磺酰基为识别基团，并联用硫醇类物质的亲核取代作用设计而成[133]。生物硫醇能够移除 2,4-二硝基苯磺酸酯，使 PET 效应被抑制，恢复萘酰亚胺的固有荧光，从而实现硫醇的检测。

萘酰亚胺属于聚集诱导猝灭型荧光体，Shen 等[134]利用此性质发展了检测谷胱甘肽的荧光探针 **81**。该探针通过二硫键将两个萘酰亚胺分子连接起来，在溶液中，探针分子容易自聚集而导致荧光猝灭；当探针与 GSH 反应后，二硫键断裂，两个萘酰亚胺分子返回游离状态，荧光得以恢复。又由于双萘酰亚胺分子 4-位连有不同的取代基，探针在反应后给出两个波段的发射，从而可进行双通道荧光检测。探针 **82** 含有三苯基膦线粒体定位基团，与 H_2S 反应后产生荧光打开响应，荧光增强倍数高达 68 倍，可用于线粒体中 H_2S 高灵敏检测[135]。

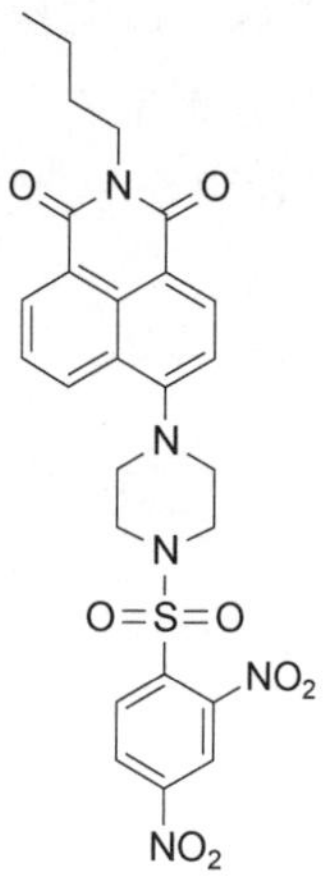

80 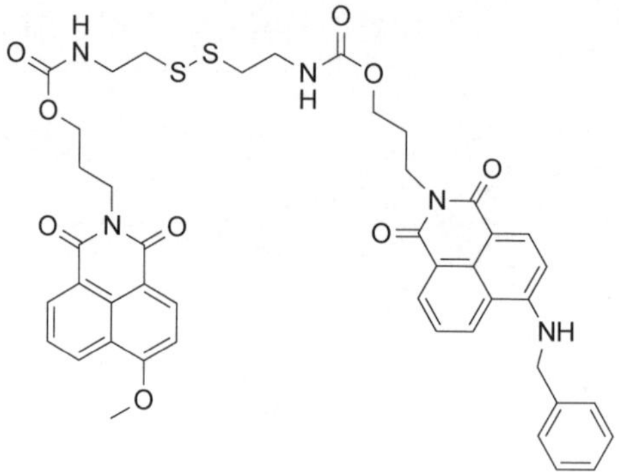 **81** 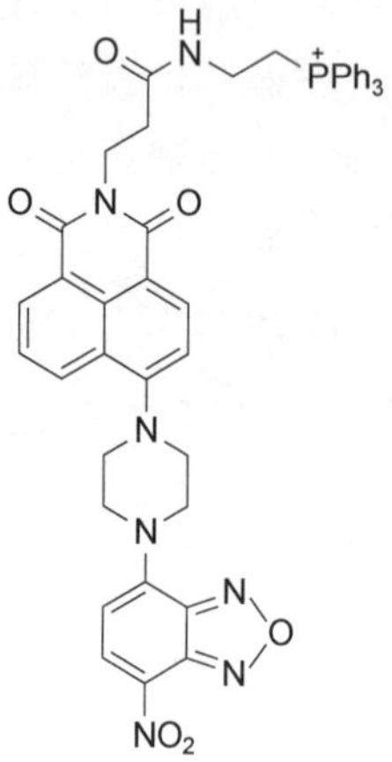 **82**

基于双氧水对硼酸酯的选择性氧化水解作用，Ren 等[136]以萘酰亚胺作为发色团，吗啉作为溶酶体的定位基团，合成了光学探针 **83**。探针与 H_2O_2 反应后，硼酸酯基团离去，形成羟基，改变了 ICT 效应，进而导致荧光增强。利用该探针研究了内源 H_2O_2 在溶酶体中的分布。此外，该探针还具有出色的双光子性质，对组织穿透深度可达 150 μm。

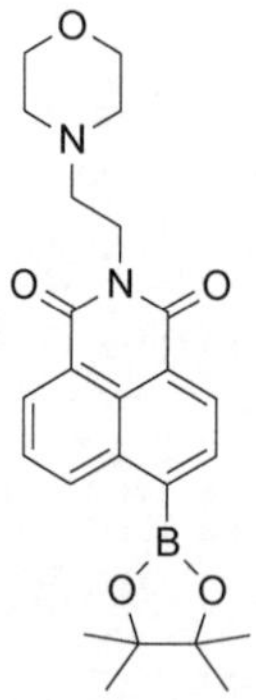

83 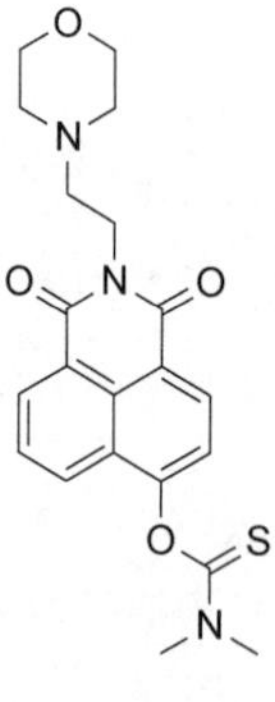 **84** 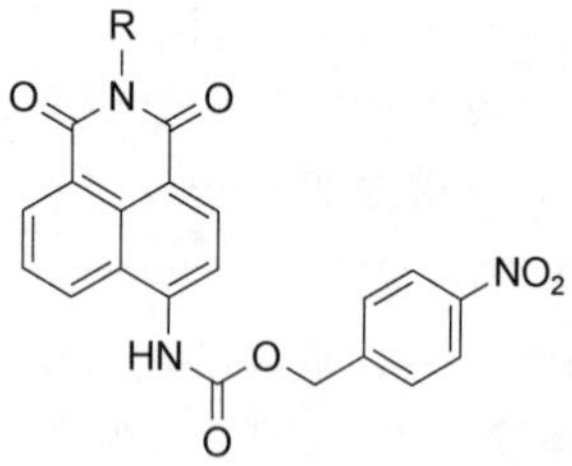 **85** 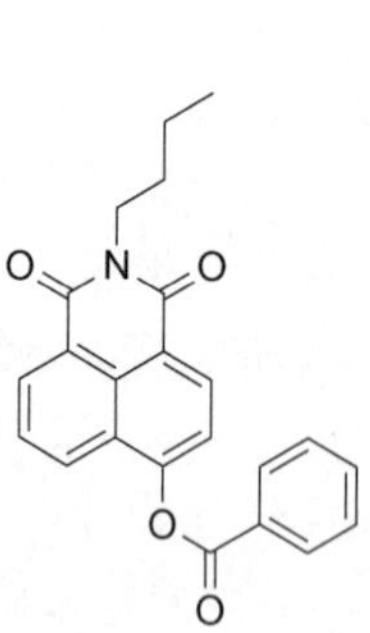 **86**

利用二甲氨基硫代甲酸酯作为 HOCl 的识别位点，唐波等[137]报道了一种能够靶向溶酶体并检测次氯酸的双光子荧光探针 **84**。该探针与 HOCl 反应可影响 ICT

效应,并产生强烈的打开型荧光响应。该探针还具有低的检测限以及良好的双光子性质,能够对正常细胞与癌细胞、正常组织与肿瘤组织中的内源 HOCl 进行区分检测。

荧光探针 **85** 也是基于 ICT 机理而设计[138]。其中,对硝基苄基作为硝基还原酶的识别位点,并通过氨基甲酸酯将其与萘酰亚胺连接起来。它与硝基还原酶反应后使 4-氨基游离,荧光发射由蓝光向黄绿光转变,表现为比率荧光响应,可对缺氧条件下的细胞进行成像分析。

羧酸酯酶能有效地催化酯类化合物的水解。基于此原理,Liu 等[139]利用 ICT 原理制备了检测羧酸酯酶 2 的荧光探针 **86**。该探针在生理条件下稳定性好,能够对羧酸酯酶 2 进行专一性识别,并且溶液由无色变为黄色,荧光从蓝色变为黄绿色,响应迅速。

5.9 联吡啶及邻菲啰啉类

联吡啶基团中两个吡啶分子通过 C–C 键连接,可以发生旋转从而可使两个吡啶环不在同一个平面(图 5-10)。这种扭曲的构象会减弱平面堆叠时分子间的 π-π 相互作用力[140]。联吡啶衍生物由于具有强的配位能力,常作为金属-有机化合物的配体,可与一系列的过渡金属离子生成金属配合物。这类配合物具有特殊的光、电和催化性质,应用广泛[141]。邻菲啰啉是三环共轭平面刚性结构,且其环上的电子密度很高,分子内含有共轭大 π 键(图 5-10),由此决定其具有较强的内电子传递性和较强的能量传递能力。邻菲啰啉是一种双齿配体,有 10 个反应位点;通过对不同位点进行修饰,引入官能团或者与其它有机物反应,能够合成众多的邻菲啰啉衍生物[142]。

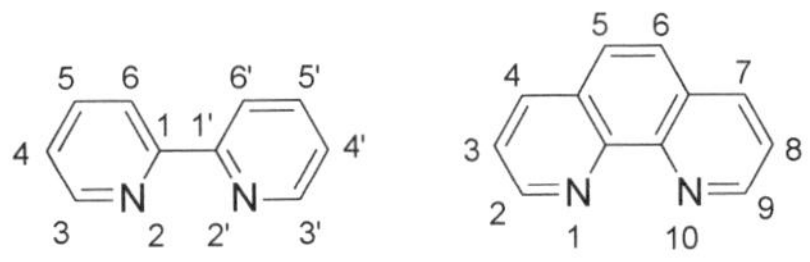

图 5-10 联吡啶(左)和邻菲啰啉(右)的结构式

联吡啶及邻菲啰啉均为氮杂环化合物,是检测 Fe(Ⅱ)、Cu(Ⅱ) 等离子的经典显色剂,并具有很高的选择性,目前仍在广泛使用。此外,这类氮杂环衍生物与钌(Ⅱ)、铕(Ⅲ) 等金属离子配位可发展出化学发光、长寿命(ms 级)的发光探针[143],并广泛用于时间分辨荧光分析。然而,这类氮杂环衍生物的缺点是水溶性欠佳,通常需使用有机溶剂,对分析检测造成不便。

吡啶基团与锌离子具有很强的配位能力，据此人们发展了基于 2,2′-联吡啶的 Zn^{2+} 荧光探针 **87**[144]。当向探针的甲醇溶液中加入 Zn^{2+} 时，荧光强度会增强，该探针对 Zn^{2+} 的选择性高，可用于细胞中 Zn^{2+} 的荧光成像检测。

前已述及，联吡啶金属配合物具有发光寿命长和发射波长长（600 nm 左右）、斯托克斯位移大等优点。袁景利等[145]基于联吡啶钌配合物设计了检测硫化物的磷光探针 **88**。该探针含有双金属离子，其中，Cu^{2+} 具有顺磁性，使得探针发生分子内电子或能量转移，进而猝灭磷光，探针呈现较弱的发光强度。然而，当检测体系中加入比 Cu^{2+} 配位能力更强的配体或分子时，Cu^{2+} 就会从中解离出来，进而使磷光得以恢复。基于此行为，该探针可实现 Na_2S 的检测分析。进一步，通过引入 NO 的识别基团邻苯二胺，他们还发展了光学探针 **89**[146]。该探针在氧气存在下，NO 与邻苯二胺基团发生氧化环化反应生成苯并三唑结构，从而导致 PET 效应消失、磷光增强而达到检测之目的。该探针可用磷光及电致发光双重信号检测 NO，具有专一性强，灵敏度高，并且能够在动物及植物细胞内实现 NO 的磷光成像。

叶志强等[147]设计合成了基于联吡啶钌配合物结构的 HOCl 磷光探针 **90**。该探针分子内存在着光诱导电子转移过程，在水溶液中具有很弱的发光强度；但是当体系中加入 HOCl 后，探针被 HOCl 氧化导致二硝基苯单元离去和体系的发光强度显著增强，且此发光响应对 HOCl 具有专一性和高灵敏度。

探针 91 是一个双核的偶氮钌配合物[148]，可与巯基化合物发生氧化还原反应，导致溶液的颜色由无色变为黄色，并产生磷光增强的信号，因此可通过比色及磷光双信号模式检测生物硫醇。与以往的基于钌配合物生物硫醇探针相比，探针 91 具有灵敏度高、响应时间短等优点。

邻菲啰啉衍生物作为光学探针在检测 Cu(Ⅱ)、Fe(Ⅱ) 等离子方面仍得到人们的关注。上官棣华等[149]合成了以邻菲啰啉为荧光基团的检测铜离子的荧光探针 92。该探针荧光量子产率为 0.135，对 Cu^{2+} 有良好的选择性，且灵敏度高。

邻菲啰啉半敞开式的吡啶结构单元与金属离子具有较强的配位能力，使得此类衍生物在荧光探针的设计中成为重要的配位基团。龙亿涛等[150]设计了基于 1,10-邻菲啰啉的荧光探针 93。该探针用于检测 Zn^{2+} 具有很高的选择性，且随着 Zn^{2+} 浓度的增加，荧光线性增强，可用于细胞中 Zn^{2+} 的荧光成像分析。

G-四链体由于其在超分子化学、纳米科技领域中的应用以及重要的生物功能而得到了人们的广泛关注。上官棣华等[151]构筑了具有 V 形骨架的邻菲啰啉类荧光探针 94。该探针可以用来识别不同结构的 G-四链体，其在缓冲溶液中几乎没有荧光，而在检测体系中加入反平行 G-四链体之后荧光增强可达约 150 倍；加入正平行 G-四链体荧光只增强到 21 倍；而加入单双链 DNA 只有最大 6 倍的增强。这些荧光信号的响应是由于分子以末端堆积的方式结合到 G-四链体位点后由聚集体转变到单体的结果。

邻菲啰啉衍生物与金属离子所形成的金属配合物也可作光学探针，用于不同物质的检测。Zhang 等[152]设计了钌配合物探针 **95**。铜离子能够与该探针中的 2-羟基苯基咪唑基团选择性配位，并导致配合物磷光的猝灭，可用于水溶液中铜离子的专一性、高灵敏检测。Zapata 等[153]报道了含有二茂铁咪唑结构的钌配合物 **96**，该配合物在乙腈中可与氯离子作用导致磷光的增强及电化学信号的改变，从而可实现双信号通道检测 Cl^-。

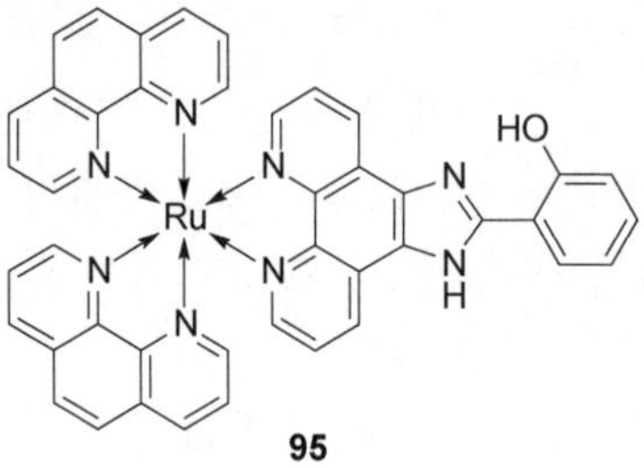

95 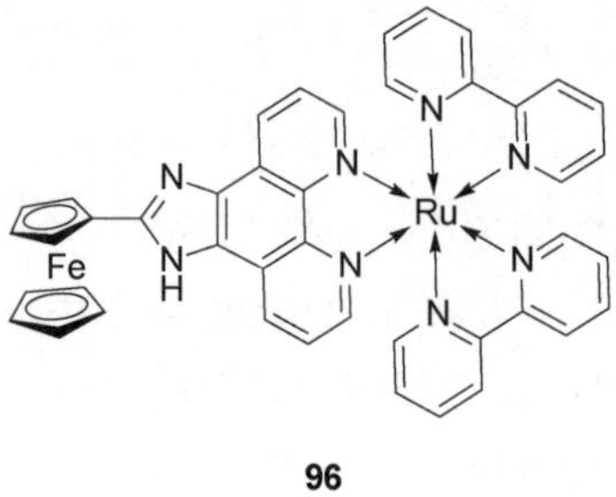　　　　　　　　**96**

5.10 花菁类

花菁染料是以次甲基链（—CH=CH—）连接两个氮原子所形成的共轭分子，一般携带正电荷，呈现深的颜色，并具有高的摩尔吸光系数。这类衍生物的分析波长（600～800 nm）位于近红外区，是目前设计近红外光学探针最常用的荧光基团。通过对花菁染料结构的改造或修饰，可以调整其分析波长、水溶性、稳定性等[154-156]。吲哚菁染料是菁类染料中的重要成员，其结构通式如图 5-11 所示。然而花菁染料也具有一些不足，如稳定性差、量子产率低和易发生聚集，

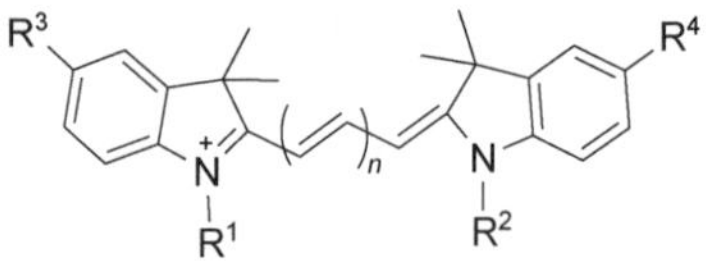

图 5-11　吲哚菁染料的母体结构

所以在实际应用中有时受到限制[57]。近年，袁林等[157]发现花菁染料可以分解或降解成半花菁产物。在结构上，半花菁的一端可包含一个具有正电荷的季铵杂环（作为电子受体），另一端可是酚羟基或者氨基（作为电子供体），它们之间通过一个共轭体系连接在一起，具有典型的推-拉烯烃式（电子供体-共轭桥-电子受体）结构。重要的是，这些半花菁不仅表现出较高的稳定性（与其前体如 IR780 相比），而且仍具有近红外分析波长，因此重新引起了人们的极大兴趣，特别是在发展新型近红外荧光探针中备受青睐[66,158]。

花菁类光学探针已用于各种分析物的检测。目前，广泛认可的生物体内·OH 的产生途径是芬顿（Fenton）反应（$Fe^{2+} + H_2O_2$）；另一种称为铁自氧化反应（$Fe^{2+} + O_2$），即 Fe^{2+} 与溶液中 O_2 的反应，可能也在·OH 的产生上扮演着重要角色。

然而，由于缺乏灵敏的分析方法来检测铁自氧化过程中产生的痕量•OH，这一过程的重要性往往被人们所忽视。对此，李洪玉等[159]基于花菁母体研制出了第一个可以检测这种无需外加 H_2O_2 的铁自氧化过程中痕量•OH 的近红外光学探针 **97**（图 5-12）。该探针利用了•OH 对芳香化合物独特的羟基化作用，以有效避免其它活性氧物种（如 OCl^-、$ONOO^-$）的干扰；同时，由于•OH 具有亲电性，所以在芳香环上引入强的供电子甲氧基，提高了探针对•OH 的捕获能力。探针与•OH 反应后，通过电子重排，导致 π-共轭体系扩展并产生强的近红外荧光发射，具有高的分析灵敏度。该探针已成功用于活细胞内铁自氧化过程中痕量•OH 的荧光成像分析，并揭示出了 RAW264.7 细胞内•OH 的本底水平可能低于 HeLa 细胞。

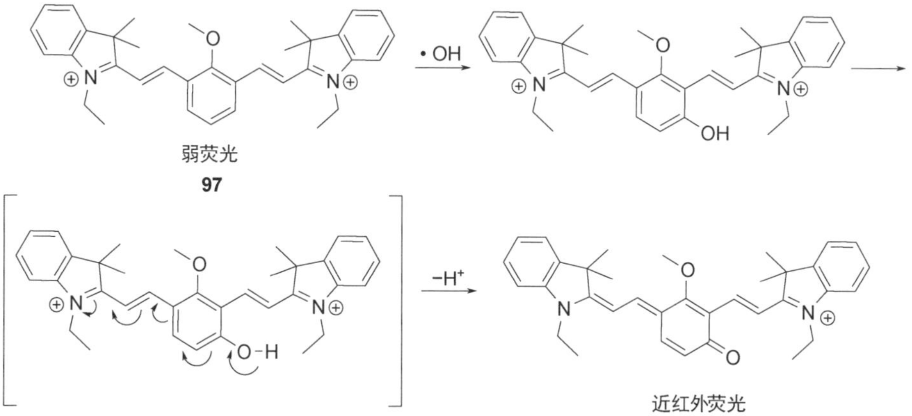

图 5-12 羟基自由基的高灵敏荧光探针 **97**

韩克利等[160]以花菁为荧光团设计合成了检测 $ONOO^-$ 的近红外光学探针 **98**。由于从硒原子到荧光团的 PET 作用，探针本身荧光很弱；加入 $ONOO^-$ 后硒原子被氧化为硒的氧化物，PET 过程受到抑制，花菁母体的荧光恢复。当反应体系中引入还原性物质 GSH 后，硒氧键可被重新还原成硒原子，荧光再次降低。因此，该探针可对 $ONOO^-$ 和 GSH 产生可逆的氧化还原荧光响应，并已用于小鼠巨噬细胞内可逆氧化还原变化的研究。Xu 等[161]以花菁为母体，组氨酸作为识别基团，制备了检测单线态氧的近红外光学探针 **99**。该探针与 $^1O_2$ 的反应具有迅速、高灵敏、高选择性等特点，已用于巨噬细胞中 $^1O_2$ 的检测、成像。进一步，通过氨基将花菁与三联吡啶相连，唐波等[162]还获得了近红外 pH 荧光探针 **100**。三联吡啶能够通过光诱导电子转移机理猝灭花菁染料的荧光；当三联吡啶被质子化后，花菁染料的荧光得到恢复。该探针的最大激发和发射波长分别是 648 nm 和 750 nm，其 pK_a 值为 7.10，适合对生物环境中 pH 值的检测。

Nagano 等[163]利用光诱导电子转移机理设计了检测 NO 的近红外探针 **101**。该探针在有氧条件下，通过 NO 将邻苯二胺转化成苯并三唑，使原先邻苯二胺单元的供电子能力产生变化，从而导致花菁染料荧光恢复。小鼠体内实验表明，该探针与 NO 的反应迅速，且体内成像效果受生物基质的影响小，适用于细胞内与生物体内成像。李晓花等[164]基于酪氨酸酶催化酚羟基并可进一步氧化为相应的邻醌产物的机理，合成了近红外荧光探针 **102**。酪氨酸酶与探针 **102** 反应导致荧光猝灭，颜色从蓝色变为紫色，可用于酪氨酸酶活性的监测。

前已述及，花菁染料不稳定，但其分解产物半花菁具有较高的稳定性，并仍具有近红外荧光发射的特点，因此，半花菁近年已用于多种分析物的近红外光学探针设计。如，Collot 等[165]基于半花菁荧光团报道了一种检测 Ca^{2+} 的近红外比率型荧光探针 **103**。随着 Ca^{2+} 的加入，733 nm 处的发射强度降低，而 684 nm 处的发射强度增加。该探针具有很好的光稳定性,可选择性检测 Ca^{2+},不受其它生物组分的干扰。此外,该探针已用于 KB 细胞中 Ca^{2+} 的比率荧光成像。

基于聚集诱导发光的半花菁染料,唐本忠等[166]构建了选择性检测高半胱氨酸的荧光探针 104。在碱性条件下,高半胱氨酸通过 1,4-加成,可与四苯乙烯和半花菁基团之间的双键加成,破坏它们之间的共轭体系,使长波长发射强度降低,伴随着短波长发射强度增加,溶液颜色从红色变为蓝色。由于体积匹配与空间位阻效应,GSH 和半胱氨酸与探针的响应较弱。该探针可实现 Hcy 的选择性检测,不受其它生物硫醇的干扰。

硝基还原酶的光学探针已有一些报道,但很少能满足活体成像分析的需要(如近红外激发和发射、水溶性好、反应条件温和等)。李照等[167]以 IR780 的分解产物为荧光母体,4-硝基苯作为特异性反应基团,设计合成了检测硝基还原酶的近红外荧光探针 105。该探针对硝基还原酶表现出快速、灵敏的显色和荧光响应,其检测限为 14 $ng·mL^{-1}$、发射波长为 705 nm,可有效避免生物基质中荧光的干扰。该探针已用于斑马鱼体内硝基还原酶的荧光成像分析。

花菁类光学探针近年还用于其它一些蛋白酶的荧光成像分析。李丽红等[168]将 γ-谷氨酰基与近红外荧光团氨基半花菁连接,合成了检测 γ-谷氨酰转肽酶的近红外荧光探针 106。该探针有效改善了其它探针易受巯基物质干扰的不足,可对 γ-谷氨酰转肽酶进行高灵敏检测。另外,该探针的发射波长为 710 nm,可有效避免生物基质的背景荧光干扰,已用于活细胞中 γ-谷氨酰转肽酶的成像分析以及荷瘤小鼠的活体成像分析。

2016 年,马会民等[169]提出了将 3-羟基苯基作为酪氨酸酶的新识别基团,并与近红外荧光母体羟基半菁连接，合成了特异性检测酪氨酸酶的近红外荧光探针 **107**。该探针有效消除了活性氧物种对酪氨酸酶检测的干扰，而且其发射波长处于近红外区域，有效避免了生物基质的背景荧光干扰，可用于活细胞以及斑马鱼中酪氨酸酶的成像分析。此外，史文等[170]以羟基半菁为信号响应单元，头孢菌素为识别单元，发展了检测 β-内酰胺酶的近红外荧光探针 **108**。β-内酰胺酶可与探针分子中的 β-内酰胺环发生特异性水解与切断作用，导致羟基半菁荧光团的释放并伴随着 708 nm 处的荧光显著增强。该探针可用于人尿液中 β-内酰胺酶的检测；而且，基于高灵敏及近红外的特性，该探针还可用于耐药性不同的金黄色葡萄球菌中 β-内酰胺酶的成像分析。

107 **108**

5.11 螺吡喃类

螺吡喃是一种重要的有机光致变色化合物，其结构是由苯并吡喃和吲哚两个芳环通过中心处一个 sp^3 杂化的螺碳原子连接而成，两个芳环相互正交，彼此不共轭，形成无色的闭环体[171-173]。如第 1 章中图 1-7 所示，在紫外光（<400 nm）照射或金属离子等作用下，螺吡喃闭环体的 C—O 键发生异裂，进而产生电子重排与结构改变，使两个芳环单元变为平面共轭结构，形成有色的半花菁类开环体，在 500~600 nm 范围出现强的吸收峰；再在可见光、加热或去金属离子等条件下，发生可逆闭环，又恢复原来结构而消色。因此，螺吡喃衍生物被广泛用作分析化学、材料化学中的光致变色分子开关以及传感检测[171-173]。

Zhu 等[174]合成了以 8-氨基喹啉为电子供体，螺吡喃母体为电子受体的 FRET 型荧光探针 **109**。该探针的乙醇溶液对 Zn^{2+} 表现出比率型荧光响应，并且 8-氨基喹啉单元参与 1:1 的配位方式得到了 UV-Vis 光谱、^{1}H NMR 等手段的证实。

将冠醚环和芘单元引入至螺吡喃，Tanaka 等[175]合成了 FRET 型荧光探针 **110**。在没有金属离子时，螺吡喃结构以闭环型体存在，且由于氮原子上的孤对电子能够发生向芘基的 PET 过程，从而导致探针的荧光猝灭。当有碱土金属离子存在时，它们可与冠醚环结合并诱导螺吡喃结构开环，氮原子上的孤对电子"消失"，PET

效应被抑制，发生从芘基到形成的部花菁单元的荧光共振能量转移，从而产生荧光发射，可用于碱土金属离子的传感分析。

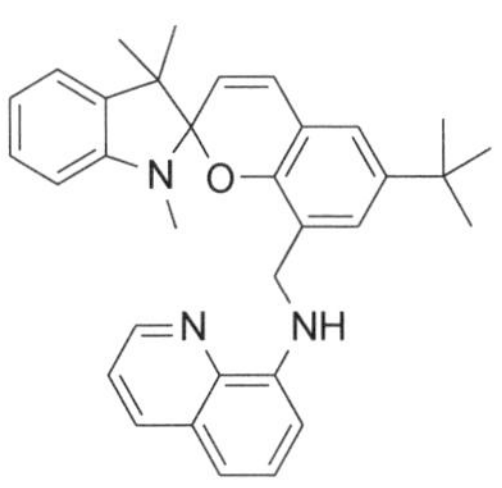

109 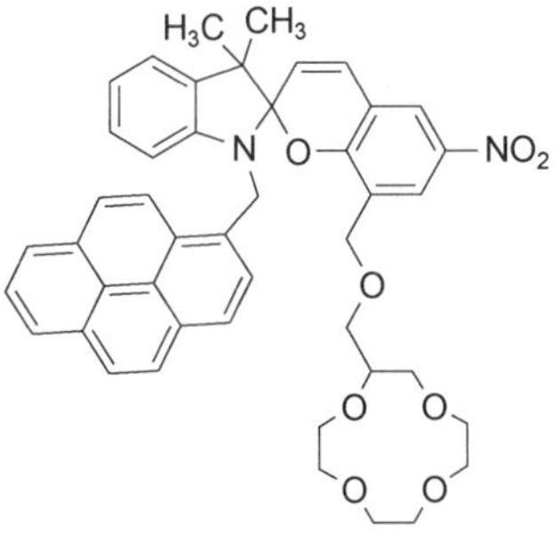 **110** 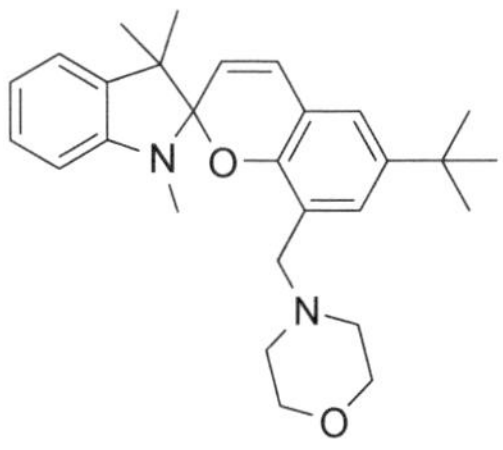 **111**

杨荣华等[176]设计合成了螺吡喃探针 **111**。该探针的苯并吡喃环的 6 位为给电子的 $-C(CH_3)_3$，其闭环体在极性溶剂中很稳定，且在 475 nm 处有较强的荧光。当有金属离子 Cu^{2+} 存在时，该螺吡喃能够异构化为开环的部花菁型体并与 Cu^{2+} 形成配合物。随着 Cu^{2+} 浓度增加，闭环体在 475 nm 处的荧光发射强度逐渐减弱，而在 640 nm 的长波长处出现了一个新的发射峰，并且荧光强度逐渐增强，从而可以通过该探针在两波长处的荧光发射强度之比与 Cu^{2+} 浓度的变化关系，对 Cu^{2+} 进行定量分析。

基于 pH 可调控螺吡喃开关环的作用，Li 等[177]设计合成了可比率检测溶酶体 pH 的荧光探针 **112** 和 **113**。此类探针具有良好的光稳定性和 pH 敏感性。在生理环境（pH 7.4）中为关环形式，呈蓝色荧光；而在溶酶体环境（pH 4.5～5.5）中发生开环，并发射红色荧光。

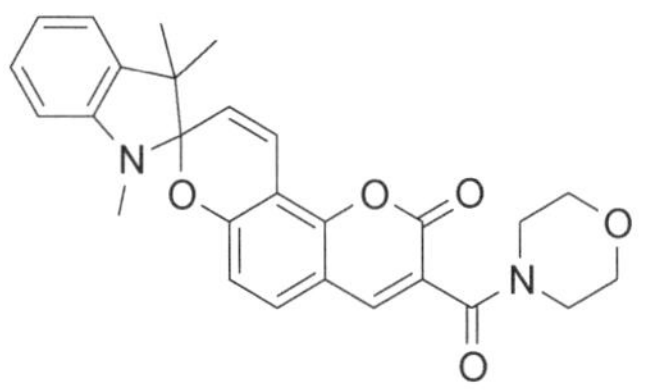

112 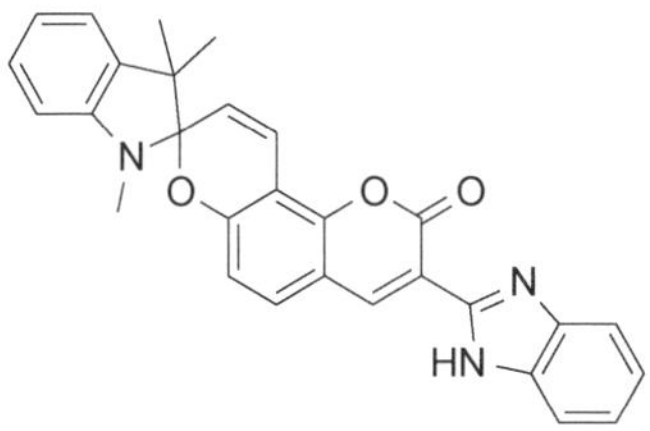 **113** 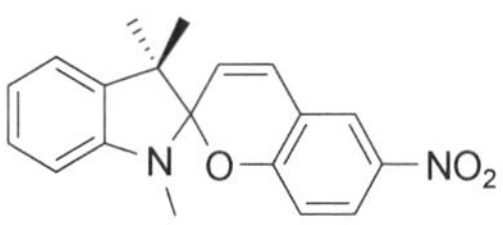 **114**

基于螺吡喃的探针 **114** 可用于 CN^- 的比色检测[178]。该探针在没有受到紫外光照射时，以无色的螺环形式存在；当有紫外光照射时变成有色的部花菁。如果此时加入 CN^-，CN^- 会与部花菁结构中带正电荷的螺碳发生亲核加成反应，并在 421 nm 处出现一个新的吸收峰，溶液也随之变为黄色。然而，在紫外光照射下加入其它阴离子或者不加阴离子时，溶液仍为粉色。这说明该探针可以实现对 CN^- 的选择性检测。重要的是，在可见光照射下，该探针又可以变回原来的闭环形式，可构成一个可逆的循环。

Shao 等[179]发展了基于螺吡喃的选择性检测焦磷酸根的荧光探针 **115**。该探针的检测原理是基于协同配位作用以及配位引起的螺吡喃结构的转化作用。在乙醇与水的混合体系中，探针 **115** 在 560 nm 处有荧光发射峰，当与 Zn^{2+} 络合后其荧光峰消失，且在 620 nm 出现新的强荧光发射峰；此时若向溶液中加入焦磷酸根，它与配合物相互作用导致 620 nm 处的荧光完全猝灭，并伴随着 560 nm 处荧光的恢复。基于两处发射波长的比值实现了对焦磷酸根的定量检测。进一步，基于螺吡喃的开环体与谷胱甘肽之间的多点静电作用及空间结构互补作用，他们还发展了可识别谷胱甘肽的双螺吡喃探针 **116**[180]。在乙醇-水溶液中，该探针与谷胱甘肽结合，溶液由无色变为黄色，在 640 nm 的长波长区出现一个新的荧光发射峰。结合荧光共聚焦显微成像技术，该探针可用于细胞中谷胱甘肽的检测。

115 **116** **117**

Tsubaki 等[181]合成了含有联萘酚基团的手性螺吡喃探针 **117**。实验发现 R-构型的该螺吡喃的开环体与 D-型氨基酸之间的相互作用比 L-型氨基酸更强，所形成的有色配合物更稳定，从而可用于区分 L-氨基酸与 D-氨基酸。

5.12 方酸菁类

方酸菁类光学探针大多是由方酸与供电子基团，如咪唑、方胺、硒唑、酚及含氮杂环化合物等发生缩合反应衍生而来[182]。根据两端取代基的异同，方酸菁染料可分为对称型方酸菁染料和非对称型方酸菁染料两类。图 5-13 示出了方酸菁染料的共振结构。当 $Z_1 = Z_2$ 时，为对称方酸菁；$Z_1 \neq Z_2$ 时为不对称方酸菁。方酸菁染料是四元环芳香体系，通常具有供体-受体-供体（D-A-D）共轭结构特征，并有强荧光和很深的颜色，适于作光敏剂。它们光稳定性好，量子产率高，其分析波长主要分布在红色和近红外区域（600~700 nm），并表现出双光子吸收性质[182-184]。然而，大部分方酸菁染料的缺点是水溶性较差，容易在水溶液中发生聚集并引起荧光猝灭，使其在生物分子检测应用方面受到了一定限制[185]。

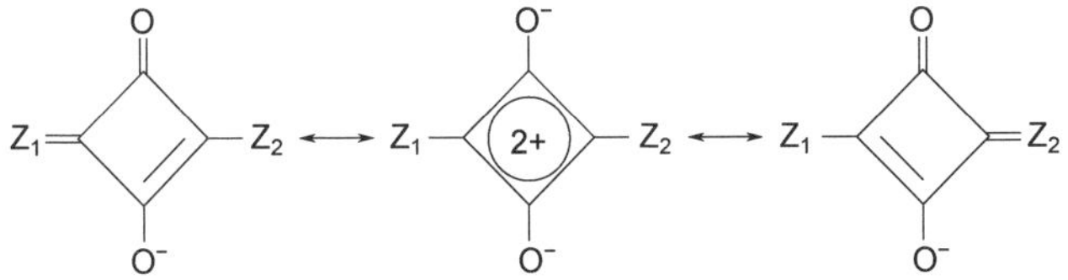

图 5-13　方酸菁染料的共振结构

方酸菁染料已广泛用于阳离子以及中性分子的识别检测，其水溶性可通过引入磺酸基来得到改进。Xu 等[186]利用此方法合成了水溶性的方酸菁类探针 **118**，并将其应用于水溶液中 Fe^{3+} 的检测。加入 Fe^{3+} 后，探针吸光度降低，水溶液的颜色由天蓝色变为浅黄色，可以裸眼识别 Fe^{3+}。核磁共振氢谱研究表明，该探针是以 1:1 化学计量比的结合方式与 Fe^{3+} 络合。Wang 等[187]设计合成了方酸菁类探针 **119**。该探针与 Cu^{2+} 反应导致溶液的颜色从紫色变为深蓝色，最大吸收波长从 554 nm 红移至 640 nm 处，荧光猝灭了 90%。通过质谱等分析表明探针与 Cu^{2+} 的结合比为 1:1，并对 Cu^{2+} 具有高的选择性，可用于细胞中 Cu^{2+} 荧光成像分析。

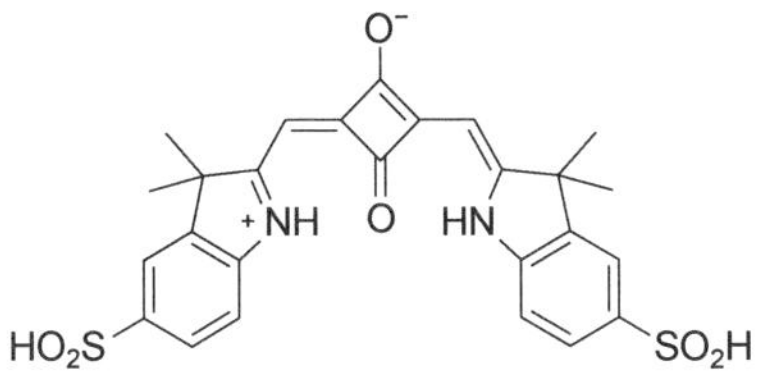

118 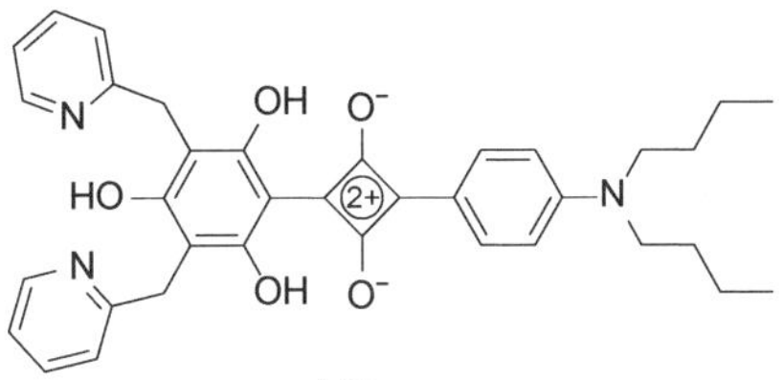　　　　　**119**

二硫代氨基甲酸盐（DTC）是重金属离子的良好配体。Chen 等[188]将 DTC 引入方酸菁染料的侧链，并利用方酸菁染料在水溶液中容易形成聚集态而引起紫外吸收波长变化和荧光猝灭的性质，设计了一个比色和荧光增强双响应的 Hg^{2+} 探针 **120**。该探针在溶液中以聚集态的形式存在，溶液呈紫色；在加入 Hg^{2+} 后，可使聚集体解聚，聚集态的 545 nm 吸收峰消失，并在 636 nm 处出现了一个强而尖锐的单体吸收峰，溶液从紫色变成了蓝色，荧光增强了 700 倍，从而可以对 Hg^{2+} 进行传感分析。利用氢氧根离子与吲哚环上的碳氮双键可发生亲核加成反应机理，Li 等[189]发展了一种可逆的比率型近红外荧光探针 **121**。在碱性条件下，氢氧根离子与吲哚环的碳氮双键所发生的亲核加成反应，使探针的紫外吸收和荧光都随着 pH 的增大而减小，而且所呈现的紫外吸收和荧光发射光谱与探针本身的光谱不同，因此可以用光谱的区别来检测体系的 pH 变化。

二氧化碳（CO_2）作为引起温室效应的主要气体之一，其检测研究也具有重要意义。Wang 等[190]利用方酸菁染料合成了光学探针 122。在氟离子存在下，该探针与 CO_2 反应引起吸收光谱和荧光光谱产生明显变化，其中最大吸收波长蓝移 134 nm，最大荧光发射波长蓝移 126 nm，可用于 CO_2 气体的裸眼检测。

Xu 等[191]报道了以二甲氨基萘作为电子供体、方酸菁作为电子受体的选择性检测 2,4,6-三硝基酚的光学探针 123。2,4,6-三硝基酚作为强有机酸，能够将探针中的二甲氨基质子化，导致 ICT 效应减弱以及近红外荧光蓝移。基于这种光谱漂移，可比率法对 2,4,6-三硝基酚进行荧光检测，也可通过肉眼直接观察溶液颜色的变化进行检测。

化合物 124 是基于 PET 效应而制备的检测巯基物质的方酸菁类探针[192]。在方酸菁染料上连接一个 2,4-二硝基苯磺酸基团产生 PET 效应，导致体系的荧光猝灭；当具有亲核进攻的半胱氨酸或高半胱氨酸与探针反应后，使 2,4-二硝基苯磺酸基团离去以及 PET 效应消失，从而使方酸菁染料荧光恢复。细胞成像实验表明，该探针可用于细胞体内巯基物质的检测。

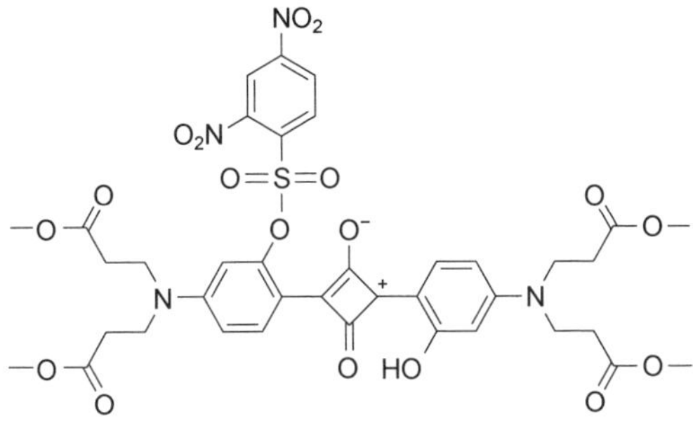

124

　　如前所述，方酸菁染料的荧光变化与其聚集状态的改变有关。Xu 等[193]利用不同的取代基来调控方酸菁染料 **125** 的聚集状态，并以阴离子表面活性剂十二烷基硫酸钠来改变其作用方式等，证明了方酸菁类探针聚集状态的改变对其荧光光谱有很大的影响。而且，牛血清白蛋白（BSA）与 **125** 作用也可改变其聚集状态，并导致荧光显著增强，在蛋白检测方面显示出很大的应用价值。Grande 等[194]发展了聚集双亲类的方酸菁类荧光探针 **126**。该探针聚集后没有荧光，但与 G-四链体作用时形成三明治结构，并导致荧光打开，可对 G-四链体复合物进行高灵敏度分析。

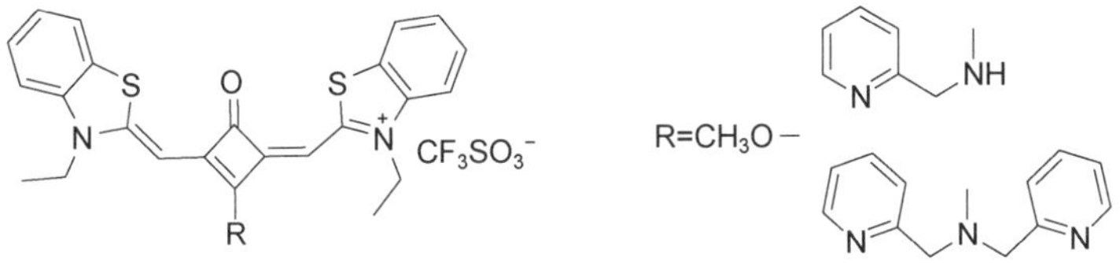

125

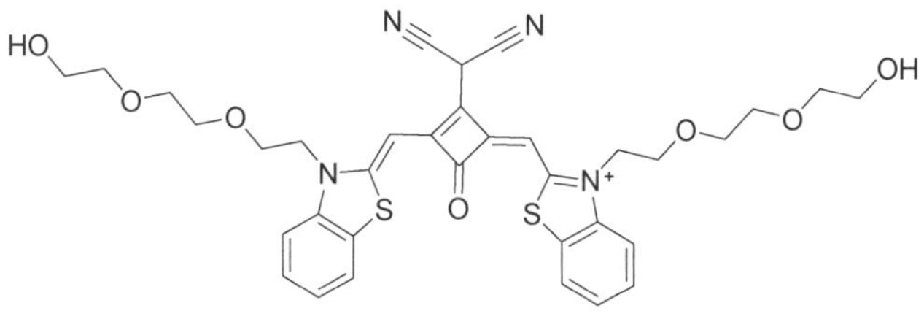

126

参 考 文 献

[1] Bandara, H. M. D.; Burdette, S. C. Photoisomerization in different classes of azobenzene. *Chem. Soc. Rev.*, **2012**, 41: 1809-1825.
[2] 马会民，王建华，邵元华. 分析化学的其他重要进展 (第 26 章)//高速发展的中国化学(姚建年主编). 北京: 科学出版社，**2012**.
[3] 张华山，王红，赵媛媛. 分子探针与检测试剂. 北京：科学出版社，2002.
[4] Hiraki, K. Metal chelates of aromatic o,o'-dihydroxyazo compounds. I. The fluorescence properties of the

metal chelates of *o,o'*-dihydroxyazobenzene and their use in fluorometry. *Bull. Chem. Soc. Jpn.*, **1973**, 46: 2438-2443.

[5] 胡京汉, 陈娟娟, 李建斌, 祁京. 一种基于偶氮水杨醛酰腙的 CN^- 探针. 无机化学学报, **2014**, 30(11): 2544-2548.

[6] Pan, Y. M.; Jing, H.; Han, Y. F. A new ESIPT-based fluorescent probe for highly selective and sensitive detection of HClO in aqueous solution. *Tetrahedron. Lett.*, **2017**, 58: 1301-1304.

[7] Lee, D. H.; Im, J. H.; Son, S. U.; Chung, Y. K.; Hong, J. I. An azophenol-based chromogenic pyrophosphate sensor in water. *J. Am. Chem. Soc.*, **2003**, 125: 7752-7753.

[8] Li, S. H.; Yu, W. C.; Xu, J. G. A cyclometalated palladium-azo complex as a differential chromogenic probe for amino acids in aqueous solution. *Chem. Commun.*, **2005**, (4): 450-452.

[9] Cui, L.; Shi, Y. P.; Zhang, S. P.; Yan, L. L.; Zhang, H.; Tian, Z. R.; Gu, Y. Y.; Guo, T.; Huang, J. H. A NIR turn-on fluorescent probe applied in cytochrome P450 reductase detection and hypoxia imaging in tumor cells. *Dyes Pigm.*, **2017**, 139: 587-592.

[10] Tian, X. W.; Li, Z.; Sun, Y.; Wang, P.; Ma, H. M. Near-infrared fluorescent probes for hypoxia detection via joint regulated enzymes: design, synthesis, and application in living cells and mice. *Anal. Chem.*, **2018**, 90: 13759-13766.

[11] 马会民, 梁树权. 光学分析试剂. 化学通报, **1999**, 29-33.

[12] 王磊, 孙登明, 何家红. 高灵敏高选择性测镉新试剂 2-氯-4-硝基苯基重氮氨基偶氮苯的合成及应用. 分析实验室, **1993**, 12(4): 58-62.

[13] Krauss, R.; Weinig, H. G.; Seydack, M.; Bendig, J.; Koert, U. Molecular signal transduction through conformational transmission of a perhydroanthracene transducer. *Angew. Chem. Int. Ed.*, **2000**, 39: 1835-1837.

[14] Fabbrizzi, L.; Licchelli, M.; Pallavicini, P.; Perotti, A.; Sacchi, D. An anthracene-based fluorescent sensor for transition metal ions. *Angew. Chem. Int. Ed.*, **1994**, 33: 1975-1977.

[15] Xiao, Y.; Zhang, Y.; Huang, H. M.; Zhang, Y. Y.; Du, B. L.; Chen, F.; Zheng Q.; He, X. X.; Wang, K. M. Conjugated polyelectrolyte-stabilized silver nanoparticles coupled with pyrene derivative for ultrasensitive fluorescent detection of iodide. *Talanta*, **2015**, 131: 678-683.

[16] Xu, Z. C.; Singh, N. J.; Lim, J.; Pan, J.; Kim, H. N.; Park, S.; Kim, K. S.; Yoon, J. Unique sandwich stacking of pyrene-adenine-pyrene for selective and ratiometric fluorescent sensing of ATP at physiological pH. *J. Am. Chem. Soc.*, **2009**, 131: 15528-15533.

[17] Bhosale, S. V.; Bhosale, S. V.; Kalyankar, M. B.; Langford, S. J. A core-substituted naphthalene diimide fluoride sensor. *Org. Lett.*, **2009**, 11: 5418-5421.

[18] Zhou, L. Y.; Zhang, X. B.; Wang, Q. Q.; Lv, Y. F.; Mao, G. J.; Luo, A. L.; Wu, Y. X.; Wu, Y.; Zhang, J.; Tan, W. H. Molecular engineering of a TBET-based two-photon fluorescent probe for ratiometric imaging of living cells and tissues. *J. Am. Chem. Soc.*, **2014**, 136(28): 9838-9841.

[19] Kim, H. M.; Jung, C.; Kim, B. R.; Jung, S. Y.; Hong, J. H.; Ko, Y. G.; Lee, K. J.; Cho, B. R. Environment-sensitive two-photon probe for intracellular free magnesium ions in live tissue. *Angew. Chem. Int. Ed.*, **2007**, 46: 3460-3463.

[20] Kim, M. K.; Lim, C. S.; Hong, J. T.; Han, J. H.; Jang, H. Y.; Kim, H. M.; Cho, B. R. Sodium-ion-selective two-photon fluorescent probe for in vivo imaging. *Angew. Chem. Int. Ed.*, **2010**, 49: 364-367.

[21] Chung, C.; Srikun, D.; Lim, C. S.; Chang, C. J.; Cho, B. R. A two-photon fluorescent probe for ratiometric imaging of hydrogen peroxide in live tissue. *Chem. Commun.*, **2011**, 47: 9618-9620.

[22] Zhu, X. Y.; Zhu, L. M.; Liu, H. W.; Hu, X. X.; Peng, R. Z.; Zhang, J.; Zhang, X. B.; Tan, W. H. A two-photon fluorescent turn-on probe for imaging of SO_2 derivatives in living cells and tissues. *Anal. Chim.*

Acta, **2016**, 937(12): 136-142.

[23] Zhu, X. Y.; Xiong, M. Y.; Liu, H. W.; Mao, G. J.; Zhou, L. Y.; Zhang, J.; Hu, X. X.; Zhang, X. B.; Tan, W. H. A FRET-based ratiometric two-photon fluorescent probe for dual-channel imaging of nitroxyl in living cells and tissues. *Chem. Commun.*, **2016**, 52: 733-736.

[24] Martinez, M. R.; Sancenon, F. Fluorogenic and chromogenic chemosensors and reagents for anions. *Chem. Rev.*, **2003**, 103: 4419-4476.

[25] Lygo, B.; Andrews, B. I. Asymmetric phase-transfer catalysis utilizing chiral quaternary ammonium salts: asymmetric alkylation of glycine imines. *Acc. Chem. Res.*, **2004**, 37: 518-525.

[26] Akkaya, E. U.; Huston, M. E.; Czarnik, A. W. Chelation-enhanced fluorescence of anthrylazamacrocycle conjugate probes in aqueous solution. *J. Am. Chem. Soc.*, **1990**, 112: 3590-3593.

[27] Kang, J.; Choi, M.; Kwon, J. Y.; Lee, E. Y.; Yoon, J. New fluorescent chemosensors for silver ion. *J. Org. Chem.*, **2002**, 67(12): 4384-4386.

[28] Yoon, J.; Kim, S. K.; Singh, N. J.; Lee, Y. W.; Yang, Y. J.; Chellappan, K.; Kim, K. S. Highly effective fluorescent sensor for $H_2PO_4^-$. *J. Org. Chem.*, **2004**, 69: 581-583.

[29] Wang, W.; Springsteen, G.; Gao, S. H.; Wang, B. H. The first fluorescent sensor for boronic and boric acids with sensitivity at sub-micromolar concentrations. *Chem. Commun.*, **2000**, 1283-1284.

[30] Nakata, E.; Nagase, T.; Shinkai, S.; Hamachi, I. Coupling a natural receptor protein with an artificial receptor to afford a semisynthetic fluorescent biosensor. *J. Am. Chem. Soc.*, **2004**, 126: 490-495.

[31] Ding, L.; Fang, Y. Chemically assembled monolayers of fluorophores as chemical sensing materials. *Chem. Soc. Rev.*, **2010**, 39: 4258-4273.

[32] Kalyanasundaram, K.; Thomas, J. K. Environmental effects on vibronic band intensities in pyrene monomer fluorescence and their application in studies of micellar systems. *J. Am. Chem. Soc.*, **1977**, 99: 2039-2044.

[33] Wu, Y, S.; Li, C. Y.; Li, Y. F.; Li, D.; Li. Z. Development of a simple pyrene-based ratiometric fluorescent chemosensor for copper ion in living cells. *Sens. Actuators B-Chem.*, **2016**, 222: 1226-1232.

[34] Shyamal, M.; Mazumdar, P.; Maity, S.; Sahoo, G. P.; Salgado-Moran, G.; Misra, A. Pyrene scaffold as real-time fluorescent turn-on chemosensor for selective detection of trace-level Al (III) and its aggregation-induced emission enhancement. *J. Phys. Chem. A*, **2016**, 120: 210-220.

[35] Zhou, Y.; Won, J.; Lee, J. Y.; Yoon, J. Studies leading to the development of a highly selective colorimetric and fluorescent chemosensor for lysine. *Chem. Commun.*, **2011**, 47: 1997-1999.

[36] Yao, Z. Y.; Ge, W. Q.; Guo, M. W.; Xiao, K.; Qiao, Y. D.; Cao, Z.; Wu, H. C. Ultrasensitive detection of thiophenol based on a water-soluble pyrenyl probe. *Talanta*, **2018**, 185:146-150.

[37] Lu, X. Y; Guo, Z. Q; Sun, C. Y; Tian, H; Zhu, W. H. Helical assembly induced by hydrogen bonding from chiral carboxylic acids based on perylene bisimides. *J. Phys. Chem. B*, **2011**, 115(37): 10871-10876.

[38] Zhou, Y.; Zhu, C. Y.; Gao, X. S.; You, X. Y.; Yao, C. Hg^{2+}-selective ratiometric and off-on chemosensor based on the azadiene-pyrene derivative. *Org. Lett.*, **2010**, 12: 2566-2569.

[39] Wu, Y. S.; Li, C. Y.; Li, Y. F.; Tang, J. L.; Liu. D. A ratiometric fluorescent chemosensor for Cr^{3+} based on monomer excimer conversion of a pyrene compound. *Sens. Actuators B-Chem.*, **2014**, 203: 712-718.

[40] Gessner, T.; Mayer, Udo. Triarylmethane and diarylmethane dyes. Ullmann's Encyclopedia of Industrial Chemistry. Weinheim: Wiley-VCH, 2000.

[41] Kotak, K.; Schulte, A. S.; Hay, J.; Sugden, J. K.; Photostability of aniline blue and methyl blue. *Dyes Pigm.*, **1997**, 34(2):159-167.

[42] Kim, H. N.; Lee, M. H.; Kim, H. J.; Kim, J. S.; Yoon, J. A new trend in rhodamine-based chemosensors: application of spirolactam ring-opening to sensing ions. *Chem. Soc. Rev.*, **2008**, 37, 1465-1472.

[43] Gupta, A. K.; Pal, A.; Sahoo, C. Photocatalytic degradation of a mixture of crystal violet and methyl red dye

in aqueous suspensions using Ag^+ doped TiO_2. *Dyes Pigm.*, **2005**, 69: 224-232.

[44] Hou, X. L.; Tong, X. F.; Dong, W. J.; Dong, C.; Shuang, S. M. Synchronous fluorescence determination of human serum albumin with methyl blue as a fluorescence probe. *Spectrochim. Acta A*, **2007**, 66: 552-556.

[45] Lefevre, C.; Kang, H. C.; Haugland, R. P.; Malekzadeh, N.; Arttamangkul, S.; Haugland, R. P. Texas Red-X and rhodamine Red-X, new derivatives of sulforhodamine 101 and lissamine rhodamine B with improved labeling and fluorescence properties. *Bioconjugate Chem.*, **1996**, 7: 482-489.

[46] Beija, M.; Afonso, C. A. M.; Martinho, J. M. G. Synthesis and applications of rhodamine derivatives as fluorescent probes. *Chem. Soc. Rev.*, **2009**, 38: 2410-2433.

[47] Rohatgi-Mukherjee, K. K.; Lopez-Arbeloa, I. Correlation of liquid structure with the photophysics of rhodamine B (acidic, basic and ester forms) in water-ethanol mixed solvent. *J. Photochem. Photobiol. A*, **1991**, 58: 277-288.

[48] Lopez-Arbeloa, F.; Lopez-Arbeloa, T.; Estevez, M. J. T.; Lopez-Arbeloa, I. Photophysics of rhodamines: molecular structure and solvent effects. *J. Phys. Chem.*, **1991**, 95: 2203-2208.

[49] Karpiuk, J.; Grabowski, Z. R.; Deschryver, F. C. Photophysics of the lactone form of rhodamine 101. *J. Phys. Chem.*, **1994**, 98: 3247-3256.

[50] Shi, W.; Ma, H. M. Rodamine B thiolactone: A simple chemosensor for Hg^{2+} in aqueous media. *Chem. Commun.*, **2008**, 16: 1856-1858.

[51] Jia, J.; Ma, H. M. A water-soluble fluorescence resonance energy transfer probe for hypochlorous acid and its application to cell imaging. *Chin. Sci. Bull.*, **2011**, 56: 3266-3272.

[52] Sun, C. D.; Shi, W.; Song, Y. C.; Chen, W.; Ma, H. M. An unprecedented strategy for selective and sensitive fluorescence detection of nitric oxide based on its reaction with selenide. *Chem. Commun.*, **2011**, 47: 8638-8640.

[53] Cui, P.; Jiang, X. K.; Sun, J. Y.; Zhang, Q.; Gao. F. A water-soluble rhodamine B-derived fluorescent probe for pH monitoring and imaging in acidic regions. *Methods Appl. Fluoresc.*, **2017**, 5: 024009.

[54] Zhu, W. W.; Chai, X. Y.; Wang, B. G.; Zou, Y.; Wang, T.; Meng, Q. G.; Wu, Q. Y. Spiroboronate Si-rhodamine as a near-infrared probe for imaging lysosomes based on the reversible ring-opening process. *Chem. Commun.*, **2015**, 51: 9608-9611.

[55] Brewer, T. F.; Chang, C. J. An aza-cope reactivity-based fluorescent probe for imaging formaldehyde in living cells. *J. Am. Chem. Soc.*, **2015**, 137: 10886-10889.

[56] Chen, X.; Pradhan, T.; Wang, F.; Kim, J. S.; Yoon, J. Fluorescent chemosensors based on spiroring-opening of xanthenes and related derivatives. *Chem. Rev.*, **2012**, 112: 1910-1956.

[57] Li, X. H.; Gao, X. H.; Shi, W.; Ma, H. M. Design strategies for water-soluble small molecular chromogenic and fluorogenic probes. *Chem. Rev.*, **2014**, 114: 590-659.

[58] Zheng, H.; Zhan, X. Q.; Bian, Q. N.; Zhang, X. J. Advances in modifying fluorescein and rhodamine fluorophores as fluorescent chemosensors. *Chem. Commun.*, **2013**, 49: 429-447.

[59] Chen, X. Q.; Ma, H. M. A selective fluorescence-on reaction of spiro form fluorescein hydrazide with Cu (II). *Anal. Chim. Acta*, **2006**, 575: 217-222.

[60] Abo, M.; Urano, Y.; Hanaoka, K.; Takuya, T.; Toru, K.; Tetsuo, T.; Nagano, T. Development of a highly sensitive fluorescence probe for hydrogen peroxide. *J. Am. Chem. Soc.*, **2011**, 133: 10629-10637.

[61] Ma, X.; Liu, C. X.; Shan, Q. L.; Wei, G. H.; Wei, D. B.; Du, Y. G. A fluorescein-based probe with high selectivity and sensitivity for sulfite detection in aqueous solution. *Sens. Actuators B-Chem.*, **2013**, 188: 1196-1200.

[62] Liu, C. R.; Pan, J.; Li, S.; Zhao, Y.; Wu, L.Y.; Berkman, C. E.; Whorton, A. R.; Xian, M. Capture and visualization of hydrogen sulfide by a fluorescent probe. *Angew. Chem. Int. Ed.*, **2011**, 50: 10327-10329.

[63] Miller, A. G. Ethylated fluoresceins assay of cytochrome P-450 activity and application to measurements in single cells by flow cytometry. *Anal. Biochem.*, **1983**, 133(1): 46-57.

[64] Urano, Y.; Kamiya, M.; Kanda, K.; Ueno, T.; Hirose, K.; Nagano, T. Evolution of fluorescein as a platform for finely tunable fluorescence probes. *J. Am. Chem. Soc.*, **2005**, 127: 4888-4894.

[65] 陈巍，马会民. 检测活性氧物种的氧杂蒽类光学探针的研究进展. 分析化学, **2012**, 40: 1311-1321.

[66] Wu, X. F.; Shi, W.; Li, X.H.; Ma, H. M. Recognition moieties of small molecular fluorescent probes for bioimaging of enzymes. *Acc. Chem. Res.*, **2019**, 52: 1892-1904.

[67] Chen, X. Q.; Pradhan, T.; Wang, F. Fluorescent chemosensors based on spiroring-opening of xanthenes and related derivatives. *Chem, Rev.*, **2012**, 112, 1910-1956.

[68] Bueno, C.; Villegas, M. L.; Bertolotti, S. G. The excited-state interaction of resazurin and resorufin with amines in aqueous solutions. photophysics and photochemical reaction. *Photochem. Photobiol.*, **2002**, 76: 385-390.

[69] 李照，马会民. 试卤灵类光学探针的研究进展. 影像科学与光化学, **2014**, 32：60-68.

[70] Chen, X. Q.; Sun, M.; Ma, H. M. Progress in spectroscopic probes with cleavable active bonds. *Curr. Org. Chem.*, **2006**, 10: 477-489.

[71] Wu, X. F.; Shi, W.; Li, X. H.; Ma, H. M. A strategy for specific fluorescence imaging of monoamine oxidase A in living cells. *Angew. Chem. Int. Ed.*, **2017**, 56: 15319-15323.

[72] Sun, M.; Shangguan, D. H.; Ma, H. M.; Nie, L. H.; Li, X. H.; Xiong, S. X.; Liu, G. Q.; Thiemann, W. Simple Pb (II) fluorescent probe based on the Pb (II)-catalyzed hydrolysis of phosphodiester. *Biopolymers*, **2003**, 72: 413-420.

[73] Chen, W.; Li, Z.; Shi, W.; Ma, H. M. A new resorufin-based spectroscopic probe for simple and sensitive detection of benzoyl peroxide via deboronation. *Chem. Commun.*, **2012**, 48: 2809-2811.

[74] Zhang, Y. Y.; Shi, W.; Ma, H. M. Sensitive detection of ozone by a practical resorufin-based spectroscopic probe with extremely low background signal. *Sci. Rep.*, **2013**, 3: 2830.

[75] Zhang, Y. Y.; Chen, W.; Ma, H. M. A spectroscopic off-on probe for simple and sensitive detection of carboxylesterase activity and its application to cell imaging. *Analyst*, **2012**, 137: 716-721.

[76] Li, Z.; Li, X. H.; Gao, X. H.; Zhang, Y. Y.; Shi, W.; Ma H. M. Nitroreductase detection and hypoxic tumor cell imaging by a designed sensitive and selective fluorescent probe, 7-[(5-Nitrofuran-2-yl)methoxy]-3*H*-phenoxazin-3-one. *Anal. Chem.*, **2013**, 85: 3926-3932.

[77] Wu, X. F.; Li, X. H.; Li, H. Y.; Shi, W.; Ma, H. M. A highly sensitive and selective fluorescence off-on probe for the detection of intracellular endogenous tyrosinase activity. *Chem. Commun.*, **2017**, 53: 2443-2446.

[78] Barris, R. W.; Waller, W. H. Notes on technic. *Stain Technol.*, **1937**, 12(3): 125-126.

[79] Hu, Y. M.; Li, H. Y.; Shi, W.; Ma, H. M. Ratiometric fluorescent probe for imaging of pantetheinase in living cells. *Anal. Chem.*, **2017**, 89: 11107-1112.

[80] 张昊琳，胡一鸣，马会民. 甲酚紫类光学探针的研究进展. 分析科学学报, **2017**, 33(5): 700-706.

[81] Wan, Q. Q.; Song, Y. C.; Li, Z.; Gao, X. H.; Ma, H. M. In vivo monitoring of hydrogen sulfide using a cresyl violet-based ratiometric fluorescence probe. *Chem. Commun.*, **2013**, 49: 502-504.

[82] Wan, Q. Q.; Gao, X. H.; He, X. Y.; Chen, S. M.; Song, Y. C.; Gong, Q. Y.; Li, X. H.; Ma, H. M. A cresyl violet-based fluorescent off-on probe for the detection and imaging of hypoxia and nitroreductase in living organisms. *Chem-Asian J.*, **2014**, 9: 2058-2062.

[83] Li, L. H.; Shi, W.; Wang, Z.; Gong, Q. Y.; Ma, H. M. Sensitive fluorescence probe with long analytical wavelengths for gamma-glutamyl transpeptidase detection in human serum and living cells. *Anal. Chem.*, **2015**, 87: 8353-8359.

[84] Gong, Q. Y.; Li, L. H.; Wu, X. F.; Ma, H. M. Pyroglutamate aminopeptidase may be an indicator of cellular inflammatory response as revealed using a sensitive long-wavelength fluorescent probe. *Chem. Sci.*, **2016**, 7: 4694-4697.

[85] Gong, Q. Y.; Shi, W.; Li, L. H.; Ma, H. M. Leucine aminopeptidase may contribute to the intrinsic resistance of cancer cells toward cisplatin as revealed by an ultrasensitive fluorescent probe. *Chem. Sci.*, **2016**, 7: 788-792.

[86] He, X. Y.; Xu, Y, H.; Shi. W.; Ma. H. M. Ultrasensitive detection of aminopeptidase N activity in urine and cells with a ratiometric fluorescence probe. *Anal. Chem.*, **2017**, 89: 3217-3221.

[87] Kensuke, K.; Yasuteru, U.; Hirotatsu, K.; Tetsuo, N. Development of an iminocoumarin-based zinc sensor suitable for ratiometric fluorescence imaging of neuronal zinc. *J. Am. Chem. Soc.*, **2007**, 129: 13447-13454.

[88] Jung, H. S.; Kwon, P. S.; Lee, J.W.; Kim, J. I.; Hong, C. S.; Kim, J. W.; Yan, S. H.; Lee, J. Y.; Lee, J. H.; Joo, T.; Kim, J. S. Coumarin-derived Cu^{2+}-selective fluorescence sensor: synthesis, mechanisms, and applications in living Cells. *J. Am. Chem. Soc.*, **2009**, 131: 2008-2012.

[89] Chen, K. Y.; Guo, Y.; Lu, Z. H.; Yang, B. Q.; Shi, Z. Novel coumarin-based fluorescent probe for selective detection of bisulfite anion in water. *Chin. J. Chem.*, **2010**, 28, 55-60.

[90] Kurishita, Y.; Kohira, T.; Ojida, A.; Hamachi, I. Rational design of FRET-based ratiometric chemosensors for in vitro and in cell fluorescence analyses of nucleoside polyphosphates. *J. Am. Chem. Soc.*, **2010**, 132: 13290-13299.

[91] Lin, W. Y.; Yuan, L.; Cao, X. W. A rational approach to emission ratio enhancement of chemodosimeters via regulation of intramolecular charge transfer. *Tetrahedron Lett*, **2008**, 49: 6585-6588.

[92] Wu, G. F.; Li, M. X.; Zhu, J. J.; Lai, K. W. C.; Tong, Q. X.; Lu, F. A highly sensitive and selective turn-on fluorescent probe for Pb(Ⅱ) ions based on a coumarin-quinoline platform. *RSC Adv.*, **2016**, 6: 100696-100699.

[93] Cheng, X. H.; Tang, R. L.; Jia, H. Z.; Feng, J.; Qin, J. G.; Li, Z. New fluorescent and colorimetric probe for cyanide: direct reactivity, high selectivity, and bioimaging application. *ACS Appl. Mater. Interfaces*, **2012**, 4: 4387-4392.

[94] Kim, S.Y.; Park, J.; Koh, M.; Park, S. B.; Hong, J. I. Fluorescent probe for detection of fluoride in water and bioimaging in A549 human lung carcinoma cells. *Chem. Commun.*, **2009**, 31: 4735-4737.

[95] Wang, X. B.; Zhou, J. H.; Zhang, D. T.; Wang, B. A very fast 3-hydroxy-coumarin-based fluorescent probe for highly selective and sensitive detection of thiophenols and its application in water samples. *Anal. Methods*, **2016**, 8(38): 6916-6922.

[96] Xu, C.; Li, H. D.; Yin, B. Z. A colorimetric and ratiometric fluorescent probe for selective detection and cellular imaging of glutathione. *Biosens. Bioelectron.*, **2015**, 72: 275-281.

[97] Feng, X.; Zhang, T.; Liu, J. T.; Miao, J. Y.; Zhao, B. X. A new ratiometric fluorescent probe for rapid, sensitive and selective detection of endogenous hydrogen sulfide in mitochondria. *Chem. Commun.*, **2016**, 52: 3131-3134.

[98] 王延宝, 赵宝祥. 次氯酸荧光探针的研究进展. 有机化学, **2016**, 36: 1539-1554.

[99] Li, M. X.; Feng, W. Y.; Zhang, H. Y.; Feng, G. Q. An aza-coumarin-hemicyanine based near-infrared fluorescent probe for rapid, colorimetric and ratiometric detection of bisulfite in food and living cells. *Sens. Actuators B-Chem.*, **2017**, 243: 51-58.

[100] Fan, J. L.; Sun, W.; Hu, M. M.; Cao, J. F.; Cheng, G. H.; Dong, H. J.; Song, K. D.; Liu, Y. C.; Sun, S. G.; Peng, X. J. An ICT-based ratiometric probe for hydrazine and its application in live cells. *Chem. Commun.*, **2012**, 48: 8117-8119.

[101] Purrello, R.; Gurrieri, S.; Laucer, R. Porphyrin assemblies as chemical sensors. *Coord. Chem. Rev.*, **1999**,

[102] Lash, T. D. Origin of aromatic character in porphyrinoid systems. *J. Porphyrins Phthalocyanines*, **2011**, 15: 1093-1115.

[103] Chen, G. F.; Tang, M. Z.; Fu, X. F.; Cheng, F. M.; Long, Y. F.; Li, Y. Y.; Jiao, Y. C.; Zeng, R. J. A highly sensitive and selective off-on porphyrin-based fluorescent sensor for detection of thiophenol. *J. Mol. Struct.*, **2019**, 1179: 593-596.

[104] Ivanov, A. S.; Boldyrev, A. I. Deciphering aromaticity in porphyrinoids via adaptive natural density partitioning. *Org. Biomol. Chem.*, **2014**, 12: 6145-6150.

[105] Luo, H. Y.; Jiang, J. H.; Zhang, X. B.; Li, C. Y.; Shen, G. L.; Yu, R. Q. Synthesis of porphyrin-appended terpyridine as a chemosensor for cadmium based on fluorescent enhancement. *Talanta*, **2007**, 72, 575-581.

[106] He, X. Z.; Yang, D. G.; Chen, H. B.; Zheng, W.; Li, H. M. A highly sensitive and reversible chemosensor for Hg^{2+} detection based on porphyrin-thymine conjugates. *J. Mol. Recognit.*, **2015**, 28: 293-298.

[107] Chen, B.; Ding, Y. B.; Li, X.; Zhu, W. H.; Hill, J. P.; Ariga, K.; Xie, Y. S. Steric hindrance-enforced distortion as a general strategy for the design of fluorescence turn-on cyanide probes. *Chem. Commun.*, **2013**, 49: 10136-10138.

[108] Li, Y.; Cao, L. F.; Tian, H. Fluoride ion-triggered dual fluorescence switch based on naphthalimides winged zinc porphyrin. *J. Org. Chem.*, **2006**, 71: 8279-8282.

[109] Cheng, F. M.; Wu, X. S.; Liu, M. L.; Lon, Y. F.; Chen, G. F.; Zeng, R. J. A porphyrin-based near-infrared fluorescent sensor for sulfur ion detection and its application in living cells. *Sens. Actuators B-Chem.*, **2016**, 228: 673-678.

[110] Kotani, H.; Ohkubo, K.; Crossley, M. J.; Fukuzumi, S. An efficient fluorescence sensor for superoxide with an acridinium ion-linked porphyrin triad. *J. Am. Chem. Soc.*, **2011**, 133: 11092-11095.

[111] Ikawa, Y.; Touden, S.; Katsumata, S.; Furuta, H. Colorimetric fluorogenic detection of thiols by N-fused porphyrin in water. *Bioorg. Med. Chem.*, **2013**, 21: 6501-6505.

[112] Wang, Q.; Ma, F. T.; Tang, W. Q.; Zhao, S. L.; Li, C. J.; Xie, Y. S. A novel nitroethylene-based porphyrin as a NIR fluorescence turn-on probe for biothiols based on the Michael addition reaction. *Dyes Pigm.*, **2018**, 148: 437-443.

[113] Boens, N.; Leen, V.; Dehaen, W. Fluorescent indicators based on BODIPY. *Chem. Soc. Rev.*, **2012**, 41: 1130-1172.

[114] Zhang, J.; Campbell, R. E.; Ting, A. Y.; Tsien, R. Y. Creating new fluorescent probes for cell biology. *Nat. Rev. Mol. Cell Biol.*, **2002**, 3: 906-918.

[115] 何源, 冯若昆, 易云瑞, 刘占祥. 氟硼二吡咯亚甲基类荧光探针在离子检测中的应用进展. 有机化学, **2014**, 34 (11): 2236-2248.

[116] Yogo, T.; Urano, Y.; Ishitsuka, Y.; Maniwa, F.; Nagano, T. Highly efficient and photostable photosensitizer based on BODIPY chromophore. *J. Am. Chem. Soc.*, **2005**, 127: 12162-12163.

[117] Zhang, X. J.; Xu, Y. F.; Guo, P.; Qian, X. H. A dual channel chemodosimeter for Hg^{2+} and Ag^+ using a 1, 3-dithiane modified BODIPY. *New J. Chem.*, **2012**, 36: 1621-1625.

[118] Wang, R.; Yu, F. B.; Liu, P.; Chen, L. X. A turn-on fluorescent probe based on hydroxylamine oxidation for detecting ferric ion selectively in living cells. *Chem. Commun.*, **2012**, 48: 5310-5312.

[119] Li, Q.; Guo, Y.; Shao, S. J. A BODIPY derivative as a highly selective off-on fluorescent chemosensor for hydrogen sulfate anion. *Analyst*, **2012**, 137: 4497-4501.

[120] Ekmekci, Z.; Yilmaz, M. D.; Akkaya, E. U. A monostyryl-boradiazaindacene (BODIPY) derivative as colorimetric and fluorescent probe for cyanide Ions. *Org. Lett.*, **2008**, 10: 461-464.

[121] Lu, J. X.; Sun, C. D.; Chen, W.; Ma, H. M.; Shi, W.; Li, X. H. Determination of non-protein cysteine in

human serum by a designed BODIPY-based fluorescent probe. *Talanta*, **2011**, 83: 1050-1056.

[122] Gabe, Y.; Urano, Y.; Kikuchi, K.; Kojima, H.; Nagano, T. Highly sensitive fluorescence probes for nitric oxide based on boron dipyrromethene chromophore rational design of potentially useful bioimaging fluorescence probe. *J. Am. Chem. Soc.*, **2004**, 126: 3357-3367.

[123] Emrullahoglu, M.; Ucuncu, M.; Karakus, E. A BODIPY aldoxime-based chemodosimeter for highly selective and rapid detection of hypochlorous acid. *Chem. Commun.*, **2013**, 49: 7836-7838.

[124] Gong, W.; Su, R. X.; Li, L.; Xu, K. H.; Tang, B. A near-infrared fluorescent probe for fluorine ions and its application in the imaging of HepG2 cells. *Sci. Bull.*, **2011**, 56: 3260-3265.

[125] Jiang, X. D.; Zhang, J.; Shao, X. M.; Zhao. W. L. A selective fluorescent turn-on NIR probe for cysteine. *Org. Biomol. Chem.*, **2012**, 10: 1966-1968.

[126] Gharanjig, K.; Arami, M.; Bahrami, H.; Movassagh, B.; Mahmoodi, N. M.; Rouhani, S. Synthesis, spectral properties and application of novel monoazo disperse dyes derived from N-ester-1, 8-naphthalimide to polyester. *Dyes Pigm.*, **2008**, 76: 684-689.

[127] Panchenko, P. A.; Fedorova, O. A.; Fedorov, Y. V. Fluorescent and colorimetric chemosensors for cations based on 1, 8-naphthalimide derivatives: design principles and optical signalling mechanisms. *Russ. Chem. Rev.*, **2014**, 83: 155-182.

[128] Banerjee, S.; Veale, E. B.; Phelan, C. M.; Murphy, S. A.; Tocci, G. M.; Gillespie, L. J.; Frimannsson, D. O.; Kelly, J. M.; Gunnlaugsson, T. Recent advances in the development of 1, 8-naphthalimide based DNA targeting binders, anticancer and fluorescent cellular imaging agents. *Chem. Soc. Rev.*, **2013**, 42: 1601-1618.

[129] Tao, Z. F.; Qian, X. H. Naphthalimide hydroperoxides as photonucleases: substituent effects and structural basis. *Dyes Pigm.*, **1999**, 43: 139-145.

[130] Zhou, L. Y.; Hu, S. Q.; Wang, H. F.; Sun, H. Y.; Zhang, X. B. A novel ratiometric two-photon fluorescent probe for imaging of Pd^{2+} ions in living cells and tissues. *Spectrochim. Acta A*, **2016**, 166: 25-30.

[131] Zhang, J. F.; Lim, C. S.; Bhuniya, S.; Cho, B. R.; Kim, J. S. A highly selective colorimetric and ratiometric two-photon fluorescent probe for fluoride ion detection. *Org. Lett.*, **2011**, 13: 1190-1193.

[132] Li, Y.; Xie, X. L.; Yang, X.; Li, M. M.; Jiao, X. Y.; Sun, Y. H.; Wang, X.; Tang, B. Two-photon fluorescent probe for revealing drug-induced hepatotoxicity via mapping fluctuation of peroxynitrite. *Chem. Sci.*, **2017**, 8: 4006-4011.

[133] Zhu, X. Y.; Li, Y.; Zan, W. Y.; Zhang, J. J.; Chen, Z. J.; Liu, Y. S.; Qi, F. C.; Yao, X. J.; Zhang, X. Y.; Zhang, H. X. A two-photon off-on fluorescence probe for imaging thiols in live cells and tissues. *Photochem. Photobiol. Sci.*, **2016**, 15: 412-419.

[134] Shen, W.; Ge, J. Y.; He, S. Y.; Zhang, R. Y.; Zhao, C. Y.; Fan, Y.; Yu, S. A.; Liu, B.; Zhu. Q. A self-quenching system based on bis-naphthalimide: A dual two-photon-channel GSH fluorescent probe. *Chem-Asian J.*, **2017**. 12: 1532-1537.

[135] Pak, Y. L.; Li, J.; Ko, K. C.; Kim, G.; Lee, J. Y.; Yoon. J. Mitochondria-targeted reaction based fluorescent probe for hydrogen sulfide. *Anal. Chem.*, **2016**, 88: 5476-5481.

[136] Ren, M.; Deng, B.; Wang, J. Y.; Kong, X.; Liu, Z. R.; Zhou, K.; He, L.; Lin, W. A fast responsive two-photon fluorescent probe for imaging H_2O_2 in lysosomes with a large turn-on fluorescence signal. *Biosens. Bioelectron.*, **2016**, 79: 237-243.

[137] Zhu, B. C.; Li, P.; Shu, W.; Wang, X.; Liu, C. Y.; Wang, Y.; Wang, Z. K.; Wang, Y. W.; Tang, B. Highly specific and ultrasensitive two-photon fluorescence imaging of native HOCl in lysosomes and tissues based on thiocarbamate derivatives. *Anal. Chem.*, **2016**, 88: 12532-12538.

[138] Cui, L.; Zhong, Y.; Zhu, W. P.; Xu, Y. F.; Du, Q. S.; Wang, X.; Qian, X. H.; Xiao, Y. A new

prodrug-derived ratiometric fluorescent probe for hypoxia: high selectivity of nitroreductase and imaging in tumor cell. *Org. Lett.*, **2011**, 13: 928-931.

[139] Liu, Z. M.; Feng, L.; Hou, J.; Lv, X.; Ning, J.; Ge, G. B.; Wang, K. W.; Cui, J. N.; Yang, L. A ratiometric fluorescent sensor for highly selective detection of human carboxylesterase and its application in living cells. *Sens. Actuators B-Chem.*, **2014**, 205: 151-157.

[140] Mukkala, V. M.; Kankare, J. J. New 2,2'-bipyridine derivatives and their luminescence properties with Europium (Ⅲ) and Terbium (Ⅲ) ions. *Helv. Chim. Acta*, **1992**, 75: 1578-1592.

[141] Ji, S. M.; Wu, W. H.; Wu, W. T.; Song, P.; Han, K.; Wang, Z. G.; Liu, S. S.; Guo, H. M.; Zhao, J. Z. Tuning the luminescence lifetimes of ruthenium (Ⅱ) polypyridine complexes and its application in luminescent oxygen sensing. *J. Mater. Chem.*, **2010**, 20: 1953-1963.

[142] Sammes, P. G.; Yahioglu, G. 1, 10-Phenanthroline: a versatile ligand. *Chem. Soc. Rev.*, **1994**, 23: 327-334.

[143] Hercules, D. M.; Lytle, F. E. Chemiluminescence from reduction reactions. *J. Am. Chem. Soc.*, **1966**, 88: 4745-4746.

[144] Turnbull, W. L.; Luyt, L. G. Amino-Substituted 2,2'-Bipyridine Ligands as Fluorescent Indicators for Zn-II and Applications for Fluorescence Imaging of Prostate Cells. *Chem. Eur. J.*, **2018**, 24, 14539-14546.

[145] Zhang, R.; Yu, X. J.; Yin, Y. J.; Ye, Z. Q.; Wang, G.; Yuan, J. L. Development of a heterobimetallic Ru (II)-Cu (II) complex for highly selective and sensitive luminescence sensing of sulfide anions. *Anal. Chim. Acta*, **2011**, 691: 83-88.

[146] Zhang, W.; Zhao, D.; Zhang, R.; Ye, Z.; Wang, G.; Yuan, J.; Yang, M. A ruthenium (II) complex-based turn-on electrochemiluminescence probe for the detection of nitric oxide. *Analyst*, **2011**, 136: 1867-1872.

[147] Zhang, R.; Song, B.; Dai, Z. C.; Ye, Z. Q.; Xiao, Y. N.; Liu, Y.; Yuan, J. L. Highly sensitive and selective phosphorescent chemosensors for hypochlorous acid based on ruthenium (II) complex. *Biosens. Bioelectron.*, **2013**, 50: 1-7.

[148] Li, G.; Liu, J.; Huang, H.; Wen, Y.; Chao, H.; Ji, L. Colorimetric and luminescent dual-signaling responsive probing of thiols by a ruthenium (II)-azo complex. *J. Inorg. Biochem.* **2013**, 121: 108-113.

[149] 常昂, 吴尚荣, 柳影, 张鑫, 魏涌标, 李松青, 刘祥军, 上官棣华. 基于新铜试剂的铜离子荧光探针的设计合成及性能研究. *分析科学学报*, **2016**, 32(1): 58-62.

[150] Li, Y.; Shi, L.; Qin, L. X.; Qu, L. L.; Jing, C.; Lan, M.; James, T. D.; Long, Y. T. An off-on fluorescent probe for Zn^{2+} based on a GFP-inspired imidazolone derivative attached to a 1,10-phenanthroline moiety. *Chem. Commun.*, **2011**, 47, 4361-4363.

[151] Wu, S. R.; Wang, L. L.; Zhang, N.; Liu, Y.; Zheng, W.; Chang, A.; Wang, F. Y.; Li, S. Q.; Shangguan, D. H. A bis(methylpiperazinylstyryl)phenanthroline as a fluorescent ligand for G-quadruplexes. *Chem. Eur. J.*, 2016, 22, 6037-6047.

[152] Zhang, Y. F.; Liu, Z. L.; Zhang, Y; Xu, Y. Q.; Li, H. J.; Wang, C. X.; Lu, A. P.; Sun, S. G. A reversible and selective luminescent probe for Cu^{2+} detection based on a ruthenium (Ⅱ) complex in aqueous solution. *Sens. Actuators B-Chem.*, **2015**, 211: 449-455.

[153] Zapata, F.; Caballero, A.; Espinosa, A.; Tarraga, A.; Molina, P. Cation coordination induced modulation of the anion sensing properties of a ferrocene-imidazophenanthroline dyad: multichannel recognition from phosphate-related to chloride anions. *J. Org. Chem.*, **2008**, 73: 4034-4044.

[154] Klohs, J.; Wunder, A.; Licha, K. Near-infrared fluorescent probes for imaging vascular pathophysiology. *Basic Res. Cardiol.*, **2008**, 103: 144-151.

[155] Wang, H.; Li, W. R.; Guo, X. F.; Zhang, H. S. Spectrophotometric determination of total protein in serum using a novel near-infrared cyanine dye, 5, 5-dicarboxy-1, 1-disulfobutyl-3, 3, 3-tetramethylindotricarbocyanine. *Anal. Bioanal. Chem.*, **2007**, 387: 2857-2862.

[156] Mishra, A.; Behera, R. K.; Behera, P. K.; Mishra, B. K.; Behera, G. B. Cyanines during the 1990s: a review. *Chem. Rev.*, **2000**, 100: 1973-2011.

[157] Yuan, L.; Lin, W. Y.; Zhao, S.; Gao, W. S.; Chen, B.; He, L. W.; Zhu, S. S. A unique approach to development of near-infrared fluorescent sensors for in vivo imaging. *J. Am. Chem. Soc.*, **2012**, 134: 13510-13523.

[158] Wan, Q. Q.; Chen, S. M.; Shi, W.; Li, L. H.; Ma, H. M. Lysosomal pH rise during heat shock monitored by a lysosome-targeting near-infrared ratiometric fluorescent probe. *Angew. Chem. Int. Ed.*, **2014**, 53: 10916-10920.

[159] Li, H. Y.; Li, X. H.; Shi, W.; Xu, Y. H.; Ma, H. M. Rationally designed fluorescence •OH probe with high Sensitivity and selectivity for monitoring the generation of •OH in iron autoxidation without addition of H_2O_2. *Angew. Chem. Int. Ed.*, **2018**, 57: 12830-12834.

[160] Yu, F. B.; Li, P.; Li, G. Y.; Zhao, G. J.; Chu, T. S.; Han, K. L. A near-IR reversible fluorescent probe modulated by selenium for monitoring peroxynitrite and Imaging in living cells. *J. Am. Chem. Soc.*, **2011**, 133: 11030-11033.

[161] Xu, H. X.; Wang, L. L.; Qiang, M. M.; Wang, L. Y.; Li, P.; Tang, B. A selective near-infrared fluorescent probe for singlet oxygen in living cells. *Chem. Commun.*, **2011**, 47: 7386-7388.

[162] Tang, B.; Yu, F. B.; Li, P.; Tong, L. L.; Duan, X.; Xie, T.; Wang, X. A near-infrared neutral pH fluorescent probe for monitoring minor pH changes: imaging in living HepG2 and HL-7702 cells. *J. Am. Chem. Soc.*, **2009**, 131: 3016-3023.

[163] Sasaki, E.; Kojima, H.; Nishimatsu, H.; Urano, Y.; Kikuchi, K.; Hirata, Y.; Nagano, T. Highly sensitive near-infrared fluorescent probes for nitric oxide and their application to isolated organs. *J. Am. Chem. Soc.*, **2005**, 127: 3684-3685.

[164] Li, X. H.; Shi, W.; Chen, S. M.; Jia, J.; Ma, H. M.; Wolfbeis, O. S. A near-infrared fluorescent probe for monitoring tyrosinase activity. *Chem. Commun.*, **2010**, 46: 2560-2562.

[165] Collot, M.; Ponsot, F.; Klymchenko, A. S. Ca-NIR: a ratiometric near-infrared calcium probe based on a dihydroxanthene-hemicyanine fluorophore. *Chem. Commun.*, **2017**, 53: 6117-6120.

[166] Chen, S.; Hong, Y.; Liu, J. Z.; Tseng, N. W.; Liu, Y.; Lam, J. W. Y.; Tang, B. Z. Discrimination of homocysteine, cysteine and glutathione using an aggregation-induced-emission-active hemicyanine dye. *J. Mater. Chem. B*, **2014**, 2: 3919-3923.

[167] Li, Z.; Gao, X. H.; Shi, W.; Li, X. H.; Ma, H. M. In vivo detection and imaging of nitroreductase in zebrafish by a new near-infrared fluorescence off-on probe. *Biosens. Bioelectron.*, **2015**, 63: 112-116.

[168] Li, L. H.; Shi, W.; Wu, X. F.; Gong, Q. Y.; Li, X. H.; Ma, H. M. Monitoring γ-glutamyl transpeptidase activity and evaluating its inhibitors by a water-soluble near-infrared fluorescent off-on probe. *Biosens. Bioelectron.*, **2016**, 81: 395-400.

[169] Wu, X. F.; Li, L. H.; Shi, W.; Gong, Q. Y.; Ma, H. M. Near-infrared fluorescent probe with new recognition moiety for specific detection of tyrosinase activity: design, synthesis, and application in living cells and zebrafish. *Angew. Chem. Int. Ed.*, **2016**, 55: 14728-14732.

[170] Li, L. H.; Li, Z.; Shi, W.; Li, X. H.; Ma, H. M. A sensitive and selective near-infrared fluorescent off-on probe and its application to imaging different levels of β-lactamase in staphylococcus aureus. *Anal. Chem.*, **2014**, 86: 6115-6120.

[171] Zhang, J. Z.; Schwartz, B. J.; King, J. C.; Harris, C. B. Ultrafast studies of photochromic spiropyrans in solution. *J. Am. Chem. Soc.*, **1992**, 114: 10921-10927.

[172] Bertelson, R. C. Photometric process involving heterocyclic cleavage in photochromism. New York: Wiley-Interscience, 1971.

[173] Berkovic, G.; Krongauz, V.; Weiss, V. Spiropyrans and spirooxazines for memories and switches. *Chem. Rev.*, **2000**, 100: 1741-1754.

[174] Zhu, J. F.; Yuan, H.; Chan, W. H.; Lee, A. W. M. A FRET fluorescent chemosensor SPAQ for Zn^{2+} based on a dyad bearing spiropyran and 8-aminoquinoline unit. *Tetrahedron Lett.*, **2010**, 51: 3550-3554.

[175] Ahmed, S. A.; Tanaka, M.; Ando, H.; Tawa, K.; Kimura, K. Fluorescence emission control and switching of oxymethylcrowned spirobenzopyrans by metal ion. *Tetrahedron*, **2004**, 60: 6029-6036

[176] Shao, N.; Jin, J. Y.; Wang, H.; Zhang, Y.; Yang, R. H.; Chan, W. H. Tunable photochromism of spirobenzopyran via selective metal ion coordination: an efficient visula and ratioing fluorescent probe for divalent copper ion. *Anal. Chem.*, **2008**, 80: 3466-3475

[177] Li, J.; Li, X. K.; Jia, J. B.; Chen, X.; Lv, Y. J.; Guo, Y.; Li, J. A ratiometric near-infrared fluorescence strategy based on spiropyran in situ switching for tracking dynamic changes of live-cell lysosomal pH. *Dyes Pigm.*, **2019**, 166: 433-442.

[178] Shiraishi, Y.; Adachi, K.; Itoh, M. Spiropyran as a selective, sensitive, and reproducible cyanide anion receptor. *Org. Lett.*, **2009**, 11: 3482-3485.

[179] Shao, N.; Wang, H.; Gao, X. D.; Yang, R. H.; Chan, W. H. Spiropyran-based fluorescent anion probe and its application for urinary pyrophosphate detection. *Anal. Chem.*, **2010**, 82(11): 4628-4636.

[180] Shao, N.; Jin, J. Y.; Wang, H.; Zheng, J.; Yang, R. H.; Chan, W. H.; Abliz, Z. Design of bis-spiropyran ligands as dipolar molecule receptors and application to in vivo glutathione fluorescent probes. *J. Am. Chem. Soc.*, **2010**, 132: 725-736.

[181] Tsubaki, K.; Mukoyoshi, K.; Morikawa, H.; Kinoshita, T.; Fuji, K. Enantiomeric recognition of amino acids using a chiral spiropyran derivative. *Chirality*, **2002**, 14: 713-715.

[182] Hu, L.; Yan, Z. Q.; Xu, H. Y. Advances in synthesis and application of near-infrared absorbing squaraine dyes. *RSC Adv.*, **2013**, 3: 7667-7676.

[183] 石伟宁，徐勇前，孙世国，李红娟. 方酸菁荧光探针的应用研究进展. 应用化学, **2017**, 34(12): 1433-1449.

[184] Matthias, S.; Jennifer, Z.; Abdullaeva, O. S.; Stefanie, B.; Frank, B.; Arne, L.; Oriol, A.; Manuela, S. Giant intrinsic circular dichroism of prolinol-derived squaraine thin films. *Nat. Commun.*, **2018**, 9: 2413-2422.

[185] Ros-Lis, J. V.; Martinez-Manez, R.; Sancenon, F.; Soto, J.; Spieles, M.; Rurack, K. Squaraines as reporter units: insights into their photophysics, protonation, and metal-ion coordination behaviour. *Chem. Eur. J.*, **2008**, 14: 10101-10114.

[186] Xu, Z. G.; Jiang, M. Y.; Zhang, C.; Mei, J. F.; Li, Z. Y.; Xu, S.; Wang, L. P. Highly selective and sensitive optical probe for Fe^{3+} based on a well water-soluble squarylium dye. *Anal. Methods*, **2018**, 10: 2353-2359.

[187] Wang, W. D.; Fu, A.; You, J. S.; Gao, G.; Lan, J. B.; Chen, L. J. Squaraine-based colorimetric and fluorescent sensors for Cu^{2+}-specific detection and fluorescence imaging in living cells. *Tetrahedron*, **2011**, 66: 3695-3701.

[188] Chen, C.; Wang, R. Y.; Guo, L. Q.; Fu, N. Y.; Dong, H. J.; Yuan, Y. F. A squaraine-based colorimetric and turn-on fluorescent sensor for selective detection of Hg^{2+} in an aqueous medium. *Org. Lett.*, **2011**, 13: 1162-1165.

[189] Li, J.; Ji, C. D.; Yang, W. T.; Yin, M. Z. pH switchable and fluorescent ratiometric squarylium indocyanine dyes as extremely alkaline solution sensors. *Analyst*, **2013**, 138, 7289-7293.

[190] Sun, J. Q.; Ye, B. F.; Xia. G. M.; Zhao, X. H.; Wang, H. M. A colorimetric and fluorescent chemosensor for the highly sensitive detection of CO_2 gas: combining experiment and DFT calculation. *Sens. Actuators B-Chem.*, **2010**, 114: 76-82.

[191] Xu, Y. Q.; Li, B. H.; Li, W. W.; Zhao, J.; Sun, S. G.; Pang, Y. ICT-not-quenching near infrared ratiometric

fluorescent detection of picric acid in aqueous media. *Chem. Commun.*, **2013**, 49(42): 4764-4766.

[192] Liu, X. D.; Sun, R.; Ge, J. F.; Xu, Y. J.; Xu, Y.; Lu, J. M. A squaraine-based red emission off-on chemosensor for biothiols and its application in living cells imaging. *Org. Biomol. Chem.*, **2013**, 11: 4258-4264.

[193] Xu, Y. Q.; Li, Z. Y.; Malkovskiy, A.; Sun, S. G.; Pang, Y. Aggregation control of squaraines and their use as near-infrared fluorescent sensors for protein. *J. Phys. Chem. B*, **2010**, 114: 8574-8580.

[194] Grande, V.; Doria, F.; Freccero, M.; Würthner, F. An aggregating amphiphilic squaraine: A light-up probe that discriminates parallel G-quadruplexes. *Angew. Chem. Int. Ed.*, **2017**, 56: 7520-7524.

第6章 大分子光学探针

张楠，上官棣华
中国科学院化学研究所

上一章介绍了小分子光学探针及其在生物医学、食品卫生、环境、工业、农业以及能源等各个领域中的分析应用。然而，有些小分子发光材料存在易发生光漂白、对检测环境敏感、水溶性差或发光效率低等问题，不能完全满足一些特定的检测需要。随着天然大分子结构与功能研究的深入和制备技术的提高，以及高分子聚合物材料的迅猛发展，基于大分子，尤其是生物大分子构建的新型光学探针近年也受到了人们的关注。

大分子或高分子聚合物一般是指分子量超过一万道尔顿的化合物，它们通常由重复的结构单元组成，具有线状或枝状等拓扑结构。大分子化合物包括化学合成的高分子聚合物和天然生物大分子（如核酸、蛋白质和多糖等）。基于大分子构建的光学探针称为大分子光学探针。在该类光学探针中，大分子或作为光学基团或光学基团的载体，或作为分子识别基团，或兼而有之。相较于有机小分子光学探针，大分子光学探针的缺点是分子量不固定，具有一定的分布范围，因而存在异质性，且尺寸大，不适于小尺寸（如很小的亚细胞器等）研究对象的探测。此外，大分子探针的纯化较困难。尽管如此，许多大分子光学探针具有下述重要优势：吸光/发光效率高、生物相容性好、亲和力强、具有信号放大功能等。因此，大分子光学探针在生物传感分析中同样受到了人们的青睐。近年来，大分子光学探针得到了快速发展，大量的大分子光学探针被不断开发和应用，在生物传感和成像等领域做出了重要贡献。本章主要介绍目前发展较快、应用较多的三大类大分子光学探针，分别是：荧光高分子探针（主要包括荧光高分子聚合物和荧光共轭聚合物）、核酸类探针（主要包括核酸杂交探针和核酸适配体探针）以及蛋白质类光学探针。

6.1 荧光高分子探针

6.1.1 荧光高分子聚合物
6.1.1.1 概述
荧光高分子聚合物是指经一定能量光辐照后，可发出特定波长光辐射的高分子材料；其同时兼具了小分子荧光探针的光学性能和高分子聚合物的可加工等性能。与荧光小分子相比，荧光高分子的配体结合位点更多、化学稳定性更好、摩尔消光系数更大、不易猝灭、对分析物具有高灵敏的响应、易制成分子器件。因此，荧光高分子材料作为荧光传感载体，可构建出灵敏度和环境稳定性高、适用范围广的荧光探针或传感器。

6.1.1.2 荧光高分子材料的分类
荧光高分子材料可按多种方法分类，目前主要是按制备方法不同和水溶性不同来进行分类。

根据制备方法的不同，荧光高分子材料可分为：掺杂型荧光高分子材料和化学键合型荧光高分子材料。

掺杂型荧光高分子材料，即在高分子材料制备过程中，利用溶剂溶解、熔融共混等方法将小分子掺杂到高分子聚合物中，通过自组装等非共价键合形式使荧光小分子参与高分子材料的组成。目前，大多数掺杂型荧光高分子材料都是将稀土金属配合物掺杂到高分子材料中。20 世纪 80 年代，Okamoto 等[1]将稀土金属铕配合物掺杂到不同高分子聚合物中，并研究了其荧光性能。Okura 等[2]将金属铱配合物和含氟聚合物共溶在四氢呋喃中制得可检测氧的荧光高分子薄膜探针。掺杂型荧光高分子材料制备简单，可提高荧光小分子在不同环境中的化学稳定性和光学性能；但该种材料寿命有限、荧光小分子易泄漏。

化学键合型荧光高分子材料，是以共价键的形式将荧光小分子通过共价键合、均聚、缩聚或接枝等手段融入高分子的主链或侧链结构上。主链化学键合型荧光高分子材料是在高分子链的末端连接荧光小分子，或将荧光小分子作为单体或单体之一聚合成高分子聚合物。末端连接荧光小分子的高分子材料，其荧光基团位置确定，基本不影响高分子聚合物的固有特性（如热性能等）。而将荧光小分子作为单体通过均聚或共聚制成的荧光高分子材料中荧光基团的含量高，常常能极大改善分子的荧光强度。若单体之间是通过共轭键连接的荧光高分子材料也叫共轭荧光聚合物，由于其特殊的物化性质和光学性能，将在本章 6.2 节进行专门讨论。

侧链化学键合型荧光高分子材料是指在侧链连接荧光小分子的高分子聚合

物。该类荧光高分子材料主要有两种制备方法：第一种是先制备侧链含有活性基团的单体聚合成的高分子，再将荧光小分子与高分子侧链的活性基团反应而共价连接于高分子材料上；第二种是将含有荧光侧链的乙烯基单体作为单体或单体之一，利用其不饱和键参与高分子聚合，而荧光基团则位于高分子侧链上。该类化学键合型荧光高分子材料的荧光基团含量较高，且荧光基团的光学性能不受单体聚合的干扰。马会民等[3]将聚乙烯醇、聚 2-丙烯酰胺以及壳聚糖等和含杂原子的吡啶、噻唑和苯并噻唑等杂环偶氮类荧光小分子连接，得到了能识别镁离子等金属离子的高分子荧光探针。

荧光高分子材料按其水溶性可分为：非水溶性荧光高分子材料、水溶性荧光高分子材料以及两亲性荧光高分子材料。

非水溶性荧光高分子材料一般由疏水性较高的单体聚合而成。该类材料强度大、环境稳定性好、寿命较长，通常可制成光学传感器件。水溶性荧光高分子材料主要是侧链含有亲水性基团的高分子低聚物，其在极性溶剂中能均匀分散，可与待测物相互扩散，检测灵敏度高，适用于各种水溶性体系的分析。如，以三聚氯氰为连接臂，7-羟基-4-甲基香豆素为荧光基团，聚丙烯胺为主链，可合成出对偏中性 pH 具有荧光响应的水溶性荧光高分子探针[4]。两亲性荧光高分子材料是指高分子聚合物中既包含亲水性基团又存在亲脂性基团，由于这两种基团的相斥性，两亲性荧光聚合物溶解在水溶性或非水溶性溶剂后可发生有规律的聚集行为，即自组装行为。利用这种自组装行为，可构建荧光高分子膜或胶束，在靶向识别和药物输送、生物成像等方面具有广泛应用价值。

此外，荧光高分子材料还可按存在形态分为荧光高分子溶液、荧光高分子薄膜和荧光高分子纤维等。按荧光基团分类，可为分罗丹明类荧光高分子材料、萘酰亚胺类荧光高分子材料、芘系荧光高分子材料等等。

6.1.1.3 荧光高分子探针的应用

荧光高分子探针因其独特的物化性质和光学性能，在荧光探测和生物传感等领域有一定的应用价值。

（1）温敏荧光高分子探针

温度是自然界重要的物理参数之一，一些高分子聚合物［如聚 N-异丙基丙烯酰胺（PNIPAAm）、聚乙烯吡咯烷酮（PVP）等］对温度具有响应，温度发生微小变化即可引起该类聚合物的构象和水溶性发生明显变化，这类高分子聚合物被称为温敏高分子聚合物。温敏高分子聚合物一般同时存在亲水基团和疏水基团，当温度低于一定值时，亲水基团可与周围水分子形成氢键和分子间相互作用，从而具有水溶性，高分子聚合物呈现伸展的线团状结构；当温度高于该值时，氢键被破坏，高分子聚合物呈现疏水性，高分子聚合物逐渐转变为紧密的胶粒状结构。

引起高分子聚合物构象变化的温度即为低临界溶解温度（lower critical solution temperature，LCST）。将荧光小分子连接于温敏高分子聚合物上，温度变化引起高分子聚合物构象变化，使得荧光小分子由于周围环境亲水、疏水性发生变化从而导致荧光信号发生改变，基于此可构建温度响应型荧光高分子探针。温度的变化与生物体正常生理活动以及疾病的发生、发展密切相关，因此高灵敏地检测生物体中温度变化，对细微的温度变化进行荧光成像，将有利于研究温度变化与疾病分子机制的联系。2018 年，齐莉等[5]将极性敏感的香豆素衍生物和能够定位线粒体的三苯基膦基团共价键合在温敏高分子聚合物 PNIPAAm 侧链上，并掺杂对 ATP 敏感的罗丹明 B 衍生物，如图 6-1 所示，所得到的温敏荧光高分子探针能够选择性定位在细胞线粒体，并可同时检测线粒体中温度和 ATP 的含量变化。

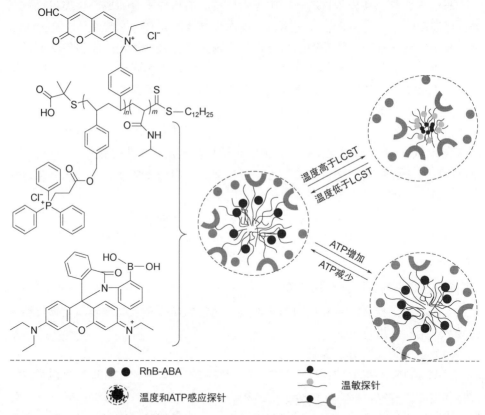

图 6-1 同时检测细胞线粒体中温度和 ATP 的荧光高分子探针[5]

（2）基于旋转受限的荧光高分子探针

有些荧光高分子聚合物由于荧光基团过于集中，常常会出现荧光降低甚至猝灭的现象，导致了其信噪比低、灵敏度不高等问题，制约了荧光高分子聚合物的应用。旋转受限的荧光分子是指一类分子在自由状态下可发生分子内旋转导致其激发态能量主要以非辐射形式衰减,而当其单键旋转受限后,其激发态能量则主要通过辐射形式衰减,从而发出强荧光[6]。该类分子具有背景信号低、聚集后荧光增强的特点,现也称为聚集诱导荧光分子。将该类荧光分子引入高分子材料后,即可得到一类新型、发光效率高、光稳定性好、生物相容性好的荧光高分子材料。唐本忠等将四苯乙烯(tetraphenylethene,TPE)分子连接到壳聚糖侧链,得到了荧光高分子材料 TPE-CS,如图 6-2 所示。TPE-CS 不仅具有 TPE 分子的聚集诱导发光现象,且具有壳聚糖的生物相容性和易被细胞内吞的特性。TPE-CS 在溶液中无荧光,而被细胞吞噬后,在细胞内聚集呈现明亮荧光,当细胞分裂 15 代后依然保持很强荧光,这表明 TPE-CS 可作为优秀的活细胞长时示踪剂[7]。然而,这类探针在细胞等生物体系中易出现聚集、沉淀,进而导致分布不均、测定重复性差等问题。

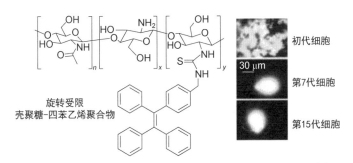

图 6-2　基于旋转受限荧光高分子探针的细胞荧光成像[7]

(3) 荧光分子印迹聚合物探针

分子印迹聚合物 (molecularly imprinted polymer,MIP) 是指对特定目标分子(模板分子)及其结构类似物具有特异性识别和选择性吸附的聚合物。分子印迹聚合物作为可修饰性强的识别元件,常用于分离和富集。将荧光基团引入分子印迹聚合物后得到荧光分子印迹聚合物 (fluorescent molecularly imprinted polymer,fMIP),可作为具有特异性识别和富集能力的荧光高分子材料。一般而言,荧光分子印迹聚合物是将荧光单体分子与共聚物、交联剂在模板分子存在的条件下进行聚合得到,但是这种方法得到的聚合物在非识别区域位点也可交联上荧光分子,使得信噪比过低。2014 年,Takeuchi 等[8]开发了位点导向的印迹后修饰两步法,合成了高特异性、高灵敏度的荧光分子印迹聚合物探针。如图 6-3 所示,先制得含模板蛋白的分子印迹聚合物后,在不除去模板蛋白的情况下,利用模板蛋白产生位阻效应,只封闭模板结合位点以外的活性位点,而后再除去模板蛋白,暴露附近的化学反应位点,最后将荧光分子键合到模板结合位点附近。利用上述方法得到的荧光分子印迹聚合物实现了对溶菌酶高灵敏度、高选择性的识别与检测。

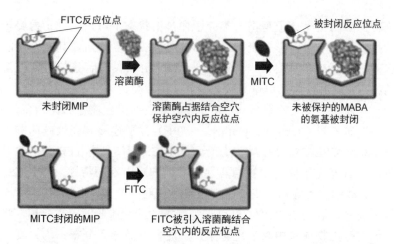

图 6-3　印迹后修饰法制备荧光分子印迹聚合物及对分析物检测的示意图[8]

6.1.2　荧光共轭聚合物

6.1.2.1　概述

荧光共轭聚合物（fluorescent conjugated polymers）是指具有 π-π 共轭电子结构和特殊光电性质的线性高分子聚合物。荧光共轭聚合物是由重复的发光单元共轭聚合（单键与多重键或芳环交替链接）而成，其结构由主链骨架和侧链基团组成，主链骨架是可形成大 π 键的共轭分子链，主链骨架结构决定了共轭聚合物的光学性质；侧链基团在不影响主链骨架荧光性质的前提下可进行修饰和改造，主要负责共轭聚合物的识别功能和溶解性等物化性质。

与一般的荧光高分子聚合物不同，在荧光共轭聚合物中，共轭的发光单元间可通过电子离域和电子耦合作用使得电子和能量可在主链上自由流动，具有分子线效应。荧光共轭聚合物的发光单元和共轭主链使其不仅具备有机荧光分子的光学性质，还具有无机半导体材料的狭窄带隙特点。因此，荧光共轭聚合物具有摩尔吸光系数高、量子产率高、光稳定性好、易于修饰和改造等优点。此外，荧光共轭聚合物受光激发后，能量可以沿着分子骨架快速传递，易于发生能量共振转移，因此环境的微小改变即可引起共轭聚合物荧光信号较大的变化，可实现信号放大。鉴于荧光共轭聚合物的上述诸多优势，共轭聚合物荧光探针在生物医学、化学与材料科学等交叉领域受到了广泛关注。

共轭聚合物按照主链的重复单元分类，主要可分为聚乙炔类、聚吡咯类、聚苯胺类、聚噻吩类、聚对亚苯基类、聚对亚苯基亚乙烯类、聚对亚苯基亚乙炔类和聚芴类等共轭聚合物，如图 6-4 所示。按照侧链修饰基团分类，可分为含脂肪链的共轭聚合物和侧链含有电荷的水溶性共轭聚合物。常见的水溶性共轭聚合物主要有含有季铵盐、吡啶阳离子等正电荷基团的共轭聚合物，以及含有羧酸、磷酸和磺酸等负电荷基团的共轭聚合物。按照形态分类，可分为共轭聚合物颗粒、共轭聚合物薄膜以及水溶性共轭聚合物溶液等。

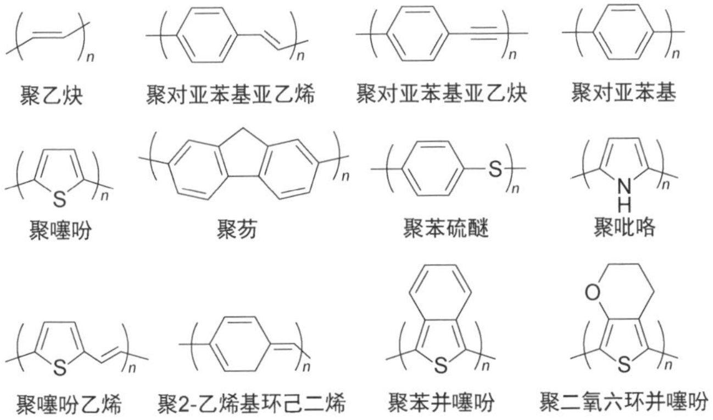

聚乙炔
聚对亚苯基亚乙烯
聚对亚苯基亚乙炔
聚对亚苯基
聚噻吩
聚芴
聚苯硫醚
聚吡咯
聚噻吩乙烯
聚2-乙烯基环己二烯
聚苯并噻吩
聚二氧六环并噻吩

图 6-4　常见的共轭聚合物骨架结构

6.1.2.2　荧光共轭聚合物的发展历程

20 世纪 70 年代，美国科学家 Heeger 和 MacDiarmid 以及日本科学家 Shirakawa 首次发现并探究了碘掺杂聚乙炔的有机聚合物导电性质，并因“发现和发展导电聚合物”获得了 2000 年的诺贝尔化学奖。1990 年，Holmes 等[9]报道了聚苯乙炔（PPV）的电致发光现象和其在发光二极管上的应用。1995 年，Swager 等[10]发现了共轭聚合物具有荧光猝灭放大现象，将一个猝灭基团连接到共轭聚合物的任一位点即可猝灭整个共轭高分子的荧光，如图 6-5 所示，这一现象是基于共轭聚合物的分子线效应，该现象为其应用于各种微量化合物的检测提供了理论基础。

分子导线-受体聚集体
受体
待测物
可见光
电子转移
猝灭剂

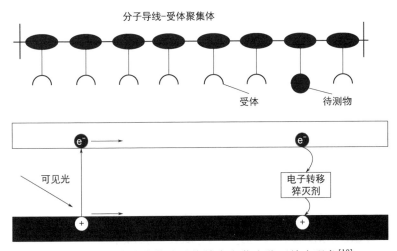

图 6-5　共轭聚合物的分子线效应和荧光猝灭放大现象[10]

1998年，Swager等[11]进一步发展了共轭聚合物多孔高分子膜作为化学荧光探针，实现了痕量TNT的高灵敏检测。

共轭聚合物由于主链上的离域大π键使得分子刚性较强，当侧链为脂肪链时，荧光共轭聚合物在水溶液中呈聚集状态，因此这类荧光共轭聚合物常常制成共轭聚合物薄膜或者颗粒，其优点是，在理论上电子和能量可在整个共轭聚合物薄膜或者颗粒上自由流动，实现链间能量迁移，增强信号放大作用；但固相的薄膜或颗粒严重制约了待测物的快速扩散，影响检测灵敏度。因此，需要设计合成水溶性更好的荧光共轭聚合物。1987年，Heeger等[12]合成了侧链含有磺酸基团的聚噻吩，这是报道的第一个水溶性共轭聚合物。而后，越来越多的研究发现在共轭聚合物侧链上引入如季铵盐、羧基、冠醚等水溶性基团，或者将共轭聚合物侧链接枝聚乙二醇等分子刷，都可有效增加共轭聚合物水溶性而不影响其光电性质，使得荧光共轭聚合物更加适应复杂的水溶性生物体系。进一步在侧链修饰特殊基团，如药物分子、光敏剂、特异性识别单元等，合成具有特殊功能的水溶性共轭聚合物，可拓宽其在生物传感和分子医药领域中的应用。因此设计、合成可用于生物传感的新型水溶性共轭聚合物受到科研人员的广泛关注。

6.1.2.3 荧光共轭聚合物的应用

（1）离子及小分子的检测

利用侧链基团的可修饰性，在聚噻吩、聚对亚苯基亚乙炔等荧光共轭聚合物侧链上修饰烷氧链、冠醚、杯芳烃等基团，这些基团能与金属离子（如K^+、Pb^{2+}、Cu^{2+}、Hg^{2+}以及Fe^{3+}等）选择性多价配位络合，引起共轭聚合物的荧光猝灭，从而实现对金属离子的选择性响应和检测，如图6-6所示。共轭聚合物侧链上修饰特定阳离子时也可选择性对如碘离子等阴离子进行识别和检测。

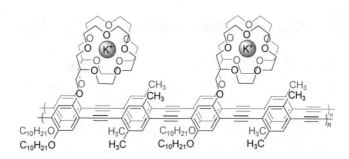

图6-6 识别钾离子的荧光共轭聚合物[13]

在侧链上修饰具有氧化还原性质的基团，可选择性检测如一氧化氮（NO）、谷胱甘肽（GSH）以及双氧水（H_2O_2）等氧化还原物种[14-16]。另外，当侧链修饰苯硼酸时，可利用其与糖的缩合反应建立荧光打开型共轭聚合物探针，实现对糖类的检测[17]。

（2）生物大分子的检测

基于静电作用和荧光共振能量转移（FRET）原理，阳离子共轭聚合物在核酸检测和识别方面具有其优势。2003 年，Bazan 等[18]利用阳离子聚芴和荧光标记的肽核酸（PNA）实现了对单链 DNA 的检测。如图 6-7 所示，带正电的阳离子聚芴与不带电的 PNA 不结合，当加入 PNA 的互补序列 ssDNA 后，聚芴与 PNA 能够同时与该 ssDNA 结合从而拉近了聚芴和 PNA 的距离，使得聚芴可与 PNA 所带荧光基团发生 FRET 现象，实现对该 ssDNA 的检测。利用阳离子共轭聚合物与其它荧光分子的能量共振转移机理，还可构建荧光共轭聚合物探针用于双链 DNA、G-四链体、单核苷酸多态性（single nucleotide polymorphism，SNP）以及 DNA 甲基化等的检测。

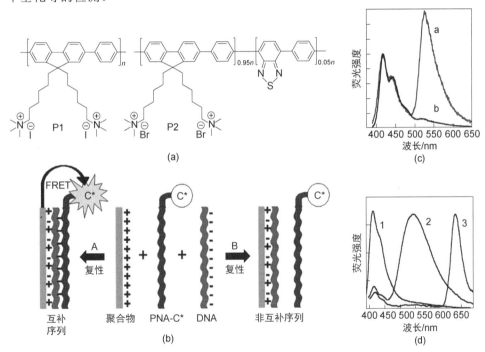

图 6-7　基于阳离子共轭聚合物的核酸传感器[18]

利用共轭聚合物和 FRET 技术，同样可对酶活性、肿瘤标志物及疾病相关蛋白等进行高灵敏、高选择的检测。如图 6-8 所示，利用静电作用，连接猝灭基团的酶底物吸附在荧光共轭聚合物表面，可对蛋白酶及其活性进行检测。对于荧光打开型探针，猝灭基团直接与酶底物连接，猝灭共轭聚合物的荧光，有蛋白酶存在时可切割底物，使得猝灭基团释放至溶液中，从而实现共轭聚合物的荧光信号放大；对于荧光关闭型探针，猝灭基团被封闭在底物上，当蛋白酶存在时，切割底物，使得封闭的猝灭基团被释放，从而猝灭共轭聚合物荧光，实现荧光信号的关闭[19]。而后，研究人员利用水溶性共轭聚合物作为荧光传感元件构建荧光探针，实现了对如 γ-谷氨酰转肽酶、凝血酶、溶菌酶、激酶、磷酸酶、上皮细胞黏附分子、前列腺特异性抗原以及癌胚抗原等蛋白质的识别与检测[20]。

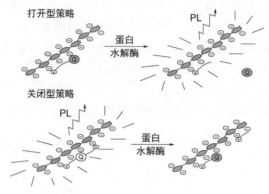

图 6-8　基于共轭聚合物的荧光打开型和关闭型探针检测蛋白酶的活性[19]

（3）细菌的检测与抗菌作用

细菌细胞壁主要由肽聚糖和酸性多糖构成，酸性多糖带负电，使得细菌表面整体呈电负性，其中革兰氏阳性菌电负性比革兰氏阴性菌更大。根据细菌细胞壁结构和电负性的差异，阳离子共轭聚合物通过静电作用和疏水作用可对细菌实现快速、简便的检测和区分。目前，侧链为季铵盐的阳离子共轭聚合物是最常用的共轭聚合物细菌检测探针。通过对阳离子共轭聚合物侧链的进一步修饰，或者利用超分子材料如葫芦脲等自组装和解组装状态对细菌的结合能力的差别可实现对细菌高灵敏度、高准确性的分型。如图 6-9 所示，2014 年，王树等[21]报道了一种

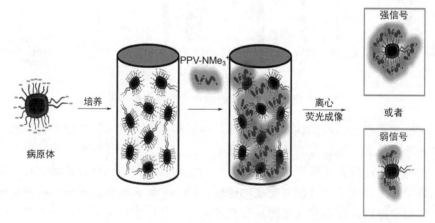

图 6-9　PPV-NMe$_3^+$ 区分革兰氏阳性细菌、革兰氏阴性细菌以及真菌[21]

阳离子聚对亚苯基亚乙烯衍生物（PPV-NMe$_3^+$），它可与不同被膜结构的微生物发生不同的相互作用，荧光显微镜下即可以快速、简单地区分革兰氏阳性细菌、革兰氏阴性细菌以及真菌。

阳离子共轭聚合物能识别细菌，且在光照条件下具有高效的杀菌活性。其杀菌机理一方面是由于阳离子共轭聚合物带正电荷的侧链不仅可识别膜电负性较大的细菌，而且可破坏细菌的膜结构完整性；另一方面，聚合物主链的共轭结构使其具有光敏性质，荧光共振能量转移过程将能量转移到阳离子共轭聚合物上并激发共轭聚合物，产生单线态氧或活性氧物质，活性氧可通过氧化反应破坏细胞膜结构，共轭聚合物通过上述两个途径破坏细菌细胞膜完整性从而实现显著的杀菌效果。基于上述原理，王树等[22]设计合成了一种侧链修饰咪唑鎓盐的水溶性阳离子共轭聚合物 P3HT-Im，如图 6-10 所示，P3HT-Im 实现了在真核细胞和细菌的混合体系内对革兰氏阴性和阳性细菌进行选择性检测和杀伤。

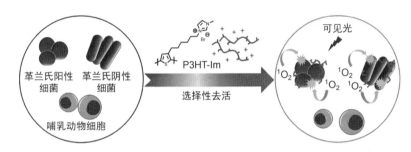

图 6-10　共轭聚合物 P3HT-Im 对革兰氏阴性和阳性细菌的选择性检测和杀伤[22]

（4）细胞及活体的检测与成像

共轭聚合物特别是水溶性共轭聚合物用于活细胞的荧光检测和荧光成像具有其优势：①共轭聚合物具有很强的光捕获能力，使得荧光亮度高、光稳定性好，且通过调控结构可改变荧光光谱范围；②共轭聚合物侧链可修饰大量同种类或者不同类识别和靶向基团；③共轭聚合物细胞毒性低。目前，共轭聚合物已被广泛应用于细胞、组织切片以及活体等相关疾病的生物传感和荧光成像领域。快速区分肿瘤细胞和正常细胞是诊断和治疗肿瘤关键步骤之一，利用肿瘤细胞和正常细胞膜表面电荷、蛋白表达以及多糖表达的差异，研究人员设计合成了一系列用于检测肿瘤细胞的荧光共轭聚合物探针。2009 年，Bunz 等[23]发展了一种基于共轭聚合物和纳米金复合材料的阵列体系，可对不同细胞表面微小的差异进行响应，据此能快速区分肿瘤细胞和正常细胞。如图 6-11 所示，Chiu 等[24]设计了一种高光吸收、高量子产率的共聚物复合纳米材料，该材料还共价偶联了可识别肿瘤组织的氯毒素（chlorotoxin），可对脑片中的肿瘤组织进行特异性荧光成像。利用聚噻吩的发光性质，Nilsson 等[25]发展了可通过血脑屏障（blood brain barrier，BBB）的噻吩低聚物 p-FTAA，其可对阿兹海默小鼠脑内的淀粉样斑块进行活体的多光子成像。

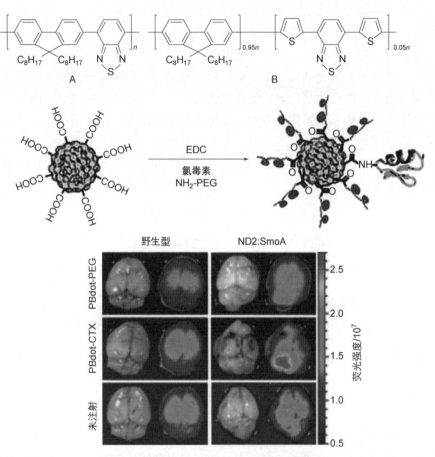

图 6-11　基于 A、B 两种单体形成的共轭聚合物的脑肿瘤成像[24]

6.2　核酸类探针

核酸是一类重要的生物大分子，是遗传信息的储存、复制和传递的主要物质基础，被认为是"遗传信息的载体"，在蛋白质合成过程中起着重要作用。天然核酸分子分为 DNA 和 RNA，其一级结构由 4 种脱氧核苷酸（DNA）或 4 种核苷酸（RNA）聚合而成。两条单链 DNA 可通过核苷酸碱基间形成的 Waston-Crick 氢键进行互补配对（G-C、A-T），从而形成双螺旋结构，这是生命体中 DNA 存在的主要高级结构形式。DNA 与 RNA 也可互补配对（G-C、A-T，A-U），以实现生命体遗传信息的转录过程。RNA 与 RNA 也可互补配对（A-U、G-C），从而形成不同的二级或三级结构。这种核酸碱基间的互补配对作用具有很高的特异性，是生命体中核酸分子之间精确识别与调控的基础。利用核酸碱基间的这种精确互补配对作用和多样的核酸空间结构可构建各种形式的核酸类探针，用来识别和检测包括核酸在内的多种大分子、小分子或细胞等。

6.2.1 核酸杂交探针

6.2.1.1 概述

核酸杂交探针（nucleic acid probe），又叫基因探针或核酸探针，是带有标记物、具有已知特定一级序列的单链核酸分子。核酸探针可以是天然 DNA、RNA 或者是锁核酸、肽核酸等非天然的修饰核酸，标记物一般为生物素、地高辛、同位素或者荧光基团等。基于碱基互补配对的原理，两条核酸单链通过退火形成双链的过程称为核酸杂交。如图 6-12 所示，核酸探针根据其一级序列的碱基排列，通过碱基互补配对，与待测核酸链杂交成双链，同时核酸探针上的标记物可指示双链的形成，因此核酸探针的本质是对于其互补核酸分子一级序列的识别。目前最常用的核酸探针是 DNA 探针，根据其来源，可分为 3 种：一种来源于基因组中的基因本身，可称为基因组探针（genomic probe），可以是基因全序列或者基因上的一段序列；另一种是从相应的基因经转录获得 mRNA，再通过逆转录得到长度在几百个碱基以上的 DNA 探针，称为 cDNA 探针（cDNA probe）；第三种，随着核酸固相合成技术的发展与成熟，通过化学合成可得到长度一般在 100 个碱基以下的 DNA 探针，也称为寡核苷酸探针。核酸探针是在分子水平上设计和构建的以核酸序列作为识别元件的探针，在基因分析、转录水平测定、疾病诊断、食品检验以及物种鉴定等领域得到了广泛应用，极大地推动了分子生物学和分子医学的发展。

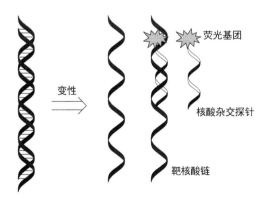

图 6-12 核酸探针识别目标核酸示意图

6.2.1.2 核酸探针技术的发展历史与分类

（1）Southern 和 Northern 印迹杂交

Southern 印迹杂交是利用单个核酸探针分析和检测体外提取 DNA 的技术。1975 年，由英国科学家埃德温·迈勒·萨瑟恩（Edwin Mellor Southern）发展的一种检测基因组 DNA 特定序列的技术。该方法主要过程如图 6-13 所示。首先，将基因组 DNA 用限制性内切酶消化成 DNA 片段，而后利用凝胶电泳分离，再通过电转等方法将凝胶内的 DNA 片段原位转移至硝酸纤维素膜、尼龙膜或其它类似的固相支持物上，经紫外线照射将 DNA 固定于膜上，此操作即为印迹。其次，再将固定的 DNA 片段变性为单链，设计带标记的核酸探针，将核酸探针与固定 DNA 的膜孵育，核酸探针仅与能精确互补配对的 DNA 片段结合，洗去未结合的核酸探针后，利用放射自显影、酶反应或者荧光显色，从而检测特定 DNA 分子的序列、大小及含量[26]。Southern 印迹杂交是研究 DNA 图谱的基本技术，在遗传病诊断、DNA 图谱分析及 PCR 产物分析等方面有重要价值。

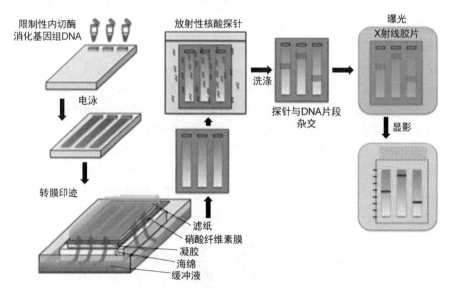

图 6-13　Southern 印迹杂交技术[26]

Northern 印迹技术是 1977 年由斯坦福大学的 James Alwine、David Kemp 和 George Stank 共同开发,其操作过程与 Southern 印迹杂交技术相似,主要用于 RNA 表达以及基因转录水平的检测。有趣的是，由于该技术与 Southern 印迹杂交技术十分类似，因此对应地命名为 Northern 印迹技术。用于 Northern 印迹的核酸探针可以是能与待测 RNA 整个或部分互补（大于 25 个碱基互补配对）的 RNA、DNA 或者锁核酸等带标记分子的寡聚核苷酸链。

（2）荧光原位杂交技术

20 世纪 70 年代，随着免疫荧光技术、核酸原位杂交技术以及荧光显微镜和荧光成像技术的发展，在生物检测领域常用的放射显影逐渐被荧光成像所取代。1980 年，Bauman 等[27]发展了一种基于核酸探针的荧光原位杂交技术（fluorescence in situ hybridization，FISH）。荧光原位杂交技术是利用直接标记或者间接标记了荧光基团的单链 DNA 或 RNA 核酸探针，根据核酸碱基互补配对原则，在细胞环境中对间期细胞核、染色体或 DNA 纤维上的 DNA 序列进行原位识别、荧光成像和精确定位的方法。随着新技术的发展，基于 FISH 技术的核酸探针不断得到发展，如 BAC 探针、PCR 探针等，同时 FISH 技术自身优势也得到不断发挥，开发了如多色 FISH（Multi-color FISH）、微流控 FISH（Microfluidic FISH）等技术。FISH 技术可高灵敏、高特异地提供基因组和转录子在细胞中的时空分布等信息，在细胞遗传学诊断中应用广泛，是目前检测疾病中染色体重排和基因变异的金标准。

（3）分子信标

分子信标（molecular beacon）是一种基于 FRET 原理而构建的发夹形寡聚核酸荧光探针。FRET 是当一个荧光分子（又称供体分子）的荧光光谱与另一荧光分子（又称受体分子）的激发光谱重叠时，当供体分子受到光激发后发出荧光，该荧光作为受体分子的激发光而使受体分子发出荧光；同时使得供体分子荧光强度降低，而受体分子荧光强度增强。1996 年，Tyagi 等[28]设计了一种新型荧光核酸探针并被命名为分子信标。如图 6-14 所示，该荧光核酸探针为具有茎环（stem-loop）的发夹（hairpin）结构，核酸探针 5′-端和 3′-端分别标记荧光基团和猝灭基团；在无目标核酸存在时，荧光基团和猝灭基团邻近因而核酸探针无荧光，当核酸探针与目标核酸杂交配对后发生构象变化茎环结构被打开，导致荧光基团和猝灭基团距离增加从而使得核酸探针发出荧光。分子信标是一类依靠核酸构象变化的打开型荧光核酸探针，因其背景信号低、灵敏度高、特异性强、操作简单以及可实时检测等优点，在很短时间内得到了迅速的发展。围绕分子杂交诱导分子信标构象变化，导致茎环结构打开的基本构筑策略，分子信标又得到了进一步的发

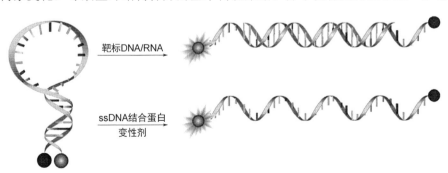

图 6-14 一个典型的分子信标及其工作原理示意图[28]

展,出现了如荧光波长转移型分子信标、荧光比率响应型分子信标、生物素固定化分子信标、锁式核酸分子信标等。分子信标被广泛地应用于实时监测 PCR 反应、基因突变快速分析、核酸检测、核酸结合动力学研究、核酸-蛋白质相互作用研究以及细胞成像等。

（4）基于信号放大的核酸探针

分子信标极大地提高了核酸探针的检测灵敏度,其策略是降低背景信号干扰,但一个核酸探针仅能输出一个荧光信号,仍无法满足现代分析技术对检测灵敏度越来越高的要求,因此各种基于信号放大的核酸探针受到广泛关注,其基本策略是一个核酸探针的响应可引发多个荧光信号输出从而实现信号放大。最常用的手段是利用核酸酶扩增和非酶链式杂交反应来实现信号放大。对于利用核酸酶扩增的方法,聚合酶链式反应（polymerase chain reaction,PCR）是一种效率高、应用广的核酸信号放大技术,但其需多个热循环过程和用于快速精准升/降温的 PCR 仪。因此,发展无需热循环、操作简便的等温信号放大技术近年来成为研究热点,目前常见的等温信号放大技术包括环介导等温扩增（loop-mediated isothermal amplification,LAMP）、依赖核酸序列的扩增（nucleic acid sequence-based amplification,NASBA）、滚环扩增技术（rolling circle amplification, RCA）以及链替代扩增（strand displacement amplification,SDA）等。如图 6-15 所示,基于滚环扩增技术的核酸

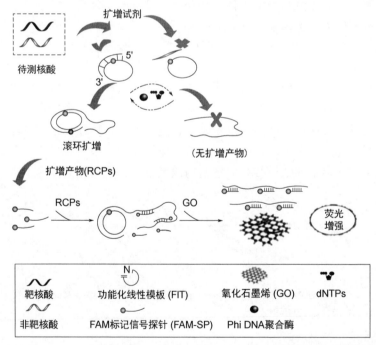

图 6-15　基于滚环扩增荧光信号放大的 micro RNA 检测示意图[29]

探针用于检测 micro RNA，此方法需要分别设计、合成用于识别的环状锁式核酸探针（padlock probe）和标记荧光基团的信号核酸探针，锁式核酸探针与 micro RNA 结合后，在 Phi29DNA 聚合酶作用下延伸成长链，长链可与多个荧光标记的核酸探针结合，再利用石墨烯猝灭未结合的荧光标记核酸探针的荧光，从而实现对待测核酸序列的高灵敏度检测，其检测限可达到 0.75 fmol/L[29]。非酶信号扩增技术，目前主要有杂交链反应和催化式发夹组装等技术。

6.2.2 核酸适配体探针

6.2.2.1 概述

随着分子生物学研究的不断深入，在 20 世纪末，人们发现在生命体内核酸分子除了作为遗传信息载体和蛋白质合成的重要参与者外，还具有许多其它功能，涉及细胞生理过程的各个方面，如用来调控基因表达的核糖开关（riboswitch）和 G-四链体（G-quadruplex）、具有催化活性的核酶（ribozyme）等。这些体内天然功能核酸（functional nucleic acids）的发现给了研究者以灵感，开发了多种人工设计、合成或体外筛选的功能核酸，如脱氧核酶（DNAzyme）和核酸适配体等，这些功能核酸又进一步被开发成各种核酸类探针，在生物传感、分析检测等多个领域受到了广泛关注。

核酸适配体（aptamer）又称核酸适体或者核酸适配子，是一类能对目标物质（即靶标）专一、紧密结合的单链核酸序列，可为单链 DNA、RNA 或经化学修饰的核酸分子，长度在 15～120 个核苷酸之间。Aptamer 一词源于拉丁文 aptus，即适合之意。广义来说，凡能与非核酸序列的目标物质结合的核酸分子都可称之为核酸适配体，其可通过人工设计、从生命体中提取或者人工筛选得到。而一般来说，核酸适配体是通过指数富集配基的系统进化技术（systematic evolution of ligands by exponential enrichment，SELEX）在体外筛选得到的。单链核酸可在一级结构的基础上折叠成空间高级结构，这些高级结构赋予了核酸适配体特异性结合不同靶标的功能。而核酸分子丰富的一级序列为核酸适配体的筛选提供了巨大的分子文库。

核酸适配体的靶标范围广，小到离子、有机基团，大到细胞或组织切片，都可作为核酸适配体的靶标物质。核酸适配体具有与抗体相媲美的靶标特异性和亲和力；同时与抗体相比，核酸适配体具有分子量小、环境耐受性好、可化学合成、易于化学修饰、免疫源性小等优点。这些优点使核酸适配体在分析检测、生物传感、新药发现、疾病诊断与治疗等诸多领域具有广泛的应用前景。同时，分子克隆技术、人工固相合成技术、核酸扩增技术以及核酸测序技术的快速发展为核酸适配体的开发和广泛应用提供了可能。

6.2.2.2 核酸适配体的历史与发展

1990 年，Ellington 和 Szostak 提出了体外筛选（*in vitro* selection）的概念[30]；同年，Tuerk 和 Gold 等提出了 SELEX 技术[31]。并且这两个课题组先后独立筛选得到了有机染料分子和噬菌体 T4 DNA 聚合酶的 RNA 核酸适配体（RNA aptamer），这标志着核酸适配体的"诞生"。RNA 环境稳定性差，极易在自然环境中被无处不在的核糖核酸水解酶（RNA 酶）降解，限制了 RNA 核酸适配体的应用。1992 年，Ellington 和 Szostak[32]又先后筛选得到了基于 DNA 的核酸适配体。DNA 相较于 RNA 在自然环境中更加稳定，可适用范围与领域更加广泛。此后，大量经化学"后修饰"（post-selective modification）的核酸适配体陆续被报道，例如核酸分子磷酸骨架中引入硫代硫酸酯或锁式核酸（Locked nucleic acid）的核酸适配体；这类经过修饰的核酸适配体结构更加稳定。1998—2003 年，不同研究组先后报道了以红细胞膜和细胞为复合靶标筛选核酸适配体[33-37]；2006 年，谭蔚泓和上官棣华等[38]报道了以肿瘤活细胞为靶标同时筛选多个特异性识别肿瘤细胞的核酸适配体探针，并提出了 cell-SELEX 技术，进一步拓宽了核酸适配体在生物医药领域的研究与应用。2013 年，Hirao 等[39]利用非天然、人造核苷酸文库筛选到了相应的核酸适配体，并发现其亲和力比相应靶分子的 RNA 核酸适配体亲和力更高。

迄今为止，人们已经通过 SELEX 技术筛选出了近千条核酸适配体。它们的靶标涉及范围很广，包括 K^+、Hg^+、Ni^+ 等金属离子，有机染料分子，抗生素和药物，氨基酸、核苷酸、辅酶因子等生物活性小分子，多糖、多肽、蛋白等生物大分子，甚至可以是病毒、细胞、细菌和组织切片等。近年来，核酸适配体领域的研究得到了飞速的发展。

6.2.2.3 核酸适配体的优势与特性

核酸适配体与其相应的目标分子（靶标）结合的模式与抗体-抗原结合十分相似。由于核酸适配体在亲和力和特异性上都与单克隆抗体相当，且可由体外固相合成制备，因此人们将核酸适配体称之为可人工合成的"化学抗体"（chemical antibody）。

被称为"化学抗体"的核酸适配体能够专一、紧密地结合靶分子。通常，核酸适配体的平衡解离常数（dissociation constant，K_d）能达到 nmol/L 水平，甚至可达 pmol/L 水平。核酸适配体的亲和力和特异性能够与单克隆抗体相媲美。而与单克隆抗体相比，核酸适配体还具有诸多特点和优势，具有替代单克隆抗体的前景和潜力。其相关特点和优势如表 6-1 所示[40]。

表 6-1 核酸适配体与蛋白抗体综合比较

比较科目	核酸适配体	蛋白抗体
分子大小	6～30 kDa（20～100 nt） 大约 2 nm	150～180 kDa 大约 15 nm
二级结构	发夹，茎，环，鼓泡，G-四链体，kissing complex	α-螺旋和 β-折叠
结合模式、行为机理	表面识别 如同抗体和抗原结合的方式，范德华力、氢键和静电相互作用等三维结合 互补链寡核苷酸可以逆转活性	结合口袋（锁钥的模式） 三维空间交互，抗体识别靶标抗原上的表位
亲和力	高 多价核酸适配体可以有更高的亲和力和额外的功能	高 抗体和抗原亲和力的高低由抗原表位的数量决定
特异性	高 核酸适配体能够识别单点突变和构象异构体	高 抗原可能有多个表位，允许不同的抗体与相同的抗原结合
潜在靶标	非常广泛：离子、有机和无机小分子、核酸、多肽、蛋白质、毒素、病毒颗粒、细胞、有机体、活体动物	局限于大分子以及具有免疫原性的小分子，不包括毒素和一些不能产生强烈免疫反应的小分子
产生、发现	体外 SELEX（2～15 轮的筛选） 2～8 周 高通量自动 SELEX 可以在几小时或几天内筛选获得核酸适配体	生物体内免疫系统 6 个月或者更长
制造、成本	化学合成 完全可控的体外制造 2 天制造毫克级别、2 周制造克级别 没有或者低污染风险 温和可控和 cGMP 对于 DNA，成本低；对于特殊修饰的长链 RNA（大于 60 nt），成本高	体内（基于动物生产） 动物体内产生可能有细胞污染的风险 3 个月制造 5～20 g 来自哺乳动物细胞，成本高；来自转基因植物或动物，成本低
批次差异	没有或者很低	显著
物理学热稳定	稳定并拥有长的半衰期 耐高温（95℃），可逆地变性复性 可以干粉形式长期储存，常温运输	不稳定，有限的半衰期 温度敏感（室温或者 37℃）和不可逆地变性复性 存储和运输均需低温
化学修饰	便利、可控 多形式地修饰，糖、骨架、碱基等修饰 核酸适配体经过修饰之后亲和力不变	有限的、不可控 有限的类型和化学反应 随机修饰很可能导致活性的丢失
免疫原性	无或者低免疫原性	高免疫原性 随剂量增加的免疫反应

6.2.2.4 核酸适配体的结构及作用原理

具有特异识别功能的核酸适配体是单链的寡聚核苷酸分子，它可根据其一级序列碱基排列的不同，通过分子内碱基互补配对（DNA 中的 G-C、G-T、A-T 以及 RNA 中的 A-U、G-U)、氢键、π-π 堆积、静电作用等多种作用力自身发生适应性折叠而形成多种稳定的空间立体结构。如图 6-16 所示，利用圆二色光谱、核磁共振波谱分析、X 射线晶体衍射等多种分析技术以及理论模拟，发现核酸适配体可形成发夹（hairpin）、G-四链体（G-quadruplex）、茎环（stem-loop）、假结（pseudo knot）、鼓泡（bulge）、口袋（pocket）等多种二级结构域[41]。这些二级结构进一步形成特定的三级结构与靶标结合。

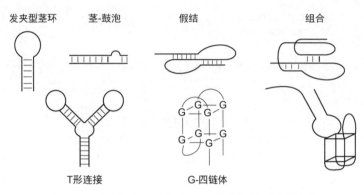

图 6-16　核酸适配体的多种二级结构域示意图[41]

正如抗体和抗原的识别机制一样，核酸适配体和靶分子的相互识别也需要两个特定的因素：一是彼此空间结构相互匹配；二是在相互作用的结构区域中完美吻合的分子间作用力，包括氢键、疏水作用等。

随着结构化学、分子生物学以及计算机技术的发展，利用配体序列比对、核磁共振波谱分析、X 射线晶体衍射及计算机理论模拟等诸多技术，更清楚地揭示了核酸适配体与其靶分子间的分子识别机制。例如 α-凝血酶（α-thrombin）及其核酸适配体 TBA，二者可以通过静电作用和疏水作用相互识别并稳定两者形成的复合物[42]。

核酸适配体一级序列的多样性是其具有丰富二级或三级结构的基础，也是其能特异性结合和识别靶分子的基础。核酸适配体丰富的二级结构，使其与靶分子可接触的区域较多，可形成多个潜在的识别结合位点。这一特点使核酸适配体能识别不同配体间一个基团，甚至是空间构型上的细微差别，如茶碱的 RNA 核酸适配体与茶碱的亲和力相当于其与咖啡因（茶碱类似物，与茶碱只相差一个碱基）亲和力的 10000 倍[43]；而 D 型精氨酸的 RNA 核酸适配体与 D 型精氨酸的亲和力是其与 L 型精氨酸亲和力的 12000 倍[44]。对于结构复杂的大分子靶标（如蛋白质），则含有多个核酸适配体识别的活性位点，一般情况下，一个识别位点对应一条特定序列的核酸适配体，如具有两个 B 亚基的血小板源生长因子 B（platelet-derived growth factor BB，PDGF-BB）就有多个识别不同位点的核酸适配体[45~46]。

6.2.2.5 核酸适配体分子探针在生物传感方面的应用

核酸适配体优异的分子识别特性使其成为各种分子探针和生物传感器的重要识别元件。通过化学合成与修饰将光学信号元件修饰到核酸适配体上即可成为光学核酸适配体探针，通过分子设计还可在适配体探针体系中引入智能响应或信号放大机制。核酸适配体探针通过测量适配体与靶物质发生识别作用后引起的光学信号变化（可见光、荧光、化学发光等）来检测相应的待测物质。该类传感器的识别可在多相体系中完成，且易实现信号放大，因此在科学研究、环境监测、食品分析和临床诊断中具有广阔的应用前景。

基于比色法构建核酸适配体生物传感器的策略大多是基于纳米金尺寸效应引起其吸收光谱改变的性质。当靶物质不存在时，核酸适配体吸附在纳米金表面，纳米金呈分散态，肉眼观测为红色；当靶物质存在时，核酸适配体与靶物质结合而离开纳米金，引起纳米金聚集，肉眼观测为蓝色。如图 6-17 所示，Yang 等[47]利用纳米金和核酸适配体建立了赭曲霉毒素 A 的比色检测法，该方法简便、快速。

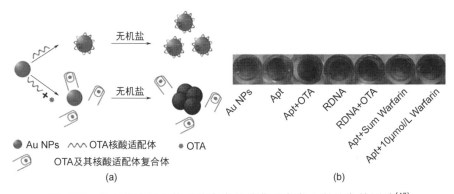

图 6-17 基于核酸适配体和纳米金的赭曲霉毒素 A 的比色检测法[47]

构建基于荧光检测的核酸适配体生物传感器有多种策略，其中基于 FRET 原理是构建该类生物传感器的一个重要策略。构建该类生物传感器的方法一般是将荧光基团或荧光纳米材料标记在核酸适配体上，或将荧光基团和猝灭基团分别标记于核酸适配体上形成核酸适配体分子信标。如图 6-18 所示的核酸适配体分子信标，当相同靶物质的两个核酸适配体同时与其靶标结合后，构象发生改变，造成荧光强度改变或荧光信号的变化来实现对目标分子的定量分析[48]。一些核酸适配体与靶物质结合后会导致荧光基团所处微环境发生变化，基团的荧光强度随之改变，利用这一现象也可构建各种核酸适配体生物传感器[49]。标记核酸适配体的荧光基团包括各种荧光染料、荧光纳米材料等，可选范围广，为核酸适配体探针的设计提供了很大的空间。

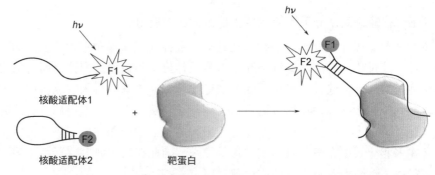

图 6-18　一个典型的核酸适配体分子信标及其工作原理示意图[48]

基于分子信标策略的核酸适配体探针的功效往往会受到核酸适配体构型、信噪比等多种因素的限制。当荧光标记的核酸适配体与蛋白质等一些生物大分子相互作用时会引起荧光偏振变化,基于这一策略可以构建高灵敏检测生物大分子的生物传感器。Wang 等[50]根据血管生成素（angiogenin）与其核酸适配体的相互作用能引起荧光基团发生荧光偏振的现象,发展了在均相溶液中检测血管生成素的生物传感器,其灵敏度可达 1 nmol/L。

近年来,一种模拟荧光蛋白发光原理的 RNA 核酸适配体受到广泛关注。Jaffrey 等[51]筛选了 DFHBI（3,5-difluoro-4-hydroxybenzylidene imidazolinone）的 RNA 核酸适配体 Spinach,其与有机小分子 DFHBI 结合后能使 DFHBI 荧光量子产率从 0.0007 增强至 0.72,比增强绿色荧光蛋白 EGFP 还高 20%。该核酸适配体的优势在于,将对应的 DNA 转染进细胞后,该细胞可稳定表达该 Spinach 核酸适配体。如图 6-19 所示,通过分子设计,在该核酸适配体中引入另一个核酸适配体,当引入的适配体与其靶分子结合,导致构象变化,使得该核酸适配体与 DFHBI 结合而发出荧光,从而实现对活细胞内小分子靶标进行荧光成像和检测[52]。

化学发光不需要光源,简单,成本低,敏感性高。Li 等[53]利用 DNA 酶 G31 可催化鲁米诺-H_2O_2 体系化学发光,构建了一种基于夹心法化学发光检测体系。该方法将识别凝血酶一个位点的核酸适配体固定在金电极上用来捕获凝血酶,在识别凝血酶另一位点核酸适配体上标记 DNA 酶 G31,凝血酶被捕获时,标记有 DNA 酶 G31 的核酸适配体也结合上去,从而实现对凝血酶的化学发光检测。

6.2.2.6　核酸适配体探针在细胞识别中的应用

利用荧光探针对炎症、肿瘤等疾病细胞进行高选择性、高分辨率、无损伤实时的识别和成像,对于疾病的早期诊断、精准治疗以及手术介入具有重要意义,是未来疾病分子影像技术的发展趋势。抗体已广泛用于细胞的分子成像,但是抗

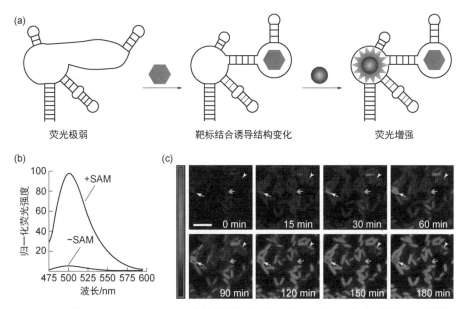

图 6-19 利用 Spinach 核酸适配体的检测活细胞内小分子的生物传感器示意图[51]

体的制备繁琐，且不是所有的生物标志物分子都能有相应的抗体。而直接以细胞为靶标筛选核酸适配体（cell-SELEX）则可直接为细胞分析提供大量的适配体探针，其优势在于：①cell-SELEX 以活细胞作为靶标筛选核酸适配体，无需对细胞进行处理，筛选过程中细胞无损、完整，细胞膜表面分子保持原位、天然的结构状态，因此筛选得到的核酸适配体标记上光学基团后即可直接用于细胞分析；②疾病细胞表面分子的变化远超目前科学的认知，而 cell-SELEX 无需准确了解细胞表面分子的结构和分布，因此筛选到的特异性识别特定细胞的适配体后，对其靶标进行鉴定和确证有望得到未知的生物标志物，进一步利用该核酸适配体构建的探针可对相应标志物分子与细胞和相关疾病的关系开展系统研究。

目前基于 cell-SELEX 技术筛选的核酸适配体报道较多，这些核酸适配体可识别不同的细胞，已广泛用于特定细胞的检测、分型、分离、成像，活体肿瘤成像以及靶向给药[54]。例如，作者课题组利用 cell-SELEX 技术，筛选得到可特异性识别高转移、高侵袭性结直肠癌细胞（LoVo）的核酸适配体 BG2。利用细胞培养稳定同位素标记技术（isotope labeling with amino acids in cell culture）-质谱蛋白鉴定技术（SILAC-MS）发现，BG2 能特异性识别碱性磷酸酶异源二聚体，如图 6-20 所示，利用该核酸适配体为探针，发现碱性磷酸酶异源二聚体在很多肿瘤细胞高表达，并成功实现了对荷瘤小鼠中高表达碱性磷酸酶异源二聚体肿瘤的原位成像。蛋白二聚化是生物体内一种重要的生理现象，是蛋白质发挥生物学功能的重要形式。但是由于蛋白二聚体通常由非共价键连接、处在聚集和解聚集的平衡状态,难以获得完整、稳定的蛋白二聚体用于制备分子探针,严重制约了蛋白二聚体结构和功能的研究。核酸适配体 BG2 有望作为分子工具揭示碱性磷酸酶异源二聚体的分子机理以及实现肿瘤的检测[55]。笔者课题组还以耐阿霉素型乳腺癌细胞(MCF-7R)为靶细胞筛选得到了高特异性、高亲和力的核酸适配体 M17A2。以该核酸适配体构建的分子探针能够选择性识别细胞间隧道纳米管类似结构,并发现该结构可在耐药和非耐药细胞间运输耐药相关蛋白,说明该结构可能是肿瘤耐药性传染的途径之一。该核酸适配体分子探针为研究胞间连接介导细胞通讯提供了新的手段和途径[56]。

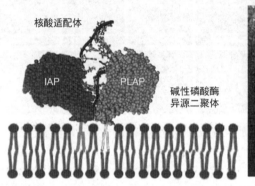
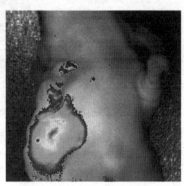

图 6-20　核酸适配体识别碱性磷酸酶异源二聚体及荷瘤小鼠肿瘤的原位成像[55]

在 cell-SELEX 基础上,笔者课题组还建立了神经突-SELEX 方法,以分化的 SH-SY5Y 生长出的神经突为靶标,筛选获得了一个 DNA 核酸适配体 yly12,经 SILAC-MS 鉴定,yly12 的分子靶标为神经细胞黏附分子 L1(L1 cell adhesion molecule protein,L1CAM),以 yly12 构建荧光分子探针实现了活细胞之间三维神经突网络的荧光成像和正常脑组织切片上的神经纤维染色,同时还发现 yly12 对细胞间神经突的生长具有一定抑制作用。yly12 可作为识别神经突的分子探针用于神经科学研究[57]。上述示例表明,核酸适配体探针在细胞识别和检测、发现细胞标志物和新的细胞分子事件方面具有其它探针无法比拟的优势。

6.3　蛋白质光学探针

蛋白质是生命活动的主要承担者,在原核细胞或真核细胞内,无时无刻不发生着成千上万个生物过程和化学反应,蛋白质在这些过程中扮演着各种复杂的角色、发挥着重要的作用。而蛋白质能行使这些功能的前提是其可在生命体内专一、紧密地结合其效应分子(配体),如无机离子、生物活性小分子、多糖、蛋白以及核酸等生物大分子。因此,鉴于蛋白质优秀的识别和结合能力、良好的组织渗透性、在活细胞和活体内的稳定性，蛋白质具有作为优秀的生物传感探针用于活细胞或活体内分子及各种分子事件的检测与成像的潜力。随着蛋白修饰和标记技术的发展，经过分子工程改造的蛋白质可以直接或间接地释放光学信号，因而蛋白质同样可作为光学基团构建光学探针和生物传感器。依据近年来基于蛋白质光学探针的发展，本节主要讨论三类基于蛋白质的光学探针：①通过遗传编码、可在活细胞内表达并激发出荧光的荧光蛋白类光学探针；②能够催化氧化底物并释放光学信号的蛋白酶类光学探针；③通过生物或化学的手段将光学基团连接到特异性识别蛋白（如抗体）的光学探针。

6.3.1 基于基因编码荧光蛋白的光学探针

6.3.1.1 荧光蛋白

随着荧光猪、荧光小鼠等绿色荧光蛋白转基因克隆动物在媒体上的广泛报道，荧光蛋白技术已成为众所周知的现代技术之一。荧光蛋白（fluorescent protein，FP）是指一类具有类似特殊桶状结构，且分子内部 3 个氨基酸可自发环化形成能够吸收可见光并发出荧光的发色团的蛋白质。绿色荧光蛋白（green fluorescent protein，GFP）是发现最早、最常用的荧光蛋白质之一。随后研究人员又进一步发展了一系列不同颜色的荧光蛋白。目前，荧光蛋白的应用主要是通过报告基因（reporter gene）技术实现的，即将不同荧光蛋白基因与所感兴趣的蛋白质基因共同编码，在细胞中表达带上荧光标签的目标蛋白，可用于在活细胞或活体内监测目标蛋白质的定位、运动轨迹、结构翻转、与其它蛋白的相互作用，甚至可实时监控其合成过程。此外，荧光蛋白还可用于离子、核酸、环境因子、细胞器（图 6-21）、细胞和活体等成像和示踪研究。因此，荧光蛋白作为遗传编码的标签，已成为生命科学领域最重要、广泛的成像和指示工具之一，同时其在生物传感等领域也有非常广阔的应用前景，受到了广泛关注。

6.3.1.2 荧光蛋白的发现和发展历程

1962 年，日本科学家下村修（Osamu Shimomura）从维多利亚多管发光水母中提取出一种具有生物发光性质的蛋白质，即绿色荧光蛋白（GFP），如图 6-22 所示。1992 年，GFP 全长基因序列被克隆测序出来。1994 年，马丁·查尔菲（Martin Charfie）等人发现将 GFP 基因的编码区转染大肠杆菌和线虫即可在细胞内正确折叠并可激发出荧光。而 GFP 自身即可激发出荧光，并不依赖其它因子，这一发现为 GFP 进入分子生物学研究奠定了基础。1995 年，钱永健（Roger Tsien）等人通过对 GFP 进行了一系列改造和突变，显著提高了 GFP 的光谱性能，这些工作极大地推动了 GFP 作为荧光指示剂的研究、发展和应用。2008 年，下村修、马丁·查尔菲与钱永健三人因在发现和研究绿色荧光蛋白方面做出的贡献而分享了 2008 年

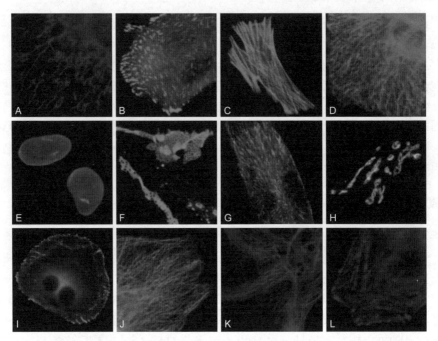

图 6-21 利用对应的细胞器分别为：线粒体（A）、黏着斑（B，I）、微丝（C）、中间纤维（D）、核膜（E）、缝隙连接（F）、微管（G，J）、高尔基体（H）荧光蛋白对部分细胞器结构的成像[58]

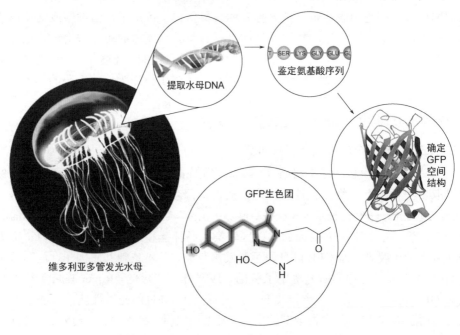

图 6-22 绿色荧光蛋白的发现[59]

的诺贝尔化学奖。而后，越来越多的研究人员参与到了对 GFP 的研究中，通过制造突变体进一步筛选更多的具有不同性质的 GFP，比如对 pH 敏感的 GFP 等。1999年，红色荧光蛋白首次被报道，而后许多不同颜色的荧光蛋白被改造出来。随着越来越多的荧光蛋白的出现，基于基因编码的活体内多因子同时成像成为可能。

6.3.1.3 荧光蛋白的分子结构及发光原理

阐明荧光蛋白的发光机理就需要先得到 GFP 的准确分子结构。1996 年，得益于 X 射线晶体衍射技术，GFP 的分子结构和晶体结构被解析出来：GFP 是一个由 238 个氨基酸残基组成，分子量约为 27 kDa 的单链蛋白质。GFP 的二级结构主要由 11 个反平行的 β-折叠和一个 α-螺旋组成；GFP 三级结构如图 6-23 所示，呈现圆柱形筒状结构，11 个 β-折叠规则地形成桶状的外周结构，α-螺旋位于其中心[60]。

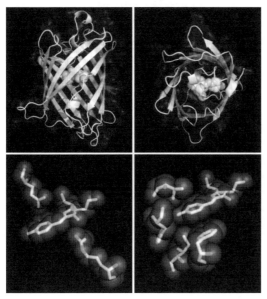

图 6-23 GFP 的桶状结构及蛋白中心的发色团[60]

在 GFP 蛋白折叠的过程中，如图 6-24 所示，桶状结构中心 α-螺旋上 65~67位的 3 个氨基酸（丝氨酸-酪氨酸-甘氨酸）残基，紧密接触，导致其在无外界因子作用下自身发生环化形成咪唑酮，而后又进一步发生脱水反应形成发色团。发色团 66 位酪氨酸在分子氧的氧化下发生进一步脱氢反应，最终形成了具有共轭 π 平面结构、在可见光范围吸收并发射出荧光的成熟发色团。由于氧分子的参与是荧光蛋白发光的必要条件，因此强还原剂可使 GFP 转变为非荧光形式，但该蛋白形式重新暴露在空气或氧气后，荧光即可恢复。此外，发色团 66 位酪氨酸的酚羟基非常容易离子化，失去质子后，氧原子上的孤对电子参与发色团共轭，使得光谱发生较大变化。水母中提取的野生型 GFP 发色团的 66 位酪氨酸的酚羟基上的氢原子具有解离和结合两种状态，即野生型 GFP 发色团在质子化和去质子化之间存在动态平衡。而对于大多数 GFP 类似发色团来说，质子化的 66 位酪氨酸会在吸收光能量后立刻发生激发态质子转移（exited state proton transfer，ESPT）而失去质子，因此，大多数质子化的 GFP 类似发色团都会如去质子化发色团一样发出绿色荧光。利用这一现象，可以设计出具有较大斯托克斯位移、具有质子化发色团的荧光蛋白（如 400 nm 处单激发，而发射峰可以达到 500 nm 以上）。而对于含有去质子化、带有阴离子发色团的绿色荧光蛋白来说，其吸收峰大约在 480 nm，发射峰约为 510 nm。

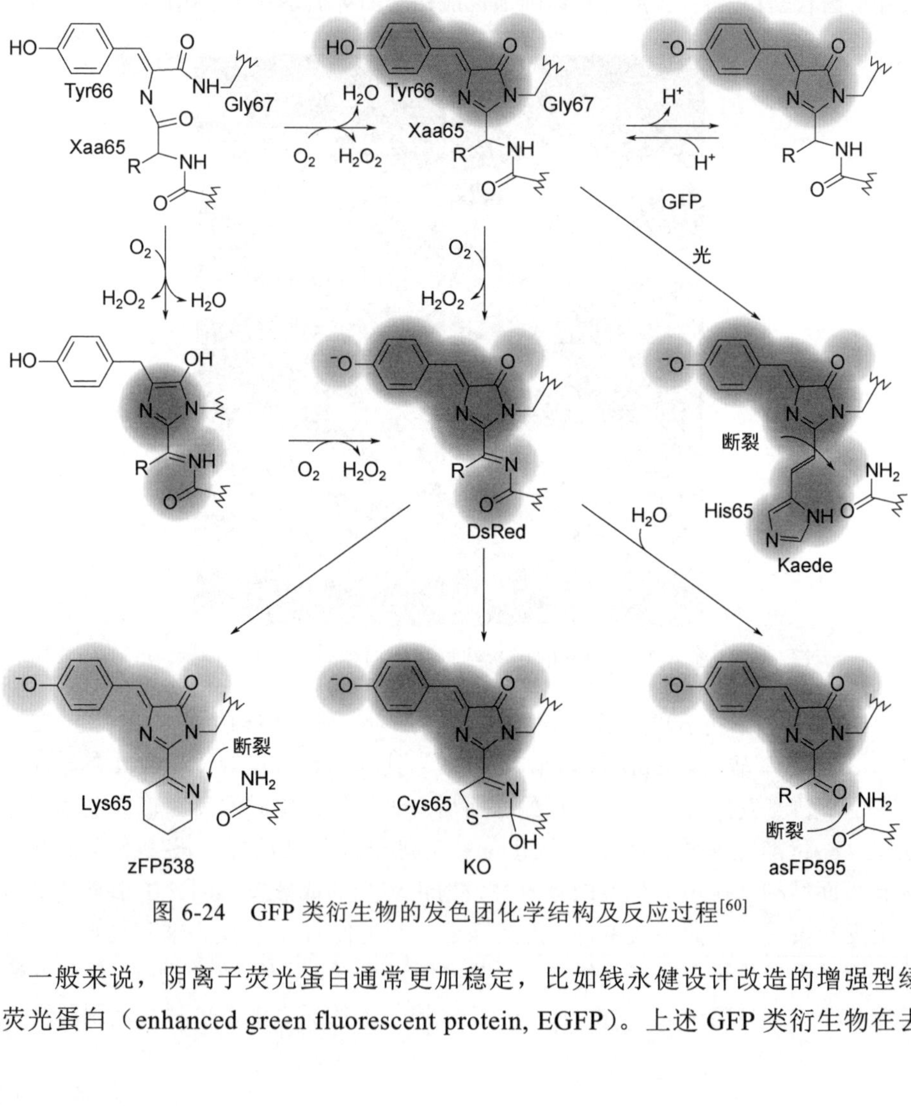

图 6-24 GFP 类衍生物的发色团化学结构及反应过程[60]

一般来说，阴离子荧光蛋白通常更加稳定，比如钱永健设计改造的增强型绿色荧光蛋白（enhanced green fluorescent protein, EGFP）。上述 GFP 类衍生物在去质子后发射光谱发生红移,但其红移无法超过 540 nm,因此,荧光蛋白的发色团需要进一步的改造。通过定点突变、共价改造等多种手段,目前,人类已设计出数百种荧光蛋白,如图 6-25 所示,包括从 440 nm 的青色荧光蛋白到 655 nm 的近红外荧光蛋白等[61]。

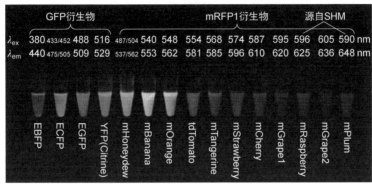

图 6-25　不同荧光蛋白所产生的荧光[61]

6.3.1.4　荧光蛋白生物传感器的设计策略

基因编码的蛋白质荧光探针和生物传感器一般是将荧光蛋白的基因与目标蛋白质的基因融合到一个质粒上,使其在细胞内表达。在这一过程中,相应的蛋白质作为识别单元,荧光蛋白作为信号输出单元。目前,基于基因编码蛋白质荧光探针主要有三类:基于单个荧光蛋白的荧光探针、基于裂开型荧光蛋白探针和基于双荧光蛋白的能量共振转移探针。这些荧光探针是细胞内成像和示踪细胞内分子事件的有力工具。

（1）基于单个荧光蛋白的荧光探针

基于单个荧光蛋白的荧光探针有两种形式。一种形式是将一个荧光蛋白基因与相应的蛋白质基因融合进同一质粒中,该策略最广泛的应用是根据荧光蛋白的荧光分布对蛋白质的时空分布进行成像。

另外一种形式是对荧光蛋白进行突变和改造,使其可对相应的靶标具有荧光响应。如离子响应型的荧光蛋白,当离子存在时,荧光蛋白的荧光信号发生变化,以此来进行离子的检测和成像。1998 年,Rothman 等[62]对 GFP 进行改造,通过结构导向的组合突变得到了能够对氢离子响应的 GFP 突变体 pHluorin,该荧光蛋白对 pH 5.5 到 pH 7.5 之间的 pH 变化具有比率型荧光响应。对于野生型 GFP,其发色团位于 β-桶状结构的中心,因此很难与溶剂接触。然而,当对特定氨基酸进行突变和取代后,可得到相关溶剂通道,该通道可允许特定溶剂或离子进入蛋白中心,增加了其与发色团作用的机会。例如,1999 年,Remington 等[63]将黄色荧光蛋白（YFP）的 148 位组氨酸突变为谷氨酰胺后,YFP-H148Q 可选择性结合卤素阴离子，且其结合能力为：$F^- > I^- > Cl^- > Br^-$；当荧光蛋白与这些卤素阴离子结合后就会引起蛋白的荧光猝灭，如图 6-26 所示。

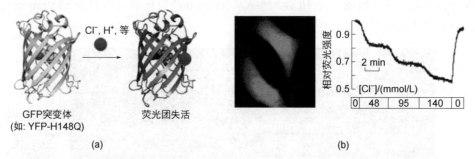

图 6-26　基于单个荧光蛋白光学探针用于氢离子和卤素阴离子的检测和成像[63]

对荧光蛋白进行改造的第二个例子是环化荧光蛋白探针（circularly permuted fluorescent protein，cpFP）。环化荧光蛋白探针是一个 N 端和 C 端重排的荧光蛋白突变体，如图 6-27 所示，天然荧光蛋白的 N 端和 C 端是通过一段柔性肽段连接，在合适的位点打开肽链，在离发色团较近的空间位点产生新的 N 端和 C 端；使得荧光蛋白失活、荧光猝灭；再在新的 N 端和 C 端引入不同肽段或蛋白，使得该肽段或蛋白在对分析底物选择性结合后，会改变其构象，进一步影响荧光蛋白发色团的微环境，从而使得其荧光信号发生变化，利用这种荧光信号变化即可对分析底物进行检测和成像[64]。环化荧光蛋白探针检测底物动态范围大、响应快速，

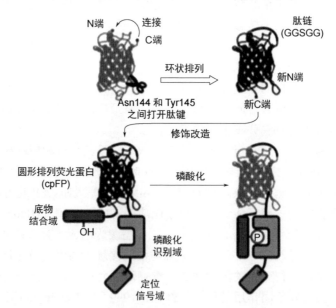

图 6-27　环化荧光蛋白探针设计和检测蛋白磷酸化的示意图[64]

但其设计难度较大。目前,已发展了对 Ca^{2+}、Zn^{2+}、cGMP、NAD^+、H_2O_2 以及蛋白磷酸化等分子和生物过程检测和成像的信号放大或比率响应的环化荧光探针。

(2) 基于裂开型荧光蛋白探针

基于裂开型荧光蛋白探针(split FP-based biosensor)是将完整的荧光蛋白拆分成两部分肽段,肽段无法自身重构成荧光蛋白,只有分析底物存在时,荧光蛋白的两个部分被拉近,肽段不可逆地重构互补成完整的荧光蛋白,使得发色团重新形成,从而实现荧光信号放大。2000 年,Regan 等[65]将荧光蛋白从 157 位和 158 位拆分成两部分(N-GFP 和 C-GFP),如图 6-28 所示,这两部分蛋白即使在高浓度下共存也没有荧光,而当加入反平行亮氨酸拉链后,N-GFP 和 C-GFP 重新融合组装,荧光得到恢复。在此基础上研究人员又进一步发展了双分子荧光互补的荧光蛋白探针。利用这一类探针不仅可以检测蛋白构象变化、蛋白相互作用,还可以检测 DNA 甲基化和核酸-蛋白相互作用等。该探针背景低、灵敏度高,但其重构是不可逆的,因此无法用于实时监测蛋白的动态相互作用。

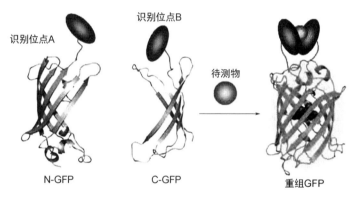

图 6-28 裂开型荧光蛋白探针检测分析底物示意图[65]

(3) 基于双荧光蛋白的能量共振转移探针

前已述及,FRET 是荧光检测技术中常用的方法之一,在同一肽段或蛋白质上同时连接两个荧光蛋白,这两个荧光蛋白可作为能量的供体和受体,当肽段或蛋白发生构象变化引起供体荧光蛋白和受体荧光蛋白空间距离的变化,影响了二者的能量共振转移效率,从而实现荧光信号的变化。尽管研究人员已经设计合成了不同颜色的荧光蛋白可供选择,但能够用于构建基于 FRET 探针的供体和受体荧光蛋白却不太多。目前,使用最广泛的供体和受体荧光蛋白是青色荧光蛋白(cyan fluorescent protein, CFP)和黄色荧光蛋白(yellow fluorescent protein, YFP)。所构建的 FRET 荧光蛋白探针检测策略主要有 4 种[66],如图 6-29 所示。第一种策略 [图 6-29(a)] 是将 CFP 和 YFP 分别连接在一条具有酶切位点的肽段或蛋白上,二者可发生 FRET,而当水解酶存在时,肽段被切割,CFP 和 YFP 距离增加,FRET

消失；第二种策略［图 6-29（b）］是将 CFP 和 YFP 分别修饰在结合域蛋白和待磷酸化、去磷酸化或甲基化修饰位点的底物上，当底物被酶修饰后，即可被结合域蛋白识别并结合，拉近 CFP 和 YFP 距离，发生 FRET；第三种策略［图 6-29（c）］是将 CFP 和 YFP 修饰在同一蛋白上，当没有底物时，CFP 和 YFP 距离较远，FRET 效率较低，当存在底物时，蛋白发生构象变化，拉近 CFP 和 YFP 距离，FRET 得到增强；第四种策略［图 6-29（d）］是将 CFP 和 YFP 分别修饰在两种可识别相同底物或具有相互作用的蛋白上，当两种蛋白相互作用时，拉近 CFP 和 YFP 距离，发生 FRET。相较于双分子荧光互补技术，基于 FRET 荧光蛋白探针信号的变化是可逆的，因此在实时监测蛋白相互作用方面更具优势。FRET 荧光蛋白探针结合荧光寿命成像（fluorescence lifetime imaging，FLIM）或光漂白荧光恢复技术（fluorescence recovery after photobleaching，FRAP）等新的光学成像技术可以用于蛋白相互作用的高分辨、高灵敏度成像和定量分析。

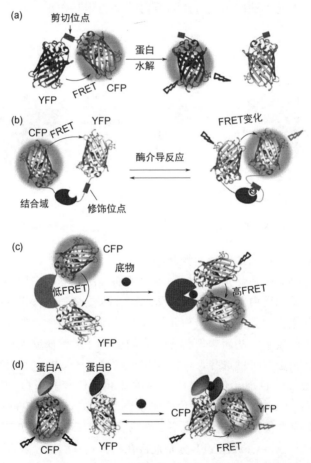

图 6-29　基于 FRET 荧光蛋白探针的设计和构建示意图[66]

6.3.1.5 荧光蛋白光学探针在生物传感方面的应用

蛋白质是生命活动的主要承担者，因此，相较于小分子荧光探针来说，基于蛋白质的荧光探针在活体、活细胞中对生物活性分子以及生命活动过程的检测和成像具有较大的优势，其可实现在对活体、活细胞中相关蛋白的标记和相互作用的实时跟踪、蛋白或相关分子的亚显微结构的定位、特定细胞和组织的标记和示踪、对 DNA 或 RNA 的标记等多种功能。2015 年，Schreiter 等[67]构建了基因编码的荧光蛋白传感器 CaMPARI，该探针的荧光在高浓度钙离子存在时可由绿色荧光变为红色荧光，如图 6-30 所示，CaMPARI 能在斑马鱼等活体中快速、特异性地识别和检测神经回路中的激活细胞。

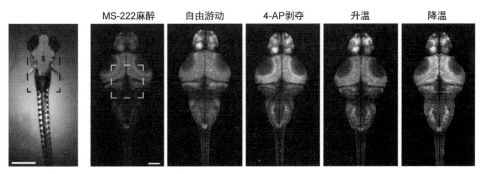

图 6-30　荧光蛋白光学探针对不同状态下斑马鱼神经回路的成像[67]

6.3.2　基于酶的光学探针

酶通常是指能够识别底物并催化底物发生生化反应的一类蛋白质。一些酶底物在酶催化反应后生成新的产物，其光学特性发生改变，导致反应体系光学信号的显著变化，因此利用这些酶能够构建各种光学探针和生物传感器。基于酶构建的光学探针已经发展了很多年，是迄今较为成熟的技术和分子工具。基于酶的光学探针一般具有操作简便、灵敏度高、响应范围宽的优点。目前常用于构建光学探针的酶主要有荧光素酶、过氧化物酶、碱性磷酸酶和葡萄糖氧化酶等等，而其中荧光素酶和过氧化物酶应用最为广泛，因此本小节将重点介绍基于这两种酶构建的光学探针。

6.3.2.1 基于生物发光荧光素酶的光学探针

荧光蛋白是在吸收外界一定能量的光照后发出荧光，而自然界中存在另一类无需吸收光照而是在特殊酶催化下的化学发光现象，称为生物发光。荧光素酶（luciferase）就是该类特殊的生物酶之一；它是由细菌或萤火虫等生物在体内产生的，能催化氧化小分子荧光素（luciferin）❶发光的一类酶。目前，应用最为广泛

---

❶ 本书中的荧光素有别于染料分子荧光素（fluorescein），具体见 47 页脚注。

的是北美萤火虫荧光素酶和海肾荧光素酶。如图 6-31 所示，荧光素酶在 ATP 和 O_2 的参与下，催化荧光素氧化脱羧，产生激发态的氧化荧光素，并放出光子，发射 550～580 nm 的光，其本质是将化学能高效率地转化为光能。1956 年，McElroy 等[68]首次从萤火虫中提取出荧光素酶。1985 年，de Wet 等[69]首次克隆了北美荧火虫的荧光素酶基因，并成功在大肠杆菌中实现了表达。次年，他们又测定了荧光素酶的 cDNA。由于无需外界光源，荧光素酶生物发光的背景信号非常低，因此，荧光素酶被广泛应用于生物发光免疫分析（用荧光素酶标记抗体）、环境监测、ATP 快速检测以及报告基因技术中。

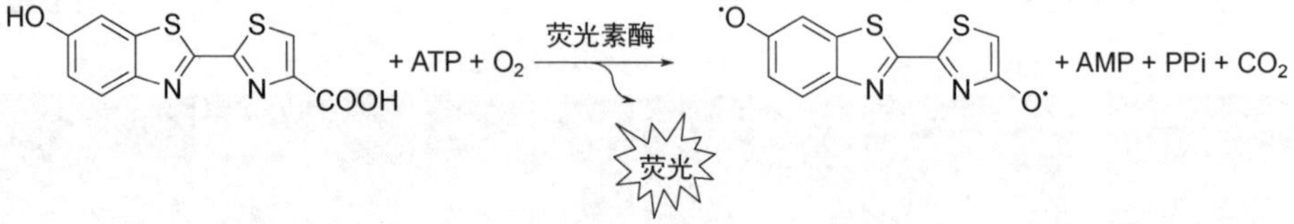

图 6-31　基于荧光素酶的生物发光机理

在荧光素酶诸多的应用中，最重要的应用之一是荧光素酶报告基因技术，即将荧光素酶的基因直接融合到质粒中，或与目标蛋白质的基因重组到质粒中，并将质粒转染到细胞或生物体中，加入荧光素分子后即可通过检测化学发光强度来探测细胞内的 ATP 的水平、表观遗传以及转录组学中核酸-核酸（如 miRNA-mRNA、lncRNA-miRNA 等）相互作用、核酸-蛋白（如转录因子-启动子）相互作用、蛋白-蛋白相互作用，还可用于细胞或活体的成像分析。对于大多数生命来说，DNA 转录为 RNA 是基因表达的关键过程，基因表达调控也主要发生在转录水平。基于双荧光素酶报告基因的检测探针（dual-luciferase reporter assay）已成为研究转录因子参与基因调控的有效手段。如图 6-32 所示，将待测基因启动子插入到一个荧光酶素基因片段，构建含有上述含启动子荧光素酶基因片段和能正常表达另一种荧光素酶基因片段的质粒，将含有两种荧光素酶基因的质粒转染进细胞。若细胞内启动子被转录子激活，则第一个荧光素酶基因即可表达，荧光素酶的表达量与转录因子的作用强度成正比；同时，第二个荧光素酶正常表达，作为内参。加入荧光素酶底物，荧光素酶与底物反应，产生生物发光，通过检测两个荧光素酶产生的生物发光的强度比即可测定荧光素酶的活性，从而判断转录因子是否能与此靶启动子片段有作用。

6.3.2.2　基于过氧化物酶的光学探针

过氧化物酶是一类以铁卟啉为辅基的血红素蛋白，可催化氧化过氧化氢，进一步氧化酚类和胺类等底物。辣根过氧化物酶（horseradish peroxidase，HRP）是一种源自辣根植物的过氧化物酶，因其活性高、结构稳定、分子尺寸较小和易制

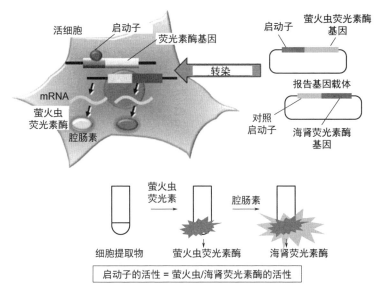

图 6-32　双荧光素酶报告基因检测探针示意图[70]

备等优点,成为目前使用最多、最广泛的过氧化物酶,常应用于临床检测和分析中。如图 6-33 所示,在体外的分析中常将 HRP 标记于抗体、核酸适配体或其它的识别分子上,当识别分子与目标分子结合后,除去过量的识别分子,再加入 HRP 的底物,结合于目标分子的 HRP 催化底物氧化,引起光学信号的变化以实现检测。由于酶反应的效率很高,少量的酶可氧化大量的底物,基于过氧化物酶的策略还有信号放大的作用,大大提高了检测的灵敏度。

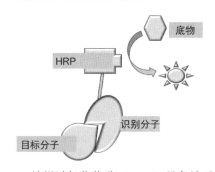

图 6-33　辣根过氧化物酶(HRP)显色法示意图

HRP 的底物很多,根据其底物的不同可实现不同的光学检测。如图 6-34 所示,在辣根过氧化物酶常见底物中,当 HRP 氧化底物 ABTS、OPD、TMB 和 DAB 时,可引起紫外-可见吸收光谱的变化;HRP 氧化底物 AEC、amplexRed 和 homovanillic acid 时,可引起荧光发射光谱的变化;HRP 氧化底物鲁米诺时,可引起化学发光。由于丰富的底物种类,可根据需要构建不同的 HRP 光学探针,极大拓宽了其应用范围。

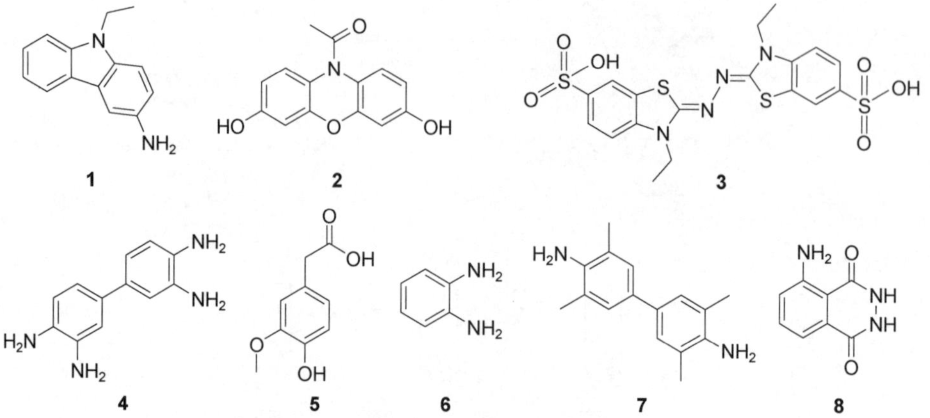

图 6-34 辣根过氧化物酶的常见底物

1—AEC（3-氨基-9-乙基咔唑）；**2**—amplexRed（10-乙酰基-3,7-二羟基吩噻）；**3**—ABTS［2,2′-联氮-双-(3-乙基苯并噻唑啉-6-磺酸)］；**4**—DAB（3,3′-二氨基联苯胺）；**5**—高香草酸；**6**—OPD—邻苯二胺；**7**—TMB—3,3′,5,5′-四甲基联苯胺；**8**—鲁米诺

基于过氧化物酶的生物传感器已成为体外免疫分析和检测非常成熟的技术之一，但在活体/活细胞分析中，HRP 难以应用。近年来，Ting 等[71]通过分子工程技术得到了一种抗坏血酸过氧化物酶（ascorbic acid peroxidase，APEX），该酶可被基因编码在活细胞中表达，相对于 HRP，其酶活性不再受细胞内蛋白质定位的影响，可以在几乎所有的亚细胞区域保持活性，这使其在研究亚细胞尺度以及活细胞水平生物学问题时极具优势。如图 6-35 所示，将 APEX 基因与目标蛋白基因融合，在活细胞中表达融合蛋白，由于 APEX 与目标蛋白空间距离非常近，当细胞短时间（1 min）暴露在双氧水后，APEX 迅速催化氧化底物苯酚-生物素成自由基，自由基与目标蛋白以及与目标蛋白邻近生物大分子反应使大分子生物素化，再加入荧光基团修饰的亲和素，即可对目标蛋白和其邻近大分子进行时空分辨成像，此外还可通过蛋白组学对该邻近大分子进行鉴定。Ting 等通过筛选和进化进一步把 APEX2 分成两个片段（AP 和 EX），当两片段独立存在时没有活性，但是当通过分子间相互作用将两者招募至邻近位置时，两个片段可以重塑产生完整且具有酶活性的 APEX（sAPEX）。sAPEX 对蛋白间相互作用、细胞器间相互作用研究具有重要意义，如作者通过将 AP、EX 分别与线粒体和内质网膜上的蛋白相融合，实现线粒体-内质网间隙结构的可视化[72]。结合不同底物（荧光底物、显色底物等），APEX 已成功用于亚细胞器蛋白质组学图谱鉴定、邻近标记、RNA 空间定位、细胞微结构的电镜分析、蛋白质与生物大分子相互作用研究、过氧化氢检测、蛋白拓扑结构测定等，推动了过氧化物酶探针在活体中应用。

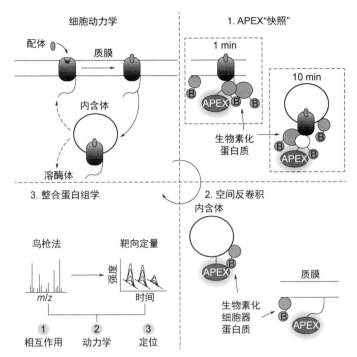

图 6-35 基于 APEX 过氧化物酶的活体大分子标记和成像示意图[71]

6.3.3 基于特异性识别的蛋白光学探针

蛋白质在生命体中行使功能，首先需要与其配体进行结合，这就决定了绝大多数蛋白质对相应配体都具有识别能力，如 DNA 聚合酶参与 DNA 的复制就需要先对 DNA 识别并结合，钙调蛋白进行信号转导就需要先识别并结合钙离子，表皮生长因子受体参与细胞增殖和信号传导就需要先识别并结合表皮生长因子。理论上所有的蛋白经过适当的修饰和改造引入光学响应基团就可以作为光学探针用于相应配体的检测。然而这些蛋白质结构复杂，制备困难，有些需要在特定的环境中才具有识别能力，并不适合作为普适性的识别蛋白用于体外构建光学探针。而在免疫反应中大量产生的抗体，由于其与抗原结合特异性强、亲和力高，且可针对不同抗原制备相应的抗体，制备技术较成熟，因此已被广泛用做蛋白质探针用于各种分析和临床分子诊断。

6.3.3.1 基于抗体的探针

抗体（antibody）是由高等动物免疫细胞在外界抗原的刺激下产生的能够高度识别抗原、保护机体的蛋白质，一般为免疫球蛋白。抗体具有特定的 Y 形结构，分为 Fab 段和 Fc 段，其中 Fab 段为抗原结合区，也称为可变区，Fc 段为保守区。同样物种的 Fc 段相同，如所有家兔的 Fc 段都相同。在基于抗体的探针中，抗体主要是作为识别元件,其信号元件则是通过化学反应修饰在抗体上的各种报告分子(包括荧光分子、纳米粒子、放射性同位素、酶等)。

为了避免对每种抗体进行化学标记,很多基于抗体的探针往往由两个抗体组成,如图 6-36 所示,第一个抗体(简称"一抗")用于识别特定的抗原或目标分子,第二个抗体(简称"二抗")可识别一抗的 Fc 段且修饰报告基团,用于光学信号检测。由于来源于同一种属动物的抗体的 Fc 段相同,因此一种二抗(如兔抗人抗体、鼠抗兔抗体)可用于标记来源于同一种属的动物的所有抗体,因此不必对每个一抗都进行光学基团的修饰。上述基于抗体的探针特异性较高,但其需要两个抗体,操作繁琐,探针尺寸大,不能扩散进入细胞,因此难以用于活细胞内活性分子的分析。

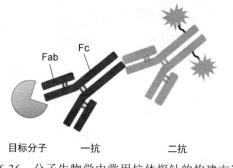

图 6-36　分子生物学中常用抗体探针的构建方法

一般的免疫球蛋白抗体分子量为 150 kDa,抗体探针尺寸较大,无法进入活细胞。1993 年,Hammers 等[73]从羊驼外周血液发现一种天然缺失轻链的抗体,其分子量仅为 15 kDa,是目前发现的最小的抗体,被称为纳米抗体(nanobody),如图 6-37 所示。但该抗体在构建探针时依然需要二抗标记。随着抗体重组技术的发展,Rothbauer 等人将抗体的 Fab 段识别区域提取出来与荧光蛋白重新融合,得到了新的蛋白识别探针,命名为 fluorobody 或 chromobody(图 6-37),该类探针分子量远小于抗体,结合位阻小,在细胞内稳定性高,可用于疾病分子分型、DNA 修复、信号转导等多个生命过程的靶向识别和成像[74]。

6.3.3.2　基于化学修饰识别蛋白的光学探针

基于识别蛋白的光学探针的另一种设计策略,是将人工合成的荧光小分子直接引入具有配体识别功能的蛋白质结构中。相对于大分子的蛋白来说,小分子的分子量和分子尺寸更小,因而位阻更小,对识别蛋白的干扰更小、可设计性更强,可以根据需要设计不同光学特性的荧光小分子;相较于荧光蛋白几乎只能编码在目标蛋白的 N 端或 C 端,荧光小分子可以根据需要被键合在蛋白的不同位置,如在识别蛋白的端位、中间位置或者靠近识别结构域。鉴于上述优势,化学修饰荧

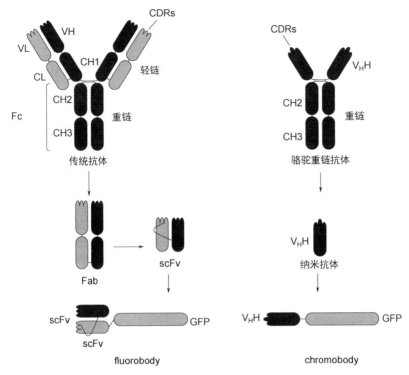

图 6-37 两种天然抗体和相应的改造抗体的结构示意图[74]

光小分子的蛋白质生物传感器开始被研究人员所关注。

基于化学修饰蛋白的荧光传感器的设计主要由两部分组成：①化学合成的荧光基团的选择，通常会根据检测需要选择荧光量子产率高、摩尔吸光系数高、发射波长较长以及具有反应活性基团的荧光分子，具体的可参照本书第 5 章"小分子光学探针"内容。②在蛋白上化学修饰位点的选择，是构建这类传感器的另一个关键点，通过合理设计，使得配体结合蛋白后能够引起荧光基团发生荧光信号变化，从而实现对配体的检测和成像，本小节主要基于化学修饰荧光基团的蛋白位点来讨论蛋白荧光探针的设计策略。

根据配体结合前后识别蛋白构象是否发生变化，蛋白位点上化学修饰荧光基团的主要方式有如下两种。

① 识别蛋白在结合配体时能够发生构象变化，据此，可以设计如图 6-38（a）~（c）所示的荧光探针：（a）将荧光基团修饰在识别蛋白的配体结合口袋附近，当配体结合后，蛋白发生构象变化，荧光基团周围微环境随之发生变化，即可引起荧光基团的信号变化，该方法中荧光信号直接反映了配体的结合，但由于修饰位点靠近配体结合口袋，由于位阻等原因会引起配体结合力的下降。（b）为了避免策略（a）中的问题，可将荧光基团修饰在远离结合口袋、又有构象变化的

位置，如此，配体结合后引起识别蛋白构象变化，同样会使得荧光基团周围微环境发生变化，引起荧光基团的信号变化，该方法中荧光信号也间接反映了配体的结合情况，但又不干扰配体的结合。(c) 上述两种策略都是在识别蛋白上键合一个荧光基团，由于细胞自发荧光等背景干扰而无法直接通过荧光强度变化直接反映配体结合的多少和强弱，也无法定量表征蛋白构象的变化。因此，需要在识别蛋白上引入两个荧光基团分别作为能量供体和受体，当蛋白构象发生变化时，同时改变了两个荧光基团的距离，引发能量共振转移，由于 FRET 信号变化是可逆的，因此利用该探针可高灵敏度地实时监测识别蛋白的构象变化。

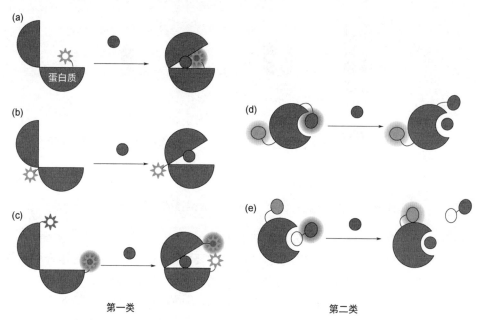

图 6-38　基于化学修饰蛋白的荧光传感器的设计策略示意图[66]

② 许多蛋白虽然可以高亲和力、高选择性识别和结合配体，但其在结合配体后不会发生构象变化，此时，为了实现荧光信号的变化就需要配体的直接参与。如图 6-38（d）所示的荧光探针，在识别蛋白上引入两个荧光基团，第一个荧光基团连接在远离配体结合口袋的位点上，不参与识别，作为参比荧光；第二个选择环境敏感型荧光基团，并将其连接在靠近配体结合口袋的位点。当无配体存在时，荧光基团插入配体结合口袋；加入配体后，配体的结合使得荧光基团远离结合口袋，引起荧光信号变化，通过两种基团荧光强度的比值变化可实现对配体的检测和成像。但上述方法需要同时在蛋白上引入两个荧光基团，化学修饰难度较大，为此研究人员开发了蛋白单修饰的配体竞争法。如图 6-38（e）所示，将一个荧光基团修饰在与配体结合口袋一定距离的位点，再引入另一个能与配体结合

口袋低亲和力非共价结合的荧光基团。当配体加入后，可竞争非共价结合的荧光基团，使之游离于蛋白之外，使得该基团荧光发生猝灭，实现荧光信号的变化。

对于基于蛋白质构建的荧光探针，最具挑战的就是将荧光基团选择性地、有效地修饰到蛋白质位点上。目前，最常用的修饰方式有3种：第一种是利用巯基将活性荧光基团连接到特殊的半胱氨酸位点。该方法最重要的步骤是将要修饰的蛋白所有的半胱氨酸残基用其它氨基酸替换，以避免巯基活性荧光基团的非特异性标记；而后将要标记的蛋白特定位点用半胱氨酸残基取代，而引入荧光基团的特定位点是依据识别蛋白的三维结构决定的。该方法直接、有效，但由于需要将原有半胱氨酸残基全部取代，这种取代在一定程度改变了蛋白的结构，会影响蛋白结构的稳定性和与靶标的结合效率。第二种方法是不改变要修饰蛋白上其它氨基酸残基，而是在识别蛋白待修饰的特定位点上引入非天然氨基酸，再直接在该氨基酸残基上引入荧光基团。这是一种基因编码的衍生方法，但这种方法需要在特殊的 tRNA 合成酶/tRNA 对的帮助下，将非天然氨基酸引入到蛋白序列中无义密码子对应的位置。第三种是利用光亲和标记修饰（photo affinity labeling modification，PALM）等化学反应将荧光基团共价修饰到蛋白的特定位点上。Hamachi 等人改进该策略，提出了后光亲和标记修饰法（post-photo affinity labeling modification，P-PALM）[66]，如图 6-39 所示，P-PALM 试剂用二硫键将一个蛋白配体分子和一个光反应基团连在一起，P-PALM 试剂与蛋白结合后，再光照反应，使得 P-PALM 试剂与蛋白结合口袋附近的位点交联，再用还原剂打开二硫键，除去配体基团，蛋白表面被引入一个巯基，再加入能与巯基反应的荧光基团，即可

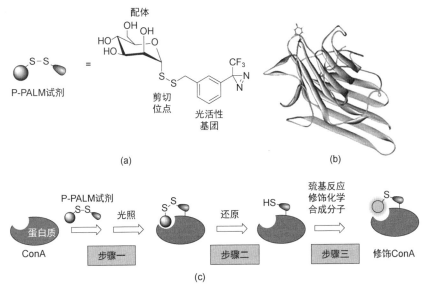

图 6-39 基于后光亲和标记的蛋白荧光传感器构建方法示意图[66]

使得荧光基团被化学修饰在靠近结合口袋附近的位点。该方法无需基因编码和遗传表达即可在活性位点附近键合上荧光基团，但是巯基类反应生物相容性差，不适用于含有多个半胱氨酸的蛋白体系。随着点击化学法和生物正交反应的不断发展，目前利用生物相容性较好的点击化学反应，如叠氮-炔基等，开发蛋白荧光传感器新方法受到越来越多的关注。随着荧光显微成像技术的发展，单分子和单细胞成像受到越来越多的关注。基于蛋白质的荧光探针因其在细胞中的功能和定位特异性成为单分子和单细胞成像的有力工具之一。

6.4 结语

本章主要讨论了人工合成高分子聚合物和天然生物大分子（核酸类和蛋白质类）的光学探针。高分子聚合物光学探针具有优异的光学性能和稳定的结构，但作为光学探针，其识别功能还需进一步发展，同时应该基于高分子材料可加工的优势发展快速检测器件。天然生物大分子主要包括核酸、蛋白质和多糖，由于对核酸和蛋白质的研究较为透彻，因此基于核酸和蛋白质的光学探针是近年来的研究热点，其优势包括识别特异性高、亲和力强、生物相容性好等，但其稳定性稍差和成本高的不足有待进一步改进。在生命体内，多糖是重要的识别分子，在细胞与细胞、细菌和病毒的识别以及细胞与活性分子的识别过程中扮演着重要角色，在免疫、细胞迁移、黏附等多个生理过程中起着举足轻重的作用。但目前基于多糖的光学探针鲜见报道，这主要是由于多糖这类大分子结构复杂多样、表征手段缺乏、化学合成难度大。随着多糖研究越来越受到重视，基于多糖的光学探针将成为大分子光学探针领域一个新的发展方向。

参 考 文 献

[1] Okamoto, Y.; Ueba, Y.; Dzhanibekov, N. F.; Banks, E. Rare-earth-metal containing polymers. 3. Characterization of ion-containing polymer structures using rare earth-metal fluorescence probes. *Macromolecules*, **1981**, 14: 17-22.

[2] Amao, Y.; Ishikawa, Y.; Okura, I. Green luminescent iridium(Ⅲ) complex immobilized in fluoropolymer film as optical oxygen-sensing material. *Anal. Chim. Acta*, **2001**, 445: 177-182.

[3] Ma, H. M.; Huang, Y. X.; Liang, S. C. PA center dot FPNS: Its synthesis and use in spectrophotometric determination of magnesium. *Talanta*, **1996**, 43: 21-26.

[4] Dong, S. Y.; Ma, H. M.; Li, X. H.; Sun, M.; Duan, X. J. Synthesis of a new water-soluble polymeric probe and its fluorescent properties for ratiometric measurement of near-neutral pH. *Anal. Lett.*, **2004**, 37: 2937-2948.

[5] Qiao, J.; Chen, C.; Shangguan, D.; Mu, X.; Wang, S.; Jiang, L.; Qi, L. Simultaneous monitoring of mitochondrial temperature and ATP fluctuation using fluorescent probes in living cells. *Anal. Chem.*, **2018**, 90: 12553-12558.

[6] Mei, J.; Leung, N. L.; Kwok, R. T.; Lam, J. W.; Tang, B. Z. Aggregation-induced emission: together we shine,

united we soar! *Chem. Rev.*, **2015**, 115: 11718-940.

[7] Wang, Z.; Chen, S.; Lam, J. W.; Qin, W.; Kwok, R. T.; Xie, N.; Hu, Q.; Tang, B. Z. Long-term fluorescent cellular tracing by the aggregates of AIE bioconjugates. *J. Am. Chem. Soc.*, **2013**, 135: 8238-8245.

[8] Sunayama, H.; Ooya, T.; Takeuchi, T. Fluorescent protein-imprinted polymers capable of signal transduction of specific binding events prepared by a site-directed two-step post-imprinting modification. *Chem. Commun.*, **2014**, 50: 1347-1349.

[9] Burroughes, J. H.; Bradley, D. D. C.; Brown, A. R.; Marks, R. N.; Mackay, K.; Friend, R. H.; Burn, P. L.; Holmes, A. B. Light-emitting-diodes based on conjugated polymers. *Nature*, **1990**, 347: 539-541.

[10] Zhou, Q.; Swager, T. M. Fluorescent chemosensors based on energy migration in conjugated polymers: The molecular wire approach to increased sensitivity. *J. Am. Chem. Soc.*, **1995**, 117: 12593-12602.

[11] Yang, J. S.; Swager, T. M. Fluorescent porous polymer films as TNT chemosensors: Electronic and structural effects. *J. Am. Chem. Soc.*, **1998**, 120: 11864-11873.

[12] Patil, A. O.; Ikenoue, Y.; Wudl, F.; Heeger, A. J. Water-soluble conducting polymers. *J. Am. Chem. Soc.*, **1987**, 109: 1858-1859.

[13] Kim, J.; McQuade, D. T.; McHugh, S. K.; Swager, T. M. Ion-specific aggregation in conjugated polymers: Highly sensitive and selective fluorescent ion chemosensors. *Angew. Chem. Int. Ed. Engl.*, **2000**, 39: 3868-3871.

[14] Smith, R. C.; Tennyson, A. G.; Lim, M. H.; Lippard, S. J. Conjugated polymer-based fluorescence turn-on sensor for nitric oxide. *Org. Lett.*, **2005**, 7: 3573-3575.

[15] Yao, Z.; Feng, X.; Li, C.; Shi, G. Conjugated polyelectrolyte as a colorimetric and fluorescent probe for the detection of glutathione. *Chem. Commun.*, **2009**: 5886-5888.

[16] He, F.; Tang, Y. L.; Yu, M. H.; Wang, S.; Li, Y. L.; Zhu, D. B. Fluorescence-amplifying detection of hydrogen peroxide with cationic conjugated polymers, and its application to glucose sensing. *Adv. Funct. Mater.*, **2006**, 16: 91-94.

[17] DiCesare, N.; Pinto, M. R.; Schanze, K. S.; Lakowicz, J. R. Saccharide detection based on the amplified fluorescence quenching of a water-soluble poly(phenylene ethynylene) by a boronic acid functionalized benzyl viologen derivative. *Langmuir*, **2002**, 18: 7785-7787.

[18] Liu, B.; Bazan, G. C. Interpolyelectrolyte complexes of conjugated copolymers and DNA: platforms for multicolor biosensors. *J. Am. Chem. Soc.*, **2004**, 126: 1942-1943.

[19] Zhao, X. Y.; Liu, Y.; Schanze, K. S. A conjugated polyelectrolyte-based fluorescence sensor for pyrophosphate. *Chem. Commun.*, **2007**: 2914-2916.

[20] Herland, A.; Inganas, O. Conjugated polymers as optical probes for protein interactions and protein conformations. *Macromol. Rapid Comm.*, **2007**, 28: 1703-1713.

[21] Yuan, H. X.; Liu, Z.; Liu, L. B.; Lv, F. T.; Wang, Y. L.; Wang, S. Cationic conjugated polymers for discrimination of microbial pathogens. *Adv. Mater.*, **2014**, 26: 4333-4338.

[22] Huang, Y.; Pappas, H. C.; Zhang, L. Q.; Wang, S. S.; Ca, R.; Tan, W. H.; Wang, S.; Whitten, D. G.; Schanze, K. S. Selective imaging and inactivation of bacteria over mammalian cells by imidazolium-substituted polythiophene. *Chem. Mater.*, **2017**, 29: 6389-6395.

[23] Bajaj, A.; Miranda, O. R.; Kim, I. B.; Phillips, R. L.; Jerry, D. J.; Bunz, U. H. F.; Rotello, V. M. Detection and differentiation of normal, cancerous, and metastatic cells using nanoparticle-polymer sensor arrays. *P. Natl. Acad. Sci. USA*, **2009**, 106: 10912-10916.

[24] Wu, C. F.; Hansen, S. J.; Hou, Q. O.; Yu, J. B.; Zeigler, M.; Jin, Y. H.; Burnham, D. R.; McNeill, J. D.; Olson, J. M.; Chiu, D. T. Design of highly emissive polymer dot bioconjugates for in vivo tumor targeting. *Angew. Chem. Int. Ed. Engl.*, **2011**, 50: 3430-3434.

[25] Aslund, A.; Sigurdson, C. J.; Klingstedt, T.; Grathwohl, S.; Bolmont, T.; Dickstein, D. L.; Glimsdal, E.; Prokop, S.; Lindgren, M.; Konradsson, P.; Holtzman, D. M.; Hof, P. R.; Heppner, F. L.; Gandy, S.; Jucker, M.; Aguzzi, A.; Hammarstrom, P.; Nilsson, K. P. R. Novel pentameric thiophene derivatives for in vitro and in vivo optical imaging of a plethora of protein aggregates in cerebral amyloidoses. *ACS Chem. Biol.*, **2009**, 4: 673-684.

[26] Todd Nickle, I. B. N. Book: Online Open Genetics (Nickle & Barrette-Ng) *https://bio.libretexts.org*.

[27] Bauman, J. G. J.; Wiegant, J.; Borst, P.; Vanduijn, P. A new method for fluorescence microscopical localization of specific DNA-sequences by in situ hybridization of fluorochrome-labeled RNA. *Exp. Cell Res.*, **1980**, 128: 485-490.

[28] Tyagi, S.; Kramer, F. R. Molecular beacons: Probes that fluoresce upon hybridization. *Nat. Biotechnol.*, **1996**, 14: 303-308.

[29] Li, Y.; Pu, Q. L.; Li, J. L.; Zhou, L. L.; Tao, Y. Y.; Li, Y. X.; Yu, W.; Xie, G. M. An "off-on" fluorescent switch assay for microRNA using nonenzymatic ligation-rolling circle amplification. *Microchim. Acta*, **2017**, 184: 4323-4330.

[30] Ellington, A. D.; Szostak, J. W. In vitro selection of RNA molecules that bind specific ligands. *Nature*, **1990**, 346: 818-822.

[31] Tuerk, C.; Gold, L. Systematic evolution of ligands by exponential enrichment: RNA ligands to bacteriophage T4 DNA polymerase. *Science*, **1990**, 249: 505-510.

[32] Ellington, A. D.; Szostak, J. W. Selection in vitro of single-stranded DNA molecules that fold into specific ligand-binding structures. *Nature*, **1992**, 355: 850-852.

[33] Blank, M.; Weinschenk, T.; Priemer, M.; Schluesener, H. Systematic evolution of a DNA aptamer binding to rat brain tumor microvessels. selective targeting of endothelial regulatory protein pigpen. *J. Biol. Chem.*, **2001**, 276: 16464-16468.

[34] Li, S.; Xu, H.; Ding, H.; Huang, Y.; Cao, X.; Yang, G.; Li, J.; Xie, Z.; Meng, Y.; Li, X.; Zhao, Q.; Shen, B.; Shao, N. Identification of an aptamer targeting hnRNP A1 by tissue slide-based SELEX. *J. Pathol.*, **2009**, 218: 327-336.

[35] Morris, K. N.; Jensen, K. B.; Julin, C. M.; Weil, M.; Gold, L. High affinity ligands from in vitro selection: complex targets. *Proc. Natl. Acad. Sci. USA*, **1998**, 95: 2902-2907.

[36] Daniels, D. A.; Chen, H.; Hicke, B. J.; Swiderek, K. M.; Gold, L. A tenascin-C aptamer identified by tumor cell SELEX: systematic evolution of ligands by exponential enrichment. *Proc. Natl. Acad. Sci. USA*, **2003**, 100: 15416-15421.

[37] Wang, C.; Zhang, M.; Yang, G.; Zhang, D.; Ding, H.; Wang, H.; Fan, M.; Shen, B.; Shao, N. Single-stranded DNA aptamers that bind differentiated but not parental cells: subtractive systematic evolution of ligands by exponential enrichment. *J. Biotechnol.*, **2003**, 102: 15-22.

[38] Shangguan, D. H.; Li, Y.; Tang, Z.; Cao, Z. C.; Chen, H. W.; Mallikaratchy, P.; Sefah, K.; Yang, C. J.; Tan, W. Aptamers evolved from live cells as effective molecular probes for cancer study. *Proc. Natl. Acad. Sci. USA*, **2006**, 103: 11838-11843.

[39] Kimoto, M.; Yamashige, R.; Matsunaga, K.; Yokoyama, S.; Hirao, I. Generation of high-affinity DNA aptamers using an expanded genetic alphabet. *Nat. Biotechnol.*, **2013**, 31: 453-457.

[40] Klussmann, S., The aptamer handbook: functional oligonucleotides and their applications. New York: John Wiley & Sons: 2006.

[41] de-los-Santos-Alvarez, N.; Lobo-Castanon, M. J.; Miranda-Ordieres, A. J.; Tunon-Blanco, P. Aptamers as recognition elements for label-free analytical devices. *Trac-Trend Anal. Chem.*, **2008**, 27: 437-446.

[42] Padmanabhan, K.; Padmanabhan, K. P.; Ferrara, J. D.; Sadler, J. E.; Tulinsky, A. The structure of

alpha-thrombin inhibited by a 15-mer single-stranded DNA aptamer. *J. Biol. Chem.*, **1993**, 268: 17651-17654.

[43] Jenison, R. D.; Gill, S. C.; Pardi, A.; Polisky, B. High-resolution molecular discrimination by RNA. *Science*, **1994**, 263: 1425-1429.

[44] Geiger, A.; Burgstaller, P.; vonderEltz, H.; Roeder, A.; Famulok, M. RNA aptamers that bind L-arginine with sub-micromolar dissociation constants and high enantioselectivity. *Nucleic Acids Res.*, **1996**, 24: 1029-1036.

[45] Green, L. S.; Jellinek, D.; Jenison, R.; Ostman, A.; Heldin, C. H.; Janjic, N. Inhibitory DNA ligands to platelet-derived growth factor B-chain. *Biochemistry*, **1996**, 35: 14413-14424.

[46] Cho, M.; Xiao, Y.; Nie, J.; Stewart, R.; Csordas, A. T.; Oh, S. S.; Thomson, J. A.; Soh, H. T. Quantitative selection of DNA aptamers through microfluidic selection and high-throughput sequencing. *Proc. Natl. Acad. Sci. USA*, **2010**, 107: 15373-15378.

[47] Yang, C.; Wang, Y.; Marty, J. L.; Yang, X. Aptamer-based colorimetric biosensing of Ochratoxin A using unmodified gold nanoparticles indicator. *Biosens. Bioelectron.*, **2011**, 26: 2724-2727.

[48] Heyduk, E.; Heyduk, T. Nucleic acid-based fluorescence sensors for detecting proteins. *Anal. Chem.*, **2005**, 77: 1147-1156.

[49] Wang, L. H.; Zhang, J.; Wang, X.; Huang, Q.; Pan, D.; Song, S. P.; Fan, C. H. Gold nanoparticle-based optical probes for target-responsive DNA structures. *Gold Bull.*, **2008**, 41: 37-41.

[50] Li, W.; Wang, K. M.; Tan, W. H.; Ma, C. B.; Yang, X. H. Aptamer-based analysis of angiogenin by fluorescence anisotropy. *Analyst*, **2007**, 132: 107-113.

[51] Paige, J. S.; Wu, K. Y.; Jaffrey, S. R. RNA mimics of green fluorescent protein. *Science*, **2011**, 333: 642-646.

[52] Paige, J. S.; Nguyen-Duc, T.; Song, W.; Jaffrey, S. R. Fluorescence imaging of cellular metabolites with RNA. *Science*, **2012**, 335: 1194.

[53] Li, T.; Wang, E.; Dong, S. J. Chemiluminescence thrombin aptasensor using high-activity DNAzyme as catalytic label. *Chem. Commun.*, **2008**: 5520-5522.

[54] Xiang, D.; Shigdar, S.; Qiao, G.; Wang, T.; Kouzani, A. Z.; Zhou, S. F.; Kong, L.; Li, Y.; Pu, C.; Duan, W. Nucleic acid aptamer-guided cancer therapeutics and diagnostics: the next generation of cancer medicine. *Theranostics*, **2015**, 5: 23-42.

[55] Bing, T.; Shen, L. Y.; Wang, J. Y.; Wang, L. L.; Liu, X. J.; Zhang, N.; Xiao, X.; Shangguan, D. H. Aptameric probe specifically binding protein heterodimer rather than monomers. *Adv. Sci.*, **2019**, 1-6.

[56] Zhang, N.; Bing, T.; Shen, L.; Song, R.; Wang, L.; Liu, X.; Liu, M.; Li, J.; Tan, W.; Shangguan, D. Intercellular connections related to cell-cell crosstalk specifically recognized by an aptamer. *Angew. Chem. Int. Ed. Engl.*, **2016**, 55: 3914-3918.

[57] Wang, L. L.; Bing, T.; Liu, Y.; Zhang, N.; Shen, L. Y.; Liu, X. J.; Wang, J. Y.; Shangguan, D. Imaging of neurite network with an anti-L1CAM aptamer generated by neurite-SELEX. *J. Am. Chem. Soc.*, **2018**, 140: 18066-18073.

[58] Shaner, N. C.; Patterson, G. H.; Davidson, M. W. Advances in fluorescent protein technology. *J. Cell Sci.*, **2007**, 120: 4247-4260.

[59] Guerrero, A. Jelly fish and green fluorescent protein. *Embryo Project Encyclopedia*, **2017**, 1940-5030.

[60] Chudakov, D. M.; Matz, M. V.; Lukyanov, S.; Lukyanov, K. A. Fluorescent proteins and their applications in imaging living cells and tissues. *Physiol. Rev.*, **2010**, 90: 1103-1163.

[61] Tsien, R. Y. Constructing and exploiting the fluorescent protein paintbox (Nobel Lecture). *Angew. Chem. Int. Ed. Engl.*, **2009**, 48: 5612-5626.

[62] Miesenbock, G.; De Angelis, D. A.; Rothman, J. E. Visualizing secretion and synaptic transmission with pH-sensitive green fluorescent proteins. *Nature*, **1998**, 394: 192-195.

[63] Wachter, R. M.; Remington, S. J. Sensitivity of the yellow variant of green fluorescent protein to halides and nitrate. *Curr. Biol.*, **1999**, 9: R628-R629.

[64] Kawai, Y.; Sato, M.; Umezawa, Y. Single color fluorescent indicators of protein phosphorylation for multicolor imaging of intracellular signal flow dynamics. *Anal. Chem.*, **2004**, 76: 6144-6149.

[65] Ghosh, I.; Hamilton, A. D.; Regan, L. Antiparallel leucine zipper-directed protein reassembly: Application to the green fluorescent protein. *J. Am. Chem. Soc.*, **2000**, 122: 5658-5659.

[66] Wang, H.; Nakata, E.; Hamachi, I. Recent progress in strategies for the creation of protein-based fluorescent biosensors. *Chembiochem*, **2009**, 10: 2560-2577.

[67] Fosque, B. F.; Sun, Y.; Dana, H.; Yang, C. T.; Ohyama, T.; Tadross, M. R.; Patel, R.; Zlatic, M.; Kim, D. S.; Ahrens, M. B.; Jayaraman, V.; Looger, L. L.; Schreiter, E. R. Neural circuits. Labeling of active neural circuits in vivo with designed calcium integrators. *Science*, **2015**, 347: 755-760.

[68] Green, A. A.; Mcelroy, W. D. Crystalline firefly luciferase. *Biochim. Biophys.* Acta, **1956**, 20(1): 170-176.

[69] de Wet, J. R.; Wood, K. V.; Helinski, D. R.; et al. Cloning of firefly luciferase cDNA and the expression of active luciferase in Escherichia coli. *Proceedings of the National Academy of Sciences of the United States of America*, **1985**, 82(23): 7870-7873.

[70] http://photobiology.info/Ohmiya.html.

[71] Lobingier, B. T.; Huttenhain, R.; Eichel, K.; Miller, K. B.; Ting, A. Y.; von Zastrow, M.; Krogan, N. J. An approach to spatiotemporally resolve protein interaction networks in living cells. *Cell*, **2017**, 169: 350-360 e12.

[72] Han, Y.; Branon, T. C.; Martell, J. D.; Boassa, D.; Shechner, D.; Ellisman, M. H.; Ting, A. Y. Directed evolution of split APEX2 peroxidase. *ACS Chem. Biol.*, **2019**, 14: 619-635.

[73] Hamers-Casterman, C., Atarhouch, T., Muyldermans, S. et al. Naturally occurring antibodies devoid of light chains. *Nature*, **1993**, 363: 446-448.

[74] Kaiser, P. D.; Maier, J.; Traenkle, B.; Emele, F.; Rothbauer, U. Recent progress in generating intracellular functional antibody fragments to target and trace cellular components in living cells. *Biochim. Biophys. Acta*, **2014**, **1844**: 1933-1942.

第7章 纳米光学探针

汪乐余，许苏英
北京化工大学

伴随着纳米科学技术的发展，一些新型的发光材料也相继被发现，基于发光纳米材料构筑的纳米光学探针近些年来呈爆发式增长。本章根据纳米发光材料的类型，重点介绍目前应用比较广泛的几种纳米发光材料，如发光量子点、发光碳材料、发光硅纳米材料和上转换发光纳米材料的制备、发光性质及其在分析化学相关领域的应用。

7.1 量子点类光学探针

近年来，纳米荧光探针在化学传感、光学材料、生物检测和识别以及动物活体成像等领域得到了越来越广泛的应用[1-4]，特别是以无机半导体发光量子点为代表的发光材料的广泛应用，为生物检测中的定性、定量分析提供了新的发展机遇，成为近年来研究的热点[5-10]。

7.1.1 量子点的基本特征

当半导体材料从体相逐渐减小至一定临界尺寸后，材料的特征尺寸在三个维度上都可以与电子的德布罗意波长或电子平均自由程相比拟或更小时，电子在材料中的运动受到了三维限制，也就是说，电子的能量在三个维度上都是量子化的，这种在三个维度上受到限制的材料称为量子点（quantum dots，QDs）[11]。半导体量子点一般为球形或类球形，粒径为 1~10 nm，它是在纳米尺度的原子和分子集合体。半导体纳米粒子具有类似体相晶体的规整原子排列，而普通纳米微粒的原子排布通常是杂乱的。由于量子尺寸效应的存在，半导体纳米粒子的光学及电学性质强烈地依赖其尺寸。此外，半导体纳米粒子具有大的比表面积，其表面原子数目已经与内部晶格的原子数目相当，因此这种材料的表面结构与材料本身性质关系密切。

7.1.2 量子点的分类

(1) Ⅱ-Ⅵ族量子点材料

Ⅱ-Ⅵ族量子点材料（如 CdSe、CdTe、CdS、ZnSe 等）是研究得最早，也是研究最成熟的一类量子点材料，对它们的研究伴随着整个量子点的研究进程。胶体量子点概念的提出是在 20 世纪 80 年代。1983 年，美国贝尔实验室的 Brus 等[12]首次在水相中制备了 CdS 纳米晶材料，其平均尺寸为 4.5 nm。将这种 CdS 纳米晶放置于 pH 值为 3 的环境中陈化一天后，其平均尺寸变为 12.5 nm。他们进一步测试这两种不同尺寸的 CdS 纳米晶的光吸收光谱，证实了不同尺寸 CdS 纳米晶的光吸收峰在不同位置。Brus 首次将胶体与量子效应联系起来，认为胶体颗粒具有量子尺寸效应。1984 年，Onushchenko 等[13]使用硅酸盐玻璃基质，制备了颗粒尺寸从 3 nm 到 80 nm 的 CdS 量子点，并测试了它们的光吸收性质，证实了量子点具有能量量子化的特征，即激子吸收峰会随着量子点尺寸的变化而变化，这为量子点的尺寸效应的研究奠定了实验基础。近几年来，Ⅱ-Ⅵ族量子点的制备进入到精细化控制的程度。例如，彭笑刚课题组[14]在 2012 年通过精确地壳层调控制备了闪锌矿结构的 CdSe 量子点。在制备Ⅱ-Ⅵ族量子点过程中发展起来的合成手段也被用于制备诸多其它量子点，从而发展出了各种各样的量子点材料。当然，对于Ⅱ-Ⅵ族量子点材料，除 Cd 基量子点外，人们还研究了 ZnO[15]、ZnS[16]、ZnSe[17]等其它Ⅱ-Ⅵ族量子点材料。CdSe 量子点等Ⅱ-Ⅵ族半导体量子点材料已经发展了三十多年，各种研究手段和应用前景已经相当成熟，目前这类量子点已经有实用化的产品问世。但是这类量子点有一些固有的局限性，如其中含有有害的重金属元素 Cd，这给它的大规模应用带来了阻力。因此，人们又发展了许多绿色环保的量子点材料。

(2) Ⅲ-Ⅴ族量子点材料

大部分Ⅲ-Ⅴ族量子点材料（如 InP、InAs 等）都是直接带隙半导体，且不含有毒重金属元素，这使得由这种材料制备的量子点非常有利于大规模的实际应用[18]。但是由于Ⅲ-Ⅴ族材料的共价性比Ⅱ-Ⅵ族强，所以Ⅲ-Ⅴ族量子点制备更加困难，合适的前驱体材料很少[19]，并且目前制备出的Ⅲ-Ⅴ族量子点在尺寸分布、半峰宽、量子效率等方面都不及Ⅱ-Ⅵ族量子点[20,21]。所以目前 InP 等Ⅲ-Ⅴ族量子点的研究主要还是集中于制备方面，如前驱体的选择、制备方法的研究和壳层包覆的策略等[22,23]。Ⅲ-Ⅴ族材料有 InP、InAs、GaN、GaAs 等，其中由于磷化物的制备相对简单，所以目前研究得最多的是 InP 量子点。通常，裸核 InP 量子点表面存在着大量缺陷，所以它的量子效率较低，需要采用包覆等手段进行表面修饰。包覆材料一般选择宽带隙半导体，如 GaP、ZnS、ZnSe、CdS 等[24]。出于晶格适配度和包覆难易程度等方面的考虑，目前使用最多的包覆材料是 ZnS，通常采用高温热注入法或一锅法来制备 InP/ZnS 核壳结构量子点[25,26]。包覆后的 InP 量子点的稳定性和发光效率都得以大幅提高。目前 InP 量子点等Ⅲ-Ⅴ族量子点材料主要应用于发光二极管等领域。作为一种不含有毒重金属的材料，InP 量子点有望取代 CdSe 量子点在显示器上的应用。目前已经有使用 InP 量子点作为发光层的量子点电视问世。

（3）Ⅰ-Ⅲ-Ⅵ族量子点材料

该类量子点往往是直接带隙半导体且具有较高的光吸收系数，同时这种三元材料还具有二元材料所不具有的优势，就是可以通过改变多化合物的组分来调控量子点的发光，如改变 $CuInS_2$ 量子点的 Cu/In 比例可以改变它的发光颜色。迄今为止，研究最多的Ⅰ-Ⅲ-Ⅵ族量子点材料是 $CuInS_2$，其次是 $AgInS_2$[27-29]、$CuGaS_2$[30,31]、$AgGaS_2$[32,33]。但是Ⅰ-Ⅲ-Ⅵ族量子点的带隙通常较窄，不容易得到发射蓝光的材料。$CuGaS_2$ 的带隙是 2.43 eV，发光在绿光范围，可以通过向其中引入 Zn 等元素获得发射蓝光的量子点材料[34-36]。在应用方面，由于Ⅰ-Ⅲ-Ⅵ族量子点具有较低毒性，所以它被广泛应用于生物成像等领域；此外，水相 $CuInS_2$ 量子点也受到人们的关注[37-39]。另一方面，由于这种Ⅰ-Ⅲ-Ⅵ族材料的光吸收系数较高，所以它在薄膜太阳能电池上的应用也十分广泛[40-42]，目前基于 $Cu(InGa)Se_2$ 太阳能电池的效率最高已达 21.5%[43]。此外，$CuInS_2$、$CuGaS_2$ 等材料还被用于制备各种发光二极管[31,34,44]。

（4）钙钛矿量子点材料

钙钛矿量子点是最近几年发展起来的一种性能优异的量子点材料[45]。它是一类具有钙钛矿结构的离子型化合物量子点。钙钛矿量子点按组成的不同可以分为有机无机杂化钙钛矿量子点和全无机钙钛矿量子点两种。其中全无机钙钛矿量子点的化学通式为 $CsPbX_3$（X = Cl，Br，I），它比有机无机杂化钙钛矿量子点具有更高的稳定性。虽然钙钛矿量子点在光电性能上几乎没有缺点，但是它含有重金属元素 Pb，这不利于它的规模化应用。目前去除 $CsPbX_3$ 量子点中的 Pb 元素主要有两种方法：一是使用其它与 Pb^{2+} 相近的离子替换 Pb^{2+}[46]；二是使用两种离子替换 Pb^{2+} 形成双钙钛矿结构[47]。但是目前采用这两种方案制备出的钙钛矿量子点的光电性能都不能与含 Pb 钙钛矿量子点相比。另外，钙钛矿量子点还有一个天然的缺点就是稳定性不好，作为离子型化合物，其在空气中很容易被氧化，在水中容易失去晶体结构，这种低稳定性使得基于钙钛矿量子点的光电器件对封装具有较高要求。总之，钙钛矿量子点合成方便、成本低廉、性质优良、应用广泛，是一种非常有潜力的量子点材料。

7.1.3 量子点的基本性质

量子点由于粒径很小（几纳米），电子和空穴被量子限域，连续能带变成具有分子特性的分立能级结构，因此光学行为与一些大分子（如多环芳香烃）很相似，可以发射荧光[48,49]。量子点的分立能级结构和库仑电荷效应是其基本的物理性质[11]。量子点的基本性质主要有量子尺寸效应、表面效应、小尺寸效应和宏观量子隧道效应[23, 50]。其中与量子点发光相关的量子效应主要是量子尺寸效应和表面效应。

量子尺寸效应，又叫量子约束效应，是指当材料尺寸小于或接近它的激子玻尔半径时，所产生的电子能级劈裂、带隙增大等效应。对于宏观材料，进行能带计算时常采用周期性边界假设，而这种假设只有在晶体长度远大于晶格长度时才近似成立。对于小尺寸材料，这种周期性边界假设是不成立的。在量子点中，电子被局域在一个很小的空间，运动受到限制，其对应的电子态密度不再连续，而是出现了分立，如图7-1所示，并且这种能级的劈裂会随着材料尺寸的减小而增大。

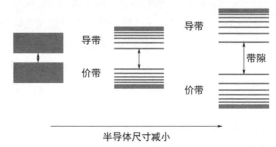

图 7-1 半导体材料的电子势能图

量子点的尺寸很小，其中的电子输运只能在量子点的内部进行，所以电子的自由程变短，电子的局域性增加，容易形成激子（即电子-空穴对）。由于量子点材料的尺寸很容易满足小于或者接近激子玻尔半径的条件，所以形成的激子为紧束缚激子，即弗伦克尔（Frenkel）激子。此类激子形成的激子能级略低于导带底。激子能级到价带的跃迁发光称为激子复合发光。激子复合发光是量子点发光中的一种重要的复合发光机制。激子能级的位置会随导带底位置的变化而变化，所以当带隙随尺寸的减小而增大时，无论带边复合发光还是激子复合发光都会随之改变，荧光发光峰蓝移，故量子点的发光颜色可以通过改变其尺寸来调控。这便是量子点的量子尺寸效应的一种宏观表现。

由于量子点颗粒尺寸很小，有较多原子位于量子点的表面，所以量子点的比表面积很大，并且随着量子点尺寸的减小而增大。例如，对于 5 nm 的 CdS 量子点而言，有高达 15%的原子位于量子点表面。这些表面原子的高活性会在量子点的能带结构中形成表面能级，这些表面能级会捕获电子和空穴，然后以非辐射复合的形式释放能量。这个过程会使得量子点的辐射复合发光效率大大降低，严重影响了量子点的发光应用，因此量子点的表面修饰是一个重要的研究方向。经过对量子点表面的适当修饰，能够改变其物理化学性质，如经过表面修饰的 CdSe 量子点材料的荧光量子效率会大幅提高，光稳定性能也得到改善。

7.1.4 量子点的光学性质

由于量子限域效应，量子点具有不同于传统荧光染料如有机荧光染料、荧光蛋白等[51]的独特光学特性。量子点具有独特的光学特点（激发谱带宽、发射谱带窄、光学稳定性高和寿命长），所以被广泛地应用于各个领域。

（1）量子点的发光机理

半导体纳米晶体的结构导致了它具有量子尺寸效应和介电限域效应，并由此派生出半导体纳米晶体独特的发光特性。半导体的光致发光原理如图 7-2 所示[52]。当一束光照射到半导体上时，半导体吸收光子后价带上的电子跃迁到导带，导带上的电子可以再跃迁回到价带，放出光子，也可以落入半导体中的电子陷阱。当电子落入较深的电子陷阱后，绝大部分以非辐射的形式猝灭，只有极少数的电子以光子的形式跃迁回价带或以非辐射的形式回到导带。所以，当半导体中电子陷阱较深时，量子产率就会较低。

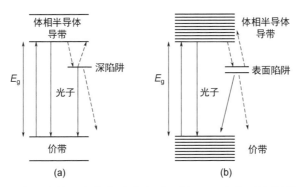

图 7-2 半导体量子点的光致发光原理图（a）和电子势能图（b）
（实线代表辐射跃迁，虚线代表非辐射跃迁）

体相半导体的能级结构很简单，如果从电子势能图［图 7-2（b）］上看，上面有一系列连续的能级（导带），下面也有一系列连续的能级（价带），中间有一个区域没有能级（带隙）。在量子点中，由于量子限域效应的作用，这些能级的位置都会发生一些变化。导带会向上移，价带会向下移，原来连续的能级也会变得分立。量子点是一个晶体，有可能出现晶格缺陷。与体相半导体一样，晶格缺陷的来源有内部和外部两个方面。内部缺陷产生的原因是结晶性不好，出现层错、孪晶或者位点缺失等。外部缺陷的来源主要是表面原子悬键。晶体中所有原子都有固定的配位数，但是表面原子的配位数不够，这些原本应该有配位原子的地方就会带来一个悬键。上面提到的能级结构是以具有完美结晶性的晶体计算而来，但是缺陷的存在会破坏晶体原子的周期性，也会额外产生一些能级，这些能级称作缺陷能级。缺陷能级的位置不一定在带隙内，可能出现在导带内部也可能出现在价带内部。在体相半导体中，表面缺陷带来的副作用远不如内部缺陷，这是因为表面原子占整个晶体中原子的比例很小。比表面积会随着尺寸的减小而急剧增大，尤其对于几个纳米的晶体，表面原子占整个晶体原子的比例可达20%以上。这就导致在量子点中，表面缺陷的作用变得非常明显。此外，由于量子限域效应，量子点的激子的波函数并不完全在量子点内部，而是会有一部分离域出表面，这就进一步加剧了表面缺陷的作用。这两方面的原因使得在量子点中，表面缺陷的影响甚至超过了内部缺陷。

结合量子点的能级结构，量子点的发光其实就是电子和空穴复合的结果，或者称作激子湮灭。要让量子点发光，量子点首先得产生一个激子。产生激子的方式一般有两种，一种是光致，一种是电致。未激发（基态）时，所有的电子都分布在价带上面。如果进来一个光子，而且这个光子的能量刚好合适，则价带上的电子就会吸收这个光子从价带跃迁到导带上，同时在价带上原有的位置产生一个空穴，此时电子和空穴之间由库仑作用力相互吸引，这样量子点上就出现了一个电子-空穴对（激子）。或者直接从外界由电场给量子点的导带注入一个电子，给价带注入一个空穴，如果恰好电子和空穴感受到了对方，那么也可以形成一个激子。通常，光激发或者电注入产生的电子和空穴都不在各自的最低能级上，它们首先在带内弛豫。以电子为例，它会将导带内的能级当作阶梯，一级一级地往下，直到导带底。如果是空穴，则会在价带内向上，直到价带顶。正常情况下，电子和空穴会在这里复合，放出一个光子。这种复合方式一般称为带边复合，因为这时放出的光子的能量和量子点的带隙很接近。

上面讲到，量子点如果有缺陷，就可以想象成量子点中多了很多额外的能级（图7-2），则电子和空穴就有可能走到这些能级中。以电子为例，如果能级在导带内，因为还有比缺陷能级能量更低的能级存在，即使电子走到了缺陷能级中，它还有可能再次回到导带底，和空穴复合。如果这个能级的能量比价带底还低，那么电子即使弛豫到了价带底，还会继续弛豫，来到缺陷能级，然后再和空穴复合。这种情况下，量子点的带边复合就会减少，也就是我们经常说的量子点荧光量子产率下降。对于通过缺陷能级复合，因为缺陷不可控或者不稳定，很多时候复合后多余的能量是以热的形式释放，所以基本上对于缺陷都是采取消灭的策略。但是，也有一些缺陷有发光的能力（比如掺杂），缺陷态发光的性质和带边发光有很大的不同。对于这部分缺陷，如果合理控制，反而可以扩大量子点的应用范围。

（2）量子点的激发和发射光谱

有机荧光染料通常需要用特定波长的窄带光源进行激发，发射的荧光峰强度呈非对称的宽带分布，而且在红光区有明显的拖尾现象［图7-3（a）］。相反，量子点的紫外吸收光谱宽而且呈连续分布，同时荧光发射光谱的半峰宽（FWHM）较窄且呈对称分布，典型的半峰宽为 30 nm［图 7-3（b）］[53]。此外，量子点与荧光染料相比，激发和发射光谱之间的斯托克斯位移大，有利于荧光信号的检测。传统染料的发射谱带很宽，这就意味着在较宽的范围内多个染料的发射光谱可能会重叠，限制了不同标记生物分子的同时检测。而对于量子点来说，量子点的发射谱带很窄。而且控制条件也很简单，通过不同的尺寸和组成，以及通过不同的表面修饰，可以合成出发射光从紫外（UV）到红外（IR）的量子点。窄的发射光谱和宽的吸收光谱使量子点适合用于多种成分的同时成像，即不同颜色和不同量的量子点用于标记基因、蛋白质和小分子。

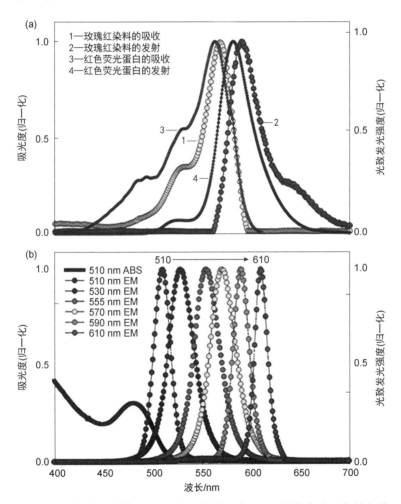

图 7-3　有机荧光染料（a）和半导体量子点（b）的激发以及发射光谱

ABS—吸收光谱；EM—发射光谱

（3）荧光发射光谱可调谐性

量子点的荧光发射波长可充分利用其"量子限域"（quantum confinement）效应，通过控制钙钛矿量子点 CsPbX$_3$（X=Cl，Br，I）合成时的直径大小和材料组分来进行连续调谐[54]（如图 7-4），因此合成不同直径大小的量子点就能获得多种可以辨别的编码微球。更为重要的是，不同尺寸大小的量子点能够采用单一波长的光激发而发射出不同颜色的荧光，从而实现对多组分生物分子的实时标记。有研究者报道，用 6 种量和 5～6 种颜色就可以编成 10000～40000 种不同的识别码。基于其良好的光学特点，量子点可应用于细胞中标记生物分子的长时间检测[55]。

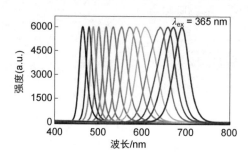

图 7-4　不同组分和大小钙钛矿量子点的发射光谱

（4）量子点的荧光量子产率、荧光寿命和稳定性

荧光量子点产率是衡量量子点发光能力的一项指标，指的是量子点在一定的光照下，一定时间内发射出的光子数与其吸收的光子数之比。当有缺陷存在时，光照产生的激子不一定会复合放出光子，激子有可能弛豫到缺陷能级，因此荧光量子产率通常低于 100%。因为增加了其它的弛豫、复合途径，所以激子的衰减动力学会改变。研究表明，一个直径为 4 nm 的 CdSe 量子点的发光强度相当于 20 个罗丹明 6G 分子的发光强度[7]。

普通有机染料的荧光寿命仅为几个纳秒，而量子点的荧光寿命一般高达 20～40 ns。量子点被激发后具有长的荧光寿命，这在时间分辨成像领域具有明显的优势。光稳定性是大多数荧光应用的一个重要指标，而这也正是量子点的一个特性。经过一定时间的光照射，有机染料的光会减弱，而量子点却非常稳定，经过多次反复的激发，量子点荧光可以在数小时内保持明亮而不发生明显的光猝灭。量子点 QD-608 在连续光激发下，在 608 nm 处的荧光发射强度随时间变化不明显，即光漂白现象不明显；而 Alexa 488 在没有添加抗漂白剂的情况下荧光强度呈指数下降[56]。鉴于这种耐光漂白的稳定性，量子点有利于研究细胞中不同生物分子之间的长期相互作用，药物在人体细胞中的代谢和药理特性，以及对不同深度层面的细胞和生物组织进行长时间共聚焦显微成像等。此外，量子点的双光子吸收截面也比有机染料大，特别适用于多光子激发的显微成像应用。

7.1.5 量子点的合成

量子点合成方法分为有机相合成法和水相合成法[57]。通常，有机相合成法制备出的量子点是疏水的，而水相合成法制备出的量子点则是亲水的。

（1）有机合成法

Bawendi 研究小组开创了有机金属前驱体加热分解法，是合成"高品质"Ⅱ-Ⅵ族半导体量子点的里程碑[58]。此方法又称 TOP-TOPO 法，得到的半导体纳米晶体结晶性好、尺寸单分散性好（低于 5%）。对该种方法的一个简单描述如下（图 7-5）：将有机金属前驱体二甲基镉（Me_2Cd）的三辛基膦（TOP）溶液和 Se 的三辛基膦配合物（TOP-Se）溶液混合，快速注射到热的（约 180℃）配位溶剂三辛基氧膦（TOPO）中，再升温至 230~260℃。其中配位溶剂 TOPO 在控制晶体生长、稳定最终的胶体分散液、钝化半导体表面的电子结构起到关键作用。室温下注入后马上均相成核，多次少量地注入室温溶剂和温度的突然降低可阻止进一步成核。晶体生长过程遵循"奥斯瓦尔德熟化"机理，因此获得的量子点尺寸单分散性很好。温度增长速率也起着至关重要的作用，要使晶体尺寸平均稳定地增长，温度增长速率必须均匀地增加，同时可保证 CdSe 量子点的窄尺寸分布。

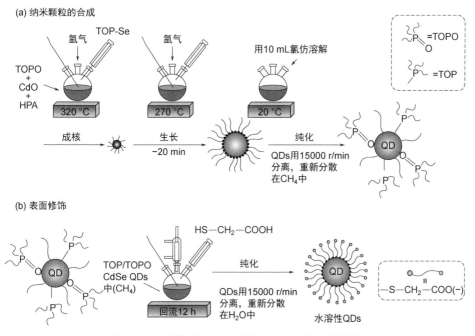

图 7-5 半导体量子点的有机相合成及表面修饰

这种方法较以前是一种突破，但单个的量子点颗粒容易受到杂质和晶格缺陷的影响，荧光量子产率很低。后来人们发现，当把量子点制成核/壳结构后，可有效地限域载流子，大大提高其荧光量子产率[24]。1996 年，Hines 等报道合成了 ZnS 包覆的 CdSe 量子点，其在室温下荧光产率可达 50%。上述方法均采用二甲基镉为原料，二甲基镉毒性很大，易燃、昂贵、室温下不稳定，且当其注入热的 TOPO 后，可能产生金属沉淀，这些缺点限制了上述方法的推广。近年来，彭笑刚等对传统的合成方法进行了改进[59-61]。他们以 CdO 为原料，在一定条件下与 S、Se、Te 的储备液混合，一步合成了高荧光产率的 CdS、CdSe、CdTe 量子点，脂肪酸、胺类、磷酸等都可用来作为该反应体系的溶剂。该方法克服了传统合成方法中采用二甲基镉为原料的缺点，且合成量子点的尺寸分布小、荧光量子产率高。

另外，反相微胶束法也是一种有机相合成法，可得到尺寸单分散性相对较好的半导体量子点。该方法是将 Zn、Cd 等金属元素前驱体的微乳液和含硫族元素的前驱体微乳液混合，量子点尺寸可由胶束的尺寸控制。以 CdS 为例，对反相胶束法描述如下：首先，将两亲性分子和有机溶剂（如正庚烷）混合，再将适量的金属镉盐水溶液加入，最终形成油包水型的反相胶束溶液；同法制备稳定的含有硫化钠水溶液的反相胶束溶液（两亲性分子和有机溶剂与前者相同），将此两种胶束溶液混合，半导体即在胶束内成核增长，最终生成 CdS 纳米晶体。反相胶束的粒径大小可由两性分子和水的比率决定，此比率可调。半导体纳米粒子的尺寸大小依赖于胶束的大小，而胶束的粒径大小均匀，所以半导体纳米晶的尺寸也相对均匀。早在 1986 年，P. Lianos 等就用这种方法制备出尺寸可控、分散稳定的 CdS 量子点[62]，M. L. Steigerwald 等发展了这种方法，他们得到的 CdSe 量子点胶束溶液在室内光和室温下可稳定保存数月[63]。此法的另一个优点就是可赋予量子点所期望的形状。

（2）水相合成法

半导体量子点在荧光标记等生物学领域有重要的应用，但要求量子点必须是水溶性的，TOP-TOPO 法显然不适合。因此，改善量子点的水溶性就成了一个非常活跃的研究领域。通常水溶性量子点采取直接在水中合成的方法[64-66]。不过用于生物领域的量子点不仅要求在水中均匀分散，而且表面包覆剂还必须带有 $-COOH$、$-NH_2$ 等功能性基团，所以稳定剂的选择很重要。水相直接合成法使用水溶性的前驱体，直接在水中制备既经济又环境友好的量子点。典型的合成过程如下：适用于制备量子点的水溶性金属盐前驱体与水溶性的硫族化合物（或者 H_2X，X = S, Se, Te）在水中发生反应；常用含巯基的功能性分子作为稳定剂，因为 $-SH$ 基团可以和第二副族金属硫化物（如 Zn、Cd）形成配合物，这样巯基化合物分子便可通过化学键连接在量子点的表面，同时起到表面改性剂和表面钝化剂的作用。巯基化合物可用通式表示为 $HS(CH_2)_nX$，X 可以是 $-COOH$、$-NH_2$、$-OH$ 等，此化合物也可以是含巯基的氨基酸等。已经被用作稳定剂的水溶性巯基化合物包括短链巯基酸类、短链巯基醇类、巯基丙氨酸等。水相合成量子点的优势是操作简便、重复性高、成本低、表面电荷和表面性质可控，很容易引入各种官能团分子。水溶性量子点有望成为有广阔发展前景的生物荧光探针。

水相合成法的基本原理是在水中加入稳定剂（如硫醇、巯基羧酸、多聚磷酸盐等），通过水相离子交换反应得到量子点。目前，大多是利用水溶性巯基试剂作稳定剂直接在水相合成量子点。巯基试剂对量子点的稳定性及功能化起着重要作用，不同巯基分子使量子点具有不同表面结构，从而具有不同的发光效率。选择带有适当官能团的巯基化合物作稳定剂，对于控制量子点的表面电荷及其它表面特征极其重要，尤其当水溶性量子点做荧光标记时，稳定剂的选择就更为重要。水相中合成量子点，不仅解决了纳米粒子的水溶性问题，而且采用硫醇或巯基羧酸对其表面进行修饰，使得量子点能与生物分子上的氨基直接发生作用，因而可以直接用于生物医学检测。此外，水相合成法还具有操作简单、安全、反应条件温和、可重复性高、成本低等优点，是有机合成方法所无法比拟的。

制备性能好的Ⅱ-Ⅵ族半导体量子点同时又平衡其成本是一个重要的发展方向[67,68]，对这些方法系统的研究较少。制备发光性能优异的Ⅱ-Ⅵ族半导体量子点同时又平衡其成本是一个重要的发展方向。为了克服TOP-TOPO法的缺点，研究者将各种水溶性巯基化合物包覆的CdTe量子点经过尺寸选择或尺寸分级技术处理，可显著降低尺寸分布，发光峰的半高宽很窄，量子产率可高达40%，而且与TOP-TOPO法相比，降低了成本。Torimoto等[69]利用尺寸选择光刻蚀技术，在有溶解氧存在的情况下，用光照射预先制备的宽分布的量子点溶液，这些尺寸较大的半导体粒子就会氧化分解成小颗粒，因此尺寸分布被调整到较窄的范围，该技术过程具有连续、成本低等优点。尽管获得尺寸分布窄的半导体量子点已经成为可能，但对表面的控制仍很困难。因为即使尺寸单分散性很高的半导体量子点也存在诸多表面缺陷，难以消除。合成具有核-壳结构的量子点是当前消除表面态（或表面缺陷）最有效的途径之一。壳层有比核层半导体材料的能带隙更宽的半导体构成，具有这样结构的复合量子点的发光带位于内核量子点的吸收边附近，是带边发光，辐射带半高宽很窄，发光强度大，同时光稳定性、耐氧化性以及发光效率好。可以预见，未来半导体量子点的合成将继续向追求成本低、尺寸单分散性好、量子产率高、稳定性好、有效地消除表面缺陷的方向发展。

7.1.6 量子点的表面修饰

采用胶体化学法在有机溶剂中合成的量子点，其光化学稳定性强，荧光效率高，合成方法成熟，但在用于生物标记时必须对量子点进行表面修饰使其具有一定的水溶性和生物兼容性。表面修饰对量子点的影响体现在两个方面，一是发光性质，二是物理化学性质[70]。目前报道的量子点表面修饰技术可以分为以下三种方法。

（1）添加稳定剂和形成核-壳结构

文献报道在有机溶剂氧化三正辛基膦（TOPO）中合成的 CdSe/ZnS 量子点的表面连接上巯基乙酸，从而使量子点不仅具有水溶性，而且又能与生物分子相结合[7]。用水溶性巯基试剂作稳定剂直接在水相合成 QDs 的方法操作简单，所用材料价格低、毒性小，标记生物分子时不需要进行相转移，对 QDs 粒子表面性质影响小。但巯基羧酸并不是很稳定，可以从 QDs 表面脱附，从而导致 QDs 团聚和沉淀。核-壳型 QDs 的表面上外延生长了一层宽带隙的无机材料，可以一定程度地消除 QDs 表面上的大量非辐射复合中心，从而提高 QDs 的发光效率。例如有文献报道用金属有机化合物在无水无氧的条件下制备了 CdSe/CdS 和 CdSe/ZnS 核-壳型 QDs。尽管这种方法制备的 QDs 荧光产率最高可达 100%，但制备条件苛刻、不易控制，过程也较复杂。近年来，有人尝试在水溶液中制备Ⅱ-Ⅵ族核-壳型 QDs，成功的报道很少。王占国课题组[71]曾报道在水溶液中合成了 CdS/ZnS 核-壳型纳米晶，但 CdS 和 ZnS 晶格常数之间的不匹配值达 7%，因此在常温常压条件下合成完整的 ZnS 外延层是比较困难的。CdSe 和 CdS 的晶格常数不匹配值只有 3%，理论上 CdS 更容易外延生长在 CdSe 颗粒表面上，因此他们着手研究 CdSe/CdS 核-壳型 QDs 的水相合成。他们将稳定剂 TGA 加入 $Cd(ClO_4)_2 \cdot 6H_2O$ 溶液，通入 N_2 剧烈搅拌后，加入 Na_2Se 溶液，加热一定时间，生成 CdSe 纳米颗粒。为了在 CdSe 表面覆盖一层 CdS，向 CdSe 溶胶中交替滴加 $Cd(ClO_4)_2 \cdot 6H_2O$ 和 $Na_2S \cdot 9H_2O$ 溶液，CdS 外延层的厚度可根据滴加总数来控制。这种方法能消除 CdSe 颗粒表面的非辐射复合缺陷，使室温带边发光增强，但溶胶浓度增加时，大多数纳米团簇会发生团聚。

（2）采用二氧化硅/硅氧烷作修饰剂

合成二氧化硅包被纳米粒子的方法主要有两种，一种是 Stöber 方法[72]，可以用来制备纯的二氧化硅纳米粒子和有机染料纳米粒子；另一种是微乳液法[73]，可以用来制备染料纳米粒子和磁性纳米粒子。反相或者水包油微乳体系（W/O）是一种有效地合成纳米粒子的方法，该方法可以得到单分散纳米尺寸的粒子。

微乳体系一般由水、油和表面活性剂组成。在油相中，小水滴分散于其中形成一个限制域，也可以称作"纳米反应器"，用来形成分散的纳米粒子。"纳米反应器"的大小即所形成纳米粒子的大小可以通过控制水/表面活性剂的比例（W_0）来控制。$W_0 = 10$ 时，采用曲通-100 可以制备粒径为 60～70 nm 的二氧化硅纳米粒子，以及其它粒径的纳米粒子。透射电镜（TEM）表征发现所得到的纳米粒子，最小尺寸为 5 nm±1 nm，中等尺寸为 63 nm±4 nm，而最大尺寸为 400 nm±10 nm。通过对中等尺寸纳米粒子 TEM 分析发现，代表染料分子的小黑点包含于二氧化硅网格之内，这是因为染料中存在重金属。与之相比较，纯的二氧化硅纳米粒子中不存在类似的小黑点。这也证明了可以利用微乳液法对纳米粒子进行二氧化硅包被[74]。

（3）采用树枝状聚合物作修饰剂

聚合物与无机纳米粒子能够结合形成纳米复合材料，其中的有机聚合物不仅可以作为纳米颗粒的稳定剂，而且和无机组分产生偶合作用可形成具有新性能的材料[75]。根据用于修饰的功能聚合物的不同，可以将其分为两种方法：一种是用新的表面修饰材料取代量子点的原有的稳定剂；另一种是在量子点的表面再包被一种两性功能团的聚合物。两种方法都有其优缺点，第一种方法得到的粒子粒径较小，只比裸量子点核粒径略有增大，会引起量子效率的降低，而且会强烈影响缓冲溶液中量子点的物化性质和发光稳定性；第二种方法则保留了量子点核原有的表面基团，因而可以保持纳米晶体原有的发光特性，但是这种方法会引起纳米晶体粒径3～4倍的增大。

在众多的表面修饰策略中（图7-6），不同的硫醇，包括二硫醇和硫醇聚合物，已经被广泛的研究。早期制备的水溶性量子点采用了硫醇基聚乙二醇（PEG）作为稳定剂[76-78]。采用硫醇基PEG的主要优点是合成方法简单、容易处理以及可以广泛应用。因此，PEG与巯基乙酸、巯基丙酸被广泛地用作稳定剂。为了进一步的功能化，通常还会引入第二种功能团，例如氨基或者羧基。聚乙二醇修饰的一个主要优势是，减少未进一步修饰的非离子型纳米晶体与细胞的非特性结合。为了找到更好的修饰材料，人们还研究了不同长度的聚合物链和不同结合齿对修饰的影响（单分子和双齿硫醇）。研究发现双齿硫醇可以更好地与纳米晶体表面结合，因而可以更有效地增加纳米晶体在水溶液中的稳定性。这种简单修饰试剂的缺点是会降低纳米晶体的发光强度以及硫醇的长期稳定性[79]。

增加纳米晶体在水溶液中的稳定性的方法除了双齿硫醇以外，还可以通过吸附小的有机分子包括硫醇来实现。通过增加阳性离子或阴性离子使其功能化，然后用具有相反电荷的聚合物进行包被，例如具有分支结构的聚丙烯酰胺可以增加壳层的稳定性[80]。不仅合成的聚合物可以与该电离层结合，而且蛋白质也可以与之相吸附。用氨基酸和蛋白质包被量子点在纳米晶体修饰领域得到快速发展。用来作为修饰的生物材料有含有硫醇的半胱氨酸、阳性组氨酸和亮氨酸，而且简单的含有硫醇的蛋白质也可以用来修饰纳米粒子[81]。可以将硫醇基PEG和氨基酸同时修饰到粒子表面以改进修饰方法，该修饰方法不仅能够提供特殊的结合位点，而且可以避免其它蛋白质吸附到量子点表面，且增加复合物的生物适应性。

另一种表面修饰的方法是在已存在表面上嫁接聚合物，该聚合物通常是三维、高枝权以及单分散的高分子聚合物[82]。聚合物本身具有核-壳纳米结构，包括一个核——聚合起点，内部枝权空穴，已经存在逐级增加的表面功能团。常用来包被纳米晶体的材料是聚酰胺氨基聚合物（PAMAM）[83]。聚酰胺氨基聚合物的优势在于它能够穿过细胞壁，可以用作具有商业价值的转染材料。PAMAM在其表面

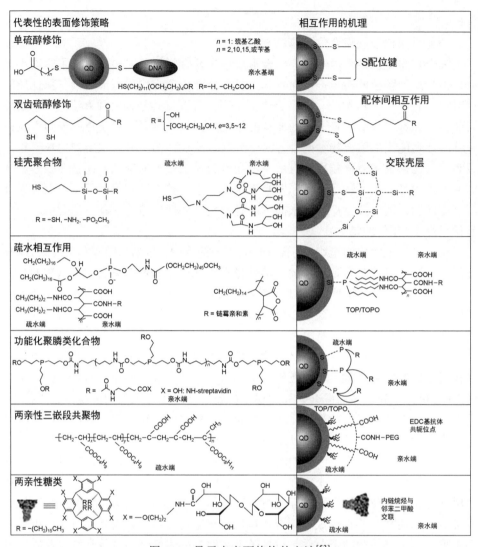

图 7-6　量子点表面修饰的方法[53]

和内部枝杈上存在大量的一级和三级氨基，可以与 DNA 相互作用，而且可以改良修饰后半导体纳米粒子的荧光特性。然而它们与纳米粒子表面的吸附力较差，而且由于其存在的电荷组分，不能有效避免粒子的聚沉。基于此，PAMAM 聚合物需要进一步用硫醇进行修饰，因此可以改进纳米晶体表面修饰技术。令人惊讶的是，在初次细胞研究中，聚合物包被量子点的转染效果要好于高代数的聚合物，这可能是由于与单独的聚合物相比，粒径发生了变化，因而这种复合物为细胞转染改革带来了希望。聚合物对 QDs 进行包覆，同样可以消除由于表面缺陷而引起的表面上大量的无辐射复合中心，从而提高 QDs 的荧光量子产率，增强发光稳定性，而且这种修饰处理比无机核壳的包覆要方便得多。由于 PAMAM 树枝形聚合物的高枝化度和单分散性，分子中有大量的含 N 的官能团和端基官能团，内部具有可变的空腔而备受关注。目前，树枝形聚合物主要应用于作为模板静态合成半导体纳米颗粒和金属纳米颗粒，制备成尺寸均一的纳米粒子，形成稳定的有机-无机杂化体。PAMAM 的功能是作为纳米反应器或容器，将各种金属盐包封在 PAMAM 内部[83]。

一些研究小组成功地合成了只含有氨基的聚合物，如聚乙酰基乙二胺（PEI），一种很好的转染剂[84]。PEI 包被的量子点显示出在极性溶液中优良的相转变性和水溶性。但是 PEI 包被的量子点似乎增强了量子点的易光氧化性，因此增加了包被纳米晶体的"眨眼"现象。另一种可以应用的是含有氨基的聚甲基丙烯酸甲酯，这种聚合物不仅能有效地钝化纳米晶体表面，而且可以增强胶体在不同生物环境中的稳定性。此外，聚合物包被的粒子与未包被的粒子相比，量子效率明显增强，这归因于氨基的光发射增强作用。

7.1.7 量子点光学探针的应用

量子点是由 Ⅱ-Ⅵ族或 Ⅲ-Ⅴ族组成的纳米半导体晶体，因其具有良好的荧光性能和丰富的表面修饰类型，且量子点的大小与生物大分子（例如核酸和蛋白质）的相近，使得量子点光学探针在生命科学领域的应用备受关注。

（1）荧光探针用于重金属离子检测

目前对重金属离子的检测主要有以下几种方法：紫外可见分光光度法、X 射线荧光光谱法、原子荧光法、电化学法、质谱法、荧光光谱法等。其中荧光光谱法相比于其它检测方法，具有灵敏度高、选择性以及重复性好等优点。荧光光谱法用于重金属离子检测的原理是，不同浓度的重金属离子可以使荧光探针发生不同程度的荧光猝灭，所以通过测试荧光探针的荧光峰的衰减程度，就可以得到待测重金属离子的浓度。

量子点作为一种优秀的荧光材料，可以代替传统的有机荧光物质，用作重金属离子检测的荧光探针[85,86]。量子点荧光探针用于重金属离子检测通常有以下三种机理：

① 化学反应　当溶液中的离子与量子点中的元素相互结合形成新的化合物时，会在量子点中形成荧光猝灭中心，这会直接导致量子点荧光的猝灭。

② 电子转移　当溶液中的离子和量子点发生氧化还原反应时，会发生电子转移，这样量子点中用于辐射复合发光的电子数减少，从而使得量子点发生荧光猝灭。

③ 荧光能量共振转移（FRET）　指量子点的发光波长位于离子的光吸收范围内，即量子点发出的光子能量被离子吸收，这会导致量子点荧光的衰减。

重金属离子检测中的一个关键问题是选择性，有机荧光探针往往不具有选择性，很难对特定重金属离子进行荧光猝灭。而量子点由于具有多种荧光猝灭机制，因此可以通过选择合适的量子点材料达到检测特定重金属离子的目的。如图 7-7 所示，Cu^{2+} 使 $AgInS_2$ 量子点荧光猝灭往往是由于电子转移形成了 Cu^+[86]。这种选择性使得量子点在重金属离子检测领域有广阔的应用前景。

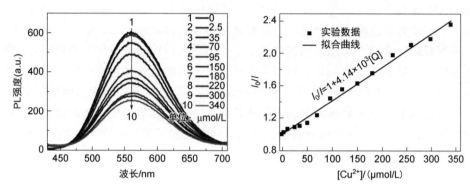

图 7-7　半导体量子点的有机相合成及表面修饰

（2）病菌和毒性检测

QDs 已实际应用到病原体和毒素监测中，目前已经识别了包括隐孢子虫和贾第鞭毛虫、大肠埃希氏菌 0157:H7 和伤寒杆菌以及单核细胞增生性李斯特菌在内的多种病原体。量子点的荧光免疫着色法，多色同时标记孢子虫和鞭毛虫产生了较好的信噪比，与以往所采用的两种商用着色剂相比具有更好的耐光性和亮度。然而研究表明 QDs 检测的灵敏度低于 ELISA 技术。

QDs 连接麦芽菌凝集素和铁传递蛋白被用来标记细菌和真菌种群。因为人铁传递蛋白与感染病存在密切的关系，铁传递蛋白结合的 QDs 被用来检测显性感染病。在此研究中，与铁传递蛋白连接的 QDs 只能标记葡萄球菌的病原株，说明可以用来快速检测侵袭性葡萄球菌。免疫荧光可以用来检测呼吸道合包病毒（RSV）F-蛋白，这说明可以用来定量分析不同的 F-蛋白表达。已有报道在原位杂交技术中用 QDs 检测 B 肝炎和 C 病毒。采用芯片技术，B 肝炎、C 病毒以及 p53 的互补序列与 QDs 相连，通过短时间的孵育，HBV 和 HCV 多元检测的信噪比可以达到 150。

许多研究表明，QDs 可以用来同时检测多种毒素。QDs 荧光免疫可以标记葡萄糖球菌肠毒素 B（SEB）、霍乱毒素（CT）、志贺样毒素 1（SLT-1）和蓖麻毒素。证明实验显示，当浓度低于 3 ng/mL 时可以对 SEB 毒素进行特异性检测。用混合毒素所进行的多元检测显示，可以检测到全部的 4 种毒素。然而却存在交叉反应以及非特异性结合的问题。这是由于抗体还是 QDs 所引起的需要进一步的研究。

(3) 细胞及动物活体成像

量子点尺寸非常小，且具有很好的荧光性能，所以可以代替有机荧光染料应用于细胞成像、纳米医学等方面。相比于传统有机染料，量子点具有不易猝灭、不易分解、发光效率高等优点。然而，如果要用量子点实现细胞或动物体内的成像，就要克服诸多的化学及生物学难题，最主要的难题就是量子点在细胞及动物体内成像应用中所存在的毒性。一般使用量子点进行生物成像时，首先将量子点与某种生物分子相结合，然后将其注入活体细胞内。经过一定时间后，这些生物分子会与细胞中的目标蛋白结合，这样量子点便会聚集在目标蛋白周围，外界光激发后就可以通过观测量子点的荧光来确定目标蛋白的位置，这个过程如图 7-8 所示。通过这种方式还可以实时观察生物分子在细胞中的代谢过程。

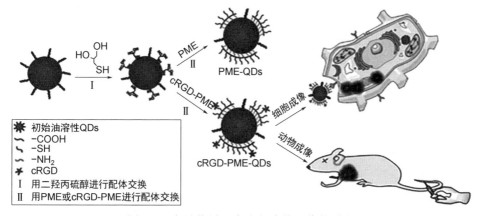

图 7-8　半导体量子点进行生物成像的过程

量子点的细胞成像较早用于肿瘤细胞的识别。在量子点表面进行靶向修饰，可实现量子点对不同蛋白、细胞、甚至细胞器的准确识别。如图 7-9 所示，用不同的量子点对细胞进行标记，可实现良好的成像效果。另外，随着量子点标记技术的提高和成像技术的不断发展，目前，单颗粒示踪技术广泛应用于细胞受体的示踪[87]。将量子点应用于细胞表面分子的示踪以及细胞内分子的成像，可发挥出更大的优势，单颗粒活细胞光学成像技术用于膜受体的示踪，可以更直观地观测到细胞表面受体分子的信号传递过程。另外，生物组织与常规光学介质不同，生物组织的成像更为复杂。据细胞生物学的研究，人体细胞不下 200 种，而每种细胞通常又由细胞膜、细胞质和细胞核等组成。它们大小不等形状不同，而且折射率也各不相同。吸收和散射是光在生物组织内传播时出现的两大主要光学现象。在可见与近红外波段，散射占据了主导地位，生物组织表现出了强散射弱吸收的光学特性，其中"600～1300 nm"的近红外波段被称为"光学透射窗口"，有时也称为"光学治疗窗口"。在这个波段范围内，光吸收相对较低而散射相对较强，因而有较强的散射光从组织中渗透出来成为可被探测到的光。此刻，对大多数软组织来说，其吸收最小。波长小于 600 nm 的可见光，光的吸收会由于血红蛋白、黑色素以及其它色素的影响而升高；在紫外波段，又会由于蛋白质、核酸的强吸收而升高；在红外波段，组织中的水吸收又很高，这使得利用光学方法进行疾病的无创伤诊断与治疗成为可能。使用发射波段在近红外的量子点可以在探测时有效地避开自体荧光波段，从而抑制了自发荧光引起的活体组织探测的背景问题。由于这种量子点发射波段处于近红外区域，近红外光的穿透深度要比可见光的穿透深度大，因此有利于深层活体组织的探测[66, 88, 89]。

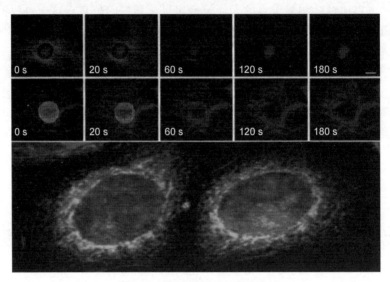

图 7-9　量子点用于细胞标记

目前在动物试验中，近红外量子点已被用于多种肿瘤如乳腺癌、非小细胞肺癌等的前哨淋巴结（SLN）的定位成像。邓大伟等也将油相的量子点转移到水相，并且实现了细胞以及小鼠的肿瘤组织成像[90]。Kim 等[91]分别在小鼠前肢和猪腹股沟的皮下注射磷酸氢包裹的 CdTe/CdSe 量子点，而后用近红外荧光成像系统进行检测，发现近红外量子点可以集中于距皮肤 1 cm 以内的前哨淋巴结及周围的淋巴管，成像快速、定位精确。并且，在试验剂量下，这种近红外量子点对生物体没有损伤，成功实现了对动物前哨淋巴结的活体监测。之后，Kim 等[92]又通过将近红外量子点注入试验猪的肺实质，从而确定了近红外量子点对非小细胞肺癌前哨淋巴结定位的可行性。Hama 等[93]则利用同一光源可对不同近红外量子点进行激发，使其发出不同颜色的原理，将不同颜色的近红外量子点注入 Yorkshire 猪体内，同时监测到乳腺和上肢的两股淋巴流，实现了近红外量子点的多色成像。

7.2 基于碳纳米材料的光学探针

碳是自然界中最常见的元素之一，与人类生活息息相关。日常生活中的铅笔芯，航天航空设备中的材料，都离不开碳材料。随着纳米科技的发展，越来越多的碳纳米材料出现。从石墨层间化合物的研究到富勒烯、石墨烯、碳纳米管、纳米金刚石的发现，都取得了令人瞩目的成就。它们优良的光、电、磁和机械性能使其在光电材料、新能源、生物医用及复合材料等领域发挥着重要的作用。我们通常讲的宏观的碳材料缺少合适的带隙，因此其本身很难开发成为一种发光材料。随着纳米合成工艺的发展，研究人员对碳纳米材料的结构、尺寸、表面等方面进行精确调控，发展了碳纳米发光材料。碳纳米发光材料主要以碳元素为骨架，通常由 sp^2/sp^3 杂化碳原子组成，含有氧、氮等元素掺杂。到目前为止，碳纳米发光材料主要包括：碳点、石墨烯量子点、聚合物点、发光碳纳米管、发光富勒烯及发光纳米金刚石等。这类荧光材料不但尺寸小、化学稳定、易于官能化，还具有优良的生物相容性和抗光漂白性等优点，在环境分析、生物传感、药物运输等领域得到广泛应用。

7.2.1 基于碳纳米发光材料的分类

（1）碳点

碳点也被称作碳量子点，是一种直径小于 10 nm 的球形或类球形的碳纳米颗粒。核磁共振测量结果表明，碳量子点的内部主要由 sp^2 杂化碳原子组成，而外部主要由 sp^3 杂化碳原子组成。与宏观碳材料相比，碳量子点表面具有丰富的亲水基团，在水中具有良好的分散性。2004 年研究人员在电弧放电法得到的碳纳米管的粗产物中，发现并分离出碳点，后经氧化处理，使其表面带有大量羧基，但是通过这种处理方法得到的碳点荧光量子产率相对较低。之后世界各地的众多研究小组在发展合成方法、探索潜在应用方面取得了众多进展。大部分碳量子点具有明显的量子尺寸依赖性，随着尺寸由小变大，其最佳荧光发射峰红移。而无晶格的碳纳米点不具有量子尺寸效应，发光的原因主要是颗粒表面发光基团。目前制备碳纳米点的方法很多，常见的主要有水热法、微波法、超声法、电化学裂解、等离子体处理及模板法等。由于碳点尺寸小[94,95]、化学稳定[96]、易于官能化，还具有优良的生物相容性和抗光漂白性等优点，使其在环境分析、生物传感[97]、药物运输[98]等领域得到广泛应用。

（2）石墨烯量子点

石墨烯及其相关材料因其独特的性能，而受到广大研究人员的关注。由于石墨烯是一种零带隙材料，几乎不可能观察到它的发光，这将阻碍它在光电领域的应用。然而，随着纳米科技的不断进步，研究人员发现通过减小石墨烯的尺寸，可将其带隙从零带隙改变，逐渐接近苯的带隙。因此，石墨烯量子点作为一种新的量子点应运而生，并引起了人们极大的研究兴趣。石墨烯量子点最开始是物理学家用来研究石墨烯的光电带隙的一类材料，通常是用电子束刻蚀大片的石墨烯得到石墨烯量子点。现在常用的合成方法主要包含石墨烯裂解和小分子偶联或碳化。石墨烯量子点具有石墨烯晶格，通常石墨烯层数少于 10 层。它们是优秀的电子给体和受体。因此，它们可以应用于光探测器和太阳能电池。石墨烯量子点具有良好的导电性，是制备电化学生物传感器的理想材料。大部分少于 25 层的石墨烯量子点会出现与碳点相似的光致发光行为。

（3）聚合物点

此处所说的聚合物点是碳点延伸出来的一类材料，不同于文献中报道的因共轭 π 电子而产生半导体性质的有机半导体聚合物自组装而形成的荧光纳米点。这里的聚合物点指的是由非共轭高分子适度交联或碳化形成，或通过碳核与聚合物组装形成的荧光聚合物点（图 7-10）。在研究初期，人们认为结晶的石墨结构是所有碳基发光材料的共有属性。然而，随着研究的增多和深入，人们发现碳基发光材料并不总是伴随着石墨化的特征。大部分碳基发光材料具有与石墨相对应的明显晶格结构，但还有另一些碳基发光材料并不具有明显的石墨的晶格间距。这些碳基发光材料虽然碳化程度很低，但是在反应进程中却形成了纳米尺寸的荧光点。碳化聚合物点本质上是一种介于传统碳量子点与聚合物之间的过渡结构[99]。

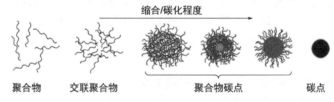

图 7-10 碳化聚合物点

不完全的碳化反应后，该材料表面存在大量的官能团和一些短的聚合物链。使其拥有很好的修饰能力和生物相容性，结合其相对更低的毒性和更好的光稳定性，而成为一种颇具前景的新型光致发光材料。

（4）发光碳纳米管

碳纳米管是一种具有特殊结构的一维纳米材料，主要由呈六边形排列的碳原子构成数层到数十层的同轴圆管，1991 年由日本饭岛博士在电弧放电法生产富勒烯的阴极沉积物中通过高分辨透射电子显微镜发现。碳纳米管的禁带宽度为 1 eV，在近红外一区光的激发下，碳纳米管会发出近红外二区荧光。因其具有较大的斯托克斯位移（激发波长 550～850 nm，发射波长 900～1600 nm），可以明显降低生物组织自体荧光,可进一步提高活体成像灵敏度。

(5) 发光富勒烯

1985 年 C_{60} 被英国化学家哈罗德·沃特尔·克罗托博士(Sir Harold Walter Kroto)和美国化学家理查德·埃里特·史沫莱(Sir Richard Errett Smalley)发现。随后人们又发现了 C_{70}、C_{90} 等,并将这类具有封闭笼状结构及由偶数个碳原子构成的碳原子簇统称为富勒烯。此类结构具有高度对称性,理论上来讲价带和导带之间的跃迁是被严格禁止的,人们预测纯 C_{60} 处于真空环境时是没有光致发光性质的。但在实际样品中,人们却观测到了 C_{60} 的光致发光。实验结果表明溶剂对 C_{60} 的荧光性质存在一定影响。

(6) 荧光纳米金刚石

荧光纳米金刚石是指尺寸介于 1~100 nm 的具有光致发光性质的金刚石颗粒。自 1960 年纳米金刚石首次合成以来,它就受到了广大研究人员的关注。他们对纳米金刚石的性质和应用进行了大量的研究,并取得了一系列重要进展。但荧光纳米金刚石的开发和应用受到以下两个不利特性的限制:①生理条件下,易聚集;②其表面功能化困难。随着纳米技术的发展,人们逐渐实现了对纳米金刚石的表面化学结构和性质的调控,从而使得荧光纳米金刚石成为一种具有广阔应用前景的荧光纳米探针。金刚石的光学带隙为 5.5 V,通过本征带隙不可能发出可见光。但是纳米金刚石晶格中存在缺陷,经过退火,这些空位将会移动并被纳米金刚石中的氮原子捕获而形成氮空位中心 N-V,氮空位晶格缺陷是荧光纳米金刚石具有荧光性质的主要原因。该空位中心具有独特的光物理特性,如发射光可扩展至红外区域(600~800 nm),优异的光稳定性以及低毒性。这使得荧光纳米金刚石有望应用于体内示踪和体外标记的荧光成像(图 7-11)。已有研究表明,荧光纳米金刚石在动物模型中没有表现出免疫反应和炎症迹象,而且据报道,与其它碳基纳米材料相比,纳米金刚石与神经细胞的生物相容性更好。

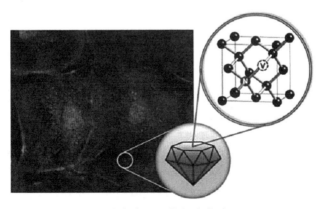

图 7-11 纳米金刚石的氮空位中心 N-V

7.2.2 基于碳纳米发光材料的合成策略

合成碳纳米发光材料的方法大致可分为两大类：自上而下法（Top-down）和自下而上法（Bottom-up）。自上而下的方法包括电弧放电、电化学氧化、酸性回流、激光烧蚀等，将较大的碳材料"断裂"形成碳纳米发光材料。自下而上的方法包括水热法、微波辅助法、超声法、模板法等，在这些方法中，碳纳米发光材料是由有机分子前驱体组合而形成的。这类方法对碳源的要求低，除了一些有机分子，还有一些生物质材料被选为碳源，来合成碳量子点，例如多糖、蛋白质，甚至一些废弃的食物等。由于与自上而下的方法相比，自下而上的方法中有机前驱体的选择范围广，受到了更多研究人员的关注。

（1）自上而下法

① 电弧放电法 2004年，Scrivens等[100]利用化电弧放电烟灰得到管状碳材料的产物，在纯化后的结果中获得了三种产物，一种是短小的具有荧光的碳纳米管，一种是长的几乎没有荧光的碳纳米管，最后一种就是碳点。电弧放电法制备的碳纳米颗粒产率很低，而且电弧放电烟尘含有多种复杂成分，难以分离提纯。

② 酸性回流法 酸性回流法是通过酸性氧化试剂如硫酸、硝酸处理碳材料底物来合成碳纳米发光材料的方法，是一种简单有效的大规模生产方法。酸性回流的过程中，碳纳米材料表面被氧化，这将会引入大量羧基，以此增强纳米材料的亲水性。若选择硝酸进行回流，硝酸中的氮原子会掺杂到碳纳米材料中，形成化学氧化杂原子掺杂的碳材料。丰慧等[101]利用该方法合成了一种氮掺杂纳米石墨烯量子点，他们采用工业活性炭作为碳源，在硝酸存在下，活性炭的非晶态结构被破坏，刻蚀出碳纳米发光材料。

③ 电化学剥离法 电化学剥离法是一种简便、绿色、大规模的方法，避免了使用浓酸和复杂的纯化分离过程。电化学剥离法合成碳纳米发光材料最早由Kian Ping Loh等报道[102]，在这个过程中，他们使用高纯度的石墨棒为阳极，铂丝为对电极，四氟硼酸1-丁基-3-甲基咪唑鎓离子液体为电解质，得到硼、氟、氮共掺杂的碳纳米发光材料。

④ 激光烧蚀法 激光烧蚀法是一种利用激光烧蚀碳靶，从而得到碳纳米发光材料的合成方法。首先在高温低压的条件下将石墨粉和水泥混合，然后通过激光轰击碳靶，随后在硝酸中回流，聚合物表面钝化后，得到碳纳米发光材料。该材料具有较强的光致发光能力。Goncalves等[103]通过直接激光轰击浸入在去离子水中的碳靶，合成出的碳纳米颗粒没有荧光。将碳纳米颗粒分散在硝酸溶液中回流12 h，溶液从无色逐渐转变为淡棕色，得到碳纳米发光材料。激光烧蚀法虽然具有简单、可制备多种纳米结构的优点，但这种方法需要大量的碳材料来制备碳靶。

激光辐照合成的碳纳米颗粒大小不一,大颗粒在离心过程中容易被丢弃,导致纳米碳素颗粒产量低,碳材料利用率低。

(2) 自下而上法

① 水热法和溶剂热法　水热法和溶剂热法是合成碳纳米发光材料最常见的方法。将有机物前驱体与水或有机溶剂密封在反应釜中,进行高温高压反应。常用的有机前驱体为柠檬酸、乙二胺、对苯二胺等。由于生物质中的有机分子可以在高温高压的条件下发生碳化,形成碳纳米发光材料,故将此类方法也分属于自下而上的合成方法。由于生物体中存在较多的氮元素,得到的碳纳米发光材料荧光量子产率相对较高。Li 等[104]利用咖啡豆壳制备了具有激发依赖性的碳纳米发光材料,所得碳纳米发光材料具有较强的抗氧化性能和优越的光学性能,可以很好地应用于生物成像。Ding 的课题组[105]开发了一种简易的方法用于制备硫原子掺杂的石墨烯量子点,荧光量子产率为79%。他们对榴莲进行水热处理,通过调节硫原子的掺杂浓度可以控制硫原子掺杂的石墨烯量子点的荧光。因为硫原子可以通过晶格替换,影响氧原子的总量,随着硫原子的增加,硫原子掺杂的石墨烯量子点的荧光明显红移。

② 微波辅助法　微波法对实验设备要求低,量子产率较高,制备过程简单。杨秀荣等[106]以 PEG200 与蔗糖为原料。采用微波辅助法合成碳纳米发光材料。原料溶解在水中形成透明溶液,然后在 500 W 的微波炉中加热 2~10 min,溶液由无色变为深褐色。得到的碳点表现出明显的尺寸-荧光依赖性。随着微波加热的时间增加,碳点的尺寸轻微变大,波长红移。

③ 超声法　在一定频率的超声辐射下,有机材料依次发生脱水、聚合、碳化、成核形成碳量子点。康振辉等[107]利用超声法以葡萄糖为碳源,成功合成碳纳米发光材料。Park 等[108]报道了一种利用废弃食品作为碳源,大规模合成碳纳米发光材料的超声方法。

④ 模板法　模板法也被用于碳纳米发光材料的合成。合成过程中主要包括两个步骤:①煅烧介孔模板或二氧化硅球,在表面形成碳纳米发光材料;②蚀刻去除模板得到碳纳米发光材料。李春忠等[109]报道了一种以介孔二氧化硅球为硬模板的合成方法,将二氧化硅球浸渍在复合盐与柠檬酸的混合溶液中,煅烧后除去介孔二氧化硅模板,得到单分散的碳纳米发光材料。Li 等[110]用表面活性剂改性二氧化硅球作为载体,也采用了相似的方法。他们利用三嵌段共聚物 F127 表面活性剂,通过氢键附着在二氧化硅的外壳上;在氩气条件下,900℃ 煅烧 2 h,就会产生碳点/SiO_2 复合材料;然后用 2 mol/L 的氢氧化钠溶液蚀刻,除去二氧化硅模板,释放出单分散的碳纳米发光材料。这种方法花费了大量的时间和金钱。此外,由于模板高温热解,模板不易被完全腐蚀,分离纯化困难,收率低。

7.2.3 基于碳纳米发光材料的性质

（1）形貌、组成和晶体结构

碳纳米发光材料通常由 C、H、N、O 等元素组成，其中 C 和 O 的含量最高，这是因为碳纳米发光材料表面存在羧酸基团。这些羧酸基团不仅使纳米材料具有良好的水溶性，还为进一步功能化修饰提供了可能。碳纳米发光材料可以通过许多不同的技术进行分析。从透射电镜图像中可以很容易地观察到颗粒大小。而 X 射线衍射可以测出颗粒的晶体结构，碳量子点主要是由 sp^3 杂化无定形的碳和 sp^2 杂化结晶度较好的碳组成。而多数碳量子点的晶格间距和石墨类似。

（2）紫外吸收与光致发光的性质

大部分碳纳米发光材料的吸收在 260~320 nm 的紫外区域，峰会拖尾一直延伸至可见光区域。这些材料具有激发依赖性，即随着激发波长的变化，发射波长也随之变化。林恒伟等[111]合成了全可见波长激发谱的碳纳米发光材料，如图 7-12 所示，激发波长从 330 nm 增加至 600 nm，发射光的颜色也随之改变。该材料具有较低的细胞毒性，有望成为多色生物标记试剂。除此之外，一些碳纳米发光材料还具有双光子荧光[112]的性质。

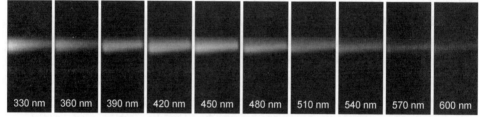

图 7-12　全可见波长激发谱的碳纳米发光材料

（3）化学发光

化学发光（CL）是指物质在化学反应过程中吸收化学能，转变为激发态，然后回到基态，并将能量以光的形式辐射出来。林金明等[113]报道，添加碳纳米发光材料后，$NaNO_2$ 和 H_2O_2 体系中的 CL 可以被增强。张辉等[114]报道，只有在没有任何氧化剂或原始的 CL 系统中，在强碱条件下，碳量子点化学发光。通过傅里叶变换红外光谱（FTIR）、XPS 和紫外-可见吸收光谱测试表明，NaOH 的加入可以诱导碳量子点表面羧基还原为羟基。

（4）生物相容性和生物毒性

碳半导体量子点如 CdSe 纳米颗粒，可能会释放 Cd^{2+} 从而产生生物毒性。除此之外，这些半导体量子点可能会在生物组织中沉积而很难排出体外。它们还可能会对环境造成潜在的危害。基于以上对环境和健康方面的考虑，开发无毒环保的发光材料，受到了研究人员的广泛关注。碳纳米发光材料的毒性早被众多课题组研究过。Ray 等[115]采用 MTT 和 Trypan blue 法对碳纳米发光材料治疗后的细胞存活率进行评估。当材料的浓度高达 0.5 mg/mL 时，碳纳米发光材料的细胞存活率依然达到 75%，实验结果表明碳纳米发光材料的毒性不大。此外，马会民等[116]在研究中，还比较了未经修饰的 CdTe 量子点、金纳米颗粒和碳纳米发光材料对细胞、绿豆芽等生物系统的毒性作用。结果表明，碳纳米发光材料是三种材料中毒性最低、生物相容性最好的材料。

7.2.4 基于碳纳米发光材料的发光机理

在 2004 年碳纳米发光材料首次被报道后不久，研究人员就开始进行其发光机理的研究。碳纳米发光材料的发光机理一直以来都是研究人员关注的热点，因目前报道的碳纳米发光材料种类繁多，不同制备方法所得的材料化学结构也不相同，对其发光机理没有统一解释。研究人员主要提出了以下几种主要的理论，即共轭 π 结构的量子尺寸效应、表面缺陷发光理论、电子空穴对理论、激子辐射复合理论等。

（1）共轭 π 结构的量子尺寸效应

有些研究人员认为，碳纳米发光材料发光的原因是共扼 π 结构的量子尺寸效应引起的带隙之间电子的跃迁[117]。如图 7-13 所示[118]，sp^2 碳原子的数目与分布对发射光存在一定的影响。理论模拟表明，随着 sp^2 碳核尺寸的增大，HOMO-LUMO 轨道间隙呈现出逐渐减小的变化趋势，发射波长也逐渐红移。高斯/时间相关密度泛函理论（TDDFT）的计算也已经验证该结果。Peng 等[119]也通过改变反

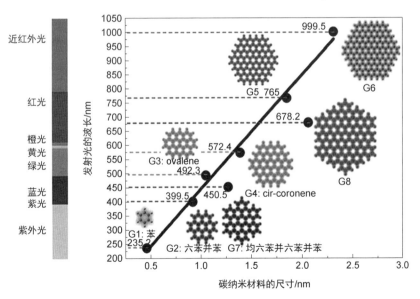

图 7-13 碳纳米发光材料尺寸与发射光的关系

应温度合成了三种尺寸的碳纳米发光材料，尺寸分别为 1~4 nm、4~8 nm 和 7~11 nm，它们的发射光颜色分别为蓝色、绿色、黄色。

（2）表面缺陷

然而，还有一部分研究人员认为表面状态是控制发光的主要因素。如图 7-14 所示，熊焕明等[94]用水热法合成出粒径相似，荧光发射波长不同的颗粒，并利用柱色谱对不同荧光的材料进行分离。XPS 结构表征证实了材料表面的羧基含量和氧化程度的增加，都会伴随着荧光发射波长的红移。他们提出碳纳米发光材料的发光，主要是通过表面氧化产生的表面缺陷引起的。表面缺陷是激子的捕获中心，从而产生与表面状态有关的荧光。表面氧化程度越高，意味着表面缺陷越多。

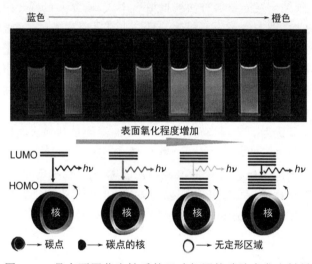

图 7-14　具有不同荧光性质的尺寸相同的碳纳米发光材料

（3）其它

近年来，关于碳纳米发光材料的工作越来越多，对于发光机理也出现了新的解释。分子态理论[120]也伴随着一类发光碳纳米材料的出现而产生。这类碳纳米发光材料的发光中心是碳颗粒或聚合物颗粒上键连着分子发色团。也出现了碳点中碳核发光、分子态发光以及碳核分子态共同控制发光的解释，进一步完善了碳材料的发光机理。除此之外，电子空穴对复合[121]以及杂原子到碳的电荷转移[122]也被认为是某些碳材料的发光机理。

7.2.5　基于碳纳米发光材料的应用

由于碳纳米发光材料具有发射光可调、稳定和水溶性好等特性，其发光强度和波长与周围环境密切相关，许多研究人员将其应用于荧光分析领域[123]。与无机半导体量子点和有机荧光染料相比，碳纳米发光材料还展示出了毒性低、生物相容性好的特点，此外该材料的合成方法相对简单，使其成为非常有前景的荧光成像探针。另外，碳纳米发光材料还被应用于指纹成像、传感试纸、薄膜传感等领域。

（1）分析检测

目前,碳纳米发光材料在分析检测中,通常是利用荧光共振能量转移（FRET）、内滤效应（IFT）、电子转移（ET）、聚集诱导发光（AIE）、聚集诱导猝灭（AIQ）效应等。荧光共振能量转移（FRET）过程发生时，供体荧光团的发射光谱与另一受体的激发光谱重叠，此外供体和受体之间的距离应足够小（< 10 nm）。Li 等[124]设计了硼氮共掺杂单层膜的碳纳米发光材料（BN-SGQDs），用于活细胞核酸的检测与成像。内滤效应过程发生时，供体荧光团的激发/发射光谱与另一受体的吸收光谱重叠。邱建丁等[125]利用该原理设计了一种氮掺杂碳纳米发光材料用于 Hg^{2+} 离子的检测。由于碳纳米发光材料的表面有许多官能团如氨基、羧基等，金属离子如 Cu^{2+}、Fe^{3+} 和 Hg^{2+} 等易与之配位结合在碳纳米发光材料的表面。被激发光辐照后，碳纳米发光材料作为电子给体，将电子转移到金属离子，导致原来的碳纳米发光材料荧光猝灭。周立等[126]用桃胶多糖和乙二胺通过水热法合成碳纳米发光材料，基于电子转移效应，该材料通过荧光猝灭，可以选择性检测 Au^{3+} 离子，检出限 LOD 为 $6.4×10^{-8}$ mol/L。

（2）**生物传感**

碳纳米发光材料优良的生物相容性使其在生物医药领域发挥着重要作用[127, 128]。它们的直径通常小于 10 nm，有利于细胞内扩散。马会民等[129]合成了一种非常有应用前景的细胞内荧光 pH 传感器。pH 响应范围较大，细胞成像研究显示其良好的生物相容性和细胞内分散性。并在 HeLa 细胞内进行了全细胞 pH 值的定量。除了细胞成像，碳纳米发光材料还可以用于细菌的检测[130,131]。王建华等[132]合成出荧光量子产率为 18.98%的水溶性碳纳米发光材料,进一步将其用于检测 O157: H7 大肠杆菌，检出限为 $9.5×10^4$ CFU/mL。

（3）**药物输送与治疗**

碳纳米发光材料因其具有高水溶性、光稳定性、易表面功能化、良好的生物相容性和低毒性等优良性能，已被作为成像引导的纳米载体用于化疗药物[133]、光敏剂[96]和治疗基因的递送。目前，作为药物纳米载体的碳纳米发光材料，表面性质对其成像效果有着重大影响。在表面进行聚乙二醇化或引入负电荷的碳纳米发光材料药物载体可以延长血液循环时间，材料表面的聚乙二醇隐形层可以防止药物载体被免疫系统快速清除，负电荷性质可以抵抗静电排斥引起的蛋白吸附。但是聚乙二醇的修饰也会阻碍癌细胞对药物的吸收，由于细胞膜表面也带负电，带负电荷的药物载体与其产生静电排斥，不易进入癌细胞，导致治疗效率降低。然而，带正电荷的药物载体与血清存在很强的非特异性相互作用，容易被网状内皮系统吞噬，导致血液循环时被迅速清除。此外，带正电荷的药物载体也可能通过与带负电荷的细胞膜相互作用而被正常细胞内吞，从而产生不良的副作用。为了解决上述问题，2016 年，赵彦利等[134]研制了一种 pH 响应的，可转换表面负电荷的碳纳米发光材料药物载体，其在正常生理条件下带负电荷，当药物载体运输到肿瘤细胞外酸性微环境时，脱去外层阴离子聚合物，表面电荷变为正电性，有利于进一步将顺铂药物运送至肿瘤细胞内，为提高智能药物纳米载体治疗效率提供了一种新的思路。

（4）其它

在刑事侦查中，指纹检测是一种非常重要的方法。当手指触碰到坚硬的表面时，油性皮脂会留下指纹，这就是所谓的潜在指纹（LFP）。LFP 用肉眼看不清楚，因此，研究人员的目标是增强 LFP 的可视化检测。Fernandes 等[135]将粉末状的碳纳米发光材料用于增强 LFPs 的可视化的指纹检测。结果显示可以清晰地观测到指纹中的信息，适用于刑事侦查中指纹的检测与识别。除此之外，杨柏等[136]提出了一种简便、高产量的碳纳米发光材料的合成策略。荧光量子产率最高可达 80%，为荧光碳基材料最高纪录，几乎与荧光染料相当。该材料可用作印刷油墨，还可产生多种颜色的微尺度图案，在防伪中具有较广泛的应用前景。

7.3 基于金属纳米材料的光学探针

金、银、铜等金属因其具有绚丽的金属光泽和稳定的物理化学性质，主要被用作首饰与货币，被人们作为财富储备。随着近些年来纳米技术的兴起，研究人员开发出一系列的金属纳米光学探针。这些金属纳米光学探针展示出了其特有的吸收率、荧光、手性的光学性质；此外，还具有尺寸小、生物相容性好、光学稳定性好、斯托克斯位移大、发射光谱可调谐以及无毒等优点，弥补了传统的有机荧光染料、无机荧光量子点、荧光蛋白等荧光探针的一些缺点，近年来已经成为国际上的研究热点。金属纳米发光探针已经应用于多种检测，如检测毒重金属离子、氨基酸、蛋白质与核酸。作为一种荧光标记纳米材料，金属纳米光学探针已在生物标记和生物成像研究中显示出广阔的应用前景。接下来将重点讨论金属纳米团簇的分类、合成策略、光学性质以及它在传感和成像领域的应用。

7.3.1 基于金属纳米发光材料的分类

金属纳米发光材料中的金属纳米团簇，尺寸通常小于 2 nm，它们的性质不同于孤立原子，也不同于尺寸较大的金属纳米颗粒。如图 7-15 所示，尺寸会对金属的能带产生一定的影响，大块金属和金属纳米粒子具有连续的能带，金属纳米团簇中原子数量有限，导致能级离散，电子被限制在分子尺寸和离散能级，使金属纳米簇具有独特的光学和电学性质。金属纳米团簇在单个原子和纳米颗粒之间架起桥梁。常见的金属纳米簇为金簇、银簇、铜簇等。可分为贵金属纳米簇、非贵金属纳米簇与合金纳米簇。

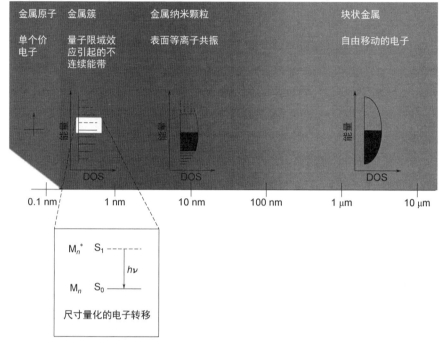

图 7-15　金属的尺寸对能级的影响[137]

（1）贵金属纳米簇

贵金属纳米簇一般由几个到数百个金（Au）、银（Ag）、铂（Pt）等贵金属原子组成，因其尺寸达到了费米水平而表现出特殊的光学性质。金纳米簇的合成方法通常是用强还原剂（如硼氢化钠），在模板的保护下将高价态金离子（Au^{3+}），还原为低价态的金离子（Au^+）与金原子（Au^0），得到尺寸小于 2nm 的金纳米簇。金纳米簇在溶液中拥有较强烈的荧光，其荧光寿命更长，稳定性更好，因此在过去的近十年里吸引了更多的关注，成为目前研究和应用最为深入的一种金属纳米簇。

（2）非贵金属纳米簇

铜纳米簇与其它金属纳米簇如金纳米簇、银纳米簇相比，在尺寸、荧光特性及生物相容性上具有相似的特征，然而由于铜原子是非贵金属，合成铜纳米簇的成本更低廉，因此铜纳米簇被认为是一种非常有潜力的纳米材料，引起了人们的广泛兴趣。目前针对铜纳米簇的合成方法主要有模板合成法、油包水微乳液法、微波辅助法等，其中研究和应用较多的是模板合成法。

（3）其它

除了以上两类，相对于单金属纳米簇，合金纳米簇（由两种及以上金属原子组成的金属纳米簇），具有更加优异的性质，比如荧光发射较强、稳定性较好、生物相容性优良等。以金为主体掺杂其它金属原子如银、铜、稀土金属等合成双金属合金纳米簇，将进一步拓宽金属纳米簇的应用范围。

7.3.2 基于金属纳米发光材料的合成策略

（1）化学还原合成法

在化学还原合成法中，为避免金属离子被还原成纳米颗粒，通常会使用巯基化合物作为稳定剂，基于巯基（—SH）与 Au、Ag 间强的作用力，通常会将贵金属纳米簇用作还原剂，将氧化态的 Au(Ⅲ) 还原为 Au(Ⅰ)；此后再加入强还原剂 $NaBH_4$，将部分 Au(Ⅰ) 进一步还原为 Au(0)。众所周知，谷胱甘肽（GSH）是一种天然的含巯基的分子，已被广泛用作还原金属纳米簇的保护剂。谢建平课题组[138]利用 GSH 具有弱的还原性，可以将金 Au(Ⅲ) 还原为 Au(Ⅰ)，在中性条件下形成 Au 纳米簇。同时，GSH 也是一种很好的稳定剂。通过控制 Au(Ⅰ)-硫醇络合物在金核上的聚集，可以制备出高荧光量子产率（15%）的 Au 纳米簇。除此之外，其它含有硫醇的分子也被用作还原金属纳米簇的保护剂，如二氢硫辛酸[139]、十二烷硫醇[140]、脂肪酸[141]、巯基丙酸[142]、苯乙基硫代酯[143]、硫代酯 α-环糊精[144]等。

（2）化学刻蚀法

上述的贵金属纳米簇都是在巯基化合物存在的情况下直接还原金属离子得到。然而，利用巯基化合物对贵金属纳米粒子进行刻蚀，也可获得荧光金属纳米簇。这种方法被称为化学刻蚀法。聂书明等[145]通过利用聚乙烯亚胺 PEI 刻蚀金纳米颗粒得到绿色发光金纳米簇。此外 Muhammed 等[146]还利用刻蚀的方法得到具有强红光发射的 Au 纳米簇。非常有趣的是，一些没有荧光的金纳米簇，通过配体交换后会转化成发光的金纳米簇[147]。如图 7-16 所示，双十二烷基二甲基溴化铵作为配体的金纳米颗粒（Au NP@DDAB），通过外加氯金酸，将其刻蚀成金纳米簇（Au NC@DDAB），之后利用亲水配体硫辛酸进行配体交换，得到在水溶液中稳定存在的红光发射的金纳米簇（Au NC@DHLA）。

（3）微波辅助合成法

微波辅助合成法也是制备发光金属纳米簇非常简单快速的合成技术之一。利用微波辐射的方式，提供快速和均匀的加热，这样制备出的金属纳米簇粒径均匀、单分散良好。微波辅助合成法因其具有高效、绿色等优点已被广泛地应用于金属纳米簇的合成中。刘家利等[149]发展了一种用微波合成法制备具有生物活性的亲水

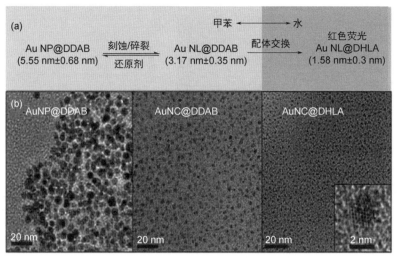

图 7-16 表面配体对金属纳米簇的影响[148]
(a) 不同配体纳米粒子的转换; (b) 对应的纳米粒子 TEM 图像

性荧光金纳米簇的方法。该方法得到的金纳米簇粒径分布均匀,水溶液稳定性好,荧光亮度高,并且该荧光金纳米簇保留了溶菌酶的生物活性。利用溶菌酶与细菌之间的特异性识别,该荧光金纳米簇可以用作定量检测大肠杆菌的纳米探针[149]。

(4) 模板法

已有多种由烷烃硫醇作为配体分子合成金属纳米簇的方法被报道,然而所得金簇大多存在水溶性低或者生物相容性差的问题,这就严重地限制了它们在生物医学中的应用。为了解决这个问题,一些天然生物分子如氨基酸[150]、肽[151]、蛋白质[109,152,153]与 DNA 分子[154-156],被直接用作金属纳米簇的保护配体。这些生物大分子模板大多具有良好的生物相容性,其为保护配体制备的金属团簇都有较好的生物相容性和较低的生物毒性,使其可以很好地用在生物医学检测及细胞成像标记等领域中。如图 7-17 (a) 所示,DNA 为模板的金纳米簇,其良好的水溶性与独特的物理化学性质,在生物化学分析与生物成像等方面得到了广泛的应用。DNA 为模板的金纳米簇,主要是利用 DNA 碱基中的氮原子与金属配位,如图 7-17 (b) 所示,四种 DNA 碱基与金、银原子的配位位点有所不同。

7.3.3 基于金属纳米发光材料的性质

(1) 吸收光谱性质

金属纳米颗粒的吸收性质主要依赖于表面等离子体共振,当入射光波的传播常数与表面等离子波的传播常数相匹配时,引起纳米颗粒内部自由电子产生共振。当金属纳米粒子的尺寸减小,其能带结构不再连续而是展现出类似于分子的分裂能级,表现出不同于表面等离子体共振吸收峰的特征吸收峰。银纳米团簇等离子

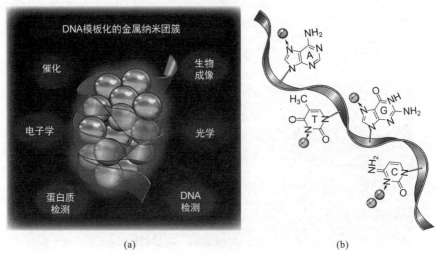

图 7-17 （a）DNA 模板的金属纳米团簇的应用；（b）四种 DNA 碱基的分子结构及其与金、银原子的主要配位位点[157]

吸收峰出现在 520 nm，而金纳米团簇的吸收峰则为 420 nm。不同尺寸的金属纳米簇的紫外-可见吸收光谱间会存在有明显的差异。1994 年，Collings 等[158]报道了一系列金原子数目不同的金纳米簇 Au_x（x = 7, 9, 11, 13），这些金簇具有不同价电子数，在光谱中存在着明显的奇偶交替现象。Jin 课题组[159]发现谷胱甘肽保护的 Au_{25} 纳米簇在 400～1000 nm 中的不同位置的吸收是来源于不同带内（sp←sp）或者是带间（sp←d）的转换。研究发现金属纳米簇还具有溶剂致变色的效应[160]，如图 7-18 所示，以聚甲基丙烯酸为模板所合成的银纳米簇的吸收光谱受到了溶剂的影响。

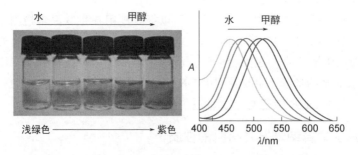

图 7-18 不同溶剂中银纳米簇的吸收光谱受溶剂的影响

（2）荧光性质

20 世纪以来，贵金属纳米簇的荧光性质逐渐被研究人员发现[161,162]，从可见光到近红外区宽范围的发射波长，使其在生物化学领域具有重要的应用。然而在研究初期，以烷基硫醇为配体得到的金属纳米簇荧光量子产率不高，约为 1%。后来研究人员尝试用各种方法来提高金属纳米簇的荧光量子产率。常见的方法有：改变表面配体、掺杂其它金属离子、改变溶剂等。谢建平课题组[138]合成出了具有聚集诱导发光性质的金纳米团簇，该金纳米团簇由 Au(0) 组成的核与 Au(Ⅰ)-硫醇构成的外壳组成。通过改变溶剂与加入其它金属离子可以使该金纳米团簇聚集，使其荧光增强。Pyo 等[163]以 $Au_{22}(SG)_{18}$ 团簇为基础，利用四辛胺（TOA）阳离子对其金壳进行硬化，合成了荧光量子产率大于 60% 的金纳米团簇（图 7-19）。对 $Au_{22}(SG)_{18}$ 进行的时间分辨和温度相关的光学测量表明，在冻结状态下荧光量子产率可以进一步提高，说明壳层刚度提高了发光量子效率。为了获得高硬度的金壳，$Au_{22}(SG)_{18}$ 与体积较大的 TOA 结合，使其在室温下的量子发光率大于 60%。

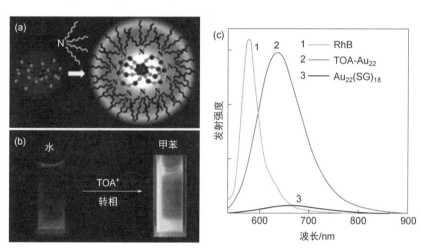

图 7-19 （a）$Au_{22}(SG)_{18}$ 与 TOA 结合示意图；（b）在 365 nm 紫外光照射下，水中的 $Au_{22}(SG)_{18}$ 和甲苯中的 $TOA-Au_{22}$ 实物图；（c）$Au_{22}(SG)_{18}$ 在水中和 $TOA-Au_{22}$ 在甲苯中的发光光谱及罗丹明 B（RhB，QY = 31%）的荧光光谱

（3）手性

植物的藤蔓、海螺、生物体内的氨基酸、糖类都可观察到手性。除此之外，DNA 双螺旋结构也是右手螺旋。1998 年，Robert Whetten 课题组[164]用谷胱甘肽（GSH）作为保护配体制备金纳米团簇时，发现该金纳米团簇也存在手性现象。Ki Tae Nam 等报道了一种新的手性纳米材料生产工艺。他们用氨基酸和多肽来控制金纳米颗粒的光学活性、手性和手性等离激元共振。如图 7-20 所示，具有不同手性的金纳米颗粒与圆偏振光的相互作用不同，可以呈现出不同的颜色。这种使用手性氨基酸和肽来控制和诱导金属纳米团簇的方法，在未来有望应用于显示器、手性传感等领域[165]。

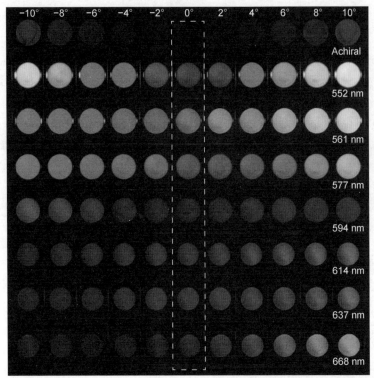

图 7-20　手性调节偏振光颜色变化

7.3.4　基于金属纳米发光材料的发光机理

与无机半导体纳米颗粒不同，金属纳米团簇的发光机理涉及多个结构因素，如团簇尺寸、金属价态、表面配体、结晶度等。发光机理不能简单地归因于金属核的量子限域效应，还涉及金属配体之间的电荷转移跃迁。金属团簇具有类分子的能级结构，由量子限域效应产生的能级分裂，其能级间隙的大小与其颗粒尺寸相关。2004 年，Dickson 等[166]发现通过调控金纳米团簇的核内金原子的数目，可以得到不同的荧光。随着核内金原子数目的增加，发射波长逐渐红移。除了量子效应，纳米团簇光谱的斯托克斯位移都比较大，因此也有研究人员将纳米团簇的荧光发射归结于金属配体之间存在电荷转移跃迁。其跃迁过程需要吸收特定波长的能量，只有金属团簇配体的轨道能级与金属的空轨道能级能量相匹配时电荷转移跃迁才会发生，金属纳米团簇因此表现出特定的激发与发射。在这个过程中，要求配体的孤对电子能量相对较高，常见的配体有巯基、氨基、羧基等官能团。在对纳米团簇发光机理的研究过程中，越来越多研究发现配体的种类及团簇表面金属离子的价态可以在很大程度上影响纳米团簇的发光。谢建平课题组[138]合成了具有聚集诱导发光性质的金纳米团簇，该金纳米团簇由 Au(0) 组成的核与 Au(Ⅰ)-

硫醇构成的外壳构成。他们将纳米团簇的发光归因于从配体到金属之间的电荷转移跃迁，提出金纳米团簇聚集越紧密就越有利于电荷转移跃迁的发生。伍志鲲等[167]以 4-叔丁基苯硫基（TBBT）为配体，利用离子诱导法，加入外来离子诱导生成新的团簇，制备了一个新的 $Au_{42}(TBBT)_{26}$ 团簇。质谱等表明这个新团簇与已有的 $Au_{42}(TBBT)_{26}$ 团簇[168]具有相同的组成，而单晶 X 射线衍射分析表明它们具有不同的内核原子排列方式，实验表明两种团簇的荧光性质也有所不同。综上所述，纳米团簇的发光机理是一个比较复杂的过程，涉及团簇尺寸、金属价态、表面配体、结晶度等多个结构因素。

7.3.5　基于金属纳米发光材料的应用

由于荧光纳米金属团簇具备合成方法简单、斯托克斯位移较大、水溶性好和毒性低等特点，已被广泛应用于环境监测、生物小分子检测、蛋白质分析、细胞标记与成像分析等领域。

（1）离子检测

近年来，许多不同种类的金属纳米材料光学探针已经被用于检测重金属离子[139]。Ying 等[170]报道 BSA 修饰的红光金纳米簇可以被用来检测水中汞离子的含量，由于 Au^+ 与 Hg^{2+} 之间存在高亲和力的金属相互作用，当检测体系中存在 Hg^{2+} 会使红色荧光明显猝灭，检出限为 0.5 nmol/L。除了测定重金属阳离子外，金属纳米材料光学探针还被用于检测一些阴离子，如氰化物（CN^-）[171]、亚硝酸盐（NO_2^-）[172]、硫离子（S^{2-}）与碘离子（I^-）等。Feng 等[173]制备了一种红色荧光银纳米簇，发现异丙醇可增强水溶液中银簇的荧光强度，并使其获得对碘离子特异性识别的能力，由此发展了一种基于碘离子的荧光检测技术，并成功应用于尿液样品中碘离子的定量分析。实验结果表明，将该银纳米团簇用作荧光探针来检测尿液样品中的碘离子，具有灵敏度高、线性范围宽、选择性好、响应时间快等优点。如图 7-21 所示，白熙琳等[174]利用羟乙基壳聚糖（GC）自组装的限域效应增强了金簇的荧光（荧光量子产率可达 36.4%），利用硫离子与生物巯基分子在组装体的扩散差异性，大大提高了探针的选择性，降低了生物体内常见的生物巯基分子如半胱氨酸、谷胱甘肽等对硫离子识别的干扰。此外，由于该探针在全 pH 范围稳定，并具有耐盐度较高、响应时间短、灵敏度高的特点，可以适用于细胞内硫离子的分析检测。

（2）生物分子检测

金属纳米材料光学探针也常被用于一些生物分子，如 ATP[175,176]、谷胱甘肽[177]、蛋白质[178-180]、DNA[181,182]的检测中。王硕等[183]以 2,3,5,6-四氟苯硫酚作为配体和还原剂，合成了具有高荧光稳定性和量子产率的铜纳米团簇自组装体。该团簇具有橙色荧光（590 nm），荧光效率高达 43.0%。基于咪唑环与金属之间的

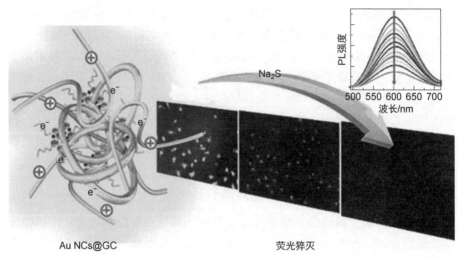

图 7-21　羟乙基壳聚糖包覆的金纳米团簇（Au NCs@GC）检测硫离子示意图

作用力，组胺可与铜纳米团簇中的铜进行相互作用，致使该铜纳米团簇原有的带状结构及稳定组分破坏，进而引起其荧光性质的变化，实现检测组胺的目的。赵小军等[178]设计了苯硼酸修饰的铜纳米簇荧光探针。在室温条件下以牛血清白蛋白为制备模板、水合肼为还原剂，将 Cu^{2+} 离子还原为发射波长位于 630 nm 左右的 Cu 纳米簇，而后将间氨基苯硼酸修饰在 Cu 纳米簇表面得到功能化探针。利用硼酸基团同糖蛋白分子中的顺式二醇结构特异性的亲和作用，实现对目标蛋白的选择性识别和高灵敏检测。袁若等[184]利用牛血清白蛋白（BSA）为模板合成的金纳米簇（AuNCs）为发光物质，三(3-氨基乙基)胺（TAEA）为共反应试剂，钯纳米粒子修饰的氧化铜纳米材料（Pd@CuO）为共反应促进剂，得到三元一体的 AuNCs-TAEA-Pd@CuO 纳米材料，作为高效的 ECL 免疫传感器探针用于癌胚抗原（CEA）的超灵敏检测。癌胚抗体功能化的三元纳米材料作为捕获探针，通过免疫夹心的模式将 CEA 固载在电沉积铂修饰的传感界面上，由于分子内共反应试剂和分子内共反应促进剂的结合，三元纳米材料的 ECL 发光强度与单独的金纳米簇相比高达约 40 倍。该传感器对 CEA 的检测范围为 100 fg/mL 到 100 ng/mL，检测限为 16 fg/mL。

（3）细胞标记与成像分析

金属纳米材料光学探针因其独特的光学性质，良好的生物相容性，也被众多研究人员应用于细胞标记与成像分析。刘国梁等[185]利用多功能 DNA 序列，一步法原位制备出水溶性纳米团簇。该纳米团簇信标能够特异性识别靶标分子以触发 DNA 构型的变化，从而产生刺激响应型的荧光信号，最终将该刺激响应型纳米团簇探针用于人乳腺癌细胞线粒体成像。金簇具有良好的生物相容性，但传统的水相金簇量子产率仍较低，难以满足活体检测的要求。曹芳芳等[186]将金纳米团簇限制在金属有机框架（MOF）内部，抑制金纳米团簇表面配体的旋转，进一步提高金纳米团簇的量子产量（7.74%）。可利用 MOF 结构高孔系率负载药物，同时由于该 MOF 酸性条件下解离的特性，在酸性条件下金纳米团簇表面配体的旋转恢复，荧光减弱，以此实时监控药物释放。

（4）其它应用

刘又年等[187]将蛋白与氯金酸混合搅拌,利用蛋白碱性条件下自组装形成凝胶网络结构，实现了金纳米簇-蛋白复合凝胶的原位构建。通过这种方式构建的金纳米簇-蛋白复合凝胶不仅具有诸如温度、机械力刺激响应性，还可用作构建可压缩薄膜及稳定的 C/Au 纳米复合材料。

7.4 基于二氧化硅纳米材料光学探针

二氧化硅作为一种重要的纳米材料，具有良好的水溶性、大的比表面积、优异的生物相容性和低的生物毒性，在生物医学领域应用前景广阔[188]。二氧化硅表面富含羟基等功能基团，可以被各种功能部分如聚合物和抗体改性以获得多功能性[189]。并且我们可以通过准确调控反应过程中水解和缩合的速率，来制备不同尺寸和形貌的二氧化硅纳米材料[190]。此外，二氧化硅纳米材料成本低廉且制备后容易分离，便于进行大规模生产。2011 年，美国食品和药品监督管理局（FDA）认证二氧化硅"普遍认为是安全的"（GRAS），可以用于人类临床试验[191]。

作为生物相容且可灵活调节的材料,二氧化硅在临床应用上具有极高的潜力。本节简要介绍二氧化硅常用的制备方法以及基于二氧化硅纳米材料的光学探针在生物分析和传感、药物输送和光学成像等方面的应用。

7.4.1 二氧化硅纳米材料的制备方法

在过去的几十年中，为了制备出尺寸均匀、形貌可控的二氧化硅纳米材料，研究者们开发出许多高效的制备方法。目前，纳米二氧化硅的制备方法主要分为物理法和化学法两种。物理法一般是指机械粉碎法；化学法包括气相沉积法（CVD）、溶胶-凝胶（sol-gel）法、微乳液法和模板法等。下面对这几种化学法做简要介绍。

（1）气相沉积法

气相沉积法[192]是制备纳米二氧化硅的有效方法之一，可以容易制备出晶态和非晶态二氧化硅，具有清洁、无壁效应、粒度分布均匀、可连续生产及应用广泛等优点。工艺中利用 $SiCl_4$ 气相原料激活后发生反应，基本化学反应方程式为：

$$SiCl_4 + O_2(g) \xrightarrow{\text{氧化}} SiO_2(s) + 2Cl_2(g) \quad (1)$$

$$SiCl_4 + 2H_2O(g) \xrightarrow{\text{水解}} SiO_2(s) + 4HCl(g) \quad (2)$$

但气相沉积法所需原料昂贵，设备要求高，技术复杂且能耗较大，不利于大规模生产。

（2）溶胶-凝胶法

溶胶-凝胶法是 20 世纪 60 年代发展起来的一种材料制备方法。溶胶-凝胶体系主要涉及一个 Stöber 过程[193]，通过向正硅酸乙酯（TEOS）的乙醇溶液中加入少量碱性试剂，使 TEOS 发生一系列水解和缩合反应，得到二氧化硅白色沉淀，经离心、洗涤和干燥等处理制备出了不同尺寸的二氧化硅粒子。

溶胶-凝胶法制备 SiO_2 粒子的基本反应方程式：

$$Si(OR)_4 + nH_2O \longrightarrow Si(OR)_4 - n(OH)_n + nROH \quad (1)$$

$$(RO)_3Si-OR + HO-Si(OR)_3 \longrightarrow (RO)_3Si-O-Si(OR)_3 + ROH \quad (2)$$

或

$$(RO)_3Si-OH + HO-Si(OR)_3 \longrightarrow (RO)_3Si-O-Si(OR)_3 + H_2O \quad (3)$$

（3）模板法

模板法是制备介孔和中空二氧化硅等纳米材料常用的方法[194,195]。这种方法一般以无机物或有机物等为模板，TEOS 进行水解和缩合反应得到二氧化硅的有序组装体，通过煅烧或者溶剂萃取等方法除去模板后，制得二氧化硅纳米材料。在反应过程中，可以控制表面活性剂种类、反应温度、pH 和前驱体种类等反应参数，实现二氧化硅纳米材料的形貌和尺寸的调控。

复旦大学赵东元课题组[196]采用聚甲基丙烯酸甲酯（PMMA）和十六烷基三甲基溴化铵（CTAB）作为模板，利用溶剂蒸发引起的聚合方式，合成了孔道有序的介孔二氧化硅纳米材料（图 7-22），孔道尺寸可以通过控制 CTAB 分子链的大小实现调节。有人[195]采用不同的酒石酸衍生物作为模板，分别合成了二氧化硅中空微球、二氧化硅纳米带和二氧化硅纳米管三种形貌（图 7-23）。

模板法制备的二氧化硅材料形貌多样、反应温度低、产物分散性好，价格比外气相沉积法低，但是模板的选择及对二氧化硅生长方向的调控较困难，材料制备时间较长。

（4）微乳液法

微乳液法中的微乳液体系一般包括油相、水相、表面活性剂和助表面活性剂四部分，主要分为"油包水（W/O）型"和"水包油（O/W）型"两种类型[197]。其中，油包水型微乳液法又叫反相微乳液法，主要指正硅酸乙酯分子向中心的水核渗透并发生水解缩合反应，使产物的成核生长、凝聚以及团聚等过程发生在一

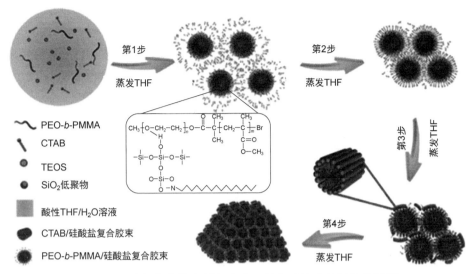

图 7-22 溶剂蒸发聚合制备介孔二氧化硅纳米材料的机制图

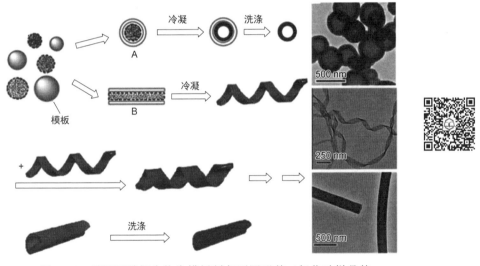

图 7-23 以酒石酸衍生物为模板制备不同形貌二氧化硅样品的形成机理图和所制备样品的 TEM 照片

个"微型反应器"中,有利于小粒径的纳米二氧化硅颗粒的可控制备。如图 7-24 为微乳液法的合成机理图。谢海安等[198]采用在聚醚多元醇中构筑 W/O 微乳液制备出粒径为 50~70 nm 的 SiO_2。姜兴茂等[199]采用反相微乳液法制备了壁厚可控的 SiO_2 和 TiO_2 中空微球,直径为 300~500 nm,壁厚 10~100 nm。微乳液法制备的样品分散性好、大小和形状可控,但成本较高,有机物不易除去,易对环境造成污染。

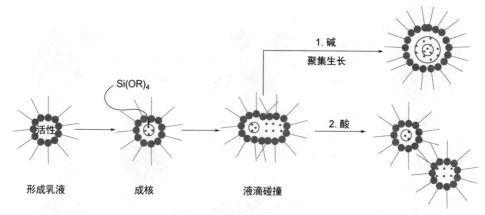

图 7-24 在碱性和酸性条件下微乳液合成纳米二氧化硅机理图

7.4.2 基于二氧化硅纳米材料光学探针中荧光团的种类

在 20 世纪 90 年代初，通常使用 Stöber 合成方法将有机荧光染料掺入无孔二氧化硅基质中[200]。随着研究的深入，半导体量子点（硫化银、PbS）、碳硅量子点、金属纳米团簇、稀土螯合物等物质与二氧化硅结合，开发了一系列性能优异的光学探针。下面的应用部分会有具体举例，这里就不再赘述。

7.4.3 基于二氧化硅纳米材料光学探针的应用

众所周知，二氧化硅纳米材料可以形成球、棒、空心、多孔或二维、三维聚集体等多种结构，并且性质稳定，具有广泛的应用价值。二氧化硅表面富含能够与各种有机或无机分子进行化学反应的硅羟基官能团。此外，介孔二氧化硅内部充满孔道结构，并且比表面积较大，可轻易通过物理或化学作用掺杂各种功能物质。目前，基于二氧化硅纳米材料的光学探针的应用在生物医学领域主要集中在生物分析与传感、荧光成像和药物运输等方面。

在纳米材料研究领域，基于二氧化硅纳米材料的光学探针作为一种具备多种应用潜力的纳米材料，对其开发和研究必然具有重要意义。

（1）在生物分析和传感方面的应用

基于二氧化硅的纳米材料也可以用作生物传感器。传感器被定义为一种实体（分子或材料），它可以检测环境的变化，从而改变其性能。特别是荧光强度的变化，由于其高灵敏度、易于观察和短的检测响应时间而被认为是用于传感应用的最有效检测工具。通过将荧光探针封装在二氧化硅基纳米材料中制造的传感器已经证明具有多种优异的性质，例如高热稳定性和机械稳定性、高亮度、光稳定性和相对低的细胞毒性[201]。

依赖于分析物的不同，可以找到许多类型的二氧化硅基光学传感器。由于生物组织 pH 的变化在生物医学诊断中有很大的参考价值[202]，韩守法等[203]报道了含有两种 pH 敏感荧光团的 pH 传感器——R6G-FITC-MSN。R6G-内酰胺在酸性介质中显示出强荧光（552 nm）；而 FITC 表现出相反的行为，在中性介质中荧光最强（515 nm）。这种有利的逆 pH 响应提高了该传感器的灵敏度，可用于监测细胞酸度和溶酶体靶向癌症治疗。最近任雪琴课题组[204]将介孔二氧化硅和碳量子点（CQDs）相结合，构建了检测酸性气体的荧光传感器。他们通过水热法一步合成嵌入碳量子点的 MCM-41（MCM/CQDs），选择乙酸（HAc）作为模型分子，对 HAc 气体（检测限：0.2 μmol/L）比对其溶液（检测限：3 μmol/L）更敏感，原因在于 MCM-41 对 HAc 气体物理吸附的影响，其增加了 MCM/CQD 中的 HAc 浓度，因此增强了荧光响应，可以用于酸性气体的快速荧光检测。

当然还有很多关于二氧化硅基光学探针作为生物传感器的报道，用于检测湿度[205]、金属离子（Cu^{2+}、Hg^{2+}等）和活细胞中的还原环境[206]等。

（2）在药物输送方面的应用

理想的基于纳米颗粒的递送系统需要在所需器官或组织中累积并同时穿透靶细胞以递送目标物质。任何智能药物输送系统都应该是多功能的，并且应该具有按需释放的能力[207,208]。纳米技术的医学应用推动了各种类型的纳米载药载体的开发，例如脂质体、环糊精、胶束、聚合物和金属有机骨架（MOF）等[209-211]。在众多优秀的药物递送纳米载体中，介孔纳米二氧化硅（MSN）由于其独特的孔结构（即孔径、形状、体积和排列）、可调表面、化学及生物安全性和兼容性，具有极大的药物输送潜力。此外，MSN 的表面可以很容易地功能化，以允许孔隙响应外部刺激（例如光、热、pH、氧化还原和磁场等）来进行门控[212-214]。MSN 旨在以选择性和可控的方式运输治疗药物并释放到病灶部位。

目前研究者们已经开发了许多中孔二氧化硅药物递送系统。曾小伟等[215]在聚多巴胺（PDA）修饰的 MSN 表面上引入靶向聚合物聚乙二醇-叶酸（PEG-FA），用作载有阿霉素的药物递送系统。MSN 也可以被功能化，使得它们的孔隙由光响应分子来门控[216,217]。陈华兵等[218]报道了基于含有光动力疗法（PDT）光敏剂 Ce6 的环糊精（CD）-门控 MSN 的红光（660 nm）响应性药物递送系统。当然还可以将两种及以上的刺激结合，在对健康组织最小伤害的情况下实现药物的定向输送[219]。Sasmita Mohapatra 等[220]设计了一种由磁性氧化钆-氧化铁（GdIO）为核心，用硼酸功能化的高发光碳量子点（BNSCQD）门控的中孔二氧化硅壳组成的新型多功能混合纳米材料（GdIO@mSiO$_2$@BNSCQD）。多孔二氧化硅壳作为抗癌药物 5-氟尿嘧啶的优良储库，而 BNSCQD 帽在模拟细胞内环境下可以控制药物转运。此外，识别和荧光转化 BNSCQD 对细胞表面聚糖唾液酸 Lewis^a（SL^a）的响应能够实现 SL^a 过表达的 HePG$_2$ 癌细胞的靶向药物释放和优异的荧光成像。受益于双重刺激响应药物释放，优异的光学成像和 MR 成像的组合优势，这种新颖的构建体有希望成为未来的诊疗材料。

(3) 在光学成像方面的应用

在光学探针的设计中，二氧化硅具有合适的机械强度，提高了所负载的造影剂的化学稳定性，保护其免受酶促降解，抵抗光漂白，并提供化学方面的恒定环境[221]。此外，二氧化硅的光物理惰性、可见光下的透明性以及在能量和电子转移过程中可能会抑制与基体相连的染料的荧光/光致发光，使得这种材料有望成为成像探针设计中的候选材料[222]。

实践表明，二氧化硅基质可以明显提高荧光团的光稳定性和量子产率。许多荧光二氧化硅纳米粒子通过染料的物理包封来制备，有染料泄漏的风险。为了消除这种泄漏，可以将染料共价缀合到二氧化硅基质或表面上。Karaman 等[223]使用预制备的异硫氰酸荧光素 (FITC) 修饰的氨丙基三乙氧基硅烷对二氧化硅纳米粒子进行后合成接枝。当使用多孔基质时，更容易避免猝灭问题。这是因为在介孔二氧化硅粒子的纳米孔内，荧光染料分子可以均匀分布，彼此很好地分离。

由于深度限制和组织自发荧光，光学体内成像主要限于动物研究，研究者们已经致力于创建用于诊断或细胞成像和跟踪的靶向光学探针。Rosenholm 等[224]使用 MSN 作为商业荧光团的缓释载体，用于长期细胞追踪的自我再生细胞标记。Lee 及其同事[225]制备了 NIR 染料 ICG 封装的 MSN，证明了 ICG 分子封装到 MSN 基质中可以作为造影剂，对组织的光学成像效率高。然而，由于深度限制，光学成像对于人类成像仍然不太重要。在 2010 年，直径约 7 nm 的染料包封的二氧化硅纳米粒子被批准用于人体临床试验，用作癌症诊断探针[226]。这些硅发光纳米材料用环状精氨酸-甘氨酸-天冬氨酸肽靶向配体和放射性碘标记用于 PET 成像。

7.5 稀土上转换发光纳米材料

稀土上转换发光一般发生在两种不同类型的离子之间，主要源于掺杂离子能级的激发态吸收过程和离子能级与能级之间的能量转移过程，一般包含基质、敏化剂和激活剂三种组分。由于稀土元素原子核外 4f 轨道含有较多的未成对电子，且具有丰富的电子能级，近年来，一系列具有优异光、电、磁性质的稀土发光纳米材料已被开发出来并广泛应用于生物、医学、物理等多个领域。这些稀土发光材料吸收一定能量的光后，可发射出波长从紫外到可见甚至是近红外区的荧光，且具有发光谱带窄、色纯度高、色彩鲜艳、斯托克斯位移大、物理化学性能稳定、荧光寿命可长达毫秒级等优点[227-229]。

7.5.1 稀土上转换发光纳米材料的发光机理

稀土发光纳米材料按发光机理分类，可分为下转换发光（down conversion）和上转换发光（up conversion，UC）。其中，下转换发光机理与传统的半导体量子点较类似，是一种高能量（短波长）激发、低能量（长波长）发射的过程，服从斯托克斯定律。本节将对上转换发光机理作主要介绍。上转换发光过程一般发生在两种不同类型的离子之间，即激活剂和敏化剂。它需要敏化剂和激活剂之间的距离足够近，并且要求敏化剂的吸收截面大于激活剂的吸收截面。当受到低能量的激发光激发时，敏化剂和激活剂都可以到达各自的激发态，随后敏化剂通过能量共振将能量传递给激活剂，使激活剂到达一个能量更高的激发态，随后激活剂以光的形式释放能量，完成上转换过程。因此，上转换发光是一种低能量（长波长，一般为近红外光）激发、高能量（短波长）发射的过程，服从反斯托克斯定律。以 Er^{3+}、Tm^{3+} 和 Yb^{3+} 三掺杂体系为例，其上转换发光机理如图 7-25 所示。其中，Yb^{3+} 作为敏化剂，4f 电子能级比较单一，基态 $^2F_{7/2}$ 能级的电子可被 980 nm 的近红外光激发，发生 $^2F_{7/2} \rightarrow {}^2F_{5/2}$ 跃迁，处于激发态的电子不稳定，会将能量传递给附近的激活剂，然后回到基态。Er、Tm、Ho、Dy 等的离子具有丰富的亚稳态能级和较高的上转换效率，都是很好的上转换发光激活剂。Er^{3+} 和 Tm^{3+} 能级分布图如图 7-25 所示。Er^{3+} 获得 Yb^{3+} 核外激发态电子释放出来的能量后，基态电子首先被激发，从基态

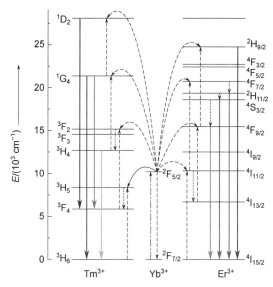

图 7-25　Er^{3+}、Tm^{3+} 和 Yb^{3+} 三掺杂体系的上转换发光纳米晶
在 980 nm 光源照射下的能级跃迁图

图中虚点、虚线、虚线箭头、实线箭头分别代表光子激发、能级跃迁、多光子弛豫和
上转换发射过程，且只显示了可见和近红外区间的光子发射

能级（$^4I_{15/2}$）跃迁至亚稳态能级 $^4I_{11/2}$，然后进一步被激发跃迁至更高的 $^4F_{7/2}$ 过渡能级，通过不同程度的无辐射弛豫，可分别弛豫到 $^2H_{11/2}$ 和 $^4S_{3/2}$ 能级，最后跃迁回到基态 $^4I_{15/2}$，同时分别释放出波长为 519 nm 和 543 nm 的绿光（双光子跃迁过程）；另一部分处于 $^4S_{3/2}$ 能级的电子则进一步无辐射弛豫到 $^4F_{9/2}$ 能级，再通过辐射波长为 653 nm 的光子的形式回到基态（双光子跃迁过程）。对于 Tm^{3+} 体系，Tm^{3+} 获得激发态 Yb^{3+} 释放的能量后跃迁至 $^3H_5$ 能级，$^3H_5$ 亚稳态能级的电子可以再吸收能量被激发，使电子进一步跃迁到 $^3F_2$ 和 $^1G_4$ 甚至是更高的 $^1D_2$ 能级。其中处于 $^3F_2$ 能级的电子可以无辐射弛豫到 $^3H_4$ 能级，最终处于 $^3H_4$ 能级的电子以释放光子的形式回到基态 $^3H_6$，而 $^1G_4$ 和 $^1D_2$ 能级电子则回到 $^3F_4$ 能级，以上三个过程释放的光子波长分别为近红外区 802 nm（双光子跃迁过程）、蓝光区 481 nm（三光子跃迁过程）以及 451 nm（四光子跃迁过程）[230-232]。

7.5.2 稀土上转换发光纳米材料的发光性能

根据稀土上转换发光纳米材料的发光机理，稀土元素掺杂上转换纳米材料的发射光谱具有极大的可调控性。具体可通过改变掺杂元素和基质材料，调控材料内部的能量转移和材料结构等方法来改变其发光性质。

（1）改变掺杂元素

由于上转换纳米材料的发光来源于掺杂离子的发射，因此可通过改变掺杂离子的种类和浓度来调控上转换发光。通过改变掺杂元素，稀土掺杂纳米粒子发出光的波长几乎覆盖了整个可见光区。其中，新加坡国立大学的刘晓刚通过改变稀土掺杂离子的种类和比例，制备了一系列单一激发光下（980 nm），发射波长从可见光到近红外光可调的 Ln^{3+} 掺杂的 $NaYF_4$ 上转换纳米材料，如图 7-26 所示[233]。目前，在许多基质材料中都可通过改变掺杂元素及其比例调节发射颜色，包括 $NaYF_4$[234]、$NaYbF_4$[235]、LaF_3[236]、$NaGdF_4$[237]、$BaYF_5$[238]等。

（2）改变基质材料

另一种调控上转换发光的策略是在合成过程中改变前驱体的种类和浓度。基质晶体结构的改变会影响激发过程，从而导致发射光谱的差异。北京化工大学汪乐余通过调控 NaF 前驱体的浓度改变了 $NaYF_4:Yb^{3+}/Er^{3+}$ 的晶体结构，随着 NaF 前驱体浓度的增加，晶体结构从立方相逐渐转变为六方相，从而可以制备具有多色上转换发光的 $NaYF_4:Yb^{3+}/Er^{3+}$ 纳米颗粒[239]。

（3）采用能量转移

这种方法指稀土上转换纳米晶与外加的其它荧光体之间的能量转移。换言之，是在上转换纳米粒子表面组装上一层荧光单元，利用上转换的发射光进行二次激发，从而达到光谱调控。这些荧光基团可以是有机荧光染料也可以是无机荧光量子点等。这种非外延生长的壳通常是沉积在预先制备好的上转换纳米粒子上，通

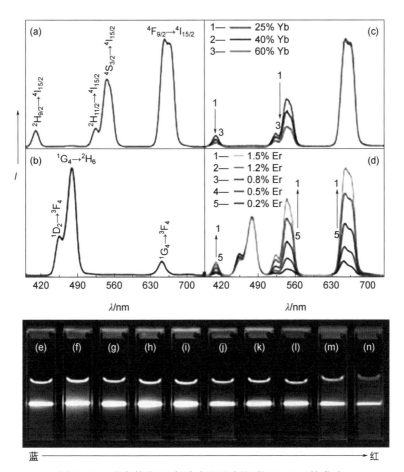

图 7-26 改变掺杂元素种类和比例调控 $NaYF_4$ 的发光

在乙醇（10 mmol/L）中的室温上转换发射光谱：（a）$NaYF_4$:Yb/Er（18/2，mol%）；（b）$NaYF_4$:Yb/Tm（20/0.2，mol%）；（c）$NaYF_4$:Yb/Er（25～60/2，mol%）；（d）$NaYF_4$:Yb/Tm/Er（20/0.2/0.2～1.5 mol%）

胶体溶液的发光照片：（e）$NaYF_4$:Yb/Tm（20/0.2，mol%）；（f）～（j）$NaYF_4$:Yb/Tm/Er（20/0.2/0.2～1.5，mol%）；（k）～（n）$NaYF_4$:Yb/Er（18～60/2，mol%）；样品用 600 mW 二极管激光在 980 nm 处激发；（e）～（l）的曝光时间为 3.2 s；（m）和（n）的曝光时间为 10 s

过化学键或通过表面聚合有机分子的手段固定在纳米粒子表面[240]。张勇课题组利用二氧化硅包覆的方法，在约 8 nm 厚的二氧化硅层中掺入异硫氰酸荧光素（FITC）、四甲基异硫氰酸罗丹明（TRITC）或量子点（QDs-650），成功将上转换发光能量转移给这些荧光体[241]。

（4）调控材料结构

调控上转换发光纳米晶的晶体结构也是一种调控发射光谱提高转换效率的有效策略。其中，较为常见的方法是构筑核-壳纳米结构。由于上转换纳米晶的猝灭位点集中在粒子表面，当包覆一层不掺杂的钝化层后，使发光体与猝灭位点有效分离，能提高上转换发光强度。由于钝化层的晶格结构和发光层相似，在合成上很容易实现。核-壳结构策略也可组合不同镧系元素来产生空间相互隔离的多重发射。发光中心的空间隔离可以消除有害的镧系元素之间的交叉弛豫，同时减弱了核纳米粒子的表面猝灭，从而产生一系列效率高并且可调的发光颜色。北京化工大学的邓明亮通过一种阳离子交换的策略在高温油相合成 $NaYF_4:Yb^{3+}/Er^{3+}$ 过程中加入 Gd^{3+}-油酸前驱体，引入的 Gd^{3+} 与已形成的 $NaYF_4:Yb^{3+}/Er^{3+}$ 纳米颗粒表面发生离子交换，形成一层钝化层，在限制纳米颗粒生长的同时还大大提高了发光效率[242]。

7.5.3 稀土上转换发光纳米材料的合成策略

稀土上转换发光纳米材料作为一种新型的发光材料，在光学和生物医学等领域有巨大的应用潜力。近年来，科研工作者已经发展了许多简单通用的方法合成稀土上转换发光纳米材料，以下主要介绍较为常用的高温热分解法、水（溶剂）热合成法、共沉淀法以及溶胶-凝胶法。

（1）高温热分解法

高温热分解法是指在较高温度下，在高沸点油溶性溶剂以及表面活性剂的辅助下，前驱体受热分解得到纳米材料。表面活性剂一般采用具有极性官能团和长烷基链的化合物，如油酸、油胺、十八烯等。这种方法具有较好的通用性，合成的材料一般都具有较好的形貌和分散性，材料的尺寸也比较好调控，是稀土上转换发光纳米材料合成方法中较为常用的一种。但是这种方法的缺点是对空气敏感，要求有惰性气体作保护，且需要的温度高，可能产生有毒的副产物，这也限制了这种方法的应用。

（2）水（溶剂）热合成法

这种方法一般在密闭的高温高压反应釜中进行，体系的反应温度一般略低于混合溶剂的共沸点（100～350℃）。这种方法主要用于合成稀土氟化物和磷化物，通过严格控制晶体成核和晶体生长的过程，得到的产物具有很好的结晶度和均匀的尺寸分布。在水热合成稀土氟化物的过程中，稀土的硝酸盐、氯化物和氧化物是较为常用的前驱体，HF、NH_4F、NaF 和 NH_4HF_2 常被用作氟源，柠檬酸盐、乙二胺四乙酸（EDTA）、十六烷基三甲基溴化铵（CTAB）和油酸（OA）常被用作表面配体。表面覆盖亲水性的配体与稀土离子的配位，一方面可以调节材料的晶相、形貌和尺寸，另一方面还可以提高材料的水溶性。但是这种方法不容易控制小尺寸纳米颗粒的尺寸和形貌。清华大学李亚栋课题组采用一种简便的液相-固相-溶液相（liquid-solid-solution，LSS）方法[243]，在高温高压反应釜中，成功地水热合成了形貌规整、尺寸均一的 $Na(Y_{1.5}Na_{0.5})F_6$ 单晶纳米棒。通过掺杂不同的稀土离子，可以简便地合成下转换发光纳米棒（Eu^{3+} 和 Tb^{3+} 掺杂）和上转换发光纳米棒（Yb^{3+}/Er^{3+} 和 Yb^{3+}/Tm^{3+} 离子对掺杂）[229,244,245]，这种方法具有普适性，不但可以大量制备稀土发光纳米材料，也可应用于合成金属纳米颗粒、金属硫化物、金属硒化物等。

（3）溶胶-凝胶法

溶胶-凝胶法一般是利用金属乙酸盐或金属醇盐溶液的水解和缩合过程中，体系会转变为透明、稳定态的溶胶，经过陈化后溶胶中的胶粒会发生缓慢的聚合，最终成为三维网格结构的凝胶，而溶剂则被固定在网格的空隙之间，进一步干燥、焙烧得到所需的无机材料。此方法反应条件较温和，可在分子水平上均匀混合，几乎适用于所有发光材料的合成。缺点是陈化过程时间长，干燥过程中会逸出许多气体和有机物。由于本身就是一个溶质聚合的过程，且需要进行热处理，因此得到的纳米材料容易发生团聚。此方法更多的使用在薄膜、玻片涂层等二维材料制备上[246-248]。

（4）共沉淀法

一般是将稀土盐的水溶液与相应的阴离子水溶液相混合，搅拌均匀后混合溶液中的阴阳离子会发生反应，生成难溶性的前驱体沉淀在底部。这种合成方法操作相对简单，且制备得到的材料尺寸分布均一、性能良好。李亚栋[249]通过此方法成功合成了粒径在 10 nm 以下的单分散性的 $CaF_2:Yb^{3+}/Er^{3+}$ 纳米晶，能很好地分散在环己烷中，且在 980 nm 激发光下呈现出较好的上转换光学性能，且 CaF_2 具有作为上转换材料基质的潜力和前景。此方法得到的 $NaYF_4$ 倾向于生长成发光弱的立方相结构，因此一般是将得到的 $NaYF_4$ 在高温条件下进行煅烧，此时晶相结构会从立方相向六方相转变，产物的上转换发光性能也随之增强，不过材料的尺寸也会因此变大。

7.5.4 稀土上转换发光纳米材料的应用

稀土上转换发光纳米材料由于是一种非线性光学材料，可吸收低能量的近红外光发出高能量的可见光甚至紫外光，近年来受到广泛关注，已被广泛应用于显示、传感、生物成像和信息编码等各个领域。

（1）生物成像

在生物医学领域中，荧光成像是观测细胞组织形态、结构和生命现象的重要工具。传统的生物荧光成像标记物主要是激发光为紫外光的有机染料分子和量子点，它们的激发光极易被生物组织吸收，且具有组织穿透深度浅、激发生物组织荧光、容易造成光损伤等缺点，不利于在生物活体成像中应用。与之相比，稀土掺杂的上转换发光纳米粒子不仅具有良好的光化学稳定性，而且激发光为近红外光。近红外光被生物组织吸收小，具有较大的组织穿透深度，避免激发生物荧光背景，有利于降低背景噪声，因此在生物成像应用中更具有潜力。汪乐余课题组采用油胺接枝的聚琥珀亚酰胺（PSI_{OAm}）修饰上转换纳米颗粒 $NaYF_4:Yb^{3+}/Er^{3+}$ 表面，将油溶性的上转换纳米颗粒转到水相，转相后的上转换纳米颗粒具有很好的生物相容性，并获得了很好的细胞成像效果[250]。

然而，基于稀土掺杂的上转换纳米材料的荧光成像在应用中仍受到组织穿透深度低的限制。因此，稀土掺杂的上转换纳米材料也逐渐与其它生物成像技术如X射线计算机断层扫描（CT）、磁共振成像（MRI）、正电子计算机断层扫描（PET）以及放射性元素标记成像（SPECT）等联用，构建多模态成像体系。这种多模态成像技术结合了多个不同的成像技术，能够互相弥补各自的缺陷，在生物成像领域得到了极大的关注。李富友课题组[251]在2011年报道了 ^{18}F 标记的 NaGdF$_4$:Yb/Er 在小鼠体内实现了荧光成像、磁共振成像和 ^{18}F 核素标记成像（图7-27）。

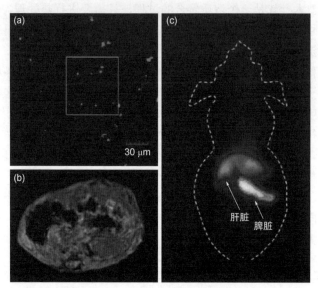

图7-27　^{18}F 标记的 NaGdF$_4$:Yb/Er 上转换纳米粒子在小鼠体内的荧光成像（a）、磁共振成像（b）和 ^{18}F 核素标记成像（c）

（2）显示器件

稀土掺杂的上转换发光纳米材料光稳定性好、色彩丰富，可通过改变掺杂离子对来获得不同的颜色。美国Stanford大学的Hesselink一直从事上转换三维立体显示的研究工作，1996年，他们在Science上报道了一种固态、三维显示方法，成功实现了上转换的三色显示[252]。新加坡国立大学刘晓刚课题组设计了一种并整合了五种镧系元素离子（Yb^{3+}、Nd^{3+}、Tm^{3+}、Ho^{3+} 和 Ce^{3+}）的核-壳型纳米结构。其中，Yb^{3+} 和 Nd^{3+} 作为敏化剂收集980 nm和808 nm的近红外激发光。Tm^{3+}在内壳层形成纳米晶的蓝色发射，在外壳层中掺杂 Ho^{3+} 形成了红色或绿色的发射。Ce^{3+} 和 Ho^{3+} 掺在同一壳层中是为了调控红绿发射比。NaYF$_4$ 中间层将两种发射单元隔开，防止 Tm^{3+} 和 Ho^{3+} 激发能之间的相互干扰。最后再包覆一层保护层，减少表面猝灭引起的干扰和损耗。这种特殊的结构可以通过改变激发光的波长（980 nm或808 nm）以及980 nm激光的脉冲频率实现了如图7-28的可见光全色域的颜色调制。当这种材料用作三维立体显示时，可实现彩色显示，且将空间极限分辨率提高到纳米级[253]。

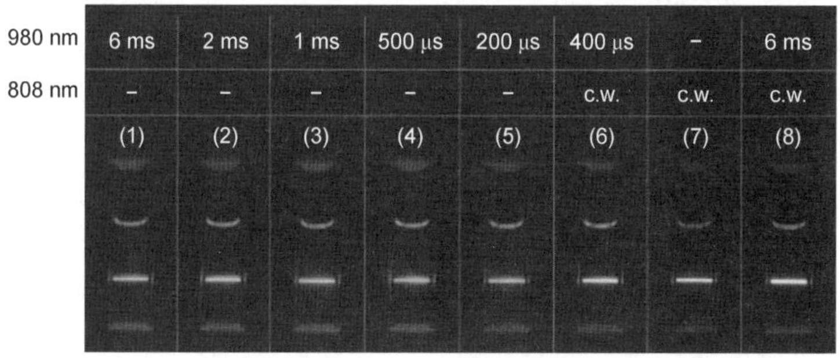

图 7-28 改变激发光的波长实现可见光全色域的颜色调制

（3）信息编码

稀土掺杂的上转换纳米材料发光性能优异、色彩丰富，可通过改变掺杂离子对来获得三种基本的光色［Er-Tm（红）、Yb-Er（绿）和 Yb-Tm（蓝）］，且易被加工成图案化薄膜或条形码，因此在信息储存、防伪等方面具有广阔的应用前景。目前，这种基于上转换发光的防伪方法在货币、信用卡、证券、商标等方面已经获得了广泛的应用。

新加坡国立大学刘晓刚课题组制备了一种发光寿命较长的锰掺杂的稀土上转换纳米颗粒，这种纳米颗粒具有核-壳结构，其核为 $NaGdF_4:Mn$，发光寿命较长，而壳为 $NaGdF_4:Yb/Tm$，发光寿命较短。通过这种策略，可以获得如图 7-29 所示的多维度的防伪和信息储存效果[254]。

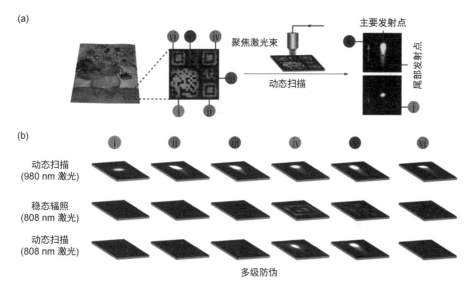

图 7-29 基于 Mn^{2+} 掺杂核-壳结构上转换纳米颗粒的多维度防伪与信息储存

（4）传感检测

稀土上转换纳米材料具有稳定性好、无发光猝灭、光谱位移大等优点。此外，稀土上转换纳米材料的激发光通常为近红外光，因此可以避免激发光引起的样品自身荧光的干扰，从而降低了背景噪声，有利于提高分析检测的灵敏度，降低检测限。因此，上转换纳米粒子作为荧光标记物在生物分析和检测领域都有着极大的应用前景。李乐乐课题组将可被紫外光激活的适配体探针与可发射紫外光的 $NaGdF_4:70\%Yb$，$1\%Tm@NaGdF_4$ 核-壳结构上转换纳米材料结合，制备了一种可用于检测活体内三磷酸腺苷（ATP）含量的纳米探针。当探针被 980 nm 的光源激发而发射紫外光，适配体探针吸收紫外光而被激活，可靶向 ATP 的适配体暴露出来并与 ATP 特异性结合，适配体双链解开，适配体上的荧光基团和猝灭基团的荧光共振能量转移效应消失，荧光恢复，从而实现对 ATP 的灵敏检测[255]。

参 考 文 献

[1] Finley, K. R.; Davidson, A. E.; Ekker, S. C. Three-color imaging using fluorescent proteins in living zebrafish embryos. *Biotechniques.*, **2001**, 31: 66-72.

[2] Giuliano, K. A.; Post, P. L.; Hahn, K. M.; Taylor, D. L. Fluorescent protein biosensors: measurement of molecular dynamics in living cells. *Annu. Rev. Biophys.*, **1995**, 24: 405-434.

[3] Sharma, P.; Brown, S.; Walter, G.; Santra, S.; Moudgil, B. Nanoparticles for bioimaging. *Adv. Colloid. Inter. Sci.*, **2006**, 123: 471-485.

[4] Sutherland, A. J. Quantum dots as luminescent probes in biological systems. *Curr. Opin. Solid St. M.*, **2002**, 6: 365-370.

[5] Alivisatos, A. P. Semiconductor clusters, nanocrystals, and quantum dots. *Science.*, **1996**, 271: 933-937.

[6] Bruchez, M.; Moronne, M.; Gin, P.; Weiss, S.; Alivisatos, A. P. Semiconductor nanocrystals as fluorescent biological labels. *Science.*, **1998**, 281: 2013-2016.

[7] Chan, W. C. W.; Nie, S. Quantum dot bioconjugates for ultrasensitive nonisotopic detection. *Science.*, **1998**, 281: 2016-2018.

[8] Klostranec, J. M.; Chan, W. C. W. Quantum dots in biological and biomedical research: recent progress and present challenges. *Adv. Mater.*, **2006**, 18: 1953-1964.

[9] Biju, V.; Mundayoor, S.; Omkumar, R. V.; Anas, A.; Ishikawa, M. Bioconjugated quantum dots for cancer research: present status, prospects and remaining issues. *Biotechn. Adv.*, **2010**, 28: 199-213.

[10] Frasco, M. F.; Chaniotakis, N. Bioconjugated quantum dots as fluorescent probes for bioanalytical applications. *Anal. Bioanal. Chem.*, **2010**, 396: 229-240.

[11] Bawendi, M. G.; Steigerwald, M. L.; Brus, L. E. The quantum mechanics of larger semiconductor clusters ("quantum dots"). *Annu. Rev. Phys. Chem.*, **1990**, 41: 477-496.

[12] Rossetti, R.; Nakahara, S.; Brus, L. E. Quantum size effects in the redox potentials, resonance Raman spectra, and electronic spectra of CdS crystallites in aqueous solution. *J. Chem. Phys.*, **1983**, 79: 1086-1088.

[13] Ekimov, A. I.; Onushchenko, A. A. Size quantization of the electron energy spectrum in a microscopic semiconductor crystal. *Jetp Lett.*, **1984**, 40: 1136-1139.

[14] Nan, W.; Niu, Y.; Qin, H.; Cui, F.; Yang, Y.; Lai, R.; Lin, W.; Peng, X. Crystal structure control of

zinc-blende CdSe/CdS core/shell nanocrystals: synthesis and structure-dependent optical properties. *J. Am. Chem. Soc.*, **2012**, 134: 19685-19693.

[15] Panasiuk, Y. V.; Raevskaya, O. E.; Stroyuk, O. L.; Kuchmiy, S. Y.; Dzhagan, V. M.; Hietschold, M.; Zahn, D. R. T. Colloidal ZnO nanocrystals in dimethylsulfoxide: a new synthesis, optical, photo- and electroluminescent properties. *Nanotechnology.*, **2014**, 25: 075601.

[16] Labiadh, H.; Chaabane, T. B.; Piatkowski, D.; Mackowski, S.; Lalevée, J.; Ghanbaja, J.; Aldeek, F.; Schneider, R. Aqueous route to color-tunable Mn-doped ZnS quantum dots. *Mater. Chem. Phys.*, **2013**, 140: 674-682.

[17] Aboulaich, A.; Balan, L.; Ghanbaja, J.; Medjahdi, G.; Schneider, R. L. Aqueous route to biocompatible ZnSe:Mn/ZnO core/shell quantum dots using 1-thioglycerol as stabilizer. *Chem. Mater.*, **2011**, 23: 3706-3713.

[18] Shen, W.; Tang, H.; Deng, Z. Progress on synthesis of indium phosphide quantum dots. *Mater. China.*, **2017**, 36: 95-102.

[19] Heath, R. Covalency in semiconductor quantum dots. *Chem. Soc. Rev.*, **1998**, 27: 65-71.

[20] Fan, G.; Wang, C.; Fang, J. Solution-based synthesis of III-V quantum dots and their applications in gas sensing and bio-imaging. *Nano Today.*, **2014**, 9: 69-84.

[21] Tamang, S.; Lincheneau, C.; Hermans, Y.; Jeong, S.; Reiss, P. Chemistry of InP nanocrystal syntheses. *Chem. Mater.*, **2016**, 28: 2491-2506.

[22] And, A. S.; Weller, H.; Eritja, R.; And, W. E. F.; Wessels, J. M. Biofunctionalization of silica-coated CdTe and gold nanocrystals. *Nano Lett.*, **2002**, 2: 1363-1367.

[23] Schill, A. W.; El-Sayed, M. A. Wavelength-dependent hot electron relaxation in PVP capped CdS/HgS/CdS quantum dot quantum well nanocrystals. *J. Phys. Chem. B*, **2004**, 108: 13619-13625.

[24] Reiss, P.; Protière, M.; Li, L. Core/Shell semiconductor nanocrystals. *Small.* **2010**, 5: 154-168.

[25] Liang, L.; Peter, R. One-pot synthesis of highly luminescent InP/ZnS nanocrystals without precursor injection. *J. Am. Chem. Soc.*, **2008**, 130: 11588-11589.

[26] Tessier, M. D.; Dupont, D.; Nolf, K. D.; Roo, J. D.; Hens, Z. Economic and size-tunable synthesis of InP/ZnE (E = S, Se) colloidal quantum dots. *Chem. Mater.*, **2015**, 27: 4893-4898.

[27] Zhu, B.; Ji, W.; Duan, Z.; Yang, S.; Zhang, H. Low turn-on voltage and highly bright Ag-In-Zn-S quantum dot light-emitting diodes. *J. Mater. Chem. C.*, **2018**, 6: 4683-4690.

[28] Chen, Y.; Qiang, W.; Zha, T.; Min, J.; Gao, J.; Zhou, C.; Li, J.; Zhao, M.; Li, S. Green and facile synthesis of high-quality water-soluble Ag-In-S/ZnS core/shell quantum dots with obvious bandgap and sub-bandgap excitations. *J. Alloy. Compd.*, **2018**, 753: 364-370.

[29] Stroyuk, O.; Weigert, F.; Raevskaya, A.; Spranger, F.; Würth, C.; Resch-Genger, U.; Gaponik, N.; Zahn, D. R. T. Inherently broadband photoluminescence in Ag-In-S/ZnS quantum dots observed in ensemble and single-particle studies. *J. Phys. Chem. C.*, **2019**, 123: 2632-2641.

[30] Kim, B.-Y.; Kim, J.-H.; Lee, K.-H.; Jang, E.-P.; Han, C.-Y.; Jo, J.-H.; Jang, H. S.; Yang, H. Synthesis of highly efficient azure-to-blue-emitting Zn-Cu-Ga-S quantum dots. *Chem. Commun.*, **2017**, 53: 4088-4091.

[31] Kim, J.-H.; Kim, B.-Y.; Yang, H. Synthesis of Mn-doped CuGaS$_2$ quantum dots and their application as single downconverters for high-color rendering solid-state lighting devices. *Opt. Mater. Express.*, **2018**, 8: 221-230.

[32] Kim, J. H.; Kim, B. Y.; Jang, E. P.; Yoon, S. Y.; Kim, K. H.; Do, Y. R.; Yang, H. Synthesis of widely emission-tunable Ag-Ga-S and its quaternary derivative quantum dots. *Chem. Eng. J.*, **2018**, 347: 791-797.

[33] Kim, J.-H.; Yoon, S.-Y.; Kim, K.-H.; Lim, H.-B.; Kim, H.-J.; Yang, H. Electroluminescence from two I-III-VI quantum dots of A-Ga-S (A=Cu, Ag). *Opt. Lett.*, **2018**, 43: 5287-5290.

[34] Zhang, J.; Xie, R.; Yang, W. A simple route for highly luminescent quaternary Cu-Zn-In-S nanocrystal emitters. *Chem. Mater.*, **2011**, 23: 3357-3361.

[35] Song, W. S.; Kim, J. H.; Lee, J. H.; Lee, H. S.; Yang, H. Synthesis of color-tunable Cu-In-Ga-S solid solution quantum dots with high quantum yields for application to white light-emitting diodes. *J. Mater. Chem.*, **2012**, 22: 21901-21908.

[36] Kim, J. H.; Lee, K. H.; Jo, D. Y.; Lee, Y.; Hwang, J. Y.; Yang, H. Cu-In-Ga-S quantum dot composition-dependent device performance of electrically driven light-emitting diodes. *Appl. Phys. Lett.*, **2014**, 105: 133104.

[37] Chen, X.; Chen, S.; Xia, T.; Su, X.; Qiang, M. Aqueous synthesis of high quality multicolor Cu-Zn-In-S quantum dots. *J. Lumin.*, **2017**, 188: 162-167.

[38] Raevskaya, A. E.; Lesnyak, V.; Haubold, D.; Dzhagan, V. M.; Eychmueller, A. A fine size selection of brightly luminescent water-soluble Ag-In-S and Ag-In-S/ZnS quantum dots. *J. Phys. Chem. C*, **2017**, 121: 9032-9042.

[39] Yanyan, C.; Shenjie, L.; Lijian, H.; Daocheng, P. Green and facile synthesis of water-soluble Cu-In-S/ZnS core/shell quantum dots. *Inorg. Chem.*, **2013**, 52: 7819-7821.

[40] Park, J. Y. One pot solvothermal synthesis of colloidal Cu(In$_{1-x}$Ga$_x$)Se$_2$ (CIGS) quantum dots for solar cell applications. *J. Alloy. Compd.*, **2015**, 629: 162-166.

[41] Halder, G.; Bhattacharyya, S. Zinc-diffused silver indium selenide quantum dot sensitized solar cells with enhanced photoconversion efficiency. *J. Mater. Chem. A*, **2017**, 5: 11746-11755.

[42] Wu, Q.; Cai, C.; Zhai, L.; Wang, J.; Kong, F.; Yun, Y.; Zhang, L.; Chao, Z.; Huang, S. Zinc dopant inspired enhancement of electron injection for CuInS$_2$ quantum dot-sensitized solar cells. *RSC Adv.*, **2017**, 7: 39443-39451.

[43] Ward, J. S.; Ramanathan, K.; Hasoon, F. S.; Coutts, T. J.; Noufi, R. A. A 21.5% efficient Cu(In,Ga)Se$_2$ thin-film concentrator solar cell. *Prog. Photovolt. Res. Appl.*, **2002**, 10: 41-46.

[44] Yoon, H. C.; Oh, J. H.; Ko, M.; Yoo, H.; Do, Y. R. Synthesis and characterization of green Zn-Ag-In-S and red Zn-Cu-In-S quantum dots for ultrahigh color quality of down-converted white LEDs. *ACS Appl. Mater. Inter.*, **2015**, 7: 7342-7350.

[45] Protesescu, L.; Yakunin, S.; Bodnarchuk, M. I.; Krieg, F.; Caputo, R.; Hendon, C. H.; Yang, R. X.; Walsh, A.; Kovalenko, M. V. Nanocrystals of cesium lead halide perovskites (CsPbX$_3$, X = Cl, Br, and I): novel optoelectronic materials showing bright emission with wide color gamut. *Nano Lett.*, **2015**, 15: 3692-3696.

[46] Yang, P.; Liu, G.; Liu, B.; Liu, X.; Lou, Y.; Chen, J.; Zhao, Y. All-inorganic Cs$_2$CuX$_4$ (X = Cl, Br, and Br/I) perovskite quantum dots with blue-green luminescence. *Chem. Commun.*, **2018**, 54: 11638-11641.

[47] Han, K.; Yang, B.; Chen, J.; Yang, S.; Hong, F.; Sun, L.; Han, P.; Pullerits, T. N.; Deng, W. Lead-free silver-bismuth halide double perovskite nanocrystals. *Angew. Chem. Inter. Ed.*, **2018**, 57: 5359-5363.

[48] Chestnoy, N.; Harris, T. D.; Hull, R.; Brus, L. E. Luminescence and photophysics of cadmium sulfide semiconductor clusters: the nature of the emitting electronic state. *J. Phys. Chem.*, **1986**, 90: 3393-3399.

[49] Klimov, V. I. Mechanisms for photogeneration and recombination of multiexcitons in semiconductor nanocrystals: implications for lasing and solar energy conversion. *J. Phys. Chem. B.*, **2010**, 37: 16827-16845.

[50] Wang, Y.; Herron, N. Nanometer-sized semiconductor clusters: materials synthesis, quantum size effects, and photophysical properties. *J. Phys. Chem.*, **1991**, 95: 525-532.

[51] Wang, F.; Tan, W. B.; Zhang, Y.; Fan, X.; Wang, M. Luminescent nanomaterials for biological labelling. *Nanotechnology.*, **2006**, 17: R1.

[52] 唐爱伟; 滕枫; 王元敏; 周庆成; 王永生. Ⅱ-Ⅵ族半导体量子点的发光特性及其应用研究进展. *液晶*

与显示. **2005**, 20: 302-308.

[53] Medintz, I. L.; Uyeda, H. T.; Goldman, E. R.; Mattoussi, H. Quantum dot bioconjugates for imaging, labelling and sensing. *Nat. Mater.*, **2005**, 4: 435-346.

[54] Wang, H.; Yin, X.; Wang, L. Y. Highly stable perovskite nanogels as inks for multicolor luminescent authentication applications. *J. Mater. Chem. C*, **2018**, 6: 11569-11574.

[55] Gao, X.; Nie, S. Quantum dot-encoded mesoporous beads with high brightness and uniformity: rapid readout using flow cytometry. *Anal. Chem.*, **2004**, 76: 2406-2410.

[56] Wu, X.; Liu, H.; Liu, J.; Haley, K. N.; Treadway, J. A.; Larson, J. P.; Ge, N.; Peale, F.; Bruchez, M. P. Immunofluorescent labeling of cancer marker Her2 and other cellular targets with semiconductor quantum dots. *Nat. Biotech.*, **2003**, 21: 41-46.

[57] Lee, D. C.; Pietryga, J. M.; Istvan, R.; Werder, D. J.; Schaller, R. D.; Klimov, V. I. Colloidal synthesis of infrared-emitting germanium nanocrystals. *J. Am. Chem. Soc.*, **2009**, 131: 3436-3437.

[58] Murray, C. B.; Norris, D. J.; Bawendi, M. G. Synthesis and characterization of nearly monodisperse CdE (E = sulfur, selenium, tellurium) semiconductor nanocrystallites. *J. Am. Chem. Soc.*, **1993**, 115: 8706-8715.

[59] Peng, Z. A.; Peng, X. Formation of high-quality CdTe, CdSe, and CdS nanocrystals using CdO as precursor. *J. Am. Chem. Soc.*, **2001**, 123: 183-194.

[60] Qu, L.; Peng, Z. A.; Peng, X. Alternative routes toward high quality CdSe nanocrystals. . *Nano Lett.*, **2001**, 1: 333-337.

[61] Aldana, J.; Wang, Y. A.; Peng, X. G. Photochemical instability of CdSe nanocrystals coated by hydrophilic thiols. *J. Am. Chem. Soc.*, **2001**, 123: 8844-8850.

[62] Lianos, P.; Thomas, J. K. Cadmium sulfide of small dimensions produced in inverted micelles. *Chem. Phys. Lett.*, **1986**, 125: 299-302.

[63] Steigerwald, M. L.; Alivisatos, A. P.; Gibson, J. M.; Harris, T. D.; Kortan, R.; Muller, A. J.; Thayer, A. M.; Duncan, T. M.; Douglass, D. C.; Brus, L. E. Surface derivatization and isolation of semiconductor cluster molecules. *J. Am. Chem. Soc.*, **1988**, 110: 3046-3050.

[64] Wanwan, L. I.; Jie, L.; Kang, S.; Dou, H.; Tao, K. E. Highly fluorescent water soluble $Cd_xZn_{1-x}Te$ alloyed quantum dots prepared in aqueous solution: one-step synthesis and the alloy effect of Zn. *J. Mater. Chem.*, **2010**, 20: 2133-2138.

[65] Zhou, W.; Schwartz, D. T.; Baneyx, F. Single-pot biofabrication of zinc sulfide immuno-quantum dots. *J. Am. Chem. Soc.*, **2010**, 132: 4731-4738.

[66] Deng, Z.; Schulz, O.; Lin, S.; Ding, B.; Liu, X.; Wei, X. X.; Ros, R.; Yan, H.; Liu, Y. Aqueous synthesis of zinc blende CdTe/CdS magic-core/thick-shell tetrahedral-shaped nanocrystals with emission tunable to near-infrared. *J. Am. Chem. Soc.*, **2010**, 132: 5592-5593.

[67] Hosokawa, H.; Murakoshi, K.; Wada, Y.; Yanagida, S.; Mitsunobu, S. Extended X-ray absorption fine structure analysis of ZnS nanocrystallites in *N,N*-dimethylformamide. an effect of counteranions on the microscopic structure of a solvated surface. *Langmuir*, **1996**, 12: 3598-3603.

[68] Parhizkar, M.; Kumar Prasanth, N.; Shukla, B.; Srinivasa, R. S.; Vitta, S.; Kumar, N.; Talwar, S. S.; Major, S. S. ZnS nanoclusters in LB multilayers. *Colloid Surfaces A*, **2005**, 257: 177-182.

[69] Torimoto, T.; Kontani, H.; Shibutani, Y.; Kuwabata, S.; Yoneyama, H. Characterization of ultrasmall CdS nanoparticles prepared by the size-selective photoetching technique. *J. Phys. Chem. B*, **2001**, 105: 6838-6845.

[70] Breus, V. V.; Heyes, C. D.; Nienhaus, G. U. Quenching of CdSe-ZnS core-shell quantum dot luminescence by water-soluble thiolated ligands. *J. Phys. Chem. C*, **2007**, 111: 18589-18594.

[71] Liu, S. M.; Guo, H. Q.; Zhang, Z. H.; Rui, L.; Wei, C.; Wang, Z. G. Characterization of CdSe and CdSe/CdS

core/shell nanoclusters synthesized in aqueous solution. *Physica E*, **2000**, 8: 174-178.

[72] Qhobosheane, M.; Santra, S.; Zhang, P.; Tan, W. Biochemically functionalized silica nanoparticles. *Analyst*, **2001**, 126: 1274-1278.

[73] Santra, S.; Wang, K.; Tapec, R.; Tan, W. Development of novel dye-doped silica nanoparticles for biomarker application. *J. Biomed. Opt.*, **2001**, 6: 160-166.

[74] Tan, W.; Wang, K.; He, X.; Zhao, X.; Drake, T.; Wang, L.; Bagwe, R. P. Bionanotechnology based on silica nanoparticles. *Med. Res. Rev.*, **2010**, 24: 621-638.

[75] Wei, C.; Joly, A. G.; Malm, J. O.; Bovin, J. O.; Wang, S. Full-color emission and temperature dependence of the luminescence in poly-P-phenylene ethynylene-ZnS/Mn^{2+} composite particles. *J. Phys. Chem. B.*, **2003**, 107: 6544-6551.

[76] Uyeda, H. T.; Medintz, I. L.; Jaiswal, J. K.; Simon, S. M.; Mattoussi, H. Synthesis of compact multidentate ligands to prepare stable hydrophilic quantum dot fluorophores. *J. Am. Chem. Soc.*, **2005**, 127: 3870-3878.

[77] Dixit, S. K.; Goicochea, N. L.; Daniel, M. C.; Murali, A.; Bronstein, L.; De, M.; Stein, B.; Rotello, V. M.; Kao, C. C.; Dragnea, B. Quantum dot encapsulation in viral capsids. *Nano Lett.*, **2006**, 6: 1993-1999.

[78] Derfus, A. M.; Chan, W. C. W.; Bhatia, S. N. Intracellular delivery of quantum dots for live cell labeling and organelle tracking. *Adv. Mater.*, **2004**, 16: 961-966.

[79] Green, M. The nature of quantum dot capping ligands. *J. Mater. Chem.* **2010**, 20: 5797-5809.

[80] Potapova, I.; Mruk, R.; Prehl, S.; Zentel, R.; Basche, T.; Mews, A. Semiconductor nanocrystals with multifunctional polymer ligands. *J. Am. Chem. Soc.*, **2003**, 125: 320-321.

[81] Åkerman, M. E.; Laakkonen, P.; Bhatia, S. N.; Ruoslahti, E. Nanocrystal targeting in vivo. *PNAS*, **2002**, 99: 12617-12621.

[82] Cloninger, M. J. Biological applications of dendrimers. *Curr. Opin. in Chem. Biol.*, **2002**, 6: 742-748.

[83] Huang, B.; Tomalia, D. A. Dendronization of gold and CdSe/cdS (core-shell) quantum dots with tomalia type, thiol core, functionalized poly(amidoamine) (PAMAM) dendrons. *J. Lumin.*, **2005**, 111: 215-223.

[84] Nann, T. Phase-transfer of CdSe@ZnS quantum dots using amphiphilic hyperbranched polyethylenimine. *Chem. Commun.*, **2005**, 7: 1735-1736.

[85] Paramanik, B.; Bhattacharyya, S.; Patra, A. Detection of Hg^{2+} and F$^-$ Ions by using fluorescence switching of quantum dots in an Au - cluster-CdTe QD Nanocomposite. *Chem. Eur. J.*, **2013**, 19: 5980-5987.

[86] Liu, Y.; Tao, Z.; Ming, D.; Tang, X.; Shuai, H.; Liu, A.; Bai, Y.; Qu, D.; Huang, X.; Feng, Q. Selective and sensitive detection of copper(II) based on fluorescent zinc-doped AgInS$_2$ quantum dots. *J. Lumin.*, **2018**, 201: 182-188.

[87] Pinaud, F.; Clarke, S.; Sittner, A.; Dahan, M. Probing cellular events, one quantum dot at a time. *Nat. Methods*, **2010**, 7: 275-285.

[88] Shiding, M.; Hickey, S. G.; Bernd, R.; Christian, W.; Alexander, E. Synthesis and characterization of cadmium phosphide quantum dots emitting in the visible red to near-infrared. *J. Am. Chem. Soc.*, **2010**, 132: 5613-5615.

[89] Du, Y.; Xu, B.; Fu, T.; Cai, M.; Li, F.; Zhang, Y.; Wang, Q. Near-infrared photoluminescent Ag$_2$S quantum dots from a single source precursor. *J. Am. Chem. Soc.*, **2010**, 132: 1470-1471.

[90] Zhang, R.; Deng, T.; Wang, J.; Wu, G.; Li, S.; Gu, Y.; Deng, D. Organic-to-aqueous phase transfer of Zn-Cu-In-Se/ZnS quantum dots with multifunctional multidentate polymer ligands for biomedical optical imaging. *New J. Chem.*, **2017**, 41: 5387-5394.

[91] Kim, S.; Yong, T. L.; Soltesz, E. G.; Grand, A. M. D.; Lee, J.; Nakayama, A.; Parker, J. A.; Mihaljevic, T.; Laurence, R. G.; Dor, D. M. Near-infrared fluorescent type II quantum dots for sentinel lymph node mapping. *Nat. Biotech.*, **2004**, 22: 93-97.

[92] Soltesz, E. G.; Kim, S.; Laurence, R. G.; Degrand, A. M.; Parungo, C. P.; Dor, D. M.; Cohn, L. H.; Bawendi, M. G.; Frangioni, J. V.; Mihaljevic, T. Intraoperative sentinel lymph node mapping of the lung using near-infrared fluorescent quantum dots. *Ann. Thorac. Surg.*, **2005**, 79: 269-277.

[93] Hama, Y.; Koyama, Y.; Urano, Y.; Choyke, P. L.; Kobayashi, H. Simultaneous two-color spectral fluorescence lymphangiography with near infrared quantum dots to map two lymphatic flows from the breast and the upper extremity. *Breast Cancer Res. Treat.*, **2007**, 103: 23-28.

[94] Ding, H.; Yu, S. B.; Wei, J. S.; Xiong, H. M. Full-Color Light-Emitting Carbon Dots with a Surface-State-Controlled Luminescence Mechanism. *ACS Nano.*, **2016**, 10: 484-491.

[95] Jiang, K.; Sun, S.; Zhang, L.; Lu, Y.; Wu, A.; Cai, C.; Lin, H. Red, green, and blue luminescence by carbon dots: full-color emission tuning and multicolor cellular imaging. *Angew. Chem. Int. Ed.*, **2015**, 54: 5360-5363.

[96] Huang, P.; Lin, J.; Wang, X.; Wang, Z.; Zhang, C.; He, M.; Wang, K.; Chen, F.; Li, Z.; Shen, G.; Cui, D.; Chen, X. Light-triggered theranostics based on photosensitizer-conjugated carbon dots for simultaneous enhanced-fluorescence imaging and photodynamic therapy. *Adv. Mater.*, **2012**, 24: 5104-5110.

[97] Tao, H.; Yang, K.; Ma, Z.; Wan, J.; Zhang, Y.; Kang, Z.; Liu, Z. In vivo NIR fluorescence imaging, biodistribution, and toxicology of photoluminescent carbon dots produced from carbon nanotubes and graphite. *Small*, **2012**, 8: 281-290.

[98] Ge, J.; Jia, Q.; Liu, W.; Guo, L.; Liu, Q.; Lan, M.; Zhang, H.; Meng, X.; Wang, P. Red-Emissive Carbon Dots for Fluorescent, Photoacoustic, and Thermal Theranostics in Living Mice. *Adv. Mater.*, **2015**, 27: 4169-4177.

[99] Song, Y. B.; Zhu, S. J.; Shao, J. R.; Yang, B. Polymer carbon dots-a highlight reviewing their unique structure, bright emission and probable photoluminescence mechanism. *J. Polym. Sci., Part A: Polym. Chem.*, **2017**, 55: 610-615.

[100] Xu, X. Y.; Ray, R.; Gu, Y. L.; Ploehn, H. J.; Gearheart, L.; Raker, K.; Scrivens, W. A. Electrophoretic Analysis and Purification of Fluorescent Single-Walled Carbon Nanotube Fragments. *J. Am. Chem. Soc.*, **2004**, 126: 12736-12737.

[101] Qian, Z. S.; Zhou, J.; Chen, J. R.; Wang, C.; Chen, C. C.; Feng, H. Nanosized N-doped graphene oxide with visible fluorescence in water for metal ion sensing. *J. Mater. Chem.*, **2011**, 21: 17635-17637.

[102] Lu, J.; Yang, J. X.; Wang, J. Z.; Lim, A.; Wang, S.; Loh, K. P. One-pot synthesis of fluorescent carbon nanoribbons, nanoparticles, and graphene by the exfoliation of graphite in ionic liquids. *ACS Nano*, **2009**, 3: 2367-2375.

[103] Gonçalves, H.; Esteves da silva, C. G. Joaquim. Fluorescent carbon dots capped with PEG200 and mercaptosuccinic acid. *J. Fluoresc.*, **2010**, 20: 1023-1028.

[104] Zhang, X. Y.; Wang, H.; Ma, C. H.; Niu, N.; Chen, Z. J.; Liu, S. X.; Li, J.; and Li, S. J. Seeking value from biomass materials: preparation of coffee bean shell-derived fluorescent carbon dots via molecular aggregation for antioxidation and bioimaging applications. *Mater. Chem. Front.*, **2018**, 2: 1269-1275.

[105] Wang, G.; Guo, Q. L.; Chen, D.; Liu, Z. D.; Zheng, X. H.; Xu, A. L.; Yang, S. W. and Ding, G. Q. Facile and Highly Effective Synthesis of Controllable Lattice Sulfur-Doped Graphene Quantum Dots via Hydrothermal Treatment of Durian. *ACS Appl. Mater. Interfaces*, **2018**, 10: 5750-5759.

[106] Zhu, H.; Wang, X. L.; Li, Y. L.; Wang, Z. J.; Yang, F.; Yang, X. R. Microwave synthesis of fluorescent carbon nanoparticles with electrochemiluminescence properties. *Chem. Commun.*, **2009**, 0: 5118-5120.

[107] Li, H. T.; He, X. D.; Liu, Y.; Huang, H.; Lian, S. Y.; Lee, S. T. and Kang, Z. H. One-step ultrasonic synthesis of water-soluble carbon nanoparticles with excellent photoluminescent properties. *Carbon*, **2011**, 49: 605-609.

[108] Park, S. Y.; Lee, H. U.; Park, E. S.; Lee, S. C.; Lee, J. W.; Jeong, S. W.; Kim, C. H.; Lee, Y. C.; Huh, Y. S. and Lee, J. Photoluminescent Green Carbon Nanodots from Food-WasteDerived Sources: Large-Scale Synthesis, Properties, and Biomedical Applications. *ACS Appl. Mater. Interfaces*, **2014**, 6: 3365-3370.

[109] Zong, J.; Zhu, Y. H.; Yang, X. L.; Shen, J. H.; and Li, C. Z. Synthesis of photoluminescent carbogenic dots using mesoporous silica spheres as nanoreactors. *Chem. Commun.*, **2010**, 47: 764-766.

[110] Liu, R. L.; Wu, D. Q.; Liu, S. H.; Koynov, K.; Knoll, W.; Li, Q. An Aqueous Route to Multicolor Photoluminescent Carbon Dots Using Silica Spheres as Carriers. *Angew. Chem.*, **2009**, 121: 4668-4671.

[111] Pan, L.; Sun, S.; Zhang, A.; Jiang, K.; Zhang, L.; Dong, C.; Huang, Q.; Wu, A.; Lin, H. W. Truly Fluorescent Excitation-Dependent Carbon Dots and Their Applications in Multicolor Cellular Imaging and Multidimensional Sensing. *Adv. Mater.*, **2015**, 27: 7782-7787.

[112] Lu, S.; Sui, L.; Liu, J.; Zhu, S.; Chen, A.; Jin, M.; Yang, B. Near-Infrared Photoluminescent Polymer-Carbon Nanodots with Two-Photon Fluorescence. *Adv. Mater.*, **2017**, 29: 1603443.

[113] Z. Lin, Xue, W.; Chen, H.; and Lin, J. M.; Peroxynitrous-Acid-Induced Chemiluminescence of Fluorescent Carbon Dots for Nitrite Sensing. *Anal. Chem.*, **2011**, 83: 8245-8251.

[114] Zhao, L. X.; Di, F.; Wang, D. B.; Guo, L. H.; Yang, Y.; Wan, B.; and Zhang, H. Chemiluminescence of carbon dots under strong alkaline solutions: a novel insight into carbon dot optical properties. *Nanoscale*, **2013**, 5: 2655-2658.

[115] Ray, S. C.; Saha A.; Jana, N. R. and Sarkar, R. Fluorescent Carbon Nanoparticles: Synthesis, Characterization, and Bioimaging Application. *J. Phys. Chem. C*, **2009**, 113: 18546-18551.

[116] Song, Y. C.; Feng, D.; Shi, W.; Li, X. H.; and Ma, H. M. Parallel comparative studies on the toxic effects of unmodified CdTe quantum dots, gold nanoparticles, and carbon nanodots on live cells as well as green gram sprouts. *Talanta*, **2013**, 116: 237-244.

[117] Eda, G.; Lin, Y. Y.; Mattevi, C.; Yamaguchi, H.; Chen, H. A.; Chen, I. S.; Chen C. W.; and Chhowalla, M. Blue Photoluminescence from Chemically Derived Graphene Oxide. *Adv. Mater.*, **2010**, 22: 505-509.

[118] Li, H. T.; He, X. D.; Kang, Z. H.; Huang, H.; Liu, Y.; Liu, J. L.; Lian, S. Y.; Tsang, C. H. A.; Yang, X. B.; and Lee, S. T. Water-Soluble Fluorescent Carbon Quantum Dots and Photocatalyst Design. *Angew. Chem., Int. Ed.*, **2010**, 49: 4430-4434.

[119] Peng, J.; Gao, W.; Gupta, B. K.; Liu, Z.; Romero-Aburto, R.; Ge, L. H.; Song, L.; Alemany, L. B.; Zhan, X. B.; Gao, G. H.; et al. Graphene quantum dots derived from carbon fibers. *Nano Lett.*, **2012**, 12: 844-849.

[120] Krysmann, M. J. Kelarakis, A.; Dallas, P.; Giannelis, E. P. Formation mechanism of carbogenic nanoparticles with dual photoluminescence emission. *J. Am. Chem. Soc.*, **2012**, 134: 747-750.

[121] Qu, D.; Sun, Z. S.; Zheng, M.; Li, J.; Zhang, Y. Q.; Zhang, G. Q.; Zhao, H. F.; Liu, X. Y. and Xie, Z. G. Three Colors Emission from S,N Co-doped Graphene Quantum Dots for Visible Light H2 Production and Bioimaging. *Adv. Opt. Mater.*, **2015**, 3: 360-367.

[122] Barman, M. K.; Jana, B.; Bhattacharyya, S.; Patra, A. Photophysical Properties of Doped Carbon Dots (N, P, and B) and Their Influence on Electron/Hole Transfer in Carbon Dots-Nickel (Ⅱ) Phthalocyanine Conjugates. *J. Phys. Chem. C*, **2014**, 118: 20034-20041.

[123] Xiao, L. Sun, H. D. Novel properties and applications of carbon nanodots. *Nanoscale Horiz.*, **2018**, 3: 565-597.

[124] Li, R. S.; Yuan, B. F.; Liu, J. H.; Liu, M. L.; Gao, P. F.; Li, Y. F.; Li, M. and Huang, C. Z. Boron and nitrogen co-doped single-layered graphene quantum dots: a high-affinity platform for visualizing the dynamic invasion of HIV DNA into living cells through fluorescence resonance energy transfer. *J. Mater. Chem. B*. **2017**, 5: 8719-8724.

[125] Peng, D.; Zhang, L.; Liang, R. P. and Qiu, J. D. Rapid Detection of Mercury Ions Based on

Nitrogen-Doped Graphene Quantum Dots Accelerating Formation of Manganese Porphyrin. *ACS Sens.* **2018**, 3: 1040-1047.

[126] Liao, J.; Cheng, Z. H.; Zhou, L. Nitrogen-Doping Enhanced Fluorescent Carbon Dots: Green Synthesis and Their Applications for Bioimaging and Label-Free Detection of Au3+ Ions. *ACS Sustainable Chem., Eng.*, **2016**, 4: 3053-3061.

[127] Yang, Y.; Cui, J.; Zheng, M.; Hu, C.; Tan, S.; Xiao, Y.; Yang, Q.; Liu, Y. One-step synthesis of amino-functionalized fluorescent carbon nanoparticles by hydrothermal carbonization of chitosan. *Chem. Commun.*, **2012**, 48: 380-382.

[128] Sahu, S.; Behera, B.; Maiti, T. K.; Mohapatra, S. Simple one-step synthesis of highly luminescent carbon dots from orange juice: application as excellent bio-imaging agents. *Chem. Commun.*, **2012**, 48: 8835-8837.

[129] Shi, W.; Li, X.; Ma, H. M. A tunable ratiometric pH sensor based on carbon nanodots for the quantitative measurement of the intracellular pH of whole cells. *Angew. Chem. Int. Ed.*, **2012**, 51: 6432-6435.

[130] Baig, M. M. F. Chen, Y. C. Bright carbon dots as fluorescence sensing agents for bacteria and curcumin. *J. Colloid Interface Sci.*, **2017**, 501: 341-349.

[131] Chandra, A.; Singh, N. Bacterial growth sensing in microgels using pH-dependent fluorescence emission. *Chem. Commun.*, **2018**, 54: 1643-1646.

[132] Wang, N.; Wang, Y. T.; Guo, T. T.; Yang, T.; Chen, M. L. and Wang, J. H., Green preparation of carbon dots with papaya as carbon source for effective fluorescent sensing of Iron (III) and Escherichia coli. *Biosens. Bioelectron.*, **2016**, 85: 68-75.

[133] Tang, J.; Kong, B.; Wu, H.; Xu, M.; Wang, Y.; Zhao, D.; Zheng, G. Carbon nanodots featuring efficient FRET for real-time monitoring of drug delivery and two-photon imaging. *Adv. Mater.*, **2013**, 25: 6569-6574.

[134] Feng, T.; Ai, X.; An, G.; Yang, P.; Zhao, Y. L. Charge-Convertible Carbon Dots for Imaging-Guided Drug Delivery with Enhanced in Vivo Cancer Therapeutic Efficiency. *ACS Nano.*, **2016**, 10: 4410-4420.

[135] Fernandes, D.; Krysmannb, M. J.; Kelarakis, A. Carbon dot based nanopowders and their application for fingerprint recovery. *Chem. Commun.*, **2015**, 51: 4902-4905.

[136] Zhu, S.; Meng, Q.; Wang, L.; Zhang, J.; Song, Y.; Jin, H.; Zhang, K.; Sun, H.; Wang, H.; Yang, B. Highly photoluminescent carbon dots for multicolor patterning, sensors, and bioimaging. *Angew. Chem. Int. Ed.*, **2013**, 52: 3953-3957.

[137] Zhang, L.; Wang, E. Metal nanoclusters: New fluorescent probes for sensors and bioimaging. *Nano Today.*, **2014**, 9: 132-157.

[138] Luo, Z.; Yuan, X.; Yu, Y.; Zhang, Q.; Leong, D. T.; Lee, J. Y.; Xie, J. P. From Aggregation-Induced Emission of Au(Ⅰ)-Thiolate Complexes to Ultrabright Au(0)@Au(Ⅰ)-Thiolate Core-Shell Nanoclusters. *J. Am. Chem. Soc.*, **2012**, 134: 16662-16670.

[139] Shang, L.; Yang, L.; Stockmar, F.; Popescu, R.; Trouillet, V.; Bruns, M.; Gerthsen, D.; Nienhaus, G. U. Microwave-assisted rapid synthesis of luminescent gold nanoclusters for sensing Hg2+ in living cells using fluorescence imaging. *Nanoscale*, **2012**, 4: 4155-4160.

[140] Chaki, N. K.; Singh, P.; Dharmadhikari, C. V.; Vijayamohanan, K. P. Single-electron charging features of larger, dodecanethiol-protected gold nanoclusters: Electrochemical and scanning tunneling microscopy studies. *Langmuir.*, **2004**, 20: 10208-10217.

[141] Nair, L. V.; Nazeer, S. S.; Jayasree, R. S.; Ajayaghosh, A. Fluorescence Imaging Assisted Photo dynamic Therapy Using Photosensitizer-Linked Gold Quantum Clusters. *ACS Nano*, **2015**, 9: 5825-5832.

[142] Shiraishi, Y.; Arakawa, D.; Toshima, N. pH-dependent color change of colloidal dispersions of gold

nanoclusters: effect of stabilizer. *Eur. Phys. J. E. Soft. Matter*, **2002**, 8: 377-383.

[143] Lee, D.; Donkers, R. L.; Wang, G. L.; Harper, A. S.; Murray, R. W. Electrochemistry and optical absorbance and luminescence of molecule-like Au-38 nanoparticles. *J. Am. Chem. Soc.*, **2004**, 126: 6193-6199.

[144] Paau, M. C.; Lo, C. K.; Yang, X.; Choi, M. M. F. Synthesis of 1.4 nm alpha-Cyclodextrin-Protected Gold Nanoparticles for Luminescence Sensing of Mercury(Ⅱ) with Picomolar Detection Limit. *J. Phys. Chem. C*, **2010**, 114: 15995-16003.

[145] Duan, H.; Nie, S. M. Etching colloidal gold nanocrystals with hyperbranched and multivalent polymers: A new route to fluorescent and water-soluble atomic clusters. *J. Am. Chem. Soc.*, **2007**, 129: 2412-2413.

[146] Muhammed, M. A. H.; Verma, P. K.; Pal, S. K.; Kumar, R. C. A.; Paul, S.; Omkumar, R. V.; Pradeep, T. Bright, NIR-Emitting Au-23 from Au-25: Characterization and Applications Including Biolabeling. *Chem. Eur. J.*, **2009**, 15: 10110-10120.

[147] Yuan, X.; Luo, Z.; Zhang, Q.; Zhang, X.; Zheng, Y.; Lee, J. Y.; Xie, J. Synthesis of Highly Fluorescent Metal (Ag, Au, Pt, and Cu) Nanoclusters by Electrostatically Induced Reversible Phase Transfer. *ACS Nano*, **2011**, 5: 8800-8808.

[148] Lin, C.-A. J.; Yang, T.-Y.; Lee, C.-H.; Huang, S. H.; Sperling, R. A.; Zanella, M.; Li, J. K.; Shen, J.-L.; Wang, H.-H.; Yeh, H.-I.; Parak, W. J.; Chang, W. H. Synthesis, Characterization, and Bioconjugation of Fluorescent Gold Nanoclusters toward Biological Labeling Applications. *ACS Nano*, **2009**, 3: 395-401.

[149] Liu, J. L.; Lu, L.; Xu, S.; Wang, L. One-pot synthesis of gold nanoclusters with bright red fluorescence and good biorecognition Abilities for visualization fluorescence enhancement detection of E. coli. *Talanta*, **2015**, 134: 54-59.

[150] Li, J.-J.; Qiao, D.; Zhao, J.; Weng, G.-J.; Zhu, J.; Zhao, J.-W. Fluorescence turn-on sensing of L-cysteine based on FRET between Au-Ag nanoclusters and Au nanorods. *Spectrochim. Acta. A Mol. Biomol. Spectrosc.*, **2019**, 217: 247-255.

[151] An, D.; Su, J.; Weber, J. K.; Gao, X.; Zhou, R.; Li, J. A Peptide-Coated Gold Nanocluster Exhibits Unique Behavior in Protein Activity Inhibition. *J. Am. Chem. Soc.*, **2015**, 137: 8412-8418.

[152] Kawasaki, H.; Hamaguchi, K.; Osaka, I.; Arakawa, R. ph-Dependent Synthesis of Pepsin-Mediated Gold Nanoclusters with Blue Green and Red Fluorescent Emission. *Adv. Funct. Mater.*, **2011**, 21: 3508-3515.

[153] Le Guevel, X.; Daum, N.; Schneider, M. Synthesis and characterization of human transferrin-stabilized gold nanoclusters. *Nat. Nanotech.*, **2011**, 22: 275103.

[154] Chen, W.-Y.; Lan, G.-Y.; Chang, H.-T. Use of Fluorescent DNA-Templated Gold/Silver Nanoclusters for the Detection of Sulfide Ions. *Anal. Chem.*, **2011**, 83: 9450-9455.

[155] Liu, G.; Shao, Y.; Wu, F.; Xu, S.; Peng, J.; Liu, L. DNA-hosted fluorescent gold nanoclusters: sequence-dependent formation. *Nat. Nanotech.*, **2013**, 24: 015503.

[156] Li, T.; Yi, H.; Liu, Y.; Wang, Z.; Liu, S.; He, N.; Liu, H.; Deng, Y. One-Step Synthesis of DNA Templated Water-Soluble Au-Ag Bimetallic Nanoclusters for Ratiometric Fluorescence Detection of DNA. *J. Biomed. Nanotechnol.*, **2018**, 14: 150-160.

[157] Chen, Y.; Phipps, M. L.; Werner, J. H.; Chakraborty, S.; Martinez, J. S. DNA Templated Metal Nanoclusters: From Emergent Properties to Unique Applications. *Acc. Chem. Res.*, **2018**, 51: 2756-2763.

[158] Collings, B. A.; Athanassenas, K.; Lacombe, D.; Rayner, D. M.; Hackett, P. A. Optical absorption spectra of Au7, Au9, Au11, and Au13, and their cations: Gold clusters with 6, 7, 8, 9, 10, 11, 12, and 13 s-electrons. *J. Chem. Phys.*, **1994**, 101: 3506-3513.

[159] Zhu, M.; Aikens, C. M.; Hollander, F. J.; Schatz, G. C.; Jin, R. Correlating the crystal structure of A thiol-protected Au-25 cluster and optical properties. *J. Am. Chem. Soc.*, **2008**, 130: 5883-5885.

[160] Diez, I.; Pusa, M.; Kulmala, S.; Jiang, H.; Walther, A.; Goldmann, A. S.; Muller, A. H. E.; Ikkala, O.; Ras, R. H. A. Color Tunability and Electrochemiluminescence of Silver Nanoclusters. *Angew. Chem. Int. Ed.*, **2009**, 48: 2122-2125.

[161] Bigioni, T. P.; Whetten, R. L. Near-Infrared Luminescence from Small Gold Nanocrystals. *J. Phys. Chem. B.*, **2000**, 104: 6983-6986.

[162] Zheng, J.; Dickson, R. M. Individual water-soluble dendrimer-encapsulated silver nanodot fluorescence. *J. Am. Chem. Soc.*, **2002**, 124: 13982-13983.

[163] Pyo, K.; Thanthirige, V. D.; Kwak, K.; Pandurangan, P.; Ramakrishna, G.; Lee, D. Ultrabright Luminescence from Gold Nanoclusters: Rigidifying the Au(I)-Thiolate Shell. *J. Am. Chem. Soc.*, **2015**, 137: 8244-8250.

[164] Schaaff, T. G.; Knight, G.; Shafigullin, M. N.; Borkman, R. F.; Whetten, R. L. Isolation and Selected Properties of a 10.4 kDa Gold:Glutathione Cluster Compound. *J. Phys. Chem. B*, **1998**, 102: 10643-10646.

[165] Lee, H.-E.; Ahn, H.-Y.; Mun, J.; Lee, Y. Y.; Kim, M.; Cho, N. H.; Chang, K.; Kim, W. S.; Rho, J.; Nam, K. T. Amino-acid- and peptide-directed synthesis of chiral plasmonic gold nanoparticles. *Nature*, **2018**, 556: 360-365.

[166] Zheng, J.; Zhang, C. W.; Dickson, R. M. Highly fluorescent, water-soluble, size-tunable gold quantum dots. *Phys. Rev. Lett.*, **2004**, 93: 077402.

[167] Zhuang, S.; Liao, L.; Yuan, J.; Xia, N.; Zhao, Y.; Wang, C.; Gan, Z.; Yan, N.; He, L.; Li, J.; Deng, H.; Guan, Z.; Yang, J.; Wu, Z. K. Fcc versus Non-fcc Structural Isomerism of Gold Nanoparticles with Kernel Atom Packing Dependent Photoluminescence. *Angew. Chem. Int. Ed.*, **2019**, 58: 4510-4514.

[168] Zhuang, S.; Liao, L.; Zhao, Y.; Yuan, J.; Yao, C.; Liu, X.; Li, J.; Deng, H.; Yang, J.; Wu, Z. Is the kernel-staples match a key-lock match? *Chem. Sci.*, **2018**, 9: 2437-2442.

[169] You, J.-G.; Lu, C.-Y.; Kumar, A. S. K.; Tseng, W.-L. Cerium(III)-directed assembly of glutathione-capped gold nanoclusters for sensing and imaging of alkaline phosphatase-mediated hydrolysis of adenosine triphosphate. *Nanoscale*, **2018**, 10: 17691-17698.

[170] Xie, J.; Zheng, Y.; Ying, J. Y. Highly selective and ultrasensitive detection of Hg^{2+} based on fluorescence quenching of Au nanoclusters by Hg^{2+}-Au+ interactions. *Chem. Commun.*, **2010**, 46: 961-963.

[171] Liu, Y.; Ai, K.; Cheng, X.; Huo, L.; Lu, L. Gold-Nanocluster-Based Fluorescent Sensors for Highly Sensitive and Selective Detection of Cyanide in Water. *Adv. Funct. Mater.*, **2010**, 20: 951-956.

[172] Liu, H.; Yang, G.; Abdel-Halim, E. S.; Zhu, J.-J. Highly selective and ultrasensitive detection of nitrite based on fluorescent gold nanoclusters. *Talanta*, **2013**, 104: 135-139.

[173] Feng, L.; Sun, Z.; Liu, H.; Liu, M.; Jiang, Y.; Fan, C.; Cai, Y.; Zhang, S.; Xu, J.; Wang, H. Silver nanoclusters with enhanced fluorescence and specific ion recognition capability triggered by alcohol solvents: a highly selective fluorimetric strategy for detecting iodide ions in urine. *Chem. Commun.*, **2017**, 53: 9466-9469.

[174] Bai, X. L.; Xu, S.; Wang, L. Full-Range pH Stable Au-Clusters in Nanogel for Confinement-Enhanced Emission and Improved Sulfide Sensing in Living Cells. *Anal. Chem.*, **2018**, 90: 3270-3275.

[175] Li, P.-H.; Lin, J.-Y.; Chen, C.-T.; Ciou, W.-R.; Chan, P.-H.; Luo, L.; Hsu, H.-Y.; Diau, E. W.-G.; Chen, Y.-C. Using Gold Nanoclusters As Selective Luminescent Probes for Phosphate-Containing Metabolites. *Anal. Chem.*, **2012**, 84: 5484-5488.

[176] Selvaprakash, K.; Chen, Y.-C. Using protein-encapsulated gold nanoclusters as photoluminescent sensing probes for biomolecules. *Biosens. Bioelectron.*, **2014**, 61: 88-94.

[177] Huang, Z.; Pu, F.; Lin, Y.; Ren, J.; Qu, X. Modulating DNA-templated silver nanoclusters for fluorescence turn-on detection of thiol compounds. *Chem. Commun.*, **2011**, 47: 3487-3489.

[178] Li, X.-G.; Zhang, F.; Gao, Y.; Zhou, Q.-M.; Zhao, Y.; Li, Y.; Huo, J.-Z.; Zhao, X.-J. Facile synthesis of red emitting 3-aminophenylboronic acid functionalized copper nanoclusters for rapid, selective and highly sensitive detection of glycoproteins. *Biosens. Bioelectron.*, **2016**, 86: 270-276.

[179] Huang, C.-C.; Chen, C.-T.; Shiang, Y.-C.; Lin, Z.-H.; Chang, H.-T. Synthesis of Fluorescent Carbohydrate-Protected Au Nanodots for Detection of Concanavalin A and Escherichia coli. *Anal. Chem.*, **2009**, 81: 875-882.

[180] Chen, C.-T.; Chen, W.-J.; Liu, C.-Z.; Chang, L.-Y.; Chen, Y.-C. Glutathione-bound gold nanoclusters for selective-binding and detection of glutathione S-transferase-fusion proteins from cell lysates. *Chem. Commun.*, **2009**, 48: 7515-7517.

[181] Yeh, H.-C.; Sharma, J.; Han, J. J.; Martinez, J. S.; Werner, J. H. A DNA-Silver Nanocluster Probe That Fluoresces upon Hybridization. *Nano Lett.*, **2010**, 10: 3106-3110.

[182] Lan, G.-Y.; Chen, W.-Y.; Chang, H.-T. One-pot synthesis of fluorescent oligonucleotide Ag nanoclusters for specific and sensitive detection of DNA. *Biosens. Bioelectron.*, **2011**, 26: 2431-2435.

[183] Han, A.; Xiong, L.; Hao, S.; Yang, Y.; Li, X.; Fang, G.; Liu, J.; Pei, Y.; Wang, S. Highly Bright Self-Assembled Copper Nanoclusters: A Novel Photoluminescent Probe for Sensitive Detection of Histamine. *Anal. Chem.*, **2018**, 90: 9060-9067.

[184] Zhou, Y.; Chen, S.; Luo, X.; Chai, Y.; Yuan, R. Ternary Electrochemiluminescence Nanostructure of Au Nanoclusters as a Highly Efficient Signal Label for Ultrasensitive Detection of Cancer Biomarkers. *Anal. Chem.*, **2018**, 90: 10024-10030.

[185] Liu, G. L.; Lo, J.; Feng, D.-Q.; Zhu, J.-J.; Wang, W. Silver Nanoclusters Beacon as Stimuli-Responsive Versatile Platform for Multiplex DNAs Detection and Aptamer- Substrate Complexes Sensing. *Anal. Chem.*, **2017**, 89: 1002-1008.

[186] Cao, F. F.; Ju, E.; Liu, C.; Li, W.; Zhang, Y.; Dong, K.; Liu, Z.; Ren, J.; Qu, X. Encapsulation of aggregated gold nanoclusters in a metal-organic framework for real-time monitoring of drug release. *Nanoscale*, **2017**, 9: 4128-4134.

[187] Wang, L. N.; Jiang, X.; Zhang, M.; Yang, M.; Liu, Y.-N. In Situ Assembly of Au Nanoclusters within Protein Hydrogel Networks. *Chem. Asian J.*, **2017**, 12: 2374-2378.

[188] Lou, X. W.; Archer, L. A.; Yang, Z. C. Hollow micro-/nanostructures: Synthesis and applications. *Adv. Mat.*, **2008**, 20: 3987-4019.

[189] Li, Z. X.; Barnes, J. C.; Bosoy, A.; Stoddart, J. F.; Zink, J. I. Mesoporous silica nanoparticles in biomedical applications. *Chem. Soc. Rev.*, **2012**, 41: 2590-2605.

[190] Lin, C. M.; Song, Y. H.; Gao, F.; Zhang, H. G.; Sheng, Y.; Zheng, K. Y.; Shi, Z.; Xu, X. C.; Zou, H. F. Synthesis and iuminescence properties of Eu(III)-doped silica nanorods based on the sol-gel process. *J. Sol-Gel Sci. Technol.*, **2014**, 69: 536-543.

[191] Mamaeva, V.; Sahlgren, C.; Linden, M. Mesoporous silica nanoparticles in medicine-recent advances. *Adv. Drug Deliv. Rev.*, **2013**, 65: 689-702.

[192] Petit, V.; Le Rouge, A.; Beclin, F.; El Hamzaoui, H.; Bigot, L. Experimental study of SiO_2 soot deposition using the outside vapor deposition method. *Aerosol Sci. Technol.*, **2010**, 44: 388-394.

[193] Guo, Q.; Huang, D. C.; Kou, X. L.; Cao, W. B.; Li, L.; Ge, L.; Li, J. G. Synthesis of disperse amorphous SiO_2 nanoparticles via sol-gel process. *Ceram. Int.*, **2017**, 43: 192-196.

[194] Zhang, K.; Xu, L. L.; Jiang, J. G.; Calin, N.; Lam, K. F.; Zhang, S. J.; Wu, H. H.; Wu, G. D.; Albela, B.; Bonneviot, L.; Wu, P. Facile large-scale synthesis of monodisperse mesoporous silica nanospheres with tunable pore structure. *J. Am. Chem. Soc.*, **2013**, 135: 2427-2430.

[195] Wu, S. H.; Mou, C. Y.; Lin, H. P. Synthesis of mesoporous silica nanoparticles. *Chem. Soc. Rev.*, **2013**, 42:

3862-3875.

[196] Wei, J.; Yue, Q.; Sun, Z. K.; Deng, Y. H.; Zhao, D. Y. Synthesis of dual-mesoporous silica using non-ionic diblock copolymer and cationic surfactant as co-templates. *Angew. Chem. Int. Ed.*, **2012**, 51: 6149-6153.

[197] 武海虹；张文燕；路绍琰. 微乳液法在无机纳米材料制备中的应用研究. 盐科学与化工, **2017**, 46: 17-20.

[198] 谢海安；王振轩. 原位生成纳米 SiO_2 及其作为填料对聚氨酯硬质泡沫塑料性能的影响. 塑料科技, **2005**, 5: 31-34.

[199] Chen, Z.; Wang, F.; Zhang, H. P.; Yang, T.; Cao, S. B.; Xu, Y.; Jiang, X. M. Synthesis of uniform hollow TiO_2 and SiO_2 microspheres via a freezing assisted reverse microemulsion-templated sol-gel method. *Mater. Lett.*, **2015**, 151: 16-19.

[200] Blaaderen, A. V.; Vrij, A. Synthesis and characterization of colloidal dispersions of fluorescent, monodisperse silica spheres. *Langmuir*, **1992**, 8: 2921-2931.

[201] Burns, A.; Ow, H.; Wiesner, U. Fluorescent core-shell silica nanoparticles: towards "Lab on a Particle" architectures for nanobiotechnology. *Chem. Soc. Rev.*, **2006**, 35: 1028-1042.

[202] Mintova, S.; Jaber, M.; Valtchev, V. Nanosized microporous crystals: emerging applications. *Chem. Soc. Rev.*, **2015**, 44: 7207-7233.

[203] Wu, S. Q.; Li, Z.; Han, J. H.; Han, S. F. Dual colored mesoporous silica nanoparticles with pH activable rhodamine-lactam for ratiometric sensing of lysosomal acidity. *Chem. Commun.*, **2011**, 47: 11276-11278.

[204] Wang, M. Y.; Xia, Y. N.; Qiu, J.; Ren, X. Q. Carbon quantum dots embedded mesoporous silica for rapid fluorescent detection of acidic gas. *Spectrochim. Acta, Part A*, **2019**, 206: 170-176.

[205] Coutino-Gonzalez, E.; Baekelant, W.; Grandjean, D.; Roeffaers, M. B. J.; Fron, E.; Aghakhani, M. S.; Bovet, N.; Van der Auweraer, M.; Lievens, P.; Vosch, T.; Sels, B.; Hofkens, J. Thermally activated LTA(Li)-Ag zeolites with water-responsive photoluminescence properties. *J. Mater. Chem. C*, **2015**, 3: 11857-11867.

[206] Petrizza, L.; Collot, M.; Richert, L.; Mely, Y.; Prodi, L.; Klymchenko, A. S. Dye-doped silica nanoparticle probes for fluorescence lifetime imaging of reductive environments in living cells. *RSC Adv.*, **2016**, 6: 104164-104172.

[207] Friberg, S.; Nystrom, A. M. Nanomedicine: will it offer possibilities to overcome multiple drug resistance in cancer? *J. Nanobiotechnol*, **2016**, 14: 1-17.

[208] Hare, J. I.; Lammers, T.; Ashford, M. B.; Puri, S.; Storm, G.; Barry, S. T. Challenges and strategies in anti-cancer nanomedicine development: An industry perspective. *Adv. Drug Delivery Rev.*, **2017**, 108: 25-38.

[209] Farokhzad, O. C.; Langer, R. Impact of nanotechnology on drug delivery. *Acs Nano*, **2009**, 3: 16-20.

[210] Horcajada, P.; Gref, R.; Baati, T.; Allan, P. K.; Maurin, G.; Couvreur, P.; Ferey, G.; Morris, R. E.; Serre, C. Metal-organic frameworks in biomedicine. *Chem. Rev.*, **2012**, 112: 1232-1268.

[211] Nicolas, J.; Mura, S.; Brambilla, D.; Mackiewicz, N.; Couvreur, P. Design, functionalization strategies and biomedical applications of targeted biodegradable/biocompatible polymer-based nanocarriers for drug delivery. *Chem. Soc. Rev.*, **2013**, 42: 1147-1235.

[212] Alberti, S.; Soler-Illia, G. J. A. A.; Azzaroni, O. Gated supramolecular chemistry in hybrid mesoporous silica nanoarchitectures: controlled delivery and molecular transport in response to chemical, physical and biological stimuli. *Chem. Commun.*, **2015**, 51: 6050-6075.

[213] Ruhle, B.; Saint Cricq, P.; Zink, J. I. Externally controlled nanomachines on mesoporous silica nanoparticles for biomedical applications. *Chem. Phys. Chem.*, **2016**, 17: 1769-1779.

[214] Castillo, R. R.; Colilla, M.; Vallet Regi, M. Advances in mesoporous silica-based nanocarriers for

co-delivery and combination therapy against cancer. *Expert Opin. Drug Delivery*, **2017**, 14: 229-243.

[215] Cheng, W.; Nie, J. P.; Xu, L.; Liang, C. Y.; Peng, Y. M.; Liu, G.; Wang, T.; Mei, L.; Huang, L. Q.; Zeng, X. W. pH-sensitive delivery vehicle based on folic acid-conjugated polydopamine-modified mesoporous silica nanoparticles for targeted cancer therapy. *ACS Appl. Mater. Inter.*, **2017**, 9: 18462-18473.

[216] Karimi, M.; Zangabad, P. S.; Baghaee-Ravari, S.; Ghazadeh, M.; Mirshekari, H.; Hamblin, M. R. Smart nanostructures for cargo delivery: Uncaging and activating by light. *J. Am. Chem. Soc.*, **2017**, 139: 4584-4610.

[217] Zelenak, V.; Benova, E.; Almasi, M.; Halamova, D.; Hornebecq, V.; Hronsky, V. Photo-switchable nanoporous silica supports for controlled drug delivery. *New J. Chem.*, **2018**, 42: 13263-13271.

[218] Deng, Y. B.; Huang, L.; Yang, H.; Ke, H. T.; He, H.; Guo, Z. Q.; Yang, T.; Zhu, A. J.; Wu, H.; Chen, H. B. Cyanine-anchored silica nanochannels for light-driven synergistic thermo-chemotherapy. *Small*, **2017**, 13: 1602747-1602758.

[219] Yang, Y.; Wang, Y. L.; Xu, W. H.; Zhang, X. Z.; Shang, Y.; Xie, A. J.; Shen, Y. H. Reduced graphene oxide@mesoporous silica-doxorubicin/hydroxyapatite inorganic nanocomposites: Preparation and pH-light dual-triggered synergistic chemo-photothermal therapy. *Eur. J. Inorg. Chem.*, **2017**, 2236-2246.

[220] Das, R. K.; Pramanik, A.; Majhi, M.; Mohapatra, S. Magnetic mesoporous silica gated with doped carbon dot for site-specific drug delivery, fluorescence, and MR imaging. *Langmuir*, **2018**, 34: 5253-5262.

[221] Rosenholm, J. M.; Sahlgren, C.; Linden, M. Towards multifunctional, targeted drug delivery systems using mesoporous silica nanoparticles - opportunities & challenges. *Nanoscale*, **2010**, 2: 1870-1883.

[222] Nyffenegger, R.; Quellet, C.; Ricka, J. Synthesis of fluorescent, monodisperse, colloidal silica particles. *J. Colloid Interface Sci.*, **1993**, 159: 150-157.

[223] Sen Karaman, D.; Desai, D.; Senthilkumar, R.; Johansson, E. M.; Ratts, N.; Oden, M.; Eriksson, J. E.; Sahlgren, C.; Toivola, D. M.; Rosenholm, J. M. Shape engineering vs organic modification of inorganic nanoparticles as a tool for enhancing cellular internalization. *Nanoscale Res. Lett.*, **2012**, 7: 358-372.

[224] Rosenholm, J. M.; Gulin Sarfraz, T.; Mamaeva, V.; Niemi, R.; Ozliseli, E.; Desai, D. I.; Antfolk, D.; von Haartman, E.; Lindberg, D.; Prabhakar, N.; Nareoja, T.; Sahlgren, C. Prolonged dye release from mesoporous silica-based imaging probes facilitates long-term optical tracking of cell populations in vivo. *Small*, **2016**, 12: 1578-1592.

[225] Lee, C. H.; Cheng, S. H.; Wang, Y. J.; Chen, Y. C.; Chen, N. T.; Souris, J.; Chen, C. T.; Mou, C. Y.; Yang, C. S.; Lo, L. W. Near-Infrared mesoporous silica nanoparticles for optical imaging: Characterization and in vivo biodistribution. *Adv. Funct. Mater.*, **2009**, 19: 215-222.

[226] Benezra, M.; Penate-Medina, O.; Zanzonico, P. B.; Schaer, D.; Ow, H.; Burns, A.; DeStanchina, E.; Longo, V.; Herz, E.; Iyer, S.; Wolchok, J.; Larson, S. M.; Wiesner, U.; Bradbury, M. S. Multimodal silica nanoparticles are effective cancer-targeted probes in a model of human melanoma. *J. Clin. Invest.*, **2011**, 121: 2768-2780.

[227] Jiang, G.; Pichaandi, J.; Johnson, N. J. J.; Burke, R. D.; Veggel, F. C. J. M. v. An effective polymer cross-linking strategy to obtain stable dispersions of upconverting NaYF$_4$ nanoparticles in buffers and biological growth media for biolabeling applications. *Langmuir*, **2012**, 28: 3239-3247.

[228] Wang, L. Y.; Li, P.; Li, Y. D. Down- and up-conversion luminescent nanorods. *Adv Mater.*, **2007**, 19: 3304-3307.

[229] Wang, L.; Zhang, Y.; Zhu, Y. One-pot synthesis and strong near-infrared upconversion luminescence of poly(acrylic acid)-functionalized YF$_3$:Yb^{3+}/Er^{3+} nanocrystals. *Nano Research*, **2010**, 3: 317-325.

[230] Liu, C.; Wang, H.; Li, X.; Chen, D. Monodisperse, size-tunable and highly efficient β-NaYF$_4$:Yb,Er(Tm) up-conversion luminescent nanospheres: controllable synthesis and their surface modifications. *J. Mater.*

[231] Wang, L.; Li, Y. Luminescent coordination compound nanospheres for water determination. *Small*, **2007**, 3: 1218-1221.

[232] Wang, L.; Li, Y. Controlled Synthesis and Luminescence of Lanthanide Doped. *Chem. Mater.*, **2007**, 19: 727-734.

[233] Wang, F.; Liu, X. Upconversion multicolor fine-tuning visible to near-infrared emission from lanthanide-doped NaYF$_4$ nanoparticles. *J. Am. Chem. Soc.*, **2008**, 130: 5642-5643.

[234] Heer, S.; Kompe, K.; U.Gttidel, H.; Haase, M. Highly efficient multicolor upconversion emmision in teansparent colloids of lanthanide-doped NaYF$_4$ nanocrystals. *Adv. Mater.*, **2004**, 16: 2102-2105.

[235] Zhan, Q.; Qian, J.; Liang, H.; Somesfalean, G.; Wang, D.; He, S.; Zhang, Z.; Andersson-Engels, S. Using 915 nm laser excited Tm^{3+}/Er^{3+}/Ho^{3+}-doped NaYbF$_4$ upconversion nanoparticles for in vitro and deeper in vivo bioimaging without overheating irradiation. *ACS Nano*, **2011**, 5: 3744-3757.

[236] Yi, G.-S.; Chowa, G.-M. Colloidal LaF$_3$:Yb,Er, LaF$_3$:Yb,Ho and LaF$_3$:Yb,Tm nanocrystals with multicolor upconversion fluorescence. *J. Mater. Chem.*, **2005**, 15: 4460.

[237] Liu, C.; Wang, H.; Zhang, X.; Chen, D. Morphology- and phase-controlled synthesis of monodisperse lanthanide-doped NaGdF$_4$ nanocrystals with multicolor photoluminescence. *J. Mater. Chem.*, **2009**, 19: 489-496.

[238] Qiu, H.; Chen, G.; Sun, L.; Hao, S.; Han, G.; Yang, C. Ethylenediaminetetraacetic acid (EDTA)-controlled synthesis of multicolor lanthanide doped BaYF$_5$ upconversion nanocrystals. *J. Mater. Chem.*, **2011**, 21: 17202.

[239] Li, H.; Wang, L. Controllable multicolor upconversion luminescence by tuning the NaF dosage. *Chem. Asian J.*, **2014**, 9: 153-157.

[240] Cheng, L.; Yang, K.; Shao, M.; Lee, S.-T.; Liu, Z. Multicolor in vivo imaging of upconversion nanoparticles with emissions tuned by luminescence resonance energy transfer. *J. Phys. Chem. C*, **2011**, 115: 2686-2692.

[241] Li, Z.; Zhang, Y.; Jiang, S. Multicolor core/shell‐structured upconversion fluorescent nanoparticles. *Adv Mater.*, **2008**, 20: 4765-4769.

[242] Deng, M.; Wang, L. Unexpected luminescence enhancement of upconverting nanocrystals by cation exchange with well retained small particle size. *Nano Research*, **2014**, 7: 782-793.

[243] Wang, X.; Zhuang, J.; Peng, Q.; Li, Y. A general strategy for nanocrystal synthesis. *Nature*, **2005**, 437: 121-4.

[244] Wang, L.; Li, Y. Na(Y$_{1.5}$Na$_{0.5}$)F$_6$ single-crystal nanorods as multicolor luminescent materials. *Nano Lett.*, **2006**, 6: 1645-1649.

[245] Wang, L.; Li, Y. Fluorescence resonant energy transfer biosensor based on upconversion-luminescent nanoparticles. *Angew.*, **2005**, 44: 6054-6057.

[246] Sivakumar, S.; Boyer, J.-C.; Bovero, E.; Veggel, F. C. J. M. v. Up-conversion of 980 nm light into white light from sol-gel derived thin film made with new combinations of LaF$_3$:Ln^{3+} nanoparticles. *J. Mater. Chem.*, **2009**, 19: 2392-2399.

[247] Que, W.; Kam, C. H.; Zhou, Y.; Lam, Y. L.; Chan, Y. C. Yellow-to-violet upconversion in neodymium oxide nanocrystal/titania/ormosil composite sol-gel thin films derived at low temperature. *J. Appl. Phys.*, **2001**, 90: 4865-4867.

[248] Biswas, A.; Maciel, G. S.; Friend, C. S.; Prasad, P. N. Upconversion properties of a transparent Er^{3+}-Yb^{3+} co-doped LaF$_3$-SiO$_2$ glass-ceramics prepared by sol-gel method. *Journal of Non-Crystalline Solids*, **2003**, 316: 393-397.

[249] Wang, X.; Li, Y. D. Synthesis and Characterization of Lanthanide. *Angew.*, **2002**, 41: 4790-4793.

[250] Huang, S.; Bai, M.; Wang, L. General and facile surface functionalization of hydrophobic nanocrystals with poly(amino acid) for cell luminescence imaging. *Sci. Rep.*, **2013**, 3: 2023.

[251] Zhou, J.; Yu, M.; Sun, Y.; Zhang, X.; Zhu, X.; Wu, Z. H.; Wu, D. M.; Li, F. Y. Fluorine-18-labeled $Gd^{3+}/Yb^{3+}/Er^{3+}$ co-doped $NaYF_4$ nanophosphors for multimodality PET/MR/UCL imaging. *Biomaterials*, **2011**, 32: 1148-56.

[252] Downing, E.; Hesselink, L.; Ralston, J.; Macfarlane, R. A three-color, solidstate, three-dimensional display. *Science*, **1996**, 273: 1185-1189.

[253] Deng, R.; Qin, F.; Chen, R.; Huang, W.; Hong, M.; Liu, X. Temporal full-colour tuning through non-steady-state upconversion. *Nat. Nanotech.*, **2015**, 10: 237-42.

[254] Liu, X.; Wang, Y.; Li, X.; Yi, Z.; Deng, R.; Liang, L.; Xie, X.; Loong, D. T. B.; Song, S.; Fan, D.; All, A. H.; Zhang, H.; Huang, L.; Liu, X. Binary temporal upconversion codes of Mn(2+)-activated nanoparticles for multilevel anti-counterfeiting. *Nat. Commun.*, **2017**, 8: 899.

[255] Zhao, J.; Gao, J.; Xue, W.; Di, Z.; Xing, H.; Lu, Y.; Li, L. Upconversion luminescence-activated DNA nanodevice for ATP sensing in living cells. *J. Am. Chem. Soc.*, **2018**, 140: 578-581.

应用篇

第 8 章　离子的检测
第 9 章　小分子的检测
第 10 章　大分子的检测
第 11 章　环境敏感的光学探针及其分析应用
第 12 章　细胞器光学探针及其分析应用

第8章 离子的检测

李晓花
中国科学院化学研究所

光学探针用于离子［包括阳离子（主要是金属离子）和阴离子］的检测，大部分是基于两种反应机理：一种是络合反应；另外一种是化学键的切断反应。此外，部分离子的光学探针还可由化学键的形成反应进行构筑。

设计基于络合作用的光学探针有两种策略：一种是直接络合；另一种是竞争性置换络合[1]。在直接络合策略中，识别单元（受体）和信号传导单元（报告基团）共价连接，由此产生的探针可以通过配位、静电相互作用或氢键的方式直接与分析物络合。从本章介绍的内容也可以看出，直接络合是一种基于络合作用的设计光学探针的主要方法。基于这一策略设计的光学探针通常具有快速的光谱响应和良好的可逆性，非常适合监测分析物浓度的动态变化。这里需指出，大多数基于氢键作用的分子识别只能在有机溶剂中很好地发挥作用，因此不包括在本章节中。与直接络合不同，在竞争性置换络合策略中，受体与报告基团并没有共价连接；相反，它们形成一个络合物（分子组合体）来作为光学探针[2,3]。由于分析物与受体之间的结合能力要强于受体与报告基团之间的结合力，因此，当分析物加入受体-报告基团络合物溶液中时，报告基团被释放，从而引起系统光谱信号的变化。值得注意的是，由于配体中电负性原子的质子化状态不同，其络合能力也不同，因此基于络合作用的探针的识别能力往往受到 pH 的影响。这也是为什么要考察 pH 的影响，并且在检测系统中通常必须要用 pH 缓冲液的原因。很显然，设计基于络合作用的光学探针的关键问题是如何构建分析物的特异性受体。为此，人们结合各种光物理过程和现代配位反应设计了不同的新型受体，并发展了相应的光学探针。

此外，许多金属或阴离子因其特有的亲电、亲硫或亲核等性质能选择性地与一些化学位点相结合，然后再发生水解或电子重排反应，进而导致某些化学键的断裂。据此，也可设计一些离子的光学探针。另一方面，部分离子还能促进化学键的形成。因此，还有一些离子的光学探针是基于化学键的形成反应而设计，如 Cu^+、Hg^{2+} 的探针等。

8.1 金属离子

8.1.1 基于络合反应的金属离子光学探针

由于金属离子（Ca^{2+}、Zn^{2+}、Cu^+、Hg^{2+} 等）与电负性杂原子（N、O、S 等）之间所具有的较强的配位能力，因此直接络合策略常用于设计金属离子的光学探针[4]。常用的方法在本书的基础篇已详细阐述，在此不再赘述。值得注意的是，由于许多金属离子具有相似的反应活性而可能相互干扰（如 Mg^{2+} 和 Ca^{2+}，Ag^+ 和 Hg^{2+}，以及 Cd^{2+} 和 Zn^{2+}），因此设计某些金属离子的高选择性探针仍然存在很大的挑战。

8.1.1.1 碱金属和碱土金属离子探针

对于碱金属、碱土金属离子如 Na^+、K^+、Mg^{2+} 等硬金属离子，由于其形成离子键的能力要远大于形成共价键的能力，且离子半径比较固定，因此其光学探针的设计主要是基于尺寸匹配原则。常见的主要包括基于冠醚骨架所设计的配体。这些离子都是主要的生物金属离子，其在生物系统中的浓度较高（通常在毫摩尔水平，其中的特例是细胞内钙离子的浓度，大约为微摩尔水平）[5]。因此，设计对这些离子具有高选择性和适当络合常数的光学探针具有重要的实际应用价值，但这种性能优越的探针仍然相对较少[6]。

（1）碱金属离子探针

Minta 和 Tsien[7]通过使用冠醚 1,7-二氮杂-4,10,13-三噁-7,13-环十五烷作为识别单元开发了第一个适合于测量细胞内 Na^+（约 30 mmol/L）的荧光探针。然而，该探针的低解离常数（K_d < 50 mmol/L）妨碍了其用于检测细胞外高浓度的 Na^+（约 140 mmol/L）。后来，de Silva 等[8]借助相同的冠醚受体，制备了一种光诱导电子转移（PET）型荧光探针。该探针也仅适用于低浓度 Na^+（0.1～10 mmol/L）的检测。为了满足细胞外高浓度 Na^+ 检测的需要，He 等[9]选择 N-(邻甲氧基苯)-氮杂-15-冠-5 作为受体（K_d ≈ 80 mmol/L），设计了 PET 型荧光探针 1。探针 1 与 Na^+ 络合后导致 540 nm 处荧光增强；还可将探针固定在亲水性聚合物层中，用于测定血清和全血样品中的钠离子。

以较大的三氮杂穴醚为识别单元，He 等[10]开发了一种 K^+ 探针 **2**。**2** 与 K^+ 的络合使得 540 nm 处的荧光强度显著增加，并且这种响应对 K^+ 的选择性远远大于 Na^+。该探针可用于监测细胞外 K^+ 浓度的变化（如血清和全血样本中的 K^+），且不受细胞内 Ca^{2+} 或 pH 的干扰。

仍然以三氮杂穴醚为识别单元，Verkman 研究组[11-14]还开发了更多荧光 K^+ 探针。化合物 **3** 是他们报道的第一个 K^+ 荧光探针[11]。在 pH 7.04 的 4-羟乙基哌嗪乙磺酸（HEPES）缓冲溶液中以及 0～50 mmol/L K^+ 存在下，探针的荧光值（7 μmol/L 探针）增加了 14 倍，且对于 K^+/Na^+ 的相对选择性大于 30。该探针被用来跟踪大脑细胞外空间的 K^+ 波。然而，这种探针可以显著地分化进入多种细胞，限制了它的胞外应用。后来，他们合成了以 BODIPY 为荧光团的化合物 **4**[12]。进一步将该化合物与右旋糖酐结合，为检测细胞外 K^+ 外流提供了一种非膜渗透型探针。这种 K^+ 转运分析法可替代放射性铷的方法，适用于 K^+ 转运调节剂的高通量鉴定。此外，他们将 **4** 和四甲基罗丹明参比荧光团与右旋糖酐偶联，用于气道表面液（气道表面上皮细胞的薄流体层）中细胞外 K^+ 的比率荧光测定[13]。这是首次对气道表面液体中 K^+ 进行的无创检测。此外，他们还报道了一种结构简单、性能类似的细胞外 K^+ 荧光探针 **5**[14]。

Zhou 等[15]以三氮杂穴醚为识别单元、多元氰化物为强吸电子单元，合成了一种 K⁺的分子内电荷转移（ICT）型探针 6。该探针的 K_d 值约为 88 mmol/L，对 K⁺的选择性响应高达 1.6 mol/L。这是第一个对 K⁺具有很宽响应范围，并适用于细胞内高浓度 K⁺检测的荧光探针。利用该探针，结合共聚焦荧光显微法实现了活细胞内 K⁺的检测。

（2）碱土金属离子探针

一些 Mg^{2+} 荧光探针，如 Mag-fura-2 和 Mg Green，已经实现了商业化[16]。然而，这些商业化的探针容易受到 Ca^{2+} 干扰。这是由于其识别单元（邻氨基苯酚-N,N,O-三乙酸），与 Ca^{2+} 的识别单元非常相似。为了克服此问题，Suzuki 等[17]报道了一系列含有 β-二酮识别单元的 Mg^{2+} 选择性探针。这些探针对 Mg^{2+} 表现出了很高的选择性，而在生理浓度范围内对其它离子则没有响应。探针 **7** 和 **8** 是两个代表性的基于 β-二酮识别单元的 Mg^{2+} 探针，其对 Mg^{2+} 的响应具有 PET 特征[17]。这两种探针对于细胞内正常的 Mg^{2+} 浓度（0.16 mmol/L）具有合适的解离常数（K_d = 2 mmol/L）。使用 5 μmol/L 的 **7** 或 **8** 与 100 mmol/L 的 Mg^{2+} 反应后产生约 10 倍的荧光增强，因此可用于多种细胞内 Mg^{2+} 的检测[18]。化合物 **9** 和 **10** 是报道的双光

子 Mg^{2+} 荧光探针[19,20]，它们分别以 β-酮酸和邻氨基苯酚三乙酸作为 Mg^{2+} 的选择性结合位点。这两种探针都具有较大的双光子截距，可实现活细胞和组织中的 Mg^{2+} 双光子显微成像。**9** 和 **10** 的解离常数 $K_{d,Mg}$ 分别为 2.5 mmol/L 和 1.6 mmol/L。此外，化合物 **10** 的 $K_{d,Mg}/K_{d,Ca}$ 比为 0.36，这与上面化合物 **7** 和 **8** 的解离常数相当，但比 Mag-fura-2 和 Mg Green（$K_{d,Mg}/K_{d,Ca}$ 分别为 76 和 167）小得多。这表明基于 β-二酮的探针（**7～10**）对于 Mg^{2+} 的选择性远高于 Mag-fura-2 和 Mg Green。

另一方面，通过将二氮杂 18-冠醚-6 与 8-羟基喹啉（8-HQ）连接，也得到了 Mg^{2+} 荧光探针（**11** 和 **12**）[21]。8-HQ 本身是弱荧光的。在激发态下，分子内光诱导的质子从羟基转移到氮原子，为电子转移提供了另一条非辐射弛豫途径。而二氮杂 18-冠醚-6 与 Mg^{2+} 络合可降低 8-HQ 中羟基的 pK_a，从而促进羟基的解离。该质子的离去使喹啉以强荧光的形式存在[22,23]，因此，含有 8-HQ 的探针与金属离子络合后通常导致荧光打开的响应。这种机理也得到了事实的验证。**11** 和 **12** 与 Mg^{2+} 反应后，由于抑制了分子内的光诱导电子转移以及光诱导质子转移过程而导致荧光信号显著增强。探针 **11** 和 **12** 的解离常数（K_d）分别为 44 μmol/L 和 73 μmol/L，可通过简单的荧光测定来定量分析细胞内 Mg^{2+} 的总含量。此外，这些荧光探针对 Mg^{2+} 具有很高的选择性，即使浓度高达 100 mmol/L 的碱金属都不会干扰 Mg^{2+} 的检测。探针 **11** 和 **12** 的一个局限性是它们只能用紫外光来激发，而 **12** 则表现出细胞内不完全保留。为了避免这些问题，人们又合成了新的化合物（**13～16**）。这些新的荧光探针在研究细胞内 Mg^{2+} 分布及体内平衡方面的有效性已得到证实[24]。不过，上述基于 8-HQ 的探针受到 pH 值的严重影响，因此，其应用需严格控制反应溶液的 pH 值。

11 R = H
12 R = Cl
14 R = -CH$_2$OCH$_2$C(CH$_3$)$_2$COOCH$_3$
15 R = -CH$_2$O(CH$_2$)$_7$CH$_3$
13 R = Ph
16 R = -CH$_2$OCH$_2$Ph

长期以来，Ca^{2+}荧光探针因其在多种细胞过程中的重要作用而成为生物和化学研究的热点。如前文所述，细胞内 Ca^{2+}浓度通常处于甚至低于微摩尔水平，而细胞内 Mg^{2+}浓度处于毫摩尔水平；也就是说，细胞内 Ca^{2+}和 Mg^{2+}的浓度差高达 3 个数量级。因此，设计的细胞内 Ca^{2+}探针不仅要具有高选择性，而且要具有高灵敏度。钱永健课题组在这方面做出了很大的贡献。他们通过开发具有 EGTA 结构特征的 1,2-双(2-氨基苯氧基)-乙烷-N,N,N',N'-四乙酸（BAPTA）作为新的 Ca^{2+}识别单元，合成了多种 Ca^{2+}探针，包括紫外光（Indo-1、Quin-2 以及 Fura-2）[25]和可见光（Fluo-、Rhod-以及 Ca Green 系列）[26]激发的探针。这些探针的解离常数接近于微摩尔水平（例如，Fura-2 和 Ca Green -1 的 K_d 值分别为 145 nmol/L 和 190 nmol/L），表明这些探针适用于细胞内 Ca^{2+}检测。此外，由于它们具有良好的可逆性，这些 Ca^{2+}探针已被广泛用于监测不同细胞中 Ca^{2+}浓度的变化，极大地促进了人类对 Ca^{2+}的生物学和生理学功能的认识[27-29]。

在过去的十年里，人们报道了更多的 Ca^{2+}荧光探针[30-35]，其中一些已应用于体内 Ca^{2+}成像。例如，将 BAPTA 与 BODIPY 的中间位置相连接，得到化合物 **17**[30]。该探针与 Ca^{2+}反应后，由于抑制了 PET 过程而导致约 250 倍荧光增强。**17** 的高灵敏度（K_d = 0.3 μmol/L）使它成为具有高时空分辨率的追踪细胞内 Ca^{2+}浓度变化的强大工具。**18** 是 Nagano 课题组报道的一个 Ca^{2+}探针[31]。该探针以硅-罗丹明作为荧光母体，BAPTA 作为 Ca^{2+}识别单元。它与 Ca^{2+}络合后，通过抑制光诱导电子转移过程而导致超过 1000 倍的荧光增强（K_d = 0.58 μmol/L）。与其它现有的 Ca^{2+}荧光探针相比，**18** 最重要的优势在于其近红外荧光特性以及高信噪比。这些优点使其适用于神经元细胞内 Ca^{2+}的荧光成像。化合物 **19** 是一种基于 BODIPY 的近红外 Ca^{2+}荧光探针[32]。该化合物也显示出良好的光谱性能，如在 670 nm 处的强近红外荧光发射（Φ = 0.24）和高信噪比（K_d = 0.5 μmol/L）。该探针已用于细胞内 Ca^{2+}的实时成像。化合物 **20** 是一个双光子 Ca^{2+}探针[33]。**20** 与 Ca^{2+}络合后由于抑制了光诱导电子转移过程而产生 40 倍的荧光增强（K_d = 0.25 μmol/L）。**20** 可用于检测细胞内游离 Ca^{2+}的动态变化[33,34]。化合物 **21** 和 **22** 也是双光子 Ca^{2+}探针，这两个探针是基于 ICT 过程构建的，在这种探针中络合域（BAPTA）的部分也属于荧光域。化合物 **21** 或 **22** 与 Ca^{2+} 结合导致荧光强度降低。此外，由于 K_d 值较小（化合物 **21** 为 51 nmol/L，**22** 为 39 nmol/L），这两种探针不适合测量活细胞中的钙离子浓度[35]。1,3,4-噁二唑衍生物 **23** 是比率型 Ca^{2+} 荧光探针。该探针通过 ICT 机制表现出 202 nm 的大斯托克斯位移和高选择性的 Ca^{2+} 比率荧光响应（490 nm/582 nm）。探针 **23** 的解离常数为 0.56 μmol/L，已成功用于揭示人脐静脉内皮细胞中钙离子浓度的变化[36]。尽管 Ca^{2+} 探针的研究在近些年来取得了很大的进展，但是目前为止使用最广泛的仍然是钱永健团队研发的 Ca^{2+} 探针如 Fura-2 和 Indo-1。这些探针由于其优越的检测性能和容易通过商业化渠道购买而常作为钙离子检测的金标准[16,25,37]。

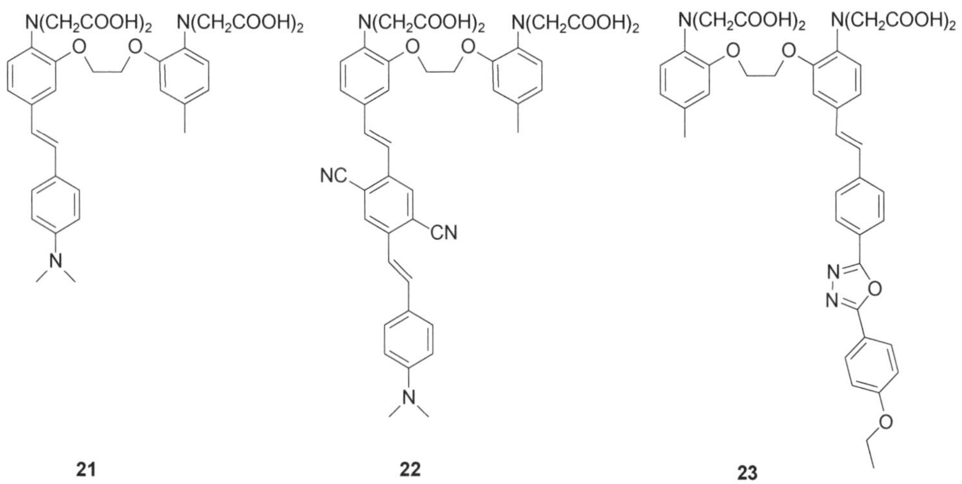

21　　　　　　　　**22**　　　　　　　　**23**

以香豆素为荧光母体并基于 ICT 原理，人们制得了化合物 **24** 作为 Ca^{2+} 和 Mg^{2+} 的多元分析探针[38]。该探针由两个识别单元，即 BAPTA（Ca^{2+}）和 β-二酮（Mg^{2+}）组成。化合物 **24** 中的 BAPTA 受体与 Ca^{2+} 络合后，**24** 在吸收光谱上显示出 45 nm 的蓝移，在荧光光谱上显示 5 nm 的红移。与此相反，Mg^{2+} 与 β-二酮络合后导致吸收光谱和荧光光谱分别发生 21 nm 和 5 nm 的红移。该探针已成功应用于 PC 12 细胞内 Ca^{2+} 和 Mg^{2+} 的同时成像。

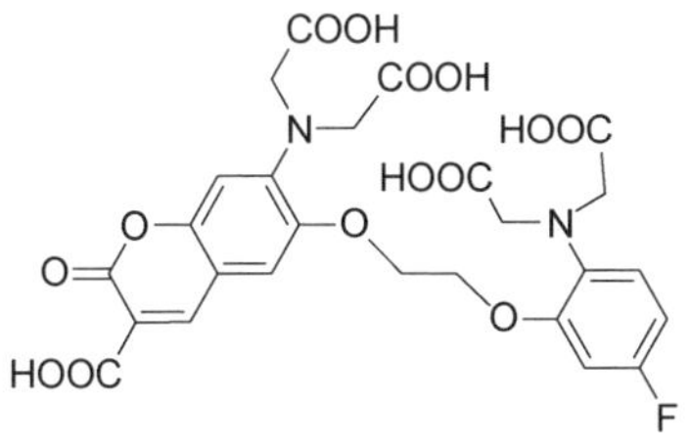

24

8.1.1.2 过渡金属离子探针

过渡金属离子（Ag^+，Cd^{2+}，Co^{2+}，Cr^{3+}，Cu^{2+}，Cu^+，Fe^{3+}，Hg^{2+}，Ni^{2+}，Pt^{2+}，Zn^{2+}），包括具有重要生物学意义的 Cu^{2+}、Fe^{3+} 和 Zn^{2+} 等，浓度是非常低的（通常小于 10^{-7} mol/L）[5]。因此，所设计的光学探针在实际应用中应具有较高的灵敏度。但遗憾的是，目前大多数探针仍无法检测生物系统中过渡金属离子的本底水平。以下内容按照 Ag^+、Cd^{2+}、Co^{2+}、Cu^{2+}、Fe^{3+}、Hg^{2+}、Ni^{2+}、Pd^{2+}、Pt^{2+}、Zn^{2+} 的顺序介绍近年来所报道的过渡金属离子探针。

（1）银离子探针

银离子的光学探针相对较少[4,39]，其配体的设计通常是借助含硫原子的受体对银离子的亲和性而完成的。由于这种受体对银离子、汞离子等软过渡金属离子均具有较高的结合力，因此，银离子的检测有时会受到汞离子的干扰。

小分子的银离子光学探针主要分为以下几种类型：具有环噻唑-冠状[N,S,O]受体的探针[40]、具有非环受体的探针[41-43]以及基于激基缔合物的探针[44]。然而，目前大多数 Ag^+ 探针的水溶性都不理想，检测体系中都要使用大量的有机溶剂。这会干扰生物分子的正常功能，故不适合生物研究。以下是近年来报道的具有代表性的 Ag^+ 探针。化合物 **25** 与 Ag^+ 在 pH 7.4 的 CH_3CN-H_2O（50:50, 体积比）介质中络合产生 14 倍的荧光增强，对 Ag^+ 的检测限可低至 $1.0×10^{-8}$ mol/L（K_d = 8.06 μmol/L）[47]；**26** 与 Ag^+ 在 50 mmol/L pH 7.2 的 HEPES 缓冲液中反应后产生 35 倍的荧光增强，Cu^+ 和 Cu^{2+} 产生轻微干扰。**26** 对 Ag^+ 的 K_d 为 2.0 μmol/L，表明该探针也非常灵敏[41]。类似的，探针 **27** 和 **28** 与银离子络合后都呈现荧光增强，也能用于有机-水混合介质中银离子的检测[42,43]。

基于激基复合物的形成及荧光响应，芘的衍生物也被用作 Ag^+ 探针[44]。通常情况下，这类探针在 378 nm 和 395 nm 处有荧光发射。加入银离子之后，由于形成 1:2 的 Ag^+-探针配合物，芘的单体的荧光发射降低，与此同时在 480 nm 处出现激基复合物的荧光发射。此外，由于银离子和汞离子配位性质的相似性，这些银离子探针同时对汞离子也有响应，**29** 就是这样一个例子。它在生理 pH 条件下（含 1% DMF 的 pH 7.4 HEPES 缓冲溶液）对等当量的 Ag^+ 和 Hg^{2+} 都表现出比率型荧光响应[44]。**29** 对 Ag^+ 和 Hg^{2+} 的络合常数分别为 $1.1×10^{-13}$ L^2/mol^2 和 $4.4×10^{-13}$ L^2/mol^2，但是探针与 Ag^+ 和 Hg^{2+} 的络合所引起的光谱变化有所区别。因此，这种行为也可用来区分这两种金属离子。另一个比率型银离子探针是 **30**[45]，其设计是基于银离子与腺嘌呤之间的相互作用所诱导的菁染料的聚集。这种相互作用导致 731 nm 处荧光的降低和 546 nm 处荧光的增强。该比率型响应探针对银离子的检测限为 34 nmol/L。

（2）镉离子探针

镉离子和锌离子由于同属于锌族元素，因此大多情况下具有相似的配位性质，很多 Cd^{2+} 探针对锌离子也有响应[1]。因此，设计 Cd^{2+} 探针所面临的最大挑战是如何实现 Cd^{2+} 和 Zn^{2+} 的区分。为此，人们设计了很多不同的 Cd^{2+} 配体，如利用氨基二乙酸、8-羟基喹啉、聚酰胺等结构作为 Cd^{2+} 配体[1,46,47]，获得了较好的 Cd^{2+} 选择性。例如，**31** 和 **32** 分别为带一个或两个氨基乙酸的蒽衍生物，向溶液中加入 Cd^{2+} 会分别形成络合物（对 Cd^{2+} 的解离常数分别为 158 μmol/L 和 63.1 μmol/L），从而在 506 nm 和 500 nm 处分别产生荧光增强；而加入 Zn^{2+} 则仅导致 **32** 荧光的增强以及 **31** 发射的红移。因此，在生理条件下 **31** 和 **32** 对 Cd^{2+} 和 Zn^{2+} 都具有很好的选择性[46]。

利用聚酰胺作为受体，人们也发展了一些荧光探针，如 **33**[48] 和 **34**[49]。这两种探针与镉离子反应后都导致荧光信号的明显增强。连续变化滴定法证实两个镉离子与一个探针分子相络合，络合常数分别为 $1.07×10^{-9}$ L^2/mol^2 和 $6.0×10^{-10}$ L^2/mol^2。更重要的是，向体系中加入锌离子不会导致荧光信号的明显变化，表明这两种探针能很好地区分镉离子和锌离子。这些探针已用于镉离子的细胞成像研究。

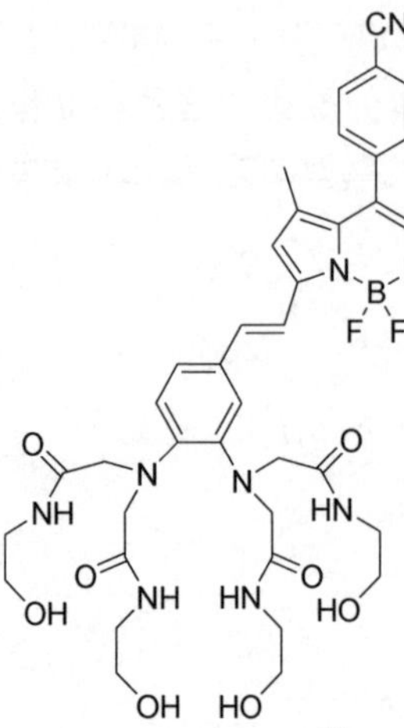

33

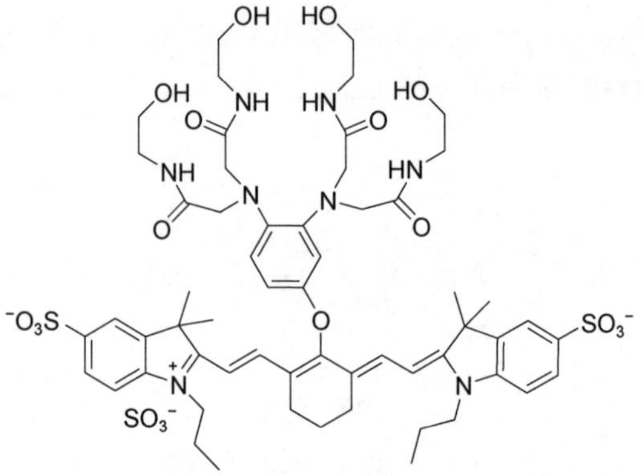

34

此外，广泛用作 Zn^{2+} 选择性受体的二甲基吡啶胺（DPA），若结合其它适当的含氮杂环作为辅助基团，也可转化为 Cd^{2+} 选择性受体[50-52]。在这方面已报道了一些性能优良的探针[53-59]。Yoon 课题组通过设计一种酰胺-DPA 受体制备了一个以萘酰亚胺为母体的化合物（**35**）作为 Cd^{2+} 和 Zn^{2+} 的比率型探针[53]。**35** 与这两种金属离子络合后都能引起荧光强度的大幅增加，Job's plot 表明二者与探针之间均形成了 1:1 的配合物，解离常数分别为 48.5 nmol/L 和 5.7 nmol/L。有趣的是，Cd^{2+} 引起了荧光发射的蓝移，而 Zn^{2+} 则通过诱导酰胺键的互变异构导致发射光谱的红移。因此，**35** 可用来对 Cd^{2+} 和 Zn^{2+} 进行区分检测。Qian 等基于 Cd^{2+} 和 Zn^{2+} 所导致的相反的 ICT 过程，发展了另一个用于区分这对金属离子的萘酰亚胺类探针 **36**[54]。探针与这两种金属离子也能形成 1:1 的配合物，其解离常数分别为 1.74 μmol/L 和 6.06 μmol/L。Jiang 等合成了一系列以 DPA 为受体的喹啉类的 Cd^{2+} 和 Zn^{2+} 荧光探针[55-57]，比如化合物 **37**[57]，它也能实现这两种金属离子的区分检测。如图 8-1 所示，Cd^{2+} 和 Zn^{2+} 与 **37** 的不同结合模式导致了二者之间响应机理的不同，并被核磁分析所证实。更有趣的是，配合物 **37**-Zn^{2+} 中的金属离子能被亲和力更强的 Cd^{2+} 取代，产生另一种比率型信号输出。因此，**37** 能分别通过配位诱导的荧光增强以及比率型取代方式来实现 Cd^{2+} 的选择性识别，从而成为一种双响应模式的 Cd^{2+} 选择性探针（检测限为 2.38×10^{-6} mol/L）。

Taki 等发展了一种 Cd^{2+} 的比率型荧光探针（**38**）[58]。该探针在 pH 7.2 的缓冲溶液中对 Cd^{2+} 具有很好的亲和性（K_d = 0.16 nmol/L），检测的线性范围为 40～660 pmol/L，而其荧光比率几乎不受 Zn^{2+} 的影响。该探针已用于细胞中 Cd^{2+} 的检测。Guo 等也设计了一种水溶性的比率型 Cd^{2+} 探针（**39**，K_d=25 pmol/L）。在 Cd^{2+} 的诱导下该探针能产生很大的荧光发射红移，因此能用于 Cd^{2+} 和 Zn^{2+} 的区分检测。该探针也被用于细胞中 Cd^{2+} 的比率成像[59]。

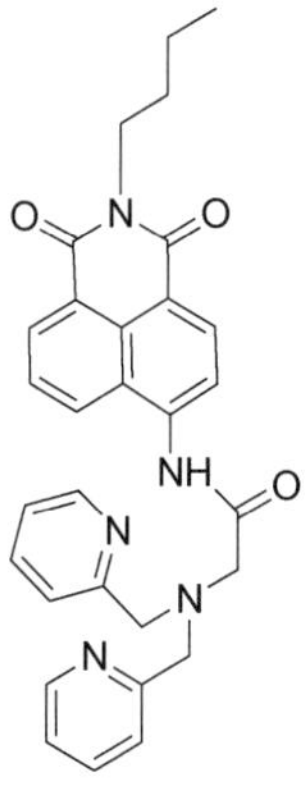

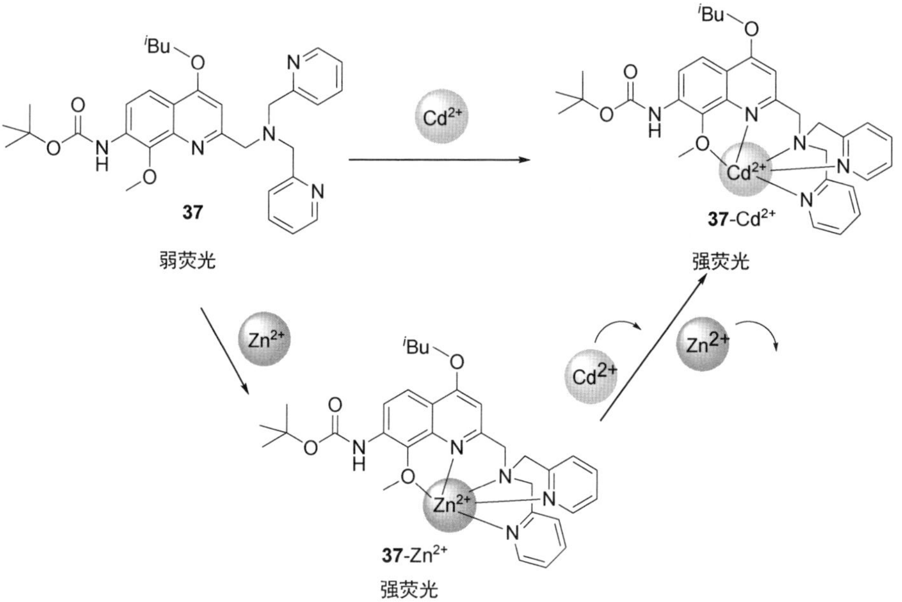

图 8-1 探针 **37** 与 Cd^{2+} 和 Zn^{2+} 的结合模式

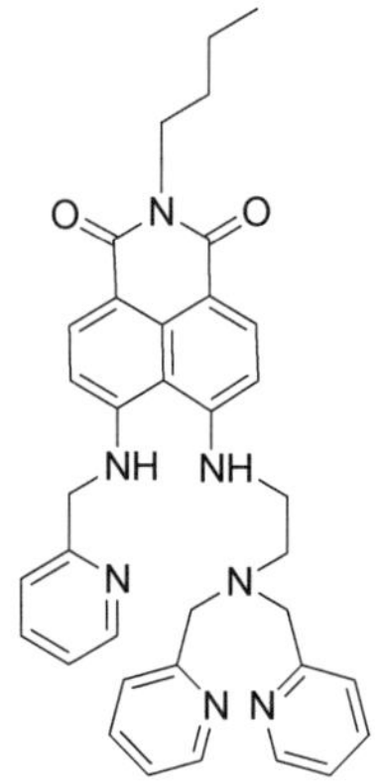

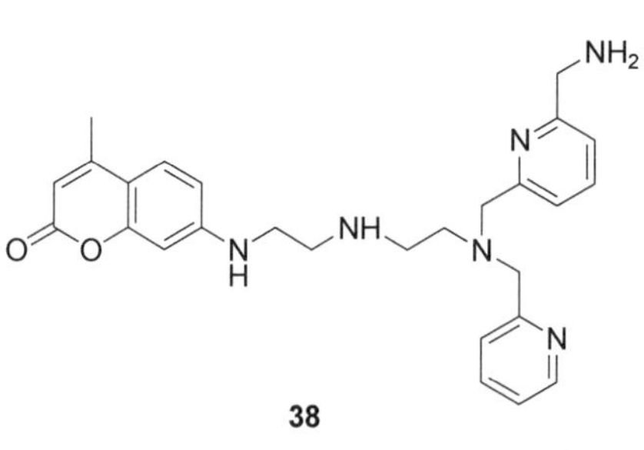

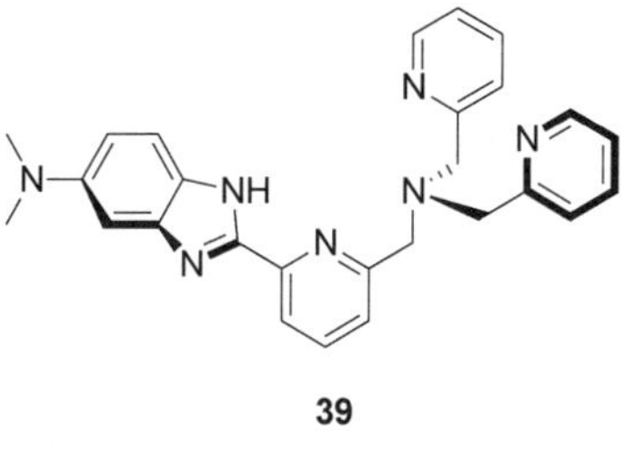

（3）钴离子探针

对于 Co^{2+}，由于其顺磁性，设计具有荧光增强特性的络合探针相当困难[60]。尽管目前报道了几种 Co^{2+} 的显色试剂，但是它们的水溶性和选择性都比较差[61,62]。值得一提的是，将硫代氨基脲与香豆素连接所制得的探针 **40** 可选择性地与 Co^{2+} 以 2:1 的化学计量络合，同时颜色由浅黄色变为深粉红色。**40** 已被用于开发比色试剂盒，并用于对微生物中的 Co^{2+} 进行染色[63]。

同样，由于其固有的荧光猝灭能力，设计络合型的顺磁性金属离子如 Cr^{3+}、Cu^{2+} 以及 Fe^{3+} 的荧光探针也有很大的挑战性[64,65]。对此，罗丹明螺内环的可逆打开反应为构建这类探针提供了很好的选择[66,67]。例如，探针 **41** 是为数不多的 Cr^{3+} 探针，它可以在水溶液中检测 Cr^{3+} [68]。由于 **41** 本身为五元环的螺内酯结构，因此没有颜色与荧光；与 Cr^{3+} 络合后，形成了 1:1 的络合物（K_d = 24 μmol/L）而导致螺内环打开，并产生了强烈的荧光发射。

（4）铜离子探针

基于罗丹明的可逆开环反应而设计的 Cu^{2+} 探针也有报道[69-71]，这类探针都有过系统的总结[1,66,67,72]。除此之外，文献中还报道了其它的 Cu^{2+} 探针。例如，化合物 **42** 是一种近红外 Cu^{2+} 选择性探针（K_d=2.7 μmol/L）[73]。探针本身无荧光，与铜离子络合后产生了 10 倍的荧光增强，其对 Cu^{2+} 的检测限可达 5.0 × 10^{-8} mol/L，能用于细胞及组织中 Cu^{2+} 的成像。另外，文献中还报道了一些比率型 Cu^{2+} 探针，有的也被用于细胞中 Cu^{2+} 的成像[74-76]。例如，Yang 等根据螺吡喃结构的光致变色效应设计了 **43** 作为 Cu^{2+} 探针（K_d=120 μmol/L）[74]。向溶解于 50%的乙醇-水溶液的 **43** 中加入 Cu^{2+}，引起了 475 nm 处荧光强度的降低，同时在 640 nm 处产生了一个红移的发射峰。这种 Cu^{2+} 调节的双重荧光发射可用于 Cu^{2+}

的比率检测。Lippard课题组报道了一个多生色团的铱(Ⅲ)配合物（**44**）作为一种 Cu^{2+} 的磷光探针[75]。在该探针中两个不同的配体具有不同的发射波长。**44** 对 Cu^{2+} 表现出选择性的可逆络合（K_d=16 μmol/L），同时伴随着磷光强度比率及寿命的多模式变化，该探针被用于细胞内铜离子的比率检测。此外，通过将 1,8-萘酰亚胺荧光团与 8-氨基喹啉相连接，还能得到另一个比率型 Cu^{2+} 探针 **45**[76]。该化合物与 Cu^{2+} 的络合（K_d = 34.5 μmol/L）具有很高的选择性，已被用于 MCF-7 细胞中 Cu^{2+} 的检测。

在细胞内的还原性环境中，Cu^+ 也可能稳定存在。因此，关于细胞中 Cu^+ 的光学探针也有报道。Fahrni 等合成了 **46** 作为 Cu^+ 的高选择性荧光探针[77]。该探针已用于揭示亚细胞结构中不稳定的 Cu^+ 库，其不足之处是需要紫外线激发。Chang 等以富硫醚的 2-[2-(2-(2-乙基硫)乙基硫]乙基胺（BETA）为配体，设计了一系列 Cu^+ 荧光探针。他们首先基于 PET 原理，将 BODIPY 与 BETA 结合，制备了 **47**[78,79]。这些基于 BETA 配体的探针对 Cu^+ 的检测表现出了很高的选择性和灵敏度，并被用于细胞及活体动物内 Cu^+ 的动态变化探究[80,81]。Cho 等提出了第一个 Cu^+ 的双光子荧光探针 **48**。该探针以 2-甲基氨基-6-乙酰萘为报告基团和 BETA 作为 Cu^+ 选择性受体。**48** 与等摩尔 Cu^+（0.36 nmol/L）结合后导致荧光信号增强了 4 倍。探针与 Cu^+ 的解离常数 K_d 为 20 pmol/L，可用于活细胞以及厚度大于 90 mm 的组织内 Cu^+ 的长时间检测，且没有光漂白的问题[82]。

（5）铁离子探针

与上述 Cr^{3+} 的情况相似，大部分荧光打开型的 Fe^{3+} 探针也是基于罗丹明骨架而设计的[66,72]。例如，Li 等报道了三个基于罗丹明结构的 Fe^{3+} 的探针（**49 ~ 51**）。这些探针的荧光强度在 Fe^{3+} 浓度为 5 ~ 20 μmol/L 的范围内均随着浓度的增大表现出线性增强的趋势，对 Fe^{3+} 的检测限为 5 μmol/L。在这些探针中，**51** 的 K_d 值为 2.21 μmol/L，可用于监测活细胞中的 Fe^{3+}[83]。**52** 是另一个基于罗丹明的 Fe^{3+} 探针。该探针可与 Fe^{3+} 选择性结合形成 1:1 的配合物（K_d = 0.91 μmol/L）[84]。生物成像研究表明，**52** 也可以作为一个检测活细胞中 Fe^{3+} 的荧光探针。

（6）汞离子探针

由于 Hg^{2+} 对生物体的高毒性，其光学探针引起了人们的广泛关注[47,85]。与银离子探针相似，汞离子探针通常也是利用含硫原子的环状或非环状结构作为配体，并结合 PET 原理或罗丹明母体螺内环的开关响应来设计的[66,85]。

Lippard 和 Chang 课题组分别通过设计不同的富硫醚受体,发展了一系列 Hg^{2+} 荧光探针[85,86]。其中选择性较好的是 Chang 课题组设计的探针 **53**[86],该化合物包含一个富含硫醚的 NS_4 大环。**53** 与 Hg^{2+} 络合后可导致 170 多倍的荧光增强,对 Hg^{2+} 的检测具有很宽的线性范围,检测限可达 60 nmol/L,已被用于检测鱼样品中的 Hg^{2+} 含量。

基于富硫醚的配体对 Hg^{2+} 的亲和性,人们还报道了其它水溶性的 Hg^{2+} 荧光探针[87,88]。如,探针 **54** 是一个以 BODIPY 为母体的含有二硫代氮杂二氧大环的化合物,可用于水溶液中 Hg^{2+} 的比率型荧光测定[87]。化合物 **55** 与 Hg^{2+} 结合后荧光强度产生增强,该探针被用于监测 HepG2 以及斑马鱼中 Hg^{2+} 的摄入情况[88]。此外,还有基于 T-Hg^{2+}-T 结合模式而发展的 Hg^{2+} 探针,如 **56** 就是一个典型的例子[89]。胸腺嘧啶与 Hg^{2+} 的结合诱导了菁染料在水溶液中的聚集,导致 $I_{537\,nm}/I_{714\,nm}$ 的显著增大,因此可用于汞离子的比率测定。该探针对汞离子的检测限为 4.8 nmol/L。

(7) 镍离子探针

Ni^{2+} 的显色和荧光探针报道的比较少。Chang 课题组报道了利用 N,N-双[2-(羧甲基)]硫代乙基胺(CTEA)作为配体的 Ni^{2+} 探针 **57**[90]。该探针与 Ni^{2+} 结合后会引起 25 倍的荧光增强(K_d = 193 μmol/L),已被用于活细胞中 Ni^{2+} 水平的变化监测。之后,Kim 课题组也将该配体连接到 2-乙酰基-6-氨基萘上,发展了双光子的 Ni^{2+} 探针 **58**(K_d=89 μmol/L)。该探针可用于活细胞及鱼器官中 Ni^{2+} 的双光子成像[91]。此外,马会民课题组将杯[4]芳烃与偶氮喹啉相连接制得了 Ni^{2+} 的高选择

性显色试剂 **59**。该探针与 Ni^{2+}可形成 1:1 的配合物（K_d = 3.45 × 10^{-7} mol/L），且络合后吸收光谱产生 180 nm 的红移，可用于水溶液中 Ni^{2+}的检测[92]。

（8）钯和铂离子探针

目前报道的 Pd^{2+}和 Pt^{2+}的络合型光学探针也非常少，比较成功的主要是化合物 **60 ~ 64**。这些都是基于金属络合导致罗丹明螺内环的可逆性打开反应而设计的[1,73]。

（9）锌离子探针

由于 Zn^{2+}的重要生物功能，其荧光探针的设计也取得了显著的进展[50-52,72,93,94]。

如前所述，DPA 是 Zn^{2+} 最常用的受体之一。其它含氮配体，如喹啉、亚氨基二乙酸、无环和环多胺、双吡啶或席夫碱也被用作 Zn^{2+} 受体[47]。下面将按照受体的类型介绍 Zn^{2+} 探针。

DPA 及其衍生物对 Zn^{2+} 表现出很好的选择性，甚至生物样品中高浓度的碱金属离子和碱土金属离子（如 Na^+、K^+、Ca^{2+}、Mg^{2+}）也不会产生干扰。因此，它们被广泛作为受体应用于设计 Zn^{2+} 荧光探针[47]。在这方面，Lippard 课题组做了很多工作[52,72]。例如，该团队以 DPA 为受体，设计了一系列以荧光素为母体的 Zn^{2+} 探针，其中的代表性化合物为 **65 ~ 67**。这些探针对 Zn^{2+} 的响应机理都是基于对 PET 过程的抑制而导致荧光信号的打开，并已被用于细胞或组织，甚至老鼠的活体成像中[72,95,96]。Nagano 课题组通过将 DPA 识别单元引入到荧光素的底部芳香环上，设计了一系列 Zn^{2+} 探针（**68**，**69**）[97,98]。虽然同样是基于金属络合对 PET 过程的抑制产生荧光信号增强效应，然而这类探针对 Zn^{2+} 的检测表现出了更高的信噪比，更有利于其在活体成像中的应用。此外，他们还制备了基于硅-罗丹明（**70**）[99] 以及氨基香豆素（**71**）[100] 的近红外打开或比率型 Zn^{2+} 探针，这些也都成功用于细胞及活体组织中 Zn^{2+} 的荧光成像。

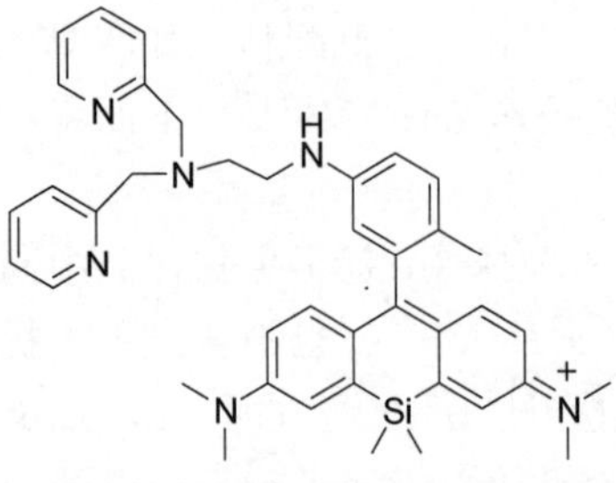

70 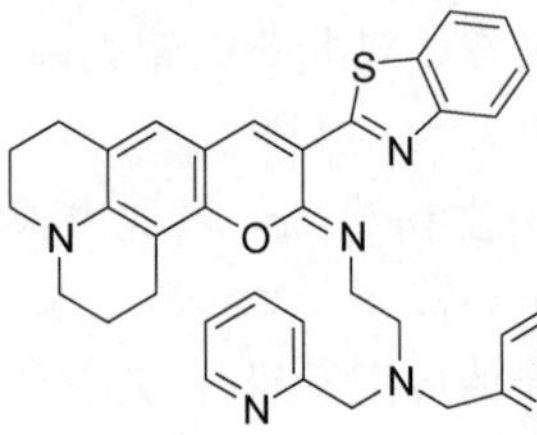　　　　　　　　　　**71**

除 DPA 之外，喹啉也被用作 Zn^{2+} 受体[101-103]。例如，Lippard 等报道了荧光素衍生物 **72**，它包含两个 8-氨基喹啉单元，可以作为 Zn^{2+} 探针[103]。**72** 与 Zn^{2+} 的亲和力（K_d = 41 μmol/L）较以 DPA（K_d = 2.7 nmol/L）为识别基团的要低，因此也意味着 **72** 能用于较高浓度 Zn^{2+} 的可逆检测。

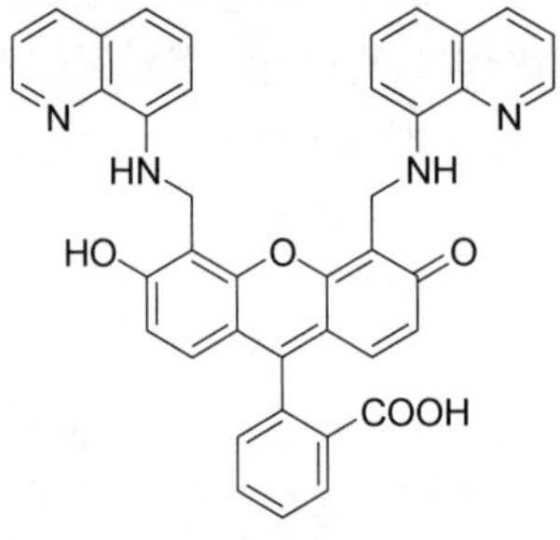

72

还有一些 Zn^{2+} 探针，如 FluoZin（**73**）和 RhodZin（**74**），也是基于 Ca^{2+} 探针的结构而改造的[16,104,105]。在这类探针中，BAPTA 结构中的一个羧基被去掉，从而大大降低了 Ca^{2+} 的亲和力，而增加了对 Zn^{2+} 的亲和力（RhodZin 的 K_d = 65 nmol/L）[106]。

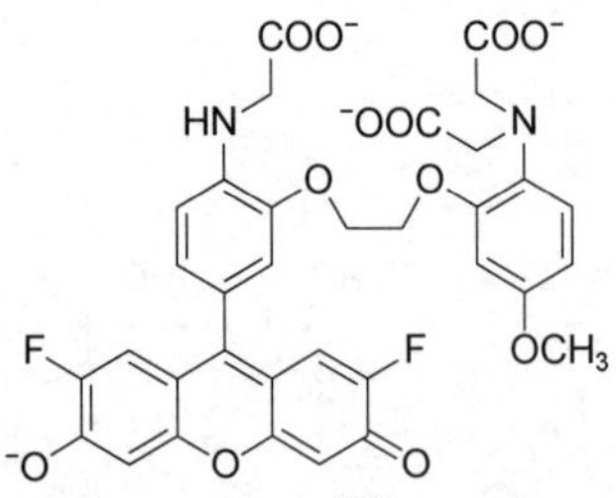

73 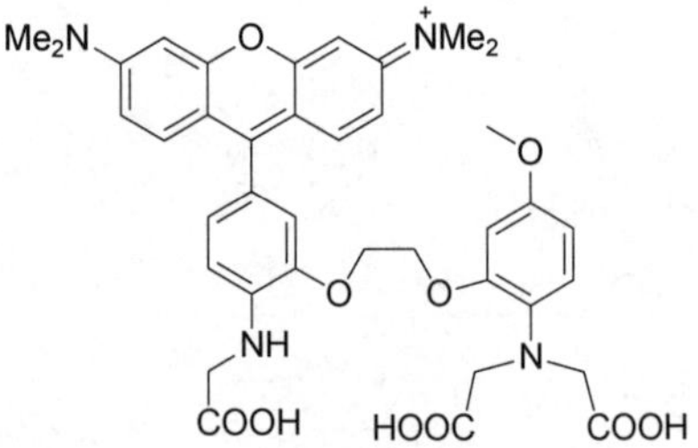　　　　　　　　　　**74**

除上述配体外，非环和环多胺[107]、联吡啶[108]、席夫碱[109]以及其它类型的配体[1,110,111]也被用作 Zn^{2+} 的配体，如化合物 **75** 和 **76**[110,111]。

需要指出的是，许多 Zn^{2+} 探针对 Cd^{2+} 也有响应。然而，Cd^{2+} 对体内 Zn^{2+} 的检测影响不大，因为它在生物体中存在的浓度非常低[112]。

8.1.1.3 其它金属离子探针

除了上述金属离子之外,还有主族金属离子 Al^{3+} 和 Pb^{2+}。相比于过渡金属离子,Al^{3+} 的络合能力较弱,因此基于络合作用的显色和荧光探针也非常少,且基本都需要有机溶剂作助溶剂。文献中报道的较成功的 Al^{3+} 光学探针主要有化合物 **77 ~ 79**[113-115]。它们对 Al^{3+} 的络合分别在甲醇-水(1:1,体积比)、(1% CH_3OH,pH 5.0)以及(1% DMSO,pH 7.4)中进行。

文献也报道了几种络合型的 Pb^{2+} 探针。其中 **80** 对 Pb^{2+} 具有选择性的荧光响应(K_d = 23 μmol/L),并被用来跟踪活细胞内 Pb^{2+} 水平的变化[116];1,8-二氨基蒽醌衍生物 **81** 作为一种 Pb^{2+} 比色探针被用于水中 Pb^{2+} 的目视检测[117]。

8.1.2 基于化学键切断反应的金属离子光学探针

各种金属离子驱动的化学键切割反应,如金属诱导水解、金属诱导脱硫-水解以及金属诱导的脱保护作用等均被用于相关离子的光学探针设计[1]。

（1）银离子探针

利用 AgI 沉淀的形成及其后续不可逆的环打开与形成过程，Ahn 等开发了一种基于罗丹明的 Ag^+ 探针 **82**（图 8-2）[118]。在 20%的乙醇水溶液中，该探针对银离子的线性荧光响应范围为 0.1~50 μmol/L，检测限为 $1.4×10^{-8}$ mol/L，可用于消费品中银纳米粒子的定量检测。

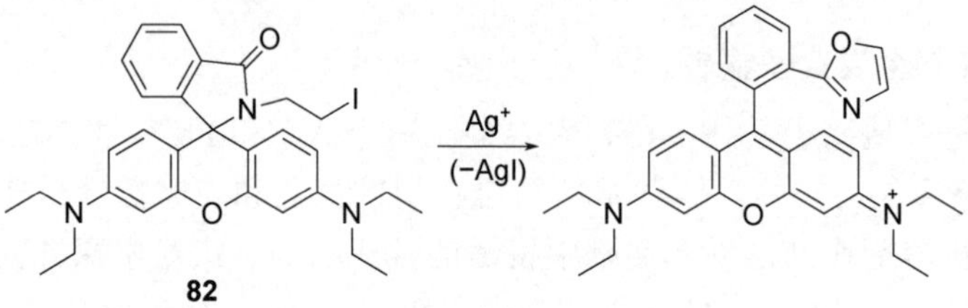

图 8-2　探针 **82** 与 Ag^+ 的反应

（2）金离子探针

Au^{3+} 具有亲电性，能特异性地与炔基结合形成中间体进而诱导化学键的断裂，导致荧光信号的变化。这一性质被用来设计金离子探针，如化合物 **83**（图 8-3），即是一个 Au^{3+}/Au^+ 的显色和荧光探针[119]。Au^{3+}/Au^+ 与炔键特异性结合后生成噁唑甲醛结构，进一步导致罗丹明螺内环结构的打开而产生吸收和荧光响应。为了减少 N-丙炔基罗丹明内酰胺与 Au^{3+} 的副反应发生，Ahn 等合成了荧光素(2-乙炔基)苯甲酸酯（**84**）[120]。在 pH 7.4 的 HEPES 缓冲液中，Au^{3+} 能选择性催化该探针中酯键的水解，导致荧光信号的打开响应。

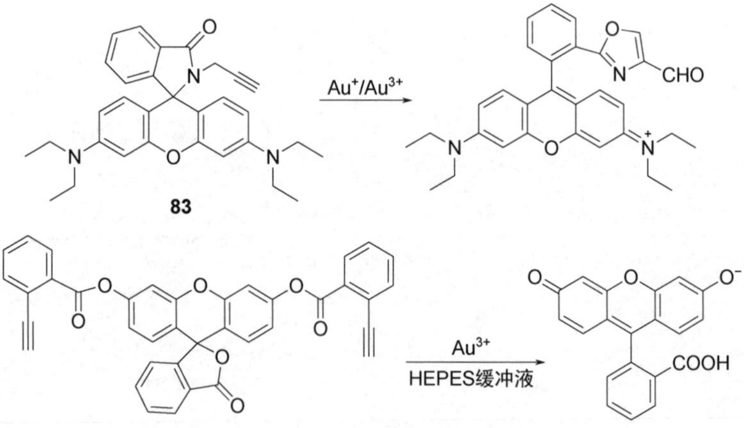

图 8-3　探针 **83** 和 **84** 与 Au^+/Au^{3+} 的反应

（3）铬离子探针

在某些条件下，Cd^{2+} 能够催化醛基的脱保护反应，这一性质被用来设计该金属离子的光学探针，如化合物 **85**（图 8-4）[121]。在 Cd^{2+} 存在时，**85** 中富电子的 1,3-二噻烷保护基能被 Cd^{2+} 脱掉，生成带两个吸电子醛基的荧光分子，因此就容易发生从给电子的 *N*-丁基咔唑到吸电子的醛基之间的分子内电荷转移，导致荧光发射光谱的红移，从而对 Cd^{2+} 产生比率型荧光响应。

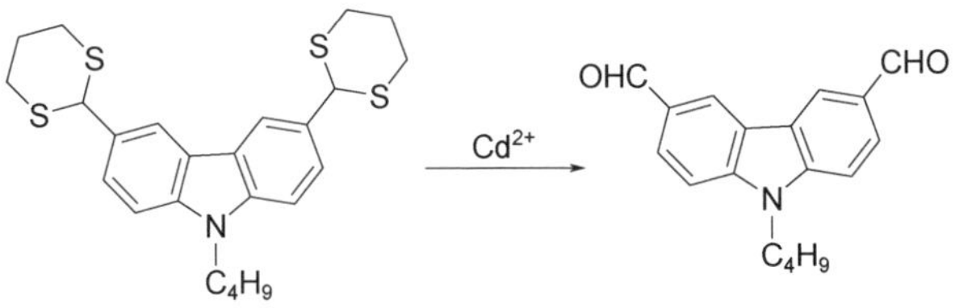

图 8-4　探针 **85** 与 Cd^{2+} 的反应

（4）钴离子探针

Co^{2+} 在有氧条件下可切断某些醚键，释放出荧光体并导致荧光信号打开。利用这一性质，Chang 等[122]设计了一个四齿配体，并通过醚键连接到氧杂蒽荧光母体上，制备了 Co^{2+} 探针 **86**。该探针对 Co^{2+} 具有很高的选择性，可用于细胞中 Co^{2+} 浓度的监测。

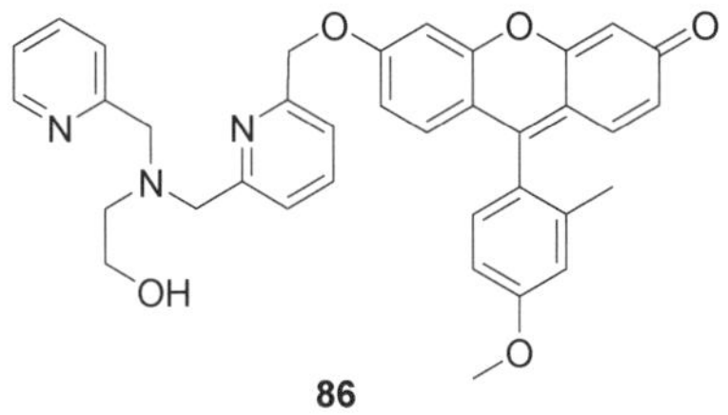

（5）铜离子探针

基于 Cu^{2+} 催化酰肼的水解反应[123]，马会民等[124]设计了罗丹明内酰肼作为高选择性的 Cu^{2+} 探针 **87**（图 8-5）。其反应机理为：结构中的酰肼基团识别并结合 Cu^{2+}，随后 Cu^{2+} 催化酰胺键水解，导致荧光素的释放及荧光的恢复。该探针对 Cu^{2+} 的荧光响应线性范围是 0.1～10 μmol/L，检测限为 64 nmol/L，可用于血清及脑脊液中 Cu^{2+} 的检测。与此相似，化合物 **88** 和 **89** 也是基于罗丹明的螺内环打开反应而设计的 Cu^{2+} 探针[125,126]。

Lin 课题组[127]将罗丹明骨架与半菁共轭相连，得到了一种可通过羧基的螺内环化来控制荧光开关的近红外荧光母体。基于此平台，他们制备了 **90** 作为 Cu^{2+} 的近红外荧光探针。他们还基于香豆素-罗丹明的骨架设计了一种 FRET 探针 **91**[128]，可用于细胞中 Cu^{2+} 的比率荧光测定。

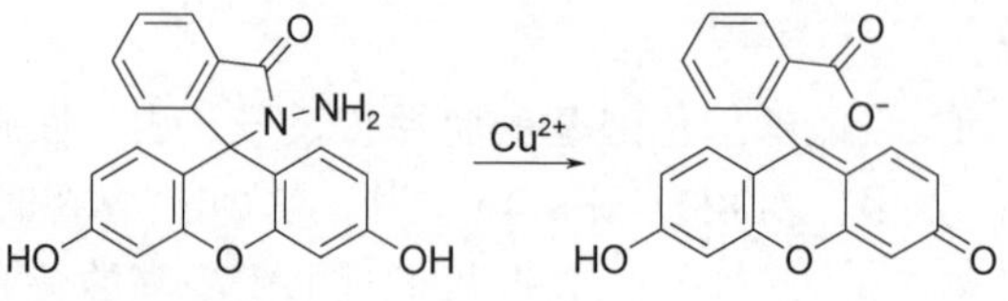

87

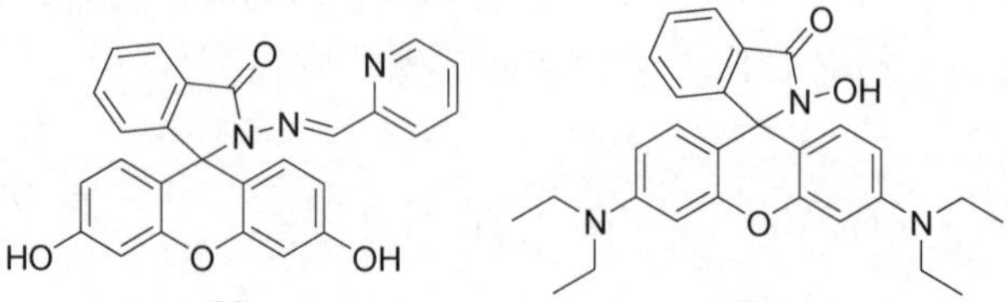

88　　89

图 8-5　探针 **87～89** 与 Cu^{2+}的反应

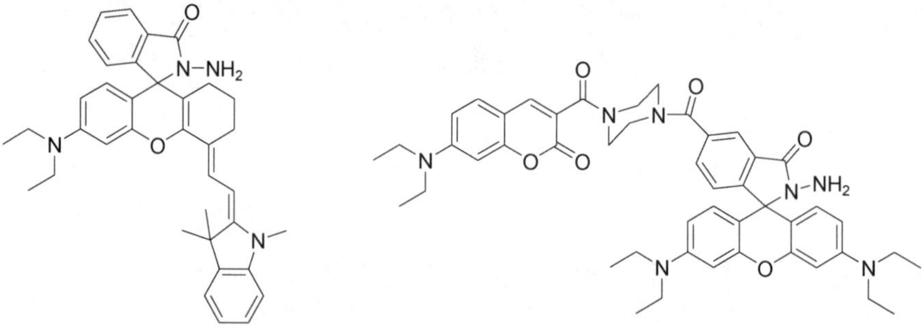

90　　91

通过给已知的 Hg^{2+} 探针（即罗丹明 B 硫代内酰肼[129]）的五元环上插入一个氮原子，可得到六元螺内环衍生物 **92**[130]。出乎意料的是，这一小的改变使得新化合物 **92** 对 Cu^{2+}而非 Hg^{2+} 显示出高选择性（图 8-6）。进一步研究发现，Cu^{2+} 可诱导环状的氨基硫脲结构转化为异硫氰酯而导致螺内环的打开，从而产生荧光响应。

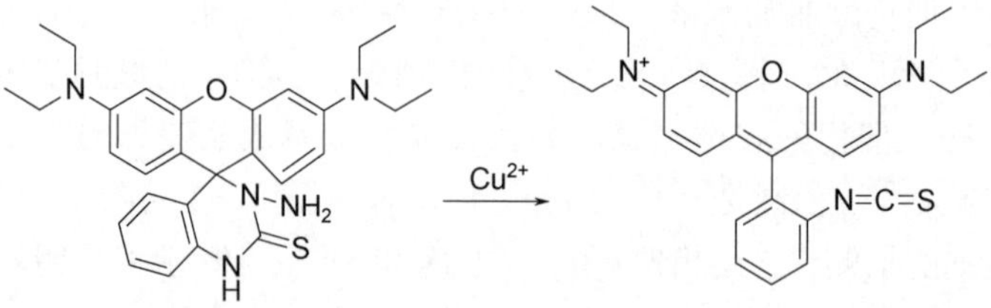

图 8-6　探针 **92** 与 Cu^{2+}的反应

另外，Cu^{2+}还能诱导活泼酯键、席夫碱以及腙的水解，这些都为设计 Cu^{2+} 探针提供了可供选择的方法，例如化合物 **93～95**[131-135]。它们分别通过 Cu^{2+} 诱导的酯键、席夫碱以及腙的水解而产生荧光打开响应（图 8-7）。然而需要指出的是，大多数水解反应只能在一定有机溶剂的介质中进行。

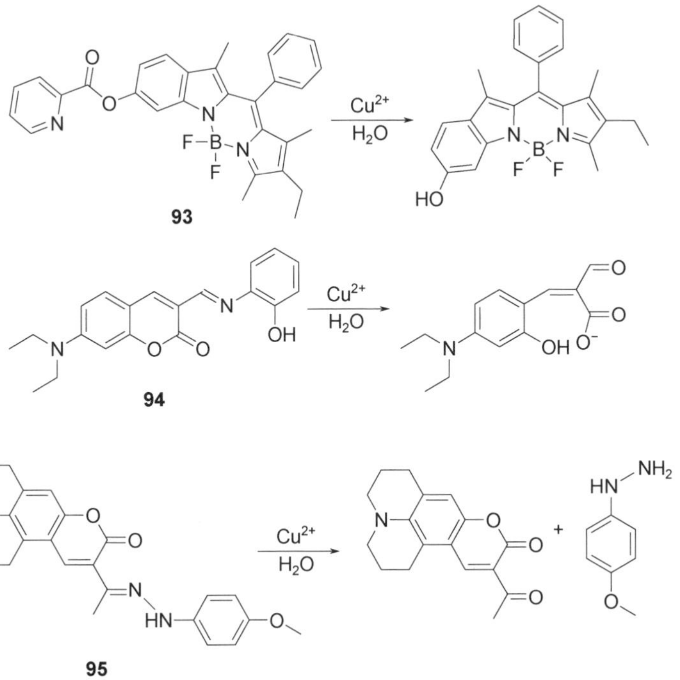

图 8-7 探针 93~95 与 Cu^{2+} 的反应

化合物 **96** 是通过苄醚键将一个四齿配体 TPA 连接到还原型的氧杂蒽骨架上而设计的 Cu^+ 探针[136]。该探针与 Cu^+ 的络合导致苯醚键的断裂及荧光的打开，可用于细胞内 Cu^+ 的测定。

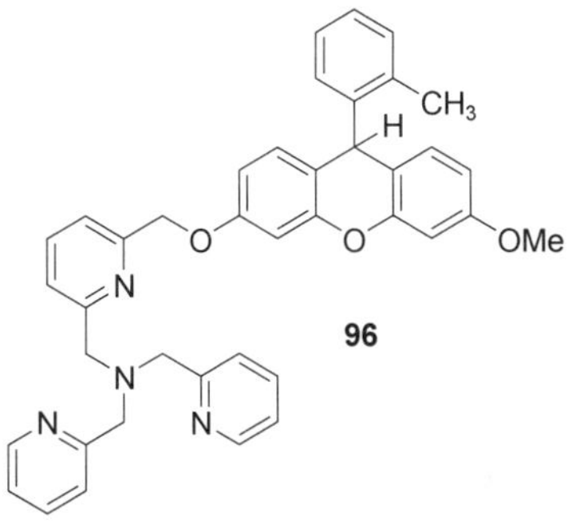

（6）铁离子探针

Fe^{3+} 探针性能较好的有两个：一个是利用 Fe^{3+} 在酸性溶液中催化席夫碱的水解而设计的化合物 **97**（图 8-8）[137]；另一个是基于 Fe^{3+} 催化羟氨的氧化水解而

设计的化合物 **98**（图 8-8）[138]。这两种探针均被用于细胞中 Fe^{3+} 的检测。

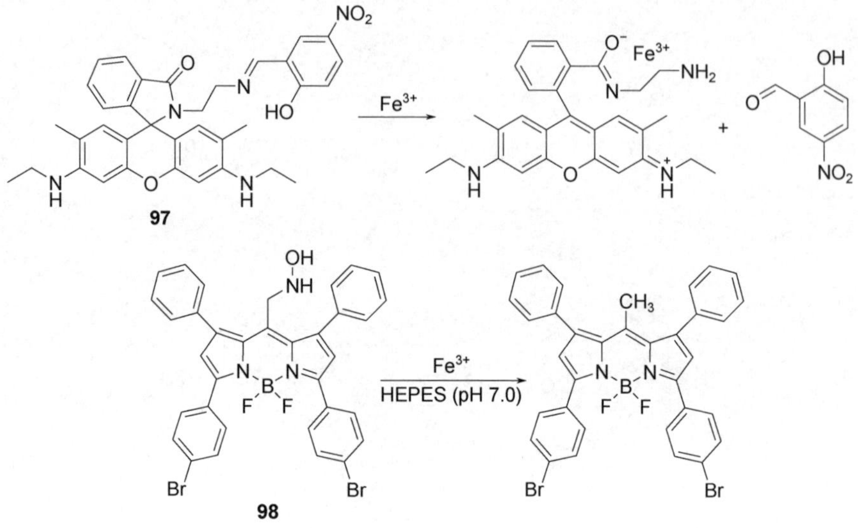

图 8-8　探针 **97** 和 **98** 与 Fe^{3+} 的反应

（7）汞离子探针

Hg^{2+} 对硫以及硒的亲和性，结合各种切断反应，被广泛用来设计 Hg^{2+} 的光学探针。常用的切断反应包括 Hg^{2+} 诱导的螺内环打开[139,140] 及脱硫反应[47,85,141]。**99** 是一个基于硅-罗丹明的近红外 Hg^{2+} 探针（图 8-9）[142]。在 pH 7.4 的中性溶液中，**99** 在 Hg^{2+} 存在下能发生脱硫反应，随后再形成 1,3,4-噁二唑以及螺内环的打开反应，从而产生强荧光发射。该探针被用于活细胞中 Hg^{2+} 的成像。此外，还有基于 Hg^{2+} 诱导的脱硫反应所设计的可再生的方酸类 Hg^{2+} 探针 **100**（图 8-9）[143]，在 CH_3CN-H_2O（体积比 1:4，pH 9.6）溶液中，探针 **100** 是无色的；加入 Hg^{2+} 之后则脱去了分子中的丙硫醇，释放出 π-共轭的方酸，并引起荧光增强以及颜色由无色变成蓝色。探针对 Hg^{2+} 的检测限可达 2 ng/mL。另外，基于 Hg^{2+} 诱导的脱硒反应，人们发展了化合物 **101**，它与 Hg^{2+} 发生脱硒反应而释放出荧光素。该反应对 Hg^{2+} 具有很高的选择性和灵敏度，检测限可达 1.0 nmol/L。**101** 已被用于巨噬细胞中 Hg^{2+} 的成像研究[144]。

基于 Hg^{2+} 的 π 亲电性，Koide 以及 Ahn 等分别发展了几种 Hg^{2+} 或甲基汞的探针[145-147]。例如，化合物 **102** 和 **103** 能分别通过烯键的羟汞化而被水解，从而导致荧光信号的恢复（图 8-10），**102** 能用来检测水溶液中超痕量的 Hg^{2+}，而 **103** 可用来对斑马鱼中的甲基汞进行成像。化合物 **104** 是基于相似机理发展的比率型汞离子探针[148]。

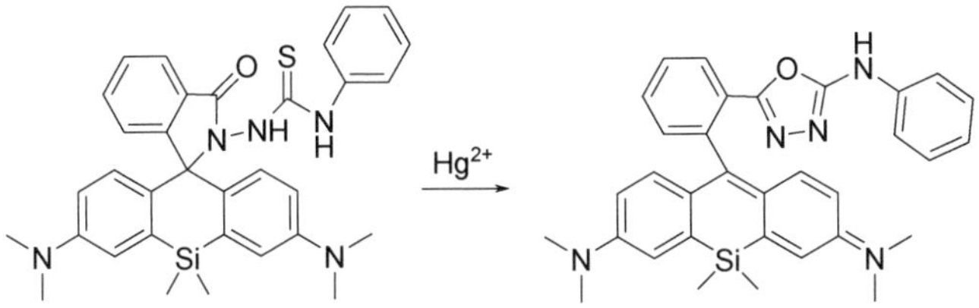

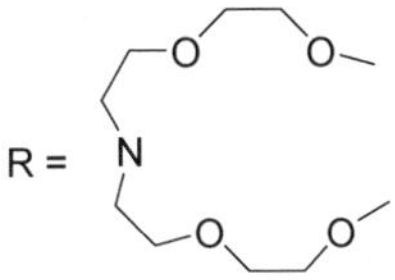

图 8-9 探针 **99** 和 **100** 与 Hg^{2+} 的反应

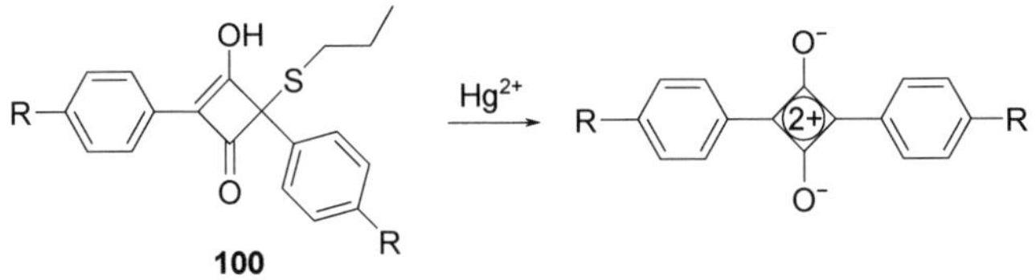

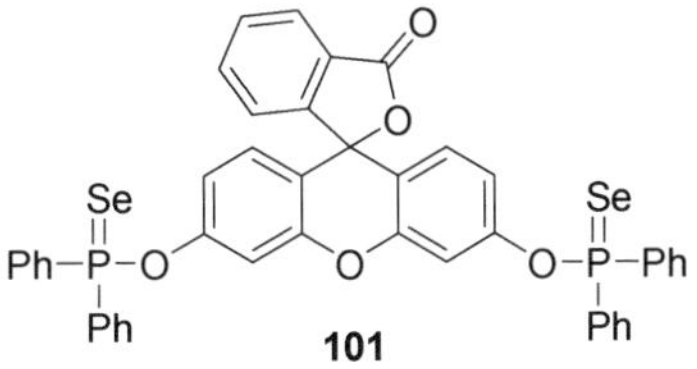

图 8-10 探针 **102** 与 Hg^{2+} 的反应

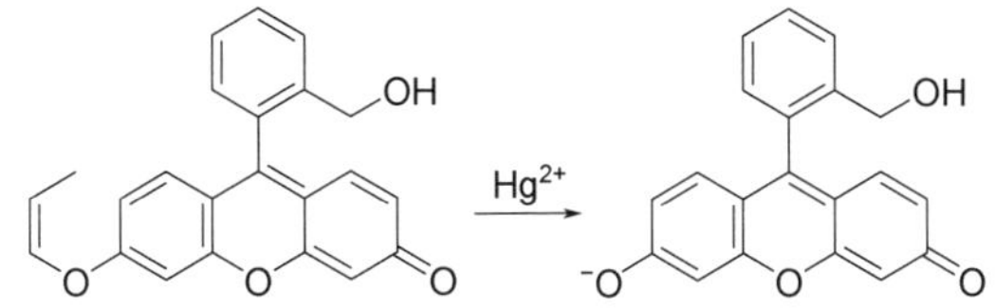

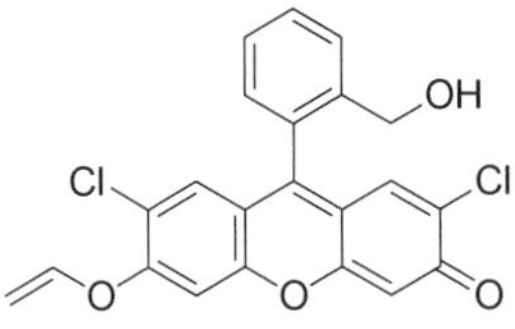

（8）铅离子探针

Pb^{2+} 能有效切断磷酸酯键，此性质已用于该金属离子特异性探针的设计。如，化合物 **105** 是 Pb^{2+} 的高选择性和高灵敏度光学探针[149]。

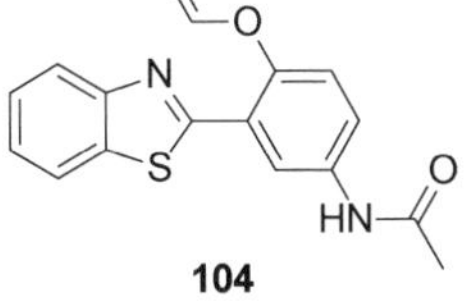

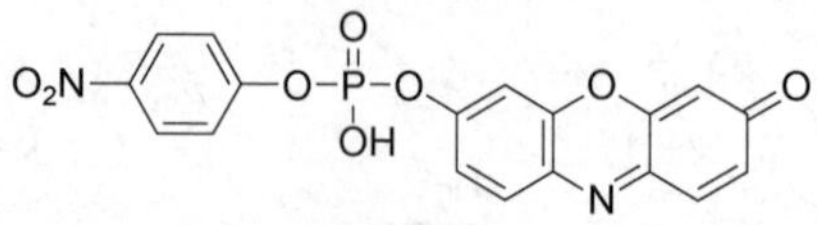

105

（9）钯离子和铂离子探针

Koide 等发现金属-烯丙基之间的 Tsuji-Trost[150]以及 Claisen[151]反应可用于钯及铂离子的探针设计，例如化合物 **106**（图 8-11）。该探针与金属离子的反应是通过烯丙醚键的水解进行的，并且通过调节 pH、添加配体以及改变其它实验条件，能影响反应对钯或铂的特异性，甚至还可在其不同氧化态之间进行选择。Ahn 等制备了一个炔丙基荧光素衍生物 **107**（图 8-11）[152]，可用于不同氧化态的钯离子的监测及成像。此外，也有相同原理的比率型探针被报道[153]。

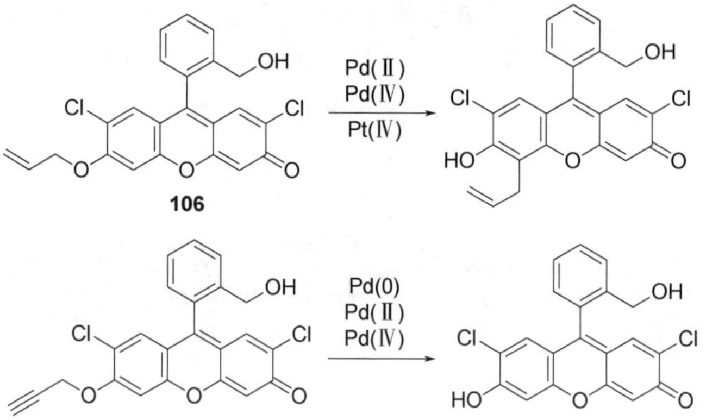

图 8-11　探针 **106** 和 **107** 与钯和/或铂的反应

8.1.3　基于化学键形成反应的金属离子光学探针

金属离子催化或促进的共价键形成反应，如 Cu^+ 催化的"点击"反应、Hg^{2+} 促进的分子内硫脲衍生物的环化反应等，为相关金属离子探针的设计提供了新的思路。

（1）基于化学键形成反应的铜离子探针

Cu^+ 催化的炔基与叠氮基之间的 1,3-环加成反应（即，形成三唑的"点击"反应）可用来设计 Cu^+ 探针。比较典型的是化合物 **108** 和 **109**（图 8-12）[154,155]。这些含有炔基的化合物在 Cu^+ 的催化下都能与叠氮化合物反应，生成以三唑环相连接的对应产物。该反应用于 Cu^+ 检测最大的缺点是，三个反应物需同时存在，导致反应效率较低。这也是该反应用于生物体系中 Cu^+ 检测的最大障碍[79]。因此，这两个化合物都没能用于实际样品中 Cu^+ 的检测。对于 Cu^{2+} 来说，文献中报道了一种在中性水溶液中、Cu^{2+} 催化偶氮苯胺转化为苯并三唑的荧光打开反应（化合物 **110**，图 8-13）[156]。该探针可对微摩尔水平的 Cu^{2+} 产生响应，因此有可能用于生物样品中 Cu^{2+} 的检测。

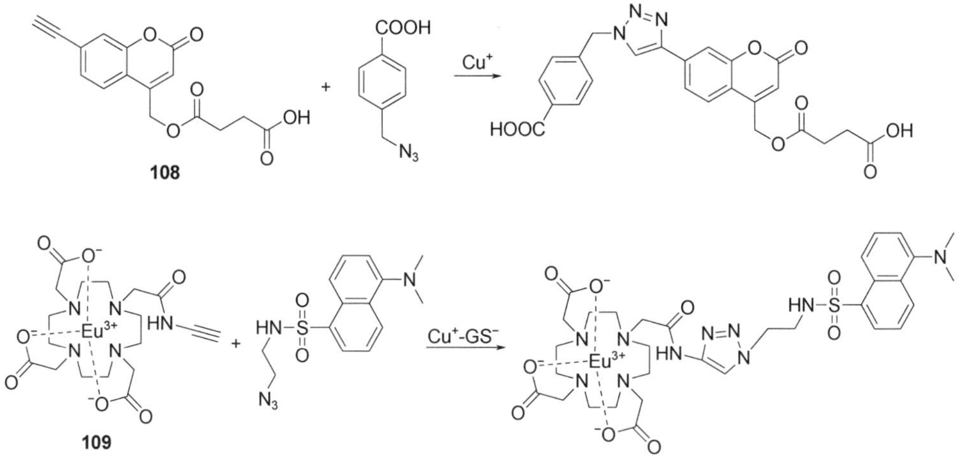

图 8-12　Cu^+ 催化下 **108** 和 **109** 与叠氮化物的反应

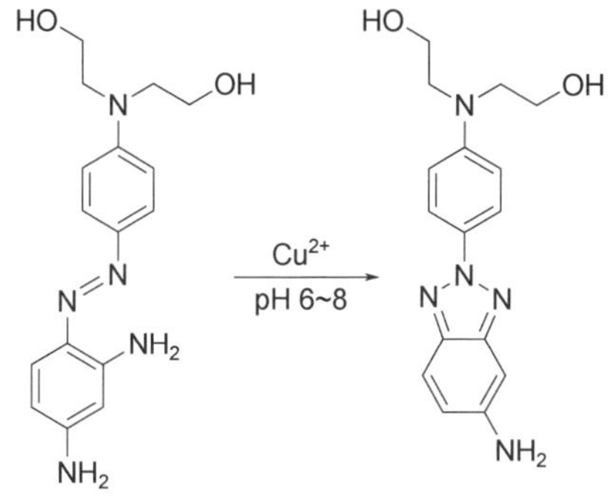

图 8-13　探针 **110** 与 Cu^{2+} 的反应

（2）基于化学键形成反应的汞离子探针

Hg^{2+} 能加速硫脲衍生物的分子内环化反应。该性质已用于 Hg^{2+} 探针的设计，如化合物 **111**（图 8-14）[157]。该探针能发生汞离子加速的硫氮交换反应，生成新的强荧光化合物。基于此反应，人们还制备了其它汞离子探针，如化合物 **112**～**116**[158-160]；与上面的 Cu^+ 探针所面临的问题类似，这类探针的交换反应速率也比较慢，且需要较多的有机溶剂作为助溶剂。

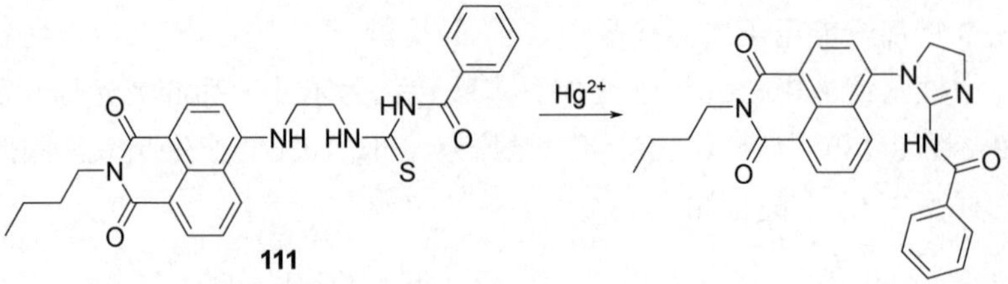

111

图 8-14 探针 **111** 与 Hg^{2+} 的反应

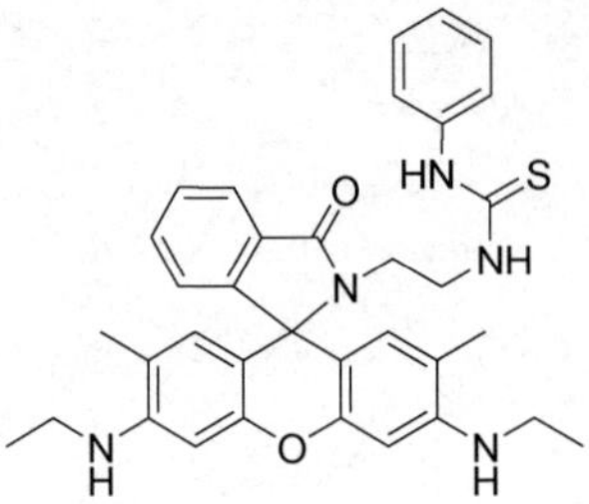

112

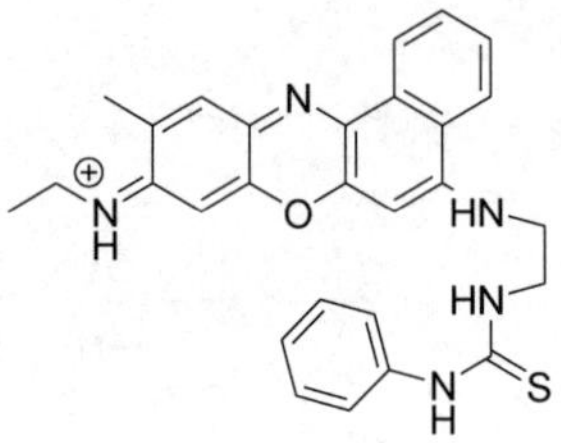

113

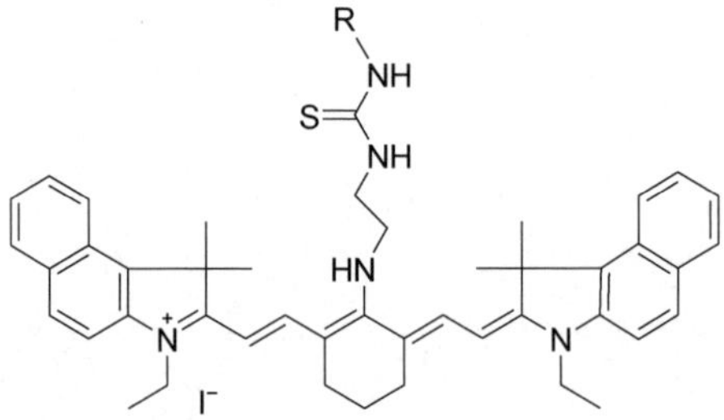

114 R = Ph
115 R = Bu
116 R = Bz

8.2 阴离子探针

8.2.1 基于络合反应的阴离子光学探针

8.2.1.1 直接络合

设计高灵敏度和高选择性的阴离子光学探针是一项极具挑战性的课题，这是因为阴离子在水溶液中具有很强的水合作用而影响其反应活性。为此，人们还常常利用分析物与受体之间各种相互作用（主要包括静电作用、与金属中心的络合作用）来设计阴离子光学探针。

阴离子与带正电荷的受体（如多胺和咪唑）之间的静电相互作用常被用于构建相应的光学探针[161-164]。多胺可制成各种形状（开链、环、支链等），因此广泛用作阴离子受体。此外，由于多胺具有良好的水溶性，因此所制备的探针适用于水环境[3]。化合物 **117** 就是一种典型的含胺受体的荧光探针[161]，在水介质中以 1:1 的模式与焦磷酸盐（PPi）配合，引起荧光增强。重要的是，**117** 可以根据静电相互作用和体积的大小来区分 PPi 和磷酸盐。将两个萘酰亚胺与两个季铵盐基团结合所构建的化合物 **118**[164]，在纯水溶液中对 ATP（三磷酸腺苷）具有选择性识别作用，并引起荧光增强。需要指出的是，基于静电相互作用的探针对特定阴离子的选择性和灵敏度都不太高，这是因为受体对分析物和其它竞争性物质的亲和力都不太强[165]。然而，在某些情况下，阴离子的选择性识别可以通过静电相互作用和 π-π 堆积效应的协同作用得到改善，如化合物 **119**。该探针可用于腺苷核苷酸的选择性检测[166]。

与金属配合物的中心金属离子络合是设计阴离子光学探针的重要方法，其中的金属离子配合物既作为受体又作为报告基团。金属离子对带负电荷阴离子的强结合力导致了多组分配合物的形成，并伴随光谱信号的变化[167]。该策略克服了水合效应的竞争，使得阴离子检测能够在纯水介质中进行[168]。虽然氢键等附加功能可提高特异性，但阴离子与中心金属离子的络合通常对多组分配合物的稳定性贡献最大。与中心金属离子络合的方法已成功用于发展 PPi 和其它磷酸盐衍生物的光学探针，并有一些关于这一主题的综述[169-171]。下面列举了几个用于多磷酸根如 PPi[172-174]及多磷酸盐[175-177]（包括 ATP）检测的探针。Hong 等报道了一种基

第 8 章 离子的检测 313

于偶氮苯酚、且含两个 Zn^{2+}-DPA 单元的显色探针 **120**，该探针在 pH 6.5～8.3 的范围内对 PPi 的结合力要比磷酸根强 1000 倍，可用于水溶液中 PPi 的选择性识别。该课题组随后将这一体系发展成为检测 PPi 的荧光探针 **121**[173]。与 PPi 发生络合后，**121** 表现出选择性的荧光增强，而与 ATP 则没有响应。这是第一例能区分水溶液中 PPi 和 ATP 的金属离子配合物。除此之外，Hong 等还合成了化合物 **122** 作 PPi 的显色剂，并考察了金属离子配位与氢键的协同作用[174]。与探针 **120** (K_d = 15 nmol/L) 相比，**122** 中酰胺键和 PPi 之间 4 个氢键的形成显著地提高了探针与 PPi 之间的结合力 (K_d = 20 pmol/L)。基于 Zn^{2+}-DPA 配合物所设计的 PPi 探针还有很多，如下所示的化合物 **123**～**125**。化合物 **126** 是一个基于 Zn^{2+}-DPA 的比率型 ATP 探针，该探针是基于络合诱导的香豆素和呫吨荧光母体之间的 FRET 变化而进行检测[176]。与多磷酸根络合后，**126** 在 454/525 nm 处呈现出明显的双发射光谱，而与单磷酸盐或磷酸二酯反应后则无这样的光谱信号。探针 **126** 已用于酶反应及活细胞中 ATP 的比率荧光检测。另外，还有报道这类探针用于血管表面及线粒体中多磷酸核苷的检测[177]。

除 Zn^{2+}-DPA 体系外,其它配体如聚氨大环和喹啉也被用于构建 Zn^{2+} 配合物,并用于选择性检测磷酸盐衍生物[178,179]。此外,Cu^{2+} 和 Cd^{2+} 的配合物也可用于发展磷酸盐衍生物的光学探针[180,181]。例如,化合物 **127** 与 Cd^{2+} 的配合物可选择性、灵敏地检测水中 PPi[181]。

8.2.1.2 竞争性取代络合

前已述及,在竞争性取代络合策略中,受体-报告基团的组合体被用作探针,并且受体-分析物之间的结合力要强于受体-报告基团,从而导致报告基团的释放以及光谱信号的不可逆变化[2,168,169,182]。该策略类似于分析化学中经典的络合滴定,在络合滴定中 EDTA 常被用作滴定剂[183]。例如,染料铬黑 T 与 Mg^{2+} 在 pH 10 时结合形成红色配合物,在滴定终点 EDTA 能从配合物中夺取 Mg^{2+},释放出铬黑 T 并显示出蓝色[184]。竞争性取代络合作用的发展促进了光学探针与传感分析的应用。

Anslyn 等[185]提出了可检测水中柠檬酸根的比色探针。探针 **128** 由包含三个胍基团的受体和报告基团（5-羧基荧光素）组装而成（图 8-15）。受体与报告基团的结合降低了报告基团酚羟基的 pK_a，导致其去质子化。当探针与柠檬酸根反应后，竞争性取代络合使报告基团释放为酚的质子化产物，因此观察到报告基团荧光的降低。该探针对水中柠檬酸根的选择性优于简单的二元羧酸和一元羧酸，已用于测定商业饮料中柠檬酸根的浓度。此后，还出现了其它检测各种有机或无机物的化学传感系统，如酒石酸根[186]、磷酸根[187]和羧酸根[188]。

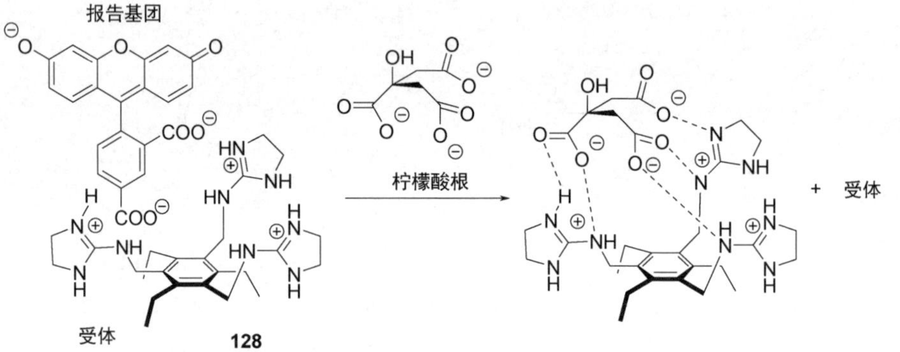

图 8-15　用于柠檬酸根检测的化学传感组合体 **128**

Fabbrizzi 等进一步将这种竞争性取代络合拓展到了更为方便的体系，即发展了金属配合物的竞争取代体系[189]。他们以 Cu^{2+} 配合物 **129** 为受体，荧光素衍生物为报告基团，制备了能用于水溶液中 PPi 测定的化学传感体系。该体系的形成（$K_a = 1.0 \times 10^{-7}$ L/mol）完全抑制了荧光素衍生物的荧光；然而，与 PPi（$K_a = 1.0 \times 10^{-8}$ L/mol）反应后荧光素的荧光得到了恢复，且不受包括磷酸根在内的其它阴离子的干扰。随后，他们利用同样的策略还发展了其它的化学传感体系，用于二羧酸盐和鸟嘌呤核苷酸的传感分析[190,191]。

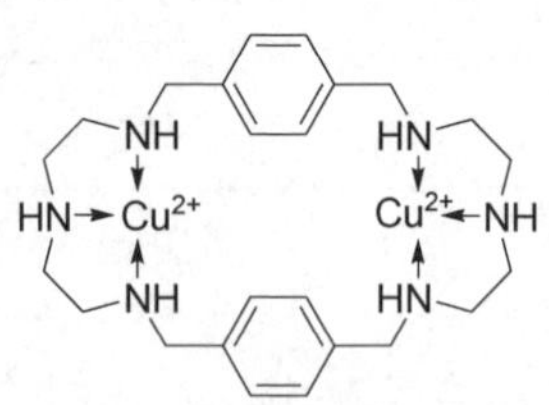

与以上分析物诱导配合物解离，从而产生光谱响应的原理类似，人们基于阴离子诱发的脱金属作用，还设计了一系列阴离子探针，如 Cu^{2+} 配合物 **130** 可检测硫化物阴离子[192]。其反应机理是基于三碳氰染料的荧光几乎可以被 Cu^{2+} 完全猝

灭,而硫化物可以与 Cu^{2+} 络合形成 CuS 沉淀($K_{sp} = 1.0 \times 10^{-7}$),释放出三碳氰染料。结果表明,在硫化物存在的水溶液中,**130** 的荧光强度明显增强,从而实现了硫化物的检测。

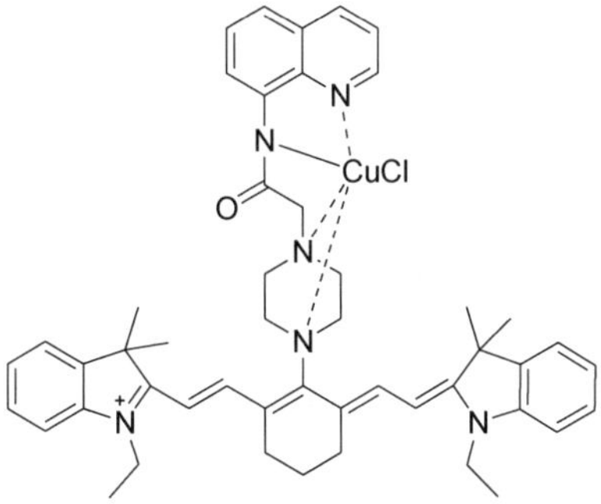

130

CN^- 对 Cu^{2+} 的强结合力可用于 CN^- 光学探针的设计[193]。如,Cu^{2+} 与 **131** 结合形成配合物,配合物与 CN^- 进一步反应,使 Cu^{2+} 从 **131**-Cu^{2+} 配合物中剥离,导致染料的近红外荧光恢复。该体系被用来测定杆线虫中的绿脓杆菌。

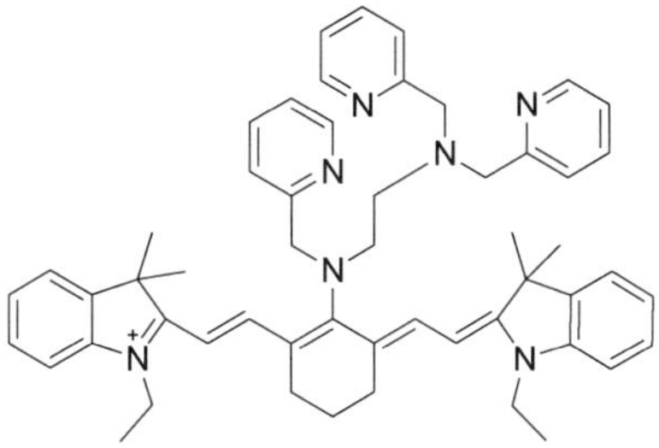

131

类似地,基于阴离子诱导的脱金属化作用,一些金属配合物还被用作检测 I^-[194]、F^-[195]以及 PPi[196]。此外,取代金属配合物中的一些简单配体(如 H_2O 和 Cl^-)也可导致光谱变化,如化合物 **132** 中的 H_2O 就很容易被 CN^- 取代,因此该化合物可用作 CN^- 探针[197]。

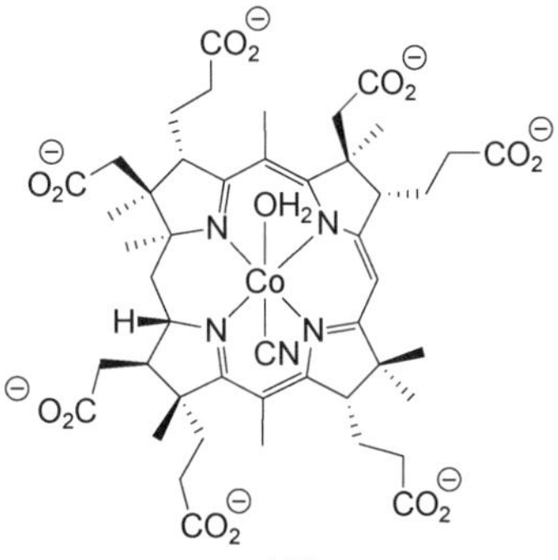

132

8.2.2 基于化学键切断反应的阴离子光学探针

（1）基于化学键切断反应的 F^- 探针

由于硅原子含有空的 d 轨道可以接收氟负离子的电子对，因此硅对 F^- 具有很强的亲和力。基于这一性质，Swager 等开发了几种 F^- 荧光探针，其反应机理是基于 F^- 触发的 Si-O 键的断裂[198]。在这之后，更多的基于该反应的 F^- 探针被报道[199,200]。然而，由于 F^- 在水溶液中具有很强的水合作用，所以大多数探针仅仅是在大量有机溶剂的存在下才能与 F^- 发生反应，只有少数几种能在水中工作。例如，Hong 等[199]报道了 **133** 为具有适当水溶性的 F^- 探针。在磷酸盐缓冲液中 **133** 与 1 mmol/L NaF 反应 3 h 可使荧光增强 4 倍以上，可用于 A549 细胞中 F^- 的检测（图 8-16）。化合物 **134** 是一种比率型 F^- 荧光探针。该探针在含有 30%（体积比）乙醇的 20 mmol/L pH 7.4 的缓冲溶液中与 F^- 反应，检测限可达 0.08 mmol/L，也可用于活细胞中 F^- 的检测[200]。

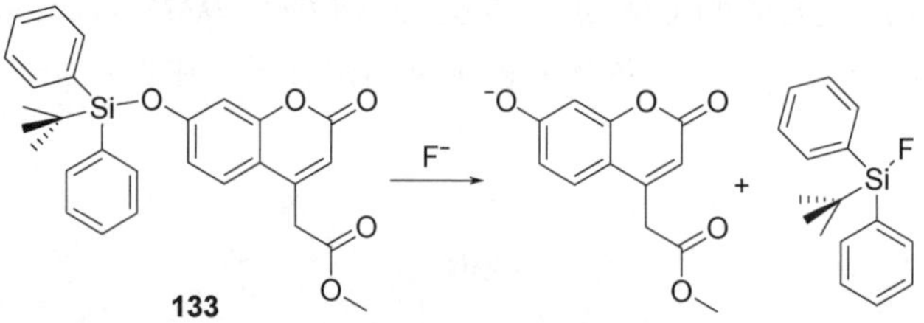

图 8-16 探针 **133** 和 F^- 的反应

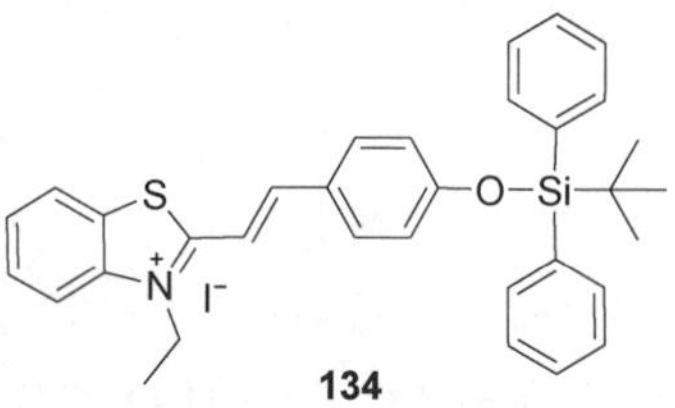

（2）基于化学键切断反应的 SO_3^{2-} 探针

亚硫酸根具有较强的亲核性。在乙酰丙酸基团存在时，该阴离子能发生亲核反应，生成五元环的产物而释放出荧光母体，导致荧光恢复。基于亚硫酸根对乙酰丙酸基团的这种脱保护作用，人们发展了几种 SO_3^{2-} 的光学探针，如 **135**（图 8-17）。

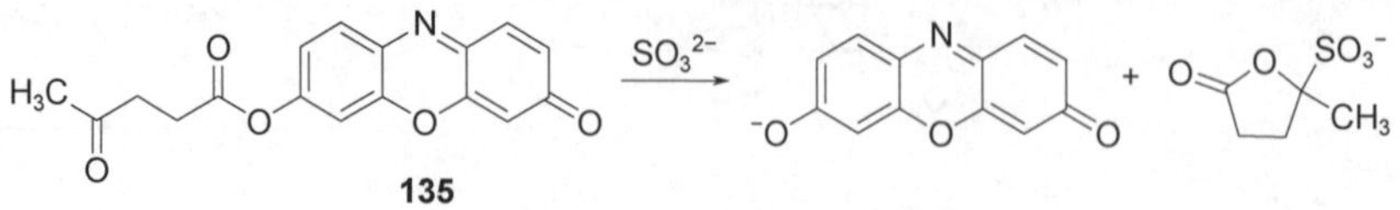

图 8-17 探针 **135** 和 SO_3^{2-} 反应

和 **136**[201,202]。二者与亚硫酸根反应后释放出荧光母体，分别产生荧光打开和比率型响应，可用于环境样品中该阴离子的检测。

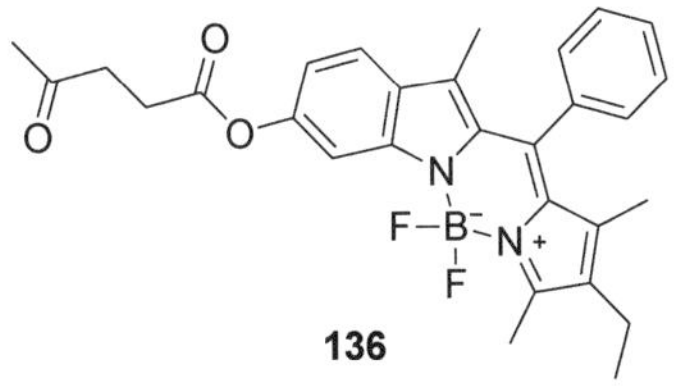

8.2.3 基于化学键形成反应的阴离子光学探针

（1）基于化学键形成反应的硫化物光学探针

He 等[203]发展了一种硫化物的捕获方法，其过程是在中性 pH 溶液中，硫化物先加成到醛基上，形成的半硫缩醛再与邻近的不饱和丙烯酸酯发生迈克尔加成反应，进一步形成硫缩醛。他们利用这一策略，基于不同的荧光母体制备了两个亚硫酸根探针 **137** 和 **138**（图 8-18）。在生理条件下，这两种探针与 HS⁻ 反应都表现出荧光打开响应，且其在细胞中硫化物的检测能力也得到了验证。化合物 **139** 与硫化物表现出了更快的反应速度，可用于老鼠血浆和脑组织中硫化物的检测[204]。

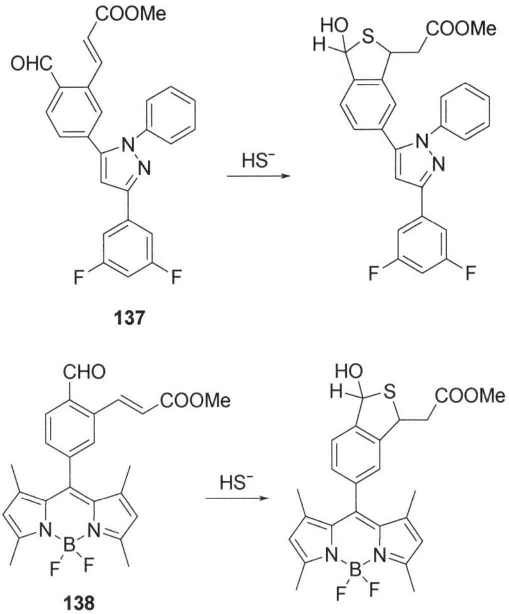

图 8-18 探针 **137** 和 **138** 与 HS⁻ 的反应

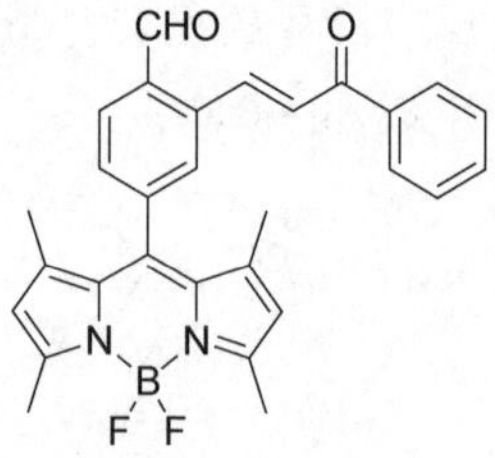

（2）基于化学键形成反应的亚硫酸氢根和亚硫酸根探针

化合物 **140** 和 **141** 是报道的 HSO_3^- 和 SO_3^{2-} 探针（图 8-19）[205]。**140** 与 HSO_3^- 反应后抑制了 C=N 双键的异构化，从而导致荧光增强，可用于砂糖中该阴离子的检测；而 **141** 与 SO_3^{2-} 反应后抑制了分子内 PET 过程从而导致荧光恢复，检测限可达 10 nmol/L。该探针已用于啤酒和红酒中 SO_3^{2-} 的检测[206]。

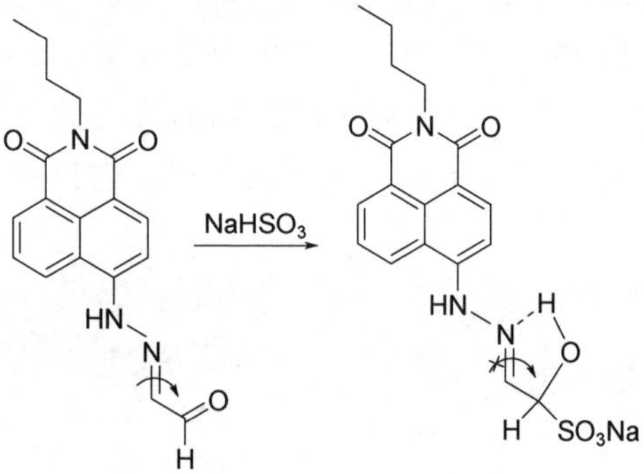

图 8-19 探针 **140** 和 **141** 分别与 HSO_3^- 和 SO_3^{2-} 的反应

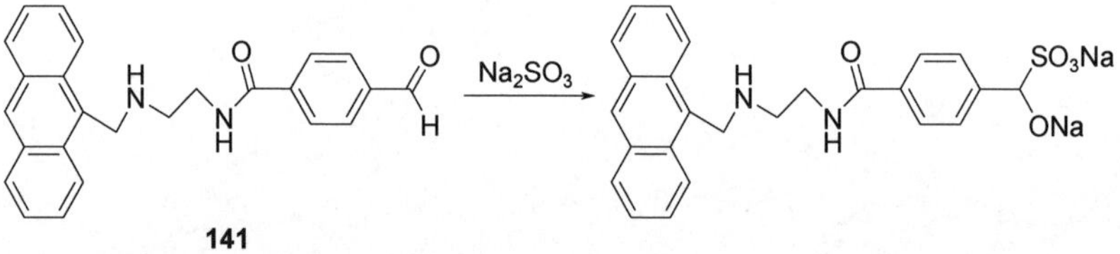

（3）基于化学键形成反应的氰化物探针

CN^- 的亲核加成作用也被用来设计其荧光探针。然而，所设计的探针只有少数能在水溶液中使用[207,208]。该类探针的共同特点是都含有一个活化的亲核反应位点，从而能在水溶液中与氰根发生反应。这类探针包括基于螺吡喃的光控型显色探针 **142**[209]和荧光探针[210]，香豆素的衍生物 **143**[211]，香豆素-半菁荧光母体的 **144**[212]以及基于 BODIPY 的 **145**（图 8-20）[213]。需要指出的是，一些氰根离子的检测受巯基类物质的干扰,这是由于这两种物质的亲核反应性非常相近。例如,化合物 **145** 和 **146** 含有相同的反应位点,因此有可能与氰根离子和巯基物质都发生迈克尔加成反应。

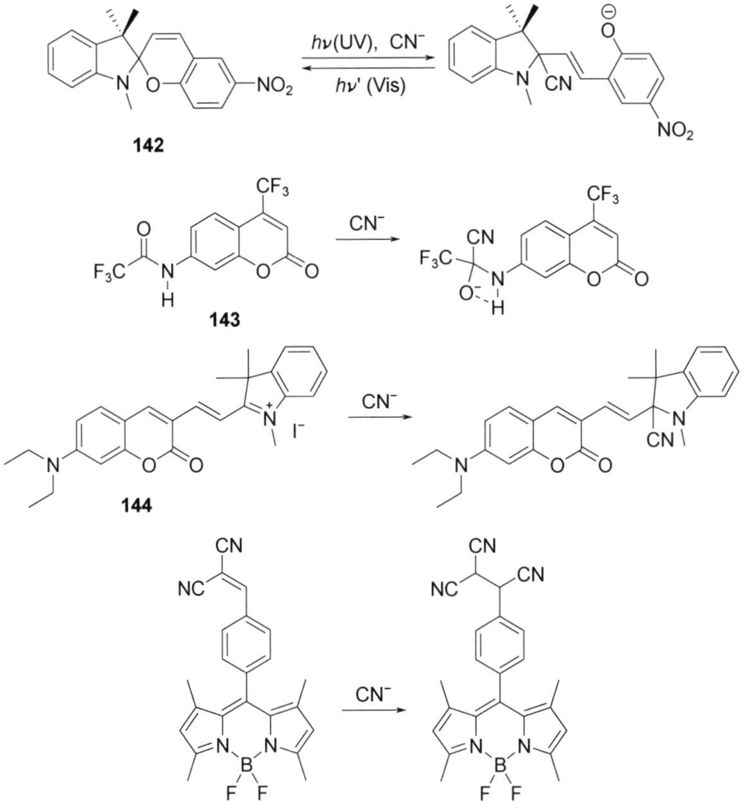

图 8-20 探针 **142**~**145** 与 CN⁻ 的反应

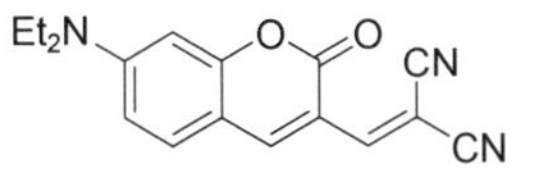

参 考 文 献

[1] Li, X. H.; Gao, X. H.; Shi, W.; Ma, H. M. Design strategies for water-soluble small molecular chromogenic and fluorogenic probes. *Chem. Rev.*, **2014**, 114: 590-659.

[2] Wiskur, S. L.; Ait-Haddou, H.; Lavigne, J. J.; Anslyn, E. V. Teaching old indicators new tricks. *Acc. Chem. Res.*, **2001**, 34: 963-972.

[3] Martínez-Máñez, R.; Sancenón, F. Fluorogenic and chromogenic chemosensors and reagents for anions.

Chem. Rev., **2003**, 103: 4419-4476.

[4] Callan, J. F.; de Silva, A. P.; Magri, D. C. Luminescent sensors and switches in the early 21st century. *Tetrahedron*, **2005**, 61: 8551-8588.

[5] Atkins, P.; Overton, T.; Rourke, J.; Weller, M.; Armstrong, F. *Shriver & Atkins Inorganic Chemistry*, 4th ed.; Oxford University Press: Oxford, **2006**; p 712.

[6] Kaur, N.; Singh, N.; Cairns, D.; Callan, J. F. A multifunctional tripodal fluorescent probe: "Off-On" detection of sodium as well as two-Input AND molecular logic behavior. *Org. Lett.*, **2009**, 11: 2229-2232.

[7] Minta, A.; Tsien, R. Fluorescent indicators for cytosolic sodium. *J. Biol. Chem.*, **1989**, 264: 19449-19457.

[8] de Silva, A. P.; Gunaratne, H. Q. N.; Gunnlaugsson, T. Fluorescent switches with high selectivity towards sodium ions: correlation of ion-induced conformation switching with fluorescence function. *Chem. Commun.*, **1996**, 32: 1967-1973.

[9] He, H.; Mortellaro, M. A.; Leiner, M. J. P.; Young, S. T.; Fraatz, R. J.; Tusa, J. K. A fluorescent chemosensor for sodium based on photoinduced electron transfer. *Anal. Chem.*, **2003**, 75: 549-555.

[10] He, H.; Mortellaro, M. A.; Leiner, M. J. P.; Fraatz, R. J.; Tusa, J. K. A Fluorescent Sensor with high selectivity and sensitivity for potassium in water. *J. Am. Chem. Soc.*, **2003**, 125: 1468-1469.

[11] Padmawar, P.; Yao, X.; Bloch, O.; Manley, G. T.; Verkman, A. S. K^+ waves in brain cortex visualized using a long-wavelength K^+-sensing fluorescent indicator. *Nat. Methods*, **2005**, 2: 825-827.

[12] Namkung, W.; Padmawar, P.; Mills, A. D.; Verkman, A. S. Cell-based fluorescence screen for K^+ channels and transporters using an extracellular triazacryptand-based K^+ sensor. *J. Am. Chem. Soc.*, **2008**, 130: 7794-7795.

[13] Namkung, W.; Song, Y.; Mills, A. D.; Padmawar, P.; Finkbeiner, W. E.; Verkman, A. S. *In Situ* measurement of airway surface liquid [K^+] using a ratioable K^+-sensitive fluorescent dye. *J. Biol. Chem.*, **2009**, 284: 15916-15926.

[14] Richard, D.; Carpenter, R. D.; Verkman, A. S. Synthesis of a sensitive and selective potassium-sensing fluoroionophore. *Org. Lett.*, **2010**, 12: 1160-1163.

[15] Zhou, X.; Su, F.; Tian, Y.; Youngbull, C.; Johnson, R. H.; Meldrum, D. R. A new highly selective fluorescent K^+ sensor. *J. Am. Chem. Soc.*, **2011**, 133: 18530-18533.

[16] Haugland, R. P. The Handbook: A Guide to Fluorescent Probes and Labelling Technologies, 10th ed.; Molecular Probes: Eugene, OR, 2005.

[17] Komatsu, H.; Iwasawa, N.; Citterio, D.; Suzuki, Y.; Kubota, T.; Tokuno, K.; Kitamura, Y.; Oka, K.; Suzuki, K. Design and synthesis of highly sensitive and selective fluorescein-derived magnesium fluorescent probes and application to intracellular 3D Mg^{2+} imaging. *J. Am. Chem. Soc.*, **2004**, 126: 16353-16360.

[18] Jin, J.; Desai, B. N.; Navarro, B.; Donovan, A.; Andrews, N. C.; Clapham, D. E. Deletion of Trpm7 disrupts embryonic development and thymopoiesis without altering Mg^{2+} homeostasis. Science, **2008**, 322: 756-760.

[19] Kim, H. M.; Yang, P. R.; Seo, M. S.; Yi, J. S.; Hong, J. H.; Jeon, S. J.; Ko, Y. G.; Lee, K. J.; Cho, B. R. Magnesium ion selective two-photon fluorescent probe based on a benzo[h]chromene derivative for in vivo imaging. *J. Org. Chem.*, **2007**, 72: 2088-2096.

[20] Kim, H. M.; Jung, C.; Cho, B. R. Environment - sensitive two - photon probe for intracellular free magnesium ions in live tissue. *Angew. Chem., Int. Ed.*, **2007**, 46: 3460-3463.

[21] Farruggia, G.; Iotti, S.; Prodi, L.; Montalti, M.; Zaccheroni, N.; Savage, P. B.; Trapani, V.; Sale, P.; Wolf, F. I. 8-Hydroxyquinoline derivatives as fluorescent sensors for magnesium in living cells. *J. Am. Chem. Soc.*, **2006**, 128: 344-350.

[22] Prodi, L.; Montalti, M.; Zaccheroni, N.; Bradshaw, J. S.; Izatt, R. M.; Savage, P. B. Dependence on pH of the luminescent properties of metal ion complexes of 5-chloro-8-hydroxyquinoline appended

diaza-18-crown-6. *J. Incl. Phenom.*, **2001**, 41: 123-127.

[23] Bronson, R. T.; Montalti, M.; Prodi, L.; Zaccheroni, N.; Lamb, R. D.; Dalley, N. K.; Izatt, R. M.; Bradshaw, J. S.; Savage, P. B. Origins of 'on-off' fluorescent behavior of 8-hydroxyquinoline containing chemosensors. *Tetrahedron*, **2004**, 60: 11139-11144.

[24] Marraccini, C.; Farruggia, G.; Lombardo, M.; Prodi, L.; Sgarzi, M.; Trapani, V.; Trombini, C.; Wolf, F. I.; Zaccheronic, N.; Iotti, S. Diaza-18-crown-6 hydroxyquinoline derivatives as flexible tools for the assessment and imaging of total intracellular magnesium. *Chem. Sci.*, **2012**, 3: 727-734.

[25] Grynkiewicz, G.; Poenie, M.; Tsien, R. Y. A new generation of Ca^{2+} indicators with greatly improved fluorescence properties. *J. Biol. Chem.*, **1985**, 260: 3440-3450.

[26] Minta, A.; Kao, J. P.; Tsien, R. Y. Fluorescent indicators for cytosolic calcium based on rhodamine and fluorescein chromophores. *J. Biol. Chem.*, **1989**, 264: 8171-8178.

[27] Tsein, R. Y. A non-disruptive technique for loading calcium buffers and indicators into cells. *Nature*, **1981**, 290: 527-528.

[28] Miyawaki, J.; Llopis, R.; Heim, J.; McCaffey, M.; Adams, J. A.; Ikura, M.; Tsien, R. Y. Fluorescent indicators for Ca^{2+} based on green fluorescent proteins and calmodulin. *Nature*, **1997**, 388: 882-887.

[29] Csordas, G.; Hajnoczky, G. Plasticity of mitochondrial calcium signaling. *J. Biol. Chem.*, **2003**, 278: 42273-42282.

[30] Kamiya, M.; Johnsson, K. Localizable and highly sensitive calcium indicator based on a BODIPY fluorophore. *Anal. Chem.*, **2010**, 82: 6472-6479.

[31] Egawa, T.; Hanaoka, K.; Koide, Y.; Ujita, S.; Takahashi, N.; Ikegaya, Y.; Matsuki, N.; Terai, T.; Ueno, T.; Komatsu, T.; Nagano, T. Development of a far-red to near-infrared fluorescence probe for calcium ion and its application to multicolor neuronal imaging. *J. Am. Chem. Soc.*, **2011**, 133: 14157-14159.

[32] Matsui, A.; Umezawa, K.; Shindo, Y.; Fujii, T.; Citterio, D.; Oka, K.; Suzuki, K. A near-infrared fluorescent calcium probe: a new tool for intracellular multicolour Ca^{2+} imaging. *Chem. Commun.*, **2011**, 47: 10407-10409.

[33] Kim, H. M.; Kim, B. R.; Hong, J. H.; Park, J. S.; Lee, K. J.; Cho, B. R. A Two‐photon fluorescent probe for calcium waves in living tissue. *Angew. Chem., Int. Ed.*, **2007**, 46: 7445-7448.

[34] Kim, H. M.; Kim, B. R.; An, M. J.; Hong, J. H.; Lee, K. J.; Cho, B. R. Two‐photon fluorescent probes for long‐term imaging of calcium waves in live tissue. *Chem.-Eur. J.*, **2008**, 14: 2075-2083.

[35] Dong, X.; Yang, Y.; Sun, J.; Liu, Z.; Liu, B.-F. Two-photon excited fluorescent probes for calcium based on internal charge transfer. *Chem. Commun.*, **2009**, 45: 3883-3885.

[36] Liu, Q. L.; Wei, B.; Shi, H. P.; Fan, L.; Shuang, S. M.; Dong, C.; Choi, M. F. A novel ratiometric emission probe for Ca^{2+} in living cells. *Org. Biomol. Chem.*, **2013**, 11: 503-508.

[37] Tsien, R. Y. Fluorescence measurement and photochemical manipulation of cytosolic free calcium. *Trends Neurosci.*, **1988**, 11: 419-424.

[38] Komatsu, H.; Miki, T.; Citterio, D.; Kubota, T.; Shindo, Y.; Kitamura, Y.; Oka, K.; Suzuki, K. Single molecular multianalyte (Ca^{2+}, Mg^{2+}) fluorescent probe and applications to bioimaging. *J. Am. Chem. Soc.*, **2005**, 127: 10798-10799.

[39] Zhang, J. F.; Zhou, Y.; Yoon, J.; Kim, J. S. Recent progress in fluorescent and colorimetric chemosensors for detection of precious metal ions (silver, gold and platinum ions). *Chem. Soc. Rev.*, **2011**, 40: 3416-3429.

[40] Xu, Z.; Zheng, S.; Yoon, J.; Spring, D. R. Discovery of a highly selective turn-on fluorescent probe for Ag^+. *Analyst*, **2010**, 135: 2554-2559.

[41] Iyoshi, S.; Taki, M.; Yamamoto, Y. Rosamine-based fluorescent chemosensor for selective detection of silver(I) in an aqueous solution. *Inorg. Chem.*, **2008**, 47: 3946-3948.

[42] Huang, S.; He, S.; Lu, Y.; Wei, F.; Zeng, X.; Zhao, L. Highly sensitive and selective fluorescent chemosensor for Ag$^+$ based on a coumarin-Se$_2$N chelating conjugate. *Chem. Commun.*, **2011**, 47: 2408-2410.

[43] Swamy, K. M. K.; Kim, H. N.; Soh, J. H.; Kim, Y.; Kim, S.-J.; Yoon, J. Manipulation of fluorescent and colorimetric changes of fluorescein derivatives and applications for sensing silver ions. *Chem. Commun.*, **2009**, 45: 1234-1236.

[44] Jang, S. J.; Thirupathi, P.; Neupane, L. N.; Seong, J. H.; Lee, H.; Lee, W. I.; Lee, K. H. Highly sensitive ratiometric fluorescent chemosensor for silver ion and silver nanoparticles in aqueous solution. *Org. Lett.*, **2012**, 14: 4746-4749.

[45] Zheng, H.; Yan, M.; Fan, X. X.; Sun, D.; Yang, S. Y.; Yang, L. J.; Li, J. D.; Jiang, Y. B. A heptamethine cyanine-based colorimetric and ratiometric fluorescent chemosensor for the selective detection of Ag$^+$ in an aqueous medium. *Chem. Commun.*, **2012**, 48: 2243-2245.

[46] Gunnlaugsson, T.; Lee, T. C.; Parkesh, R. Cd(II) sensing in water using novel aromatic iminodiacetate based fluorescent chemosensors. *Org. Lett.*, **2003**, 5: 4065-4068.

[47] Kim, H. N.; Xiu, W.; Ren, J.; Kim, S.; Yoon, Fluorescent and colorimetric sensors for detection of lead, cadmium, and mercury ions. *J. Chem. Soc. Rev.*, **2012**, 41: 3210-3244.

[48] Cheng, T.; Xu, Y.; Zhang, S.; Zhu, W.; Qian, X.; Duan, L. A highly sensitive and selective OFF-ON fluorescent sensor for cadmium in aqueous solution and living cell. *J. Am. Chem. Soc.*, **2008**, 130: 16160-16161.

[49] Yang, Y.; Cheng, T.; Zhu, W.; Xu, Y.; Qian, X. Highly selective and sensitive near-infrared fluorescent sensors for cadmium in aqueous solution. *Org. Lett.*, **2011**, 13: 264-267.

[50] Xu, Z.; Yoon, J.; Spring, D. R. Fluorescent chemosensors for Zn^{2+}. *Chem. Soc. Rev.*, **2010**, 39: 1996-2006.

[51] Kikuchi, K.; Komatsu, K.; Nagano, T. Zinc sensing for cellular application. *Curr. Opin. Chem. Biol.*, **2004**, 8: 182-191.

[52] Nolan, E. M.; Lippard, S. J. Small-molecule fluorescent sensors for investigating zinc metalloneurochemistry. *Acc. Chem. Res.*, **2009**, 42: 193-203.

[53] Xu, Z.; Baek, K.-H.; Kim, H. N.; Cui, J.; Qian, X.; Spring, D. R.; Shin, I.; Yoon, J. Zn^{2+}-triggered amide tautomerization produces a highly Zn^{2+}-selective, cell-permeable, and ratiometric fluorescent sensor. *J. Am. Chem. Soc.*, **2010**, 132: 601-610.

[54] Lu, C.; Xu, Z.; Cui, J.; Zhang, R.; Qian, X. Ratiometric and highlyselective fluorescent sensor for cadmium under physiological pH range: a new strategy to discriminate cadmium from zinc. *J. Org. Chem.*, **2007**, 72: 3554-3557.

[55] Xue, L.; Liu, C.; Jiang, H. Highly sensitive and selective fluorescent sensor for distinguishing cadmium from zinc ions in aqueous media. *Org. Lett.*, **2009**, 11: 1655-1658.

[56] Xue, L.; Liu, Q.; Jiang, H. Ratiometric Zn^{2+} Fluorescent sensor and new approach for sensing Cd^{2+} by ratiometric displacement. *Org. Lett.*, **2009**, 11: 3454-3457.

[57] Xue, L.; Li, G.; Liu, Q.; Wang, H.; Liu, C.; Ding, X.; He, S.; Jiang, H. Ratiometric fluorescent sensor based on inhibition of resonance for detection of cadmium in aqueous solution and living cells. *Inorg. Chem.*, **2011**, 50: 3680-3690.

[58] Taki, M.; Desaki, M.; Ojida, A.; Iyoshi, S.; Hirayama, T.; Hamachi, I.; Yamamoto, Y. Fluorescence imaging of intracellular cadmium using a dual-excitation ratiometric chemosensor. *J. Am. Chem. Soc.*, **2008**, 130: 12564-12565.

[59] Liu, Z.; Zhang, C.; He, W.; Yang, Z.; Gao, X.; Guo, Z. A highly sensitive ratiometric fluorescent probe for Cd^{2+} detection in aqueous solution and living cells. *Chem. Commun.*, **2010**, 46: 6138-6140.

[60] Varnes, A. W.; Dodson, R. B.; Wehry, E. L. Interactions of transition-metal ions with photoexcited states of flavines. Fluorescence quenching studies. *J. Am. Chem. Soc.*, **1972**, 94: 946-950.

[61] Shiraishi, Y.; Matsunaga, Y.; Hirai, T. Selective colorimetric sensing of Co(II) in aqueous media with a spiropyran-amide-dipicolylamine linkage under UV irradiation. *Chem. Commun.*, **2012**, 48: 5485-5487.

[62] Zhen, S. J.; Guo, F. L.; Chen, L. Q.; Li, Y. F.; Zhang, Q.; Huang, C. Z. Visual detection of cobalt(II) ion in vitro and tissue with a new type of leaf-like molecular microcrystal. *Chem. Commun.*, **2011**, 47: 2562-2564.

[63] Maity, D.; Govindaraju, T. Highly selective colorimetric chemosensor for Co^{2+}. *Inorg. Chem.*, **2011**, 50: 11282-11284.

[64] Varnes, A. V.; Dodson, R. B.; Whery, E. L. Interactions of transition-metal ions with photoexcited states of flavines. Fluorescence quenching studies. *J. Am. Chem. Soc.*, **1972**, 94: 946-950.

[65] Rurack, K.; Resch, U.; Senoner, M.; Daehne, S. A new fluorescence probe for trace metal ions: cation-dependent spectroscopic properties. *J. Fluoresc.*, **1993**, 3: 141-143.

[66] Chen, X.; Pradhan, T.; Wang, F.; Kim, J. S.; Yoon, J. Fluorescent chemosensors based on spiroring-opening of xanthenes and related derivatives. *Chem. Rev.*, **2012**, 112: 1910-1956.

[67] Beija, M.; Afonso, C. A. M.; Martinho, J. M. G. Synthesis and applications of rhodamine derivatives as fluorescent probes. *Chem. Soc. Rev.*, **2009**, 38: 2410-2433.

[68] Mao, J.; Wang, L.; Dou, W.; Tang, X.; Yan, Y.; Liu, W. Tuning the selectivity of two chemosensors to Fe(III) and Cr(III). *Org. Lett.*, **2007**, 9: 4567-4570.

[69] Xiang, Y.; Tong, A.; Jin, P.; Yong, J. New Fluorescent rhodamine hydrazone chemosensor for Cu(II) with high selectivity and sensitivity. *Org. Lett.*, **2006**, 8: 2863-2866.

[70] Zhou, Y.; Wang, F.; Kim, Y.; Kim, S.; Yoon, J. Cu^{2+}-selective ratiometric and "Off-On" sensor based on the rhodamine derivative bearing pyrene group. *Org. Lett.*, **2009**, 11: 4442-4445.

[71] Zhao, Y.; Zhang, X.-B.; Han, Z.-X.; Qiao, L.; Li, C.-Y.; Jian, L.-X.; Shen, G.-L.; Yu, R.-Q. Highly sensitive and selective colorimetric and off-on fluorescent chemosensor for Cu^{2+} in aqueous solution and living cells. *Anal. Chem.*, **2009**, 81: 7022-7030.

[72] Que, E. L.; Domaille, D. W.; Chang, C. J. Metals in neurobiology: Probing their chemistry and biology with molecular imaging. *Chem. Rev.*, **2008**, 108: 1517-1549.

[73] Li, P.; Duan, X.; Chen, Z.; Liu, Y.; Xie, T.; Fang, L.; Li, X.; Yin, M.; Tang, B. A near-infrared fluorescent probe for detecting copper(II) with high selectivity and sensitivity and its biological imaging applications. *Chem. Commun.*, **2011**, 47: 7755-7757.

[74] Shao, N.; Jin, J. Y.; Wang, H.; Zhang, Y.; Yang, R. H.; Chan, W. H. Tunable Photochromism of spiro-benzopyran via selective metal ion coordination: An efficient visual and ratioing fluorescent probe for divalent copper ion. *Anal. Chem.*, **2008**, 80: 3466-3475.

[75] You, Y.; Han, Y.; Lee, Y.-M.; Park, S. Y.; Nam, W.; Lippard, S. J. Phosphorescent sensor for robust quantification of copper(II) ion. *J. Am. Chem. Soc.*, **2011**, 133: 11488-11491.

[76] Liu, Z. P.; Zhang, C. L.; Wang, X. Q.; He, W. J.; Guo, Z. J. *Org. Lett.*, **2012**, 14: 4378-4381.

[77] Yang, L.; McRae, R.; Henary, M. M.; Patel, R.; Lai, B.; Vogt, S.; Fahrni, C. J. Imaging of the intracellular topography of copper with a fluorescent sensor and by synchrotron x-ray fluorescence microscopy. *Proc. Natl. Acad. Sci. U.S.A.*, **2005**, 102: 11179-11184.

[78] Zeng, L.; Miller, E. W.; Pralle, A.; Isacoff, E. Y.; Chang, C. J. A selective turn-on fluorescent sensor for imaging copper in living cells. *J. Am. Chem. Soc.*, **2006**, 128: 10-11.

[79] Miller, E. W.; Zeng, L.; Domaille, D. W.; Chang, C. J. Preparation and use of coppersensor-1, a synthetic fluorophore for live-cell copper imaging. *Nat. Protoc.*, **2006**, 1: 824-827.

[80] Domaille, D. W.; Zeng, L.; Chang, C. J. Visualizing ascorbate-triggered release of labile copper within

living cells using a ratiometric fluorescent sensor. *J. Am. Chem. Soc.*, **2010**, 132: 1194-1195.

[81] Hirayama, T.; de Bittner, G. C. V.; Gray, L. W.; Lutsenk, S.; Chang, C. J. Near-infrared fluorescent sensor for in vivo copper imaging in a murine Wilson disease model. *Proc. Natl. Acad. Sci. U.S.A.*, **2012**, 109: 2228-2233.

[82] Lim, C. S.; Han, J. H.; Kim, C. W.; Kang, M. Y.; Kang, D. W.; Cho, B. R. A copper(I)-ion selective two-photon fluorescent probe for in vivo imaging. *Chem. Commun.*, **2011**, 47: 7146-7148.

[83] Yang, Z.; She, M.; Yin, B.; Cui, J.; Zhang, Y.; Sun, W.; Li, J.; Shi, Z. Three rhodamine-based "Off-On" chemosensors with high selectivity and sensitivity for Fe^{3+} imaging in living cells. *J. Org. Chem.*, **2012**, 77: 1143-1147.

[84] Huang, L.; Hou, F. P.; Cheng, J.; Xi, P. X.; Chen, F. J.; Bai, D. C.; Zeng, Z. Z. Selective off-on fluorescent chemosensor for detection of Fe^{3+} ions in aqueous media. *Org. Biomol. Chem.*, **2012**, 10: 9634-9638.

[85] Nolan, E. M.; Lippard, S. J. Tools and tactics for the optical detection of mercuric ion. *Chem. Rev.*, **2008**, 108: 3443-3480.

[86] Yoon, S.; Albers, A. E.; Wong, A. P.; Chang, C. J. Screening mercury levels in fish with a selective fluorescent chemosensor. *J. Am. Chem. Soc.*, **2005**, 127: 16030-16031.

[87] Yuan, M.; Li, Y.; Li, J.; Li, C.; Liu, X.; Lv, J.; Xu, J.; Liu, H.; Wang, S.; Zhu, D. A colorimetric and fluorometric dual-modal assay for mercury ion by a molecule. *Org. Lett.*, **2007**, 9: 2313-2316.

[88] Tang, B.; Cui, L. J.; Xu, K. H.; Tong, L. L.; Yang, G. W.; An, L. G. A sensitive and selective near-infrared fluorescent probe for mercuric ions and its biological imaging applications. *ChemBioChem*, **2008**, 9: 1159-1164.

[89] Zheng, H.; Zhang, X.-J.; Cai, X.; Bian, Q.-N.; Yan, M.; Wu, G.-H.; Lai, X.-W.; Jiang, Y.-B. Ratiometric fluorescent chemosensor for Hg^{2+} based on heptamethine cyanine containing a thymine moiety. *Org. Lett.*, **2012**, 14: 1986-1989.

[90] Dodani, S. C.; He, Q.; Chang, C. J. A turn-on fluorescent sensor for detecting nickel in living cells. *J. Am. Chem. Soc.*, **2009**, 131: 18020-18021.

[91] Kang, M. Y.; Lim, C. S.; Kim, H. S.; Seo, E. W.; Kim, H. M.; Kwon, O.; Cho, B. R. Detection of nickel in fish organs with a two-photon fluorescent probe. *Chem.-Eur. J.*, **2012**, 18: 1953-1960.

[92] Ma, Q. L.; Ma, H. M.; Wang, Z. H.; Su, M. H.; Xiao, H. Z.; Liang, S. Q. A highly selective calix[4]arene-based chmoroionophore for Ni^{2+}. *Chem. Lett.*, **2001**, 100: 5699-5704.

[93] Jiang, P.; Guo, Z. Fluorescent detection of zinc in biological systems: recent development on the design of chemosensors and biosensors. *Coord. Chem. Rev.*, **2004**, 248: 205-229.

[94] Burdette, A. C.; Lippard, S. J. Meeting of the minds: Metalloneurochemistry. *Proc. Natl. Acad. Sci. U.S.A.*, **2003**, 100: 3605-3610.

[95] Ghosh, S. K.; Kim, P.; Zhang, X. A.; Yun, S. H.; Moore, A.; Lippard, S. J.; Medarova, Z. A novel imaging approach for early detection of prostate cancer based on endogenous zinc sensing. *Cancer Res.*, **2010**, 70: 6119-6127.

[96] Buccella, D.; Horowitz, J. A.; Lippard, S. J. Understanding zinc quantification with existing and advanced ditopic fluorescent zinpyr sensors. *J. Am. Chem. Soc.*, **2011**, 133: 4101-4114.

[97] Hirano, T.; Kikuchi, K.; Urano, Y.; Higuchi, T.; Nagano, T. Highly zinc-selective fluorescent sensor molecules suitable for biological applications. *J. Am. Chem. Soc.*, **2000**, 122: 12399-12400.

[98] Hirano, T.; Kikuchi, K.; Urano, Y.; Nagano, T. Improvement and biological applications of fluorescent probes for zinc, ZnAFs. *J. Am. Chem. Soc.*, **2002**, 124: 6555-6562.

[99] Koide, Y.; Urano, Y.; Hanaoka, K.; Terai, T.; Nagano, T. Evolution of group 14 rhodamines as platforms for near-infrared fluorescence probes utilizing photoinduced electron transfer. *ACS Chem. Biol.*, **2011**, 6:

600-608.

[100] Komatsu, K.; Urano, Y.; Kojima, H.; Nagano, T. Development of an iminocoumarin-based zinc sensor suitable for ratiometric fluorescence imaging of neuronal zinc. *J. Am. Chem. Soc.*, **2007**, 129: 13447-13454.

[101] Frederickson, C. J.; Kasarskis, E. J.; Ringo, D.; Frederickson, R. E. J. A quinoline fluorescence method for visualizing and assaying the histochemically reactive zinc (bouton zinc) in the brain. *Neurosci. Methods*, **1987**, 20: 91-103.

[102] Zhang, Y.; Guo, X.; Si, W.; Jia, L.; Qian, X. Ratiometric and water-soluble fluorescent zinc sensor of carboxamidoquinoline with an alkoxyethylamino chain as receptor. *Org. Lett.*, **2008**, 10: 473-476.

[103] Nolan, E. M.; Jaworski, J.; Okamoto, K.-I.; Hayashi, Y.; Sheng, M.; Lippard, S. J. QZ1 and QZ2: Rapid, reversible quinoline-derivatized fluoresceins for sensing biological Zn(II). *J. Am. Chem. Soc.*, **2005**, 127: 16812-16823.

[104] Wu, X.-L.; Jin, X.-L.; Wang, Y.-X.; Mei, Q.-B.; Li, J.-L.; Shi, Z. Synthesis and spectral properties of novel chlorinated pH fluorescent probes. *J. Luminesc.*, **2011**, 131: 776-780.

[105] Gee, K. R.; Zhou, Z.-L.; Ton-That, D.; Sensi, S. L.; Weiss, J. H. Measuring zinc in living cells.: A new generation of sensitive and selective fluorescent probes. *Cell Calcium*, **2002**, 31: 245-251.

[106] Sensi, S. L.; Ton-That, D.; Weiss, J. H.; Rothe, A.; Gee, K. R. A new mitochondrial fluorescent zinc sensor. *Cell Calcium*, **2003**, 34: 281-284.

[107] Kimura, E.; Aoki, S.; Kikuta, E.; Koike, T. A macrocyclic zinc(II) fluorophore as a detector of apoptosis. *Proc. Natl. Acad. Sci. U.S.A.*, **2003**, 100: 3731-3736.

[108] Ajayaghosh, A.; Carol, P.; Sreejith, S. A ratiometric fluorescence probe for selective visual sensing of Zn^{2+}. *J. Am. Chem. Soc.*, **2005**, 127: 14962-14963.

[109] Dhara, K.; Karan, S.; Ratha, J.; Roy, P.; Chandra, G.; Manassero, M.; Mallik, B.; Banerjee, P. A two-dimensional coordination compound as a zinc ion selective luminescent probe for biological applications. *Chem.-Asian J.*, **2007**, 2: 1091-1100.

[110] Zhou, Y.; Li, Z.-X.; Zang, S.-Q.; Zhu, Y.-Y.; Zhang, H.-Y.; Hou, H.-W.; Mak, T. C. W. A novel sensitive turn-on fluorescent Zn^{2+} chemosensor based on an easy to prepare C_3-symmetric schiff-base derivative in 100% aqueous solution. *Org. Lett.*, **2012**, 14: 1214-1217.

[111] Chen, H. L.; Guo, Z. F.; Lu, Z. L. Controlling ion-sensing specificity of *N*-amidothioureas: from anion-selective sensors to highly Zn^{2+}-selective sensors by tuning electronic effects. *Org. Lett.*, **2012**, 14: 5070-5073.

[112] Rae, T. D.; Schmidt, P. J.; Pufahl, R. A.; Culotta, V. C.; O'Halloran, T. V. Undetectable intracellular free copper: the requirement of a copper chaperone for superoxide dismutase. *Science*, **1999**, 284: 805-808.

[113] Kim, S.; Noh, J. Y.; Kim, K. Y.; Kim, J. H.; Kang, H. K.; Nam, S.-W.; Kim, S. H.; Park, S.; Kim, C.; Kim, J. Salicylimine-based fluorescent chemosensor for aluminum ions and application to bioimaging. *Inorg. Chem.*, **2012**, 51: 3597-3602.

[114] Ma, T. H.; Dong, M.; Dong, Y. M.; Wang, Y. W.; Peng, Y. A unique water-tuning dual-channel fluorescence-enhanced sensor for aluminum ions based on a hybrid ligand from a 1,1'-binaphthyl scaffold and an amino acid. *Chem.-Eur. J.*, **2010**, 16: 10313-10318.

[115] Supriti, S.; Titas, M.; Basab, C.; Anuradha, M.; Anupam, B.; Jaromir, M.; Pabitra, C. A water soluble Al^{3+} selective colorimetric and fluorescent turn-on chemosensor and its application in living cell imaging. *Analyst*, **2012**, 137: 3975-3981.

[116] He, Q.; Miller, E. W.; Wong, A. P.; Chang, C. J. A selective fluorescent sensor for detecting lead in living cells. *J. Am. Chem. Soc.*, **2006**, 128: 9316-9317.

[117] Ranyuk, E.; Douaihy, C. M.; Bessmertnykh, A.; Denat, F.; Averin, A.; Beletskaya, I.; Guilard, R. Diaminoanthraquinone-linked polyazamacrocycles: efficient and simple colorimetric sensor for lead ion in aqueous solution. *Org. Lett.*, **2009**, 11: 987-990.

[118] Chatterjee, A.; Santra, M.; Won, N.; Kim, S.; Kim, J. K.; Kim, S. B.; Ahn, K. H. Selective fluorogenic and chromogenic probe for detection of silver ions and silver nanoparticles in aqueous media. *J. Am. Chem. Soc.*, **2009**, 131: 2040-2041.

[119] Jou, M. J.; Chen, X.; Swamy, K. M. K.; Kim, H. N.; Kim, H.-J.; Lee, S.-G.; Yoon, J. Highly selective fluorescent probe for Au^{3+} based on cyclization of propargylamide. *Chem. Commun.*, **2009**, 45: 7218-7220.

[120] Seo, H.; Jun, M. E.; Egorova, O. A.; Lee, K.-H.; Kim, K.-T.; Ahn, K. H. A reaction-based sensing scheme for gold species: introduction of a (2-ethynyl)benzoate reactive moiety. *Org. Lett.*, **2012**, 14: 5062-5065.

[121] Mahapatra, A. K.; Roy, J.; Sahoo, P. Fluorescent carbazolyldithiane as a highly selective chemodosimeter via protection/deprotection functional groups: a ratiometric fluorescent probe for Cd(II). *Tetrahedron Lett.*, **2011**, 52: 2965-2968.

[122] Au-Yeung, H. Y.; New, E. J.; Chang, C. J. A selective reaction-based fluorescent probe for detecting cobalt in living cells. *Chem. Commun.*, **2012**, 48: 5268-5270.

[123] Dujols, V.; Ford, F.; Czarnik, A. W. A long-wavelength fluorescent chemodosimeter selective for Cu(II) ion in water. *J. Am. Chem. Soc.*, **1997**, 119: 7386-7387.

[124] Chen, X. Q.; Ma, H. M. A selective fluorescence-on reaction of spiro form fluorescein hydrazide with Cu(II). *Anal. Chim. Acta*, **2006**, 575: 217-222.

[125] Huo, F.; Yin, C.; Yang, Y.; Su, J.; Chao, J.; Liu, D. Ultraviolet-visible light (UV-Vis)-reversible but fluorescence-irreversible chemosensor for copper in water and its application in living cells. *Anal. Chem.*, **2012**, 84: 2219-2223.

[126] Chen, X. Q.; Jia, J.; Ma, H. M.; Wang, S. J.; Wang, X. C. Characterization of rhodamine B hydroxylamide as a highly selective and sensitive fluorescence probe for copper(II). *Anal. Chim. Acta*, **2009**, 632: 9-14.

[127] Yuan, L.; Lin, W.; Yang, Y.; Chen, H. A Unique Class of Near-Infrared Functional Fluorescent Dyes with Carboxylic-Acid-Modulated Fluorescence ON/OFF Switching: Rational Design, Synthesis, Optical Properties, Theoretical calculations, and applications for fluorescence imaging in living animals. *J. Am. Chem. Soc.*, **2012**, 134: 1200-1211.

[128] Yuan, L.; Lin, W.; Chen, B.; Xie, Y. Development of FRET-based ratiometric fluorescent Cu^{2+} chemodosimeters and the applications for living cell imaging. *Org. Lett.*, **2012**, 14: 432-435.

[129] Zheng, H.; Qian, Z. H.; Xu, L.; Yuan, F. F.; Lan, L. D.; Xu, J. G. Switching the Recognition Preference of Rhodamine B Spirolactam by Replacing One Atom: Design of rhodamine B thiohydrazide for recognition of Hg(II) in aqueous solution. *Org. Lett.*, **2006**, 8: 859-861.

[130] Wu, C.; Bian, Q.; Zhang, B.; Cai, X.; Zhang, S.; Zheng, H.; Yang, S.; Jiang, Y. Ring Expansion of spiro-thiolactam in rhodamine scaffold: Switching the recognition preference by adding one atom. *Org. Lett.*, **2012**, 14: 4198-4201.

[131] Kovács, J.; Mokhir, A. Catalytic hydrolysis of esters of 2-hydroxypyridine derivatives for Cu^{2+} detection. *Inorg. Chem.*, **2008**, 47: 1880-1882.

[132] Zhou, Z. J.; Li, N.; Tong, A. J. A new coumarin-based fluorescence turn-on chemodosimeter for Cu^{2+} in water. *Anal. Chim. Acta*, **2011**, 702: 81-86.

[133] Zhao, C.; Feng, P.; Cao, J.; Wang, X.; Yang, Y.; Zhang, Y.; Zhang, J.; Zhang, Y. Borondipyrromethene-derived Cu^{2+} sensing chemodosimeter for fast and selective detection. *Org. Biomol. Chem.*, **2012**, 10: 3104-3109.

[134] Li, N.; Xiang, Y.; Tong, A. J. Highly sensitive and selective "turn-on" fluorescent chemodosimeter for Cu^{2+} in water via Cu^{2+}-promoted hydrolysis of lactone moiety in coumarin. *Chem. Commun.*, **2010**, 46:

3363-3365.

[135] Kim, M. H.; Jang, H. H.; Yi, S. J.; Chang, S. K.; Han, M. S. Coumarin-derivative-based off-on catalytic chemodosimeter for Cu^{2+} ions. *Chem. Commun.*, **2009**, 45: 4838-4840.

[136] Taki, M.; Iyoshi, S.; Ojida, A.; Hamachi, I.; Yamamoto, Y. Development of highly sensitive fluorescent probes for detection of intracellular Copper(Ⅰ) in living systems. *J. Am. Chem. Soc.*, **2010**, 132: 5938-5939.

[137] Lee, M. H.; Giap, T. V.; Kim, S. H.; Lee, Y. H.; Kang, C.; Kim, J. S. A novel strategy to selectively detect Fe(III) in aqueous media driven by hydrolysis of a rhodamine 6G Schiff base. *Chem. Commun.*, **2010**, 46: 1407-1409.

[138] Wang, R.; Yu, F.; Liu, P.; Chen, L. A turn-on fluorescent probe based on hydroxylamine oxidation for detecting ferric ion selectively in living cells. *Chem. Commun.*, **2012**, 48: 5310-5312.

[139] Yang, Y.-K.; Yook, K.-J.; Tae, J. A rhodamine-based fluorescent and colorimetric chemodosimeter for the rapid detection of Hg^{2+} ions in aqueous media. *J. Am. Chem. Soc.*, **2005**, 127: 16760-16761.

[140] Zhang, X.; Xiao, Y.; Qian, X. A ratiometric fluorescent probe based on FRET for imaging Hg^{2+} ions in living cells. *Angew. Chem., Int. Ed.*, **2008**, 47: 8025-8029.

[141] Quang, D. T.; Kim, J. S. Fluoro- and chromogenic chemodosimeters for heavy metal ion detection in solution and biospecimens. *Chem. Rev.*, **2010**, 110: 6280-6301.

[142] Wang, T.; Zhao, Q.-J.; Hu, H.-G.; Yu, S.-C.; Liu, X.; Liu, L.; Wu, Q.-Y. Spirolactonized Si-rhodamine: a novel NIR fluorophore utilized as a platform to construct Si-rhodamine-based probes. *Chem. Commun.*, **2012**, 48: 8781-8783.

[143] Ros-Lis, J. V.; Marcos, M. D.; Martínez-Máñez, R.; Rurack, K.; Soto, J. A regenerative chemodosimeter based on metal-induced dye formation for the highly selective and sensitive optical determination of Hg^{2+} ions. *Angew. Chem., Int. Ed.*, **2005**, 44: 4405-4407.

[144] Tang, B.; Ding, B.; Xu, K.; Tong, L. Use of selenium to detect mercury in water and cells: an Enhancement of the sensitivity and specificity of a seleno fluorescent probe. *Chem.-Eur. J.*, **2009**, 15: 3147-3151.

[145] Yang, Y.-K.; Yook, K.-J.; Tae, J. A rhodamine-based fluorescent and colorimetric chemodosimeter for the rapid detection of Hg^{2+} ions in aqueous media. *J. Am. Chem. Soc.*, **2005**, 127: 16760-16761.

[146] Ko, S.-K.; Yang, Y.-K.; Tae, J.; Shin, I. In vivo monitoring of mercury ions using a rhodamine-based molecular probe. *J. Am. Chem. Soc.*, **2006**, 128: 14150-14155.

[147] Yang, Y.-K.; Ko, S.-K.; Shin, I.; Tae, J. Synthesis of a highly metal-selective rhodamine-based probe and its use for the in vivo monitoring of mercury. *Nat. Protoc.*, **2007**, 2: 1740-1745.

[148] Santra, M.; Roy, B.; Ahn, K. H. A "reactive" ratiometric fluorescent probe for mercury species. *Org. Lett.*, **2011**, 13: 3422-3425.

[149] Sun, M.; Shangguan, D. H.; Ma, H. M.; Nie, L. H.; Li, X. H.; Xiong, S. X.; Liu, G. Q.; Thiemann, W. Simple Pb^{II} fluorescent probe based on Pb^{II}-catalyzed hydrolysis of phosphodiester. *Biopolymers*, **2003**, 72: 413-420.

[150] Garner, A. L.; Koide, K. Studies of a fluorogenic probe for palladium and platinum leading to a palladium-specific detection method. *Chem. Commun.*, **2009**, 45: 86-88.

[151] Garner, A. L.; Koide, K. Oxidation state-specific fluorescent method for palladium(Ⅱ) and platinum(Ⅳ) based on the catalyzed aromatic Claisen rearrangement. *J. Am. Chem. Soc.*, **2008**, 130: 16472-16473.

[152] Santra, M.; Ko, S.-K.; Shin, I.; Ahn, K. H. Fluorescent detection of palladium species with an O-propargylated fluorescein. *Chem. Commun.*, **2010**, 46: 3964-3966.

[153] Zhu, B.; Gao, C.; Zhao, Y.; Liu, C.; Li, Y.; Wei, Q.; Ma, Z.; Du, B.; Zhang, X. A 4-hydroxynaphthalimide-derived ratiometric fluorescent chemodosimeter for imaging palladium in living cells. *Chem. Commun.*, **2011**, 47: 8656-8658.

[154] Zhou, Z.; Fahrni, C. J. A fluorogenic probe for the copper(Ⅰ)-catalyzed azide−alkyne ligation reaction:

Modulation of the fluorescence emission via $^3(n,\pi^*)-^1(\pi,\pi^*)$ inversion. *J. Am. Chem. Soc.*, **2004**, 126: 8862-8863.

[155] Viguier, R. F. H.; Hulme, A. N. A sensitized europium complex generated by micromolar concentrations of copper(I): toward the detection of copper(I) in biology. *J. Am. Chem. Soc.*, **2006**, 128: 11370-11371.

[156] Jo, J.; Lee, H. Y.; Liu, W.; Olasz, A.; Chen, C.-H.; Lee, D. Reactivity-based detection of copper(II) ion in water: Oxidative cyclization of azoaromatics as fluorescence turn-on signaling mechanism. *J. Am. Chem. Soc.*, **2012**, 134: 16000-16007.

[157] Liu, B.; Tian, H. A selective fluorescent ratiometric chemodosimeter for mercury ion. *Chem. Commun.*, **2005**, 41: 3156-3158.

[158] Wu, J.-S.; Hwang, I.-C.; Kim, K. S.; Kim, J. S. Rhodamine-based Hg^{2+}-selective chemodosimeter in aqueous solution: fluorescent off-on. *Org. Lett.*, **2007**, 9: 907-910.

[159] Lee, M. H.; Lee, S. W.; Kim, S. H.; Kang, C.; Kim, J. S. Nanomolar Hg(II) detection using Nile Blue chemodosimeter in biological media. *Org. Lett.*, **2009**, 11: 2101-2104.

[160] Guo, Z.; Zhu, W.; Zhu, M.; Wu, X.; Tian, H. Near-infrared cell-permeable Hg^{2+}-selective ratiometric fluorescent chemodosimeters and fast indicator paper for $MeHg^+$ based on tricarbocyanines. *Chem. Eur. J.*, **2010**, 16: 14424-14432.

[161] Vance, D. H.; Czarnik, A. W. Real-time assay of inorganic pyrophosphatase using a high-affinity chelation-enhanced fluorescence chemosensor. *J. Am. Chem. Soc.*, **1994**, 116, 9397-9398.

[162] Yoon, J.; S. Kim, K.; Singh, N. J.; Kim, K. S. Imidazolium receptors for the recognition of anions. *Chem. Soc. Rev.*, **2006**, 35: 355-360.

[163] Xu, Z. C.; Kim, S. K.; Yoon, J. Y. Revisit to imidazolium receptors for the recognition of anions: highlighted research during 2006-2009. *Chem. Soc. Rev.*, **2010**, 39: 1457-1466.

[164] Xu, Z. C.; Song, N. R.; Moon, J. H.; Lee, J. Y.; Yoon, J. Y. Bis- and tris-naphthoimidazolium derivatives for the fluorescent recognition of ATP and GTP in 100% aqueous solution. *Org. Biomol. Chem.*, **2011**, 9: 8340-8345.

[165] Müller, D. K.; Hobza, P. Noncovalent interactions: A Challenge for experiment and theory. *Chem. Rev.*, **2000**, 100: 143-168.

[166] Weitz, E. A.; Chang, J. Y.; Rosenfield, A. H.; Pierre, V. C. A selective luminescent probe for the direct time-gated detection of adenosine triphosphate. *J. Am. Chem. Soc.*, **2012**, 134: 16099-16102.

[167] Das, P.; Mahato, P.; Ghosh, A.; Mandal, A. K.; Banerjee, T.; Saha, S.; Das, A. J. Urea/thiourea derivatives and Zn(II)-DPA complex as receptors for anionic recognition-a brief account. *Chem. Sci.*, **2011**, 123: 175-186.

[168] Moragues, M. E.; Martínez-Máñez, R.; Sancenón, F. Chromogenic and fluorogenic chemosensors and reagents for anions. A comprehensive review of the year 2009. *Chem. Soc. Rev.*, **2011**, 40: 2593-2643.

[169] Hargrove, E.; Nieto, S.; Zhang, T.; Sessler, J. L.; Anslyn, E. V. Artificial receptors for the recognition of phosphorylated molecules. *Chem. Rev.*, **2011**, 111: 6603-6782.

[170] Spangler, C.; Schaeferling, M.; Wolfbeis, O. S. Fluorescent probes for microdetermination of inorganic phosphates and biophosphates. *Microchim. Acta*, **2008**, 161: 1-39.

[171] Kim, S. K.; Lee, D. H.; Hong, J.-I.; Yoon, J. Chemosensors for pyrophosphate. *Acc. Chem. Res.*, **2009**, 42: 23-31.

[172] Lee, D. H.; Im, J. H.; Son, S. U.; Chung, Y. K.; Hong, J.-I. An azophenol-based chromogenic pyrophosphate sensor in water. *J. Am. Chem. Soc.*, **2003**, 125: 7752-7753.

[173] Lee, D. H.; Kim, S. Y.; Hong, J.-I. A fluorescent pyrophosphate sensor with high selectivity over ATP in water. *Angew. Chem., Int. Ed.*, **2004**, 43: 4777-4780.

[174] Lee, J. H.; Park, J.; Lah, M. S.; Chin, J.; Hong, J.-I. *Org. Lett.*, **2007**, 9: 3729-3731.

[175] Ojida, A.; Takashima, I.; Kohira, T.; Nonaka, H.; Hamachi, I. Turn-on fluorescence sensing of nucleoside polyphosphates using a xanthene-based Zn(II) complex chemosensor. *J. Am. Chem. Soc.*, **2008**, 130: 12095-12101.

[176] Kurishita, Y.; Kohira, T.; Ojida, A.; Hamachi, I. Rational design of FRET-based ratiometric chemosensors for in vitro and in cell fluorescence analyses of nucleoside polyphosphates. *J. Am. Chem. Soc.*, **2010**, 132: 13290-13299.

[177] Kurishita, Y.; Kohira, T.; Ojida, A.; Hamachi, I. Organelle-localizable fluorescent chemosensors for site-specific multicolor imaging of nucleoside polyphosphate dynamics in living cells. *J. Am. Chem. Soc.*, **2012**, 134: 18779-18789.

[178] Kitamura, M.; Nishimoto, H.; Aoki, K.; Tsukamoto, M.; Aoki, S. Molecular recognition of inositol 1,4,5-trisphosphate and model compounds in aqueous solution by ditopic Zn^{2+} complexes containing chiral linkers. *Inorg. Chem.*, **2010**, 49: 5316-5327.

[179] Aoki, S.; Zulkefeli, M.; Shiro, M.; Kohsako, M.; Takeda, K.; Kimura, E. A luminescence sensor of inositol 1,4,5-triphosphate and its model compound by ruthenium-templated assembly of a bis(Zn^{2+}-cyclen) complex having a 2,2'-bipyridyl linker (cyclen=1,4,7,10-tetraazacyclododecane). *J. Am. Chem. Soc.*, **2005**: 127, 9129-9139.

[180] Urano, Y.; Odani, A.; Kikuchi, K. A fluorescent anion sensor that works in neutral aqueous solution for bioanalytical application. *J. Am. Chem. Soc.*, **2002**, 124: 3920-3925.

[181] Cheng, T.; Wang, T.; Zhu, W.; Chen, X.; Yang, Y.; Xu, Y.; Qian, X. Red-emission fluorescent probe sensing cadmium and pyrophosphate selectively in aqueous solution. *Org. Lett.*, **2011**, 13: 3656-3659.

[182] Nguyen, B. T.; Anslyn, E. V. Indicator-displacement assays. *Coord. Chem. Rev.*, **2006**, 250: 3118-3127.

[183] Cheng, K. L.; Kurtz, T.; Bray, R. H. Determination of calcium, magnesium, and iron in limestone. *Anal. Chem.*, **1952**, 24: 1640-1641.

[184] Kolthoff, I. M.; Sandell, E. B.; Meehan, E. J.; Bruckenstein, S. Quantitative Chemical Analysis, 4th ed.; Macmillan: London, **1969**; p 803.

[185] Metzger, A.; Anslyn, E. V. A chemosensor for citrate in beverages. *Angew. Chem., Int. Ed.*, **1998**, 37: 649-652.

[186] Lavigne, J. J.; Anslyn, E. V. Teaching old indicators new tricks: a colorimetric chemosensing ensemble for tartrate/malate in beverages, *Angew. Chem., Int. Ed.*, **1999**, 38: 3666-3669.

[187] Tobey, S. L.; Jones, B. D.; Anslyn, E. V. C_{3v} symmetric receptors show high selectivity and high affinity for phosphate. *J. Am. Chem. Soc.*, **2003**, 125: 4026-4027.

[188] Zhu, L.; Zhong, Z. L.; Anslyn, E. V. Guidelines in implementing enantioselective indicator-displacement assays for α-hydroxycarboxylates and diols. *J. Am. Chem. Soc.*, **2005**, 127: 4260-4269.

[189] Fabbrizzi, L.; Marcotte, N.; Stomeo, F.; Taglietti, A. Pyrophosphate detection in water by fluorescence competition assays: inducing selectivity through the choice of the indicator. *Angew. Chem., Int. Ed.*, **2002**, 41: 3811-3814.

[190] Boiocchi, M.; Bonizzoni, M.; Fabbrizzi, L.; Piovani, G.; Taglietti, A. A dimetallic cage with a long ellipsoidal cavity for the fluorescent detection of dicarboxylate anions in water. *Angew. Chem., Int. Ed.*, **2004**, 43: 3847-3852.

[191] Amendola, V.; Bergamaschi, G.; Buttafava, A.; Fabbrizzi, L.; Monzani, E. Recognition and sensing of nucleoside monophosphates by a dicopper(Ⅱ) cryptate. *J. Am. Chem. Soc.*, **2010**, 132: 147-156.

[192] Cao, X. W.; Lin, W.; He, L. A near-infrared fluorescence turn-on sensor for sulfide anions. *Org. Lett.*, **2011**, 13: 4716-4719.

[193] Chen, X.; Nam, S.-W.; Kim, G.-H.; Song, N.; Jeong, Y.; Shin, I.; Kim, S. K.; Kim, J.; Park, S.; Yoon, J. A near-infrared fluorescent sensor for detection of cyanide in aqueous solution and its application for

bioimaging. *Chem. Commun.*, **2010**, 46: 8953-8955.

[194] Wang, H.; Xue, L.; Jiang, H. Ratiometric fluorescent sensor for silver ion and its resultant complex for iodide anion in aqueous solution. *Org. Lett.*, **2011**, 13: 3844-3847.

[195] Rochat, S.; Severin, K. A simple fluorescence assay for the detection of fluoride in water at neutral pH. *Chem. Commun.*, **2011**, 47: 4391-4393.

[196] Pathak, R. K.; Tabbasum, K.; Rai, A.; Panda, D.; Rao, C. P. Pyrophosphate sensing by a fluorescent Zn^{2+} bound triazole linked imino-thiophenyl conjugate of calix[4]arene in HEPES buffer medium: spectroscopy, microscopy, and cellular studies. *Anal. Chem.*, **2012**, 84: 5117-5123.

[197] Männel-Croisé, C.; Zelder, F. Side chains of cobalt corrinoids control the sensitivity and selectivity in the colorimetric detection of cyanide. *Inorg. Chem.*, **2009**, 48: 1272-1274.

[198] Kim, T.-H.; Swager, T. M. A fluorescent self-amplifying wavelength-responsive sensory polymer for fluoride ions. *Angew. Chem., Int. Ed.*, **2003**, 42: 4803-4806.

[199] Kim, S. Y.; Park, J.; Koh, M.; Park, S. B.; Hong, J.-I. Fluorescent probe for detection of fluoride in water and bioimaging in A549 human lung carcinoma cells. *Chem. Commun.*, **2009**, 45: 4735-4737.

[200] Zhu, B.; Yuan, F.; Li, R.; Li, Y.; Wei, Q.; Ma, Z.; Du, B.; Zhang, X. A highly selective colorimetric and ratiometric fluorescent chemodosimeter for imaging fluoride ions in living cells. *Chem. Commun.*, **2011**, 47: 7098-7100.

[201] Choi, M. G.; Hwang, J.; Eor, S.; Chang, S.-K. Chromogenic and fluorogenic signaling of sulfite by selective deprotection of resorufin levulinate. *Org. Lett.*, **2010**, 12: 5624-5627.

[202] Gu, X.; Liu, C.; Zhu, Y.-C.; Zhu, Y.-Z. J. A Boron-dipyrromethene-based fluorescent probe for colorimetric and ratiometric detection of sulfite. *Agric. Food Chem.*, **2011**, 59: 11935-11939.

[203] Qian, Y.; Karpus, J.; Kabil, O.; Zhang, S. Y.; Zhu, H. L.; Banerjee, R.; Zhao, J.; He, C. Selective fluorescent probes for live-cell monitoring of sulphide. *Nat. Commun.*, **2011**, 2: 495.

[204] Qian, Y.; Zhang, L.; Ding, S.; Deng, X.; He, C.; Zheng, X. E.; Zhu, H.-L.; Zhao, J. A fluorescent probe for rapid detection of hydrogen sulfide in blood plasma and brain tissues in mice. *Chem. Sci.*, **2012**, 3: 2920-2923.

[205] Sun, Y.-Q.; Wang, P.; Liu, J.; Zhang, J.; Guo, W. A fluorescent turn-on probe for bisulfite based on hydrogen bond-inhibited C=N isomerization mechanism. *Analyst*, **2012**, 137: 3430-3433.

[206] Yu, C.; Luo, M.; Zeng, F.; Wu, S. A fast-responding fluorescent turn-on sensor for sensitive and selective detection of sulfite anions. *Anal. Methods*, **2012**, 4: 2638-2640.

[207] Jun, M. E.; Roy, B.; Ahn, K. H. "Turn-on" fluorescent sensing with "reactive" probes. *Chem. Commun.*, **2011**, 47: 7583-7601.

[208] Cho, D.-G.; Sessler, J. L. Modern reaction-based indicator systems. *Chem. Soc. Rev.*, **2009**, 38: 1647-1662.

[209] Shiraishi, Y.; Adachi, K.; Itoh, M.; Hirai, T. Spiropyran as a selective, sensitive, and reproducible cyanide anion receptor. *Org. Lett.*, **2009**, 11: 3482-3485.

[210] Shiraishi, Y.; Sumiya, S.; Hirai, T. Highly sensitive cyanide anion detection with a coumarin-spiropyran conjugate as a fluorescent receptor. *Chem. Commun.*, **2011**, 47: 4953-4955.

[211] Li, H. D.; Li, B.; Jin, L. Y.; Kan, Y. H.; Yin, B. Z. A rapid responsive and highly selective probe for cyanide in the aqueous environment. *Tetrahedron*, **2011**, 67: 7348-7353.

[212] Lv, X.; Liu, J.; Liu, Y.; Zhao, Y.; Sun, Y.-Q.; Wang, P.; Guo, W. Ratiometric fluorescence detection of cyanide based on a hybrid coumarin-hemicyanine dye: the large emission shift and the high selectivity. *Chem. Commun.*, **2011**, 47: 12843-12845.

[213] Lee, C.-H.; Yoon, H.-J.; Shim, J.-S.; Jang, W.-D. A Boradiazaindacene-based turn-on fluorescentprobe for cyanide detection in aqueous media. *Chem.-Eur. J.*, **2012**, 18: 4513-4516.

第9章 小分子的检测

李洪玉[1]，李照[2]
1. 遵义医科大学；2. 陕西师范大学

许多小分子物质（如氨/胺类、酚类、硫醇类、氨基酸类及活性氧物种等）在生命、环境等领域中扮演着重要的角色，其高选择性、高灵敏度光学传感分析一直是分析化学的前沿课题。特别是利用光学探针的高分析灵敏度，并结合荧光成像的高时空分辨能力，可以实现生物小分子在复杂体系乃至细胞、活体的检测，这对深入理解其生物功能具有重要意义。根据检测物质的特点与结构的不同，本章将主要介绍基于光学探针对氨/胺类、酚类、硫醇类、氨基酸类及活性氧物种等重要小分子的传感分析。

9.1 氨/胺类物质检测

氨/胺是非常重要的一类化合物，广泛应用于农业、制药、化妆品以及食品工业等领域[1]。其中，氨是一种碱性、无色而有强烈刺激性臭味的气体，可吸附在人体皮肤黏膜、眼结膜及呼吸道咽喉黏膜，对接触组织有腐蚀和刺激作用。人体内吸入氨浓度过高时会引起心脏停搏和呼吸停止[2]。苯胺为无色有特殊气味的油状液体，属于高毒性物质，在空气中以蒸气状态存在，可经呼吸道或皮肤吸收使人中毒。苯胺及其衍生物广泛用于许多工业环节，是环境中主要的有机污染物之一[3]。尽管氨/胺的用途很多，但它们也是环境中潜在的有害污染物。生物体内也有很多氨/胺，比如氨基酸和其它一些生物胺（如多巴胺、肾上腺素），它们在生物体内具有重要作用[4]。因此，氨/胺小分子的光学探针与传感分析引起了人们的广泛关注。

9.1.1 氨/胺

目前已有不少光学探针用于氨/胺的检测[5]，所涉及的响应机理主要有：光诱导电子转移（PET）、不可逆化学反应、可逆化学反应、金属配合物、阳离子共轭聚合物的结合反应、内部重原子效应弱化、双组分有机凝胶等。

（1）光诱导电子转移

当探针分子的电子从最高占有轨道（HOMO）激发到最低空轨道（LUMO），而待分析物的 HOMO 轨道能级又高于探针的 HOMO 轨道能级时，待分析物的电子可通过 PET 作用转移到探针的 HOMO 轨道，引起探针的荧光猝灭。根据此原理，Zang 等[6]报道了一种基于苝酰亚胺的薄膜探针 **1**（图 9-1），并用于胺类蒸气的检测。探针 **1** 为 N 型有机半导体材料，自身具有很强的荧光，可以组装成结构性质良好的纳米纤维，其优点在于多孔网状薄膜结构有利于胺类分子的扩散和吸附，从而提高了灵敏度并加快了响应速度。因此，当探针 **1** 暴露于苯胺、三乙胺和丁胺等胺类物质的蒸气中时，可发生快速而灵敏的荧光猝灭响应。

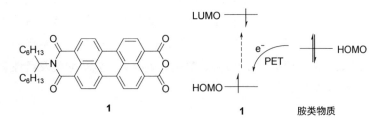

图 9-1　探针 **1** 的结构及其与胺类物质的 PET 过程示意图

（2）不可逆化学反应

Cheng 等[7]利用苯烯基丙二酸酯/苯烯基丙二腈衍生物与伯胺的特异化学反应设计合成了探针 **2** 和 **3**，并通过溶液旋涂法，使探针在石英基底上形成多孔薄膜。这两种探针在没有任何催化剂的情况下，可以很快识别伯胺蒸气。以苄胺为例，两种探针与苄胺蒸气反应后，探针的荧光光谱发生了明显的蓝移，斯托克斯位移分别为 151 nm 和 197 nm。这种较大的斯托克斯位移可以有效降低背景荧光信号和自吸收，大大提高对分析物的灵敏度。

随后，Fu 等[8]根据胺与醛、硼酸频哪醇酯之间的特殊化学反应设计合成了探针 **4**。该探针可通过吸收光谱和荧光光谱两种检测模式，快速识别多种胺类化合物。当暴露于正丙胺、正己胺、苄胺、苯胺、二乙胺和二异丙胺等胺类蒸气后，探针的紫外-可见吸收光谱和荧光光谱都发生了很大的变化，在不同胺类蒸气中，探针薄膜呈现完全不同的颜色。

（3）可逆化学反应

Cheng 等[9]以三氟乙酰基为识别基团，蒽、芘、三苯胺为信号单元，报道了一系列荧光探针 **5~7**（图 9-2），用于胺类物质的可逆、高灵敏检测。其中，探针 **5** 在溶液和薄膜状态下荧光都较弱，不适合作为检测胺类物质的探针；探针 **6** 自身荧光较强，可对脂肪族伯胺、仲胺蒸气给出快速、灵敏的荧光猝灭响应，但不能检测芳香胺；而探针 **7** 则可以检测脂肪族伯胺、仲胺和芳香胺。以探针 **7** 为例，当暴露于正丙胺蒸气时，探针的荧光猝灭效率可达 95%，而当撤去胺蒸气后，15 s 内荧光便可恢复，且操作简单、可逆性好、灵敏度高，可用于有机胺的实时监测。

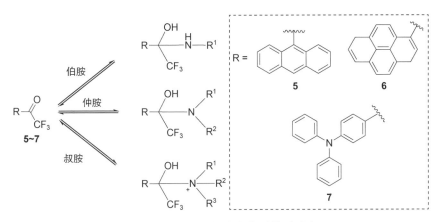

图 9-2 探针 **5~7** 与胺类物质的响应机理

（4）金属配合物

Lanza 等[10]发现无荧光的铂配合物 **8** 可吸收氯化氢气体，形成具有强荧光的配合物 **9**（图 9-3）。配合物 **8** 放入气态氯化氢中，几秒钟后即形成配合物 **9**，颜色由橙红色变为紫蓝色，同时，荧光强度显著增强。而当配合物 **9** 暴露于氨气或经加热后，可以恢复到配合物 **8**。因此，配合物 **9** 可用于氨气的猝灭型检测。

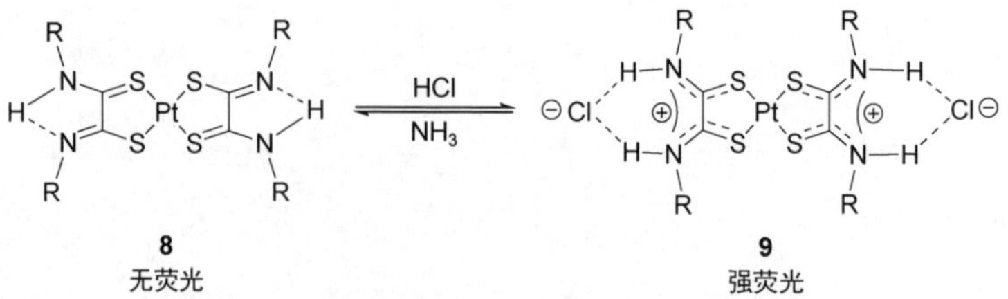

图 9-3　配合物 **8** 和 **9** 的结构及氨气响应机理

(5) 阳离子共轭聚合物的结合反应

共轭聚合物具有高效的激发态电子迁移性质，可提高检测灵敏度，因而在荧光固体传感器领域引起了广泛的关注。Swager 等[11]报道了一系列阳离子共轭聚合物探针 **10 ~ 13**，用来选择性鉴别胺类蒸气。这些聚合物探针在薄膜状态下均具有较强的荧光，而与胺类物质作用后则会发生荧光猝灭。例如，探针 **13** 薄膜暴露于苯胺蒸气 30 s 即可引起显著的荧光猝灭，荧光猝灭程度与苯胺浓度呈线性关系，并且这一过程是可逆的；探针薄膜只要暴露在空气中 10 ~ 15 min，荧光便可恢复。探针的选择性研究表明，探针 **10** 对吡啶的响应最灵敏，探针 **12** 对正丁胺、环己胺等烷基胺响应敏感，而探针 **13** 则更适合苯胺的检测。另外，这些探针的检测限均较低，与胺类物质的允许暴露极限相当或甚至更低。

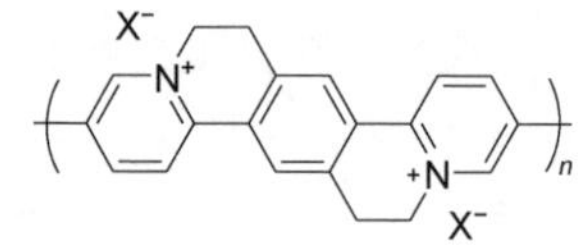

$X = Cl$　　　　**10**
$C_{12}H_{35}SO_4$　**11**
$B(C_6F_5)_4$　　**12**
BF_4　　　　　**13**

(6) 内部重原子效应的弱化

许多含有杂原子的有机荧光染料内部存在重原子效应，常常使荧光染料的荧光发生猝灭。因而，削弱有机荧光染料内部的重原子效应，可作为设计打开型荧光探针的策略。根据这一策略，Fu 等[12]发展了基于芴基噻吩的打开型荧光探针 **14** 和 **15**，用于甲基苯丙胺（如去氧麻黄素、冰毒）的检测。由于噻吩基团中存在硫原子，它的重原子效应可以猝灭探针的荧光。而当甲基苯丙胺与探针结合后，它们之间的相互作用会削弱探针的内部重原子效应，从而使探针荧光增强。探针

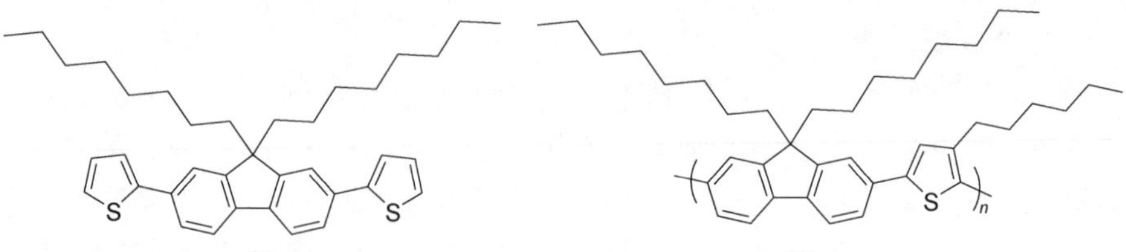

14 和 **15** 均对甲基苯丙胺表现出很好的选择性。

（7）双组分有机凝胶

Lu 等[13]发展了一维纤维凝胶探针 **16**，用于芳香胺和脂肪胺的区分检测。该凝胶探针由两个组分通过羧基和吡啶之间的氢键相连而形成。凝胶膜暴露于苯胺蒸气后，可在 0.8 s 内产生快速的荧光猝灭响应，荧光猝灭效率可达到 98%。快速响应主要是由于凝胶膜的三维连续多孔结构便于苯胺分子扩散，且这个过程是可逆的。而当暴露于正丁胺蒸气后，凝胶膜的荧光由黄绿色变为蓝色，544 nm 处的发射峰消失，同时在 440 nm 和 460 nm 处出现新的发射峰。通过紫外-可见吸收光谱和红外光谱研究发现，苯胺是通过物理方式吸附在纳米纤维表面，而正丁胺则可以破坏凝胶纤维的氢键，释放出具有荧光性质的单体组分。因此，该凝胶探针可以区分检测芳香胺和脂肪胺。

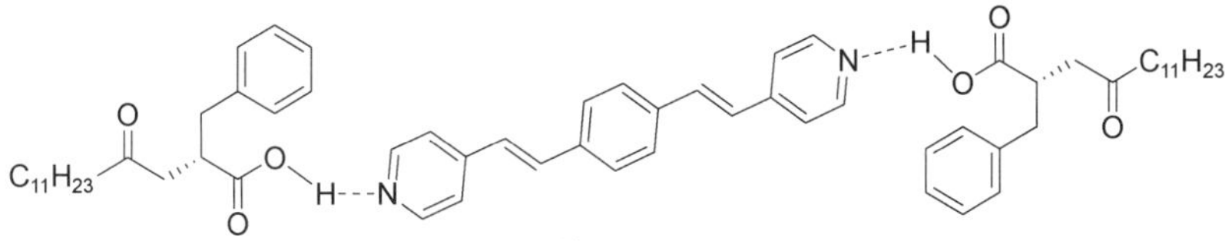

16

9.1.2 肼

肼，即联氨，是一种无色发烟的液体化合物，具有腐蚀性和强还化性[14]，可作为还原剂。肼是一类高毒性物质，空气中过量的肼能引起人体产生头晕眼花、恶心、昏迷、肺部水肿等病症，并且肼具有分子小、易挥发及水溶性良好等特征，很容易被人或动物吸收到体内，进而引起疾病[15]。目前，检测肼的光学探针主要是依靠二氰乙烯基、醛基、4-溴丁酸酯、乙酰丙酸酯、乙酸酯、三氟乙酰丙酮、邻苯二甲酰亚胺等识别基团，分别介绍如下。

（1）二氰乙烯基

利用二氰乙烯基和肼的特异性反应，Peng 等[16]报道了基于分子内电荷转移（ICT）效应的比率型荧光探针 **17**（图 9-4）。在探针 **17** 结构中，可发生由电子供体 *N,N*-二乙氨基到电子受体二氰乙烯基的 ICT 过程，探针自身的最大荧光发射位于 639 nm。而当探针与肼反应后，拉电子的二氰乙烯基转变成腙，改变了探针的分子内电荷密度分布，所得产物荧光位移到 564 nm 处，从而实现比率型识别水合肼。该探针对肼的检测限较低，可以检测细胞内的肼，显示出了较好的生物应用价值。

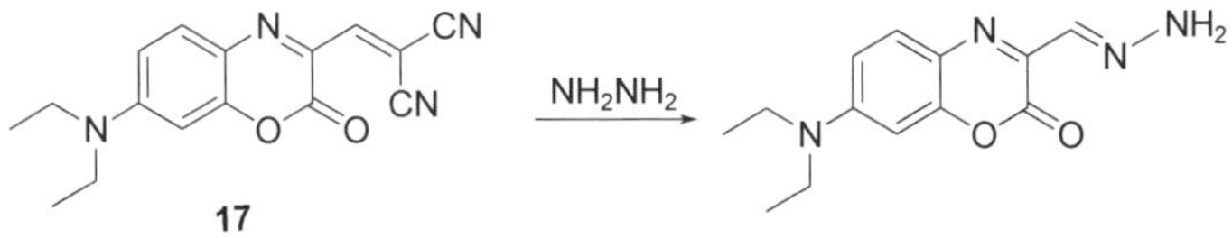

图 9-4 探针 **17** 对肼的识别机理

（2）醛基

Tong 等[17]以醛基为识别基团，发展了荧光探针 **18**。该探针结构简单，且无荧光；在乙醇-水-醋酸体系中，两分子探针可与一分子肼发生反应（图 9-5），生成的产物在 540 nm 处有明显的荧光发射。该探针对肼的响应快速、灵敏，可用于饮用水及河水中肼的检测，显示了较好的环境应用价值。

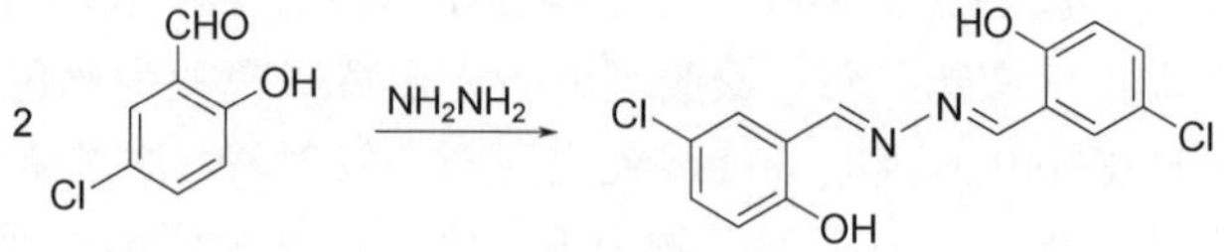

图 9-5　探针 **18** 对肼的识别机理

（3）4-溴丁酸酯

化合物 **19** 是以荧光素为信号单元，4-溴丁酸酯为识别基团而得到的检测肼的荧光探针（图 9-6）[18]。肼的一个 $-NH_2$ 可先对 Br 进行亲核取代，而另一端的 $-NH_2$ 则可进攻酯键使其断裂成环脱去，释放出荧光素母体，实现荧光打开响应。该探针在含有甲醇的缓冲液中能够快速地与肼反应，引起 516 nm 处的显著荧光增强，同时探针溶液的颜色也发生了明显的改变，可用于肼的比色检测。

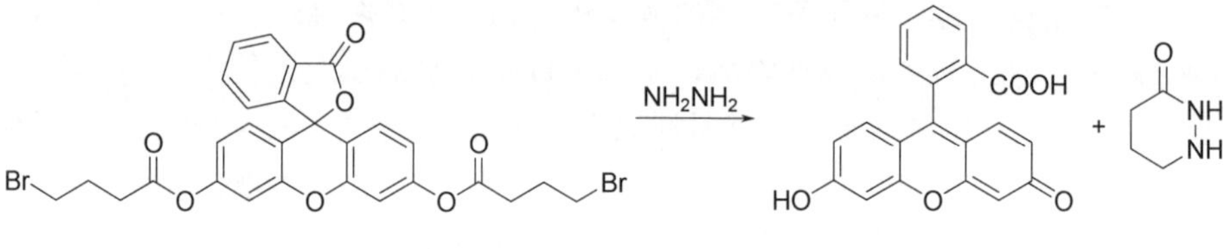

图 9-6　探针 **19** 对肼的识别机理

（4）乙酰丙酸酯

乙酰丙酸酯也是设计肼探针的常用识别基团，与 4-溴丁酸酯类似，肼的一个 $-NH_2$ 可先与乙酰丙酸酯的羰基反应形成 C=N 双键，接着另一个 $-NH_2$ 可进攻酯键使其断裂，释放出信号单元。根据这一原理，Chang 等[19]以香豆素为母体，发展了检测肼的荧光探针 **20**（图 9-7）。该探针与肼反应后，458 nm 处的荧光显著增强，而且探针溶液颜色也由无色变为青黄色，可对肼进行比色检测。

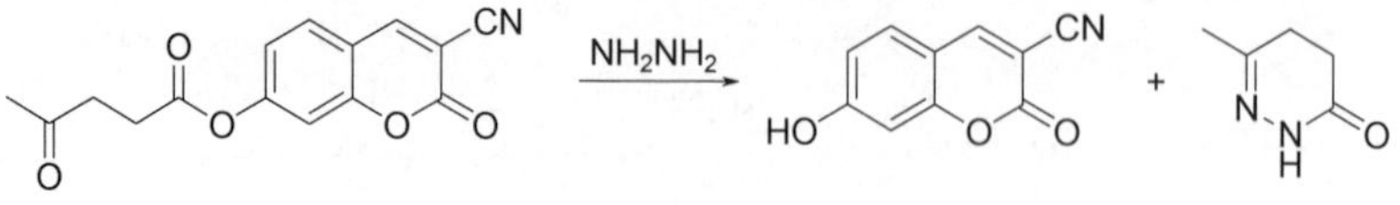

图 9-7　探针 **20** 对肼的识别机理

(5) 乙酸酯

化合物 **21** 是以荧光素为信号单元、乙酸酯为识别基团而合成的,用于检测肼的荧光探针(图 9-8)[20]。该探针在含有二甲基亚砜的缓冲液中能对肼产生良好的响应,反应后在 534 nm 处的荧光强度显著增强。此探针可以实现自来水和蒸馏水中肼的检测。

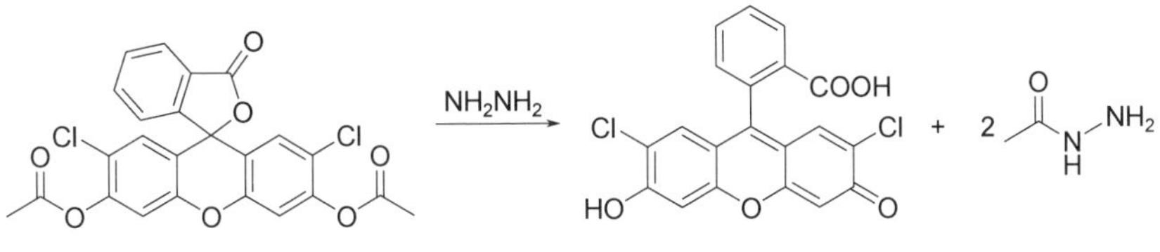

图 9-8 探针 **21** 对肼的识别机理

(6) 三氟乙酰丙酮

Goswami 等[21]以三氟乙酰丙酮为识别基团,报道了一例基于香豆素荧光母体的荧光探针 **22**(图 9-9)。肼的一个 –NH$_2$ 与三氟乙酰丙酮的一个羰基形成 C=N 双键后,另一个 –NH$_2$ 还可以与三氟乙酰丙酮的另一个羰基发生加成反应,消去一分子水,生成一个五元环化合物。在此过程中,从 N,N-二乙氨基到三氟乙酰丙酮的 ICT 消失,探针的光谱性质也发生了较大变化,荧光发射峰从 545 nm 处蓝移到了 500 nm 处,可实现肼的比率荧光检测。

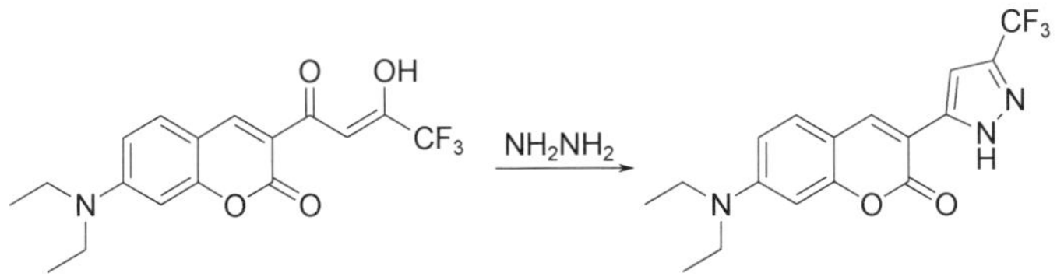

图 9-9 探针 **22** 对肼的识别机理

(7) 邻苯二甲酰亚胺

Cui 等[22]以邻苯二甲酰亚胺为识别基团,设计合成了基于萘酰亚胺母体的荧光探针 **23**(图 9-10)。探针 **23** 在与肼反应后,其最大吸收波长从 340 nm 红移到 440 nm,颜色从无色变为黄色,因此可用于肼的比色检测。而另一方面,探针与肼的反应可引起 540 nm 处的荧光增强响应。该探针对肼表现出较好的选择性,不受常见胺类物质的干扰。另外,该探针可以吸附在薄层色谱板上,对气相的肼产生响应,且不同浓度的肼蒸气可呈现出不同的颜色。

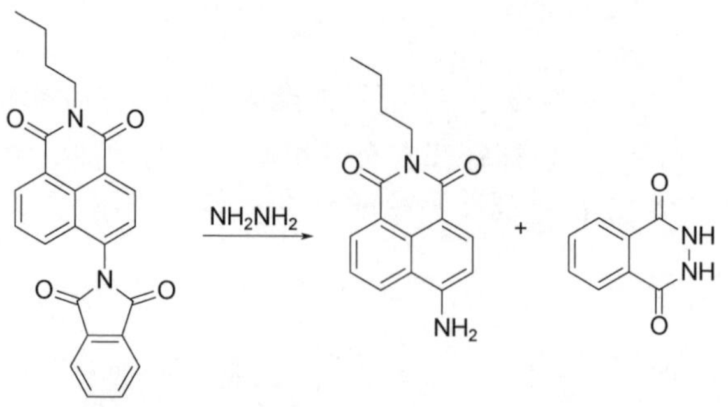

图 9-10 探针 23 对肼的识别机理

9.2 酚类物质检测

酚（phenol）类化合物是结构为苯环上的氢被羟基（-OH）取代的芳香族化合物[23]。其中，最简单的是苯酚（C_6H_5OH，亦称石炭酸）。虽然结构与醇类似，但酚的性质相对独特；与醇相比，酚类化合物具有更强的酸性[24]。酚类化合物是重要的化工原料，可制造染料、药物、酚醛树脂、胶黏剂等。自然界存在有 2000 多种酚类化合物，它们是植物生命活动的产物，在植物生长发育、免疫、抗真菌、光合作用、呼吸代谢等生命活动中起重要作用。酚类物质侵入人体，会与细胞原浆中蛋白质结合形成不溶性蛋白，使细胞失去活性。酚类物质对神经系统、泌尿系统、消化系统均有毒害作用[25,26]。因此，发展快速、灵敏的检测有毒的酚类物质（如苯酚和苯硫酚）的光学探针与传感分析方法，对诸多领域研究具有重要的意义。

9.2.1 2,4,6-三硝基苯酚

2,4,6-三硝基苯酚（TNP，又称苦味酸）是一种常见的炸药[27]，广泛应用于烟花和火箭燃料等制造[28]。另外，TNP 在染料、医药、皮革等行业被大量使用，可作为织物染料或玻璃上色原料。在使用过程中，TNP 极易泄漏到环境中，污染地下水和土壤，使之逐渐成为一种环境污染物[29]。近年来，人们报道了各类用于 TNP 检测的光学探针，主要包括有机小分子探针、有机高分子探针和纳米材料探针三类。

（1）有机小分子类 TNP 检测探针

Kumar 等[30]以 N,N-二甲基氨基肉桂醛为荧光母体制备了检测 TNP 的荧光探针 24（图 9-11）。该探针与 Hg^{2+} 结合后，将会导致探针分子内的电子重排，产生 ICT 效应，进而使得探针的荧光增强。而当 TNP 加入反应体系后，探针的荧光发生猝灭，这是由于 TNP 与探针分子之间存在较为强烈的静电作用，TNP 分子中的羟基与探针中的氮原子之间形成氢键，破坏了探针的 ICT 效应。

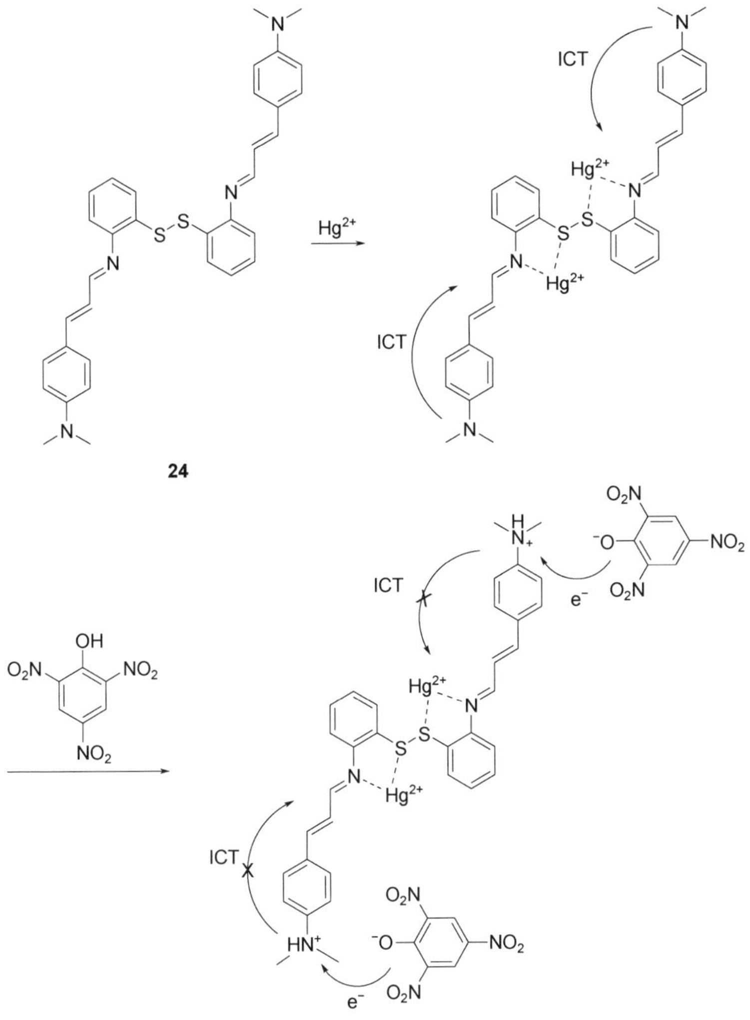

图 9-11 探针 **24** 对 TNP 的响应机理

芘作为一类性能良好的荧光材料，具有化学结构稳定、易于合成、量子产率高、荧光寿命长等优点，也被应用于 TNP 的检测。如，荧光探针 **25** 可通过简单的一步法而制备[31]。该探针在溶液和固体状态下都具有良好的聚集诱导发光（AIE）效应，而在与 TNP 结合后，荧光发生猝灭，对 TNP 的检测限为 16.51 nmol/L。

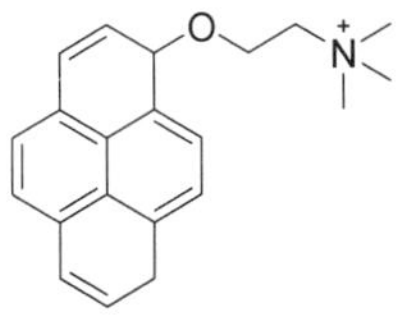

Vij 等[32]以六苯并蔻作为荧光母体,合成了检测 TNP 的探针 **26**(图 9-12),其中平面形的六苯并蔻被修饰上可自由转动的结构,以调控探针的 AIE 效应。通过改变溶剂水和四氢呋喃的比例,可使探针在溶液中聚集,产生 AIE 效应,发射出较强的荧光。而当 TNP 加入后,探针的荧光显著下降,这是由于处于激发态的探针将电子传递给具有强拉电子能力的 TNP,使自身荧光发生猝灭。

图 9-12　TNP 对探针 **26** 荧光的猝灭机理示意图

(2)有机高分子类 TNP 检测探针

荧光探针 **27** 是基于带电高分子的组装而获得的(图 9-13)[33]。其中,带负电荷的信号单元芘(PyBS)可通过静电、π-π、电子转移等作用与带正电荷的高分子 PDDA 形成组装体。由于信号单元芘在组装体内的聚集,探针 **27** 在 486 nm 处有较强的荧光发射,而当探针与 TNP 作用后,此荧光显著降低。与游离的小分子探针相比,这种组装后的探针具有更高的电荷密度以及特殊的内部疏水区域,这些性质有助于提升探针对 TNP 的检测灵敏度。探针 **27** 的检测限为 5 nmol/L,已应用于环境水样和土壤中 TNP 的检测。

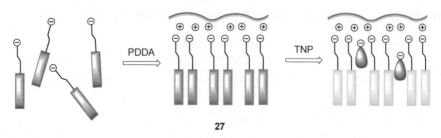

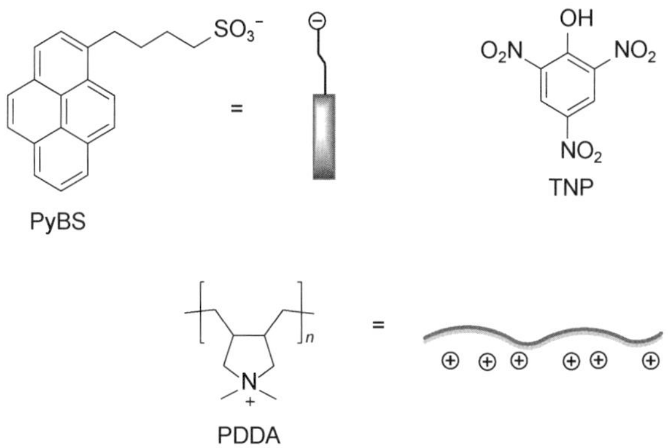

图 9-13 探针 **27** 与 TNP 的响应示意图[33]

以五蝶烯和四苯乙烯为单体,可制得具有 AIE 效应的高分子荧光探针 **28**,用于 TNP 的检测[34]。研究发现,调控溶剂水和四氢呋喃的比例可以影响探针 **28** 的聚集状态,当比例为 9:1 时,探针的聚集程度最大,具有最强荧光发射;在此溶剂条件下,探针可对 TNP 给出灵敏的荧光猝灭响应。同时,该探针还可旋涂在玻璃基底上制备成薄膜,用来检测 TNP 蒸气。

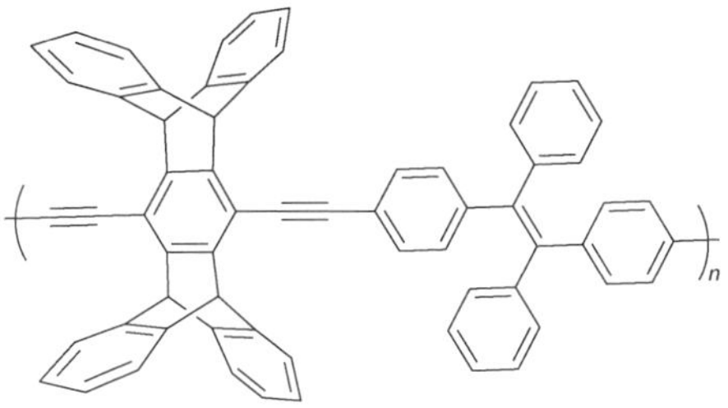

28

（3）纳米材料类 TNP 检测探针

Ni 等[35]制备了基于二硫化钼量子点的纳米探针 **29**（图 9-14）。由于该量子点的荧光发射峰与 TNP 的紫外吸收峰重叠,量子点与 TNP 之间可发生荧光共振能

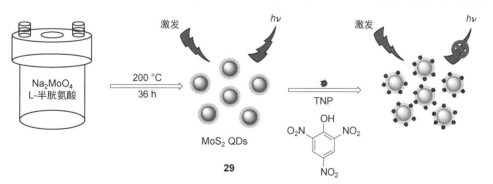

图 9-14 纳米探针 **29** 的合成及其检测 TNP 的原理图[35]

第 9 章 小分子的检测

量转移（FRET），导致自身荧光的猝灭，实现对 TNP 的检测。纳米探针 **29** 对 TNP 的检测线性范围为 0.099~36.500 μmol/L，检测限为 95 nmol/L。该研究还将探针 **29** 制作成荧光检测试纸，实现 TNP 的裸眼检测。

9.2.2 苯硫酚

苯硫酚（化学式：C_6H_5SH，PhSH）是一种有机硫化合物，又名巯基苯、硫苯酚，是最简单的硫酚类化合物，具有极强的刺激性。苯硫酚也是一种高毒性化合物[25]，一定量的苯硫酚会导致人肌肉无力、四肢瘫痪，严重损害人的中枢神经系统，使人昏迷甚至死亡[36]。近年来检测苯硫酚的光学探针发展较为迅速，所涉及的识别反应主要包括磺酰胺、磺酸酯、二硝基苯基醚、S-N/Se-N 键的断开反应以及亚砜的还原反应。

（1）基于磺酰胺键的断开反应

Wang 等[37]以硝基苯并噁二唑（NBD）为荧光母体，2,4-二硝基苯磺酰胺为识别基团设计合成了检测苯硫酚的荧光探针 **30**（图 9-15）。由于苯硫酚和生物硫醇的 pK_a 值不同，在中性水溶液中，苯硫酚具有更强的亲核性，可以更快速地使磺酰胺基团离去，进而释放出 NBD 荧光母体，使荧光探针的荧光信号显著增强。而在同样的测试条件下，硫醇反应活性不如苯硫酚，与磺酰胺基团的反应速度非常慢。因此，探针 **30** 可以实现对苯硫酚的选择性检测。

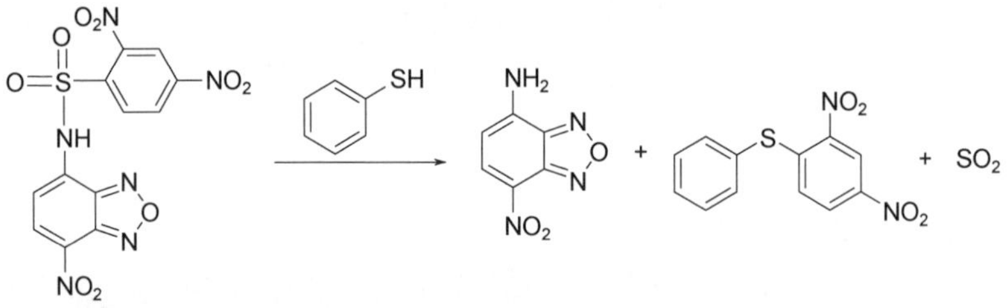

图 9-15 探针 **30** 对苯硫酚的识别机理

近红外光与紫外-可见光相比，在生物组织中具有更强的穿透力，而且其对生物样品组织的损害更小。Feng 课题组[38]以近红外荧光团二氰亚甲基苯并吡喃作为荧光母体，制备了检测苯硫酚的近红外荧光探针 **31**（图 9-16）。该探针可以在相对温和的条件下对苯硫酚产生高灵敏度、高选择性反应，并引起近红外荧光信号的显著增强以及较大的斯托克斯位移，可用于实际水样和细胞中苯硫酚的检测。

（2）基于磺酸酯键的断开反应

Zhang 等[39]以 BODIPY 为荧光母体、2,4-二硝基苯磺酸酯为识别基团，设计合成了检测苯硫酚的双光子荧光探针 **32**（图 9-17）。在苯硫酚的强亲核作用下，

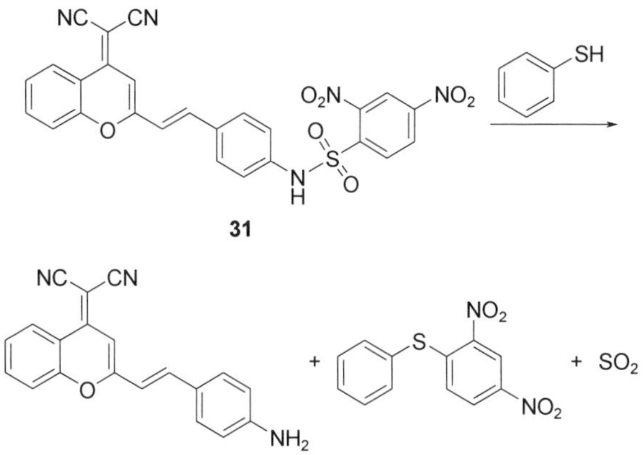

图 9-16 探针 **31** 对苯硫酚的识别机理

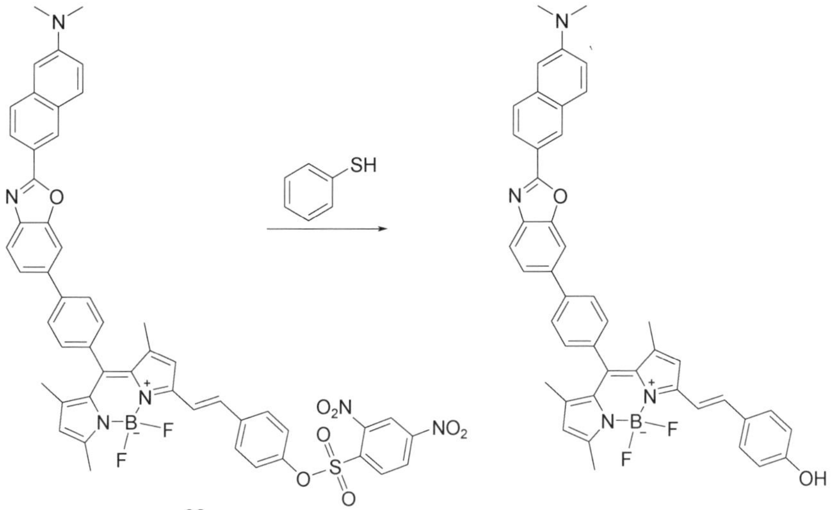

图 9-17 探针 **32** 对苯硫酚的识别机理

探针的磺酸酯键被切断，释放出 BODIPY 荧光母体。该探针可以在水溶液中高灵敏度、高选择性地检测苯硫酚，已成功用于实际水样品和活细胞中苯硫酚的分析。

以方酸为荧光信号单元，人们还发展了苯硫酚的近红外荧光探针 **33**（图 9-18）[40]。方酸母体中缺电子的环丁烯结构也是苯硫酚潜在的亲核进攻位点。然而，在此探针的特殊结构下，由于位阻的影响，苯硫酚只能选择性地亲核进攻探针中的识别基团磺酸酯部分，释放出荧光母体引起荧光打开响应，而对方酸没有影响。探针 **33** 具有较高的苯硫酚检测灵敏度，检测限为 9.9 nmol/L，已用于实际水样中苯硫酚的检测。另外，在与苯硫酚反应前后，探针溶液的颜色也发生了明显的变化，表明该探针可用于苯硫酚的比色分析。

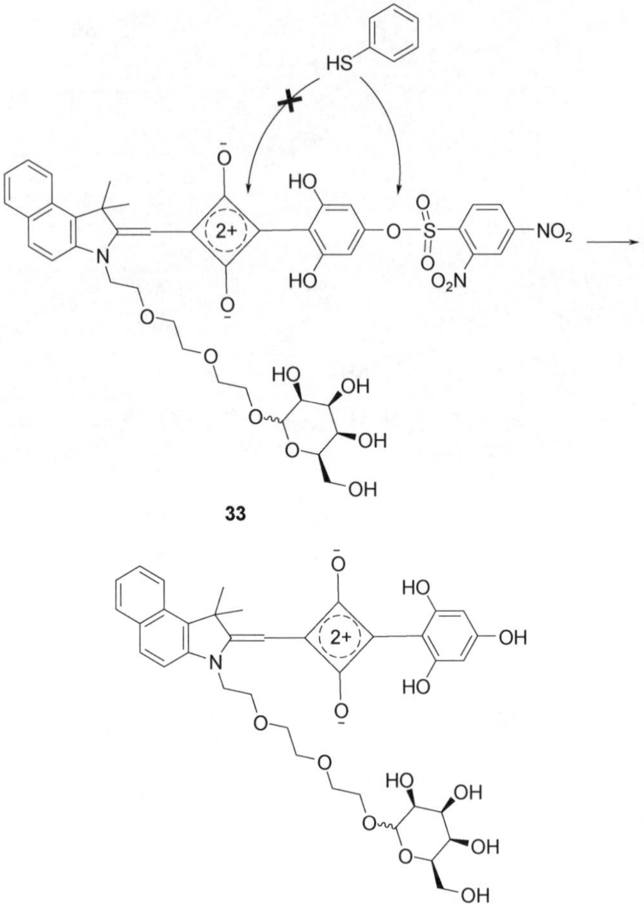

图 9-18　探针 **33** 对苯硫酚的识别机理

（3）基于二硝基苯基醚键的断开反应

Lin 等[41]基于苯硫酚对二硝基苯基醚的硫解作用，设计合成了一种高灵敏度的苯硫酚荧光探针 **34**（图 9-19）。苯硫酚通过亲核取代反应，可使探针的醚键断裂，释放出荧光母体，引起 494 nm 处的荧光增强响应。该探针对苯硫酚表现出了较好

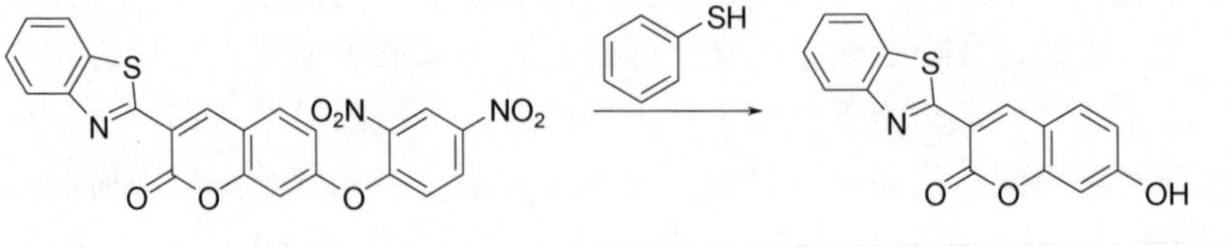

图 9-19　探针 **34** 对苯硫酚的识别机理

的选择性和较低的检测限,且反应前后探针溶液由无色变为黄色,已用于检测环境水样、土壤以及活细胞中的苯硫酚,显示出了较好的环境和生物应用价值。

类似地,Feng 等[42]发展了近红外苯硫酚荧光探针 **35**(图 9-20)。该探针以二氰亚甲基苯吡喃作为荧光母体,可对苯硫酚产生高选择性、高灵敏度、快速的光学响应。与苯硫酚反应后,探针 **35** 表现出了近红外荧光信号的显著增强和较大的斯托克斯位移,同时颜色发生明显的变化。该探针已经用来检测水样、活细胞以及活体中的苯硫酚。

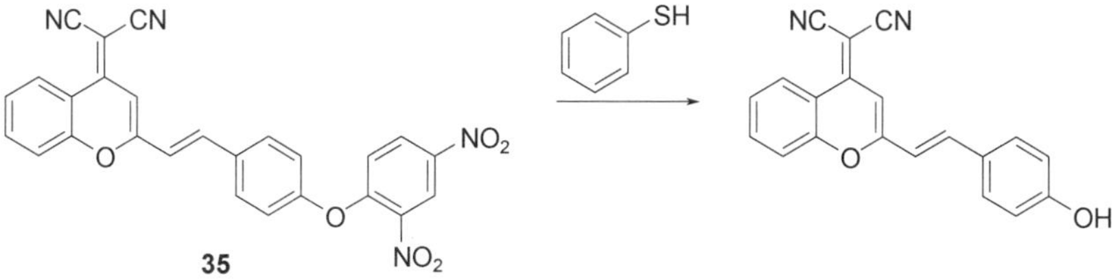

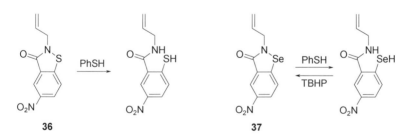

图 9-20　探针 **35** 对苯硫酚的识别机理

(4) 基于 S—N 键或 Se—N 键的断开反应

化合物 **36** 和 **37**(图 9-21)是基于 S—N 键或 Se—N 键断裂反应的比色探针[43]。其中,探针 **36** 与苯硫酚反应后,最大吸收波长从 336 nm 位移到 413 nm,而探针 **37** 则从 343 nm 位移到 426 nm,并且两个探针均表现出明显的颜色变化(从无色到黄色)。另外,探针 **37** 的 Se—N 键断开后,可在过氧化叔丁醇(TBHP)的氧化作用下再次恢复到原本的五元环结构,实现苯硫酚的可逆检测。

图 9-21　探针 **36** 和 **37** 对苯硫酚的识别机理

(5) 基于苯硫酚与亚砜的还原反应

利用苯硫酚对亚砜的还原作用,Zhao 等[44]发展了检测苯硫酚的比率型荧光探针 **38**(图 9-22)。该探针以 BODIPY 为荧光母体,利用苯硫酚的还原性,将亚砜官能团还原为硫化物,从而产生选择性的比率型荧光响应。同时,此探针与苯硫酚反应时还表现出了明显的颜色变化,也可用于苯硫酚的比色检测。

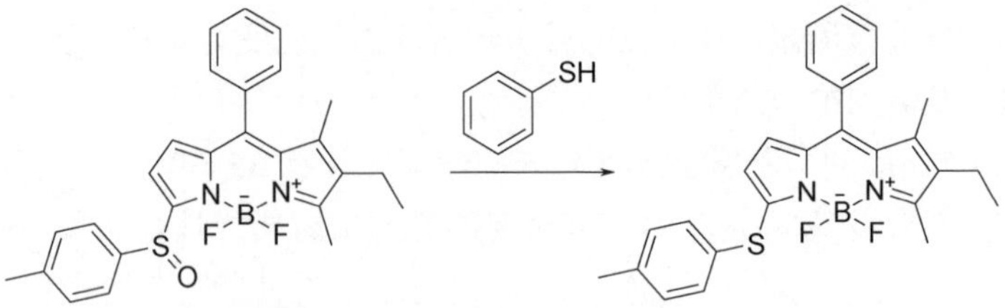

图 9-22　探针 **38** 对苯硫酚的识别机理

9.3　硫醇类物质检测

小分子硫醇类物质是生物体中重要的活性分子,也是许多蛋白质必不可少的组成部分,通常以氧化型和还原型两种形式平衡存在着,在人的生理活动中起着重要的作用[45]。游离的小分子硫醇类物质包括硫化氢(H_2S)、半胱氨酸(Cys)、高半胱氨酸(Hcy)、还原型谷胱甘肽(GSH)、二氢硫辛酸和辅酶 A 等;硫醇类物质形成的蛋白则主要有金属硫蛋白、谷胱甘肽过氧化物酶、谷胱甘肽还原酶等[46]。这些生物硫醇在调节生命的氧化还原平衡状态、维持生物的正常生命活动和疾病预防方面发挥着重要作用[47,48]。然而,当上述生物硫醇含量在体内发生异常时则容易导致心血管、中风、癌症等一系列疾病[49,50]。因此,开展小分子硫醇类物质的分析与检测对于疾病的预防、研究和治疗都具有十分重要的作用。根据不同的反应机理,本节对硫醇类物质(主要包括 H_2S、Cys、Hcy 和 GSH)的光学探针进行简要介绍。所涉及的反应机理主要有:双键的迈克尔加成,苯环的亲核取代,金属的配位络合,硫醇类物质参与的氧化反应、成环反应、静电作用等。

(1) 基于硫醇类物质对双键的迈克尔加成反应

不少硫醇类物质的光学探针都是利用巯基与马来酰亚胺基团之间的迈克尔加成反应来进行检测。如 Nagano 等[51]设计合成了含马来酰亚胺基团的 BODIPY 类荧光探针 **39**,其荧光可被马来酰亚胺基团通过 PET 作用猝灭;而马来酰亚胺基团位于对位和间位时,BODIPY 衍生物的荧光却没有明显的减弱。这说明马来酰亚胺基团距荧光体越近,其猝灭作用越强。在 0.1 mol/L 的磷酸盐缓冲液(pH 7.4)中,硫醇类物质与 **39** 中马来酰亚胺基团的加成反应导致荧光显著增强,量子产率由 0.002 升至 0.73。探针 **39** 已用于凝胶电泳带中极低浓度的牛血清白蛋白的定量标记分析。

然而,马来酰亚胺在碱性环境中容易水解,所以近年来基于巯基对 α,β-不饱和酮的 1,4-加成机理的光学探针受到重视。Lin 等[52]以二乙氨基香豆素为荧光母体合成了探针 **40**。由于该共轭体系内存在从二乙氨基到吡啶的 ICT,探针本身荧光很弱。而当与硫醇类物质反应后，探针的 ICT 效应被破坏，引起荧光恢复。研究表明，探针 **40** 与 Cys 反应后荧光信号增强了 200 多倍，检测限可达 9.25×10^{-7} mol/L，且反应在 25 mmol/L 磷酸盐（pH 7.4）介质中 10 min 内基本完成。探针 **40** 对 Cys、Hcy、GSH 依次减弱的反应性则归因于 1,4-加成的位阻效应。该探针已用于小牛血清和人尿液中硫醇类物质总量的检测。

化合物 **41** 是基于相同的荧光母体而发展的比率型荧光探针[53]。探针中的酚羟基能够和邻位的羰基形成氢键。通过与不含酚羟基的模型化合物对比，探针 **41** 与硫醇类物质的反应速率显著提升，说明该氢键能增强探针的反应活性。探针 **41** 的激发和发射波长分别为 420 nm 和 553 nm，与硫醇类物质反应后 553 nm 处的荧光逐渐降低，同时在 466 nm 处产生了新的发射峰。在含 80% DMSO 的 HEPES 介质（pH 7.4）中，探针与 Cys、Hcy 和 GSH 反应使荧光强度之比（$I_{466\,nm}/I_{553\,nm}$）分别升高了 400、625 和 325 倍，且其它非硫醇类物质无干扰。该探针已用于 HeLa 细胞中 GSH 的荧光成像分析。

Yin 等[54]基于苯并吡喃发展了检测硫醇类物质的比色探针 **42**。在含 0.1%乙醇的 HEPES 缓冲液（10 mmol/L，pH 7.0）中，硫醇类物质（如 Cys）的加入导致探针在 292 nm 处的吸收峰降低，且在 405 nm 处生成新峰，反应溶液由无色变为淡黄色。当 Cys 的浓度为探针的 10 倍时，反应在 10 s 内即可完成。^{1}H NMR 分析表明，Cys 与探针中双键的亲核加成作用导致醚键的断裂，释放出有颜色的 4-硝基苯酚阴离子。然而，该探针的分析波长较短，易受生物体中基质的影响。

Yoon 等[55]将 2-环戊烯酮与荧光素醛结合得到探针 **43**。在含 0.1%乙腈的 HEPES 缓冲液（20 mmol/L，pH 7.4）中，探针能与 Cys、GSH 和 Hcy 反应，使 520 nm 处的荧光增强，荧光量子产率从 0.04 分别升为 0.91、0.65 和 0.47，而其它的氨基酸无影响。其中，对 GSH 的检测限为 53 nmol/L。反应机理研究表明，巯基对 α,β-不饱和酮的 1,4-加成作用导致荧光素的酚羟基恢复，并引起荧光素结构中五元环的开环，使体系的荧光增强。探针 43 已用于小鼠 P19 细胞中的 GSH 荧光成像，还用于比较斑马鱼不同器官中 GSH 的浓度。

丙烯酸酯的双键与 Cys 反应可形成硫醚，接着通过分子内环化生成内酰胺结构。Yang 等[56]利用该反应，以 2-(2'-羟基-3'-甲氧苯基)苯并噻唑（HMBT）为荧光母体设计并合成了探针 44。荧光母体中酚羟基被丙烯酸酯化后，因受吸电子的 α,β-不饱和酮羰基的影响，探针本身的荧光较弱。然而，在磷酸盐缓冲液（20 mmol/L，pH 7.4）中，Cys 或 Hcy 的引入均可与探针的烯键发生加成反应，并使烯醇式产物在 377 nm 处发射荧光。其中，Cys 的加成产物可通过内酰胺七元环的快速形成而释放出 HMBT，导致 487 nm 处的荧光显著增强，同时伴随 377 nm 处的荧光降低；与此相反，Hcy 和 44 的加成产物较为稳定，荧光母体释放较慢（图 9-23）。动力学实验表明，反应 40 min 时，含 Cys 的反应体系主要产生 487 nm 荧光，而含 Hcy 的体系则主要产生 377 nm 荧光，从而能够方便地区分这两种硫醇类物质。探针 44 对 Cys 和 Hcy 的检测限分别为 0.11 μmol/L 和 0.18 μmol/L。该探针已用于去蛋白的人血清中 Cys 和 Hcy 的同时检测。

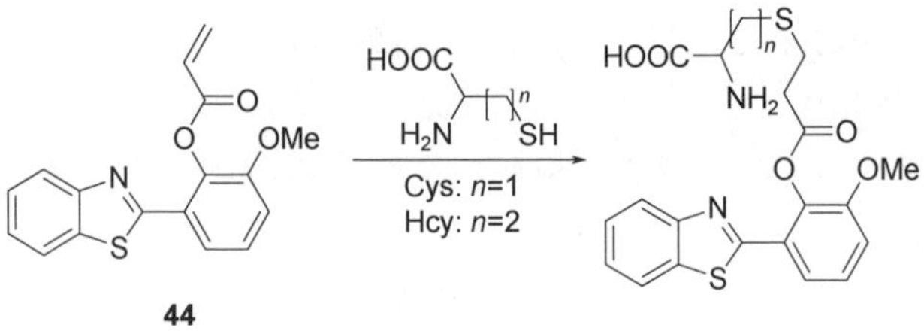

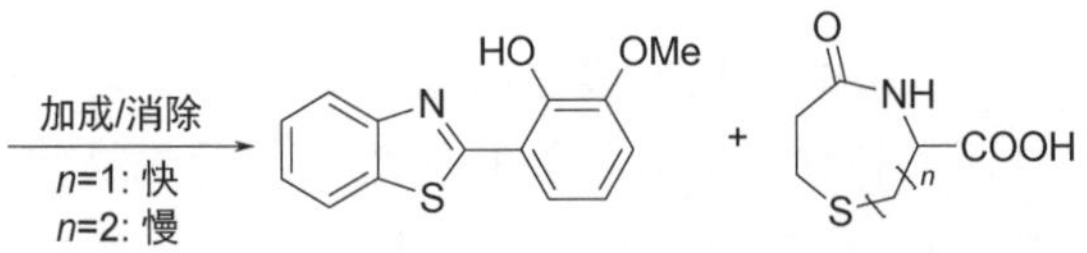

图 9-23 探针 44 与 Cys 和 Hcy 的反应机理

（2）基于硫醇类物质对缺电子苯环的亲核取代反应

Maeda 等[57]将吸电子的 2,4-二硝基苯磺酰基团引入到荧光素母体中合成了探针 45 和 46。ICT 效应使探针荧光猝灭，而硫醇类物质的芳环亲核取代作用又令磺酸酯键断裂，母体结构恢复，荧光打开。在含 0.5%乙醇的 HEPES 缓冲液（10 mmol/L，pH 7.4）中，探针 45 和 46 与 GSH 在 37℃反应 10 min 后荧光即达到稳定平台，其表观反应速率常数分别为 1.7×10^2 mol/(L·s)和 1.4×10^2 mol/(L·s)。该探针已用于胆碱酯酶活性的测定，并能替代 Ellman 试剂检测胆碱酯酶的抑制活性。基于类似的原理，通过将 2,4-二硝基苯磺酰基团引入到其它荧光母体中，人们还发展了具有不同分析性能的荧光探针以实现硫醇类物质的体外检测和细胞成像。如，探针 47 是以 BODIPY 为母体而设计的具有长波长特征的荧光探针[58]，其荧光发射约为 590 nm，可有效避免来自复杂生物基质的短波长背景荧光的干扰。值得注意的是，该探针对 Cys 具有很高的选择性，而对 GSH 几乎没有响应。细胞成像实验表明，该探针可用于细胞中硫醇类物质检测；而且，加入硫醇类物质的清除剂能够引起细胞荧光的减弱，表明细胞内荧光信号的变化的确来自硫醇类物质浓度的改变。

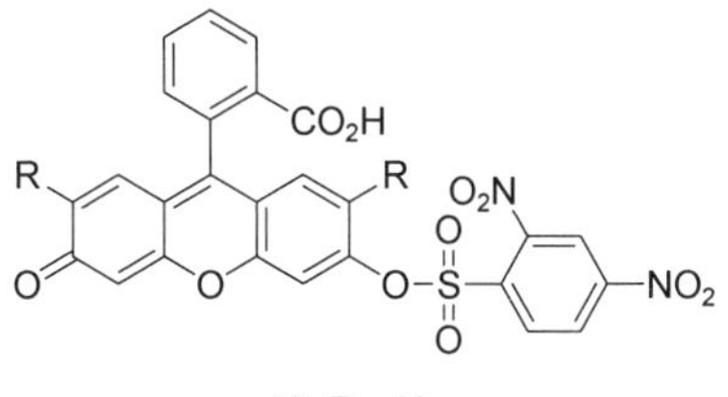

45: R = H
46: R = CH₃

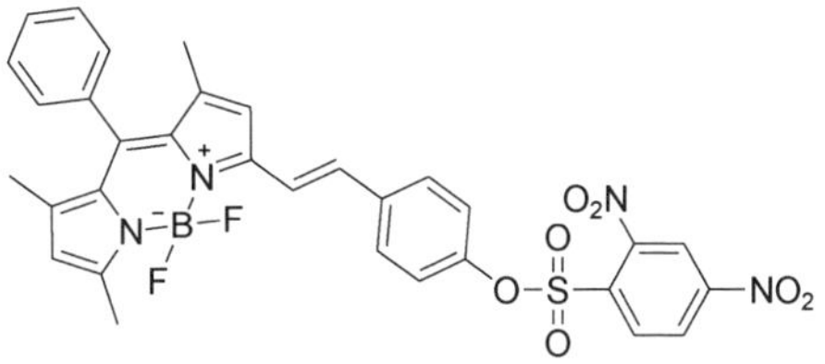

47

He 等[59]利用取代-重排机理，设计了荧光探针 **48**（图 9-24），用来区分 Cys 和 N-乙酰半胱氨酸（NAC）。Cys 的巯基可与探针 **48** 上的 Cl 原子发生亲核取代反应；接着 α-伯胺会驱动重排反应以释放出游离的巯基；最后，释放出的巯基可进一步进攻邻近的双键，改变探针的共轭结构。然而 NAC 结构中没有 α-伯胺，其巯基在与 Cl 发生取代反应之后，不能进行后续的重排反应，由此产生了不同于 Cys 的光谱响应。在 405 nm 的激发条件下，探针 **48** 荧光较弱，与 Cys 反应后，460 nm 处的荧光显著增强，线性范围为 6~60 μmol/L，检测限为 56 nmol/L；而其它硫醇类物质，包括 NAC、Hcy 和 GSH，则不会引起探针 **48** 的明显荧光变化。探针 **48** 被用于检测血清及活细胞等生物样品中的 Cys，并揭示了细胞对 NAC 的摄入速率高于 Cys。

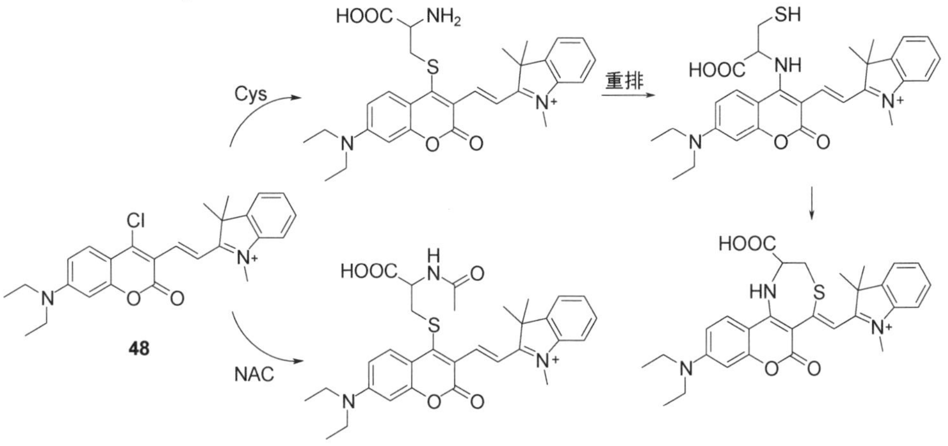

图 9-24 探针 **48** 与 Cys 和 NAC 的不同反应路径

利用 H_2S 对二硝基苯基醚的亲核取代作用，Liu 等[60]以萘酰亚胺为荧光母体，吗啉环为溶酶体靶向基团，发展了靶向溶酶体的 H_2S 荧光探针 49（图 9-25）。由于荧光母体萘酰亚胺的 4-位羟基处于保护状态，探针 49 自身的荧光很弱；而当与 10 倍量（物质的量）的 H_2S 反应后，探针 49 位于 555 nm 处的荧光增强了 42 倍。GSH、Cys 和 Hcy 等硫醇类物质均不干扰探针 49 对 H_2S 的检测。另外，该探针的溶酶体靶向效果较好，已用于 MCF-7 细胞溶酶体 H_2S 的荧光成像分析。

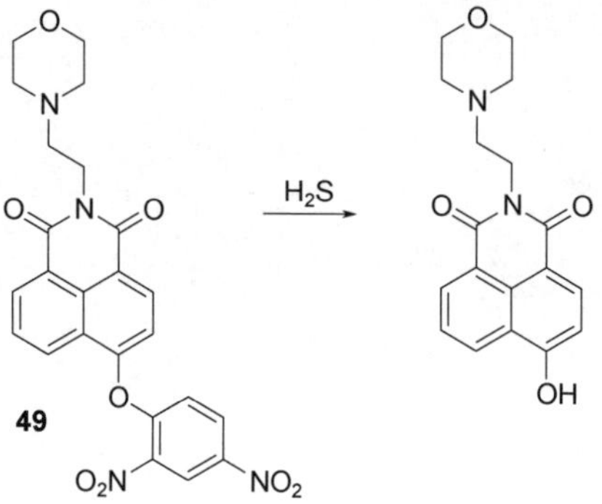

图 9-25　探针 49 与 H_2S 的反应机理

（3）基于硫醇类物质的还原性

Ma 等[61]发展了选择性测定硫醇类物质的化学发光法（图 9-26）。该方法基于 Cys 的巯基被铈（Ⅳ）氧化时能产生微弱的化学发光，当引入荧光体奎宁时，该化学发光得到显著增强。机理研究表明，由于 Ce(Ⅲ) 的发射光谱和奎宁的吸收光谱在 300～400 nm 间有重叠，因此，激发态的 Ce(Ⅲ) 能够将能量传递给奎宁，使其在 450 nm 处产生较强的荧光发射，从而提高了检测灵敏度。该体系的发光强度与 Cys 浓度在 3.5×10^{-9}～3.5×10^{-6} mol/L 的范围内成正比，检测限为 2.5 nmol/L。该方法可直接检测人血清中 Cys 的总量（包括游离和蛋白结合态的 Cys）。

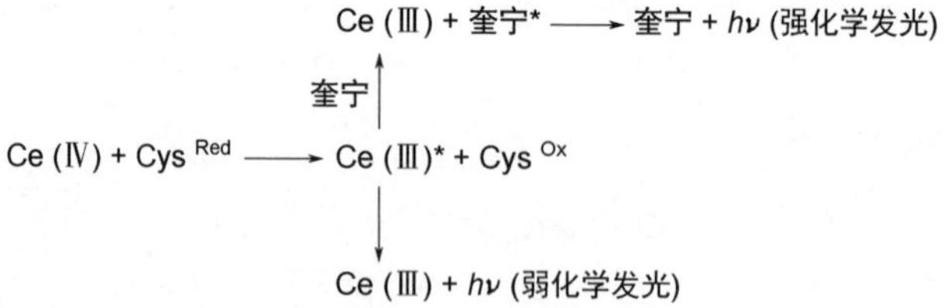

图 9-26　Ce(Ⅳ)-奎宁体系检测 Cys 的机理

Tang 等[62]利用 4-氨基-2,2,6,6-四甲基哌啶氧化物（AT）对 CdTe 量子点进行修饰，得到了检测小分子硫醇类物质的纳米探针 50（图 9-27）。其中 AT 单元不仅能在温和的条件下与巯基反应,而且还能通过电子转移作用有效地猝灭量子点的荧光。当与小分子硫醇类物质作用后,该纳米探针表面顺磁性的一氧化氮自由基被还原成反磁性的羟胺,量子点荧光恢复;而蛋白中的巯基由于有较大的位阻效应则不能使量子点的荧光发生变化。该纳米探针已用于 HL-7702 和 HepG2 细胞提取物中 GSH 的测定,并通过荧光成像比较了上述两种细胞内 GSH 的浓度变化。

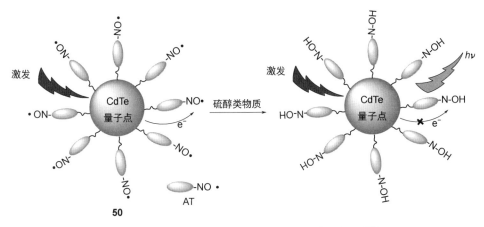

图 9-27 纳米探针 50 与硫醇类物质的响应机理[62]

Liu 等[63]将二氧化锰纳米片修饰到镧系元素掺杂的上转换纳米颗粒(UCNP)表面,发展了一种在水溶液中选择性检测 GSH 的纳米探针 51(图 9-28)。二氧化

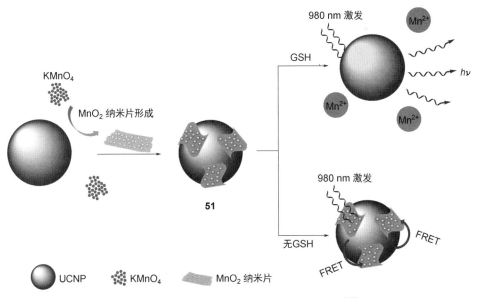

图 9-28 纳米探针 51 与 GSH 的反应机理[63]

锰纳米片的吸收带恰与 UCNP 在紫外和蓝色光区的荧光发射带重叠,可通过 FRET 作用使 UCNP 的荧光猝灭。当与 GSH 反应时,二氧化锰纳米片中的 Mn(Ⅳ)被还原为 Mn(Ⅱ)而降解,UCNP 的荧光得以恢复,其它的电解质和弱还原性物质如葡萄糖和果糖则不产生影响。该探针已用于监测 HepG2 和 HeLa 细胞内 GSH 浓度的变化。

生物体内存在着游离巯基与二硫键的动态交换平衡,此行为可用于硫醇类物质的光学探针设计与分析检测。例如,探针 **52**[64]中的香豆素和卟啉母体单元的荧光发射分别在 459 nm 和 658 nm。二硫键的连接导致从供体香豆素到受体卟啉的 FRET,香豆素荧光猝灭,而卟啉的荧光基本不变。在含 50%乙醇的磷酸盐缓冲液(pH 7.4)中,探针与 Cys 反应时导致二硫键的断裂,从而使 459 nm 的荧光得以恢复,溶液的颜色由红色变为蓝色。两个波长处的荧光强度比值 $I_{459\,nm}/I_{658\,nm}$ 在 1～600 μmol/L 的 Cys 浓度范围内有良好的线性,检测限可达 0.73 μmol/L。细胞成像实验表明 **52** 的膜透过性良好,适于监测细胞内硫醇类物质的浓度变化。

探针 53 是以 4-氨基-1,8-萘酰亚胺为荧光母体，并通过引入二硫键和半乳糖两个功能单元而设计[65]。二硫键单元的引入可封闭母体的荧光；而半乳糖单元能与 HepG2 细胞表达的去唾液酸糖蛋白受体特异性结合，使探针通过受体介导的内吞作用进入细胞。硫醇类物质（如 GSH）与探针作用时可引起二硫键的断裂，产生的含荧光体的中间体接着发生环化反应并使游离的氨基得以恢复。由于中间体的短暂存在，探针本身在 473 nm 处的荧光呈现先升高后降低的过程，而 540 nm 的新发射峰随着 GSH 量的增加渐渐升高。反应体系的荧光强度比率 I_{540}/I_{473} 在 0~0.5 mmol/L 的 GSH 浓度范围内有良好的线性。细胞成像和组织切片实验表明，探针 53 能靶向进入肝细胞和肝脏。

借助 H_2S 的还原性，将叠氮基还原为氨基，是设计 H_2S 探针的常用策略之一。基于此，Wan 等[66]以甲酚紫为荧光母体，设计了 H_2S 探针 54。该探针与 H_2S 反应后，拉电子的叠氮基转变为给电子的氨基，这种电子效应的改变，可导致探针的荧光发射光谱从 566 nm 红移至 620 nm，而吸收光谱从 488 nm 红移至 588 nm，实现 H_2S 的比率荧光和比色双模式分析。在磷酸盐缓冲液（60 mmol/L，pH 7.4）中，探针 54 的荧光强度比率 $I_{620\ nm}/I_{566\ nm}$ 与 H_2S 的浓度在 1~40 μmol/L 范围内呈线性关系，检测限为 0.1 μmol/L；同时，探针 54 对 H_2S 的选择性较好，GSH 和 Cys 等硫醇类物质即使浓度高至 5 mmol/L 也不干扰 H_2S 的检测。该探针已用于活细胞和斑马鱼体内 H_2S 的荧光成像分析。

Chen 等[67]以荧光素和香豆素为信号单元，结合叠氮和多硫化物（H_2S_n）识别基团 2-(苯甲酰硫基)苯甲酯，发展了可区分检测 H_2S 和 H_2S_n 的双功能荧光探针 55。由于叠氮引起的 ICT 作用和 2-(苯甲酰硫基)苯甲酯的保护作用，该探针结构中香豆素和荧光素的荧光均处于猝灭状态。当与 H_2S 反应后，香豆素母体上的叠氮被还原成氨基，引起 452 nm 处的香豆素荧光增强，同时一部分 H_2S 会被氧化成 H_2S_n，与 2-(苯甲酰硫基)苯甲酯反应引起 542 nm 处的荧光素荧光增强。然而，探针 55 与 H_2S_n 的反应只会引起荧光素的荧光增强，依靠这种荧光信号的差异，便可实现 H_2S 和 H_2S_n 的区分检测。与同时使用两个探针分别进行检测相比，双功能探针的优势在于能克服两个探针之间潜在的相互干扰和分布及代谢等差异，能更准确地反映某一生理或病理过程中两种生理物种的相互关联。该探针已用于 HeLa 细胞

中 H_2S 和 H_2S_n 的区分检测。

（4）基于硫醇类物质与金属离子的络合作用

Wang 等[68]报道了 CdTe 量子点-Hg(Ⅱ)体系用于硫醇类物质的检测（图 9-29）。汞离子能够有效降低量子点的荧光；当加入 GSH、Cys 或 Hcy 后，汞离子优先与这些亲汞的含硫物质反应生成 Hg(Ⅱ)–S 键，导致量子点荧光的恢复。该体系对 GSH 和 Cys 的测定线性范围分别是 0.6～20.0 μmol/L 和 2.0～20.0 μmol/L，检测限分别是 0.1 μmol/L 和 0.6 μmol/L。这种方法可以测定不同浓度 HeLa 细胞裂解物中的硫醇类物质总量。

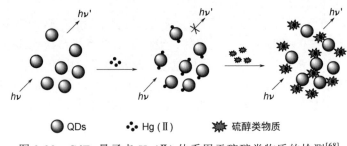

图 9-29　CdTe 量子点-Hg(Ⅱ)体系用于硫醇类物质的检测[68]

Zhu 等[69]合成了经巯基乙酸（TGA）修饰的带负电荷的 CdSe/ZnS 量子点，进一步引入带正电荷的 1,1′-二甲基-4,4′-联吡啶氯化物（MV^{2+}），二者因静电作用形成了纳米探针 56（图 9-30），并通过电子转移作用猝灭了量子点的荧光。GSH 的加入可以导致量子点表面上 TGA-MV^{2+} 的离开，从而重新打开量子点的荧光，荧光增强值在 5～250 μmol/L 的 GSH 浓度范围内有良好的线性，检测限为 0.6 μmol/L。重要的是，由于 GSH 的分子链较长，能充分发挥巯基和羧基两种配位基团的作用，故能有效取代 TGA-MV^{2+}，而 Cys 和 Hcy 则不能，因此，探针 56 对 GSH 具有较高的选择性。

香豆素醛和 2-氨基苯酚可通过席夫碱键连接起来[70]。虽然所形成的产物其席夫碱结构容易水解，但与 Cu(Ⅱ)形成配合物 57-Cu(Ⅱ)后却能在水溶液中保持稳定，同时 Cu 的重金属效应可使配合物荧光猝灭。然而，在含 1% DMSO 的磷酸盐缓冲液（10 mmol/L，pH 7.4）中，硫醇类物质可与配合物 57-Cu(Ⅱ)中的 Cu(Ⅱ)配位而将其移除，导致该配合物水解并重新产生香豆素醛，伴随着荧光的产生，溶液颜色由红变黄。另外，把 Cu(Ⅱ)替换为 Cu(Ⅰ)的实验有相同的效果，说明与 Cu 的价态无关。两性离子型近红外染料 58 能与 Cu 形成无荧光的 [58-Cu(Ⅱ)]$_2$ 黄色复合体[71]。硫醇类物质的加入释放出游离的 58，产生 875 nm 的近红外荧光增强响应，并伴随着浅黄色到蓝色的颜色变化。该复合体对 Cys 检测的线性范围是 10～100 μmol/L，检测限为 4.07 μmol/L，不足之处在于检测需在 DMF 溶液中完成。

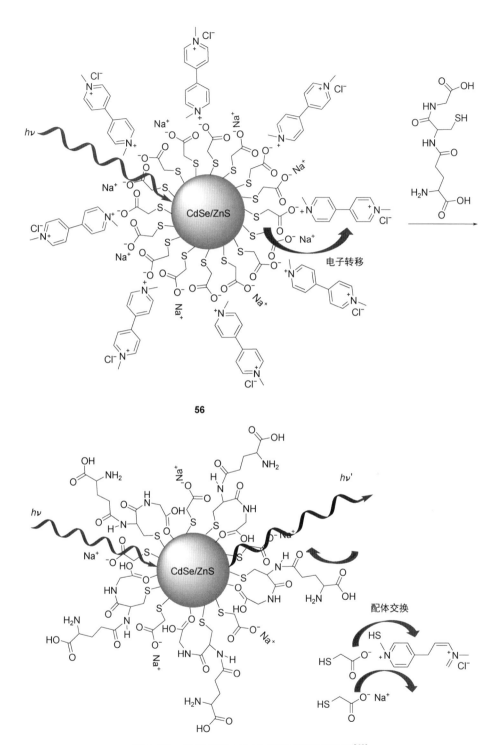

图 9-30　纳米探针 **56** 与 GSH 的响应机理[69]

57-Cu(Ⅱ)   [**58**-Cu(Ⅱ)]$_2$

Nagano 等[72]发展了基于铜配合物的 H$_2$S 荧光探针 **59**。该探针以荧光素为信号响应单元，并修饰上一个大环多胺作为 Cu(Ⅱ)的配位点。由于配位中心 Cu(Ⅱ)的顺磁性作用有效地猝灭了荧光素的荧光，因此探针 **59** 自身表现出较低的背景荧光信号；而当 H$_2$S 加入后，会与 Cu(Ⅱ)发生竞争性配位，使 Cu(Ⅱ)从探针上脱落后，引起荧光素的荧光恢复，实现荧光打开响应。在 HEPES 缓冲液（30 mmol/L，pH 7.4）中，探针 **59** 对 H$_2$S 表现出快速而显著的荧光响应，且不受 GSH、Cys、Hcy 等硫醇类物质的干扰。该探针被用于监测 H$_2$S 供体产生 H$_2$S 的过程，并被进一步修饰增加细胞膜通透性以用于 H$_2$S 的细胞成像研究。

59

Ren 等[73]基于氧化石墨烯（GO）和 DNA 设计了一种荧光打开型的硫醇类物质检测体系（图 9-31）。他们以单链 DNA1 为模板控制纳米银的沉积，制得含银的 DNA1，使其不能与荧光素的互补链 DNA2 形成双螺旋结构。如此，共存的 GO 和 DNA2 可通过非共价力结合，且电子转移机制使 DNA2 上标记的荧光素的荧光猝灭。加入 Cys 后，Ag-S 键的形成导致 DNA1 释放；此时两条单链 DNA1 和 DNA2 得以杂交并形成双螺旋结构，引起在 GO 上的吸附减弱，从而导致荧光增强。据此所发展的方法对 Cys 检测的线性范围是 0～1 μmol/L，检测限为 2 nmol/L。

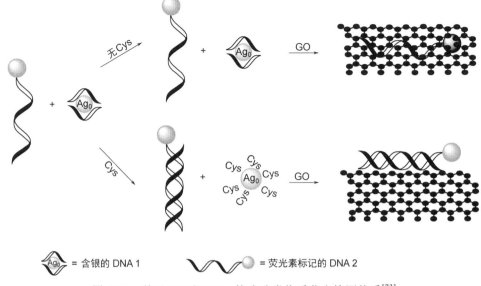

图 9-31 基于 GO 和 DNA 的硫醇类物质荧光检测体系[73]

（5）基于硫醇类物质参与的成环反应

Cys 或 Hcy 的氨基和巯基可同时与醛发生特异性的反应形成五/六元环的噻唑烷结构；利用此反应可区分 Cys、Hcy 与 GSH 等硫醇类物质。探针 **60** 即是借助该机理而设计[74]，在含 30%乙腈的 HEPES 缓冲液（20 mmol/L，pH 7.4）中，探针 **60** 在 560 nm 处的荧光发射随 Cys 或 Hcy 的浓度增加而线性增强，检测限为 0.68 μmol/L；另一方面，与 Cys 或 Hcy 反应后，探针 **60** 的吸收光谱从 500 nm 处蓝移到 430 nm，同时溶液的颜色从橙色变为黄色。该探针已用于人血清中 Cys/Hcy 的比色分析以及 Cys 的细胞荧光成像分析。有趣的是，基于罗丹明 6G 的探针 **61** 能辨别 Cys 和 Hcy[75]。即，在含 30% 乙醇的磷酸盐缓冲液（100 mmol/L，pH 7.0）中，内螺环结构的探针本身只有微弱的荧光；当加入 Cys 时由于形成噻唑烷而将内螺环打开，继而水解为罗丹明 6G 母体，溶液的颜色由无色变成粉色，同时导致荧光显著增强，增强幅度可达 20 倍，检测限为 73.5 nmol/L。不同的是，Hcy 只有氨基参与反应，和醛基形成稳定的席夫碱结构，反应液仍然处于无色、无荧光的状态。探针 **61** 除用于 MCF 和 PC12 细胞的荧光成像分析外，还用于人尿液中 Cys 的检测。

Yuan 等[76]报道了选择性检测 Cys 的比率型香豆素类荧光探针 **62**。在含 10% 乙腈的磷酸盐缓冲液（pH 7.4）中，**62** 与 Cys 反应引起溶液的颜色从绿色到蓝色的变化，荧光发射峰位从 557 nm 蓝移至 487 nm，荧光强度比率 F_{487}/F_{557} 在 2～900 μmol/L 的 Cys 浓度范围内有良好的线性关系，检测限是 0.75 μmol/L。动力学实验表明，Cys 与 **62** 的反应速率常数比 Hcy、GSH 分别高出 3 和 4 个数量级，因此该探针对 Cys 的选择性很高。机理研究表明，Cys 的氨基与探针中的醛基反应生成席夫碱，接着依据 Baldwin 闭环机制形成七元环（图 9-32）。该探针已用于 MCF-7 细胞的荧光比率成像。

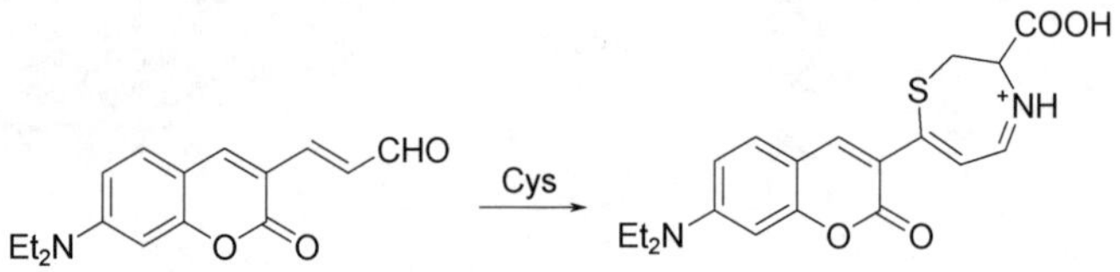

图 9-32　探针 **62** 与 Cys 的反应机理

探针 **63**[77]可在室温下与 Cys 或 Hcy 快速成环转化为 luciferin（萤火虫荧光素）的衍生物（图 9-33）。在含 5% DMSO 的磷酸盐缓冲液（pH 7.4）中，此衍生物较大的芳环平面和负电性都有助于其和带正电荷的噻吩聚合物（PMTPA）进行自组装，形成 π 堆叠的超分子聚集体，溶液颜色由黄色变成紫色，吸收峰从 455 nm 红移，在 548 nm 和 595 nm 处出现两个新峰。反应体系的吸光度变化在 0.05～0.25 mmol/L 的 Cys 浓度范围内有良好的线性关系；干扰实验证实 0.5 mmol/L GSH 的共存基本上无影响。另一方面，无序缠绕状态的 PMTPA 在 575 nm 发射荧光，而 Cys 的引入致使 PMTPA 有序化，从而引起荧光猝灭，利用该荧光信号变化可检测低至 0.1 nmol/L 的 Cys。

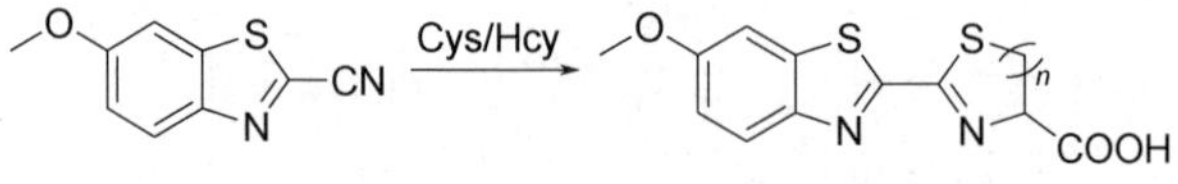

图 9-33　探针 **63** 与 Cys/Hcy 的反应机理

（6）基于硫醇类物质的静电作用

利用离子对的形成引起光信号的改变，人们还发展了基于静电作用的 Cys、Hcy 和 GSH 检测方法。例如，在乙腈和水为 4:1 的混合体系中，硫醇类物质与纳米金棒之间可形成 Au-S 键，且氨基和羧基之间的静电吸引作用可诱导纳米金棒的自组装。Chu 等[78]利用这种自组装行为所引起的反应体系吸收光谱的红移，以盐酸调节的酸性水溶液为反应介质发展了 Cys 的检测法（图 9-34）。其它的氨基酸由于不能形成 Au-S 键因而对检测没有影响。与普通的有机显色试剂相比，纳米金棒具有较高的摩尔吸光系数，因而该方法的检测灵敏度很高，对 Cys 的检测限可达 10 pmol/L。

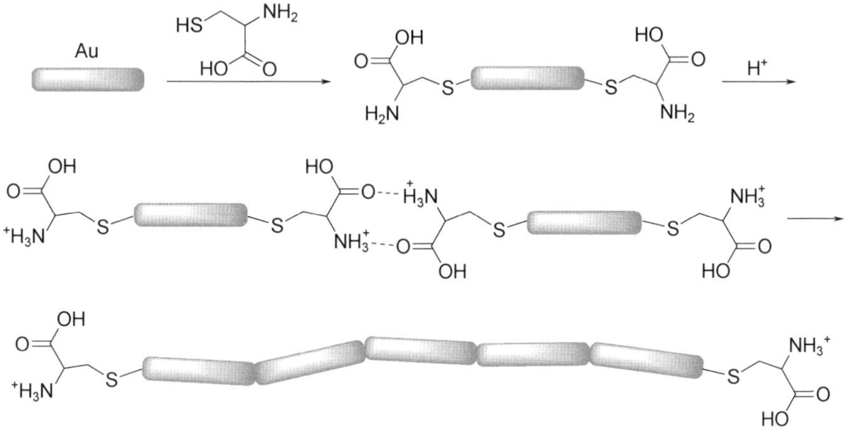

图 9-34　自组装纳米金棒与 Cys 的反应机理

Shao 等[79]设计并合成了双螺吡喃探针 **64**。该探针可选择性检测 GSH，其识别原理是探针 **64** 与 GSH 结构互补，二者能形成多个离子对。实验表明，在乙醇和水为 1:4 的混合体系中，**64** 对 GSH 具有很高的亲和力 [K = (7.52±1.83)× 10^4 L/mol]，二者作用引起反应体系的荧光光谱发生显著的变化，500 nm 处的荧光发射减弱，同时在 643 nm 处有新峰生成；而 Cys、Hcy 和其它的氨基酸均无此作用。该探针适于在近中性介质中检测 GSH，已用于人 T 细胞中 GSH 的荧光成像研究。

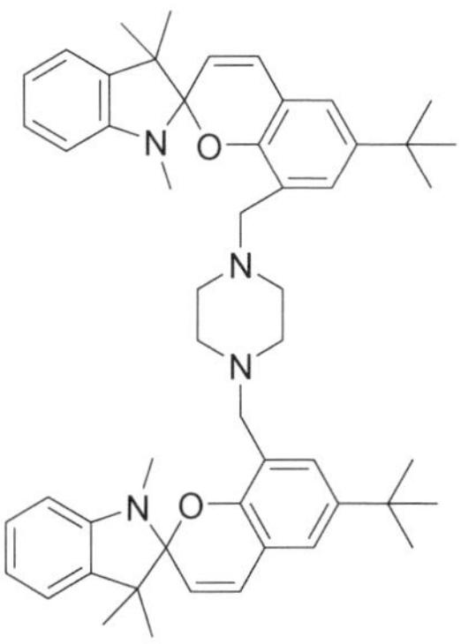

64

9.4 氨基酸检测

作为蛋白质的基本组成单元，氨基酸是最重要的一类生物分子之一，在许多生理过程中扮演着不可或缺的角色。例如，赖氨酸（Lys）与 Krebs-Henseleit 循环密切相关[80]；组氨酸（His）对肌肉组织和神经组织的生长至关重要[81]；而 Cys 的缺乏则会导致生长缓慢、肝损伤、肌肉和脂肪减少等[82]。检测氨基酸最常用的光学传感方法是经典的茚三酮显色反应，但是这种方法实际上是对总的胺类物质的分析，缺乏选择性。因此，近年来用于特异性检测氨基酸的光学探针受到了越来越多的关注。目前，氨基酸光学探针主要有两大类：一类是依靠氨基酸与过渡金属离子的配位作用；另一类则是基于氨基酸与特定官能团反应引起的共价键生成或断裂。

（1）基于金属配合物反应

Reymond 等[83]以钙黄绿素为信号响应单元，设计了可对氨基酸进行快速响应的荧光探针 **65**（图 9-35）。钙黄绿素与 Cu^{2+} 配位后，荧光猝灭效率可达约 90%。然而氨基酸与 Cu^{2+} 的竞争性配位作用可使钙黄绿素从配合物中解离出来，实现荧光信号的恢复。该探针可在 10^{-3} mol/L 的浓度范围内对大部分氨基酸给出荧光增强响应，其中，当 Cys 与 Cu^{2+} 在摩尔比 1:1 的浓度条件下可实现钙黄绿素荧光的完全恢复。该探针已用于检测牛血清白蛋白在不同蛋白酶作用下所产生的氨基酸，从而评估这些酶的水解活性。

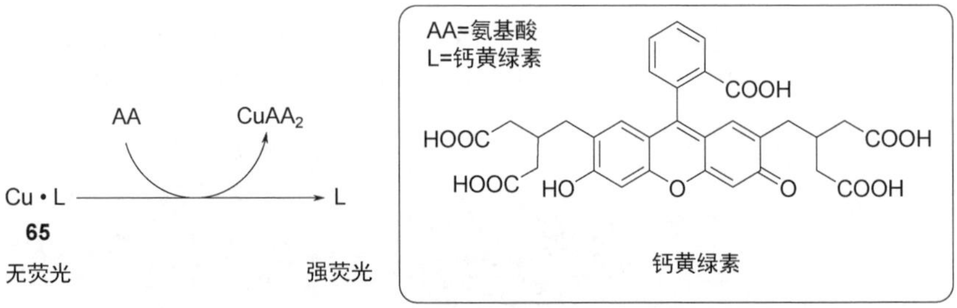

图 9-35 探针 **65** 对氨基酸的响应机理

铜配合物荧光探针 **66** 可选择性检测 His[84]。一些信号响应单元（香豆素 343、荧光素或曙红 Y）可以通过非共价相互作用与配合物探针 **66** 结合，导致自身荧光的猝灭；然而，分析物的加入，可以将信号单元从配合物中置换出来，实现荧光增强响应。其中，**66**/香豆素 343 体系不能区分 His 和甘氨酸（Gly）；**66**/荧光素体系也会受到 Gly 的明显干扰；而 **66**/曙红 Y 体系则可用于 His 的选择性检测，丙氨酸（Ala）、苯丙氨酸（Phe）和 Gly 等均不会引起荧光响应。

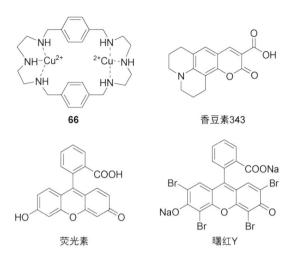

66　　　　　　　　香豆素343

荧光素　　　　　　　曙红Y

Anslyn 等[85]设计了基于锌配合物的天冬氨酸（Asp）比色探针 **67**（图 9-36），其中配位中心的 Zn^{2+} 可为氨基酸或指示剂邻苯二酚紫提供结合位点，两个胍基则可与 Asp 的侧链羧基形成氢键以提供选择性。邻苯二酚紫与探针 **67** 结合后，最大吸收波长为 647 nm，溶液呈深蓝色；而氨基酸的加入可将邻苯二酚紫从配合物上置换出来，最大吸收波长位移到 445 nm，溶液也从深蓝色变成黄色。探针 **67** 对大多数氨基酸的结合常数均在 $1×10^4$ L/mol 量级，而与 Asp 的结合常数可达 $1.5×10^5$ L/mol，可用于 Asp 的选择性检测。

图 9-36　探针 **67** 对 Asp 的响应机理

Xu 等[86]发展了基于钯配合物的比色探针 **68**（图 9-37）。由于这种钯配合物的光谱性质与所加入的配体有关，因此该探针可用于氨基酸的区分检测。探针 **68** 在与不同侧基的氨基酸配位后，所得配合物呈现出不同的吸收波长和颜色。另外，探针 **68** 在与多种氨基酸（例如 Cys、Met、Ala）反应后，特征吸收波长处的吸光度会随氨基酸的浓度线性增大，表明该探针可用于氨基酸的定量分析。

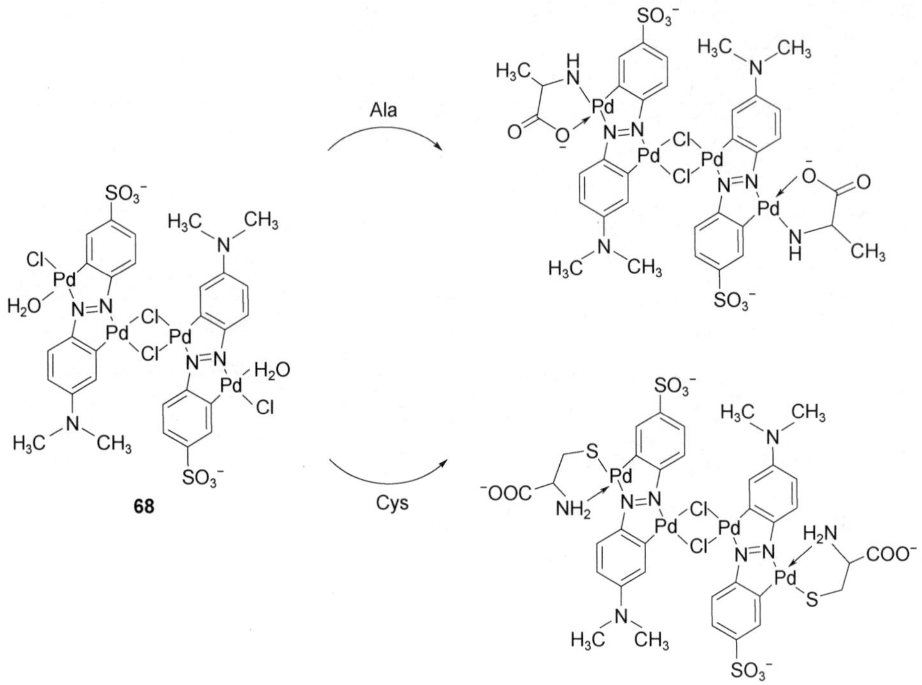

图 9-37 探针 68 与不同氨基酸的响应机理

将罗丹明羟胺与呋喃糖单元结合,再与 Au^+ 形成配合物,可制得选择性检测 Cys 和 Hcy 的金配合物荧光探针 69(图 9-38)[87]。尽管 Au^+ 与内酰胺的 O 原子等结合,导致螺环结构的开环,但被键合的 Au^+ 仍可猝灭罗丹明的荧光,因此探针的荧光较弱。然而,探针与 Cys 反应后,引起 560 nm 处荧光的显著增强。这是由于巯基的 S 原子与 Au^+ 的强配位作用使探针形成了稳定的开环结构。同时,探针溶液也从无色变成红色,可对 Cys 进行比色检测。另外,该探针也可对 Hcy 给出明显的荧光增强响应,对 GSH 则无此效果。

(2)基于共价键生成/断裂反应

与金属配合物类光学探针相比,利用氨基酸和特定官能团反应,引起共价键生成或断裂所设计的光学探针,可为氨基酸分析与检测提供更高的选择性。Ma 等[88]以 2,3-环氧丙基为反应识别基团,酸性偶氮红为信号单元,并利用咪唑与环氧化合物的加成反应,设计了 His 荧光探针 70(图 9-39)。探针 70 自身在 470 nm 处有较强的荧光发射,而在与 His 反应后,荧光逐渐减弱,可实现 His 的猝灭型检测。进一步,以荧光素为荧光信号单元,设计了 His 探针 71[89]。与探针 70 不同的是,探针 71 自身荧光较弱,然而随着 His 的加入,其在 513 nm 处的荧光逐渐增强,线性范围为 0.007~10 μmol/L,检测限为 0.001 μmol/L,灵敏度较探针 70 更高,可用于人血清中 His 的检测。

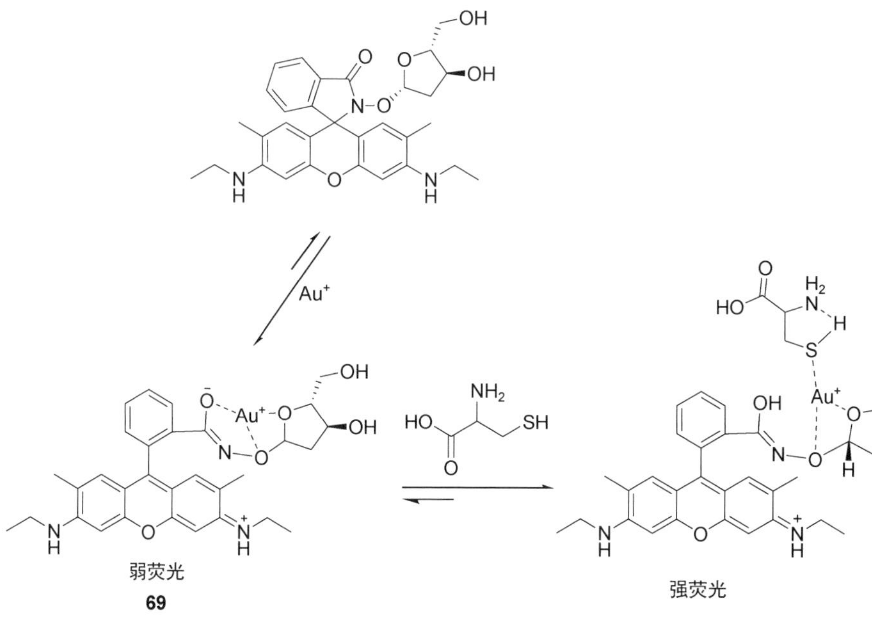

图 9-38　探针 **69** 与 Cys 的响应机理

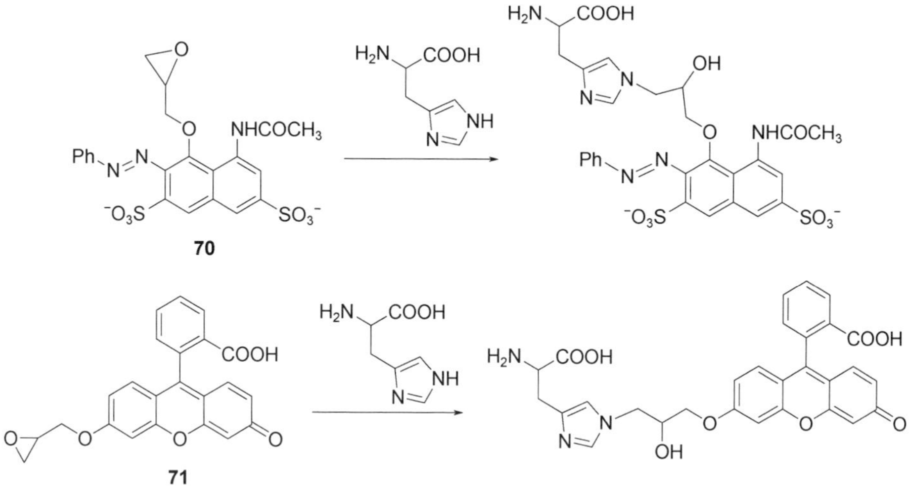

图 9-39　探针 **70** 和 **71** 与 His 的响应机理

Yoon 等[90]以醛基为识别基团，芘为信号单元，设计了 Lys 探针 **72**（图 9-40）。探针 **72** 的醛基可与 Lys 反应生成席夫碱，引起信号单元吸收光谱和荧光光谱性质的改变，从而可实现比色和荧光两种模式的 Lys 检测。一方面，探针 **72** 在可见光范围内有一个较宽的吸收带，溶液呈淡黄色；然而在与 100 倍（物质的量）的 Lys 反应后，其在 500 nm 处的吸收显著增强，溶液颜色变为粉色。另一方面，

第 9 章　小分子的检测　　**365**

探针 **72** 还可对 Lys 进行荧光模式检测，其 465 nm 处的荧光可随 Lys 的加入而增强。

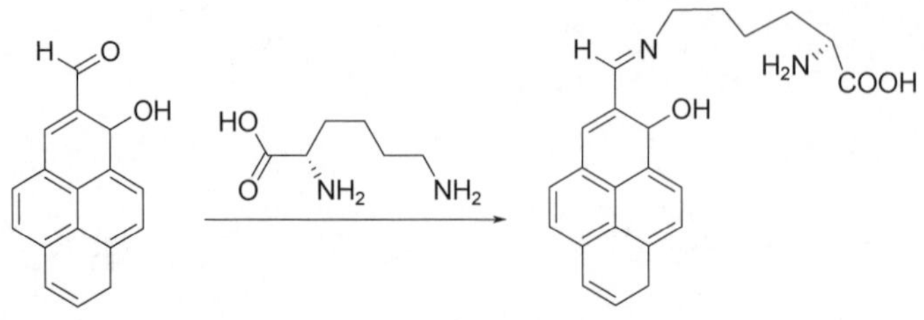

图 9-40　探针 **72** 对 Lys 的响应机理

Yu 等[91]以香豆素为信号单元，乙酰基为识别基团，设计了 Lys 比率型荧光探针 **73**（图 9-41）。在乙酰基保护的状态下，信号单元香豆素的荧光发射峰位于 388 nm 处；然而，在碱性氨基酸 Lys 的作用下，探针 **73** 可发生脱乙酰化，释放出香豆素荧光母体，荧光发射峰红移至 471 nm 处，可对 Lys 进行比率型荧光检测。在水溶液中，探针 **73** 对 Lys 的检测会受到另一个碱性氨基酸精氨酸（Arg）的明显干扰，而在碱性缓冲液（pH 9.0～9.8）中则不受 Arg 干扰。

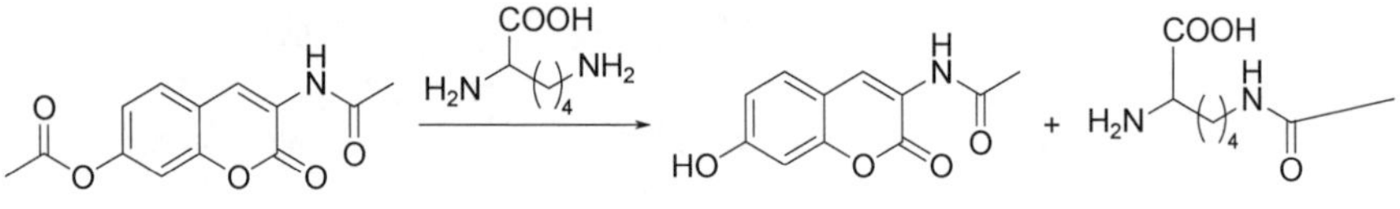

图 9-41　探针 **73** 对 Lys 的响应机理

相对于其它氨基酸，Cys 和 Hcy 由于具有强亲核性和还原性的侧链巯基，因此，二者的光学探针与传感分析获得了更多的研究。这些探针的反应机理包括亲核取代反应、迈克尔加成反应、苯磺酸酯断裂及双硫键断裂等，具体可参见本章 9.3 节内容，此处不予赘述。

（3）**其它氨基酸检测方法**

对氨基酸的某些位点进行特异性修饰，使其呈现出特殊的光学性质，是检测氨基酸的另一种有效手段。Ma 等[92]利用甲酸在盐酸存在时对色氨酸（Trp）的甲酰化作用，发展了一种 Trp 的特异性显色分析方法（图 9-42）。在 18% 甲酸和 6 mol/L 盐酸溶液中，Trp 经加热可生成在 560 nm 处产生吸收峰的蓝紫色产物，而其它氨基酸则无此特性。该方法对 Trp 的选择性很高，不仅可用于游离 Trp 的显色，也可用于肽链中 Trp 残基的显色检测，因此可以作为一种快速判断多肽或蛋白质是否含有 Trp 残基的重要方法。

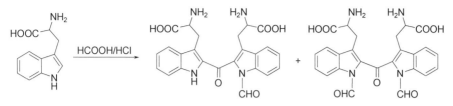

图 9-42　Trp 在甲酸和盐酸作用下的特异性显色反应

9.5　活性氧物种检测

活性氧物种（ROS）是指一系列具有高反应活性的含氧物种，主要包括过氧化氢（H_2O_2）、次氯酸根（OCl^-）、过氧亚硝基（$ONOO^-$）、超氧阴离子（$O_2^{·-}$）、羟基自由基（·OH）、一氧化氮（NO）、单线态氧（$^1O_2$）、臭氧（O_3）等。ROS 在细胞信号传导、对抗病原体入侵及维持细胞氧化还原平衡等过程中扮演着重要角色[93-95]。然而，异常水平的 ROS 累积则会损伤蛋白质、DNA、脂类等重要生物分子，甚至引发疾病[96-98]。本节将从设计策略或反应识别基团入手，对常见 ROS 的光学探针进行归纳和讨论。

9.5.1　过氧化氢探针

过氧化氢是一种性质相对稳定的 ROS，检测 H_2O_2 最常用的策略是利用 H_2O_2 对硼酸酯的氧化作用。在与 H_2O_2 反应后，芳香硼酸酯可被氧化成对应的酚结构，从而引起信号单元的光学性质改变。Chang 等[99]利用这一性质，以荧光素为信号单元，设计了荧光探针 **74**（图 9-43）。该探针由于荧光素处于螺环状态，破坏了其自身的共轭结构，因而没有荧光，但是在硼酸酯被氧化成酚后，探针的荧光会随着荧光素螺环结构的打开而恢复。硼酸酯虽然是设计 H_2O_2 荧光探针最常用的识别基团之一，但是，也有一些用其发展检测次氯酸和过氧亚硝基荧光探针的报道（详见下文），这表明该基团对 H_2O_2 的选择性并不是特别高。

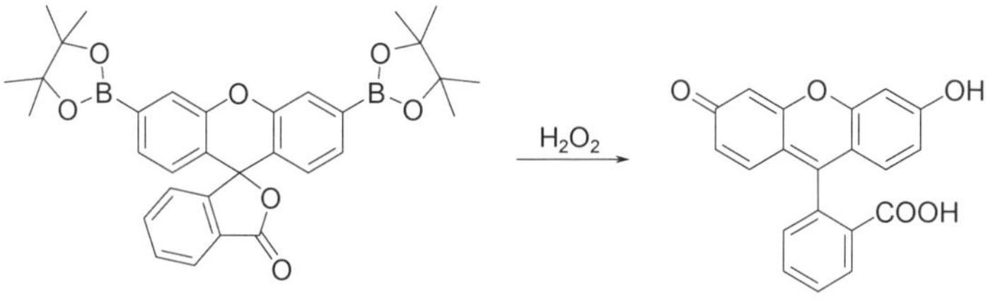

图 9-43　探针 **74** 与 H_2O_2 的响应机理

通过 Baeyer-Villiger 反应，苯偶酰可被 H_2O_2 氧化成苯甲酸酐中间体，接着再经水解作用转换成苯甲酸，引起光学信号单元的性质改变。基于此原理，Nagano[100]等设计了一个选择性的 H_2O_2 荧光探针 75（图 9-44）。该探针与 H_2O_2 反应后，识别基团苯偶酰脱落，释放出具有较高荧光量子产率的产物 5-羧基荧光素，从而实现荧光打开响应。该探针对 H_2O_2 具有较高的分析灵敏度和选择性，已应用于 RAW 264.7 和 A431 细胞内的 H_2O_2 成像分析。

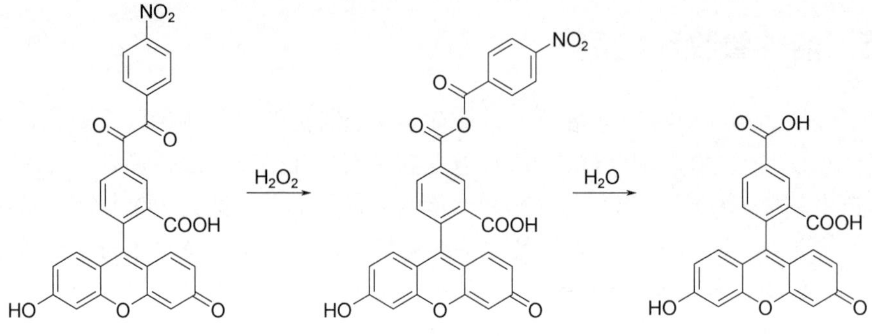

图 9-44　探针 75 与 H_2O_2 的响应机理

Tang[101]等借助依布硒啉在 GSH 和 H_2O_2 作用下独特的开环/关环响应，设计了可逆的近红外 H_2O_2 荧光探针 76（图 9-45），用以检测细胞内的 GSH/H_2O_2 相对

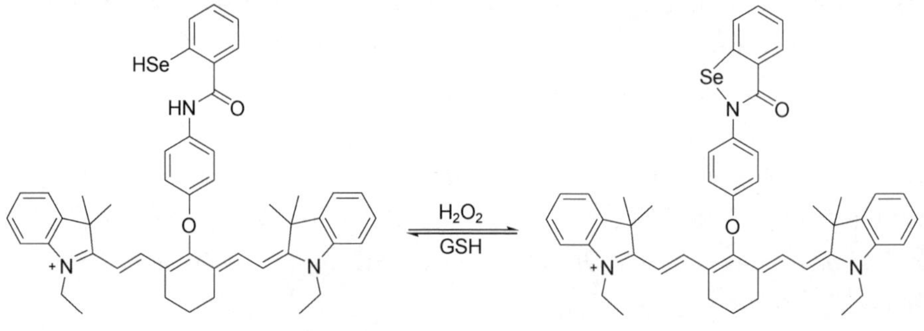

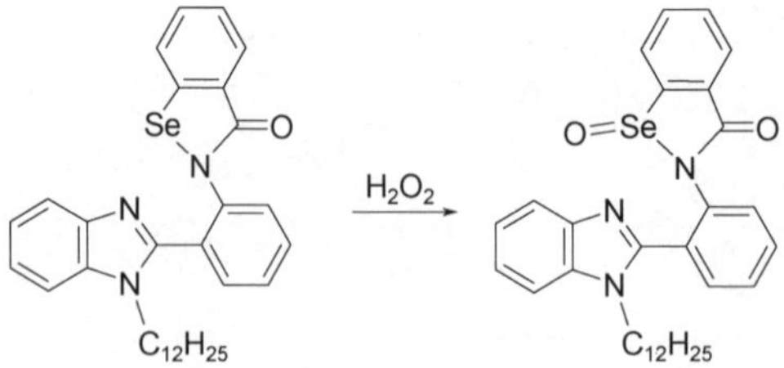

图 9-45　探针 76 和 77 对 H_2O_2 的响应机理

水平变化。在该探针中，富电子的硒醇可通过 PET 过程，有效猝灭信号单元菁染料的荧光，因此探针自身的荧光较弱。然而，和 H_2O_2 反应后，由于 Se—N 键和五元环结构的形成，抑制了 PET 过程，探针在 794 nm 处的荧光明显增强。另一方面，探针氧化产物的五元环结构可在 GSH 的还原作用下被打开，再次导致荧光猝灭。该探针具有良好的可逆性，可以进行至少 4 个氧化还原循环。Yu[102]等也利用 H_2O_2 对 Se 原子的氧化作用，设计了探针 77，但是与探针 76 不同的是，探针 77 对 H_2O_2 的响应涉及了 AIE 效应。由于 PET 效应的猝灭作用，探针 77 自身的荧光很弱；而在被 H_2O_2 氧化后，探针转化成含有氧化硒结构的产物，其在聚集状态下具有很强的荧光发射。

9.5.2 次氯酸根探针

在生物体内，OCl^- 主要是由 H_2O_2 和 Cl^- 在髓过氧化物酶的催化作用下反应而来的[103]。目前，OCl^- 的选择性检测基团主要有罗丹明/荧光素内硫酯、双酰肼、对甲氧基苯酚以及硒醚等。

罗丹明或荧光素的内硫酯可以对 Hg^{2+} 或 OCl^- 给出荧光响应，但由于生物体内的 Hg^{2+} 含量可忽略，因此可以用来选择性地检测生物体内的 OCl^-。Ma 等[104]将罗丹明内硫酯与线粒体靶向基团三苯基膦正离子相结合，发展了靶向线粒体的 OCl^- 荧光探针 78（图 9-46）。由于罗丹明的共轭体系被内硫酯的螺环结构破坏，因此探针 78 没有荧光。与 OCl^- 反应后，内硫酯被氧化以及水解，使罗丹明恢复到开环状态，产生荧光打开响应。该探针具有较高的 OCl^- 选择性，且线粒体靶向性好，已应用于 OCl^- 的细胞成像，并证实了巨噬细胞在遭受细菌入侵过程中会产生大量的 OCl^-。Xu 等[105]以荧光素为信号单元，通过内硫酯螺环和硼酸酯的

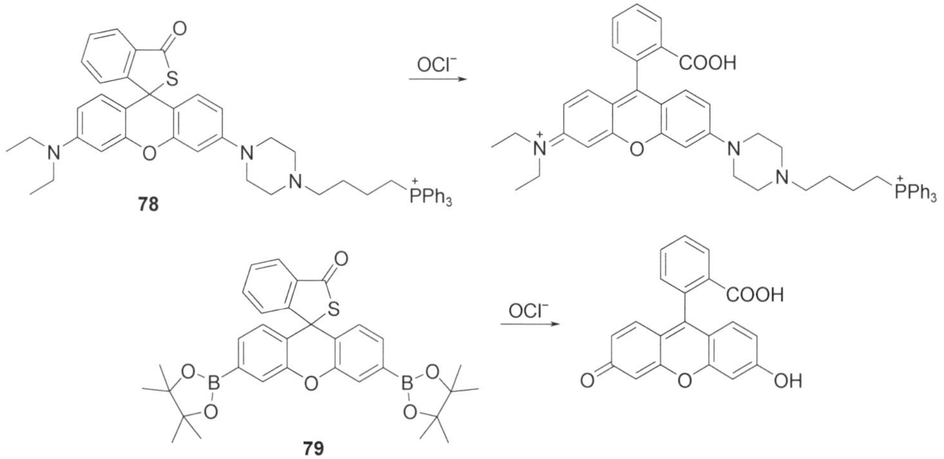

图 9-46 探针 78 和 79 对 OCl^- 的响应机理

"双重锁定"作用，设计了荧光探针 **79**，在与 OCl⁻反应后，硼酸酯被氧化成酚，内硫酯也被氧化导致荧光素恢复到开环状态，实现荧光打开响应。由于其它 ROS，如 H_2O_2 和 ONOO⁻，只能氧化硼酸酯而不能打开荧光素螺环结构，因此探针 **79** 对 OCl⁻表现出较高的选择性。

双酰肼基团在经 OCl⁻选择性氧化后，可生成二酰亚胺，再水解断裂成相应的苯甲酸结构。Ma 等[106]最早将此反应用于 OCl⁻的识别检测，并以罗丹明为荧光母体发展了探针 **80**（图 9-47）。探针在 OCl⁻的选择性氧化以及后续的水解作用下，双酰肼基团脱落，释放出开环结构的罗丹明母体，实现荧光打开响应。此后，双酰肼以及类似的双酰肼基团被广泛应用于 OCl⁻的光学探针设计中。

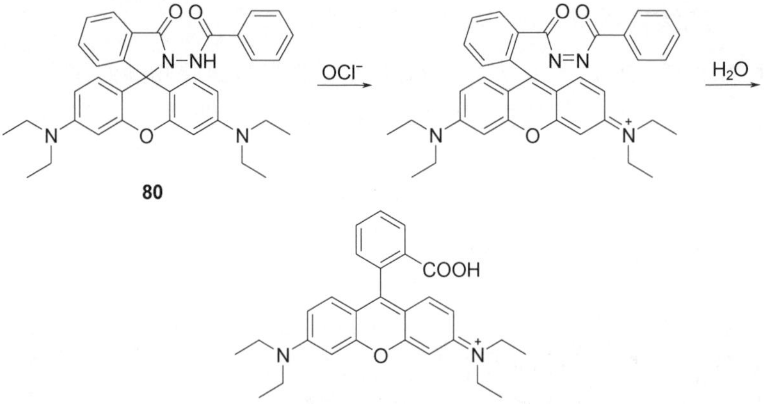

图 9-47 探针 **80** 对 OCl⁻的响应机理

对甲氧基苯酚也是 OCl⁻的选择性识别基团。Yang[107,108]等基于此基团，以 BODIPY 为荧光母体设计了荧光探针 **81** 和 **82**（图 9-48）。由于富电子的对甲氧基苯酚的 PET 猝灭作用，探针 **81** 本身没有荧光；被 OCl⁻氧化后，对甲氧基苯酚转变成缺电子的苯醌，PET 过程受阻，因此产物具有强荧光性质。但是，该产物可以被 OCl⁻进一步氧化，导致荧光减弱，这对于分析检测是不利的。Yang 等对探针 **81** 进行改进，得到探针 **82**。与探针 **81** 相比，探针 **82** 在 BODIPY 的 1 位和 7 位上各修饰了一个甲基，以增加空间位阻，防止产物被继续氧化。

OCl⁻对硒醚的选择性氧化也是设计 OCl⁻探针的重要策略（图 9-49）。例如，利用硒醚和硒亚砜的氧化还原循环，人们分别设计了光信号可逆的探针 **83** 和 **84**[109,110]。在 OCl⁻的氧化下，探针中的给电子基团硒醚变成了拉电子基团硒亚砜，阻碍了 PET 作用，使 BODIPY 荧光恢复，从而实现荧光打开响应；而在还原性物种的作用下，硒亚砜可以被还原回硒醚，再次导致 BODIPY 荧光猝灭。探针 **83** 和 **84** 均具有良好的可逆性，并被应用于活细胞中 OCl⁻/GSH（或 H_2S）氧化还原循环的成像研究。

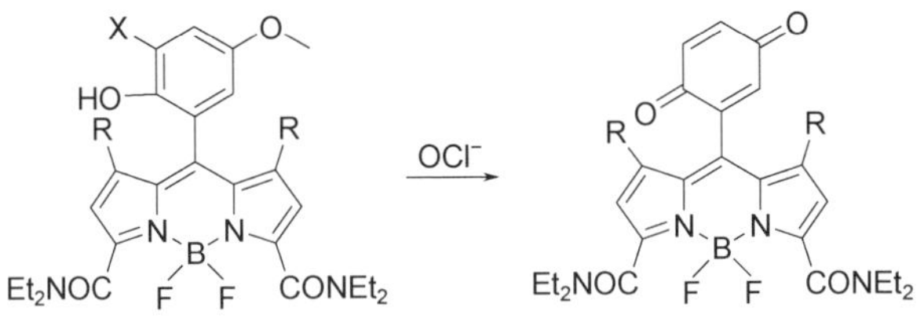

81 X = H, R = H
82 X = F, R = CH_3

图 9-48 探针 **81** 和 **82** 对 OCl^- 的响应机理

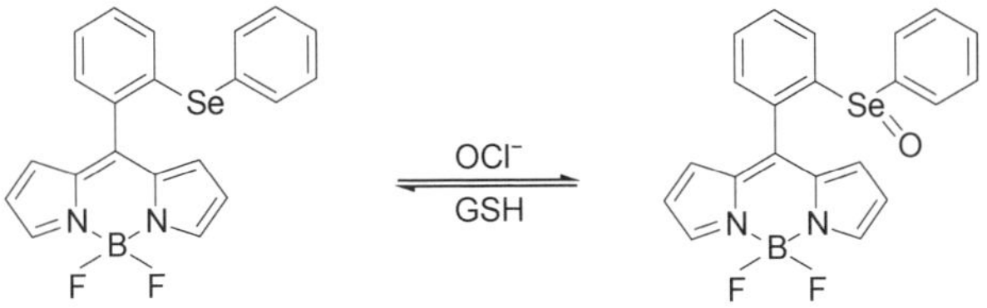

83

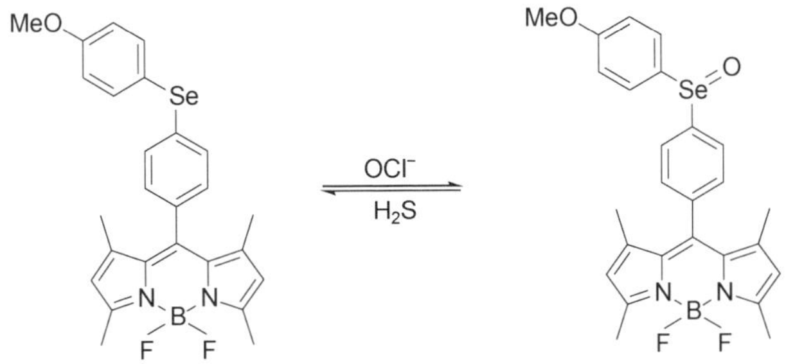

84

图 9-49 可逆的光学探针 **83** 和 **84** 对 OCl^- 的响应机理

此外，双光子成像技术具有组织穿透能力强、分辨率高、对样品光损伤小等优点，也被应用于 OCl^- 的检测。Yuan 等[111]利用巯基乙醇对荧光母体 acedan 的醛基进行保护，发展了 OCl^- 的双光子荧光探针 **85**（图 9-50）。探针 **85** 与 OCl^- 的反应在 500 nm 处引起明显的荧光增强，这是由于 OCl^- 对醛基的脱保护作用导致荧光团

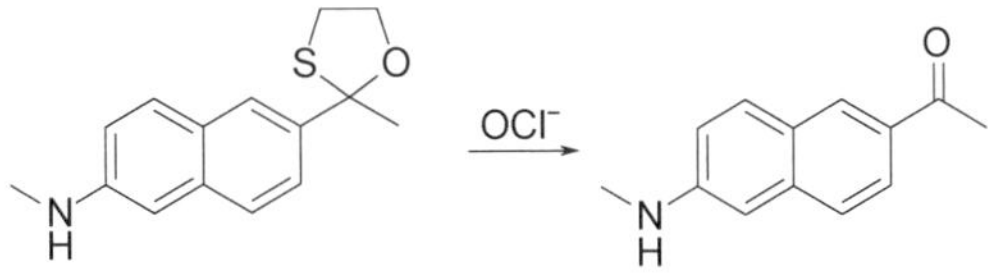

85

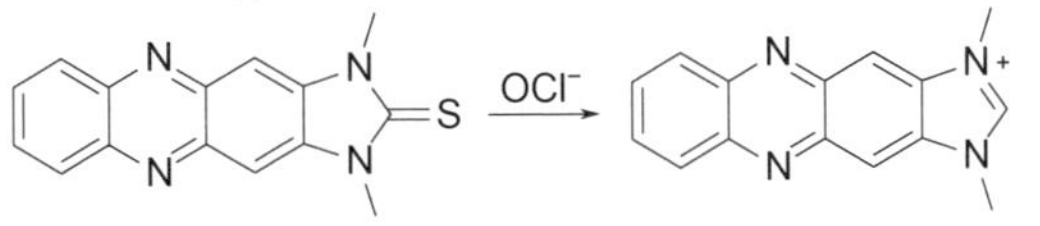

86

图 9-50 双光子探针 **85** 和 **86** 对 OCl^- 的响应机理

的荧光恢复。探针 85 可进一步修饰上细胞器靶向基团，用于小鼠体内的 OCl⁻ 双光子荧光成像。化合物 86 是另一个 OCl⁻ 双光子探针[112]，它与 OCl⁻ 反应后，在 505 nm 处表现出显著的荧光增强，可用于活细胞和组织内 OCl⁻ 的双光子荧光成像。

9.5.3 过氧亚硝基探针

过氧亚硝基主要由一氧化氮和超氧阴离子反应产生[113]，具有极强的氧化能力和硝化能力。甲基(对羟基苯基)胺是较为常见的 ONOO⁻ 识别基团，可被 ONOO⁻ 氧化成为醌式结构，再经水解作用释放出荧光母体，引起光信号变化。Yang 等[114]基于此设计了探针 87a（图 9-51）。由于 ONOO⁻ 的选择性氧化及后续的水解作用，探针 87a 呈现出明显的荧光打开响应，且不受其它 ROS 干扰。该探针可进一步修饰上乙酰基以增加细胞膜通透性，得到探针 87b，可用于活细胞以及小鼠动脉粥样化组织内 ONOO⁻ 的荧光成像。

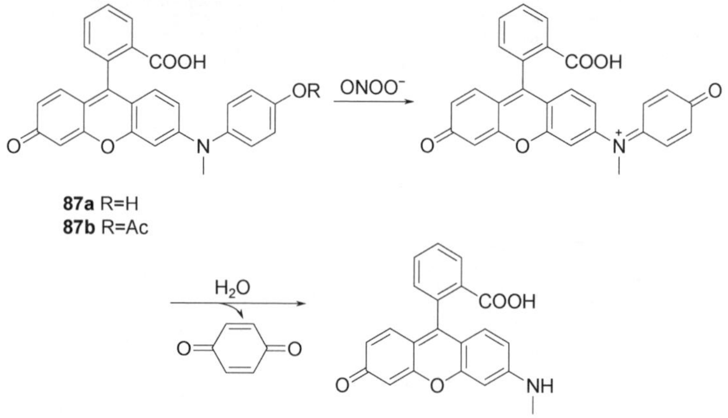

图 9-51 探针 87a 对 ONOO⁻ 的响应机理

由于 ONOO⁻ 对硼酸酯的氧化速度快于 H_2O_2 和 OCl⁻，因此在某些特殊结构中，硼酸酯也可以作为 ONOO⁻ 的选择性识别基团，例如 Kim 等[115]设计的探针 88（图 9-52）。在与 ONOO⁻ 反应后，探针 88 结构中的硼酸酯被氧化为酚，紧接着通过重排反应生成香豆素荧光母体，并伴随着 540 nm 处的荧光增强。探针 88 与 H_2O_2 反应 120 min 后也能引起较明显的荧光响应，但不与其它 ROS 反应。

与 OCl⁻ 可逆探针类似，硒醚和硒亚砜的氧化还原循环也可用来设计 ONOO⁻ 可逆探针。Yu 等[116]以菁为荧光母体设计了近红外可逆探针 89。富电子的硒醚结构可通过 PET 作用使菁染料的荧光发生猝灭，因而探针 89 自身的荧光较弱。然而一旦硒醚被 ONOO⁻ 选择性氧化成拉电子的硒亚砜结构，便会使菁染料的荧光增强，而且由于电子推拉作用发生了变化，最大发射波长逐渐从 800 nm 移动到 775 nm。另一方面，探针 89 的硒亚砜产物则可以选择性地被巯基物种（GSH、Cys 等）还原回硒醚结构，导致菁染料的荧光再次猝灭。由于碲元素与硒元素具

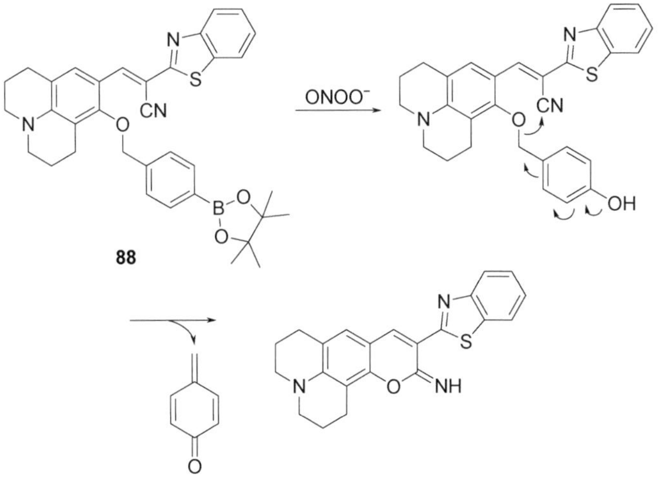

88

图 9-52　探针 **88** 对 $ONOO^-$ 的响应机理

有相似的性质，Yu[117]等进一步以碲醚为识别基团，发展了 $ONOO^-$ 可逆探针 **90**，其被 $ONOO^-$ 氧化后在 820 nm 处表现出荧光增强，且可在 $ONOO^-$ 和巯基物种（GSH 和 Cys）的作用下进行可逆循环。

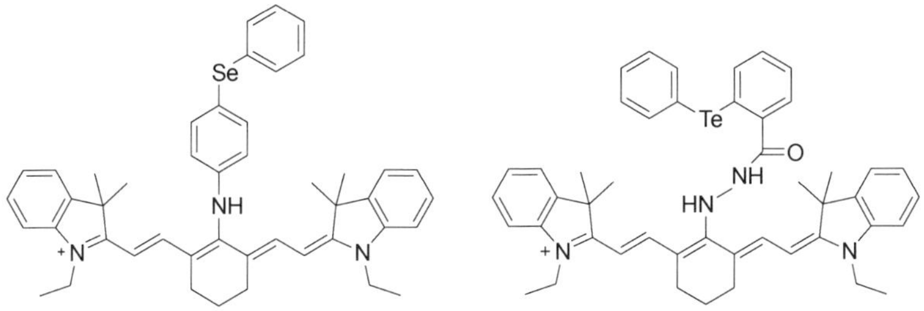

89　　**90**

线粒体是真核细胞内 $ONOO^-$ 的主要产生场所，因此发展线粒体靶向的探针将为 $ONOO^-$ 的成像研究提供更为直接的视角。Li 等[118]以罗丹明为信号单元，结合线粒体靶向基团三苯基鏻正离子和识别基团苯肼，发展了靶向线粒体的 $ONOO^-$ 荧光探针 **91**（图 9-53），用于线粒体内 $ONOO^-$ 的选择性检测。探针 **91** 的罗丹明

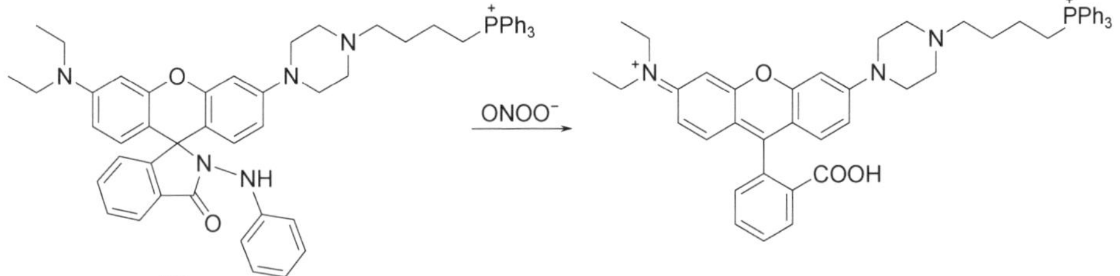

91

图 9-53　探针 **91** 对 $ONOO^-$ 的响应机理

内酰肼结构仅具有极低的荧光背景，而在与 ONOO⁻ 发生氧化反应后，苯肼发生水解而脱落，释放出具有强荧光性质的罗丹明母体，从而实现荧光打开响应。探针 91 具有良好的线粒体靶向性能和生物相容性，已应用于监测活细胞线粒体内 ONOO⁻ 的产生。

利用 ONOO⁻ 的强氧化性使荧光母体（如菁染料）发生断裂，进而引发探针光谱性质的改变，是发展 ONOO⁻ 探针的另一个重要策略。例如，Qian 等[119]将菁染料 Cy3 和 Cy5 相连，发展了比率型 ONOO⁻ 荧光探针 92（图 9-54）。当用 Cy3 的激发波长（530 nm）激发 92 时，Cy3 单元的荧光发射可通过 FRET 效应进一步激发 Cy5 单元，使探针呈现出较强的 Cy5 荧光发射（660 nm）；加入 ONOO⁻ 后，Cy3 的稳定性较强，而 Cy5 则快速地发生氧化断裂，FRET 效应消除，伴随着 Cy3 荧光（560 nm）的增强和 Cy5 荧光（660 nm）的减弱。据此，可对 ONOO⁻ 进行比率荧

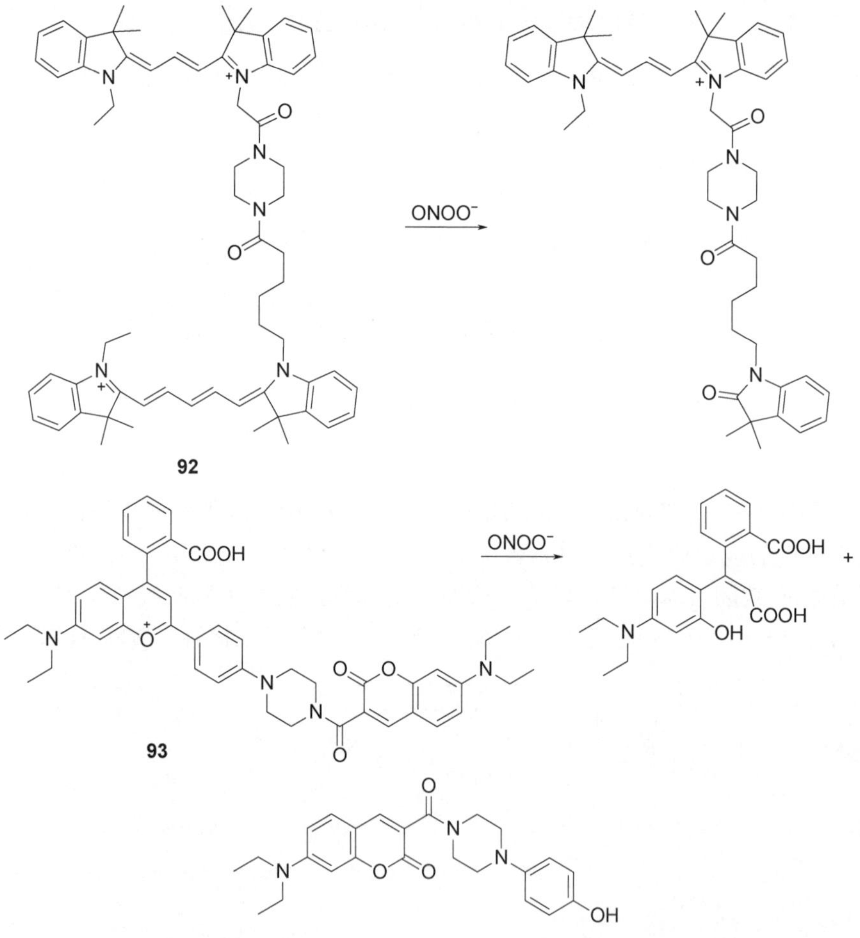

图 9-54 探针 92 和 93 对 ONOO⁻ 的响应机理

光检测。菁类染料还可以和其它生理活性物种（如 H_2S、OCl^-）发生反应。Cheng 等[120]通过大量筛选，获得了一个可对 $ONOO^-$ 进行特异性响应的长波长荧光染料，并将其与香豆素相连，合成了比率型双光子荧光探针 **93**。由于 FRET 效应，反应前探针 **93** 在 651 nm 处具有较强的荧光发射；而在反应后，长波长荧光染料的结构被破坏，释放出了香豆素母体，从而导致 490 nm 处的香豆素荧光增强。

9.5.4 超氧阴离子探针

超氧阴离子是细胞有氧呼吸过程中氧气的单电子还原产物，主要由线粒体产生。它作为生物体内最初级的 ROS，可代谢成多种 ROS。对 $O_2^{\cdot-}$ 的检测主要是依赖 $O_2^{\cdot-}$ 的脱氢反应，以及对磺酸酯、亚磷酸酯的亲核反应。

Liu 等[121]以喹啉为荧光母体，设计合成了双光子荧光探针 **94**（图 9-55）。$O_2^{\cdot-}$ 对苯并噻唑啉的脱氢作用使得探针的共轭体系扩大并形成了共平面的 D-π-A 结构，导致 ICT 过程的发生，引起 550 nm 处的荧光增强响应。探针 **94** 对 $O_2^{\cdot-}$ 具有较宽的响应线性范围（0～500 μmol/L），可用于活细胞等生物体系中 $O_2^{\cdot-}$ 的检测，并第一次实现了肺炎症模型中内源性 $O_2^{\cdot-}$ 的双光子荧光成像。Tang 等[122]以三聚氰胺作桥联键，发展了可逆的双光子 $O_2^{\cdot-}$ 荧光探针 **95**。该探针本身不发射荧光，而在与 $O_2^{\cdot-}$ 发生脱氢反应后，咖啡酸结构中的电子供体邻苯二酚转变为电子受体苯醌，由此引发 515 nm 处的荧光增强。探针 **95** 具有良好的可逆性，可在 $O_2^{\cdot-}$ 和 GSH 的作用下，进行至少三次氧化还原循环，可用于活细胞、斑马鱼以及缺氧缺血再灌注损伤模型中 $O_2^{\cdot-}$ 的荧光成像分析。

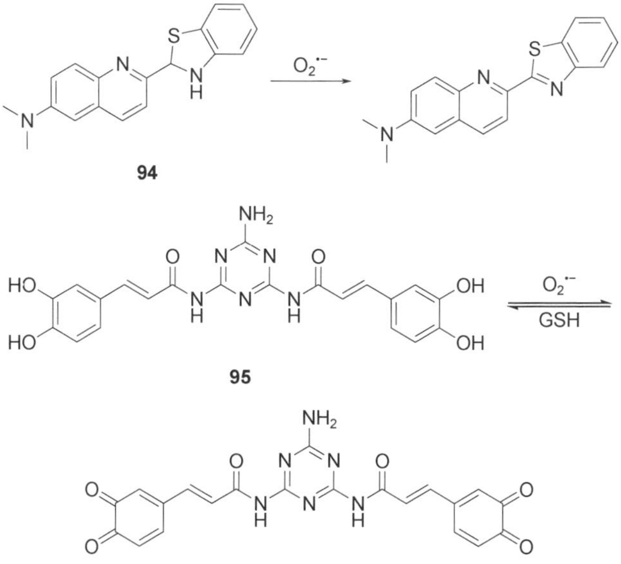

图 9-55 双光子荧光探针 **94** 和 **95** 对 $O_2^{\cdot-}$ 的响应机理

$O_2^{\cdot-}$ 对磺酸酯的亲核性消去作用是设计 $O_2^{\cdot-}$ 荧光探针的另一大策略。Maeda 等[123]以荧光素为母体、2,4-二硝基苯磺酸酯为识别基团，发展了 $O_2^{\cdot-}$ 荧光探针 **96**（图 9-56）。由于荧光素处于螺环关闭状态，因此 **96** 本身不具有荧光，而在与 $O_2^{\cdot-}$ 反应后，2,4-二硝基苯磺酸酯脱落，使得荧光素的荧光恢复。该探针被用于检测黄嘌呤氧化酶/次黄嘌呤体系产生的 $O_2^{\cdot-}$，并对中性粒细胞内的 $O_2^{\cdot-}$ 进行了分析。Yang 等[124]以三氟甲磺酸酯为识别基团，设计了 $O_2^{\cdot-}$ 荧光探针 **97**。三氟甲磺酸酯可以有效地猝灭荧光素的荧光；同时三氟甲基的强拉电子作用可以活化磺酸酯，使其易于与 $O_2^{\cdot-}$ 反应而脱去。探针 **97** 对 $O_2^{\cdot-}$ 的检测具有较高的选择性和灵敏度，不受其它 ROS（如·OH、$ONOO^-$ 和 OCl^-）以及亲核试剂（如 GSH）的干扰。探针 **97** 可进一步修饰上酯结构以增加细胞膜通透性，或修饰上三苯基膦正离子以具有线粒体靶向功能。

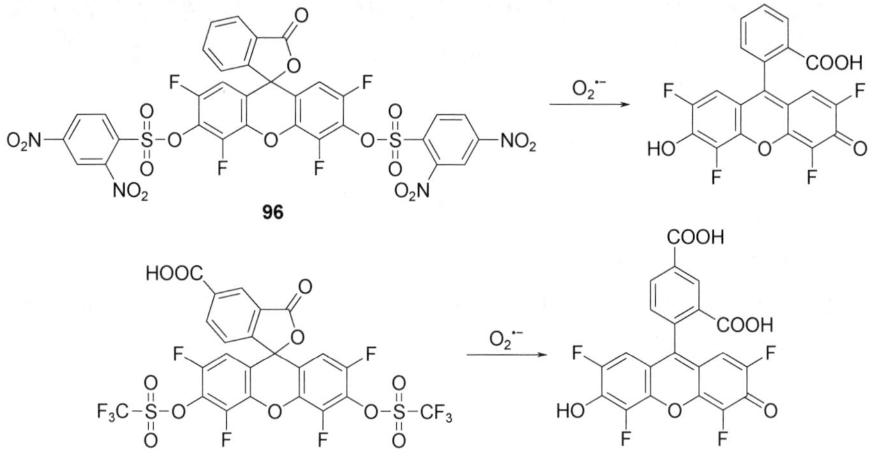

图 9-56 探针 **96** 和 **97** 对 $O_2^{\cdot-}$ 的响应机理

与磺酸酯类似，二苯基亚磷酸酯也是一个常用的 $O_2^{\cdot-}$ 识别基团，其与 $O_2^{\cdot-}$ 的反应速度比磺酸酯快，而且两个苯基较大的空间位阻可有效阻碍 GSH 等亲核试剂的进攻。Tang 等[125]将此识别基团与四苯乙烯信号单元相结合，发展了基于 AIE 的比率型 $O_2^{\cdot-}$ 探针 **98**（图 9-57）。由于四苯乙烯极强的疏水性，探针 **98** 在水溶液中会发生聚集，并引起 615 nm 处的荧光发射；在与 $O_2^{\cdot-}$ 反应后，探针转变成新的聚集体，发射光谱也蓝移到 525 nm。探针 **98** 可用于细胞凋亡及炎症等过程中 $O_2^{\cdot-}$ 的比率型荧光检测。

此外，人们还发展了基于化学发光共振能量转移（CRET）的 $O_2^{\cdot-}$ 纳米探针 **99**（图 9-58）[126]。其中，共轭聚合物 PFBT 作为 CRET 受体和信号放大基质，并通过纳米沉淀法合成纳米粒子；咪唑并吡嗪酮则被选作 CRET 供体和 $O_2^{\cdot-}$ 的识别基团。咪唑并吡嗪酮与 $O_2^{\cdot-}$ 特异性反应后可在 490 nm 处产生化学发光，并经

CRET 效应转移到共轭聚合物 PFBT 上，导致 560 nm 处的荧光发射。由于共轭聚合物的信号放大作用，探针 **99** 具有极高的灵敏度，可用于小鼠正常组织与肿瘤组织中 $O_2^{\cdot-}$ 的本底水平差异的成像分析。

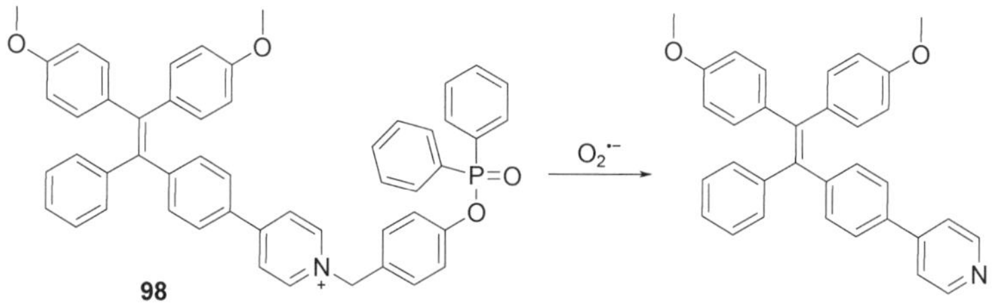

图 9-57　探针 **98** 对 $O_2^{\cdot-}$ 的响应机理

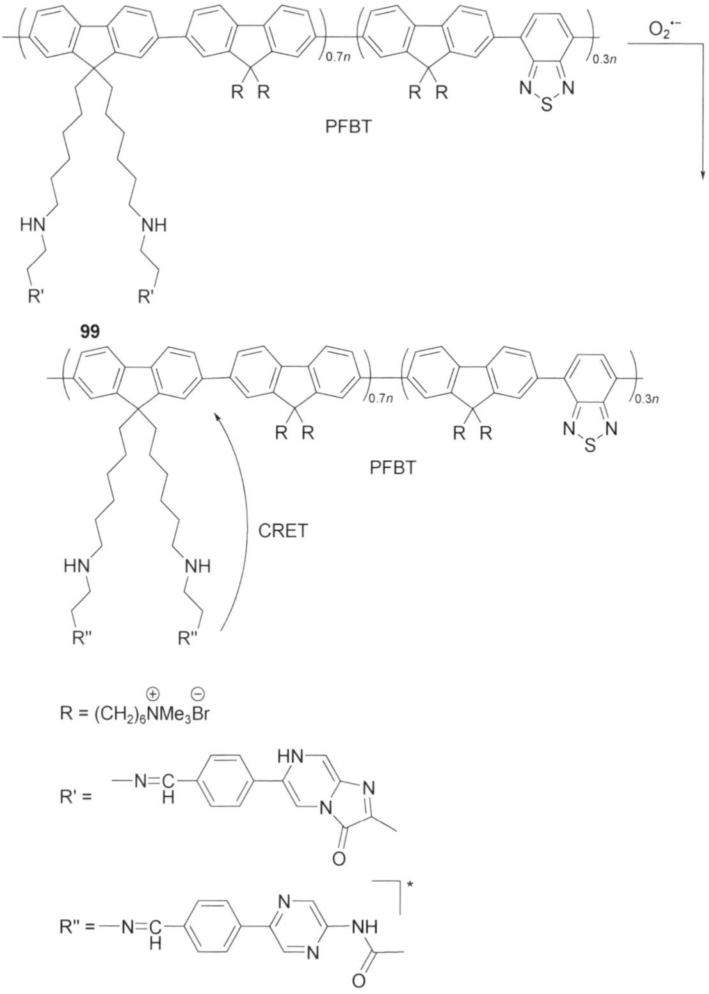

图 9-58　纳米探针 **99** 对 $O_2^{\cdot-}$ 的响应机理

9.5.5 羟基自由基探针

羟基自由基是反应活性最高的 ROS，对 DNA、蛋白质及脂类等生物分子的破坏性极强[97,98]。目前对•OH 的检测主要是依赖于•OH 的氧化反应、脱氢反应及羟基化反应。

与其它 ROS 类似，氧化反应也是设计•OH 探针的重要策略。Nagano 等[127]利用•OH 对 p-羟基苯酚和 p-氨基苯酚的氧化反应，以荧光素为信号单元，分别设计了•OH 探针 100 和 101（图 9-59）。这两个探针均对•OH 表现出显著的荧光打开响应，但是探针 100 与 ONOO⁻ 反应也能引起荧光响应，而探针 101 则受到 OCl⁻ 和 ONOO⁻ 的干扰。Yang 等[128]以 2′,7′-二氯荧光素为信号单元发展了•OH 探针 102。在该探针结构中，识别基团的酚羟基邻位被修饰了两个碘原子以阻止除•OH 以外其它 ROS（包括 OCl⁻ 和 ONOO⁻）对识别基团的氧化。该探针被用来评估几种•OH 清除剂的清除能力，并可进一步修饰以增加细胞膜的通透性和保留能力，从而用于•OH 的细胞成像分析。

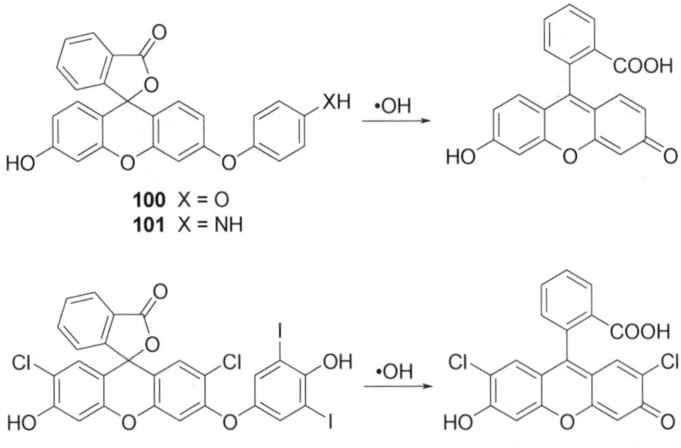

图 9-59 探针 100~102 对•OH 的响应机理

依靠•OH 的脱氢能力，Yuan 等[129]设计了比率型•OH 探针 103（图 9-60）。探针 103 以香豆素和还原态的菁染料为母体。由于菁染料的加氢还原破坏了其自身的共轭结构，因此探针在 495 nm 处表现出典型的香豆素荧光发射；然而与•OH 反应脱氢之后，探针的共轭体系扩大，发射光谱位移到 651 nm 的近红外区域，由此实现•OH 的比率荧光分析。该探针对•OH 具有较高的选择性，可用于检测 HeLa 细胞中的•OH。

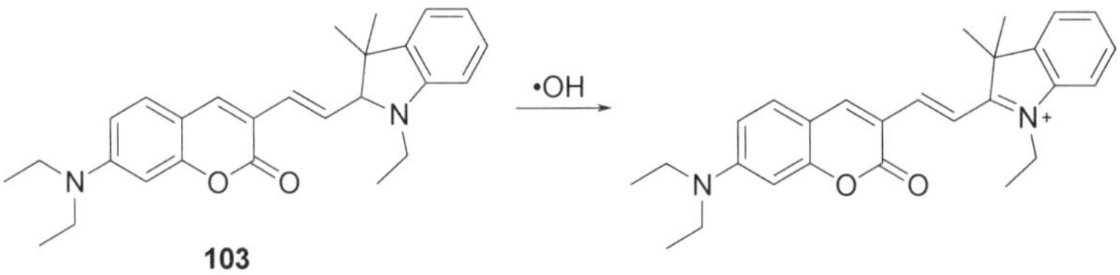

图 9-60　探针 **103** 对 •OH 的响应机理

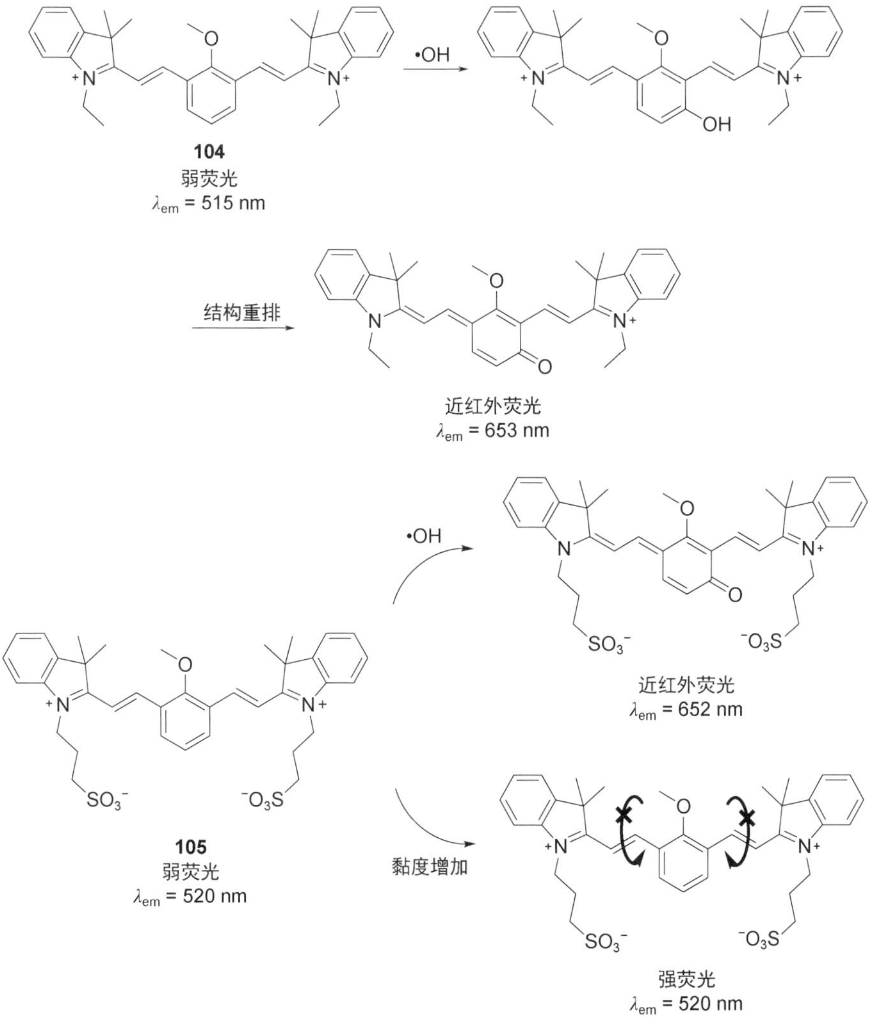

图 9-61　探针 **104** 对 •OH 的响应机理及双功能探针 **105** 对 •OH 和黏度的响应机理

第 9 章　小分子的检测　　**379**

与其它 ROS 相比，•OH 拥有一个独特的反应性质，即与芳香化合物发生羟基化反应。该性质可避免其它 ROS 的氧化性干扰，极大地提高检测选择性。马会民等[130]利用这一特性，发展了•OH 的选择性光学探针 104（图 9-61）。该探针以菁染料为信号单元，拥有两个对称的短 π-共轭体系，因此其荧光发射光谱位于较短波长区域（515 nm）。在与•OH 反应之后，探针 104 中间苯环 4 位的羟基化可形成一个酚中间体，再经结构重排，最终形成了具有更长 π-共轭体系的产物。这种从探针到产物的 π-共轭体系扩展，引起了极大的光谱红移以及近红外荧光（653 nm）打开响应，同时有利于降低探针自身的背景荧光，提高检测灵敏度。此外，由于•OH 与芳香化合物的反应为亲电取代反应，供电子基团甲氧基的引入可以提高探针对的•OH 捕获能力，进一步提高检测灵敏度。该探针对•OH 的选择性和灵敏度高，能够检测其它方法（如电子自旋共振光谱法）无法检测的铁自氧化过程中的痕量•OH。另外，探针 104 自身具有正电性，可靶向线粒体。该探针已用于活细胞内铁自氧化及不同刺激条件下•OH 的荧光成像分析。Li 等[131]进一步对探针 104 进行改进，获得了可同时检测•OH 和黏度的双功能荧光探针 105。一方面，随着环境黏度的增加，探针 105 的分子内旋转受到限制，抑制了扭曲分子内电荷转移过程（一种非辐射跃迁过程），导致 520 nm 处的荧光增强。另一方面，•OH 对探针 105 的羟基化作用及随后的结构重排，可使探针转变为 π-共轭体系更大的产物，引起近红外荧光（652 nm）打开响应。磺酸基的引入则可以中和菁染料的正电荷，使探针更倾向于分布在细胞质内，同时可提高反应产物的水溶性，以提升对•OH 的检测灵敏度。探针 105 能在两个互不干扰的信号通道内对•OH 和黏度进行同时检测，已用于细胞铁死亡过程的荧光成像研究，并第一次揭示了该过程伴随着明显的•OH 生成、细胞质黏度增加以及脂滴的加速形成。

9.5.6 一氧化氮探针

一氧化氮是细胞内的另一个初级 ROS，主要由 L-精氨酸在一氧化氮合成酶催化下产生[132]。目前，检测 NO 的探针主要可以分为三大类：第一类是以邻苯二胺为识别基团；第二类涉及过渡金属配合物；第三类则是依赖 NO 与 Se 原子形成 Se—N 键。

富电子的邻苯二胺是检测 NO 最常用的识别基团。在有氧条件下，NO 可以和邻苯二胺反应生成缺电子的苯并三唑结构，引起光信号响应。基于此，Yu 等[133]以萘酰亚胺为荧光体，吗啉环为溶酶体靶向基团设计了靶向溶酶体的双光子荧光探针 106（图 9-62）。邻苯二胺可通过 PET 作用有效地猝灭萘酰亚胺的荧光，而当探针与 NO 反应后，邻苯二胺变成缺电子的苯并三唑结构，阻断了 PET 过程，并引起荧光增强。探针 106 可用于巨噬细胞溶酶体内 NO 的双光子荧光成像分析和流式细胞分析。

106

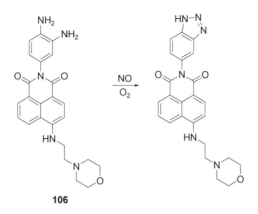

图 9-62　探针 **106** 对 NO 的响应机理

过渡金属配合物类探针是另一大类 NO 探针，在此类探针中，金属配合物不仅可作为光信号单元的猝灭剂，也可以促进 NO 与探针反应。Duan 等[134]设计了铜配合物 NO 探针 **107**（图 9-63）。在该探针中，Cu^{2+} 配位中心与三个 N 配体、一个 Cl 配体形成平面四边形几何构型，而在轴向上则保留着空配位点。探针 **107** 与 NO 配位后，Cu^{2+} 被还原为 Cu^{+} 从配合物上解离出来，罗丹明内酰胺的氮也发生了亚硝基化，使罗丹明开环并恢复荧光性质。

107

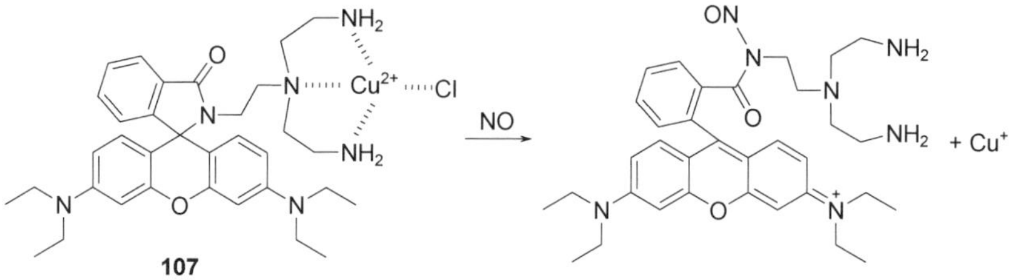

图 9-63　探针 **107** 对 NO 的响应机理

由于邻苯二胺类探针易受其它生理物种（如抗坏血酸、丙酮醛）的干扰，过渡金属配合物类探针则对机体毒害性较大，因此马会民等[135]利用 Se 和 NO 的反应，提出了一种新的 NO 检测策略并发展了探针 **108**（图 9-64）。该探针为罗丹明

108

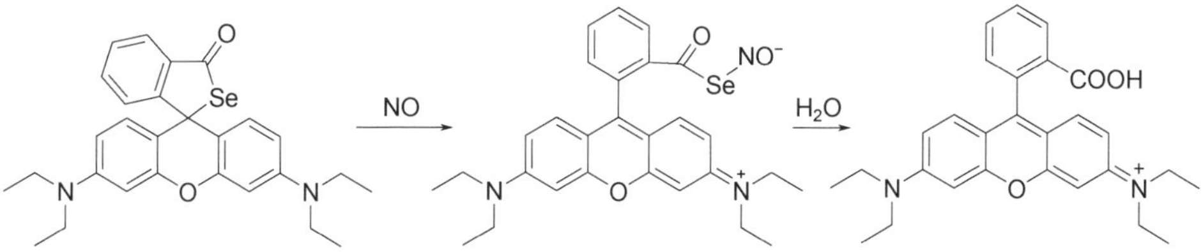

图 9-64　探针 **108** 对 NO 的响应机理

内硒酯螺环结构,其本身没有荧光。然而,探针与 NO 反应后,生成了 Se—N 键,再进一步水解释放出开环结构的罗丹明,引起荧光增强响应。该探针很大程度上克服了上述邻苯二胺类及过渡金属配合物类 NO 探针的缺点,并已应用于活细胞内 NO 的检测。

9.5.7 其它活性氧物种探针

单线态氧是一种处于最低激发态的氧分子,对各种生物分子都具有很高的反应性,常用于光动力治疗研究中[93,94]。$^1O_2$ 的检测主要是基于 $^1O_2$ 与蒽的特异性环氧化反应。马会民等[136]基于此原理提出了一个高选择性、高灵敏度的 $^1O_2$ 化学发光探针 **109**。该探针是将富含电子的四硫富瓦烯结构与 $^1O_2$ 的选择性反应基团蒽相连而制得的,其对 $^1O_2$ 有较强的化学发光响应,而且不受 H_2O_2、OCl^-、$O_2^{·-}$、·OH 等其它 ROS 的干扰。此外,对探针 **109** 响应机理的研究表明,在蒽的 9 位和/或 10 位引入富电子基团,可以大大提高对 $^1O_2$ 的捕获能力。

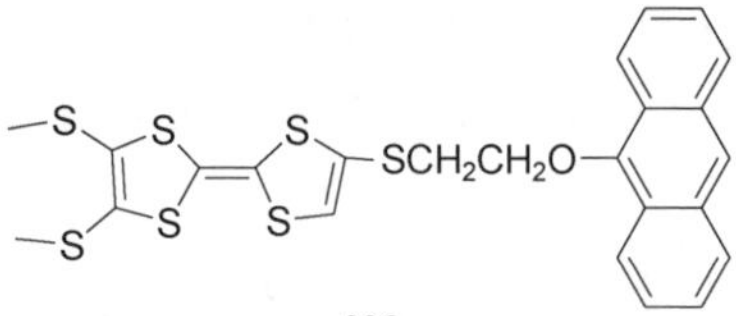

臭氧也在健康和疾病中起着重要的作用,因而受到广泛的关注。Ma 等[137]以丁烯基为识别基团,试卤灵为荧光体,并将二者共价连接,设计了 O_3 荧光探针 **110**(图 9-65)。当 7 位羟基处于保护状态时,试卤灵的荧光被猝灭。而与 O_3 反应后,识别基团可以被选择性地切断,并伴随试卤灵的释放和 585 nm 处的荧光增强。该探针的灵敏度较高,检测限为纳摩尔水平,可用于环境空气样品和活细胞中 O_3 的检测。

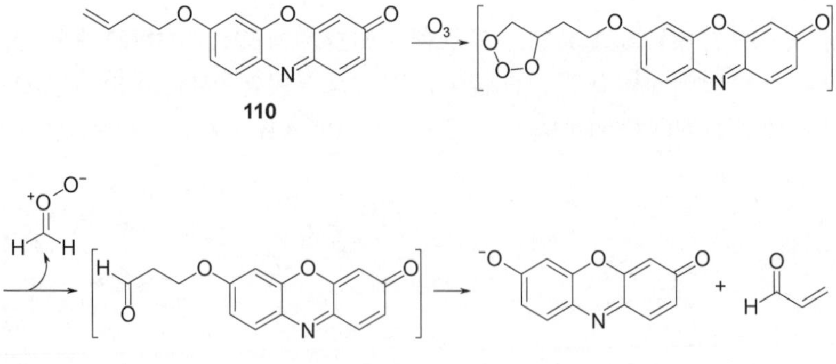

图 9-65 探针 **110** 对 O_3 的响应机理

9.6 其它物质检测

手性是自然界中广泛存在的现象。蛋白质、DNA、糖类、氨基酸等生物分子均具有手性,许多关键的生理过程也涉及了手性物质之间的特异性相互作用[138-141]。另外,不少现代药物都是单一手性的,与它们的对映异构体相比在活性和毒性上具有巨大差异[140,141]。因此选择性检测手性物质对映异构体具有重要的生理学和药理学意义,并成为光学探针研究的重要内容之一。目前,有机小分子手性光学探针主要是利用光信号单元的固有手性或识别基团的手性进行检测。此外,也有不少基于大环化合物、高分子材料的手性光学探针的报道。

联萘是发展有机小分子手性光学探针常用的信号单元之一,其两个相连萘环不共平面,构成特殊的轴向手性构型。Zhu 等[142]利用联萘母体的固有手性,发展了可对 L-氨基酸产生选择性荧光增强响应的手性探针 **111**(图 9-66)。在与 Zn^{2+} 结合后,探针 **111** 对 13 种常见 L-氨基酸表现出选择性荧光增强作用,其中,缬氨酸、甲硫氨酸、苯丙氨酸、亮氨酸和丙氨酸等五种氨基酸的左旋/右旋对映体荧光增强比可分别达 177、199、186、118 和 89。

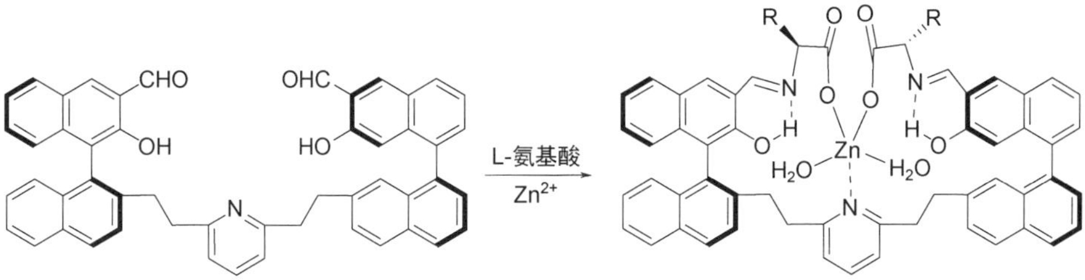

图 9-66 探针 **111** 对 L-氨基酸的响应机理

Kim 等[143]将手性分子吡喃葡萄糖与蒽荧光体相结合,分别发展了手性探针 **112** 和 **113**,用于氨基酸的手性识别与检测。探针 **112** 对 D-氨基酸具有较高的响应,例如,与 D-丙氨酸和 L-丙氨酸的结合常数分别为 1.18×10^4 L/mol 和 2.16×10^3 L/mol;相反,探针 **113** 对 L-氨基酸具有较高的响应,与 D-丙氨酸和 L-丙氨酸的结合常数分别为 2.30×10^3 L/mol 和 2.39×10^4 L/mol。通过理论计算、二维核磁等技术对反应机理研究,作者证实了两个探针相反的对映体选择性源自于荧光母体蒽与氨基酸甲基之间特殊的 H-π 相互作用。

一些大环化合物探针也在手性识别中扮演着重要的角色。其中,杯芳烃具有易制备、易修饰、结构刚性好等特点,已广泛用于发展手性识别探针。Diamond 等[144]以杯芳烃为母体,设计了手性探针 **114**,该探针可根据分子大小和手性对胺进行手性区分。对于分子结构较小的苯甘胺醇，探针 114 并不能区分其对映异构体；而对结构较大的苯丙胺醇，探针 114 则可以进行手性区分检测。在氯仿内，与 R-苯丙胺醇作用后，探针 114 在 440 nm 处的荧光显著增强，而 S-苯丙胺醇则无此特性。最后，作者通过分子模拟和 ^{1}H NMR，证实了 R-苯丙胺醇加入后，探针 114 的构型发生了变化，因而导致荧光增强。

参 考 文 献

[1] Pacia, S. V.; Doyle, W. K.; Broderick, P. A. Biogenic amines in the human neocortex in patients with neocortical and mesial temporal lobe epilepsy: identification with in situ microvoltammetry. *Brain Res.*, **2001**, 899: 106-111.

[2] Timmer, B.; Olthuis, W.; Berg, A. V. D. Ammonia sensors and their applications, a review. *Sens. Actuators, B: Chem.*, **2005**, 107: 666-677.

[3] Sangeetha, P. T.; Ramesh, M. N.; Prapulla, S. G. Fructooligosaccharide production using fructosyl transferase obtained from recycling culture of Aspergillus oryzae CFR 202. *Process Biochem.*, **2005**, 40: 1085-1088.

[4] Fox, M. E.; Owightman, R. M. Contrasting regulation of catecholamine neurotransmission in the behaving brain: pharmacological insights from an electrochemical perspective. *Pharmacol. Rev.*, **2017**, 69: 2-32.

[5] Fu, Y. Y.; Xu, W.; He, Q. G.; Cheng, J. G. Recent progress in thin film fluorescent probe for organic amine vapour. *Sci. China Chem.*, **2016**, 59: 3-15.

[6] Che, Y.; Yang, X.; Loser, S.; Zang, L. Expedient vapor probing of organic amines using fluorescent nanofibers fabricated from an n-type organic semiconductor. *Nano Lett.*, **2008**, 8: 2219-2223.

[7] Shi, L. Q.; Fu, Y. Y.; He, C.; Zhu, D. F.; Gao, Y. X.; Wang, Y. R.; He, Q. H.; Cao, H. M.; Cheng, J. G. A mild and catalyst-free conversion of solid phase benzylidenemalononitrile/benzylidenemalonate to

N-benzylidene-amine and its application for fluorescence detection of primary alkyl amine vapor. *Chem. Commun.*, **2014**, 50: 872-874.

[8] Fu, Y. Y.; Gao, Y. X.; Chen, L.; He, Q. G.; Zhu, D. F.; Cao, H. M.; Cheng, J. G. Highly efficient single fluorescent probe for multiple amine vapours via reaction between amine and aldehyde/dioxaborolane. *RSC Adv.*, **2014**, 4: 46631-46634.

[9] Yao, J. J.; Fu, Y. Y.; Xu, W.; Fan, T. C.; He, Q. G.; Zhu, D. F.; Cao, H. M.; Cheng, J. G. A sensitive and efficient trifluoroacetyl-based aromatic fluorescent probe for organic amine vapour detection. *RSC Adv.*, **2015**, 5: 25125-25131.

[10] Nastasi, F.; Puntoriero, F.; Palmeri, N.; Cavallaro, S.; Campagna, S.; Lanza, S. Solid-state luminescence switching of platinum(II) dithiooxamide complexes in the presence of hydrogen halide and amine gases. *Chem. Commun.*, **2007**, 43: 4740-4742.

[11] Rochat, S.; Swager, T. M. Fluorescence sensing of amine vapors using a cationic conjugated polymer combined with various anions. *Angew. Chem. Int. Ed.*, **2014**, 53: 9792-9796.

[12] Fu, Y. Y.; Shi, L. Q.; Zhu, D. F.; He, C.; Wen, D.; He, Q. G.; Cao, H. M.; Cheng, J. G.; Fluorene-thiophene-based thin-film fluorescent chemosensor for methamphetamine vapor by thiophene-amine interaction. *Sens. Actuators, B: Chem.*, **2013**, 180: 2-7.

[13] Xue, P. C.; Xu, Q. X.; Gong, P. Qian, C.; Ren, A. M.; Zhang, Y.; Lu, R. Fibrous film of a two-component organogel as a sensor to detect and discriminate organic amines. *Chem. Commun.*, **2013**, 49: 5838-5840.

[14] Furst, A.; Berlo, R. C.; Hooton, S. Hydrazine as a reducing agent for organic compounds (catalytic hydrazine reductions). *Chem. Rev.*, **1965**, 65(1): 51-68.

[15] Zelnick, S. D.; Mattie, D. R.; Stepaniak, P. C. Occupational exposure to hydrazines: treatment of acute central nervous system toxicity. *Aviat. Space. Envir. Md.*, **2003**, 74: 1285-1291.

[16] Fan, J. L.; Sun, W.; Hu, M. M.; Cao, J. F.; Cheng, G. H.; Dong, H. J.; Song, K. D.; Liu, Y. C.; Sun, S. G.; Peng, X. J. An ICT-based ratiometric probe for hydrazine and its application in live cells. *Chem. Commun.*, **2012**, 48: 8117-8119.

[17] Chen, X. T.; Xiang, Y.; Li, Z. F.; Tong, A. J. Sensitive and selective fluorescence determination of trace hydrazine in aqueous solution utilizing 5-chlorosalicylaldehyde. *Anal. Chim. Acta.*, **2008**, 625: 41-46.

[18] Goswami, S.; Aich, K.; Das, S.; Roy, S. B.; Pakhira, B.; Sarkar, S. A Reaction based colorimetric as well as fluorescence 'turn on' probe for the rapid detection of hydrazine. *RSC Adv.*, **2014**, 4: 14210-14214.

[19] Choi, M. G.; Hwang, J.; Moon, J. O.; Sung, J.; Chang, S. K. Hydrazine-selective chromogenic and fluorogenic probe based on levulinated coumarin. *Org. Lett.*, **2011**, 13: 5260-5263.

[20] Choi, M. G.; Moon, J. O.; Bae, J.; Lee, J. W.; Chang, S. K. Dual signaling of hydrazine by selective deprotection of dichlorofluorescein and resorufin acetates. *Org. Biomol. Chem.*, **2013**, 11: 2961-2965.

[21] Goswami, S.; Das, S.; Aich, K.; Sarkar, D.; Mondal, T. K. A coumarin based chemodosimetric probe for ratiometric detection of hydrazine. *Tetrahedron Lett.*, **2014**, 55: 2695-2699.

[22] Cui, L.; Peng, Z. X.; Ji, C. F.; Huang, J. H.; Huang, D. T.; Ma, J.; Zhang, S. P.; Qian, X. H.; Xu, Y. F. Hydrazine detection in the gas state and aqueous solution based on the Gabriel mechanism and its imaging in living cells. *Chem. Commun.*, **2014**, 50: 1485-1487.

[23] Carreno, M. C.; Gonzalez-Lopez, M.; Urbano, A. Oxidative de-aromatization of *para*‐alkyl phenols into *para*‐peroxyquinols and *para*‐quinols mediated by oxone as a source of singlet oxygen. *Angew. Chem. Int. Ed.*, **2006**, 45: 2737-2741.

[24] 邢其毅. 基础有机化学. 北京: 高等教育出版社, **1994**.

[25] Amrolia, P.; Sullivan, S. G.; Sterm, A.; Munday, R. Toxicity of aromatic thiols in the human red blood cell. *J. Appl. Toxicol.*, **1989**, 9: 113-118.

[26] Gaskell, M.; Jukes, R.; Jones, D. J. L.; Martin, E. A.; Farmer, P. B. Identification and characterization of (3″,4″-dihydroxy)-1,N^2-benzetheno-2′-deoxyguanosine 3′-monophosphate, a novel DNA adduct formed by benzene metabolites. *Chem. Res. Toxicol.*, **2002**, 15: 1088-1095.

[27] Bianchi, F.; Bedini, A.; Riboni, N.; Pinalli, R.; Gregori, A.; Sidisky, L.; Dalcanale, E.; Careri, M. Cavitand-based solid-phase microextraction coating for the selective detection of nitroaromatic explosives in air and soil. *Anal. Chem.*, **2014**, 86: 10646-10652.

[28] Cao, L. H.; Shi, F.; Zhang, W. M.; Zang, S. Q.; Mak, T. C. W. Selective sensing of Fe^{3+} And Al^{3+} ions and detection of 2,4,6-trinitrophenol by a water-stable terbium-based metal-organic framework. *Chem. -Eur. J.*, **2015**, 21: 15705-15721.

[29] Hu, X. L.; Liu, F. H.; Qin, C.; Shao, K. Z.; Su, Z. M. A 2D bilayered metal-organic framework as a fluorescent sensor for highly selective sensing of nitro explosives. *Dalton Trans.*, **2015**, 44: 7822-7827.

[30] Kumar, M.; Reja, S. I.; Bhalla, V. A charge transfer amplified fluorescent Hg^{2+} complex for detection of picric acid and construction of logic functions. *Org. Lett.*, **2012**, 14: 6084-6087.

[31] Shyamal, M.; Maity, S.; Mazumdar, P.; Sahoo, G. P.; Maity, R.; Misra, A. Synthesis of an efficient pyrene based aie active functional material for selective sensing of 2,4,6-trinitrophenol. *J. Photochem. Photobiol., A*, **2017**, 342: 1-14.

[32] Vij, V.; Bhalla, V.; Kumar, M. Attogram detection of picric acid by hexa-*peri*-hexabenzocoronene-based chemosensors by controlled aggregation-induced emission enhancement. *ACS Appl. Mater. Interfaces*, **2013**, 5: 5373-5380.

[33] Yao, Z.; Qiao, Y.; Liang, H.; Ge, W.; Zhang, L.; Cao, Z.; Wu, H. C. Approach based on poly-electrolyte-induced nano-assemblies for enhancing sensitivity of pyrenyl probes. *Anal. Chem.*, **2016**, 88: 10605-10610.

[34] Ghosh, K. R.; Saha, S. K.; Wang, Z. Y. Ultra-sensitive detection of explosives in solution and film as well as the development of thicker film effectiveness by tetraphenylethene moiety in aie active fluorescent conjugated polymer. *Polym. Chem.*, **2014**, 5: 5638-5643.

[35] Wang, Y.; Ni, Y. Molybdenum disulfide quantum dots as a photoluminescence sensing platform for 2,4,6-trinitrophenol detection. *Anal. Chem.*, **2014**, 86: 7463-7470.

[36] Love, J. C.; Estroff, L. A.; Whitesides, G. M. Self-monolayers of thiolates on metals as a form of nanotechnology. *Chem. Rev.*, **2005**, 105: 1103-1170.

[37] Jiang, W.; Fu, Q. Q.; Fan, H. Y.; Ho, J.; Wang, W. A highly selective fluorescent probe for thiophenols. *Angew. Chem. Int. Ed.*, **2007**, 46: 8445-8448.

[38] Yu, D. H.; Huang, F. H.; Ding, S. S.; Feng, G. Q. Near-infrared fluorescent probe for detection of thiophenols in water samples and living cells. *Anal. Chem.*, **2014**, 86: 8835-8841.

[39] Liu, H. W.; Zhang, X. B.; Zhang, J.; Wang, Q. Q.; Hu, X. X.; Wang, P.; Tan, W. H. Efficient two-photon fluorescent probe with red emission for imaging of thiophenols in living cells and tissues. *Anal. Chem.*, **2015**, 87: 8896-8903.

[40] Xiong, L.; Ma, J.; Huang, Y.; Wang, Z. H.; Lu, Z. Y. Highly sensitive squaraine-based water-soluble far-red/nearinfrared chromofluorogenic thiophenol probe. *ACS Sens.*, **2017**, 2: 599-605.

[41] Lin, W. Y.; Long, L. L.; Tan, W. A highly sensitive fluorescent probe for detection of benzenethiols in environmental samples and living cells. *Chem. Commun.*, **2010**, 46: 1503-1505.

[42] Yu, D. H.; Zhai, Q. S.; Yang, S. J.; Feng, G. Q. A colorimetric and near-infrared fluorescent turn-on probe for in vitro and in vivo detection of thiophenols. *Anal. Methods*, **2015**, 7: 7534-7539.

[43] Balkrishna, S. J.; Hodage, A. S.; Kumar, S.; Panini, P.; Kumar, S. Sensitive and regenerable organo-chalcogen probes for the colorimetric detection of thiols. *RSC Adv.*, **2014**, 4: 11535-11538.

[44] Wang, X. Z.; Cao, J.; Zhao, C. C. Design of a ratiometric fluorescent probe for benzenethiols based on a

thiol-sulfoxide reaction. *Org. Biomol. Chem.*, **2012**, 10: 4689-4691.

[45] 尹伶灵, 陈蓁蓁, 佟丽丽, 徐克花, 唐波. 硫醇类荧光探针研究进展. 分析化学, **2009**, 37(07): 1073-1081.

[46] 王胜清, 申世立, 张延如, 戴溪, 赵宝祥. 小分子生物硫醇荧光探针研究进展. 有机化学, **2014**, 34(09): 1717-1729.

[47] Hong, R.; Han, G.; Fernandez, J. M.; Kim, B.; Forbes, N. S.; Rotello, V. M. Glutathione-mediated delivery and release using monolayer protected nanoparticle carriers. *J. Am. Chem. Soc.*, **2006**, 128: 1078-1079.

[48] Balendiran, G. K.; Dabur, R.; Fraser, D. The role of glutathione in cancer. *Cell. Biochem. Funct.*, **2004**, 22: 343-352.

[49] Chen, X. Q.; Zhou, Y.; Peng, X. J.; Yoon, J. Fluorescent and colorimetric probes for detection of thiols. *Chem. Soc. Rev.*, **2010**, 39: 2120-2135.

[50] Temple, M. E.; Luzier, A. B.; Kazierad, D. J. Homocysteine as a risk factor for atherosclerosis. *Ann. Pharmacother.*, **2000**, 34: 57-65.

[51] Matsumoto, T.; Urano, Y.; Shoda, T.; Kojima, H.; Nagano, T. A thiol-reactive fluorescence probe based on donor-excited photoinduced electron transfer: key role of ortho substitution. *Org. Lett.*, **2007**, 9: 3375-3377.

[52] Lin, W. Y.; Yuan, L.; Cao, Z. M. A sensitive and selective fluorescent thiol probe in water based on the conjugate 1,4-addition of thiols to α, β-unsaturated ketones. *Chem. -Eur. J.*, **2009**, 15: 5096-5103.

[53] Kim, G. J.; Lee, K.; Kwon, H.; Kim, H. J. Ratiometric fluorescence imaging of cellular glutathione. *Org. Lett.*, **2011**, 13: 2799-2801.

[54] Huo, F. J.; Sun, Y. Q.; Su, J.; Chao, J. B.; Zhi, H. J.; Yin, C. X. Colorimetric detection of thiols using a chromene molecule. *Org. Lett.*, **2009**, 11: 4918-4921.

[55] Chen, X. Q.; Ko, S. K.; Kim, M. J.; Shin, I.; Yoon, J. A thiol-specific fluorescent probe and its application for bioimaging. *Chem. Commun.*, **2010**, 46: 2751-2753.

[56] Yang, X. F.; Guo, Y. X.; Strongin, R. M. Conjugate addition/cyclization sequence enables selective and simultaneous fluorescence detection of cysteine and homocysteine. *Angew. Chem. Int. Ed.*, **2011**, 50: 10690-10693.

[57] Maeda, H.; Matsuno, H.; Ushida, M.; Katayama, K.; Saeki, K.; Itoh, N. 2,4-Dinitrobenzenesulfonyl fluoresceins as fluorescent alternatives to Ellman's reagent in thiol-quantification enzyme assays. *Angew. Chem. Int. Ed.*, **2005**, 44: 2922-2925.

[58] Shao, J. Y.; Guo, H. M.; Ji, S. M.; Zhao, J. Z. Styryl-BODIPY based red-emitting fluorescent OFF-ON molecular probe for specific detection of cysteine. *Biosens. Bioelectron.*, **2011**, 26: 3012-3017.

[59] He, X. Y,; Wu, X. F.; Shi, W.; Ma, H. M. Comparison of *N*-acetylcysteine and cysteine in their ability to replenish intracellular cysteine by a specific fluorescent probe. *Chem. Commun.*, **2016**, 52: 9410-9413.

[60] Liu, T. Y.; Xu, Z. C.; Spring, D. R.; Cui, J. N. A lysosome-targetable fluorescent probe for imaging hydrogen sulfide in living cells. *Org. Lett.*, **2013**, 15: 2310-2313.

[61] Nie, L. H.; Ma, H. M.; Sun, M.; Li, X. H.; Su, M. H.; Liang, S. C. Direct chemiluminescence determination of cysteine in human serum using quinine-Ce(Ⅳ) system. *Talanta*, **2003**, 59: 959-964.

[62] Xu, K. H.; Chen, H. C.; Wang, H. X.; Tian, J. W.; Li, J.; Li, Q. L.; Li, N.; Tang, B. A nanoprobe for nonprotein thiols based on assembling of QDs and 4-amino-2,2,6,6-tetramethylpiperidine oxide. *Biosens. Bioelectron.*, **2011**, 26: 4632-4636.

[63] Deng, R. R.; Xie, X. J.; Vendrell, M.; Chang, Y. T.; Liu, X. G. Intracellular glutathione detection using MnO_2-nanosheet-modified upconversion nanoparticles. *J. Am. Chem. Soc.*, **2011**, 133: 20168-20171.

[64] Cao, X. W.; Lin, W. Y.; Yu, Q. X. A ratiometric fluorescent probe for thiols based on a tetrakis (4-hydroxyphenyl)porphyrin-coumarin scaffold. *J. Org. Chem.*, **2011**, 76: 7423-7430.

[65] Lee, M. H.; Han, J. H.; Kown, P. S.; Bhuniya, S.; Kim, J. Y.; Sessler, J. L.; Kang, C.; Kim, J. S. Hepatocyte-targeting single galactose-appended naphthalimide: a tool for intracellular thiol imaging in vivo. *J. Am. Chem. Soc.*, **2012**, 134: 1316-1322.

[66] Wan, Q. Q.; Song, Y. C.; Li, Z.; Gao, X. H.; Ma, H. M. In vivo monitoring of hydrogen sulfide using a cresyl violet-based ratiometric fluorescence probe. *Chem. Commun.*, **2013**, 49: 502-504.

[67] Chen, W.; Pacheco, A.; Takano, Y.; Day, J. J.; Hanaoka, K.; Xian, M. A single fluorescent probe to visualize hydrogen sulfide and hydrogen polysulfides with different fluorescence signals. *Angew. Chem. Int. Ed.*, **2016**, 55: 9993-9996.

[68] Han, B. Y.; Yuan, J. P.; Wang, E. K. Sensitive and selective sensor for biothiols in the cell based on the recovered fluorescence of the CdTe quantum dots-Hg(II) system. *Anal. Chem.*, **2009**, 81: 5569-5573.

[69] Liu, J. F.; Bao, C. Y.; Zhong, X. H.; Zhao, C. C.; Zhu, L. Y. Highly selective detection of glutathione using a quantum-dot-based OFF-ON fluorescent probe. *Chem. Commun.*, **2010**, 46: 2971-2973.

[70] Jung, H. S.; Han, J. Y.; Habata, Y.; Kang, C.; Kim, J. S. An iminocoumarin-Cu(II) ensemble-based chemodosimeter toward thiols. *Chem. Commun.*, **2011**, 47: 5142-5144.

[71] Hao, W. H.; McBride, A.; McBride, S.; Gao, J. P.; Wang, Z. Y. Colorimetric and near-infrared fluorescence turn-on molecular probe for direct and highly selective detection of cysteine in human plasma. *J. Mater. Chem.*, **2011**, 21: 1040-1048.

[72] Sasakura, K.; Hanaoka, K.; Shibuya, N.; Mikami, Y.; Kimura, Y.; Komatsu, T.; Ueno, T.; Terai, T.; Kimura, H.; Nagano, T. Development of a highly selective fluorescence probe for hydrogen sulfide. *J. Am. Chem. Soc.*, **2011**, 133: 18003-18005.

[73] Lin, Y. H.; Tao, Y.; Pu, F.; Ren, J. S.; Qu, X. G. Combination of graphene oxide and thiol-activated DNA metallization for sensitive fluorescence turn-on detection of cysteine and their use for logic gate operations. *Adv. Funct. Mater.*, **2011**, 21: 4565-4572.

[74] Hu, M. M.; Fan, J. L.; Li, H. L.; Song, K. D.; Wang, S.; Cheng, G. H.; Peng, X. J. Fluorescent chemodosimeter for Cys/Hcy with a large absorption shift and imaging in living cells. *Org. Biomol. Chem.*, **2011**, 9: 980-983.

[75] Li, H. L.; Fan, J. L.; Wang, J. Y.; Tian, M. Z.; Du, J. J.; Sun, S. G.; Sun, P. P.; Peng, X. J. A fluorescent chemodosimeter specific for cysteine: effective discrimination of cysteine from homocysteine. *Chem. Commun.*, **2009**, 5904-5906.

[76] Yuan, L.; Lin, W. Y.; Yang, Y. T. A ratiometric fluorescent probe for specific detection of cysteine over homocysteine and glutathione based on the drastic distinction in the kinetic profiles. *Chem. Commun.*, **2011**, 47: 6275-6277.

[77] Yao, Z. Y.; Bai, H.; Li, C.; Shi, G. Q. Colorimetric and fluorescent dual probe based on a polythiophene derivative for the detection of cysteine and homocysteine. *Chem. Commun.*, **2011**, 47: 7431-7433.

[78] Huang, H. W.; Liu, X. Y.; Hu, T.; Chu, P. K. Ultra-sensitive detection of cysteine by gold nanorod assembly. *Biosens. Bioelectron.*, **2010**, 25: 2078-2083.

[79] Shao, N.; Jin, J. Y.; Wang, H.; Zheng, J.; Yang, R. H.; Chang, W. H.; Abliz, Z. Design of bis-spiropyran ligands as dipolar molecule receptors and application to in vivo glutathione fluorescent probes. *J. Am. Chem. Soc.*, **2010**, 132: 725-736.

[80] Felig, P. Amino acid metabolism in man. *Ann. Rev. Biochem.*, **1975**, 44: 933-955.

[81] Chen, G. N.; Wu, X. P.; Duan, J. P.; Chen, H. Q. A study on electrochemistry of histidine and its metabolites based on the diazo coupling reaction. *Talanta*, **1999**, 49: 319-330.

[82] Refsum, H.; Ueland, P. M.; Nygard, O.; Vollset, S. E. Homocysteine and cardiovascular disease. *Annu. Rev. Med.*, **1989**, 49: 31-62.

[83] Dean, K. E. S.; Klein, G.; Renaudet, O.; Reymond, J. A green fluorescent chemosensor for amino acids provides a versatile high-throughput screening (HTS) assay for proteases. *Bioorg. Med. Chem. Lett.*, **2003**, 13: 1653-1656.

[84] Hortalá, M. A.; Fabbrizzi, L.; Marcotte, N.; Stomeo, F.; Taglietti, A. Designing the selectivity of the fluorescent detection of amino acids: a chemosensing ensemble for histidine. *J. Am. Chem. Soc.*, **2003**, 125: 20-21.

[85] Aït-Haddou, H.; Wiskur, S. L.; Lynch, V. M.; Anslyn, E. V. Achieving large color changes in response to the presence of amino acids: a molecular sensing ensemble with selectivity for aspartate. *J. Am. Chem. Soc.*, **2001**, 123: 11296-11297.

[86] Li, S. H.; Yu, C. W.; Xu, J. G. A cyclometalated palladium-azo complex as a differential chromogenic probe for amino acids in aqueous solution. *Chem. Commun.*, **2005**, 450-452.

[87] Yang, Y. K.; Shim, S.; Tae, J. Rhodamine-sugar based turn-on fluorescent probe for the detection of cysteine and homocysteine in water. *Chem. Commun.*, **2010**, 46: 7766-7768.

[88] Li, X. H.; Ma, H. M.; Nie, L. H.; Sun, M.; Xiong, S. X. A novel fluorescent probe for selective labeling of histidine. *Anal. Chim. Acta*, **2004**, 515: 255-260.

[89] Li, X. H.; Ma, H. M.; Dong, S. Y.; Duan, X. J.; Liang, S. C. Selective labeling of histidine by a designed fluorescein-based probe. *Talanta*, **2004**, 62: 367-371.

[90] Zhou, Y.; Won, J.; Lee, J. Y.; Yoon, J. Studies leading to the development of a highly selective colorimetric and fluorescent chemosensor for lysine. *Chem. Commun.*, **2011**, 47: 1997-1999.

[91] Hou, J. T.; Li, K.; Liu, B. Y.; Liao, Y. X.; Yu, X. Q. The first ratiometric probe for lysine in water. *Tetrahedron*, **2013**, 69: 2118-2123.

[92] Bao, Z. J.; Sun, S. N.; Li, J.; Chen, X. Q.; Dong, S. Y.; Ma, H. M. Direct identification of tryptophan in a mixture of amino acids by the naked eye. *Angew. Chem. Int. Ed.*, **2006**, 45: 6723-6725.

[93] Li, H. Y.; Ma, H. M. New progress in spectroscopic probes for reactive oxygen species. *J. Anal. Test.*, **2018**, 2, 2-19.

[94] Apel, K.; Hirt, H. Reactive oxygen species: metabolism, oxidative stress, and signal transduction. *Annu. Rev. Plant Biol.*, **2004**, 55: 373-399.

[95] Dupre-Crochet, S.; Erard, M.; Nüβe, O. ROS production in phagocytes: why, when, and where? *J. Leukocyte Biol.*, **2013**, 94: 657-670.

[96] Valko, M.; Izakovic, M.; Mazur, M.; Rhodes, C. J.; Telser, J. Role of oxygen radicals in DNA damage and cancer incidence. *Mol. Cell. Biochem.*, **2004**, 266: 37-56.

[97] Floyd, R. A.; Carney, J. M. Free radical damage to protein and DNA: mechanisms involved and relevant observations on brain undergoing oxidative stress. *Ann. Neurol.*, **1992**, 32: S22-S27.

[98] Yin, H. Y.; Xu, L. B.; Porter, N. A. Free radical lipid peroxidation: mechanisms and analysis. *Chem. Rev.*, **2011**, 111: 5944-5972.

[99] Chang, M. C. Y.; Pralle, A.; Isacoff, E. Y.; Chang, C. J. A selective, cell-permeable optical probe for hydrogen peroxide in living cells. *J. Am. Chem. Soc.*, **2004**, 26: 15392-15393.

[100] Abo, M.; Urano, Y.; Hanaoka, K.; Terai, T.; Komatsu, T.; Nagano, T. Development of a highly sensitive fluorescence probe for hydrogen peroxide. *J. Am. Chem. Soc.*, **2011**(133):10629-10637.

[101] Xu, K. H.; Qiang, M. M.; Gao, W.; Su, R. X.; Li, N.; Gao, Y.; Xie, Y. X.; Kong, F. P.; Tang, B. A near-infrared reversible fluorescent probe for real-time imaging of redox status changes in vivo. *Chem. Sci.*, **2013**, 4: 1079-1086.

[102] Liao, Y. X.; Li, K.; Wu, M. Y.; Wu, T.; Yu, X. Q. A selenium-contained aggregation-induced "turn-on" fluorescent probe for hydrogen peroxide. *Org. Biomol. Chem.*, **2014**, 12: 3004-3008.

[103] Domigan, N. M.; Charlton, T. S.; Duncan, M. W.; Winterbourn, C. C.; Kettle. A. J. Chlorination of tyrosyl residues in peptides by myeloperoxidase and human neutrophils. *J. Biol. Chem.*, **1995**, 270: 16542-16548.

[104] Zhou, J.; Li, L. H.; Shi, W.; Gao, X. H.; Li, X. H.; Ma, H. M. HOCl can appear in the mitochondria of macrophages during bacterial infection as revealed by a sensitive mitochondrial-targeting fluorescent probe. *Chem. Sci.*, **2015**, 6: 4884-4888.

[105] Xu, Q.; Lee, K.; Lee, S.; Lee, K. M.; Lee, W.; Yoon, J. A highly specific fluorescent probe for hypochlorous acid and its application in imaging microbe-induced HOCl production. *J. Am. Chem. Soc.*, **2013**, 135: 9944-9949.

[106] Chen, X. Q.; Wang, X. C.; Wang, S. J.; Shi, W.; Wang, K.; Ma, H. M. A highly selective and sensitive fluorescence probe for the hypochlorite anion. *Chem. Eur. J.*, **2008**, 14: 4719-4724.

[107] Sun, Z.; Liu, F.; Chen, Y.; Tam, P. K. H.; Yang, D. A highly specific BODIPY-based fluorescent probe for the detection of hypochlorous acid. *Org. Lett.*, **2008**, 10: 2171-2174.

[108] Hu, J. J.; Wong, N. K.; Gu, Q.; Bai, X.; Ye, S.; Yang, D. HKOCl□2 series of green BODIPY-based fluorescent probes for hypochlorous acid detection and imaging in live cells. *Org. Lett.*, **2014**, 16: 3544-3547.

[109] Liu, S.; Wu, S. Hypochlorous Acid turn-on fluorescent probe based on oxidation of diphenyl selenide. *Org. Lett.*, **2013**, 15: 878-881.

[110] Wang, B. S.; Li, P.; Yu, F. B.; Song, P.; Sun, X. F.; Yang, S. Q.; Lou, Z. R.; Han, K. L. A reversible fluorescence probe based on Se-BODIPY for the redox cycle between HClO oxidative stress and H_2S repair in living cells. *Chem. Commun.*, **2013**, 49: 1014-1016.

[111] Yuan, L.; Wang, L.; Agrawalla, B. K.; Park, S.; Zhu, H.; Sivaraman, B.; Peng, J. J.; Xu, Q.; Chang, Y. Development of targetable two-photon fluorescent probes to image hypochlorous acid in mitochondria and lysosome in live cell and inflamed mouse model. *J. Am. Chem. Soc.*, **2015**, 137: 5930-5938.

[112] Xu, Q. L.; Heo, C. H.; Kim, G.; Lee, H. W.; Kim, H. M.; Yoon, J. Development of imidazoline-2-thiones based two-photon fluorescence probes for imaging hypochlorite generation in a co-culture system. *Angew. Chem. Int. Ed.*, **2015**, 54: 4890-4894.

[113] Radi, R.; Cassina, A.; Hodara, R.; Quijano, C.; Castro. L. Peroxynitrite reactions and formation in mitochondria. *Free Radic. Biol. Med.*, **2002**, 33: 1451-1464.

[114] Peng, T.; Wong, N.; Chen, X. M.; Chan, Y.; Sun, Z. N.; Hu, J. J.; Shen, J. G.; El-Nezami, H.; Yang, D. Molecular imaging of peroxynitrite with HKGreen-4 in live cells and tissues. *J. Am. Chem. Soc.*, **2014**, 136: 11728-11734.

[115] Kim, J.; Park, J.; Lee, H.; Choi, Y.; Kim, Y. A boronate-based fluorescent probe for the selective detection of cellular peroxynitrite. *Chem. Commun.*, **2014**, 50: 9353-9356.

[116] Yu, F. B.; Li, P.; Li, G. Y.; Zhao, G. J.; Chu, T. S.; Han, K. L. A near-IR reversible fluorescent probe modulated by selenium for monitoring peroxynitrite and imaging in living cells. *J. Am. Chem. Soc.*, **2011**, 133: 11030-11033.

[117] Yu, F. B.; Li, P.; Wang, B. S.; Han, K. L. Reversible near-infrared fluorescent probe introducing tellurium to mimetic glutathione peroxidase for monitoring the redox cycles between peroxynitrite and glutathione in vivo. *J. Am. Chem. Soc.*, **2013**, 135: 7674-7680.

[118] Li, H. Y.; Li, X. H.; Wu, X. F.; Shi, W.; Ma, H. M. Observation of the generation of $ONOO^-$ in mito-chondria under various stimuli with a sensitive fluorescent probe. *Anal. Chem.*, **2017**, 89: 5519-5525.

[119] Jia, X. T.; Chen, Q. Q.; Yang, Y. F.; Tang, Y.; Wang, R.; Xu, Y. F.; Zhu, W. P.; Qian, X. H. FRET-based mito-specific fluorescent probe for ratiometric detection and imaging of endogenous peroxynitrite: dyad of Cy3 and Cy5. *J. Am. Chem. Soc.*, **2016**, 138: 10778-10781.

[120] Cheng, D.; Pan, Y.; Wang, L.; Zeng, Z. B.; Yuan, L.; Zhang, X. B.; Chang, Y. T. Selective visualization of the endogenous peroxynitrite in an inflamed mouse model by a mitochondria-targetable two-photon ratiometric fluorescent probe. *J. Am. Chem. Soc.*, **2017**, 139: 285-292.

[121] Li, R. Q.; Mao, Z.Q.; Rong, L.; Wu, N.; Lei, Q.; Zhu, J. Y.; Zhuang, L.; Zhang, X. Z.; Liu, Z. H. A two-photon fluorescent probe for exogenous and endogenous superoxide anion imaging in vitro and in vivo. *Biosens. Bioelectron.*, **2017**, 87: 73-80.

[122] Zhang, W.; Li, P.; Yang, F.; Hu, X. F.; Sun, C. Z.; Zhang, W.; Chen, D. Z.; Tang, B. Dynamic and reversible fluorescence imaging of superoxide anion fluctuations in live cells and in vivo. *J. Am. Chem. Soc.*, **2013**, 135: 14956-14959.

[123] Maeda, H.; Yamamoto, K.; Nomura, Y.; Kohno, I.; Hafsi, L.; Ueda, N.; Yoshida, S.; Fukuda, M.; Fukuyasu, Y.; Yamauchi, Y.; Itoh, N. A design of fluorescent probes for superoxide based on a nonredox mechanism. *J. Am. Chem. Soc.*, **2005**, 127: 68-69.

[124] Hu, J. J.; Wong, N. K.; Ye, S.; Chen, X. M.; Lu, M. Y.; Zhao, A. Q.; Guo, Y. H.; Ma, A. C. H.; Leung, A. Y. H.; Shen, J. G.; Yang, D. Fluorescent probe HKSOX-1 for imaging and detection of endogenous superoxide in live cells and in vivo. *J. Am. Chem. Soc.*, **2015**, 137: 6837-6843.

[125] Gao, X. Y.; Feng, G. X.; Manghnani, P. N.; Hu, F.; Jiang, N.; Liu, J. Z.; Liu, B.; Sun, J. Z.; Tang, B. Z. A two-channel responsive fluorescent probe with AIE characteristics and its application for selective imaging of superoxide anions in living cells. *Chem. Commun.*, **2017**, 53: 1653-1656.

[126] Li, P.; Liu, L.; Xiao, H. B.; Zhang, W.; Wang, L. L.; Tang, B. A new polymer nanoprobe based on chemiluminescence resonance energy transfer for ultrasensitive imaging of intrinsic superoxide anion in mice. *J. Am. Chem. Soc.*, **2016**, 138: 2893-2896.

[127] Setsukinai, K.; Urano, Y.; Kakinuma, K.; Majima, H.; Nagano, T. Development of novel fluorescence probes that can reliably detect reactive oxygen species and distinguish specific species. *J. Biol. Chem.*, **2003**, 278: 3170-3175.

[128] Bai, X. Y.; Huang, Y. Y.; Lu, M. Y.; Yang, D. HKOH-1: a highly sensitive and selective fluorescent probe for detecting endogenous hydroxyl radical in living cells. *Angew. Chem. Int. Ed.*, **2017**, 56: 12873-12877.

[129] Yuan, L.; Lin, W. Y.; Song, J. Z. Ratiometric fluorescent detection of intracellular hydroxyl radicals based on a hybrid coumarin-cyanine platform. *Chem. Commun.*, **2010**, 46: 7930-7932.

[130] Li, H. Y.; Li, X. H.; Shi, W.; Xu, Y. H.; Ma, H. M. Rationally designed fluorescence •OH probe with high sensitivity and selectivity for monitoring the generation of •OH in iron autoxidation without addition of H_2O_2. *Angew. Chem. Int. Ed.*, **2018**, 57: 12830-12834.

[131] Li, H. Y.; Shi, W.; Li, X. H.; Hu, Y. M.; Fang, Y.; Ma, H. M. Ferroptosis accompanied by •OH generation and cytoplasmic viscosity increase revealed via dual-functional fluorescence probe. *J. Am. Chem. Soc.*, **2019**, 141: 18301-18307.

[132] Nathan, C.; Xie, Q. W. Nitric oxide synthases: roles, tolls, and controls. *Cell*, **1994**, 78: 915-918.

[133] Yu, H. B.; Xiao, Y.; Jin, L. J. A lysosome-targetable and two-photon fluorescent probe for monitoring endogenous and exogenous nitric oxide in living cells. *J. Am. Chem. Soc.*, **2012**, 134: 17486-17489.

[134] Hu, X. Y.; Wang, J.; Zhu, X.; Dong, D. P.; Zhang, X. L.; Wu, S.; Duan, C. Y. A copper(II) rhodamine complex with a tripodal ligand as a highly selective fluorescence imaging agent for nitric oxide. *Chem. Commun.*, **2011**, 47: 11507-11509.

[135] Sun, C. D.; Shi, W.; Song, Y. C.; Chen, W.; Ma, H. M. An unprecedented strategy for selective and sensitive fluorescence detection of nitric oxide based on its reaction with a selenide. *Chem. Commun.*, **2011**, 47: 8638-8640.

[136] Li, X. H.; Zhang, G. X.; Ma, H. M.; Zhang, D. Q.; Li, J.; Zhu, D. B. 4,5-Dimethylthio-4′-[2-(9-

anthryloxy)-ethylthio]tetrathiafulvalene, a highly selective and sensitive chemiluminescence probe for singlet oxygen. *J. Am. Chem. Soc.*, **2004**, 126: 11543-11548.

[137] Zhang, Y. Y.; Shi, W.; Li, X. H.; Ma, H. M. Sensitive detection of ozone by a practical resorufin-based spectroscopic probe with extremely low background signal. *Sci. Rep.*, **2013**, 3: 2830.

[138] Bentley, R. Role of sulfur chirality in the chemical processes of biology. *Chem. Soc. Rev.*, **2005**, 34: 609-624.

[139] Salam, A. The role of chirality in the origin of life. *J. Mol. Evol.*, **1991**, 33: 105-113.

[140] Maher, T. J.; Johnson, D. A. Review of chirality and its importance in pharmacology. *Drug Dev. Res.*, **1991**, 24: 149-156.

[141] Smith, S. W. Chiral toxicology: it's the same thing...only different. *Toxicol. Sci.*, **2009**, 110: 4-30.

[142] Zhu, Y. Y.; Wu, X. D.; Gu, S. X.; Pu, L. Free amino acid recognition: a bisbinaphthyl-based fluorescent probe with high enantioselectivity. *J. Am. Chem. Soc.*, **2019**, 141: 175-181.

[143] Kim, Y. K.; Lee, H. N. Singh, N. J.; Choi, H. J.; Xue, J. Y.; Kim, K. S. Yoon, J.; Hyun, M. H. Anthracene derivatives bearing thiourea and glucopyranosyl groups for the highly selective chiral recognition of amino acids: opposite chiral selectivities from similar binding units. *J. Org. Chem.*, **2008**, 73: 301-304.

[144] Lynam, C.; Diamond, D. Varying solvent polarity to tune the enantioselective quenching of a calixarene host. *J. Mater. Chem.*, **2005**, 15: 307-314.

第10章 大分子的检测

龚秋雨[1]，贺新元[2]
1. 新加坡南洋理工大学；2. 香港科技大学

大分子或高分子聚合物的检测也是光学探针的重要应用领域之一。大分子化合物包括化学合成的和天然存在的两大类。鉴于生物大分子的光学传感分析是目前的研究热点，因此，本章主要介绍此类物质的检测。

生物大分子是指生物体内存在的蛋白质、核酸、脂质等大分子。它们一般含有几千到几十万个原子，分子量从几万到几百万不等。生物大分子往往具有自己复杂而独特的空间结构，如蛋白质的一级到四级结构，而这些结构恰又能赋予蛋白质在生命活动中的各种生理作用或功能。实际上，生物大分子的特点即为其在生命活动或生物体新陈代谢中表现出的活性和作用，并被认为是构成生命的一类重要物质。因此，实现对生物大分子实时、快速、专一的检测是帮助我们了解生物体生命活动的重要基础。

随着现代科学的进步，光谱分析也获得了巨大的发展并在分析科学中占有举足轻重的地位。在绪论中已述及，光学探针是现代光谱分析的核心内容之一，其突出的特点是可以向无光学响应或低光学响应的物质提供光学基团，使原先无法进行或难以进行的光学分析变得可能。这不仅改善了分析测试的灵敏度，而且能大幅度提高对样品的时空分辨能力[1-14]。在本书前面章节的基础上，本章着重讨论光学探针用于蛋白酶、核酸等生物大分子的传感分析。

10.1 蛋白酶

蛋白酶（proteases）是生物大分子中最常见的一类，它是水解蛋白质肽键的一类酶的总称，水解的方式主要是切断蛋白质分子中的肽键。蛋白酶的分类方法繁多，但主要可以按照以下三种方式分类：

① 根据切割位点位于蛋白质分子内部或其 N-/C-端，可将蛋白酶分为内肽酶

和外肽酶。在外肽酶中，能切割蛋白质（多肽链）N-端的蛋白酶称为氨基肽酶或胺肽酶，能切割蛋白质 C-端的蛋白酶称为羧肽酶。

② 根据蛋白酶的活性中心，目前的蛋白酶大致可以分为以下六种[15]：

丝氨酸蛋白酶（serine proteases）；苏氨酸蛋白酶（threonine proteases）；半胱氨酸蛋白酶（cysteine proteases）；天冬氨酸蛋白酶（aspartic acid proteases）；金属蛋白酶（metalloproteases）；谷氨酸蛋白酶（glutamic acid proteases）。顾名思义，丝氨酸蛋白酶指的是其活性中心由一组氨基酸残基组成，它们之中一定有一个是丝氨酸。其它蛋白酶名字的由来亦具有相同含义。

③ 此外，还可根据蛋白酶作用的最适 pH 进行分类，分为酸性蛋白酶和碱性蛋白酶。

总的看来，这些分类方法中，第二种分类方法较为详尽且能直接指出蛋白质的活性中心组成，因此目前采用较多。

蛋白酶广泛存在于生物体内各种组织和细胞中，并在生命活动中起着十分重要的作用。如丝氨酸蛋白酶在消化、凝血等方面扮演着重要角色。又如金属蛋白酶中的基质金属蛋白酶（matrix metalloproteinase，MMPs）在肿瘤侵袭转移中起关键性作用，其中 MMP-2、MMP-9 等近年来受到广泛关注[16,17]。另一个重要的例子为半胱天冬酶（caspases），此类酶属于半胱氨酸蛋白酶，其中最常见的是 caspase-2 和 caspase-3，且 caspase-3 被认为是一种细胞凋亡因子[18-20]。除此之外，蛋白酶亦被广泛用于人们的日常生活中，如焙烤工业广泛使用蛋白酶降解面粉中的氨基酸以供给酵母碳源，促进发酵[21]。

鉴于蛋白酶的各种重要作用，发展实时、快速、专一、高效、灵敏的蛋白酶检测技术则非常重要。目前，该领域的研究中已有许多广泛而经典的方法，例如，生物或医学上常用的方法包括蛋白免疫印迹（Western blot）、免疫组织化学（immunohistochemistry）、酶联免疫吸附法（enzyme-linked immunosorbent assay，ELISA）、光学检测方法等。其中，蛋白免疫印迹利用特定抗体能够专一地结合抗原蛋白的原理来对样品进行着色，通过分析着色的位置和深度获得特定蛋白在所分析的细胞或组织中的表达信息[22]，已成为目前最经典的一种方法；但该方法一般会使用较为昂贵的抗体，且操作繁琐，并不能实现蛋白酶的原位检测或成像。免疫组织化学是一种半定量检测蛋白酶的方法，此法是指在抗体上结合荧光或可显色的化学物质，利用免疫学原理中抗原和蛋白酶之间特异性的结合反应，检测细胞或者组织中是否有目标蛋白酶的存在[23]。该方法亦可用于蛋白酶的成像与定位，但与蛋白免疫印迹相同也会使用抗体，不能实现蛋白酶的原位成像。ELISA 利用抗体抗原之间的特异性结合，对分析物进行检测[24]。ELISA 是一种经典的蛋白酶的定量检测法，但不能实现原位检测与成像。光学检测方法主要包括紫外-可见吸收光谱法和荧光光谱法。其中，紫外-可见吸收光谱法是利用一种具有特征吸收峰的显色探针或试剂与蛋白酶作用，检测反应前后吸光度的变化进行分析。该类方法也是一种定量方法，如，所发展的布拉德福蛋白定量法（Bradford protein assay）即是一个很好的例子[25]。荧光光谱法是近些年发展较快的一类蛋白酶检测方法[26-29]。与紫外-可见吸收法相比，荧光法具有更高的灵敏度，因此，此类方法成为检测痕量蛋白酶的重要方法。本节主要介绍一些代表性的蛋白酶荧光探针及其分析应用。

10.1.1 氨（基）肽酶荧光探针

氨基肽酶（aminopeptidases）可简称胺肽酶，是一个庞大的家族，如前所述，它主要指可使氨基酸从多肽链的 N-末端水解、游离出来的一类酶。胺肽酶在众多生物体中（包括动植物乃至细菌）被发现且具有重要的作用。胺肽酶探针的设计，主要是在荧光团的氨基处通过酰胺化反应引入相应的氨基酸（片段），使得荧光团的荧光猝灭，从而得到胺肽酶探针；探针与氨肽酶发生水解反应，切断形成的酰胺键，释放荧光团并产生荧光，实现对胺肽酶的检测（图 10-1）。人们可将这类探针所处的状态叫做关闭（off）状态，而将释放的荧光团所处的状态叫做打开（on）状态，因此这类探针又称打开（off-on）型探针，但也存在非 off-on 型的胺肽酶（甚至是蛋白酶）探针（将在后面做进一步介绍和讨论）。

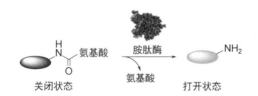

图 10-1 典型的打开型胺肽酶探针的检测原理

10.1.1.1 亮氨酸胺肽酶

亮氨酸胺肽酶（leucine aminopeptidase，LAP；EC 3.4.11.2）在体内分布较广且具有多种生理学功能/作用[30-37]。LAP 可特异性切割蛋白质（多肽链）的 N-末端与亮氨酸之间相连的肽键，因此，其光学探针大多以亮氨酸作识别基团，并与不同的荧光体连接而构筑。图 10-2 示出了一系列较早的 LAP 荧光探针 **1**～**8**[32,35,38-43]。这些探针能较好地检测 LAP，但也存在一些问题：①荧光团本身具有不稳定性，荧光可受 pH 影响或发生光漂白；②灵敏度普遍不很高。这些问题可能会限制探针的进一步应用，比如细胞成像等。基于此，后期的研究者们开发了一系列具有较好性能的 LAP 荧光探针。

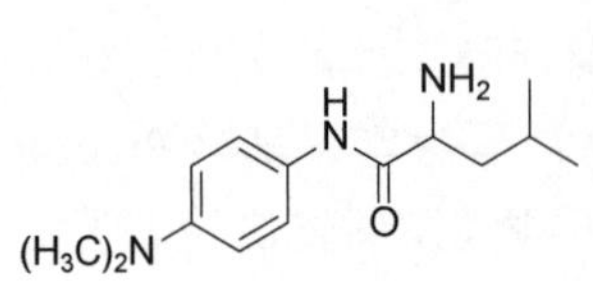

1

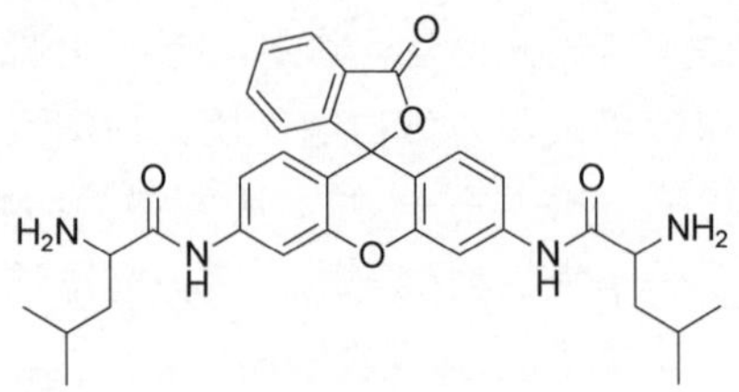

2

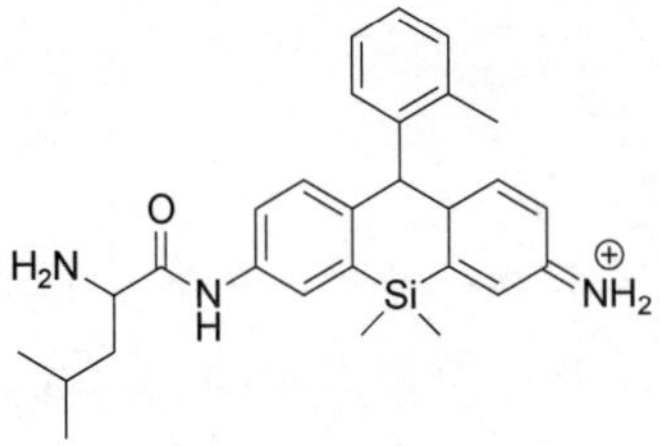

3

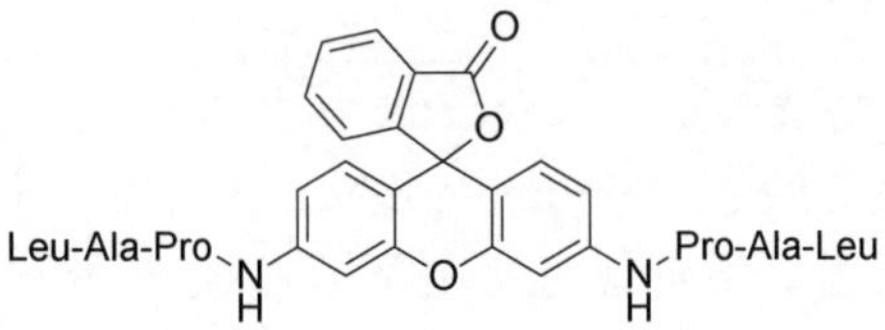

4

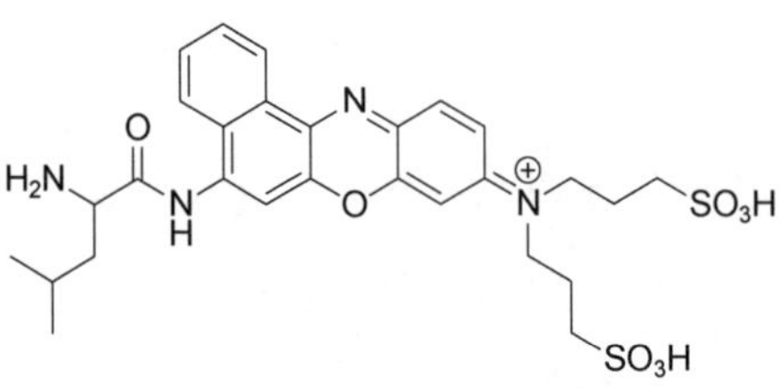

5

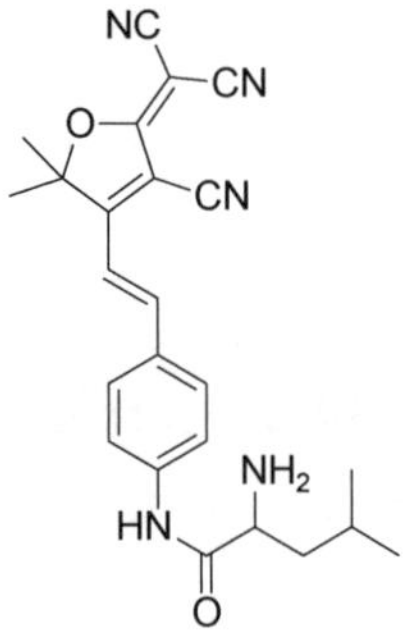

6

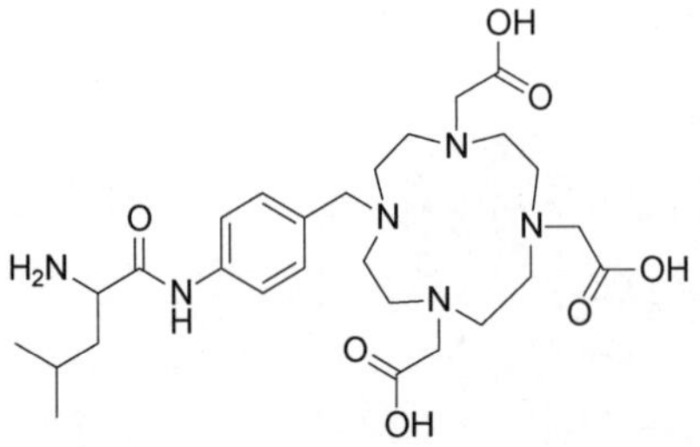

7

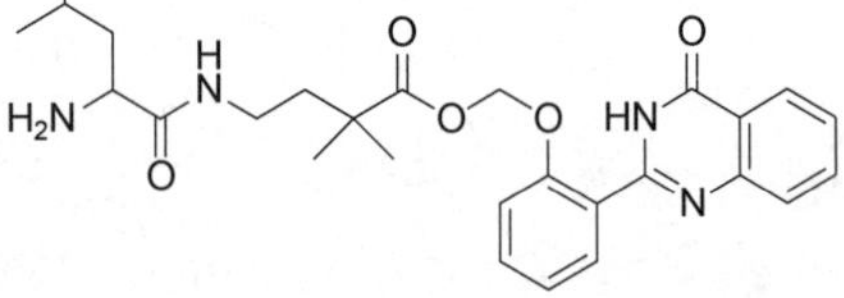

8

图 10-2　一些较早的 LAP 荧光探针

龚秋雨等[44]利用甲酚紫作为荧光团，发展了一种具有长波长、高灵敏度的 LAP 荧光探针 **9**。该探针发射波长为 625 nm，检测限达到了 0.42 ng/mL。探针可用于检测肝微粒体中 LAP 的微小变化及细胞成像，并且揭示了 LAP 可能对癌细胞的固有抗药性具有一定的贡献。

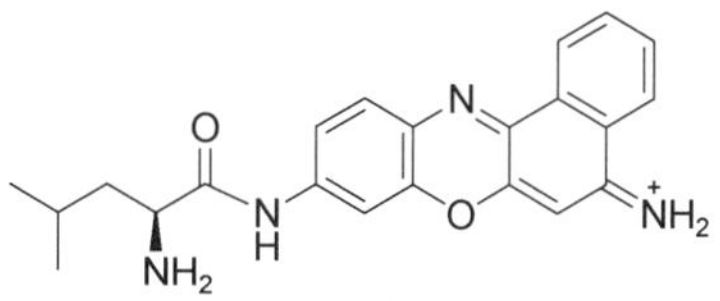

在上述工作的基础上，贺新元等[45]进一步以半菁作为荧光团，发展了一种近红外 LAP 荧光探针（图 10-3）。该探针对 LAP 具有良好的线性关系，可用于区分低表达 LAP 的正常细胞和高表达 LAP 的癌细胞，并且在对乙酰氨基酚作用下，可对小鼠肝脏的内源性 LAP 进行成像。该探针是第一个用于检测小鼠体内 LAP 的近红外荧光探针，为后续更多 LAP 探针的发展提供了重要的借鉴。

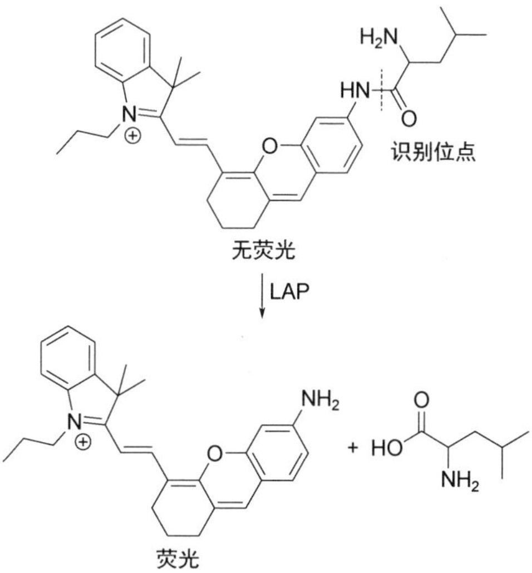

图 10-3　近红外 LAP 荧光探针及其检测原理（左侧为反应前后溶液颜色的变化）[45]

为了丰富 LAP 的成像模式，吴水珠等[46]发展了检测 LAP 的双功能分子探针 **10**。该探针可用于小鼠体内 LAP 的多光谱光声断层扫描（酶切反应前后，光声信号增强）与近红外荧光成像。由于光声断层扫描是一种无伤无侵害性的检测方法，因此该探针的提出进一步发展了 LAP 的多模态检测和成像方式[46]。

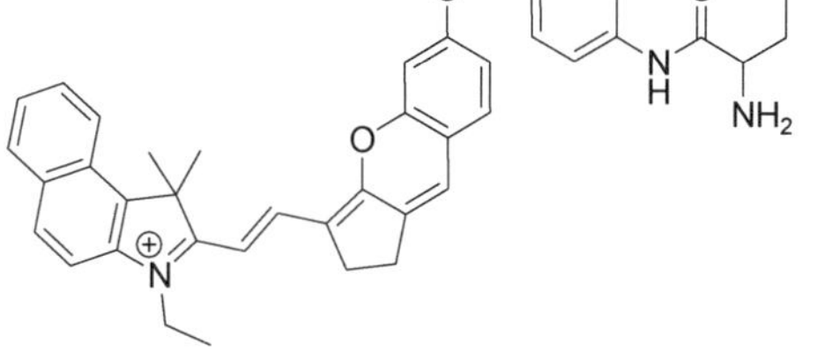

基于 LAP 在癌细胞（组织）中的异常表达现象，James 与 Yang 等[47]合作，发展了一种 LAP 激活的荧光前药（图 10-4）。该前药与 LAP 反应后，释放出的荧光不仅具有成像功能，还具有化疗药物的性能，使得该前药既可对 LAP 进行荧光检测和成像，又可对癌细胞进行化疗，抑制癌细胞的增殖[47]。这是第一例基于 LAP 的荧光前药，丰富了 LAP 的分子探针。

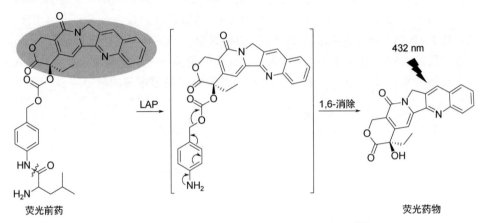

图 10-4　LAP 荧光前药的结构及其反应机理[47]

朱为宏等[48]发展了一种比率型 LAP 荧光探针 **11**。相对于"off-on"型探针，比率型探针 **11** 可以较好地消除探针浓度、测试环境等因素的干扰，更适用于分析物的准确定量测定。他们利用探针 **11** 实现了 LAP 的体外比率荧光检测及细胞与斑马鱼内源性 LAP 的比率成像[48]。

11

此外，国内外研究者还发展了 LAP 荧光探针 **12 ~ 17**[49-54]。这些探针可用于体外 LAP 的超灵敏检测，有的尚可实现细胞、斑马鱼及小鼠的内源性 LAP 成像。综上所述可以看出，LAP 荧光探针的发展遵循从单一的荧光检测/细胞成像方式到多模态检测/活体成像方式及前药开发的规律，不仅丰富了 LAP 的检测/成像模式，而且对其它胺肽酶甚至蛋白酶荧光探针的开发提供了很好的示范作用。未来 LAP

荧光探针的发展应尽可能满足生物及临床应用的需求，如发展结构更稳定、抗干扰性更强、信噪比更高的荧光探针是今后的主要研究方向之一。

10.1.1.2 γ-谷氨酰转肽酶

γ-谷氨酰转肽酶（γ-glutamyl transpeptidase，γ-GGT；EC 2.3.2.2）是生物体内谷胱甘肽代谢的关键酶之一[55]。在谷氨酰循环中，它特异性地催化 γ-谷氨酰基从谷胱甘肽或者其它含有谷氨酰基的物质中转移到氨基酸上，形成 γ-谷氨酰氨基酸，为细胞内谷胱甘肽的再合成提供原料氨基酸[56-59]。γ-GGT 在自然界生物中分布非常广泛，从细菌等微生物到高等哺乳动物体内都有其存在。在人或其它一些高等哺乳动物体内，γ-GGT 主要分布在肝、肾、脾、胰及小肠等组织的微绒毛膜上，且在膜外与膜共价结合，只有在特定的条件下，这些组织细胞膜上的 γ-GGT 才会大量释放到血液中。临床上利用这一性质来检测组织细胞是否发生了病变，因此血清中 γ-GGT 的含量一直是肝胆疾病中灵敏的指示剂[60-63]。除此之外，γ-GGT 还被发现在多种癌症中异常表达[64-68]。因此发展具有高选择性、高灵敏度、高时空分辨率的荧光检测方法对 γ-GGT 的生理学功能研究及诸多疾病的检测和预防（包括癌症的早期监测）具有十分重要的意义。现阶段发展的荧光探针主要是将谷氨酸引入带氨基的荧光团中形成 γ-谷氨酰键（原理同图 10-1），当有 γ-GGT 存在时，γ-谷氨酰键会被特异性切断，荧光团再被释放出来；由于荧光团分子氨基的封闭和打开通常会产生荧光信号的变化，所以可达到检测 γ-GGT 的目的。

人们基于香豆素、罗丹明、半菁等母体[69-73]先后发展了不同的检测 γ-GGT 的打开型荧光探针 **18~22**。这些探针不仅可实现 γ-GGT 的体外检测，而且可用于肿瘤细胞或斑马鱼成像，部分探针还用于小鼠腹腔肝癌、卵巢癌等模型中的肿瘤成像。

吴水珠等[74]发展了基于萘酰亚胺荧光团的第一例比率型 γ-GGT 荧光探针 **23**。该探针的比率荧光与一定浓度范围内的 γ-GGT 具有良好的线性关系，可用于人血清中 γ-GGT 的检测以及卵巢癌细胞 A2780 的共聚焦荧光成像分析[74]。

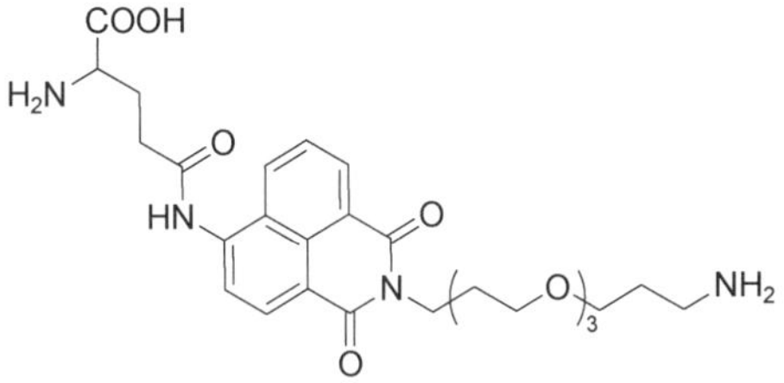

23

Wang 等[75]利用分子内重排机制,发展了一种基于二氟二吡咯亚甲基硼(BODIPY)的 γ-GGT 比率型荧光探针。该探针中,S 原子与 BODIPY 直接相连,探针的发射波长为 601 nm,且荧光较弱;在 γ-GGT 作用下,谷胱甘肽中的 γ-谷氨酰键被特异性切断,释放出的氨基会通过一个五元环的过渡结构发生重排[76-79],进而引起 BODIPY 与 S 原子之间的化学键断裂,转而生成 N 取代的 BODIPY(图 10-5),体系发射波长蓝移至 582 nm,且荧光强度增强;通过这一光谱性质的变化,实现了 γ-GGT 的比率检测以及多种细胞内源性 γ-GGT 的成像。基于相似的重排机制,人们还发展了其它的 γ-GGT 探针[80,81],有的已用于胶质瘤成像。

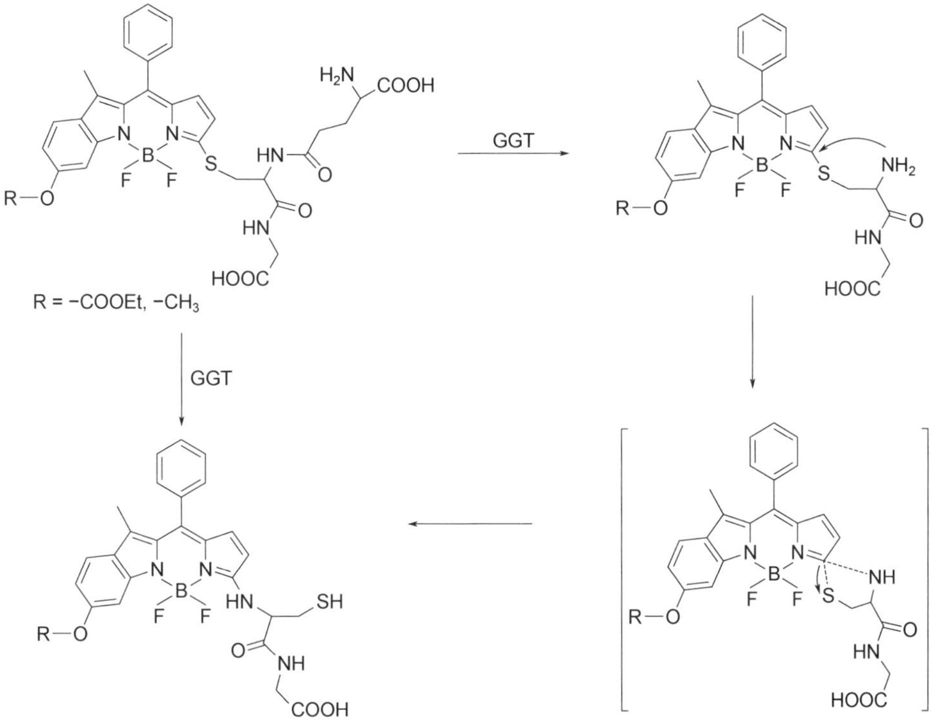

图 10-5 基于 BODIPY 的 γ-GGT 比率型荧光探针及其重排机理[75]

为适应活体荧光成像的需求，人们还发展了一系列长波长甚至近红外 γ-GGT 荧光探针[71,82-88]。如彭孝军等[82]发展了荧光探针 **24**，可用于细胞溶酶体中 γ-GGT 的成像以及小鼠活体肿瘤成像。

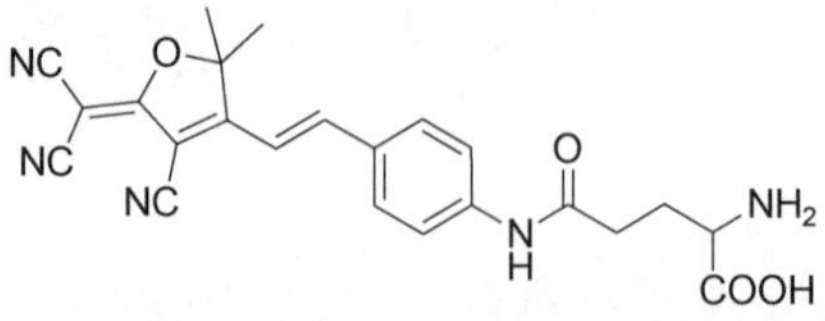

李春艳等[83]报道了一种基于菁类染料的近红外比率型探针（图 10-6）。探针本身在 805 nm 处有强烈的荧光；与 γ-GGT 反应后，805 nm 处的荧光减弱，而生成的化合物在 640 nm 处具有强烈的荧光。该探针可用于 γ-GGT 的体外比率荧光检测以及小鼠血清中 γ-GGT 的检测；此外，该探针还被成功用于癌细胞与小鼠结肠癌模型中 γ-GGT 的成像[83]。

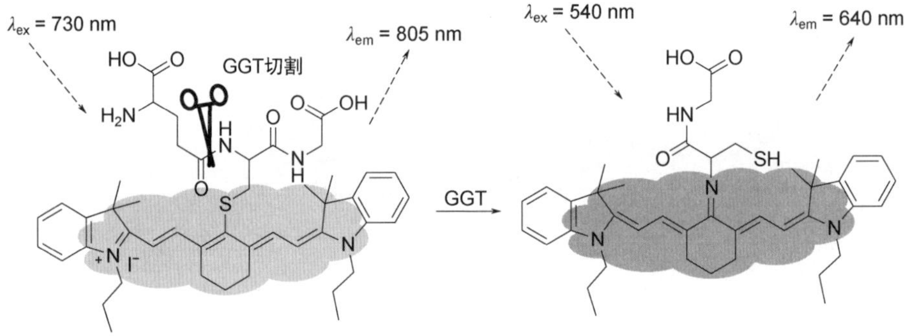

图 10-6 比率型近红外 γ-GGT 荧光探针及其检测机理[83]

双光子荧光是指荧光分子能吸收两个光子而发射荧光的现象。双光子荧光发射一般使用比发射波长更长的飞秒脉冲激光器，从而使得荧光分子能满足同时吸收两个光子的要求。双光子成像具有如下优势：①长波长的光比短波长的光受散射影响较小，容易穿透标本；②长波长的光比短波长的光对细胞毒性小；③使用双光子荧光或共聚焦显微镜观察标本的时候，只有在焦平面上才有光漂白和光毒性。这些优势使得双光子探针特别适宜用于活体和组织切片成像[89,90]。因此，近年人们还对双光子 γ-GGT 荧光探针给予了较多的关注。当然，每种分析技术均有其各自的优缺点。对双光子技术而言，荧光探针需要在高强度的飞秒脉冲激光下工作，这种高强度激光也会严重损伤细胞；而且，更高的光子密度可能会激活更多的光漂白途径，导致探针加速光漂白。由于这些原因，对某些探针或分析物而言，双光子激发往往不一定是最好的选择[91,92]。此外，具有优良双光子性能的荧光母体仍相对缺乏。

  Kim 等[93]发展了两种双光子荧光探针 **25** 和 **26**。在 750 nm 的激发下，探针 **26** 可用于正常与结肠癌组织切片的成像，且能很好地区分正常组织与结肠癌组织，具有很好的临床应用前景。

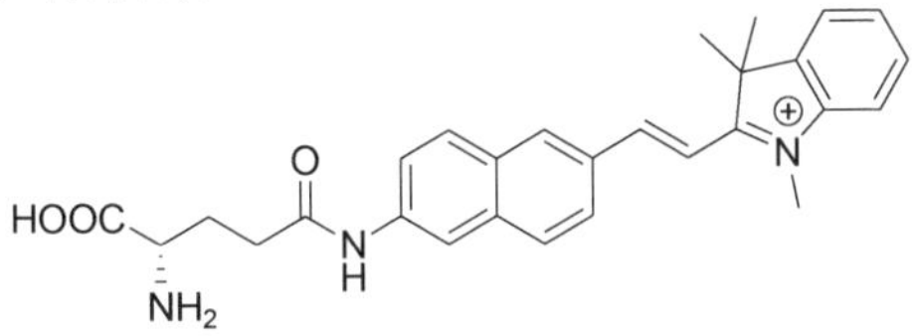

25

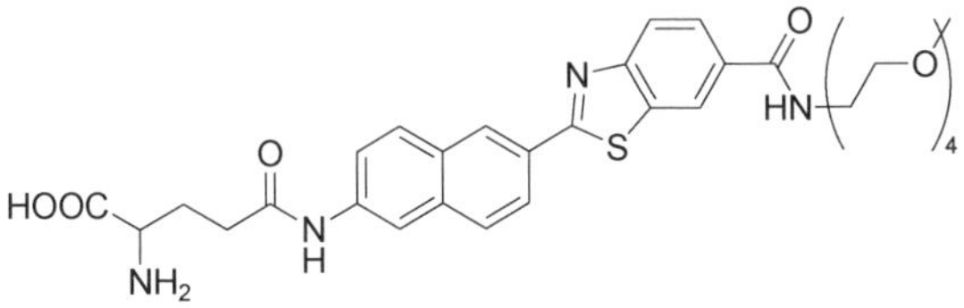

26

  刘伟等[94]报道了一种比率型双光子荧光探针 **27**，并用于癌细胞和结肠癌组织切片的 γ-GGT 成像分析。在与 γ-GGT 反应之前，探针在 730 nm 激光激发下，发射蓝光；而与 γ-GGT 反应后，在同样的激发光源下，荧光团发射绿光，实现了对 γ-GGT 的比率荧光检测和成像。此外，该探针对组织切片的最大成像深度可达 120 μm。同时，赵春常等[95]发展了一种能用于卵巢癌细胞中 γ-GGT 成像分析的双光子荧光探针。

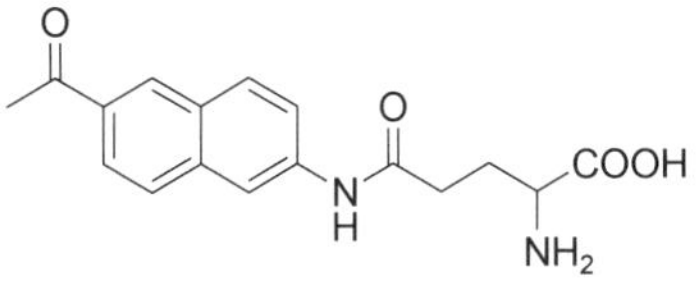

27

  除了上述探针以外，还有一类基于生物发光（bioluminescence）的 γ-GGT 探针。生物发光往往不依赖于有机体对光的吸收，而是一种特殊类型的化学发光，化学能转变为光能的效率几乎为 100%，最大限度减少了外加光源对样本的影响，亦可对检测位置实行较准确的定位。基于此，梁高林等[96]发展了两种生物发光的 γ-GGT 探针 **28** 和 **29**。探针与 γ-GGT 反应后，无需激发光，即可在 590 nm 处检测到化学发光，两种探针已用于小鼠活体肿瘤成像[96]。李敏勇等[97]、杨国强等[98]也发展了生物发光型 γ-GGT 探针，并用于血清检测与小鼠活体成像分析。

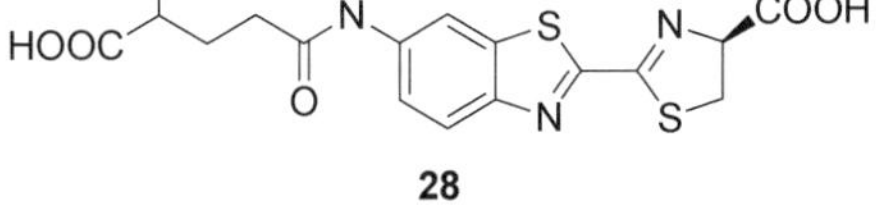

28

29

需要指出，虽然人们发展了一些 γ-GGT 荧光（生物发光）探针，但遗憾的是，目前还没有一种探针被商品化。这为以后发展能在复杂的生物体内保持优良分析或成像性能的商用性 γ-GGT 荧光探针提供了契机。

10.1.1.3 胺肽酶 N

胺肽酶 N（aminopeptidase N, APN; EC 3.4.11.2），也称丙氨酸胺肽酶，可特异性切割丙氨酸残基与蛋白质（多肽链）N-末端之间的肽键[99]。APN 广泛存在于哺乳动物体内，且在多种生命活动中扮演着重要角色[100,101]。现在，广泛认可的是尿液中的 APN 可作为血管球形肾炎的诊断标志物[102]。另外，由于 APN 在肿瘤血管形成、侵袭与转移方面起着重要作用[103-107]，因此它也被认为是一种肿瘤诊断标志物，其高灵敏度、高选择性荧光检测十分重要。

李敏勇等[108,109]最早发展了一系列检测 APN 的比率型荧光探针（图 10-7）。这类探针可用于 APN 的细胞成像分析。此外，他们还发展了一种基于苯丁抑制素的 APN 探针，并用于细胞成像分析[110]。

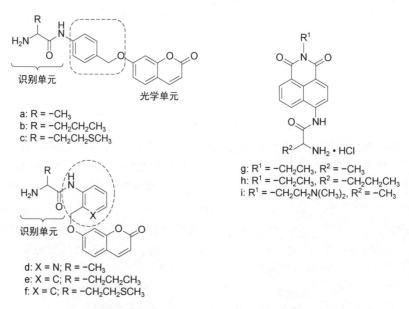

图 10-7　李敏勇等最早发展的一批 APN 比率型荧光探针[108,109]

贺新元等[111,112]基于甲酚紫和半菁荧光团发展了两种APN荧光探针**30**和**31**。其中，探针**30**与APN反应后，体系在626 nm处的荧光增强，而575 nm处的荧光减弱，因此可用于APN的比率型荧光检测与成像分析，并可区分正常细胞与癌细胞[111]。此外，探针**30**还用于尿液中APN的检测。而探针**31**则已成功用于小鼠活体肿瘤成像[112]。这是第一例APN近红外探针。

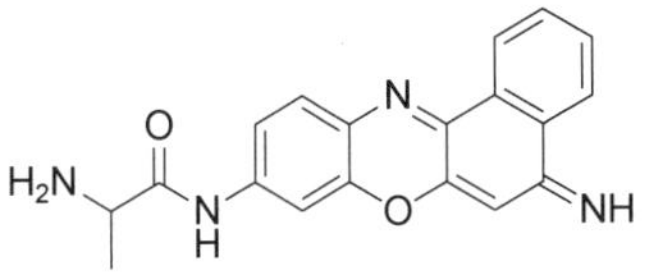

彭孝军等[113]发展了近红外双光子APN探针**32**。该探针具有多种功能：①可用于细胞内源性APN的成像分析；②可定位于亚细胞器；③可用于组织切片和小鼠肿瘤活体成像分析。这是第一个多功能APN荧光探针，为发展适于临床诊断的APN探针提供了借鉴意义。值得注意的是，目前尚无可实现APN的荧光/光声/核磁/CT等多模态成像分析的探针。

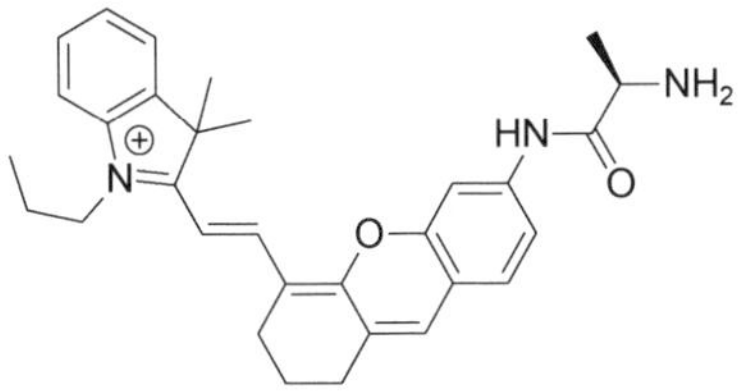

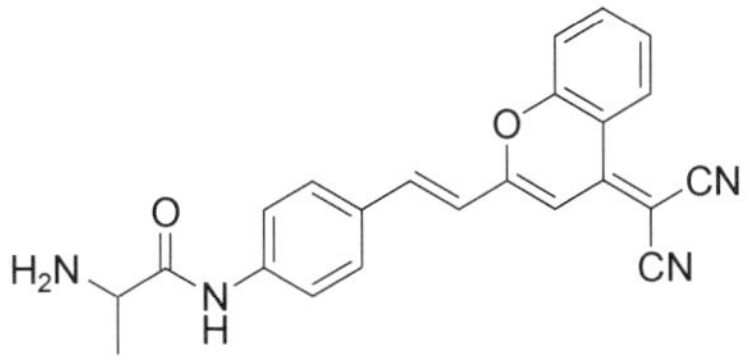

图10-8示出了一种基于生物发光的APN探针[114]。该探针无需借助激发光便可实现小鼠肿瘤活体成像[114]，具有低背景、高灵敏度的特点。

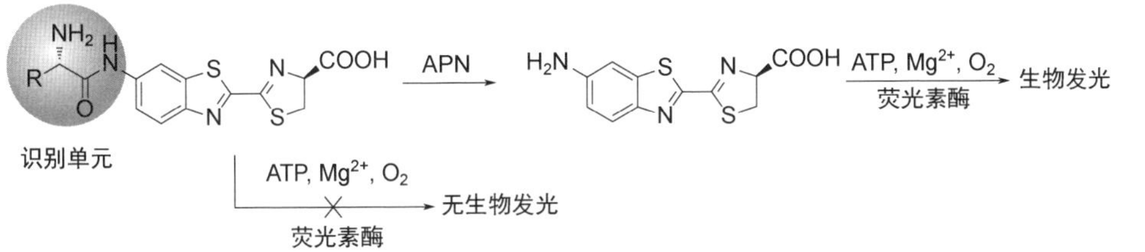

图10-8 基于生物发光的APN探针及其识别机理[114]

前文提到，APN被认为是一种肿瘤诊断标志物，因此发展以APN为靶点或者APN激活的抗癌（前）药物具有十分重要的临床价值。最近，樊江莉等[115]发展了一种APN激活的荧光前药**33**。**33**兼有荧光探针与化疗药物的双重功能，既能抑制癌细胞的增殖，亦可用于小鼠肿瘤活体荧光成像。开发这种具有荧光性质的前药在小分子化疗药物的发展过程中具有十分重要的指导作用。

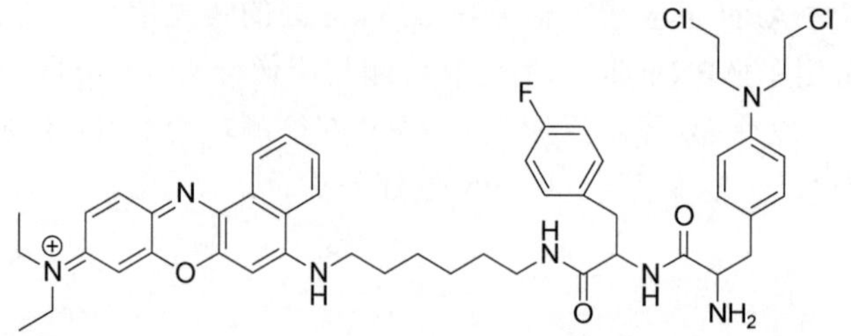

33

总的看来，研究者已开发了一系列的 APN 光学探针，未来 APN 探针（包括其它胺肽酶）的发展趋于多元化，即不能仅着眼于体外或血液分析检测及成像分析，而应进一步结合生物学、医学等学科，开发具有多功能的分子探针，以促进交叉学科的发展。

10.1.1.4 焦谷氨酸肽酶 1

焦谷氨酸肽酶 1（pyroglutamate aminopeptidase 1，PGP-1；EC 3.4.19.3）可特异地切割蛋白质（多肽链）的 N-末端与其相连的焦谷氨酸残基之间的肽键[116-118]。由于蛋白或多肽 N-末端的焦谷氨酸会导致 Edman 降解法氨基酸序列分析失败，PGP-1 可将 N-末端的焦谷氨酸切除，从而使氨基酸序列分析得以进行。此外，PGP-1 的一个主要底物是促甲状腺激素释放激素（thyrotrophin-releasing hormone）[119]，因此在内分泌病变过程中具有一定的作用。除此之外，人们对 PGP-1 的更多生理学功能/作用知之甚少。显然，发展新型的 PGP-1 荧光探针十分必要。

免疫蛋白在免疫反应过程中，其末端常会形成焦谷氨酸[120]。理论上，PGP-1 在炎症或免疫应答过程中也应起到重要作用。龚秋雨等[121]发展了一种基于甲酚紫的 PGP-1 荧光探针 34。与 PGP-1 反应后，探针在 625 nm 处荧光增强，且呈现良好的线性关系[121]，检测限低于商品化的 PGP-1 探针（$\lambda_{ex/em}$ = 340 nm/440 nm）。探针 34 还成功用于在炎症激活剂刺激下检测细胞中 PGP-1 的变化，并揭示出上调表达的现象。该结果与蛋白免疫印迹结果一致[121]，提示 PGP-1 可以作为一种新的炎症指示剂。

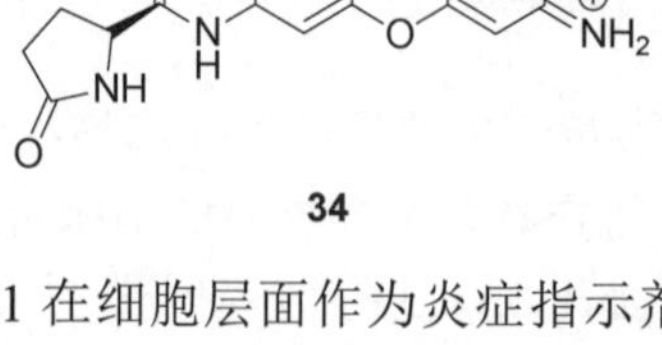

34

上述探针研究了 PGP-1 在细胞层面作为炎症指示剂的可能性，然而在活体层次是否也具有这种性质是一个值得探讨的科学问题。对此，吴爱国等[122]发展了基于半菁的超灵敏近红外 PGP-1 探针 **35**，检测限达到了 0.18 ng/mL。探针 **35** 可用于小鼠关节炎与急性肝损伤中 PGP-1 的成像分析，结果表明 PGP-1 可上调表达，并与蛋白免疫印迹的分析结果一致[122]。值得注意的是，通过基因瞬时转染法将细胞内 PGP-1 沉默后，在炎症激活剂（脂多糖）作用下，沉默组肿瘤坏死因子 α 上调表达远低于正常细胞组，进一步说明 PGP-1 可能是一种新的炎症因子[122]。

目前用于 PGP-1 成像分析的探针仅有以上两例。更多的性能优良的 PGP-1 光学探针（包括双光子或者生物发光探针）仍有待于发展。

10.1.1.5　二肽基肽酶Ⅳ

二肽基肽酶Ⅳ（dipeptide peptidase Ⅳ，DPPIV；EC 3.4.14.5）在众多细胞和组织中均有分布[123-125]，并且研究发现它与多种生理学过程密切相关[126-133]。不同于上述讨论的胺肽酶，DPPIV 具有二肽酶的活性，可以水解多种含有二肽的底物。因此，设计 DPPIV 荧光探针主要是依据这个性质。

Grant 等[38]发展了一种双功能探针，用于分别检测 LAP 与 DPPIV。这是一项很有意义的工作。利用该探针，他们进行了抑制剂的筛选工作。遗憾的是，该探针未用于细胞成像研究。Tung 等[134]报道了基于尼罗蓝的 DPPIV 荧光探针 **36**。该探针利用甘氨酸-脯氨酸-甘氨酸-脯氨酸作为识别基团，实现了细胞内外 DPPIV 的检测。然而，由于尼罗蓝的荧光量子产率较低，以及探针的背景荧光较高，对于 DPPIV 表达的细胞，结果显示荧光强度仅增强了 3 倍左右，且与细胞孵育的时间较长，表明探针的性能不是很理想，且灵敏度也不高。

聚集诱导发光（aggregation-induced emission，AIE）行为也用于 DPPIV 探针的设计。如，王毅等[135]以多肽作为识别基团，四苯乙烯母体作为荧光团，发展了检测 DPPIV 的 AIE 荧光探针。该探针与 DPPIV 反应前，在溶液中呈分散状，荧光很弱；与 DPPIV 反应释放出具有 AIE 效应的荧光团，实现了 DPPIV 的检测。该探针已用于体外和体内 DPPIV 抑制剂抑制能力的测试；然而，由于其激发和发射波长较短，故用于细胞成像研究时具有显著的不足。Van Noorden 等[136]利用丙氨酸-脯氨酸为识别基团，设计了两种 DPPIV 荧光探针 37 和 38；其中，探针 37 实现了 DPPIV 蛋白转染人淋巴瘤 Jurkat 细胞的成像研究。该工作是 DPPIV 细胞成像研究为数不多的例子之一。

龚秋雨等[137]开发了基于甲酚紫的 DPPIV 超灵敏探针 39。该探针与 DPPIV 反应后，625 nm 处荧光增强，对 DPPIV 检测限可达到 0.35 ng/mL。利用该探针，他们观察到在染料木黄酮刺激下，多种癌细胞中 DPPIV 呈上调表达，并用蛋白免疫印迹与免疫组织化学验证了此结果；进一步研究发现，DPPIV 与成纤维细胞活化蛋白（fibroblast activation protein，FAP；EC 3.4.14.2）在细胞增殖中起着相反的作用，即高含量的 DPPIV 可抑制癌细胞的增殖，而高含量的 FAP 可促进癌细胞的增殖[137]。该研究首次指出了 DPPIV 与 FAP 在癌细胞增殖中的相反作用，具有重要的科学意义。

葛广波等[138]报道了比率型双光子 DPPIV 荧光探针 **40**。该探针具有高的选择性，对其它 DPPIV 同工酶（DPPIX、DPPVIII 及 FAP）几乎没有响应。探针 **40** 可用于细胞及小鼠肾切片内源性 DPPIV 的双光子比率成像分析以及血浆中 DPPIV 的检测。化合物 **41** 是一种高选择性的近红外 DPPIV 荧光探针[139]。与 DPPIV 反应后，探针 **41** 在 658 nm 处具有很强的发射，可用于细胞、斑马鱼及小鼠肿瘤活体及组织切片中 DPPIV 的成像分析[139]。

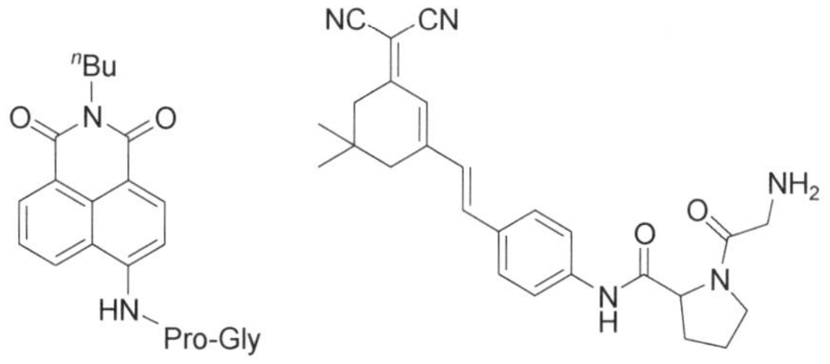

Urano 等[140,141]基于（硅）罗丹明与光诱导电子转移原理发展了两种用于食管癌早期检测和成像分析的 DPPIV 探针（图 10-9），探针具有高选择性与快速响应的特点，且成像结果与传统的免疫组织化学等方法分析结果一致，表明了探针具有临床应用潜力。

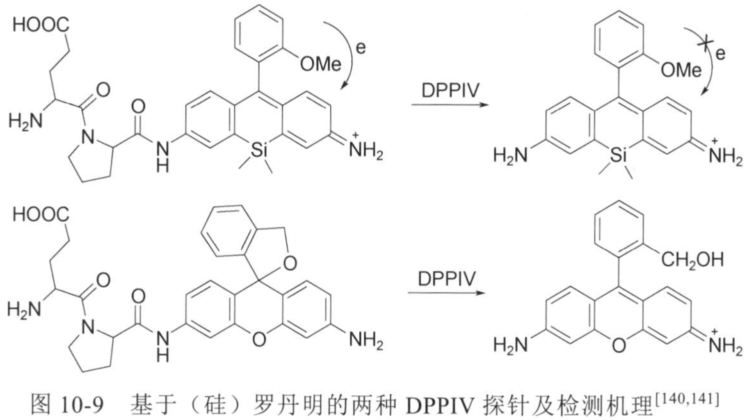

图 10-9 基于（硅）罗丹明的两种 DPPIV 探针及检测机理[140,141]

上述的 DPPIV 探针均是酶切型的，在一定程度上亦是 DPPIV 其它同工酶（如 DPPVIII、DPPIX 和 FAP）的底物，这可能导致在复杂体系中对 DPPIV 的成像分析产生干扰。基于抑制剂的高选择性，吴爱国等[142]开发了两种基于活性的 DPPIV 探针 **42** 和 **43**（activity-based probe，ABPs），即将两种具有代表性的高选择性 DPPIV 抑制剂偶联到萘酰亚胺荧光团母体上，合成了两种 ABPs。分子模拟计算与蛋白免疫印迹实验结果表明，探针 **42** 与 DPPIV 具有高亲和性，而与 DPPVIII、DPPIX、FAP 等几乎不结合，可用于癌细胞中 DPPIV 的成像分析[142]。

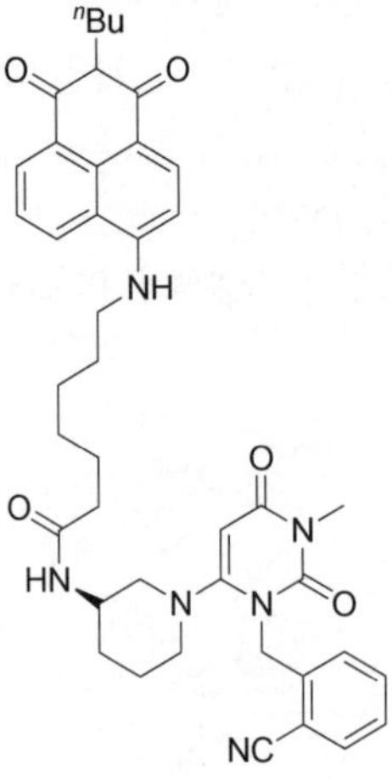

42

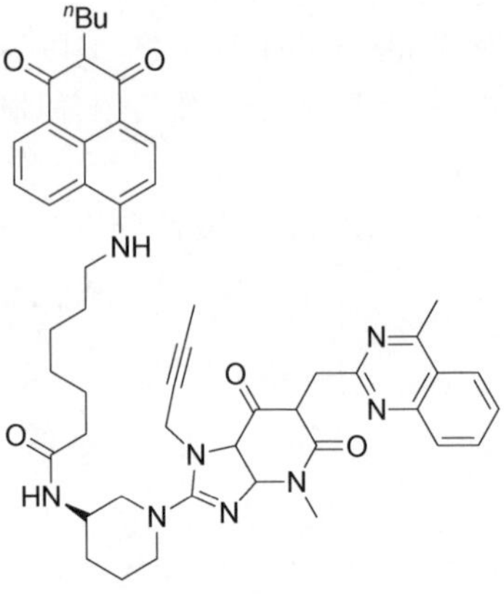

43

由于DPPIV可作为多种癌症的标志物[143]，因此基于DPPIV的荧光前药、光热探针及光动力前药的开发有可能成为后续研究热点。

10.1.1.6 成纤维细胞活化蛋白

前已述及，FAP属于丝氨酸蛋白酶家族。这种蛋白在多种癌细胞中均有表达，并且较多的研究表明其在癌细胞的转移、侵袭和增殖等方面具有重要作用，可以作为癌症治疗的靶点[144-154]。FAP与DPPIV结构相似，且具有相似的二肽酶活性，但其底物与DPPIV又有所不同[137]，基于此，国内外研究者开发了一些FAP探针。Nagano等[35]报道了基于罗丹明的FAP荧光探针**44**。该探针以乙酰化的甘氨酸-脯氨酸作为识别基团，FAP可以特异性切割脯氨酸与罗丹明氨基之间的酰胺键，释放出罗丹明衍生物，从而实现对FAP的检测。遗憾的是，荧光团受环境pH影响较大，探针并未用于细胞内FAP的成像分析。Tung等[134]以乙酰化的甘氨酸-脯氨酸-甘氨酸-脯氨酸为识别基团，发展了基于尼罗蓝衍生物的FAP荧光探针。FAP可以特异性地切割脯氨酸与尼罗蓝衍生物氨基之间的酰胺键，释放出尼罗蓝荧光母体，实现对FAP的检测。该探针波长较长，并且可用于细胞内FAP含量的测定。需要注意的是，尼罗蓝衍生物荧光量子产率较低[41]，因此，该类探针不太适用于细胞成像研究。程震等[155]利用多肽作为识别基团，Cy5.5作为荧光团，发展了检测FAP的近红外荧光探针，并用于小鼠肿瘤活体成像。

龚秋雨等[137]设计了基于甲酚紫的FAP探针**45**。该探针与FAP反应后，625 nm处荧光增强，对FAP的检测限可达到2.7 ng/mL。利用该探针，他们初步发现FAP可望作为癌细胞增殖的标志物。

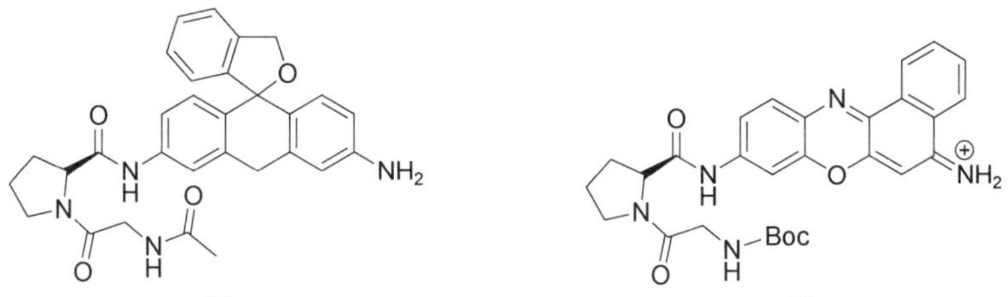

为了研究 FAP 在活体中的功能，浦侃裔等[156]制备了近红外荧光探针（图10-10），并用于瘢痕疙瘩的成像分析。瘢痕疙瘩是一种皮肤对创伤的过度反应，主要表现为局部成纤维细胞的过度增生和胶原蛋白的大量合成。此探针的提出实现了更多 FAP 功能的研究，具有重要的意义。吴爱国等[157]开发了具有相似结构的近红外 FAP 探针，可用于高表达 FAP 细胞的荧光检测与成像研究，还可用于小鼠活体肿瘤成像分析。

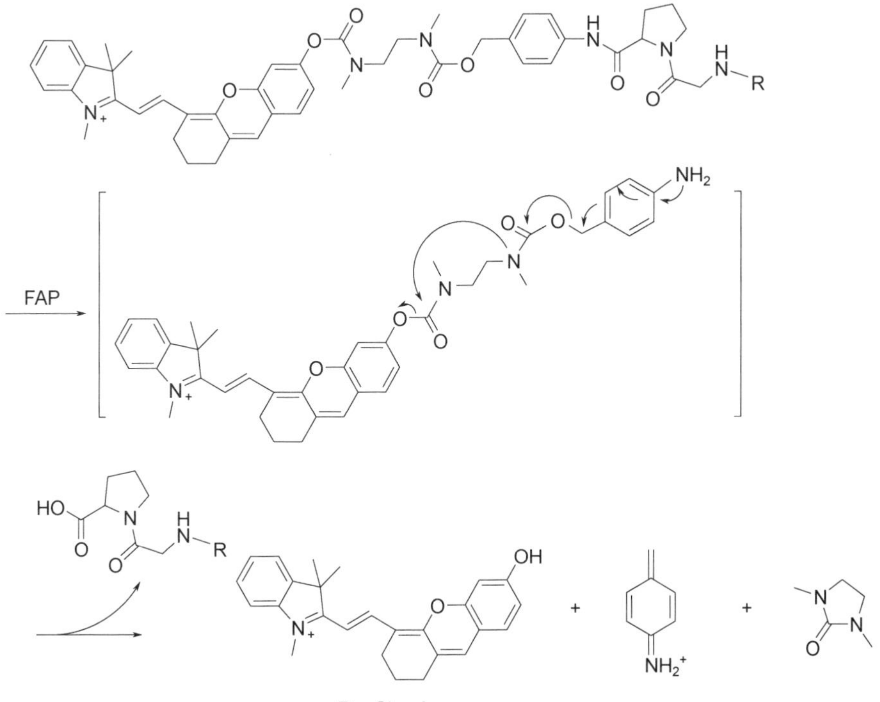

图 10-10 两种近红外 FAP 探针及其检测机制[156]

Veken 等[158]开发了若干基于 FAP 抑制剂的 ABPs。这些探针可为后续发展多成像模式的 ABPs 与前药提供重要的借鉴。

10.1.2 半胱天冬酶

半胱天冬酶（caspases）是一类在进化中非常保守的蛋白酶，在生物体的许多生理活动（如细胞凋亡、炎症、细胞分化等）中起到重要的作用[159,160]。半胱天冬酶有许多亚型，最常见的有 caspase-2、caspase-3、caspase-7 等。由于半胱天冬酶底物的多样性与其重要性，国内外研究者已发展了大量的荧光探针，并用于半胱天冬酶的检测与成像分析。鉴于本书的篇幅限制，在此不讨论基于纳米材料、聚合物、多肽与荧光蛋白的半胱天冬酶探针，仅就一些具有代表性的小分子荧光与生物发光半胱天冬酶探针做介绍，其它若干探针可参见文献[161,162]。

Nagano 等[163]发展了基于罗丹明的 caspase-3 荧光探针。该探针具有较长的发射波长（λ_{em} = 535 nm），可用于 caspase-3 的体外检测与细胞成像分析。罗丹明 110 也用于 caspase-3 荧光探针的制备[164-166]。Nagano 等[40]还改进了罗丹明荧光团，发展了硅罗丹明荧光团，并用于 caspase-3 探针的构筑。基于硅罗丹明的探针信噪比远远优于罗丹明 110，同 caspase-3 反应后，体系荧光可增强 423 倍；同时相对于罗丹明 110，硅罗丹明类探针的发射波长为 600 nm 左右，更适于荧光成像分析。

Piwnica-Worms 等[167]制备了基于 Alexa Fluor 647 的 caspase-7 探针。该探针具有很低的背景荧光，且由于发射波长接近近红外区，十分适于细胞及活体成像分析。随后，该团队选择了细胞通透性更好的多肽作为识别团，发展了更多的荧光探针[168]。Hah 等[169]设计了基于菁类染料的 caspase-3 荧光探针，其优点是具有近红外区发射、荧光信号强且稳定、与 caspase-3 亲和性较强等，可用于细胞内 caspase-3 的实时成像分析。

图 10-11 示出了一种基于 AIE 的荧光探针，可用于 caspase-3/7 的检测与细胞成像分析[170]。与 caspase-3/7 反应前，探针由于具有较好的水溶性，其本身几乎没有荧光；反应后，由于荧光团较差的水溶性产生聚集或沉淀，体系发射较强的荧光。这种特殊的性质也使得探针可用于细胞内源性 caspase-3/7 的成像分析与实时检测细胞凋亡。随后，一些具有相同检测原理的探针还被报道，并用于 U87MG 癌细胞凋亡的实时成像与监测[171]。

关闭状态

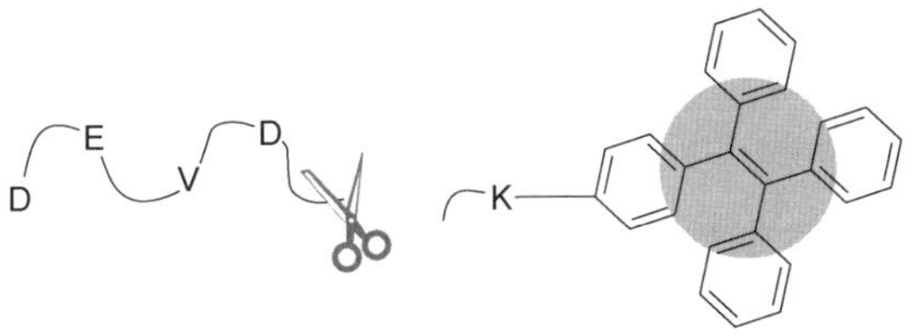

图 10-11 基于 AIE 的 caspase-3/7 探针及其检测原理[170]

图 10-12 示出了一个具有双发射的 AIE 探针[172]。它的发光部分由一个香豆素荧光团与一个具有 AIE 性质的四苯乙烯衍生物组成，二者通过可被 caspase-3 水解的桥联键连接。与 caspase-3 反应前，由于存在分子内能量转移，探针中的双荧光团均为猝灭状态；与酶反应后，两个荧光团之间的桥联键被切断，能量转移过程被破坏，香豆素与 AIE 荧光团均可发射荧光。该探针可用于细胞中内源性 caspase-3 的成像分析[172]。

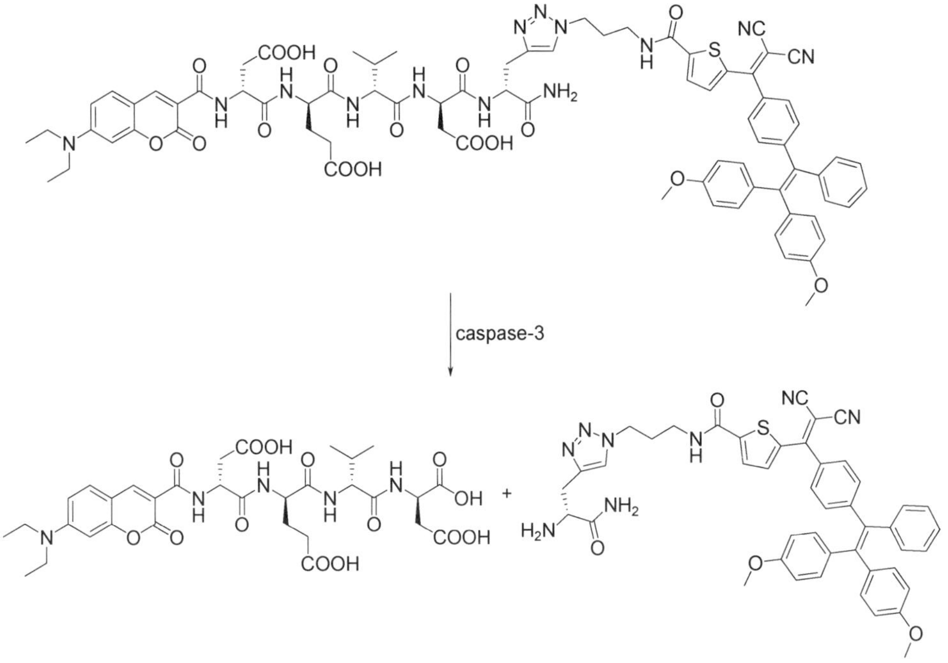

图 10-12 双荧光团 AIE caspase-3 探针及检测机制[172]

饶江红等[173]发展了一种基于分子内正交反应的探针，用于体内外 caspase-3/7 的检测与成像分析（图 10-13）。探针与 caspase-3/7 反应后，分子内发生点击化学反应，并可发生自组装，形成可发光的荧光纳米结构。该探针可用于细胞或体内 caspase-3/7 的精确成像定位分析及细胞凋亡监测。

第 10 章 大分子的检测　413

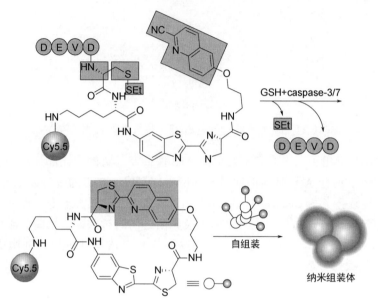

图 10-13 基于分子内正交反应的探针结构及其用于 caspase-3/7 的检测[173]

如前所述,由于生物发光探针的独特优势,因此发展此类探针亦十分重要。Wood 等[174]曾报道了生物发光探针 **46**。该探针与 caspase-3 具有较好的亲和性,可用于其抑制剂的筛选工作,并为后期该类探针的发展提供了借鉴。

46

图 10-14 示出了另一种生物发光探针[175]。该探针对 caspase-1 具有优异的选择性,且可直接用于细胞裂解液中 caspase-1 的检测分析。还有类似的生物发光探针被报道[161,162]。

10.1.3 基质金属蛋白酶

基质金属蛋白酶(matrix metalloproteinases, MMPs)是一个大家族,因为在作用过程中需要 Ca^{2+}、Zn^{2+} 等金属离子作为辅助而得名,其家族成员具有相似的结构,酶催化活性区具有高度保守性。迄今,MMPs 家族已分离鉴别出 26 个成员,编号分别为 MMP 1 ~ MMP 26。MMPs 之间有一定的底物特异性,但并不绝对。MMPs 几乎能降解细胞外基质中的各种蛋白成分,在组织重塑过程中具有重要作用[176]。近年来,MMPs 还被认为在肿瘤侵袭、浸润转移中扮演着一定角色。因此,荧光方法区分检测 MMPs 具有极大的意义。Lee 等[177]开发了一种用于检测血浆与

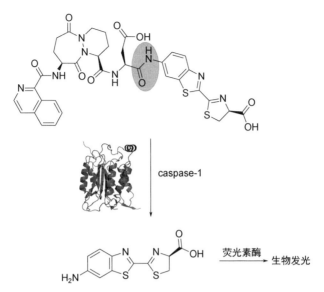

图 10-14　基于生物发光的 caspase-1 探针的结构及其检测机理[175]

中性粒细胞中 MMP 3 的荧光探针。该探针可用于类风湿性关节炎的预测,具有临床应用前景。由于 MMPs 的探针大部分是基于纳米材料而构筑,且鉴于篇幅限制,故在此不作过多的讨论。

10.1.4　其它蛋白酶

除了上述蛋白酶,近年来人们还相继发展了检测其它重要蛋白酶的光学探针,这些蛋白酶包括硝基还原酶（nitroreductase）、单胺氧化酶（monoamine oxidase）、硫氧还蛋白还原酶（thioredoxin reductase）、偶氮还原酶（azoreductase）、β-内酰胺酶（β-lactamase）、β-半乳糖苷酶（β-galactosidase）、酪氨酸酶（tyrosinase）、磷酸酶（phosphatase）等。

（1）硝基还原酶

硝基还原酶（NTR）是一种在烟酰胺腺嘌呤二核苷酸磷酸（NADPH）辅助作用下将底物中硝基还原为氨基的酶[178,179]。在缺氧条件下,该酶往往上调表达,并被认为与肿瘤的发展、迁移等密切相关。因此发展 NTR 光学探针具有重要的意义。李富友等[180]发展了一系列超灵敏的近红外 NTR 荧光探针,并用于肿瘤细胞与小鼠活体肿瘤成像（图 10-15）。

张新荣等[181]发展了一种基于化学发光的 NTR 探针（图 10-16）。该探针的硝基官能团被 NTR 还原后经过一系列重排,最终释放出化学发光基团,可用于小鼠活体肿瘤的化学发光成像。

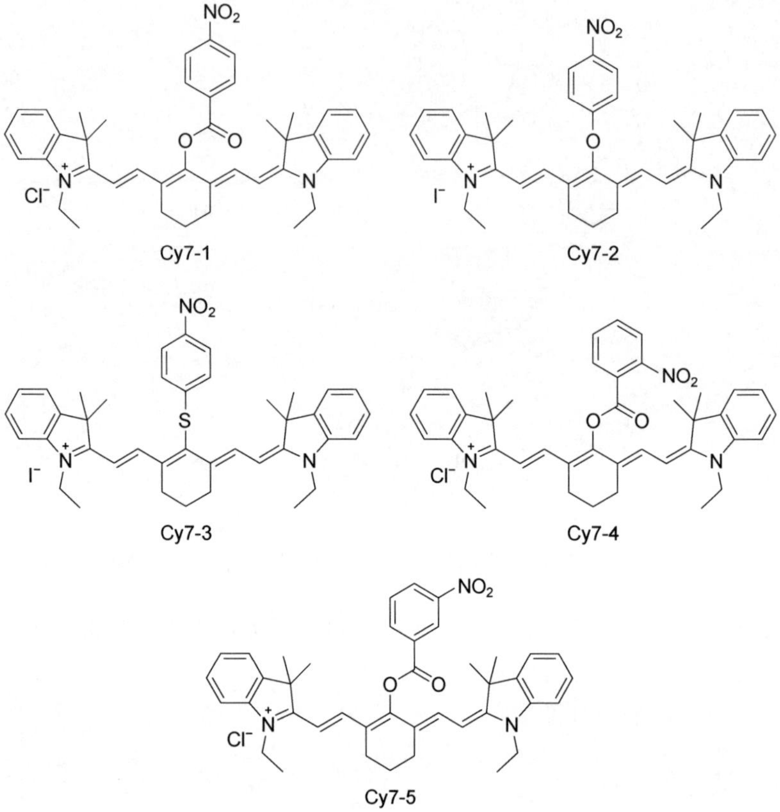

图 10-15 超灵敏近红外 NTR 荧光探针结构[180]

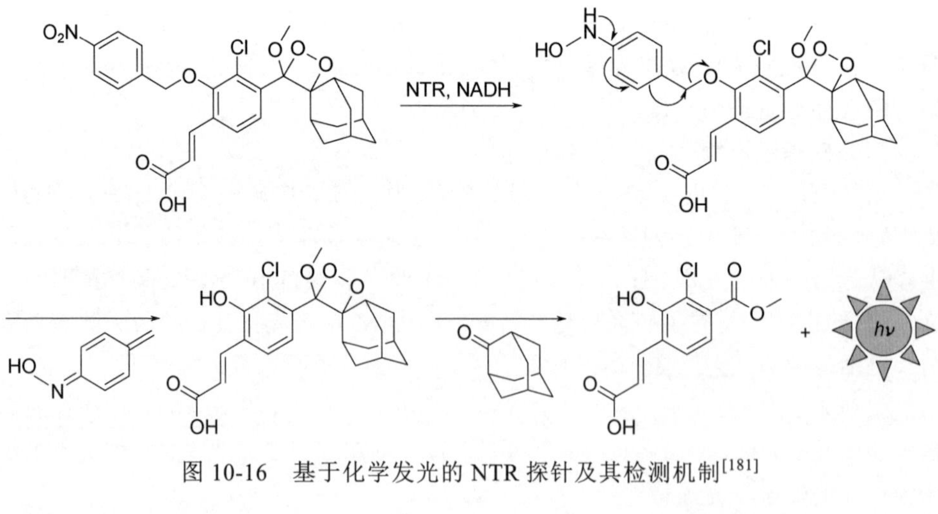

图 10-16 基于化学发光的 NTR 探针及其检测机制[181]

部分 NTR 荧光探针已有评述[179,182]。它们的检测机制均是基于探针底物中硝基的还原及相应的重排,最终产生光信号变化而实现检测。需指出,对缺氧敏感的另一类重要酶为偶氮还原酶。类似的,偶氮还原酶在 NADPH 辅助作用下可将底物中的偶氮键还原成氨基[183]。利用此原理,李春艳等[184]发展了一种近红外探针（图 10-17）,并用于极性/慢性溃疡性结肠炎中偶氮还原酶的原位成像与检测。其它的偶氮还原酶探针其检测机制均与此类似,并用于缺氧条件下细胞成像或酶激活的肿瘤前药的开发设计,在此不再赘述。

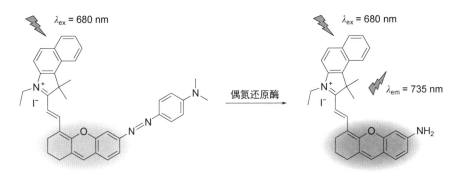

图 10-17　近红外偶氮还原酶探针及检测机制[184]

（2）单胺氧化酶

单胺氧化酶（MAO）是一种主要存在于细胞线粒体外膜上的黄素酶。MAO 可以选择性地催化氧化生物体内的单胺类物质,生成醛和氨气（或者一级胺和二级胺）[179,185,186]。MAO 主要存在两种不同的形式,分别是单胺氧化酶 A（MAO-A）和单胺氧化酶 B（MAO-B）。编码这两种蛋白的基因序列大概有 70% 是相同的;然而,二者的生物功能却截然不同。MAO-A 主要存在于脑神经元中,可以选择性催化 5-羟色胺、肾上腺素和去肾上腺素等;而 MAO-B 主要存在于神经胶质和星形胶质细胞中,主要选择性催化苯乙胺以及甲基组胺等。在人体中,MAO-A 存在于肝脏、胎盘及内皮中;而 MAO-B 主要存在于血小板中[187]。近年研究表明,MAO-A 与 MAO-B 均与单胺类神经递质的失活有关,而 MAO-B 与帕金森病的发生亦有密切联系[188]。发展 MAO 的光学探针,尤其是能专一性检测 MAO-A 与 MAO-B 的探针则具有重要的科学及临床意义[179]。

Yao 等[188,189]发展了一系列荧光探针 **47 ~ 50**,并用于帕金森模型中 MAO-B 的检测与成像分析。分子模拟及实验结果表明,探针 **47** 对 MAO-B 具有很好的选择性,可用于帕金森模型中细胞及组织切片的 MAO-B 成像;探针 **50** 具有类似的性能,也可用于帕金森模型中 MAO-B 的组学及成像分析。

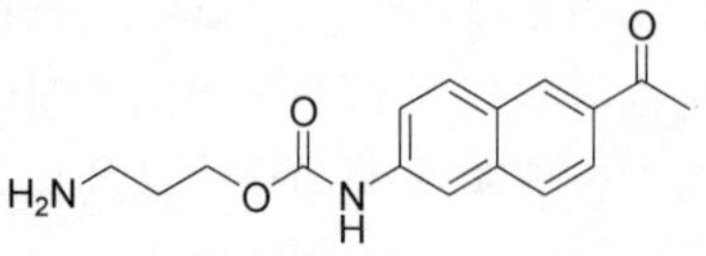

47

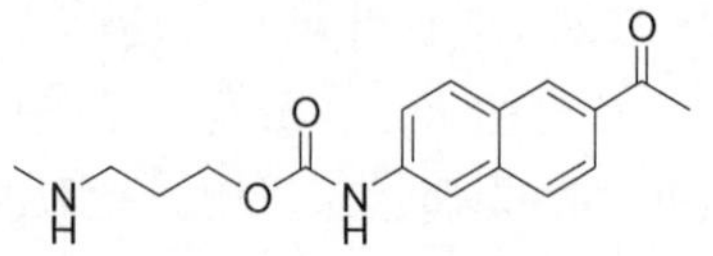

48

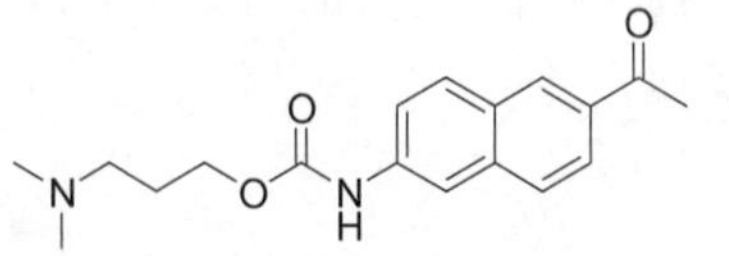

49

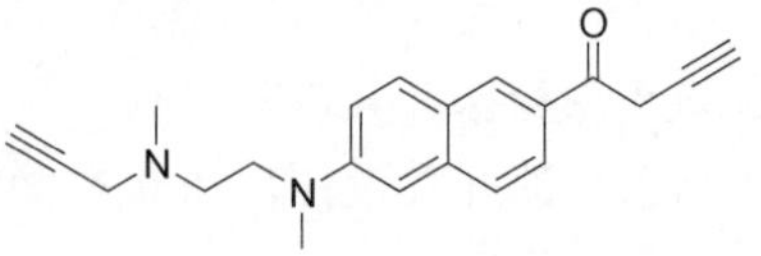

50

吴晓峰等[190]将 MAO-A 的抑制剂（氯吉林）的特征结构作为靶向单元，并与 MAO 的反应基团丙胺联用，设计了新的 MAO-A 识别单元；通过将该识别单元引入到性能优良的试卤灵荧光体中，发展出了能够特异性检测活细胞内 MAO-A 的光学探针（图 10-18）。分子模拟及成像分析实验表明，探针能专一性检测/识别 MAO-A。这种将蛋白酶的抑制剂特征结构用于发展新识别单元的方法，为以后设计其它蛋白酶的高选择性识别单元提供了一种通用的策略。

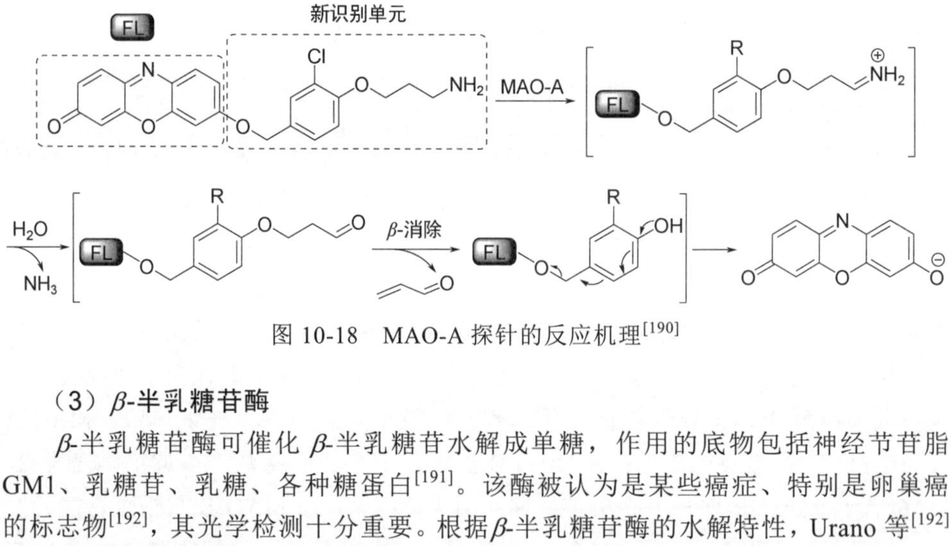

图 10-18　MAO-A 探针的反应机理[190]

（3）*β*-半乳糖苷酶

β-半乳糖苷酶可催化 *β*-半乳糖苷水解成单糖，作用的底物包括神经节苷脂 GM1、乳糖苷、乳糖、各种糖蛋白[191]。该酶被认为是某些癌症、特别是卵巢癌的标志物[192]，其光学检测十分重要。根据*β*-半乳糖苷酶的水解特性，Urano 等[192]发展了基于罗丹明荧光母体的探针（图 10-19）。该探针具有很好的生物相容性，能用于细胞和果蝇组织切片中 *β*-半乳糖苷酶的成像分析。

朱为宏等[193]报道了一种近红外 *β*-半乳糖苷酶探针（图 10-20）。该探针对 *β*-半乳糖苷酶具有良好的荧光响应和选择性，可用于活体中 *β*-半乳糖苷酶的三维高分辨成像。随后他们还发展了基于 AIE 的 *β*-半乳糖苷酶探针[194]，丰富了此酶的光学检测方法。

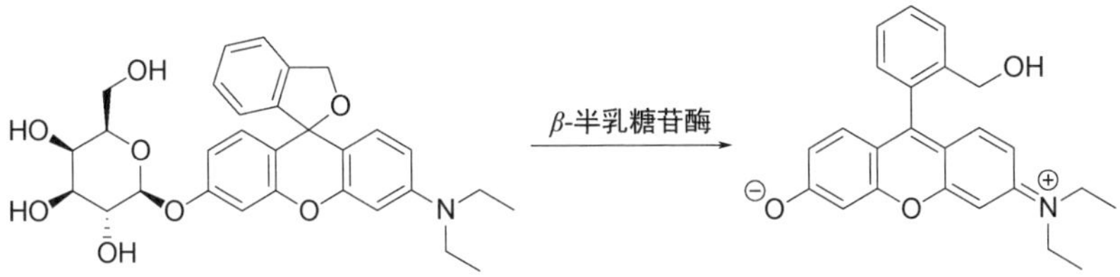

图 10-19 基于罗丹明的 β-半乳糖苷酶探针及检测机制[192]

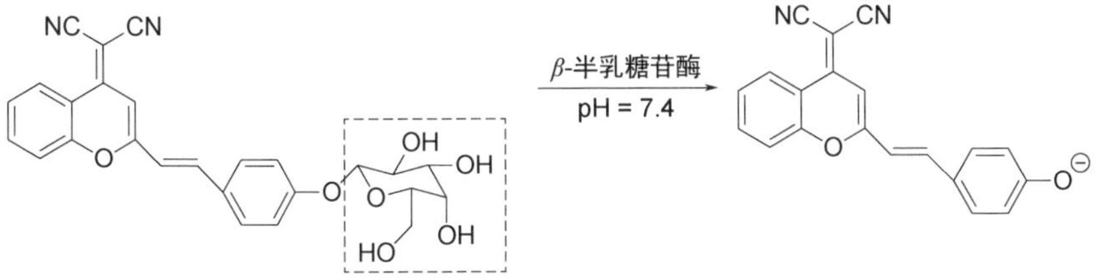

图 10-20 近红外 β-半乳糖苷酶探针及其检测机制[193]

（4）酪氨酸酶

酪氨酸酶存在于植物与动物组织中，是黑色素癌的重要标志物，并与白化病、帕金森等疾病密切相关[195]。酪氨酸酶可使酚类物质发生羟基化生成邻二酚，并进一步氧化成醌，其光学检测多是基于此反应机理[196]。然而，传统的酪氨酸酶荧光探针均包含 4-羟基苯识别单元[197-199]，在用于细胞等生物体系成像分析时易受到活性氧物种的干扰[200-203]，更严重的是，一些活性氧物种（如次氯酸、双氧水）的浓度远高于酪氨酸酶，从而严重影响检测结果的准确性。对此，马会民等[196]提出了新的酪氨酸酶识别单元（3-羟基苯），并结合稳定的半菁母体，发展出了适用于细胞及活体斑马鱼成像的近红外光学探针（图 10-21），有效地解决了传统荧光探针受活性氧物种的干扰问题。

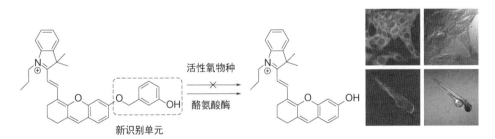

图 10-21 具有新识别基团的酪氨酸酶荧光探针与成像分析[196]

张海霞等[204]发展了一种基于硼酸酯的探针，并用于酪氨酸酶的识别与成像分析。他们利用硼酸酯基团将酪氨酸酶的部分氧化位置"锁住"，底物被氧化后，经过重排释放出荧光团（图 10-22），实现酶的检测与成像分析。

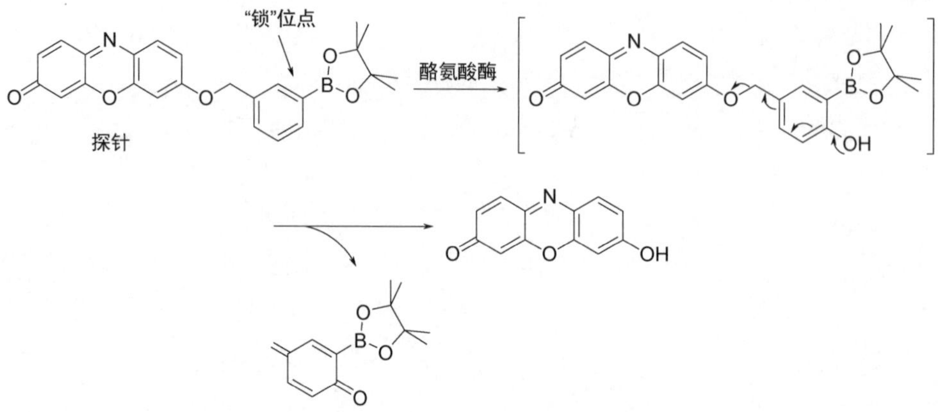

图 10-22　酪氨酸酶探针及反应机理[204]

（5）磷酸酶

磷酸酶，顾名思义，是一类能够将对应底物去磷酸化的酶，即通过水解磷酸单酯将底物分子上的磷酸基团除去，并生成磷酸根离子和自由的羟基，其作用与激酶相反。按照作用底物的不同，磷酸酶可分为很多亚型，其中在人体中较为常见的是碱性磷酸酶（alkaline phosphatase，ALP）和蛋白酪氨酸磷酸酶 1B（protein tyrosine phosphatase 1B，PTP 1B）。

由于 ALP 的作用机制是将底物中的磷酸基团除去，因此所有的探针发展均是基于此原理。张晓兵等[205]发展了一种可原位检测 ALP 的探针（图 10-23），相对于商品化的探针，该探针能很好地定位细胞中的 ALP，为研究 ALP 的功能提供了一个重要平台。

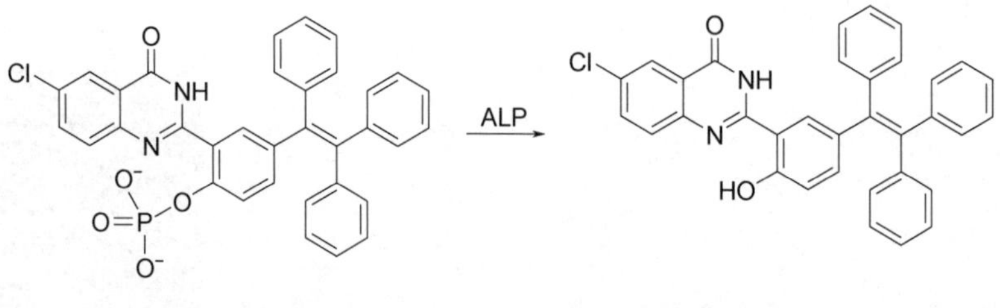

图 10-23　原位检测 ALP 探针[205]

PTP 1B 的作用是将底物中酪氨酸上的磷酸基团除去，但其探针的设计亦是在底物中引入磷酸基团。姚少钦等[206]发展了一类细胞器靶向的探针，并用于细胞与组织切片中 PTP 1B 的双光子成像分析（图 10-24）。探针先在 MMPs 作用下释放出可被 PTP 1B 识别的部分，在光照作用下裸露出磷酸基团并最终被 PTP 1B 水解产生荧光信号。该探针的发展为细胞和组织切片中 PTP 1B 的检测与双光子成像分析提供了有力的工具。值得注意的是，由于磷酸酶是一个庞大的家族，因此一种磷酸酶探针在检测/成像过程中，或多或少会受其它磷酸酶的干扰[207]。如何提高探针的选择性便成为该类酶检测的一个重要研究方向。

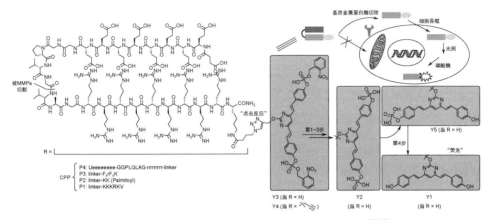

图 10-24　光激活磷酸酶探针的结构及反应示意图[206]

此外，硫氧还蛋白还原酶探针 **51**、β-内酰胺酶探针 **52** 等也已用于血清、细胞/活体成像研究。

51　　**52**

综上可以看出，蛋白酶探针主要是指能被相应酶水解氨基酸和荧光团之间肽键的探针，也可称作氨肽酶探针，已广泛用于各个方面。预计这些探针在检测并揭示蛋白酶的功能方面将发挥重要的作用。

10.2　核酸

核酸是由多个核苷酸聚合而成的重要生物大分子，也是遗传物质储存、复制和传递的基本载体。核苷酸由含氮碱基、五碳糖和磷酸三部分组成，根据五碳糖的结构不同又分为核糖核苷酸和脱氧核糖核苷酸两种，它们分别参与构成了核糖核酸（简称 RNA）和脱氧核糖核酸（简称 DNA）。含氮碱基是决定核苷酸功能的基本结构单元，包括腺嘌呤（adenine，缩写为 A）、鸟嘌呤（guanine，缩写为 G）、胸腺嘧啶（thymine，缩写为 T）、胞嘧啶（cytosine，缩写为 C）和尿嘧啶（uracil，缩写为 U）五种（图 10-25）。而且，含氮碱基之间会发生互补配对，形成稳定的双链结构，其遵循的互补配对原则则是由碱基之间固定数目的氢键和双链之间恒定的距离所决定。简单来说，U 是 RNA 特有的碱基，T 是 DNA 特有的碱基，它们功能相仿，且均能与 A 互补配对；而 C 与 G 互补配对。这种明确的互补配对方式，对于核酸分子在遗传和转录过程中的稳定性具有重要意义，也是核酸分子作为遗传物质载体的必要条件。在结构上，DNA 具有由脱氧戊糖构成的双螺旋结构，外层包裹亲水性的磷酸根，空腔聚集着疏水性的嘌呤和嘧啶碱基。而 RNA 是单链结构，并由于单链结构的灵活性更高而具有更复杂的构型，但与 DNA 相同的是，RNA 也是外层包裹亲水性的磷酸根，空腔内聚集着疏水性的嘌呤和嘧啶碱基[208-211]。

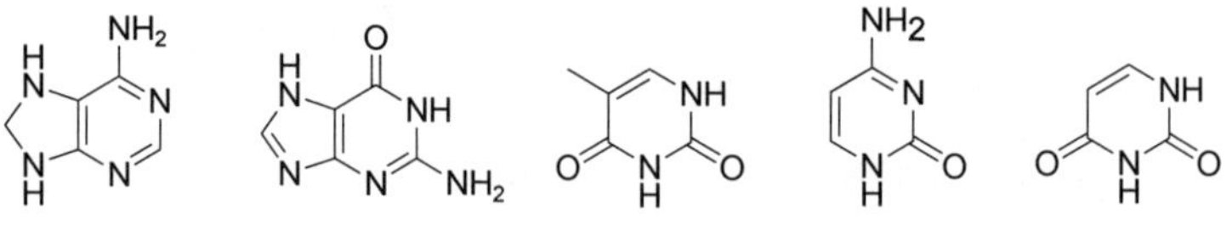

图 10-25　五种含氮碱基的结构

核酸分子中碱基的排列顺序简称为核苷酸序列，由于序列的不同产生了种类繁多的 DNA 和 RNA 分子，这就是生物多样性出现的根本原因。基因是产生一条多肽链或功能 RNA 所需的全部核苷酸序列，是控制生物性状的基本遗传单位。一般而言，生物体在基因上的差异性是普遍存在的，每个生物体的基因都是独一无二的，甚至完全可以通过基因数据对生物个体进行精确的辨认。然而，基因上的共性对于每一个物种来说也是真实存在的，一些基因片段属于某一物种所特有，而这些特殊的基因片段也将成为物种识别、种群密度监测的重要依据。比如在细菌、病毒感染中[208]，就可以通过对特定核酸分子片段的监测，了解感染的类型以及感染的程度，从而为后续治疗提供宝贵的意见。

关于核酸的研究迄今为止已有 150 余年的历史。首次发现是在 1869 年，发现者是瑞士的医学家、生物学家 Friedrich Miescherf。核酸作为遗传物质的载体，与一切生命活动和代谢都密切相关，是生命维持和延续的关键，也一直以来是生命科学研究的重点之一。近年来，关于核酸与生命健康之间的联系也吸引了越来越多科学家们的关注，多种遗传性疾病都被发现与 DNA 的结构相关，并且还发现核酸分子与肿瘤的发生、病毒的感染等作用有重要的联系[208-211]。因此，开发核酸的实时、灵敏的检测方法，是研究核酸如何参与各项生命活动的重要基础，并对预防和治疗相关疾病都具有非常重要的意义。

荧光检测技术由于具有无损、原位、实时、快速等特点，在核酸检测中受到了广泛关注。但是，核酸的性质比较特殊，相比于蛋白酶及其它生物大分子而言，它本身并没有催化活性或者明显的反应活性（少部分 RNA 除外）。因此，基于分子活性设计的荧光探针并不适用于核酸的检测。目前，主要是根据核酸的结构特点以及核苷酸序列，来发展基于分子间弱相互作用（氢键、静电、配位等）的核酸荧光探针，并用于不同生物样品分析。根据其设计思路的不同，大致可以分为以下几大类。

10.2.1 阳离子染料

阳离子染料的主要特点是呈电正性，而核酸是阴离子聚电解质[212]，因此染料会在静电力作用下迅速向核酸分子靠近，并完成在核酸分子表面"富集"的过程。然后，当染料进入核酸分子内部并进一步与其相互作用，就会被捕获并产生相应的荧光变化，这就是我们对核酸分子进行检测、分析的根本依据。一方面，磷酸分子形成了包裹在核酸分子表面的保护层，是染料与核酸分子相互作用所需突破的第一层堡垒；另一方面，可以通过引入氮正离子的方式方便获得各类阳离子染料，因此设计基于静电力相互作用的阳离子染料用于核酸的检测具有简单、易行的特点。

溴化乙锭（**53**）是一个含六元环的阳离子荧光染料，1966 年由 Peco 和 Paoletti 首次报道[213]，其分析波长为 590 nm。虽然在这之前已经有文章报道过 DNA 的荧光检测方法，但是它们是基于脱氧核糖[214]、胸腺嘧啶[215]的衍生化产物的荧光性质而进行的，且操作复杂。因此，**53** 可认为是第一个 DNA 的荧光探针。**53** 溶液的荧光很弱，在加入 DNA 后体系荧光明显增强，产生荧光打开信号，从而可用于 DNA 的灵敏检测，检测限为 0.01 μg/mL。而且，**53** 在 DNA 检测中还表现出良好的抗干扰能力，不受盐和其它生物物质的干扰。此外，**53** 也是第一个能用于 RNA 检测的荧光探针，只是在相同条件下检测 DNA 的工作曲线斜率是 RNA 的 2.5 倍，这可能是由于 DNA 分子的双链结构能更好地与 **53** 结合。总之，**53** 的报道开启了核酸的荧光探针设计的先河，对于后续的研究具有重要的指导意义。不过由于 **53** 的毒性大，很大程度上也限制了其应用范围。

53

1986 年 Chiu 等[216]报道了另一个阳离子染料噻唑橙（**54**），它对核酸检测的灵敏度远高于 **53**。与 RNA 反应后，**54** 体系的荧光信号值增大了 3000 倍，而相同条件下 **53** 体系的荧光信号值仅增大了 20 倍，前者比后者高出了两个数量级。并且，**54** 还比 **53** 具有更好的膜通透性，从而可用于细胞成像。这些都说明了 **54** 在核酸检测中的优越性能。更重要的是，Chiu 等还系统地研究了探针的分子结构（**54~60**）对检测核酸性能的影响。实验结果显示，含噻唑的阳离子染料与核酸反应后都产生了明显的荧光增强现象，说明噻唑阳离子结构与核酸之间存在着良好的结合能力。同时，不同探针在检测结果上又存在着差异性。如，探针 **57** 与 **56** 相比，最大的特点是 **57** 的噻唑环上多加了一个苯环，其对 RNA 的检测灵敏度大幅度提高；同样，探针 **54** 与 **59** 相比也是多加了一个苯环，其对 RNA 的检测灵敏度也提高了，这说明一定程度上π电子平面的扩展有利于提高对核酸的检测灵敏度。而探针 **59** 与 **57** 相比，最大的区别是将二甲基苯胺替换成了吡啶环，其检测灵敏度明显提高，表明具有较大空间位阻的侧链烷基的存在不利于探针与核酸分子之间的结合。简而言之，该工作完成了对核酸分子检测机理的初步探讨，为后续核酸探针的设计提供了思路。遗憾的是，**54** 对 DNA 和 RNA 并没有选择性。

1993 年 Glazer 等[217]报道了核酸的荧光探针 **61** 和 **62**。这两个分子中除了含有芳香阳离子，还有季铵盐阳离子，是一个含有多个正电荷的阳离子染料。它们均可用于核酸分子的检测，检测限在 pg/mL 水平。在 AIE 被发现之后，含有季铵盐阳离子的探针也被报道，例如 **63**[218]。**63** 的水溶性好，在水溶液中不能聚集，故而溶液呈现微弱的荧光；而当 **63** 与核酸分子结合后，**63** 因为分子内运动受阻而使荧光增强，从而也可用于核酸的检测。

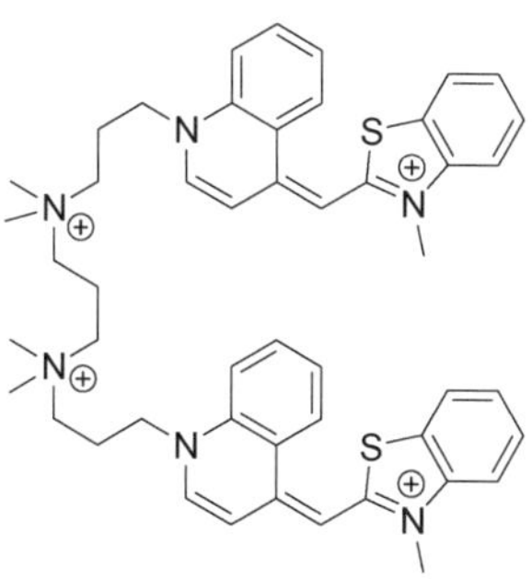

61 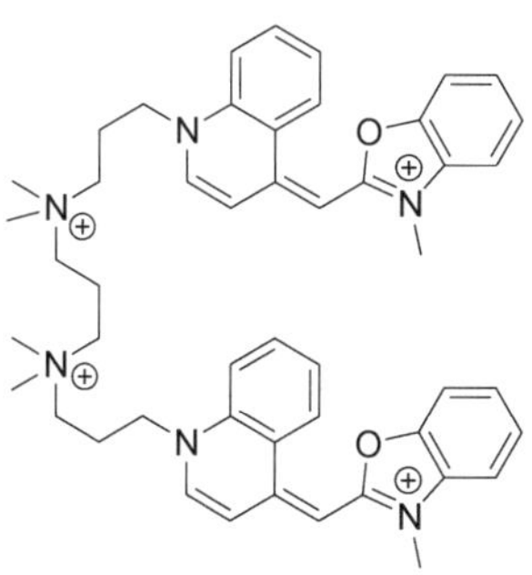 **62** 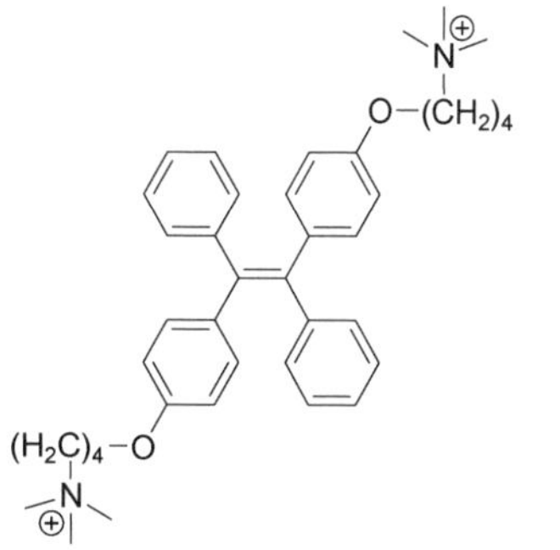 **63**

关于核酸检测的阳离子染料的报道还有很多,如含有六元环阳离子的尼罗蓝（**64**）[219]和吖啶橙（**65**）[220],含有五元环阳离子的 **66**[221]和 **67**[222],以及含有季铵盐阳离子的 **68**[223]等。这些探针合成方便,且在核酸分子检测中性能良好,因此备受欢迎。但美中不足的是,阳离子染料的吸附性一般比较强,容易与蛋白质等生物大分子相互作用而产生干扰。

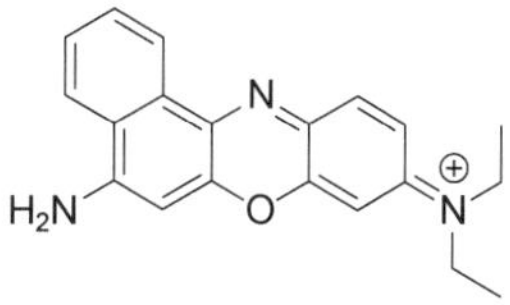

64 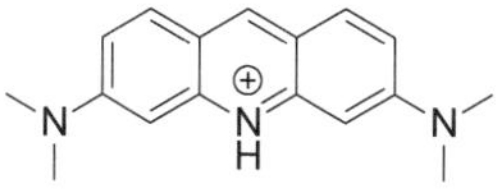 **65** 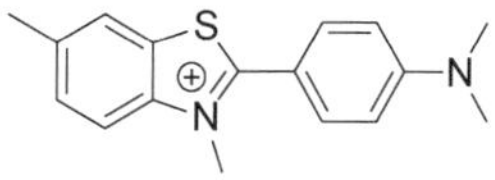 **66**

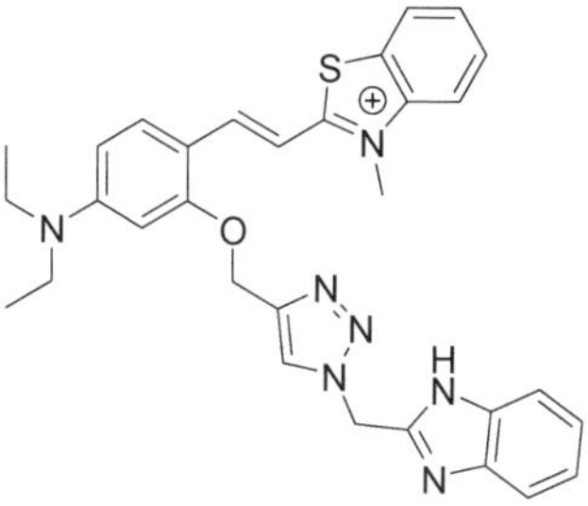

67 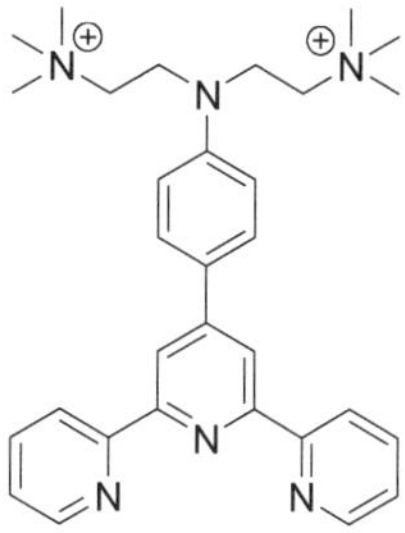 **68**

10.2.2 有机碱染料

有机碱染料是利用其碱性基团与含氮碱基在结构、性质上的相似性,促进分子间的相互作用,特别是分子间氢键的形成,从而让染料与核酸分子之间能紧密结合。同时,这些有机碱染料又很容易质子化,因此它们能获得与阳离子染料类似的性质,即通过静电相互作用突破核酸分子的磷酸保护层,获得与核酸分子近距离接触的机会。简而言之,有机碱染料的设计兼顾了"富集"和"捕获"两个过程,在双重作用机制的调控下,这些染料作为荧光探针在核酸检测中有许多表现出了优异的性能。

根据结构的不同，碱性小分子可以分为嘌呤、咪唑、哌嗪、偶氮、吡啶、脒、胺等多种。对于目前已报道的核酸荧光探针而言，通常会含有多个碱性小分子基团，一方面这样有利于染料在生理条件下的质子化，从而产生足够强的静电作用力以推动染料在核酸分子周围的快速富集；另一方面还可以增强染料与核酸分子间的结合力，以形成更多、更复杂的氢键网络，从而提高捕获效率。以下介绍几个经典的例子。

Hochest 33258 是一个含有两个咪唑和一个哌嗪基团的有机碱染料，Cesarone 等[224]在 1979 年详细研究了其在核酸检测中的应用。Hochest 33258 具有较强的碱性，中性条件下极易质子化，所以检测中使用的是其三盐酸化合物。当 Hochest 33258 与 DNA 混合后，溶液中会出现明显的荧光增强现象，而与 RNA 混合后则溶液荧光几乎不变，说明 Hochest 33258 可以不受 RNA 的干扰，实现对 DNA 的选择性检测。研究表明[225]，这是由于 Hochest 33258 与 DNA 的作用位点是 A-T 碱基对，而 A-T 碱基对为 DNA 分子所特有，这就为开发 DNA 和 RNA 区分检测的荧光探针提供了思路。此外，该探针还具有良好的选择性和较高的灵敏度，可以不受多种无机盐、表面活性剂或蛋白质的干扰，实现对 DNA 的灵敏检测。就目前而言，已经发展了一系列 Hochest 商用染料，如 Hochest 33342、Hochest 34580 等，它们被广泛应用于 DNA 检测以及细胞核染色中，展现了很好的应用前景。

Hochest 33258: R=OH
Hochest 33342: R= $-CH_2CH_3$
Hochest 34580: R= $-N(CH_3)_2$

探针 69 与 DNA 相互作用形成复合物的报道始于 1975 年[226]，之后其检测 DNA 的性能与应用得到了详细的研究[227]。69 中含有两个甲脒和一个吡咯基团，同样由于分子的碱性而容易质子化，在实验中使用的是其盐酸盐化合物。与 DNA 相互作用后，69 溶液中会产生明显的荧光打开信号，即使是加入预先被降解或者失活处理的 DNA，这一荧光打开信号也不会消失，证实了 69 在 DNA 检测中优异的性能。而且，69 是与 DNA 的 A-T 碱基对之间存在较强的作用力，与 RNA 不反应，因此可以用于 DNA 的选择性检测。除此之外，该探针还具有较高的灵敏度，能够检测到低至 5×10^{-10} g/mL 的 DNA 分子。目前，69 也是一个常用的细胞核染色商用试剂，具有良好的实用价值。

69

相对于阳离子染料而言，有机碱染料的吸附性有所降低，受蛋白质等生物大分子的干扰明显减弱；同时，分子间氢键的形成提高了染料与核酸复合物的稳定性，使体系的灵敏度较高。上述两个探针 Hochest 33258 和 **69** 都能用于 DNA 的选择性检测而不受 RNA 的干扰；然而，对于其它有机碱染料却不尽然。例如，荧光染料 **70**[228]、**71**[229]对 DNA 和 RNA 都有响应；荧光染料 **72**、**73**[230]只对 RNA 有响应等。总之，利用碱性小分子与含氮碱基之间的亲和力来设计探针是明智且成功的，在一些阳离子染料中也会通过引入碱性小分子来提高与核酸分子间的作用力，如 **64**、**68**[219, 223]等。

10.2.3 金属配合物

金属配合物体系比较复杂，一般需要过渡金属离子参与配合物的形成，所以也被称为过渡金属配合物。简单来说，检测体系是由过渡金属离子和对应的小分子化合物按照特定的比率组成。在加入核酸分子后，三者之间相互作用并最终形成稳定的配合物，从而引起光信号的改变，达到核酸分子检测之目的。

邻二氮杂菲（**74**）与铽形成 2:1 的配合物体系由慈云祥等[231]在 1991 年报道。

当加入核酸分子后,溶液中会观察到明显的荧光增强现象,其荧光发射峰在 492 nm 处。该体系可用于 µg/mL 水平的 DNA 或 RNA 检测,灵敏度较高。然而,由于过渡金属离子的配位作用容易受到 pH 的影响,也使得该体系的应用范围受限。另一个过渡金属配合物体系由四环素(**75**)和铕构成[232],其中 Eu^{3+} 与四环素的摩尔比为 1:2。在加入核酸分子后,溶液中观察到明显的荧光打开信号,其荧光发射峰在 615 nm 处。该体系的灵敏度较高,检测限低至 0.01 µg/mL DNA,具有良好的应用前景。然而,该体系同样容易受到溶液 pH 的影响,只能在偏碱性条件下(pH 8.0~9.7)使用。但有趣的是,该体系能用于 DNA 的选择性检测而不受 RNA 的干扰,这在过渡金属配合物体系中是非常少见的,深入研究其机理可能为设计 DNA 和 RNA 的区分检测探针提供有益的思路。

74 **75**

10.2.4 核酸荧光探针

核酸荧光探针是指核酸分子本身参与构建的荧光探针。碱基互补配对原则反映了不同碱基之间作用力的强弱,因此单链核酸分子与其互补的核酸分子链之间会存在很强的结合力,可以选择性结合并形成非常稳定的双链结构。然而,当两条单链分子之间出现错误配对时,就会由于空间位置的不匹配而产生位阻,并影响到分子间的氢键网络,从而使形成的双链结构的稳定性大大降低。所以,一部分核酸荧光探针就是利用单链核酸分子与其互补核酸分子链之间的特异性相互作用,实现对含特定碱基序列的单链核酸分子的高特异性、高灵敏检测。

也有一些特殊的情况,比如质子化的胞嘧啶碱基能和 G-C 碱基对中的鸟嘌呤碱基配对形成氢键,胸腺嘧啶能和 A-T 对的腺嘌呤碱基配对形成氢键,这就是 Hoogsteen 氢键。它是单链 DNA 能与双链 DNA 相互作用,并形成三链 DNA 结构的主要原因。通常,当单链 DNA 和双链 DNA 在某一段碱基序列上都满足形成 Hoogsteen 氢键的条件时,它们之间就会形成稳定的三链 DNA 结构。因此,也可以利用这一特殊的现象,对一些含特定碱基序列的核酸分子进行检测。

当然,除了含特定碱基序列的核酸分子(DNAP),合适的荧光响应机制对于核酸荧光探针而言也同样重要。目前,常用的策略是在 DNAP 两端分别修饰荧光分子和猝灭材料。由于 DNAP 在结合靶标核酸分子后会发生扭曲或者解吸附等现象,从而引起荧光分子与猝灭材料之间距离的改变,进一步影响到荧光分子与荧光猝灭材料之间的荧光共振能量转移(fluorescence resonance energy transfer,FRET)

过程,并最终导致体系荧光信号的改变。换言之,核酸荧光探针主要是通过 DNAP 对 FRET 过程的调控来实现荧光的开-关控制,从而实现对核酸分子的检测。

Tu 等[233]报道了一种基于金纳米的核酸荧光探针,并用于 microRNA 的检测。在该体系中,靶标核酸分子是 miR-122,碱基序列为 5′-UGG AGU GUG ACA AUG GUG UUU GU-3′;DNAP(探针 DNA)的碱基序列为 5′-GCT CGA CAA ACA CCA TTG TCA CAC TCC ACG AGC T$_{10}$-3′,其中下划线标出的部分是 miR-122 的互补链。通过在 DNAP 的 3′-端修饰含巯基的直链烷基,将其与金纳米颗粒(荧光猝灭材料)相连;同时在 DNAP 的 5′-端修饰上异硫氰酸荧光素(FITC),就得到了核酸探针分子(图 10-26)。由于 DNAP 分子中碱基序列为 GA CAA 的片段能与碱基序列为 TTG TC 的片段在折叠后发生互补配对,从而使探针中 DNAP 分子的头尾相接。因此,金纳米颗粒靠近 FITC 分子并能有效地猝灭其荧光信号,使溶液荧光较弱。而加入 miR-122 分子后,由于 miR-122 能更有效地与 DNAP 发生碱基互补配对,从而迫使 DNAP 打开成直链,并与 miR-122 结合形成新的双链结构。此时,由于 FITC 与金纳米颗粒之间的距离变大,FRET 过程受阻,体系的荧光信号打开。实验结果表明,该体系对 miR-122 表现出很高的选择性,当 miR-122 的一个碱基被替换掉时,体系的荧光值就下降了 60%以上,而随着被替换的碱基数目的增多(2~3 个),体系的荧光会进一步被抑制,甚至消失。此外,该检测体系灵敏度高,对 miR-122 的检测限低至 0.01 pmol/L。

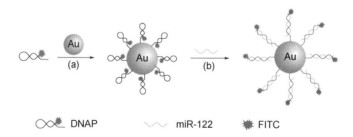

图 10-26　基于金纳米的核酸荧光探针用于 miR-122 检测示意图[233]

图 10-27 示出了基于 TiO$_2$ 纳米线(TiO$_2$ NWs)的核酸荧光探针[234]。该体系由两部分组成,一个是修饰了荧光素的 DNAP 分子,另一个是 TiO$_2$ 纳米线(荧光猝灭材料);由于 DNAP 分子在静电作用下被有效地吸附在 TiO$_2$ 纳米线的表面,从而引起体系荧光的猝灭。在单链 DNA 检测体系中,DNAP 含有其互补链,因此它们通过碱基的互补配对形成稳定的双链结构。而 TiO$_2$ 纳米线对双链 DNA 的吸附力比较弱,荧光素就会跟随新形成的双链 DNA 分子一起从 TiO$_2$ 纳米线表面解吸附,使体系产生荧光打开信号。在双链 DNA 的检测中,原理与此基本相同,只是双链 DNA 的检测是基于核酸分子之间的 Hoogsteen 氢键,而 Hoogsteen 氢键形成的前提条件是单链 DNA 分子中只能含有 T、C 两种碱基,因此这个体系只适

用于含特定碱基序列的双链 DNA 分子的检测。此外，该体系检测单链 DNA 和双链 DNA 的灵敏度都很高，检测限分别为 1.6 nmol/L 和 1.4 nmol/L。

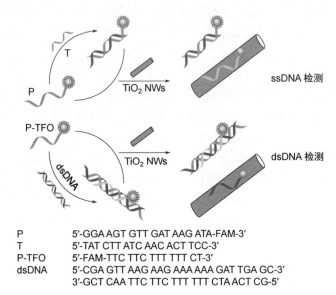

图 10-27 基于 TiO$_2$ 纳米线的核酸荧光探针及其检测原理[234]

关于核酸荧光探针的报道还有很多，它们已成为获取与核酸行为异常相关疾病的信息、摸清细菌、病毒感染情况等的重要手段[235-237]，具有重要的实用价值。

10.2.5 其它类型核酸探针

除了上述几类探针分子外，还有一些特殊的体系也能用于核酸的检测。如，Zhu 等[238]报道了荧光染料竹红菌甲素（**76**）在核酸检测中的应用。**76** 分子中含有多个羟基、甲氧基和羰基，容易形成分子间的氢键，这可能是 **76** 能用于核酸分子检测的重要原因。**76** 检测核酸的灵敏度较高，对小牛胸腺 DNA 的检测限为 5.0 ng/mL，对酵母 RNA 的检测限为 13.0 ng/mL。美中不足的是，**76** 只能在偏酸性条件下（pH 3.4～4.0）使用。

赵一兵等[239]在 1997 年报道了 **77** 在核酸检测中的应用。**77** 是一个光化学荧光探针分子，在紫外光照射下容易发生光氧化反应，生成具有荧光性质的产物，其发射峰在 482 nm 处。但是，在核酸分子存在下，**77** 的光氧化过程会受到阻碍，导致体系的荧光减弱。据此，可实现核酸检测。该体系对小牛胸腺 DNA 的检测限为 10 ng/mL，对酵母 RNA 的检测限为 26 ng/mL，具有较高的灵敏度。

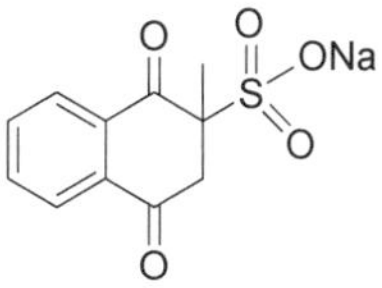

77

目前，核酸探针的工作主要集中在分析其浓度、空间分布，而对于 DNA 和 RNA 的区分检测研究都还不充分，有待于加强。

10.3 其它生物大分子

生物体中除蛋白酶与核酸外，还存在种类繁多的其它大分子化合物，如脂质等，它们在生物体中同样起着举足轻重的作用。本节仅就一些脂质探针及其分析应用做简要介绍。

脂质是生物体中另一类大分子化合物。它是大部分生物需要的重要营养物质之一，供给机体所需的脂肪酸和能量，亦是大部分生物细胞与组织的组成成分。如经典的细胞膜双分子层结构，即是一种脂质双分子层，其脂质主要是磷脂。脂质另一种经典的存在形式即为脂滴，脂滴被认为是细胞内的重要储能场所，然而近年来越来越多的研究认为脂滴不仅仅是细胞内一个单纯的储能场所，而且也是一个复杂的、活动旺盛、动态变化的多功能亚细胞器。此外，研究还表明，多种代谢性疾病，如肥胖、脂肪肝、心血管疾病及糖尿病、中性脂贮存性疾病和 Niemann Pick C 疾病，往往都伴随着脂质贮存的异常。因此，关于脂滴的生物学研究日益受到人们的重视，脂质的检测亦愈发显得重要。

Cho 等[240]发展了两种探针 **78** 和 **79**，并用于细胞和组织中脂筏的荧光成像分析。探针是亲油性的，对细胞膜具有高的亲和性，能用于细胞或组织成像。

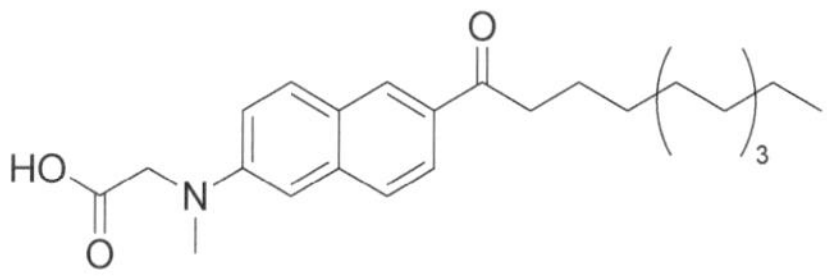

78 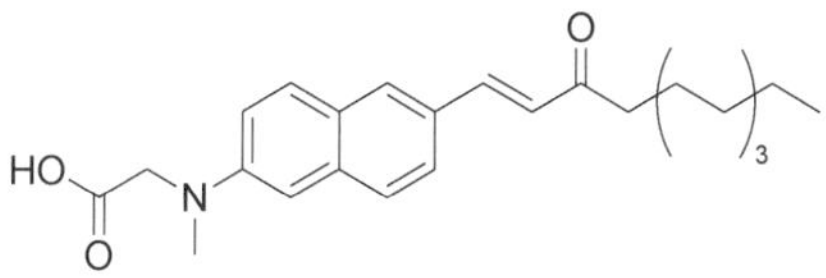   **79**

Collot 等[241]报道了一系列近红外荧光探针（图 10-28）。这些探针具有多种优点：宽的发射范围、开关型荧光响应、发射峰狭窄且尖锐、量子产率高，双光子截面高等，可用于细胞和组织中脂滴的成像分析。

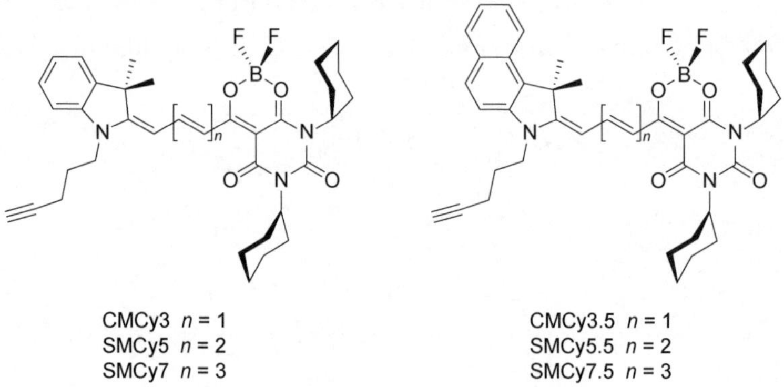

CMCy3 n = 1
SMCy5 n = 2
SMCy7 n = 3
CMCy3.5 n = 1
SMCy5.5 n = 2
SMCy7.5 n = 3

图 10-28　近红外脂滴荧光探针的结构[241]

Yang 等[242]制备了一种双发射荧光探针（图 10-29）。该探针主要由两部分组成：溶酶体靶向单元（易质子化且亲水）和脂滴靶向单元（疏水），二者由共轭双键相连，可增强分子内电荷转移，从而可采用双发射法对溶酶体与脂滴同时进行成像分析。

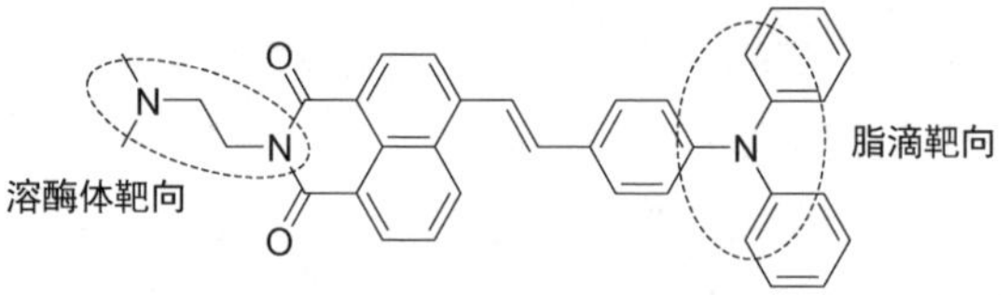

溶酶体靶向
脂滴靶向

图 10-29　具有双发射的溶酶体/脂滴探针结构[242]

唐本忠等[243]发展了一种基于 AIE 的探针（**80**），其分子内存在多个可以旋转的单/双键，使探针对黏度/极性非常敏感。此外，该探针细胞穿透性和光稳定性好，可用于脂滴的成像分析。

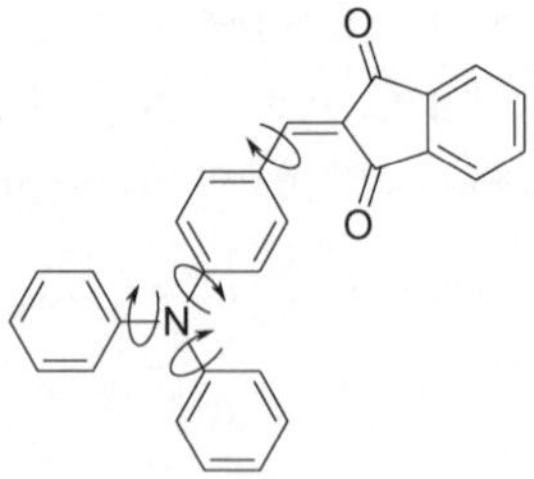

80

从上述讨论可以看出，脂质探针一般具有如下性能：①探针含有较强的疏水性基团[244]；②探针具有特殊的结构，如分子中存在多个共轭双键或可转动的单键。因此，这类探针通常对周围微环境如极性、黏度等十分敏感。然而，各种微环境因素会产生交叉干扰。如何构筑只对极性或黏度等单一微环境因素敏感的选择性探针仍颇具挑战性。

参 考 文 献

[1] Li, X. H.; Gao, X. H.; Shi, W.; Ma, H. M. Design strategies for water-soluble small molecular chromogenic and fluorogenic probes. *Chem. Rev.*, **2014**, 114: 590-659.

[2] 马会民, 马泉莉. 杯芳烃光学识别试剂, 分析化学, **2002**, 30: 1137-1142.

[3] Kubo, Y.; Maeda, S.; Tokita S.; Kubo, M. Colorimetric chiral recognition by a molecular sensor. *Nature*, **1996**, 382: 522-524.

[4] Su, M. H.; Liu, Y.; Ma, H. M.; Ma, Q. L.; Wang, Z. H.; Yang J. L.; Wang, M. X. 1,9-Dihydro-3-phenyl-4*H*-pyrazolo[3,4-*b*]quinolin-4-one, a novel fluorescence probe extreme pH measurement. *Chem. Commun.*, **2001**, 11: 960-961.

[5] Ma, H. M.; Ma, Q. L.; Su, M. H.; Nie, L. H.; Han, H. W.; Xiong, S. X.; Xin, B.; Liu, G. Q. Detection of trace Cu^{II} by a designed calix[4] arene based fluorescent reagent. *New J. Chem.*, **2002**, 26: 1456-1460.

[6] Sun, M.; Shangguan, D. H.; Ma, H. M.; Nie, L. H.; Li, X. H.; Xiong, S. X.; Liu, G. Q.; Thiemann, W. Simple Pb^{II} fluorescent probe based on the Pb^{II}-catalyzed hydrolysis of phosphodiester. *Biopolymers*, **2003**, 72: 413-420.

[7] Gallan, J. F.; De Silva A. P.; Magri, D. C. Luminescent sensors and switches in the early 21st century. *Tetrahedron*, **2005**, 61: 8551-8588.

[8] Qian, X. H.; Xiao, Y.; Xu, Y. F.; Guo, X. F.; Qian, J. H.; Zhu, W. P. "Alive" dyes as fluorescent sensors: fluorophore, mechanism, receptor and images in living cells. *Chem. Commun.*, **2010**, 46: 6418-6436.

[9] Xu, Z. C.; Yoon, J. Y.; Spring, D. R. Fluorescent chemosensors for Zn^{2+}. *Chem. Soc. Rev.*, **2010**, 39: 1996-2006.

[10] Kikuchi, K. Design, synthesis and biological application of chemical probes for bio-imaging. *Chem. Soc. Rev.*, **2010**, 39: 2048-2053.

[11] Duke, R. M.; Veale, E. B.; Pfeffer, F. M.; Kruger P. E.; Gunnlaugsson, T. Colorimetric and fluorescent anion sensors: an overview of recent development in the use 1,8-naphthalimide-based chemosensors. *Chem. Soc. Rev.*, **2010**, 39: 3936-3953.

[12] Jun, M. E.; Roy B.; Ahn, K. H. "Turn-on" fluorescent sensing with "reactive" probes. *Chem. Commun.*, **2011**, 47: 7583-7601.

[13] Kim, H. N.; Ren, W. X.; Kim J. S.; Yoon, J. Y. Fluorescent and colorimetric sensors for detection of lead, cadmium, and mercury ions. *Chem. Soc. Rev.*, **2012**, 41: 3210-3244.

[14] Du, J. J.; Hu, M. M.; Fan J. L.; Peng, X. J. Fluorescent chemodosimeters using "mild" chemical events for detection of small anions and cations in biological and environmental media, *Chem. Soc. Rev.*, **2012**, 41: 4511-4535.

[15] https://zh.wikipedia.org/wiki/蛋白酶.

[16] Dai, B.; Kang, S. H.; Gong, W.; Liu, M.; Aldape, K. D.; Sawaya, R.; Huang, S. Aberrant FoxM1B expression increases matrix metalloproteinase-2 transcription and enhances the invasion of glioma cells. *Oncogene*, **2007**, 26: 6212-6219.

[17] Gabriele, B.; Rolf, B.; Gerald, M.; Thiennu, H. V.; Takeshi I.; Kazuhiko, T.; Kazuhiko, T.; Philip, T.; Shigeyoshi, I.; Zena, W.; Douglas, H. Matrix metalloproteinase-9 triggers the angiogenic switch during carcinogenesis. *Nat. Cell Bio.*, **2000**, 2, 737-744.

[18] David, K. P.; Miriam, J. S.; Henning, R. S.; Guy, S. S.; Patrick, D.; Guy, G. P.; Yusuf, A. H. Zinc is a potent inhibitor of the apoptotic protease, caspase-3. A novel target for Zinc in the inhibition of apoptosis. *J. Biol. Chem.*, **1997**, 272: 18530-18533.

[19] Guy, S. S. Caspases: opening the boxes and interpreting the arrows. *Cell Death Differ.*, **2002**, 9: 3-5.

[20] Ghavami, S.; Hashemi, M.; Ande, S. R.; Yeganeh, B.; Xiao, W.; Eshraghi, M.; Bus, C. J.; Kadkhoda, K.; Wiechec, E.; Halayko, A. J.; Los, M. Apoptosis and cancer: mutations within caspase genes. *J. Med. Genet.*, **2009**, 46: 497-510.

[21] Sabotič, J.; Kos, J. Microbial and fungal protease inhibitors—current and potential applications. *Appl. Microbiol. Biotechnol.*, **2012**, 93: 1351-1375.

[22] Alwine, J. C.; Kemp, D. J.; Stark, G. R. Method for detection of specific RNAs in agarose gels by transfer to diazobenzyloxymethyl-paper and hybridization with DNA probes. *Proc. Natl. Acad. Sci. USA*, **1977**, 74: 5350-5354.

[23] Ramos-Vara, J. A.; Miller, M. A. When tissue antigens and antibodies get along: revisiting the technical aspects of immunohistochemistry-the red, brown, and blue technique. *Vet. Pathol.*, **2014**, 51: 42-87.

[24] Weiland, G. The enzyme-linked immunosorbent assay (ELISA)-a new serodiagnostic method for the detection of parasitic infections. *Munchener Medizinische Wochenschrift*, **1978**, 120: 1457-1460.

[25] Bradford, M. M. A rapid and sensitive method for the quantitation of microgram quantities of protein utilizing the principle of protein-dye binding. *Anal. Biochem.*, **1976**, 72: 248-254.

[26] Laura, E. E.; Martijn, V.; Matthew, B. Functional imaging of proteases: recent advances in the design and application of substrate-and activity-based probes. *Curr. Opin. Chem. Biol.*, **2011**, 15: 798-805.

[27] Chen, X. Q.; Pradhan, T.; Wang, F.; Kim, J. S.; Yoon, J. Y. Fluorescent chemosensors based on spiroring-opening of xanthenes and related derivatives. *Chem. Rev.*, **2012**, 112, 1910-1956.

[28] Lourdes, B. D.; David, N. R.; Mercedes, C. C. Design of fluorescent materials for chemical sensing. *Chem. Soc. Rev.*, **2007**, 36: 993-1017.

[29] Guo, Z. Q.; Park, S.; Yoon, J. Y.; Shin, I. Recent progress in the development of near-infrared fluorescent probes for bioimaging applications. *Chem. Soc. Rev.*, **2014**, 43: 16-29.

[30] Tsujimoto, M.; Goto, Y.; Maruyama, M.; Hattori, A. Biochemical and enzymatic properties of the M1 family of aminopeptidases involved in the regulation of blood pressure. *Heart Fail. Rev.*, **2008**, 13: 285-291.

[31] Matsui, M.; Fowler, J. H.; Walling, L. L. Leucine aminopeptidases: diversity in structure and function. *Biol. Chem.*, **2006**, 387: 1535-1544.

[32] Huang, H. Z.; Tanaka, H.; Hammock, B. D.; Morisseau, C. Novel and highly sensitive fluorescent assay for leucine aminopeptidases. *Anal. Biochem.*, **2009**, 391: 11-16.

[33] Yamazaki, T.; Akada, T.; Niizeki, O.; Suzuki, T.; Miyashita, H. Puromycin-insensitive leucyl-specific aminopeptidase (PILSAP) binds and catalyzes PDK1, allowing VEGF-stimulated activation of S6K for endothelial cell proliferation and angiogenesis. *Blood*, **2004**, 104: 2345-2352.

[34] Kondo, C.; Shibata, K.; Terauchi, M.; Kajiyama, H.; Ino, K.; Nomura, S.; Nawa, A.; Mizutani, S.; Kikkawa, F. A novel role for placental leucine aminopeptidase (P-LAP) as a determinant of chemoresistance in endometrial carcinoma cells. *Int. J. Cancer*, **2006**, 118: 1390-1394.

[35] Sakabe, M.; Asanuma, D.; Kamiya, M.; Iwatate, R. J.; Hanaoka, K.; Terai, T.; Nagano, T.; Urano, Y. Rational design of highly sensitive fluorescence probes for protease and glycosidase based on precisely

controlled spirocyclization. *J. Am. Chem. Soc.*, **2013**, 135: 409-414.

[36] Shibata, K.; Kikkawa, F.; Knodo, C.; Mizokami, Y.; Kajiyama, H.; Ino, K.; Nomura, S.; Mizutani, S. Placental leucine aminopeptidase (P-LAP) expression is associated with chemosensitivity in human endometrial carcinoma. *Gynecol. Oncol.*, **2004**, 95: 307-313.

[37] Urano, Y.; Sakabe, M.; Kosaka, N.; Ogawa, M.; Mitsunaga, M.; Asanuma, D.; Kamiya, M.; Young, M. R.; Nagano, T.; Choyke, P. L.; Kobayashi, H. Rapid cancer detection by topically spraying a γ-Glutamyltranspeptidase-activated fluorescent probe. *Sci. Transl. Med.*, **2011**, 3: 110-119.

[38] Grant, S. K.; Sklar, J. G.; Cummings, R. T. Development of novel assays for proteolytic enzymes using rhodamine-based fluorogenic substrates. *J. Biomol. Screen*, **2002**, 7: 531-540.

[39] Yoon, H. Y.; Shim, S. H.; Baek, L. J.; Hong, J. I. Small-molecule probe using dual signals to monitor leucine aminopeptidase activity. *Bioorg. Med. Chem. Lett.*, **2011**, 21: 2403-2405.

[40] Kushida, Y.; Hanaoka, K.; Komatsu, T.; Terai, T.; Ueno, T.; Yoshida, K.; Uchiyama, M.; Nagano, T. Red fluorescent scaffold for highly sensitive protease activity probes. *Bioorg. Med. Chem. Lett.*, **2012**, 22: 3908-3911.

[41] Ho, N. H.; Weissleder, R.; Tung, C. H. Development of water-soluble far-red fluorogenic dyes for enzyme sensing. *Tetrahedron*, **2006**, 62: 578-585.

[42] Terai, T.; Kikuchi, K.; Iwasawa, S. Y.; Kawabe, T.; Hirata, Y.; Urano, Y.; Nagano, T. Modulation of luminescence intensity of lanthanide complexes by photoinduced electron transfer and its application to a long-lived protease probe. *J. Am. Chem. Soc.*, **2006**, 128: 6938-6946.

[43] Zhang, X. B.; Michael, W.; Hasserodt, J. An autoimmolative spacer allows first-time incorporation of a unique solid-state fluorophore into a detection probe for acyl hydrolases. *Chem. Eur. J.*, **2010**, 16: 792-795.

[44] Gong, Q. Y.; Shi, W.; Li, L. H.; Ma, H. M. Leucine aminopeptidase may contribute to the intrinsic resistance of cancer cells toward cisplatin as revealed by an ultrasensitive fluorescent probe. *Chem. Sci.*, **2016**, 7: 788-792.

[45] He, X. Y.; Li, L. H.; Fang, Y.; Shi, W.; Li, X. H.; Ma, H. M. *In vivo* imaging of leucine aminopeptidase activity in drug-induced liver injury and liver cancer via a near-infrared fluorescent probe. *Chem. Sci.*, **2017**, 8: 3479-3483.

[46] Huang, Y.; Qi, Y.; Zhan, C. Y.; Zeng, F.; Wu, S. Z. Diagnosing drug-induced liver injury by multispectral optoacoustic tomography and fluorescence imaging using a leucine-aminopeptidase-activated probe. *Anal. Chem.*, **2019**, 91: 8085-8092.

[47] Wang, F. Y.; Hu, S. S.; Sun, Q.; Fei, Q.; Ma, C.; Lu, C. F.; Nie, J. Q.; Chen, Z. X.; Ren, J.; Chen, G. R.; Yang, G. C.; He, X. P.; James, T. D. A leucine aminopeptidase-activated theranostic prodrug for cancer diagnosis and chemotherapy. *ACS Appl. Bio. Mater.*, **2019**, 2: 4904-4910.

[48] Zhou, Z.; Wang, F. Y.; Yang, G. C.; Lu, C. F.; Nie, J. Q.; Chen, Z. X.; Ren, J.; Sun, Q.; Zhao, C. Q.; Zhu, W. H. A ratiometric fluorescent probe for monitoring leucine aminopeptidase in living cells and zebrafish model. *Anal. Chem.*, **2017**, 89: 11576-11582.

[49] Chai, Y.; Gao, Y. T.; Xiong, H. W.; Lv, W. Q.; Yang, G. C.; Lu, C. F.; Nie, J. Q.; Ma, C.; Chen, Z. X.; Ren, J.; Wang, F. Y. A near-infrared fluorescent probe for monitoring leucine aminopeptidase in living cells. *Analyst*, **2019**, 144: 463-467.

[50] Huang, S. L.; Wu, Y. L.; Zeng, F.; Chen, J. J.; Wu, S. Z. A turn-on fluorescence probe based on aggregation-induced emission for leucine aminopeptidase in living cells and tumor tissue. *Anal. Chim. Acta*, **2018**, 1031: 169-177.

[51] Zhang, W. D.; Liu, F. Y.; Zhang, C.; Luo, J. G.; Luo, J.; Yu, W. Y.; Kong, L. Y. Near-infrared fluorescent probe with remarkable large stokes shift and favorable water solubility for real-time tracking leucine

aminopeptidase in living cells and *in vivo*. *Anal. Chem.*, **2017**, 89: 12319-12326.

[52] Gu, K. Z.; Liu, Y. J.; Guo, Z. Q.; Lian, C.; Yan, C. X.; Shi, P.; Tian, H.; Zhu, W. H. In situ ratiometric quantitative tracing of intracellular leucine aminopeptidase activity via an activatable near-infrared fluorescent probe. *ACS Appl. Mater. Interfaces*, **2016**, 8: 26622-26629.

[53] Wu, B.; Lin, Y.; Li, B. W.; Zhan, C. Y.; Zeng, F.; Wu, S. Z. Oligo (ethylene glycol)-functionalized squaraine fluorophore as a near-infrared-fluorescent probe for the *in vivo* detection of diagnostic enzymes. *Anal. Chem.*, **2018**, 90: 9359-9365.

[54] Cheng, D.; Peng, J. J.; Lv, Y.; Su, D. D.; Liu, D. J.; Chen, M.; Yuan, L.; Zhang, X. B. De novo design of chemical stability near-infrared molecular probes for high-fidelity hepatotoxicity evaluation *in vivo*. *J. Am. Chem. Soc.*, **2019**, 141, 6352-6361.

[55] 李丽红. 若干酶活性荧光探针的设计、合成及应用. 博士论文. 北京: 中国科学院大学, 2016.

[56] Yao, D. F.; Jiang, D. R.; Huang, Z. W.; Lu, J. X.; Tao, Q. Y.; Yu, Z. J.; Meng, X. Y. Abnormal expression of hepatoma specific γ-glutamyl transferase and alteration of γ-glutamyl transferase gene methylation status in patients with hepatocellular carcinoma. *Cancer*, **2000**, 88: 761-769.

[57] Hu, X.; Legler, P. M.; Khavrutskii, I.; Scorpio, A.; Compton, J. R.; Robertson, K. L.; Friedlander, A. M.; Wallqvist, A. Probing the donor and acceptor substrate specificity of the γ-glutamyl transpeptidase. *Biochemistry*, **2012**, 51: 1199-1212.

[58] Ripple, M. O.; Pickhardt, P. A.; Wilding, G. Alteration in γ-glutamyl transpeptidase activity and messenger RNA of human prostate carcinoma cells by androgen. *Cancer Res.*, **1997**, 57: 2428-2433.

[59] Fraser, A.; Ebrahim, S.; Smith, G. D.; Lawlor, D. A. A comparison of associations of alanine aminotransferase and gamma-glutamyltransferase with fasting glucose, fasting insulin, and glycated hemoglobin in women with and without diabetes. *Hepatology*, **2007**, 46: 158-165.

[60] Pompella, A.; Tata, V. D.; Paolicchi, A.; Zunino, F. Expression of γ-glutamyltransferase in cancer cells and its significance in drug resistance. *Biochem. Pharmacol.*, **2006**, 71: 231-238.

[61] Benini, F.; Pigozzi, M. G.; Pozzi, A.; Bercich, L.; Reggiani, A.; Quattrocchi, D.; Distefano, L.; Donati, P.; Cesana, B. M.; Lanzini, A. Elevation of serum gamma-glutamyltranspeptidase activity is frequent in chronic hepatitis C, and is associated with insulin resistance. *Digest. Liver Dis.*, **2009**, 41: 586-590.

[62] Strasak, A. M.; Goebel, G.; Concin, H.; Pfeiffer, R. M.; Brant, L. J.; Nagel, G.; Oberaigner, W.; Concin, N.; Diem, G.; Ruttmann, E.; Gruber-Moesenbacher, U.; Offner, F.; Pompella, A.; Pfeiffer, K. P.; Ulmer H.; the VHM & PP Study Group. Prospective study of the association of serum γ-glutamyltransferase with cervical intraepithelial neoplasia III and invasive cervical cancer. *Cancer Res.*, **2010**, 70: 3586-3593.

[63] Borud, O.; Mortensen, B.; Mikkelsen, I. M.; Leroy, P.; Wellman, M.; Huseby, N. E. Regulation of γ-glutamyltransferase in cisplatin-resistant and -sensitive colon carcinoma cells after acute cisplatin and oxidative stress exposures. *Int. J. Cancer*, **2000**, 88: 464-468.

[64] Kwiecien, I.; Rokita, H.; Lorenc-Koci, E.; Sokolowska, M.; Wlodek, L. The effect of modulation of γ-glutamyl transpeptidase and nitric oxide synthase activity on GSH homeostasis in HepG2 cells. *Fund. Clin. Pharmacol.*, **2007**, 21: 95-103.

[65] Stefaniuk, P.; Cianciara, J.; Wiercinska-Drapalo, A. Present and future possibilities for early diagnosis of hepatocellular carcinoma. *World. J. Gastroenterol.*, **2010**, 16: 418-424.

[66] Daubeuf, S.; Leroy, P.; Paolicchi, A.; Pompella, A.; Wellman, M.; Galteau, M. M.; Visvikis, A. Enhanced resistance of HeLa cells to cisplatin by overexpression of γ-glutamyltransferase. *Biochem. Pharmacol.*, **2002**, 64: 207-216.

[67] Pompella, A.; Corti, A.; Paolicchi, A.; Giommarelli, C.; Zunino, F. γ-Glutamyltransferase, redox regulation and cancer drug resistance. *Curr. Opin. Pharmacol.*, **2007**, 7: 360-366.

[68] Dominici, S.; Valentini, M.; Maellaro, E.; Bello, B. D.; Paolicchi, A.; Lorenzini, E.; Tongiani, R.; Comporti, M.; Pompella, A. Redox modulation of cell surface protein thiols in U937 lymphoma cells: the role of γ-glutamyl transpeptidase-depedent H_2O_2 production and *S*-thiolation. *Free Radic. Biol. Med.*, **1999**, 27: 623-635.

[69] White, I. N. H.; Razvi, N.; Lawrence, R. M.; Manson, M. M. A continuous fluorometric assay for γ-glutamyltranspeptidase. *Anal. Biochem.*, **1996**, 233: 71-75.

[70] Smith, G. D.; Ding, J. L.; Peters, T. J. A sensitive fluorimetric assay for γ-glutamyl transpeptidase. *Anal. Biochem.*, **1979**, 100: 136-139.

[71] Li, L. H.; Shi, W.; Wu, X. F.; Gong, Q. Y.; Li, X. H.; Ma. H. M. Monitoring γ-glutamyl transpeptidase activity and evaluating its inhibitors by a water-soluble near-infrared fluorescent probe. *Biosens. Bioelectron.*, **2016**, 81: 395-400.

[72] Iwatate, R. J.; Kamiya, M.; Urano, Y. Asymmetric rhodamine-based fluorescent probe for multicolour *in vivo* imaging. *Chem. Eur. J.*, **2016**, 22: 1696-1703.

[73] Zhang, P. S.; Jiang, X. F.; Nie, X. Z.; Huang, Y.; Zeng, F.; Xia, X. T.; Wu, S. Z. A two-photon fluorescent sensor revealing drug-induced liver injury via tracking γ-glutamyltranspeptidase (GGT) level *in vivo*. *Biomaterials*, **2016**, 80: 46-56.

[74] Hou, X. F.; Yu, Q. X.; Zeng, F.; Yu, C. M.; Wu, S. Z. Ratiometric fluorescence assay for γ-glutamyltranspeptidase detection based on a single fluorophore via analyte-induced variation of substitution. *Chem. Commun.*, **2014**, 50: 3417-3420.

[75] Wang, F. Y.; Zhu, Y.; Zhou, L.; Pan, L.; Cui, Z. F.; Fei, Q.; Luo, S. H.; Pan, D.; Huang, Q.; Wang, R.; Zhao, C. C.; Tian, H.; Fan, C. H. Fluorescent in situ targeting probes for rapid imaging of ovarian cancer-specific γ-glutamyltranspeptidase. *Angew. Chem. Int. Ed.*, **2015**, 54: 7349-7353.

[76] Niu, L. Y.; Guan, Y. S.; Chen, Y. Z.; Wu, L. Z.; Tung, C. H.; Yang, Q. Z. BODIPY-based ratiometric fluorescent sensor for highly selective detection of glutathione over cysteine and homocysteine. *J. Am. Chem. Soc.*, **2012**, 134: 18928-18931.

[77] Wang, X.; Lv, J.; Yao, X.; Li, Y.; Huang, F.; Li, M.; Yang, J.; Ruan, X.; Tang, B. Screening and investigation of a cyanine fluorescent probe for simultaneous sensing of glutathione and cysteine under single excitation. *Chem. Commun.*, **2014**, 50: 15439-15442.

[78] Niu, L. Y.; Zheng, H. R.; Chen, Y. Z.; Wu, L. Z.; Tung, C. H.; Yang, Q. Z. Fluorescent sensors for selective detection of thiols: expanding the intramolecular displacement based mechanism to new chromophores. *Analyst*, **2014**, 139: 1389-1395.

[79] Zhang, Y.; Shao, X.; Wang, Y.; Pan, F.; Kang, R.; Peng, F.; Huang, Z.; Zhao, W. Dual emission channels for sensitive discrimination of Cys/Hcy and GSH in plasma and cells. *Chem. Commun.*, **2015**, 51: 4245-4248.

[80] Liu, Y. C.; Tan, J.; Zhang, Y.; Zhuang, J. F.; Ge, M. X.; Shi, B.; Li, J.; Xu, G.; Xu, S. C.; Fan, C. H.; Zhao, C. C. Visualizing glioma margins by real-time tracking of γ-glutamyltranspeptidase activity. *Biomaterials*, **2018**, 173: 1-10.

[81] Tong, H. J.; Zheng, Y. J.; Zhou, L.; Li, X. M.; Qian, R.; Wang, R.; Zhao, J. H.; Lou, K. Y.; Wang, W. Enzymatic cleavage and subsequent facile intramolecular transcyclization for in situ fluorescence detection of γ-glutamyltranspetidase activities. *Anal. Chem.*, **2016**, 88: 10816-10820.

[82] Li, H. D.; Yao, Q. C.; Xu, F.; Xu, N.; Duan, R.; Long, S. R.; Fan, J. L.; Du, J. J.; Wang, J. Y.; Peng, X. J. Imaging γ-Glutamyltranspeptidase for tumor identification and resection guidance via enzyme-triggered fluorescent probe. *Biomaterials*, **2018**, 179: 1-14.

[83] Ou, Y. J.; Li, Y. F.; Jiang, W. L.; He, S. Y.; Liu, H. W.; Li, C. Y. Fluorescence-guided cancer diagnosis and surgery by a zero cross-talk ratiometric near-infrared γ-glutamyltranspeptidase fluorescent probe. *Anal.*

Chem., **2019**, 91: 1056-1063.

[84] Liu, T.; Yan, Q. L.; Feng, L.; Ma, X. C.; Tian, X. G.; Yu, Z. L.; Ning, J.; Huo, X. K.; Sun, C. P.; Wang, C.; Cui, J. N. Isolation of γ-glutamyl-transferase rich-bacteria from mouse gut by a near-infrared fluorescent probe with large stokes shift. *Anal. Chem.*, **2018**, 90: 9921-9928.

[85] Liu, F. Y.; Wang, Z.; Wang, W. L.; Luo, J. G.; Kong, L. Y. Red-emitting fluorescent probe for detection of γ-glutamyltranspeptidase and its application of real-time imaging under oxidative stress in cells and *in vivo*. *Anal. Chem.*, **2018**, 90: 7467-7473.

[86] Luo, Z. L.; Huang, Z.; Li, K.; Sun, Y. D.; Lin, J. G.; Ye, D. J.; Chen, H. Y. Targeted delivery of a γ-glutamyl transpeptidase activatable near-infrared-fluorescent probe for selective cancer imaging. *Anal. Chem.*, **2018**, 90: 2875-2883.

[87] Bai, B.; Yan, C. X.; Zhang, Y. T.; Guo, Z. Q.; Zhu, W. H. Dual-channel near-infrared fluorescent probe for real-time tracking of endogenous γ-glutamyltranspeptidase activity. *Chem. Commun.*, **2018**, 54: 12393-12396.

[88] Li, L. H.; Shi, W.; Wu, X. F.; Li, X. H.; Ma. H. M. *In vivo* tumor imaging by a γ-glutamyl transpeptidase-activatable near-infrared fluorescent probe. *Anal. Bioanal. Chem.*, **2018**, 410: 6771-6777.

[89] Das, S. K.; Lim, C. S.; Yang, S. Y.; Hana, J. H.; Cho, B. R. A small molecule two-photon probe for hydrogen sulfide in live tissues. *Chem. Commun.*, **2012**, 48: 8395-8397.

[90] Kim, H. M.; Cho, B. R. Two-photon probes for intracellular free metal ions, acidic vesicles, and lipid rafts in live tissues. *Acc. Chem. Res.*, **2009**, 42: 863-872.

[91] Ustione, A.; Piston, D. W. A simple introduction to multiphoton microscopy. *J. Microsc.*, **2011**, 243: 221-226.

[92] Patterson, G. H.; Piston, D. W. Photobleaching in two-photon excitation microscopy. *Biophys. J.*, **2000**, 78: 2159-2162.

[93] Kim, Y. J.; Park, S. J.; Lim, C. S.; Lee, D. J.; Noh, C. K.; Lee, K. Y.; Shin, S. J.; Kim, H. M. Ratiometric detection of γ-glutamyltransferase in human colon cancer tissues using a two-photon probe. *Anal. Chem.*, **2019**, 91: 9246-9250.

[94] Liu, W.; Huang, B.; Tong, Z. X.; Wang, S. L.; Li, Y. J.; Dai, Y. Y. A sensitive two-photon ratiometric fluorescent probe for γ-glutamyltranspeptidase activity detection and imaging in living cells and cancer tissues. *New J. Chem.*, **94**, 42: 5403-5407.

[95] Shi, B.; Zhang, Z. Y.; Jin, Q. Q.; Wang, Z. Q.; Tang, J.; Xu, G.; Zhu, T. L.; Gong, X. Q.; Tang, X. J.; Zhao, C. C. Selective tracking of ovarian-cancer-specific γ-glutamyltranspeptidase using a ratiometric two-photon fluorescent probe. *J. Mater. Chem. B*, **2018**, 6, 7439-7443.

[96] Hai, Z. J.; Wu, J. J.; Wang, L.; Xu, J. C.; Zhang, H. F.; Liang, G. L. Bioluminescence sensing of γ-glutamyltranspeptidase activity *in vitro* and *in vivo*. *Anal. Chem.*, **2017**, 89: 7017-7021.

[97] Lin, Y. X.; Gao, Y. Q.; Ma, Z.; Jiang, T. Y.; Zhou, X.; Li, Z. Z.; Qin, X. J.; Huang, Y.; Du, L. P.; Li, M. Y. Bioluminescence probe for γ-glutamyl transpeptidase detection *in vivo*. *Bioorg. Med. Chem.*, **2018**, 26: 134-140.

[98] Li, S.; Hu, R.; Yang, C. L.; Zhang, X.; Zeng, Y.; Wang, S. Q.; Guo, X. D.; Li, Y.; Cai, X. P.; Li, S. R.; Han, C. W.; Yang, G. Q. An ultrasensitive bioluminogenic probe of γ-Glutamyltranspeptidase *in vivo* and in human serum for tumor diagnosis. *Biosens. Bioelectron.*, **2017**, 98: 325-329.

[99] Luan, Y. P.; Xu, W. F. The structure and main functions of aminopeptidase N. *Curr. Med. Chem.*, **2007**, 14: 639-647.

[100] Bauvois, B.; Dauzonne, D. Aminopeptidase-N/CD13 (EC 3.4.11.2) inhibitors: Chemistry, biological evaluations, and therapeutic prospects. *Med. Res. Rev.*, **2006**, 26: 88-130.

[101] Mina-Osorio, P. The moonlighting enzyme CD13: old and new functions to target. *Trends Mol. Med.*, **2008**, 14: 361-371.
[102] Holdt-Lehmann, B.; Lehmann, A.; Korten, G.; Nagel, H.; Nizze, H.; Schuff-Werner, P. Diagnostic value of urinary alanine aminopeptidase and *N*-acetyl-β-D-glucosaminidase in comparison to α1-microglobulin as a marker in evaluating tubular dysfunction in glomerulonephritis patients. *Clin. Chim. Acta*, **2000**, 297: 93-102.
[103] Cui, S. X.; Qu, X. J.; Gao, Z. H.; Zhang, Y. S.; Zhang, X. F.; Zhao, C. R.; Xu, W. F.; Li, Q. B.; Han, J. X. Targeting aminopeptidase N (APN/CD13) with cyclic-imide peptidomimetics derivative CIP-13F inhibits the growth of human ovarian carcinoma cells. *Cancer Lett.*, **2010**, 292: 153-162.
[104] Fontijn, D.; Duyndam, M. C.; Van Berkel, M. P.; Yuana, Y.; Shapiro, L. H.; Pinedo, H. M.; Broxterman, H. J.; Boven, E. CD13/Aminopeptidase N overexpression by basic fibroblast growth factor mediates enhanced invasiveness of 1F6 human melanoma cells. *Br. J. Cancer*, **2006**, 94: 1627-1636.
[105] Tokuhara, T.; Hattori, N.; Ishida, H.; Hirai, T.; Higashiyama, M.; Kodama, K.; Miyake, M. Clinical significance of aminopeptidase N in non-small cell lung cancer. *Clin. Cancer Res.*, **2006**, 12: 3971-3978.
[106] Mawrin, C.; Wolke, C.; Haase, D.; Krueger, S.; Firsching, R.; Keilhoff, G.; Paulus, W.; Gutmann, D. H.; Lal, A.; Lendeckel, U. Reduced activity of CD13/aminopeptidase N (APN) in aggressive meningiomas is associated with increased levels of SPARC. *Brain Pathol.*, **2010**, 20: 200-210.
[107] Petrovic, N.; Schacke, W.; Gahagan, J. R.; O'Conor, C. A.; Winnicka, B.; Conway, R. E.; Mina-Osorio, P.; Shapiro, L. H. CD13/APN regulates endothelial invasion and filopodia formation. *Blood*, **2007**, 110: 142-150.
[108] Chen, L. Z.; Sun, W.; Li, W. H.; Li, J.; Du, L. P.; Xu, W. F.; Fang, H.; Li, M. Y. The first ratiometric fluorescent probe for aminopeptidase N. *Anal. Methods*, **2012**, 4: 2661-2663.
[109] Chen, L. Z.; Sun, W.; Li, J.; Liu, Z. Z.; Ma, Z.; Zhang, W.; Du, L. P.; Xu, W. F.; Fang, H.; Li, M. Y. The first ratiometric fluorescent probes for aminopeptidase N cell imaging. *Org. Biomol. Chem.*, **2013**, 11: 378-382.
[110] Chen, H.; Wang, H.; Qin, X. J.; Chen, C.; Feng, L.; Chen, L. Z.; Du, L. P.; Li, M. Y. A bestatin-based fluorescent probe for aminopeptidase N cell imaging. *Chin. Chem. Lett.*, **2015**, 26: 513-516.
[111] He, X. Y.; Xu, Y. H.; Shi, W.; Ma, H. M. Ultrasensitive detection of aminopeptidase N activity in urine and cells with a ratiometric fluorescence probe. *Anal. Chem.*, **2017**, 89: 3217-3221.
[112] He, X. Y.; Hu, Y. M.; Shi, W.; Li, X. H.; Ma, H. M. Design, synthesis and application of a near-infrared fluorescent probe for *in vivo* imaging of aminopeptidase N. *Chem. Commun.*, **2017**, 53: 9438-9441.
[113] Li, H. D.; Li, Y. P.; Yao, Q. C.; Fan, J. L.; Sun, W.; Long, S. R.; Shao, K.; Du, J. J.; Wang, J. Y.; Peng, X. J. *In situ* imaging of aminopeptidase N activity in hepatocellular carcinoma: a migration model for tumour using an activatable two-photon NIR fluorescent probe. *Chem. Sci.*, **2019**, 10: 1619-1625.
[114] Li, J.; Chen, L. Z.; Wu, W. X.; Zhang, W.; Ma, Z.; Cheng, Y. N.; Du, L. P.; Li, M. Y. Discovery of bioluminogenic probes for aminopeptidase N imaging. *Anal. Chem.*, **2014**, 86: 2747-2751.
[115] Xiao, M.; Sun, W.; Fan, J. L.; Cao, J. F.; Li, Y. Q.; Shao, K.; Li, M.; Li, X. J.; Kang, Y.; Zhang, W. D.; Long, S. R.; Du, J. J.; Peng, X. J. Aminopeptidase-N-activated theranostic prodrug for NIR tracking of local tumor chemotherapy. *Adv. Funt. Mater.*, **2018**, 28: 1805128.
[116] Mozdzanowski, J.; Bongers, J.; Anumula, K. High-yield deblocking of amino termini of recombinant immunoglobulins with pyroglutamate aminopeptidase. *Anal. Biochem.*, **1998**, 260: 183-187.
[117] Suzuki, Y.; Motoi, H.; Sato, K. Quantitative analysis of pyroglutamic acid in peptides. *J. Agric. Food Chem.*, **1999**, 47: 3248-3251.
[118] Awadé, A. C.; Cleuziat, P.; Gonzalees, T.; Robert-Baudouy, J. Pyrrolidone carboxyl peptidase (Pcp): An

enzyme that removes pyroglutamic acid (pGlu) from pGlu-peptides and pGlu-proteins. *Proteins: Struct. Funct. Genet.*, **1994**, 20: 34-51.

[119] Scharfmann, R.; Morgat, J. L.; Aratan-Spire, S. Presence of a particulate thyrotropin-releasing hormone-degrading pyroglutamate aminopeptidase activity in rat liver. *Neuroendocrinology*, **1989**, 49: 442-448.

[120] Chelius, D.; Jing, K.; Lueras, A.; Rehder, D. S.; Dillon, T. M.; Vizel, A.; Rajan, R. S.; Li, T. S.; Treuheit, M. J.; Bondarenko, P. V. Formation of pyroglutamic acid from N-terminal glutamic acid in immunoglobulin gamma antibodies. *Anal. Chem.*, **2006**, 78: 2370-2376.

[121] Gong, Q. Y.; Li, L. H.; Wu, X. F.; Ma, H. M. Pyroglutamate aminopeptidase 1 may be an indicator of cellular inflammatory response as revealed using a sensitive long-wavelength fluorescent probe. *Chem. Sci.*, **2016**, 7: 4694-4697.

[122] Gong, Q. Y.; Zou, R. F.; Xing, J.; Xiang, L. C.; Zhang, R. S.; Wu, A. G. An ultrasensitive near-infrared fluorescent probe reveals pyroglutamate aminopeptidase 1 can be a new inflammatory cytokine. *Adv. Sci.*, **2018**, 5: 1700664.

[123] Ishikawa, H.; Honma, M.; Hayashi, Y. One-pot high-yielding synthesis of the DPP4-selective inhibitor ABT-341 by a four-component coupling mediated by a diphenylprolinol silyl ether. *Angew. Chem. Int. Ed.*, **2011**, 50: 2824-2827.

[124] Aytac, U.; Sato, K.; Yamochi, T.; Ohnuma, K.; Mills, G. B.; Morimoto, C.; Dang, N. H. Effect of CD26/dipeptidyl peptidase IV on Jurkat sensitivity to G2/M arrest induced by topoisomerase II inhibitors. *Brit. J. Cancer*, **2003**, 88: 455-462.

[125] Gallagher, T.; Perlman, S. Public health: Broad reception for coronavirus. *Nature*, **2013**, 495: 176-177.

[126] Mulvihill, E. E.; Drucker, D. J. Pharmacology, physiology, and mechanisms of action of dipeptidyl peptidase-4 inhibitors. *Endocr. Rev.*, **2014**, 35: 992-1019.

[127] Greenhill, C. Pharmacotherapy: cardiovascular safety of antihyperglycaemic drugs in patients with type 2 diabetes mellitus. *Nat. Rev. Endocrinol.*, **2013**, 9: 625.

[128] Saltiel, A. R.; Kahn, C. R. Insulin signalling and the regulation of glucose and lipid metabolism. *Nature*, **2001**, 414: 799-806.

[129] Sayegh, M. H.; Watschinger, B.; Carpenter, C. B. Mechanisms of T cell recognition of alloantigen: The role of peptides. *Transplantation*, **1994**, 57: 1295-1302.

[130] Drucker, D.; Easley, C.; Kirkpatrick, P. Sitagliptin. *Nat. Rev. Drug Discov.*, **2007**, 6: 109-114.

[131] Yamochi, T.; Yamochi, T.; Aytac, U.; Sato, T.; Stao, K.; Ohnuma, K.; Mckee, K. S.; Morimoto, C.; Dang, N. H. Regulation of p38 phosphorylation and topoisomerase II α expression in the B-cell lymphoma line Jiyoye by CD26/dipeptidyl peptidase IV is associated with enhanced *in vitro* and *in vivo* sensitivity to doxorubicin. *Cancer Res.*, **2005**, 65: 1973-1983.

[132] Wesley, U. V.; Tiwari, S.; Houghton, A. N. Role for dipeptidyl peptidase IV in tumor suppression of human non small cell lung carcinoma cells. *Int. J. Cancer*, **2004**, 109: 855-866.

[133] Wesley, U. V.; McGroarty, M.; Homoyouni, A. Dipeptidyl peptidase inhibits malignant phenotype of prostate cancer cells by blocking basic fibroblast growth factor signaling pathway. *Cancer Res.*, **2005**, 65: 1325-1334.

[134] Lai, K. S.; Ho, N. H.; Cheng, J. D.; Tung, C. H. Selective fluorescence probes for dipeptidyl peptidase Activity fibroblast activation protein and dipeptidyl peptidase IV. *Bioconjug. Chem.*, **2007**, 18: 1246-1250.

[135] Wang, Y.; Wu, X. L.; Cheng, Y. Y.; Zhao, X. P. A fluorescent switchable AIE probe for selective imaging of dipeptidyl peptidase-4 *in vitro* and *in vivo* and its application in screening DPP-4. *Chem. Commun.*, **2016**, 52: 3478-3481.

[136] Boonacker, E.; Elferink, S.; Bardai, A.; Fleischer, B.; Van Noorden, C. J. Fluorogenic substrate [Ala-Pro]^2-

cresyl violet but not Ala-Pro-Rhodamine 110 is cleaved specifically by DPPIV activity: A study in living Jurkat cells and CD26/DPPIV-transfected Jurkat cells. *J. Histochem. Cytochem.*, **2003**, 51:959-968.

[137] Gong, Q. Y.; Shi, W.; Li, L. H.; Wu, X. F.; Ma, H. M. Ultrasensitive fluorescent probes reveal an adverse action of dipeptide peptidase Ⅳ and fibroblast activation protein during proliferation of cancer cells. *Anal. Chem.*, **2016**, 88: 8309-8314.

[138] Zou, L. W.; Wang, P.; Qian, X. K.; Feng, L.; Yu, Y.; Wang, D. D.; Jin, Q.; Hou, J.; Liu, Z. H.; Ge, G. B.; Yang, L. A highly specific ratiometric two-photon fluorescent probe to detect dipeptidyl peptidase Ⅳ in plasma and living systems. *Biosens. Bioelectron.*, **2017**, 90: 283-289.

[139] Liu, T.; Ning, J.; Wang, B.; Dong, B.; Li, S.; Tian, X. G.; Yu, Z. L.; Peng, Y. L.; Wang, C.; Zhao, X. Y.; Huo, X. K.; Sun, C. P.; Cui, J. N.; Feng, L.; Ma, X. C. Activatable near-infrared fluorescent probe for dipeptidyl peptidase Ⅳ and its bioimaging applications in living cells and animals. *Anal. Chem.*, **2018**, 90: 3965-3973.

[140] Ogasawara, A.; Kamiya, M.; Sakamoto, K.; Kuriki, Y.; Fujita, K.; Komatsu, T.; Ueno, T.; Hanaoka, K.; Onoyama, H.; Abe, H.; Tsuji, Y.; Fujishiro, M.; Koike, K.; Fukayama, M.; Seto, Y.; Urano, Y. Red fluorescence probe targeted to dipeptidylpeptidase-Ⅳ for highly sensitive detection of esophageal cancer. *Bioconjug. Chem.*, **2019**, 30: 1055-1060.

[141] Onoyama, H.; Kamiya, M.; Kuriki, Y.; Komatsu, T.; Abe, H.; Tsuji, Y.; Yagi, K.; Yamagata, Y.; Aikou, S.; Nishida, M.; Mori, K.; Yamashita, H.; Fujishiro, M.; Nomura, S.; Shimizu, N.; Fukayama, M.; Koike, K.; Urano, Y.; Seto, Y. Rapid and sensitive detection of early esophageal squamous cell carcinoma with fluorescence probe targeting dipeptidylpeptidase Ⅳ. *Sci. Rep.*, **2016**, 6: 26399.

[142] Xing, J.; Gong, Q. Y.; Zhang, R. S.; Sun, S.; Zou, R. F.; Wu, A. G. A novel non-enzymatic hydrolytic probe for dipeptidyl peptidase Ⅳ specific recognition and imaging. *Chem. Commun.*, **2018**, 54: 8773-8776.

[143] Enz, N.; Vliegen, G.; Meester I. D.; Jungraithmayr, W. CD26/DPP4-a potential biomarker and target for cancer therapy. *Pharmacol. Therapeut.*, **2019**, 198: 135-159.

[144] Huang, Y.; Simms, A. E.; Mazur, A.; Wang, S.; León, N. R.; Jones, B.; Aziz, N.; Kelly, T. Fibroblast activation protein-α promotes tumor growth and invasion of breast cancer cells through non-enzymatic functions. *Clin. Exp. Metastas.*, **2011**, 28: 567-579.

[145] Monsky, W. L.; Lin, C. Y.; Aoyama, A.; Kelly, T.; Akiyama, S. K.; Mueller, S. C.; Chen, W. T. A potential marker protease of invasiveness, seprase, is localized on invadopodia of human malignant melanoma cells. *Cancer Res.*, **1994**, 54: 5702-5710.

[146] Cheng, J. D.; Dunbrack, R. L.; Valianou, Jr M.; Rogatko, A.; Alpaugh, R. K.; Weiner, L. M. Promotion of tumor growth by murine fibroblast activation protein, a serine protease, in an animal model. *Cancer Res.*, **2002**, 62: 4767-4772.

[147] Huang, Y.; Wang, S.; Kelly, T. Seprase promotes rapid tumor growth and increased microvessel density in a mouse model of human breast cancer. *Cancer Res.*, **2004**, 64: 2712-2716.

[148] Ge, Y.; Zhang, F.; Barlogie, B.; Epstein, J.; Shaughnessy, Jr J.; Yaccoby, S. Fibroblast activation protein is upregulated in myelomatous bone and supports myeloma cell survival. *Brit. J. Haematol.*, **2006**, 133: 83-92.

[149] Kennedy, A.; Dong, H.; Chen, D.; Chen, Y. T. Elevation of seprase expression and promotion of an invasive phenotype by collagenous matrices in ovarian tumor cells. *Int. J. Cancer*, **2009**, 124: 27-35.

[150] Acharya, P. S.; Zukas, A.; Chandan, V.; Katzenstein, A. L. A.; Puré, E. Fibroblast activation protein: a serine protease expressed at the remodeling interface in idiopathic pulmonary fibrosis. *Hum. Pathol.*, **2006**, 37: 352-360.

[151] Cheng, J. D.; Valianou, M.; Canutescu, A. A.; Jaffe, E. K.; Lee, H. O.; Wang, H.; Lai, J. H.; Bachovchin,

W. W.; Weiner, L. M. Abrogation of fibroblast activation protein enzymatic activity attenuates tumor growth. *Mol. Cancer Ther.*, **2005**, 4: 351-360.

[152] Pennisi, A.; Li, X.; Ling, W.; Khan, S.; Gaddy, D.; Suva, L. J.; Barlogie, B.; Shaughnessy, J. D.; Aziz, N.; Yaccoby, S. Inhibitor of DASH proteases affects expression of adhesion molecules in osteoclasts and reduces myeloma growth and bone disease. *Brit. J. Haematol.*, **2009**, 145: 775-787.

[153] Kelly, T. Fibroblast activation protein-α and dipeptidyl peptidase Ⅳ: cell-surface proteases that activate cell signaling and are potential targets for cancer therapy. *Drug Resist. Updates*, **2005**, 8: 51-58.

[154] Henry, L. R.; Lee, H. O.; Lee, J. S.; Szanto, A. K.; Watts, P.; Ross, E. A.; Chen, W. T.; Cheng, J. D. Clinical implications of fibroblast activation protein in patients with colon cancer. *Clin. Cancer Res.*, **2007**, 13: 1736-1741.

[155] Li, J. B.; Chen, K.; Liu, H. G.; Cheng, K.; Yang, M.; Zhang, J. P.; Cheng, J. D.; Zhang, Y.; Cheng, Z. Activatable near-infrared fluorescent probe for *in vivo* imaging of fibroblast activation protein-alpha. *Bioconjug. Chem.*, **2012**, 23: 1704-1711.

[156] Miao, Q. Q.; Yeo, D. C.; Wiraja, C.; Zhang, J. J.; Ning, X. Y.; Xu, C. J.; Pu, K. Y. Near-infrared fluorescent molecular probe for sensitive imaging of keloid. *Angew. Chem. Int. Ed.*, **2018**, 57: 1256-1260.

[157] Xing, J.; Gong, Q. Y.; Zou, R. F.; Li, Z. H.; Xia, Y. Z.; Yu, Z. S.; Ye, Y. F.; Xiang, L. C.; Wu, A. G. A novel fibroblast activation protein-targeted near-infrared fluorescent off-on probe for cancer cell detection, *in vitro* and *in vivo* imaging. *J. Mater. Chem. B*, **2018**, 6: 1449-1451.

[158] Jansen, K.; Heirbaut, L.; Verker, R.; Cheng, J. D.; Joossens, J.; Cos, P.; Maes, L.; Lambeir, A. M.; Meester, I. D.; Augustyns, K.; Veken, P. Van der. Extended structure-activity relationship and pharmacokinetic investigation of (4-ouinolinoyl) glycyl-2-cyanopyrrolidine inhibitors of fibroblast activation protein (FAP). *J. Med. Chem.*, **2014**, 57: 3053-3074.

[159] Shalini, S.; Dorstyn, L.; Dawar, S.; Kumar, S. Old, new and emerging functions of caspases. *Cell Death Differ.*, **2015**, 22: 526-539.

[160] Goodsell, D. S. The molecular perspective: caspases. *The Oncologist*, **2000**, 5: 435-436.

[161] Liu, H. W.; Chen, L. L.; Xu, C. Y.; Li, Z.; Zhang, H. Y.; Zhang, X. B.; Tan, W. H. Recent progresses in small-molecule enzymatic fluorescent probes for cancer imaging. *Chem. Soc. Rev.*, **2018**, 47: 7140-7180.

[162] Zhang, J. J.; Chai, X. Z.; He, X. P.; Kim, H. J.; Yoon, J. Y.; Tian, H. Fluorogenic probes for disease-relevant enzymes. *Chem. Soc. Rev.*, **2019**, 48: 683-722.

[163] Mizukami, S.; Kikuchi, K.; Higuchi, T.; Urano, Y.; Mashima, T.; Tsuruo, T.; Nagano, T. Imaging of caspase-3 activation in HeLa cells stimulated with etoposide using a novel fluorescent probe. *FEBS Lett.*, **1999**, 453: 356-360.

[164] Cai, S. X.; Zhang, H. Z.; Guastella, J.; Drewe, J.; Yang, W.; Weber, E. Design and synthesis of rhodamine 110 derivative and caspase-3 substrate for enzyme and cell-based fluorescent assay. *Bioorg. Med. Chem. Lett.*, **2001**, 11: 39-42.

[165] Zhang, H. Z.; Kasibhatla, S.; Guastella, J.; Tseng, B.; Drewe, J.; Cai, S. X. N-Ac-DEVD-N′-(Polyfluorobenzoyl)-R110: novel cell-permeable fluorogenic caspase substrates for the detection of caspase activity and apoptosis. *Bioconjug. Chem.*, **2003**, 14: 458-463.

[166] Wang, Z. Q.; Liao, J. F.; Diwu, Z. J. *N*-DEVD-*N*-morpholinecarbonyl-rhodamine 110: novel caspase-3 fluorogenic substrates for cell-based apoptosis assay. *Bioorg. Med. Chem. Lett.*, **2005**, 15: 2335-2338.

[167] Bullok, K.; Piwnica-Worms, D. Synthesis and characterization of a small, membrane-permeant, caspase-activatable far-red fluorescent peptide for imaging apoptosis. *J. Med. Chem.*, **2005**, 48; 5404-5407.

[168] Johnson, J. R.; Kocher, B.; Barnett, E. M.; Marasa, J.; Piwnica-Worms, D. Caspase-activated cell-Penetrating peptides reveal temporal coupling between endosomal release and apoptosis in an RGC-5 cell

model. *Bioconjug. Chem.*, **2012**, 23: 1783-1793.

[169] Lee, G. H.; Lee, E. J.; Hah, S. S. TAMRA- and Cy5-labeled probe for efficient kinetic characterization of caspase-3. *Anal. Biochem.*, **2014**, 446: 22-24.

[170] Shi, H. B.; Kwok, R. T. K.; Liu, J. Z.; Xing, B. G.; Tang, B. Z.; Liu, B. Real-time monitoring of cell apoptosis and drug screening using fluorescent light-up probe with aggregation-induced emission characteristics. *J. Am. Chem. Soc.*, **2012**, 134: 17972-17981.

[171] Ding, D.; Liang, J.; Shi, H. B.; Kwok, R. T. K.; Gao, M.; Feng, G. X.; Yuan, Y. Y.; Tang, B. Z.; Liu, B. Light-up bioprobe with aggregation-induced emission characteristics for real-time apoptosis imaging in target cancer cells. *J. Mater. Chem. B*, **2014**, 2: 231-238.

[172] Yuan, Y. Y.; Zhang, R. Y.; Cheng, X. M.; Xu, S. D.; Liu, B. A FRET probe with AIEgen as the energy quencher: dual signal turn-on for self-validated caspase detection. *Chem. Sci.*, **2016**, 7: 4245-4250.

[173] Ye, D. J.; Shuhendler, A. J.; Cui, L. N.; Tong, L.; Tee, S. S.; Tikhomirov, G.; Felsher, D. W.; Rao, J. H. Bioorthogonal cyclization-mediated *in situ* self-assembly of small-molecule probes for imaging caspase activity *in vivo*. *Nat. Chem.*, **2014**, 6: 519-526.

[174] O'Brien, M. A.; Daily, W. J.; Hesselberth, P. E.; Moravec, R. A.; Scurria, M. A.; Klaubert, D. H.; Bulleit, R. F.; Wood, K. V. Homogeneous, bioluminescent protease assays: caspase-3 as a model. *J. Biomol. Screen.*, **2005**, 10: 137-148.

[175] Kindermann, M.; Roschitzki-Voser, H.; DejanCaglič, D.; UrškaRepnik, U.; Miniejew, C.; Mittl, P. R. E.; Kosec, G.; Grütter, M. G.; Turk, B.; Wendt, K. U. Selective and sensitive monitoring of caspase-1 activity by a novel bioluminescent activity-based probe. *Chem. Biol.*, **2010**, 17: 999-1007.

[176] Verma, R. P.; Hansch, C. Matrix metalloproteinases (MMPs): Chemical-biological functions and (Q) SARs. *Bioorg. Med. Chem.*, **2007**, 15: 2223-2268.

[177] Lee, R. D.; Choi, S. J.; Moon, K. C.; Park, J. W.; Kim, K. Y.; Yoon, S. Y.; Youn, I. C. Fluorogenic probe for detecting active matrix metalloproteinase-3 (MMP-3) in plasma and peripheral blood neutrophils to indicate the severity of rheumatoid arthritis. *ACS Biomater. Sci. Eng.*, **2019**, 5: 3039-3048.

[178] Hecht, H. J.; Erdmann, H.; Park, H. J.; Sprinzl, M.; Schmid, R. D. Crystal structure of NADH oxidase from thermus thermophiles. *Nat. Struct. Biol.*, **1995**, 2: 1109-1114.

[179] Wu, X. F.; Shi, W.; Li, X. H.; Ma, H. M. Recognition moieties of small molecular fluorescent probes for bioimaging of enzymes. *Acc. Chem. Res.*, 2019, 52: 1892-1904.

[180] Li, Y. H.; Sun, Y.; Li, J. C.; Su, Q. Q.; Yuan, W.; Dai, Y.; Han, C. M.; Wang, Q. H.; Feng, W.; Li, F. Y. Ultrasensitive near-infrared fluorescence-enhanced probe for *in vivo* nitroreductase imaging. *J. Am. Chem. Soc.*, **2015**, 137: 6407-6416.

[181] Sun, J. Y.; Hu, Z. A.; Wang, R. H.; Zhang, S. C.; Zhang, X. R. A highly sensitive chemiluminescent probe for detecting nitroreductase and imaging in living animals. *Anal. Chem.*, **2019**, 91: 1384-1390.

[182] Qin, W. J.; Xu, C. C.; Zhao, Y. F.; Yu, C. M.; Shen, S.; Li, L.; Huang, W. Recent progress in small molecule fluorescent probes for nitroreductase. *Chin. Chem. Lett.*, **2018**, 29: 1451-1455.

[183] Mueller, G. C.; Miller, J. A. The reductive cleavage of 4-dimethylaminoazobenzene by rat liver: the intracellular distribution of the enzyme system and its requirement for triphosphopyridine nucleotide. *J. Biol. Chem.*, **1949**, 180: 1125-1136.

[184] Tian, Y.; Li, Y. F.; Jiang, W. L.; Zhou, D. Y.; Fei, J. J.; Li, C. Y. In-situ imaging of azoreductase activity in the acute and chronic ulcerative colitis mice by a near-infrared fluorescent probe. *Anal. Chem.*, **2019**, 91: 10901-10907.

[185] Tipton, K. F.; Boyce, S.; O'Sullivan, J.; Davey, G. P.; Healy, J. Monoamine oxidases: certainties and uncertainties. *Curr. Med. Chem.*, **2004**, 11: 1965-1982.

[186] Edmondson, D. E.; Mattevi, A.; Binda, C.; Li, M.; Hubálek, F. Structure and mechanism of monoamine oxidase. *Curr. Med. Chem.*, **2004**, 11: 1983-1993.

[187] Shih, J. C.; Chen, K. Regulation of MAO-A and MAO-B gene expression. *Curr. Med. Chem.*, **2004**, 11: 1995-2005.

[188] Li, L.; Zhang, C. W.; Chen, G. Y. J.; Zhu, B. W.; Chai, C.; Xu, Q. H.; Tan, E. K.; Zhu, Q.; Lim, K. L.; Yao, S. Q. A sensitive two-photon probe to selectively detect monoamine oxidase B activity in Parkinson's disease models. *Nat. Commun.*, **2014**, 5: 3276.

[189] Li, L.; Zhang, C. W.; Ge, J. Y.; Qian, L. H.; Chai, B. H.; Zhu, Q.; Lee, J. S.; Lim, K. L.; Yao, S. Q. A small-molecule probe for selective profiling and imaging of monoamine oxidase B activities in models of parkinson's disease. *Angew. Chem. Int. Ed.*, **2015**, 54: 10821-10825.

[190] Wu, X. F.; Shi, W.; Li, X. H.; Ma, H. M. A strategy for specific fluorescence imaging of monoamine oxidase A in living cells. *Angew. Chem. Int. Ed.*, **2017**, 56: 15319-15323.

[191] Juers, D. H.; Matthews, B. W.; Huber, R. E. *LacZ β*-galactosidase: Structure and function of an enzyme of historical and molecular biological importance. *Protein Sci.*, **2012**, 21: 1792-1807.

[192] Asanuma, D.; Sakabe, M.; Kamiya, M.; Yamamoto, K.; Hiratake, J.; Ogawa, M.; Kosaka, N.; Choyke, P. L.; Nagano, T.; Kobayashi, H.; Urano, Y. Sensitive *β*-galactosidase-targeting fluorescence probe for visualizing small peritoneal metastatic tumours *in vivo*. *Nat. Commun.*, **2015**, 6: 6463.

[193] Gu, K. Z.; Xu, Y. S.; Li, H.; Guo, Z. Q.; Zhu, S. J.; Zhu, S. Q.; Shi, P.; James, T. D.; Tian, H.; Zhu, W. H. Real-time tracking and *in vivo* visualization of *β*-galactosidase activity in colorectal tumor with a ratiometric near-infrared fluorescent probe. *J. Am. Chem. Soc.*, **2016**, 138: 5334-5340.

[194] Gu, K. Z.; Qiu, W. S.; Guo, Z. Q.; Yan, C. X.; Zhu, S. Q.; Yao, D. F.; Shi, P.; Tian, H.; Zhu, W. H. An enzyme-activatable probe liberating AIEgens: on-site sensing and long-term tracking of *β*-galactosidase in ovarian cancer cells. *Chem. Sci.*, **2019**, 10: 398-405.

[195] Asanuma, M.; Miyazaki, I.; Ogawa, N. Dopamine- or L-DOPA-induced neurotoxicity: The role of dopamine quinone formation and tyrosinase in a model of Parkinson's disease. *Neurotox. Res.*, **2003**, 5: 165-176.

[196] Wu, X. F.; Li, L. H.; Shi, W.; Gong, Q. Y.; Ma, H. M. Near-infrared fluorescent probe with new recognition moiety for specific detection of tyrosinase activity: design, synthesis, and application in living cells and zerafish. *Angew. Chem. Int. Ed.*, **2016**, 55: 14728-14732.

[197] Kim, T. I.; Park, J.; Park, S.; Choi, Y.; Kim, Y. Visualization of tyrosinase activity in melanoma cells by a BODIPY-based fluorescent probe. *Chem. Commun.*, **2011**, 47: 12640-12642.

[198] Yan, Y.; Huang, R.; Wang, C. C.; Zhou, Y. M.; Wang, J. Q.; Fu, B. S.; Weng, X. C.; Zhou, X. A two-photon fluorescent Probe for intracellular detection of tyrosinase activity. *Chem. Asian J.*, **2012**, 7: 2782-2785.

[199] Zhou, J.; Shi, W.; Li, L. H.; Gong, Q. Y.; Wu, X. F.; Li, X. H.; Ma, H. M. *Anal. Chem.*, **2016**, 88: 4557-4564.

[200] Yu, F. B.; Li, P.; Song, P.; Wang, B. S.; Zhao, J. Z.; Han, K. L. Facilitative functionalization of cyanine dye by an on-off-on fluorescent switch for imaging of H_2O_2 oxidative stress and thiols reducing repair in cells and tissues. *Chem. Commun.*, **2012**, 48: 4980-4982.

[201] Zhang, W.; Li, P.; Yang, F.; Hu, X. F.; Sun, C. Z.; Zhang, W.; Chen, D. Z.; Tang, B. Dynamic and reversible fluorescence imaging of superoxide anion fluctuations in live cells and *in vivo*. *J. Am. Chem. Soc.*, **2013**, 135: 14956-14959.

[202] Zhang, H. X.; Liu, J.; Sun, Y. Q.; Huo, Y. Y.; Li, Y. H.; Liu, W. Z.; Wu, X.; Zhu, N. S.; Shi, Y. W.; Guo, W. *Chem. Commun.*, **2015**, 51: 2721-2724.

[203] Peng, T.; Wong, N. K.; Chen, X. M.; Chan, Y. K.; Ho, D. H. H.; Sun, Z. N.; Hu, J. J.; Shen, J. G.; Nezami,

H. E.; Yang, D. Molecular imaging of peroxynitrite with HKGreen-4 in live cells and tissues. *J. Am. Chem. Soc.*, **2014**, 136: 11728-11734.

[204] Li, H. H.; Liu, W.; Zhang, F. Y.; Zhu, X. Y.; Huang, L. Q.; Zhang, H. X. Highly selective fluorescent probe based on hydroxylation of phenylboronic acid pinacol ester for detection of tyrosinase in cells. *Anal. Chem.*, **2018**, 90: 855-858.

[205] Liu, H. W.; Li, K.; Hu, X. X.; Zhu, L. M.; Rong, Q. M.; Liu, Y. C.; Zhang, X. B.; Hasserodt, J.; Qu, F. L.; Tan, W. H. In situ localization of enzyme activity in live cells by a molecular probe releasing a precipitating fluorochrome. *Angew. Chem. Int. Ed.*, **2017**, 56: 11788-11792.

[206] Li, L.; Ge, J. Y.; Wu, H.; Xu, Q. H.; Yao, S. Q. Organelle-specific detection of phosphatase activities with two-photon fluorogenic probes in cells and tissues. *J. Am. Chem. Soc.*, **2012**, 134: 12157-12167.

[207] Gong, Q. Y.; Qin, W. J.; Xiao, P.; Wu, X.; Li, L.; Zhang, G. B.; Zhang, R. S.; Sun, J. P.; Yao, S. Q.; Huang, W. Internal standard fluorogenic probe based on vibration-induced emission for visualizing PTP1B in living cells. *Chem. Commun.*, **2020**, 56: 58-61.

[208] Baraldi, P. G.; Bovero, A.; Fruttarolo, F.; Preti, D.; Tabrizi, M. A.; Pavani, M. G.; Romagnoli. R. DNA minor groove binders as potential antitumor and antimicrobial agents. *Med. Res. Rev.*, **2004**, 24: 475-528.

[209] 栾吉梅, 张晓东. 荧光光度法测定核酸的研究进展. 理化检验-化学分册, **2007**, 43: 241-245.

[210] Hurley, L. H. DNA and its associated processes as targets for cancer therapy. *Nat. Rev. Cancer*, **2002**, 2: 188-200.

[211] Cammas, A.; Millevoi, S. RNA G-quadruplexes: emerging mechanisms in disease. *Nucleic Acids Res.*, **2017**, 45: 1584-1595.

[212] Wang, Z. Y.; Gu, Y.; Liu, J. Y.; Cheng, X.; Sun, J. Z.; Qin, A. J.; Tang, B. Z. A novel pyridinium modified tetraphenylethene: AIE-activity, mechanochromism, DNA detection and mitochondrial imaging. *J. Mater. Chem. B*, **2018**, 6: 1279-1285.

[213] Peco, J. L.; Paoletti, C. A new fluorometric method for RNA and DNA determination. *Anal. Biochem.*, **1966**, 17: 100-107.

[214] Kissane, J. M.; Robins, E. The fluorometric measurement of deoxyribonucleic acids in animal tissues with special reference to the central nervous system. *J. Biol. Chem.*, **1958**, 233: 184-188.

[215] Roberts, D.; Friedkin, M. The fluorometric determination of thymine in deoxyribonucleic acid and derivatives. *J. Biol. Chem.*, **1958**, 233: 483-487.

[216] Lee, L. G.; Chen, C. H.; Chiu, L. A. Thiazole orange: a new dye for reticulocyte analysis. *Cytometry*, **1986**, 7: 508-517.

[217] Rye, H. S.; Dabora, J. M.; Quesada, M. A.; Mathies, R. A.; Glazer, A. N. Fluorometric assay using dimeric dyes for double- and single-stranded DNA and RNA with pictogram sensitivity. *Anal. Biochem.*, **1993**, 208: 144-150.

[218] Zhang, Q.; Liu, Y. C.; Kong, D. M.; Guo, D. S. Tetraphenylethene derivatives with different numbers of positively charged side arms have different multimeric G-quadruplex recognition specificity. *Chem. Eur. J.*, **2015**, 21: 13253-13260.

[219] Chen, Q. Y.; Li, D. H.; Zhao, Y.; Yang, H. H.; Zhua, Q. Z.; Xu, J. G. Interaction of a novel red-region fluorescent probe, Nile Blue, with DNA and its application to nucleic acids assay. *Analyst*, **1999**, 124: 901-906.

[220] Cao, Y.; He, X. W.; Gao, Z.; Peng, L. Fluorescence energy transfer between acridine orange and safranine T and its application in the determination of DNA. *Talanta*, **1999**, 49: 377-383.

[221] Mohanty, J.; Barooah, N.; Dhamodharan, V.; Harikrishna, S.; Pradeepkumar, P. I.; Bhasikuttan, A. C. Thioflavin T as an efficient inducer and selective fluorescent sensor for the human telomeric G-quadruplex

DNA. *J. Am. Chem. Soc.*, **2013**, 135: 367-376.

[222] Gaur, P.; Kumar, A.; Dalal, R.; Bhattacharyya, S.; Ghosh, S. Emergence through delicate balance between the steric factor and molecular orientation: a highly bright and photostable DNA marker for real-time monitoring of cell growth dynamics. *Chem. Commun.*, **2017**, 53: 2571-2574.

[223] Du, W.; Wang, H.; Zhu, Y.; Tian, X.; Zhang, M.; Zhang, Q.; De Souza, S. C.; Wang, A.; Zhou, H.; Zhang, Z.; Wu, J.; Tian, Y. Highly hydrophilic, two-photon fluorescent terpyridine derivatives ccontaining quaternary ammonium for specific recognizing ribosome RNA in living cells. *ACS Appl. Mater. Interfaces*, **2017**, 9: 31424-31432.

[224] Cesarone, C. F.; Bolognesi, C.; Santi, L. Improved microfluorometric DNA determination in Biological material using 33258 Hoechst. *Anal. Biochem.*, **1979**, 100: 188-197.

[225] Weisblum, B.; Haenssler, E. Fluorometric properties of the bibenzimidazole derivative hoechst 33258, a fluorescent probe specific for AT concentration in chromosomal DNA. *Chromosoma*, **1974**, 46: 255-260.

[226] Russel, W. C.; Newman, C.; Williamson, D. H. A simple cytochemical technique for demonstration of DNA in cells infected with mycoplasmas and viruses. *Nature*, **1975**, 253: 461-462.

[227] Kapuscinski, J.; Skoczylas, B. Simple and rapid fluorimetric methods for DNA microassay. *Anal. Biochem.*, **1977**, 83: 252-257.

[228] Wu, S.; Wang, L.; Zhang, N.; Liu, Y.; Zheng, W.; Chang, A.; Wang, F.; Li, S.; Shangguan, D. H. A bis(methylpiperazinylstyryl)phenanthroline as a fluorescent ligand for G-quadruplexes. *Chem. Eur. J.*, **2016**, 22: 6037-6047.

[229] Maji, B.; Kumar, K.; Kaulage, M.; Muniyappa, K.; Bhattacharya, S. Design and synthesis of new benzimidazole-carbazole conjugates for the stabilization of human telomeric DNA, telomerase inhibition, and their selective action on cancer cells. *J. Med. Chem.*, **2014**, 57: 6973-6988.

[230] Kwon, S.; Kwon, D. I.; Jung, Y.; Kim, J. H.; Lee, Y.; Lim, B.; Kim, I.; Lee, J. Indolizino[3,2-c]quino-lines as environment-sensitive fluorescent light-up probes for targeted live cell imaging. *Sens. Actuators B*, **2017**, 252: 340-352.

[231] Ci, Y. X.; Li, Y. Z.; Chang, W. B. Fluorescence reaction of terbium(Ⅲ) with nucleic acids in the presence of phenanthroline. *Anal. Chim. Acta*, **1991**, 248: 589-594.

[232] Ci, Y. X.; Li, Y. Z.; Liu, X. J. Selective determination of DNA by its enhancement effect on the fluorescence of the Eu^{3+}-tetracycline complex. *Anal. Chem.*, **1995**, 67: 1785-1788.

[233] Tu, Y. Q.; Wu, P.; Zhang, H.; Cai, C. X. Fluorescence quenching of gold nanoparticles integrating with a conformation-switched hairpin oligonucleotide probe for microRNA detection. *Chem. Commun.*, **2012**, 48: 10718-10720.

[234] Ding, W.; Song, C.; Li, T. L.; Ma, H. R.; Yao, Y. W.; Yao, C. TiO_2 nanowires as an effective sensing platform for rapid fluorescence detection of single-stranded DNA and double-stranded DNA. *Talanta*, **2019**, 199: 442-448.

[235] Christensen, M.; Schratt, G. M. MicroRNA involvement in developmental and functional aspects of the nervous system and in neurological diseases. *Neurosci. Lett.*, **2009**, 466: 55-62.

[236] Burd, E. M. Human papillomavirus and cervical cancer. *Clin. Microbiol. Rev.*, **2003**, 16: 1-17.

[237] Suseela, Y. V.; Narayanaswamy, N.; Pratihar, S.; Govindaraju, T. Far-red fluorescent probes for canonical and noncanonical nucleic acid structures: current progress and future implications. *Chem. Soc. Rev.*, **2018**, 47: 1098-1131.

[238] Zhu, Q. Z.; Li, F.; Guo, X. Q.; Xu, J. G.; Li, W. Y. Application of a novel fluorescence probe in the determination of nucleic acids. *Analyst*, **1997**, 122: 937-940.

[239] Li, W. Y.; Xu, J. G.; Guo, X. Q.; Zhu, Q. Z.; Zhao, Y. B. Application of Vitamin K_3 as a photochemical

fluorescence probe in the determination of nucleic acid. *Anal. Lett.*, **1997**, 30: 245-257.

[240] Kim, H. M.; Jeong, B. H.; Hyon, J. Y.; An, M. J.; Seo, M. S.; Hong, J. H.; Lee, K. J.; Kim, C. H.; Joo, T.; Hong, S. C.; Cho, B. R. Two-photon fluorescent turn-on probe for lipid rafts in live cell and tissue. *J. Am. Chem. Soc.*, **2008**, 130: 4246-4247.

[241] Fam, T. K.; Ashokkumar, P.; Faklaris, O.; Galli, T.; Danglot, L.; Klymchenko, A. S.; Collot, M. Ultrabright and fluorogenic probes for multicolor imaging and tracking of lipid droplets in cells and tissues. *J. Am. Chem. Soc.*, **2018**, 140: 5401-5411.

[242] Zheng, X. J.; Zhu, W. C.; Ni, F.; Ai, H.; Gong, S. L.; Zhou, X.; Sessler, J. L.; Yang, C. L. Simultaneous dual-colour tracking lipid droplets and lysosomes dynamics using a fluorescent probe. *Chem. Sci.*, **2019**, 10: 2342-2348.

[243] Gao, M.; Su, H. F.; Li, S. W.; Lin, Y. H.; Ling, X.; Qin, A. J.; Tang, B. Z. An easily accessible aggregation-induced emission probe for lipid droplet-specific imaging and movement tracking. *Chem. Commun.*, **2017**, 53: 921-924.

[244] Fam, T. K.; Klymchenko, A. S.; Collot, M. Recent advances in fluorescent probes for lipid droplets. *Materials*, **2018**, 11: 1768.

第11章 环境敏感的光学探针及其分析应用

王可[1]，乔娟[2]
1. 河北省石家庄市疾病预防控制中心；2. 中国科学院化学研究所

光学探针在检测极性、黏度、温度、压力、酸度等各种物理环境因素方面也起着重要的作用。这些物理化学参数的变化与许多疾病密切相关，并成为生命、环境及医学等领域中的重要研究内容之一。因此，发展性能优异的环境敏感的光学探针，并结合荧光成像技术，有利于揭示其在复杂的生物体系、微小环境及细胞内所扮演的角色。环境敏感光学探针是一类随周围物理化学性质变化而发生光信号改变的光学分子[1]。本章重点介绍对极性、黏度、温度、压力、酸度等环境因素敏感的光学探针的响应机理、性质及其分析应用。

11.1 极性敏感的光学探针

极性是一个重要的环境参数，例如，蛋白质局部极性的改变可以影响蛋白质的内部静电相互作用以及蛋白与其它蛋白、底物和配体之间的相互作用[1]；在细胞层面，极性决定了各种细胞膜组分的通透性。极性的稳定是保持细胞正常增殖、分化、代谢和功能活动的重要条件，而极性的异常变化通常会导致一些疾病的产生。

极性敏感的光学探针通常由供电子基团、吸电子基团及刚性芳香单元构成，且供电子基团和吸电子基团处于芳香单元的相反位置，从而形成典型的推-拉结构。随着介质（溶剂等）的极性变化，通常会导致其最大吸收波长、发射波长和荧光强度发生变化。该类探针的一般响应机理（图11-1）是：探针激发态的偶极矩大于基态偶极矩；当荧光基团被激发后，溶剂的偶极子在激发态的荧光基团的周围重新定向（溶剂化作用）而降低激发态的能量。溶剂的极性越大，荧光团激发态能量降低的越多，因而从激发态跃迁回基态时发射的能量越低，发射的波长就越长[1]。

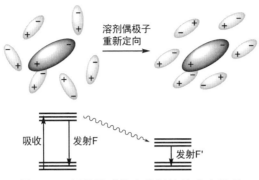

图 11-1　极性敏感的光学探针的响应机理

迄今，许多极性敏感的光学探针已被报道。按结构特点分类，常见的极性敏感的光学探针主要包括尼罗红类、中性红类、萘类、香豆素类和萘酰亚胺类。

（1）尼罗红类探针

尼罗红（**1**）是较早发现的极性敏感光学探针，随着溶剂极性的增大，其吸收波长和发射波长发生明显的红移[2]。例如，在庚烷中尼罗红的最大吸收与发射波长分别为 484 nm 与 529 nm，而在极性溶剂甲醇中则为 554 nm 与 638 nm。由于光稳定性好、发射波长长、对 pH 不敏感和荧光量子产率高等优点，尼罗红及其衍生物已被广泛用于探测蛋白质分子表面疏水位点的极性、蛋白质及酶的构象变化等[3,4]。

Okamoto 等[5]合成了极性敏感荧光探针尼罗红核苷（**2**）。该探针在乙醚中的最大吸收和发射波长分别为 506 nm 和 561 nm，在极性更强的甲酰胺中的最大吸收和发射波长分别为 573 nm 和 637 nm，其最大吸收和发射波长分别发生 67 nm 和 76 nm 的红移，可用于 DNA 局部微环境极性的检测。

陈素明等[6]以尼罗红为荧光母体，合成了适于标记蛋白酶中酪氨酸残基的极性敏感光学探针 **3**。该探针的最大荧光发射波长不受 pH、温度等因素的影响，仅对溶剂极性敏感，从氯仿到水可发生 66 nm 的红移；重要的是，其最大发射波长的位移（$\Delta\lambda_{em}$）和溶剂的介电常数（D）之间表现出良好的线性关系：$\Delta\lambda_{em} = 69.4 - 0.84D$（$r = 0.986$）。因此，可以通过监测标记到酪氨酸残基上探针的最大发射波长所发生的变化，来定量地测定蛋白质局部极性的变化。例如，将探针 **3** 定位标记在超氧化物歧化酶中酪氨酸（Tyr108）残基上，他们研究了在酸变性和热变性过程中 Tyr108 区域的极性和构象变化，为蛋白质酪氨酸区域的局部环境变化研究提供了重要的分析方法。

（2）中性红类探针

中性红的分子结构中含有二甲氨基电子供体和吩嗪环电子受体，易发生分子内电荷转移，是一种对极性敏感的荧光母体。而且，中性红母体对生物样品的毒性相对较小，并且其荧光发射波长的位置只与溶剂的极性有关，而几乎不受溶液的 pH、温度等因素的影响[7]。

马会民等[7-12]利用中性红的这种特性，以三聚氰氯作桥联剂，以肼基、马来酰亚胺基和邻二羰基分别作为转氨后的 N-末端、半胱氨酸和精氨酸残基的活性标记基团，设计与合成了一系列对极性敏感的中性红类荧光探针 4～6。随着溶剂极性的增加，该类探针的最大荧光发射波长均发生明显的红移，并与溶剂极性呈现良好的线性关系，适用于蛋白质的定位标记和区域结构分析。例如，他们利用 4 研究了 α-乳白蛋白[7]和 β-乳球蛋白的 N-末端区域的结构特性[8]；利用探针 5 不仅探讨了牛血清白蛋白在 pH 诱导的 N→B 构象转化过程中 Cys34 区域的极性变化行为，而且定量测定了 β-乳球蛋白 Cys121 区域的极性，同时研究了热变性对该区域的极性及结构影响[9,10]。此外，6 不仅用于 apo-α-乳白蛋白 Arg10 的区域结构分析，而且还被用于肌酸激酶活性位点的极性检测以及在热和酸变性下该活性位点的构象变化研究[11,12]。

（3）萘类探针

基于萘衍生出的极性敏感光学探针包括 1-苯氨基萘-8-磺酸和珀若丹（prodan，7）等。其中，1-苯氨基萘-8-磺酸是最早报道的溶剂变色荧光探针之一，其最大发射峰小于 500 nm，在水溶液中荧光被猝灭，而当与蛋白或者脂膜结合后，荧光则急剧增强且伴随着荧光波长的蓝移，至今仍然是一种重要的蛋白标记和生物膜成像探针。珀若丹在环己烷和水中的最大发射波长分别为 401 nm 和 531 nm，可发生 130 nm 的红移，是十分敏感的极性荧光探针，被广泛用于生物学相关研究[13]。

当珀若丹嵌入细胞膜时，发射光谱受到脂质双分子层疏水和弱极性的环境影响，光谱移动约 50 nm。

与珀若丹性质相似，丙烯酰丹（acrylodan，**8**）的荧光发射波长对极性也十分敏感，并且能与蛋白质中的半胱氨酸的游离巯基发生选择性的定位标记反应，还可与内源色氨酸构成荧光共振能量转移中的供体-受体对，从而可定量刻画生物分子的区域结构特性。目前，丙烯酰丹已成为应用最广泛的检测极性变化的荧光探针之一，并在蛋白质的解折叠、构象变化等结构研究中发挥着非凡的作用[14,15]。

Li 等[16]报道了一种基于萘的比率荧光探针 **9**，其在溶剂中出现发射双峰（λ_{em} = 474 nm、552 nm），并且能够特异性地定位于溶酶体。该探针的比率荧光强度在相对宽的范围内表现出对溶酶体极性的玻尔兹曼函数响应，不仅能够有效避免探针浓度对荧光强度的影响，而且能够实现比率成像，并定量检测溶酶体的极性。重要的是，该探针不受黏度和 pH 的干扰，在细胞中几乎没有毒性。实验测得 MCF-7 细胞的溶酶体极性值为 0.224，加入蔗糖诱导溶酶体的贮积症导致极性值增加为 0.251。细胞在死亡的条件下其溶酶体的极性值低于 0.224。该探针从化学的角度定量监测了不同细胞状态（例如溶酶体贮积症和细胞死亡）下溶酶体的极性变化。

（4）香豆素类探针

香豆素的母体结构没有荧光，其荧光性质与取代基的种类和位置有很大关系。在 7-位引入给电子基团时，则会产生荧光，如，探针 **10** 的 7-位含有给电子的胺基，具有分子内电荷转移的特点，其荧光对溶剂极性的变化敏感[17]。从非极性溶剂环己烷到极性非质子溶剂乙腈，探针 **10** 的最大荧光发射波长从 455 nm 红移至 521 nm。在质子溶剂水中，其荧光最大发射波长为 549 nm。从环己烷到水，约产生 100 nm 的红移，其最大吸收波长，也表现出一定程度的红移。探针 **10** 的量子产率对极性也非常敏感，在极性质子性溶剂如水和甲醇中，其量子产率为 0.4，而在非极性的环己烷中，量子产率接近 1。此类探针同时具有荧光量子产率高，光稳定性强，生物毒性小等优点。

将香豆素与苯并噻唑季铵盐通过双键相连，Jiang 等[18]发展了可对癌细胞中线粒体的极性进行比率荧光成像的探针 **11**。该探针具有两个荧光发射峰，分别为 467 nm 和 645 nm。当溶剂极性增大时，645 nm 处的发射峰基本不变，而 467 nm 处的发射峰却逐渐降低，在不同的极性下，荧光比率值（$I_{467\,nm}/I_{645\,nm}$）与溶剂极性呈良好的线性关系。在细胞成像应用中,通过复染实验证实了探针 **11** 可选择性定位于活细胞的线粒体中;通过比率荧光成像,观察到癌细胞比正常细胞具有较小的线粒体极性,为区分癌细胞和正常细胞提供了一种潜在的新方法。

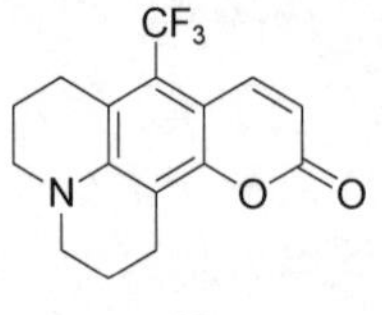

10

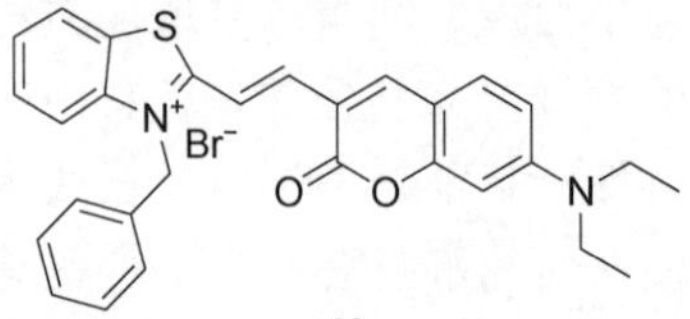

11

(5) 萘酰亚胺类探针

萘酰亚胺的最大发射波长一般小于 500 nm,通过在其 4-位引入供电子基团(如氨基等),则可发生分子内电荷转移,使其波长发生红移,也是一类极性敏感的荧光探针。如,N-丁基-4-正丁氨基萘酰亚胺在水中的荧光量子效率很低,而在非极性溶剂正己烷中可达到 1;而且,从正己烷到乙醇,随着极性的增加,其最大发射波长可发生 70 nm 的红移。

Imperiali 等[19]合成了探针 **12**,该荧光探针的荧光量子产率对环境的极性有着良好的响应,可用于研究蛋白质间的相互作用。如,将其修饰到可被钙激活的钙调素识别的肽上,在与钙调素结合的过程中,可引起 900 倍的荧光增强。

Xiao 等[20]以 4-N,N-二甲氨基-1,8-萘二甲酰亚胺为荧光团,含醛基的三苯基磷阳离子作为线粒体靶向基团,合成了荧光探针 **13**。该探针的荧光量子产率和荧光寿命随极性的增加而发生显著地降低,如从二氧六环到乙腈,其荧光量子产率从 0.54 降为 0.08,荧光寿命从 4.71 ns 降至 0.94 ns。该探针利用含醛基的三苯基磷阳离子形成亚胺键固定在线粒体上,通过荧光寿命成像,实现了线粒体的局部极性检测。

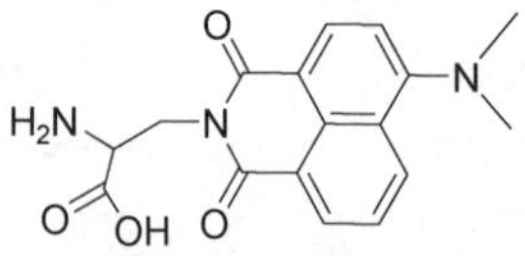

12

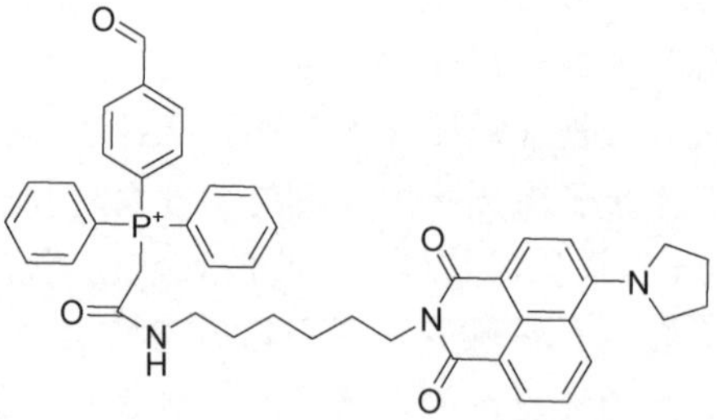

13

11.2 黏度敏感的光学探针

黏度也是一个重要的环境参数,它无论在微观的(如细胞)还是宏观的生物体系中,均起着非常重要的作用。黏度的变化与许多疾病相关,如动脉硬化[21]、细胞病变[22]、高胆固醇血症[23]、糖尿病[24]等。精确测定生物体内的黏度对这些疾病的早期诊断与病理研究，将具有十分重要的意义。而传统的黏度计不仅耗时，而且不能用于检测微环境的黏度。因而，发展检测微环境黏度的光学探针则显得十分必要。

对黏度敏感的光学探针主要是基于分子转轮原理而设计[1]。这种分子转轮光学探针由荧光团和可旋转单元构成，通常是一类具有供-受体特征、且可以发生分子内电荷转移的分子，通过发生分子内转动而导致其荧光性质对黏度和体积变化敏感[25,26]。其响应机理（图 11-2）是：在低黏度介质中，探针中的旋转单元转动较快，与周围的溶剂分子等碰撞可导致激发态的非辐射去活过程加剧，因此，其荧光强度通常较弱；而黏度的增加阻碍了旋转单元的这种旋转，抑制了激发态的非辐射去活，从而导致荧光发射强度增强和荧光寿命增加[1]。

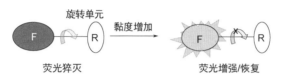

图 11-2 黏度敏感的光学探针的响应机理

根据对黏度的光信号响应模式不同，可以将分子转轮类黏度敏感的荧光探针分为荧光增强型、比率型和荧光寿命型，并分别就其对黏度的检测和应用予以介绍。

（1）荧光增强型黏度探针

探针 **14** 和 **15** 可作为早期的分子转轮类荧光探针的典型代表。这两个探针的久洛尼定与乙烯基之间的单键在低黏度环境中可自由旋转，并伴随扭转分子内电荷转移（twisted intramolecular charge transfer，TICT）过程的发生，导致非辐射作用加剧或荧光强度减弱/猝灭；而在高黏度环境中，单键的旋转被抑制，荧光强度被恢复，从而实现对黏度的敏感检测，不仅可检测聚合反应体系的黏度变化，还可用于生物分子的组装过程、细胞膜内部黏度以及蛋白的构象转换的研究[27-30]。

2009 年，王可等[31]以苯并[g]喹喔啉为荧光团、以可自由旋转的苯环作为黏度敏感单元，合成了 5 个不同取代的 2-苯基-苯并[g]喹喔啉衍生物，并对它们的光学性质进行了系统的研究。结果表明，在此类化合物的苯环上，随着取代基的供电子能力的增强，探针的荧光信号对黏度愈发敏感。其中，含供电子能力最强的取代基 [-N(CH$_3$)$_2$] 的化合物 2-(4-二甲氨基苯基)苯并[g]喹喔啉（**16**），其荧光强度对黏度的变化最为敏感，可望用作检测微环境中黏度变化的荧光探针。

Zhang 等[32]设计了黏度敏感荧光探针 **17**。在黏度较低的环境中，咔唑和吡啶鎓盐之间的分子扭转会形成 TICT 态，导致非辐射跃迁。在较高黏度的环境中，探针 17 的自由旋转受到阻碍，荧光增强。黏度的对数与单/双光子荧光强度的对数之间存在良好的线性关系，可对黏度进行定量测定。双光子成像实验表明，探针 17 具有膜通透性，可在双光子激发下对活细胞和新鲜肝脏组织的黏度进行显微成像分析。

马会民等[33]报道了可同时检测羟基自由基（•OH）和黏度的双功能荧光探针 18。该探针以苯甲醚为电子供体、吲哚盐为电子受体，通过可自由旋转的乙烯基进行连接。一方面，黏度的增加可限制 18 的分子内旋转，导致 520 nm 处的荧光增强；另一方面，•OH 对 18 的特异性羟基化及后续的结构重排作用，可引发共轭体系的扩展和 652 nm 处的近红外荧光打开响应。因此，探针 18 可在两个互不干扰的信号通道内实现 •OH 和黏度的分别检测。利用该探针，他们对细胞铁凋亡过程进行了荧光成像研究，结果表明，细胞铁凋亡过程伴随着明显的 •OH 生成、细胞质黏度增加以及脂滴的加速形成。其中，生成的 •OH 占据了总活性氧物种的绝大部分比例，这很可能是细胞铁凋亡过程中脂类发生过氧化的主要原因，并最终导致细胞质黏度的增加以及脂滴的快速形成。

（2）比率型和荧光寿命型黏度探针

基于荧光强度变化的黏度探针难以定量测定细胞内的黏度值，原因在于探针浓度的改变、细胞内黏度或环境的异质性等因素所致。因此，发展能检测非均相环境或活细胞内黏度的荧光探针具有更好的应用前景。基于荧光比率和寿命的黏度探针可解决这一问题，并可准确测定生物系统内的黏度。

Haidekker 等[34]报道了基于荧光共振能量转移的比率型黏度探针 19。该探针是将两个不同的荧光团进行共价键连接而获得。两个荧光团分别是 7-甲氧基香豆素-3-羧酸和氰基苯乙烯，前者作为能量供体，对黏度不敏感；而后者氰基苯乙烯作为能量受体，其荧光随黏度的增加逐渐增强。该探针的荧光团间的共价结合实现了能量的传递，可以通过两个波长下的荧光强度比值检测溶液中的黏度变化。

此比率荧光探针可消除介质折射及染料分子分布不均匀的影响，并可对液体黏度进行准确和快速地测量。

Kuimova 等[35]制备了一个基于双卟啉结构的比率型黏度探针 **20**。该探针通过刚性的丁二炔将两个卟啉分子连接在一起，两个卟啉分子可以绕着炔键旋转。在低黏度的溶液中，两个卟啉环处于共平面的结构，在 780 nm 处发射出卟啉二聚体的荧光。随着黏度的增加，两个卟啉环会绕着炔基转动一定的角度，两分子平面之间呈现一定的夹角，在 710 nm 处发射出卟啉单体的荧光。卟啉单体和二聚体发出的荧光强度比值与溶液黏度呈良好的线性关系，可实现单个细胞黏度的定量检测和成像，并可同时测定细胞内的黏度变化。

彭孝军等[36]报道了双光子荧光探针 **21**，可采用比率法检测黏度变化。该探针由咔唑和吲哚共轭组成，二者之间的单键旋转可消耗激发态分子的能量，从而导致探针 **21** 在 380 nm 和 580 nm 的荧光很弱。在黏度增大的过程中，**21** 的荧光在 580 nm 处的增强比在 380 nm 处的增强要更快。而且，发射强度比值（$I_{580\,nm}/I_{380\,nm}$）的对数和黏度大小的对数呈现良好的线性关系，因此可以准确检测黏度。探针 **21** 不仅拥有良好的线粒体定位效果，还可以用于组织成像。

Zhao 等[37]报道了黏度敏感的双光子荧光探针 22，用于活细胞荧光成像和线粒体定位。该探针拥有良好的水溶性和光稳定性、低毒性、较大的斯托克斯位移和较长的激发波长，且对极性几乎无响应。当黏度增大时，探针在 569 nm 和 384 nm 处的荧光强度均增强，其中 569 nm 处增强 29 倍，而 384 nm 处仅 11 倍；经过数据处理，发现荧光强度比值（$I_{569\ nm}/I_{384\ nm}$）和黏度对数成良好的线性关系。在黏度由 1 mPa·s（1 cP）增加到 1385 mPa·s 的过程中，荧光量子产率从 0.05 增加到 0.33。该探针可定位于线粒体中，通过 HepG2 细胞成像实验，测得线粒体黏度约为 56.7 mPa·s，经过真菌素处理后，测得线粒体黏度变为 199.3 mPa·s。此探针不仅可用于黏度生物成像，还可用于线粒体黏度的监测。

肖义等[38]在 BODIPY 的 2-位通过一个亚甲基连接了吗啉基团，设计合成了可定位于溶酶体的荧光寿命型黏度探针 23。由于吗啉基团对 BODIPY 产生光诱导电子转移作用，所以溶酶体内的酸性 pH 可能会干扰探针 23 对黏度的荧光强度检测。对此，利用荧光寿命作为测量参数，并且通过实验排除了 pH 对荧光寿命测试的影响，最终探针 23 被用于实时监测经地塞米松或氯喹刺激的活细胞内黏度的变化。

化合物 24 也是荧光寿命型探针[39]，可靶向活细胞线粒体并用于黏度检测。该探针使用了高量子产率的 BODIPY 作为荧光母体，三苯基膦作为线粒体定位基团，其苯环结构部分通过旋转，消耗激发态能量，致使荧光减弱；当黏度增加时，限制了旋转，致使荧光增强，荧光量子产率从 0.01 增大到 0.57。HeLa 细胞成像实验表明，探针 24 可以高效靶向线粒体并用于黏度检测。通过荧光寿命测试，发现其荧光寿命的对数和黏度大小的对数呈现良好的线性关系，可对黏度大小定量测定。

相对于以上单纯的比率型和荧光寿命型黏度探针，同时具有比率型和荧光寿命型性质的双模式黏度探针在检测准确性方面更具优势。

2011 年，Peng 等[40]以醛基取代五次甲基花菁染料的中位，制备了对黏度敏感的双模式荧光成像（比率成像和荧光寿命成像）探针 **25**。该分子转轮探针在乙醇中显示出两种不同的吸收（400 nm 和 613 nm）和发射谱带（456 nm 和 650 nm），具有比率型响应和大的伪斯托克斯位移（约 250 nm）。在非黏性介质中，醛基的旋转通过非辐射过程引起内转换，荧光非常弱；在黏性介质或低温介质中，醛基的旋转受到限制导致荧光强度显著增加和荧光寿命的延长。根据此黏度荧光探针的两个发射峰之间的强度比值，可判断细胞微环境的黏度变化情况。同时，通过双光子荧光寿命成像实验，定量检测了细胞内的黏度。

化合物 **26** 是一种靶向线粒体的黏度荧光探针[41]。该探针由三部分组成，包括香豆素、BODIPY、线粒体靶向基团三苯基膦。香豆素和 BODIPY 之间存在分子内共振能量转移效应，当用光激发时，激发态的香豆素将能量转移到 BODIPY 上，利用香豆素与 BODIPY 的发射峰的荧光强度比值可以实现 HeLa 细胞中线粒体黏度的检测。同时，利用荧光寿命成像性质对 HeLa 细胞中的线粒体黏度进行检测，两种实验的结果基本一致，说明该探针可借助双模式优点对线粒体的黏度进行精准检测。

另外，有必要指出，固体或沉淀荧光（solid/precipitate fluorescence）、聚集诱导荧光增强或聚集诱导发光（AIE）等探针本质上属于黏度敏感荧光探针，因为它们的荧光响应机理与黏度敏感荧光探针的相同，即，聚集或沉淀等于局部黏度增大，可抑制分子内转动所引起的非辐射去活作用，从而导致荧光增强。

11.3 温度敏感的光学探针

环境参数温度与许多物理、化学、生物过程密切相关。如，细胞内的温度会随着细胞的分裂、新陈代谢等过程而发生变化。从医学角度来看，病态细胞由于其代谢活动增加而比正常的细胞温度要高。因此，精确测定微环境（如细胞）的温度十分重要。在这一方面，微纳米尺度非接触式光学温度计（温度敏感的光学探针）可以克服传统的大体积热电型温度计固有的局限性，使其在应用于微纳范围内温度变化研究中发挥着独特的作用。基于光信号变化的温度敏感探针主要包括量子点、稀土金属[42]、有机染料、聚合物[43]、金属-配体复合物等不同类别[44]。在这些小分子、大分子及纳米材料类的温度敏感光学探针中，基于有机小分子的温度探针由于具有快速响应、高时空分辨率及良好的生物相容性等特点而成为应用最多的类别之一。

（1）有机小分子温度敏感光学探针

有机小分子温度敏感光学探针主要是通过调控光信号随温度（T）变化的多种机制来实现的。通常，有机荧光分子中的电子均可在高温条件下被激发到非辐射跃迁的能级从而引起荧光强度的降低[45-47]。然而，只有少数有机染料可作为温度敏感光学探针用于温度测量，其主要原因如下：需要有机荧光分子的光信号随温度改变发生较大变化以提供较高的灵敏度；有机荧光分子的光稳定性高以满足实际应用的要求；有机荧光分子在不同的温度下都应保持足够高的发光量子产率[48-50]；此类探针应无毒，尤其是涉及生物体内实验或者细胞内温度测定时。

罗丹明类、荧光素类、吡喃类等主要用于水溶液中温度的测定；双吡喃染料主要用于有机溶剂中的温度测量。此外，这些染料也可以与聚合物结合作为温度计（在大分子温度敏感光学探针部分详细介绍）进行温度测定应用。在本节中，按照有机染料类温度敏感光学探针的响应机理（图 11-3）分为热运动非辐射去活类、激基缔合物类、系间窜越类及分子内电荷转移类，并拟分别从机理、温度响应范围、灵敏度、空间/时间分辨率和精确度的方面进行讨论。

图 11-3　有机小分子温度敏感的光学探针的响应机理

1）热运动非辐射去活类

该类温度敏感的光学探针其响应机理主要基于这样的事实：温度的升高通常会加速探针分子的热运动，进而增加非辐射去活并导致荧光强度的降低；相反，温度的降低则会引起荧光的增强[1]。

罗丹明类荧光染料是传统的热运动非辐射去活类温度敏感分子，量子产率高。例如罗丹明 B（27）在水中的荧光量子产率为 0.31，随着温度的升高量子产率显著降低，荧光强度在水中的温度依赖性约为 2.3% K^{-1}。这些性能使罗丹明类衍生物成为广泛使用的温度敏感光学探针，并用于细胞内的温度测定及微流体系统中温度测定[51]，温度测定范围从室温到 90℃，温度测量精密度为 0.03～3.5℃，准确度为 0.8℃，时间和空间分辨率分别为 33 ms 和 1.0 μm[52]。罗丹明类荧光探针在使用过程中存在易污染及准确性受激发光强度影响等问题，为解决这类问题，可以在体系中引入参比染料以提高体系的准确度。得益于这种比率测量不会受到激发光波动的影响，测量精度为 1.4℃，最大灵敏度约为(1.6%～1.7%) K^{-1}，温度测定范围 15～40℃[53]。

将罗丹明 B 和温度不敏感的 Sulforhodamine 101（SR101）、Fluorescein-27 结合，并利用双色激光诱导荧光技术可测定乙醇和水的热力学温度[54,55]。有机染料的荧光寿命随温度变化的性能也可提供测定热力学温度的方法[56,57]。罗丹明类荧光染料除了可以在水溶液中进行温度测定，在固态物质中也可进行温度的测定。例如使用罗丹明类荧光染料 **28** 作为温度敏感光学探针进行微/纳米线表面温度的测定，在 25～70℃ 的温度范围内，灵敏度为 0.7% K^{-1}，温度精度约为 5～10℃，时间分辨率为 100 ms[58]。

荧光素（**29**）是另一种高发光效率的荧光探针，量子产率接近 100%。像罗丹明一样，荧光强度随温度升高而降低，不同之处在于它同时对酸碱度的变化产生响应。将荧光素环氧衍生物连接到水溶性聚乙烯醇聚合物上可以对温度/pH 的敏感荧光性质进行研究[59]，在 0～60℃ 范围内量子产率对温度线性响应灵敏度为 0.5% K^{-1}。除了水溶性聚合物外，该方法还可用于其它聚合物，如壳聚糖[60]和环氧氯丙烷修饰的淀粉[61]，与荧光素结合的温度计在水中测定的温度范围为 0～60℃，具有良好的时空分辨率、稳定性和快速平衡响应性。对于酸碱度和温度的同时响应性使它们的荧光特性有利于多功能应用，荧光素的测定温度范围为 20～60℃，灵敏度约为 7% K^{-1}，精密度为 1.1℃（空间分辨率为 3.7 μm）和 0.3℃（空间分辨率为 30 μm）[62]。

2）激基缔合物类

当两个相同的荧光团，如多环芳烃萘、蒽和芘等连接到一个受体分子的适当位置时，其中一个被激发的荧光团会和另一个处于基态的荧光团形成分子内激基缔合物。它的发射光谱不同于单体的发射光谱，表现为一个新的、强而宽、长波、无精细结构的发射峰。由于形成这种激基缔合物需要激发态分子与基态分子达到"碰撞"距离（约 35 nm），因此荧光团间的距离是激基缔合物形成和破坏的关键。所以用各种分子间作用力改变两个荧光团间的距离，用结合客体前后单体/激基缔合物的荧光光谱变化表达客体被识别的信息。

具有双发射波长的有机染料类温度敏感光学探针可以通过分子内激基缔合物的形成机制实现温度测定。如，利用化合物 **30** 的分子内激基缔合物的产生，可以构建温度依赖激发态平衡的比率型温度计[63,64]，温度变化范围为 25～140℃，温度精度优于 0.35℃，温度灵敏度约为 0.9% K^{-1}，时-空分辨率在微（纳）秒和微（纳）米的范围内。

分子间激基缔合物的形成也是发展温度敏感光学探针的一种方法，尽管这种系统的精度和精密度可能受染料分布不均匀和光漂白的影响。苝（31）和 N-烯丙基-N-甲基苯胺在聚苯乙烯基质中形成比率型荧光温度传感器[65]，它本质上是一种双荧光染料复合材料，避免了激发光能量的校正，而且温度响应部分也不受荧光染料浓度的影响。该薄膜的温度响应范围为 25～85℃，灵敏度约为 1% K^{-1}，精度为 2℃，准确度为 1℃。

采用高温熔融技术，将荧光染料 32 与聚甲基丙烯酸甲酯或双酚 A 碳酸酯混合[66,67]，并快速冷却至低温，可使其不可逆地形成分子间的激基缔合物。混合物的荧光发射性质在很大程度上取决于染料的单体和激基缔合物，发射波长在整个温度范围内红移了 147 nm。该材料的温度测量范围为 22～120℃，灵敏度高于 5% K^{-1}，响应时间以小时计。同样，采用高温熔融技术聚乙烯也可与荧光染料 32 混合制备温度响应材料，其温度测定范围为 90～120℃[68]。此外，还有一系列类似的热致变色玻璃状非晶态聚合物-有机染料的混合物，这类材料的荧光随温度变化性能不可逆，可以通过调整聚甲基丙烯酸甲酯共聚物的组成来改变 T_g[69]，测量的温度范围为 60～115℃，此类温度传感材料可以作为阈值温度和机械变形温度传感器。

聚合物薄膜/有机染料传感器是通过食品级染料 33 分散到可生物降解的聚酯（聚丁二酸丁二醇酯）中制备得到，基于激态缔合物的荧光发射进行温度分析，对机械力和温度变化都有不可逆的响应。其温度变化范围在 50～80℃之间，灵敏度为 2% K^{-1}，响应时间超过 5 h，空间分辨率大于 150 μm[70]。化合物 34 也具有用作温度计的潜力[71]，其与线型低密度聚合物聚乙烯混合熔融制备成薄膜，加热时薄膜的发射波长发生蓝移（从 623 nm 到 543 nm），其温度响应机制为在高温下激态缔合物的电子转移引起荧光的变化，温度测量范围为 25～153℃，并对温度响应是可逆的。

3）系间窜越类

激发态的三重态/单重态的系间窜越作用也对温度有响应。例如，9-甲基蒽（**35**）在刚性聚合物聚甲基丙烯酸甲酯溶液中的荧光发射与系间窜越作用有关，并显示出温度敏感性[72]，其延迟荧光来自 T_1 能级跃迁到能量接近的 S_1 能级。染料吖啶黄（**36**）是一种基于有机物三重态的温度依赖衰变的荧光温度计，可以溶于刚性混合糖玻璃态中[73]，磷光及其延迟荧光很强，三重态寿命或延迟荧光与磷光强度比率均可以用来监测温度。在温度为 −50～+50℃ 范围内，这个三重态寿命和强度比的平均相对灵敏度分别为 2.0% K^{-1} 和 4.5% K^{-1}，精密高于 1℃，基于三重态寿命的时间分辨率优于 1 s。还有一些其它的延迟荧光染料被应用于温度测量研究中，比如在没有氧气的情况下，C_{70} 薄膜的荧光强度随温度的升高而显著增加[74]，工作范围为 80～140℃，灵敏度优于 0.5% K^{-1}；对于荧光寿命法，工作温度范围在 7～515℃ 之间，灵敏度优于 0.5% K^{-1}，时间分辨率优于 1 ms。

4）分子内电荷转移

分子内电荷转移化合物通常表现为不同激发态的构象变化，外界条件变化（如与溶剂形成氢键）可引起分子内电荷转移，引起荧光寿命衰减，导致其具有温度响应性能。

分子内电荷转移热猝灭荧光效应也可以构建基于强度变化的温度敏感光学探针（图 11-4）。例如，染料 **37** 荧光强度的变化主要是由于热诱导电子转移引起的，同时伴随着荧光寿命降低[75]。染料 **37** 和 **38** 分别在两种活细胞中用作荧光温度计[76]，其中，**37** 的荧光寿命变化可以提供温度测定的精度约为 2℃，在 15～67℃ 温度

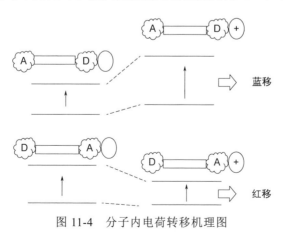

图 11-4　分子内电荷转移机理图

范围内,灵敏度约为 1.5% K^{-1};染料 38 作为微环境温度计的精度为 0.1~1℃,温度范围为 33~46℃,灵敏度优于 5% K^{-1}。

上述化合物的热响应过程同时伴随荧光发射的变化,因此可作为单染料双发射荧光温度计的理想材料。具有分子内电荷转移作用的温度敏感探针[77]的设计应做以下考虑:用 p 轨道为空的缺电子硼原子作电子受体,芳基取代基选为供体;设置大的空间位阻,这样一旦形成紧凑的结构,就可能会产生分子内电荷转移。

(2)大分子温度敏感光学探针

除了有机小分子外,聚合物及生物相关的大分子材料(如绿色荧光蛋白,DNA)也为温度敏感光学探针的制备提供了物质基础。

1)基于聚合物的温度敏感光学探针

聚合物温度敏感光学探针通常是由温度响应型聚合物和荧光染料组成。这类温度敏感光学探针的原理可以概括为:温度响应型聚合物的相变可以传递给荧光染料,导致荧光分子的光学特性随环境温度变化而变化,如图 11-5 所示。在低于聚合物最低临界相转变温度(LCST)时,荧光聚合物链呈伸展状态;当温度高于 LCST 时,聚合物对局部环境温度作出响应,并从伸展状态转变为聚集状态。同时,引起作为"报告基团"的荧光单元产生光信号变化,从而可以检测温度的改变。作为纳米温度计,这种基于聚合物的温度敏感光学探针具有显著的优点:其

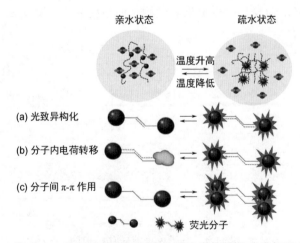

图 11-5 基于聚合物的温度敏感光学探针的响应机理

温度检测具有连续性和可逆性，并且不损伤样品。目前，已有多种荧光染料与温度响应型聚合物相结合，制备了聚合物温度敏感光学探针并应用于温度传感。基于这种方法的温度研究策略可以通过测量荧光信号的变化来简单快速地测定温度，尤其是活细胞中的温度。

温度响应型聚合物链部分通常选择异丙基丙烯酰胺类单体，因为其 LCST 在 32℃ 左右。荧光分子通常选择可以随环境温度变化的染料分子。根据热响应机理，可将这些荧光染料分为三类：光致异构化染料、分子内电荷转移染料和分子间 π-π 相互作用染料（图 11-5）。

2009 年，Gota 等[78]首次报道了聚合物型荧光纳米凝胶温度计，并用于细胞内热成像和传感分析。这种荧光纳米凝胶可以通过微注射的方式进入细胞内部。以 COS-7 细胞为研究对象，当其受到外部化学试剂刺激时，比如添加喜树碱，细胞内温度会增高，而荧光纳米凝胶可以灵敏的测定细胞内温度变化。乔娟等[79-83]对此类探针的合成、测定原理及应用进行了一系列的研究（如图 11-6 所示）。目前，此类方法已广泛用于细胞以及细胞内各器官之间的温度变化检测[79-88]。利用荧光寿命随着温度的升高而延长的机理，也可实现温度的检测。该类探针的荧光寿命与温度在 28~40℃ 范围呈线性关系。这种基于荧光寿命的温度测定模式，其优势是可消除纳米颗粒在细胞内分布不均匀而导致的误差。

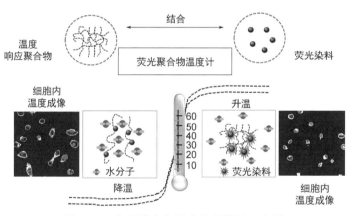

图 11-6　荧光聚合物温度计的设计及应用

2）基于绿色荧光蛋白的温度敏感光学探针

绿色荧光蛋白（GFP）被认为是当今细胞成像研究中使用最广泛的荧光材料之一，这得益于其独特的结构和优势。目前，人们已合成了各种具有新性能的绿色荧光蛋白，所报道的 GFP 衍生物其发射光谱已经覆盖了整个可见光谱区并且兼具高荧光量子产率和长期稳定性[89]。GFP 显示了它作为多功能标记物在基因表达、蛋白定位、pH 及蛋白质-蛋白质相互作用研究中的独特性[90]。

GFP 也可以作为生物相容性的温度敏感光学探针[91]，因为 GFP 极化状态的荧光与温度密切相关，特别是 GFP 的荧光各向异性在生理范围内与温度呈线性降低关系（20~60℃）。这种 GFP 是比率型温度传感器，光漂白、光照强度变化或荧光团迁移不会影响温度测定。因此，可以根据它的荧光偏振特性建立绝对温度分析方法。GFP 还可以在 HeLa 和 U-87 癌细胞内过度表达并进行温度成像，而且得到的细胞内校准曲线（GFP 与温度关系）与生理盐水缓冲液中的明显不同。这一事实归因于细胞质和缓冲液（磷酸盐缓冲液）具有不同的黏度[92]，揭示了这些分子探针在不同环境中所受的影响。因此，必须对每个待测的细胞系作相应的热响应曲线，以消除不同的细胞类型之间可能存在的差异。同时，有研究表明基因编码技术甚至可以改善单个 GFP 的热敏感性以便监测细胞内特定细胞器的温度变化[93]，其优点在于热相变附近的线性灵敏度（38~46℃）比绿色荧光蛋白高 3 倍还要多，可以确定活细胞中线粒体膜的电压和碱性磷酸酶水平的关系。

3）基于 DNA 的温度敏感光学探针

生物分子 DNA 也可用于温度敏感的荧光探针设计。例如，双链 DNA 结构从 B-DNA 到 Z-DNA 的结构变化已显示出作为分子纳米温度计的潜力。荧光探针电子性质和电荷转移产生的过程导致 Z-构象和 B-构象之间的平衡可以受温度控制，因此可用来测定温度。信使 RNA（mRNA）可以随温度改变调整其构象，利用这一现象可选择性识别 mRNA 的特征区域（如 mRNA 的 5′-端的温度变化导致 RNA 发生转变）；在细胞内利用 DNA 荧光信标进行温度测定的工作原理与基因编码 GFP 非常相似[94]。

（3）基于纳米材料的温度敏感光学探针

1）量子点

量子点是纳米医学荧光成像研究的主要组成部分，得益于高亮度以及通过控制大小调整其荧光性质的特点，目前它们已成为应用最多的体内和体外荧光探针之一[95]。量子点的荧光强烈依赖于温度变化，通常温度升高会使荧光降低并伴随光谱的位移。这种荧光的温度依赖性在生物环境下呈良好的线性，发光猝灭和光谱位移两种效应在很大程度上取决于量子点的尺寸及构成[96]，不同种类的量子点均可用于温度传感并且其波长范围已覆盖从可见光到近红外光的范围[97]。2009 年，Han 等[98]首先证明了量子点温度传感在体外实验中的潜在应用，使用 CdSe 量子点监测混合溶液中癌细胞的温度变化。随后一系列基于量子点的温度敏感荧光探针应用于温度测定[99-102]，并且具有良好的温度分辨率（0.5℃），可进行外部加热时细胞内动态光谱分析及癌细胞对 Ca^{2+} 的温度响应过程研究。

2）贵金属纳米颗粒

金纳米粒子作为荧光探针已广泛用于细胞的多光子激发荧光成像[103]。除了细胞成像功能,金纳米粒子也是最有前途的光热剂,因为其光热转换效率接近 100%。

其中，金纳米团簇也可用作荧光纳米温度计[104]，主要是基于其荧光寿命随着温度的改变而变化，而且这些温度引起的寿命缩短和荧光猝灭并不随荧光光谱漂移。金纳米团簇测定温度的灵敏度估计为 0.3～0.5℃，且作为温度探针具有良好的可逆性、较长的荧光寿命、长期稳定性和较小的细胞毒性。另一个优点是寿命测定不依赖于金纳米团簇的内部分散程度及浓度。然而，这些纳米温度计明显的缺点是寿命对环境的依赖性，它需要对每个实验进行"细胞内"校准。

3）纳米金刚石

纳米金刚石（NDs）最近被用于高精密度细胞内温度传感分析[105]。这些 NDs 的热灵敏性质是基于"氮空位"中心，由碳原子晶格和附近的空原子晶格占据了氮原子的缺陷。"氮空位"中心是一个量子自旋态，它被分成两个量子能级，分裂的能量强烈地依赖于温度。NDs（作为纳米温度计）和金纳米粒子（作为光诱导纳米加热器）的组装体可以进入人类胚胎成纤维细胞。这两种荧光纳米粒子可由同一激光源（YAG 激光，532 nm）激发以便它们可以同时显微荧光成像。除了较高的热灵敏度，NDs 纳米温度测定的优势在于对环境的依赖性较低，因为"氮空位"中心大多是内部缺陷，不受环境的显著影响。尽管如此，到目前为止仍没有采用这种方法对细胞进行温度成像，这可能与 NDs 中的"氮空位"中心数少导致的荧光效率低有直接关系。

4）稀土掺杂纳米颗粒

近年来，稀土离子掺杂纳米颗粒和稀土离子复合物因具有高光稳定性、低毒性，且可采用红外光激发而具有穿透能力强、自发荧光小等特点而被广泛用于高对比度单细胞成像[106,107]。稀土掺杂纳米颗粒的荧光虽然不受环境条件的影响但是却受温度变化的影响，因此它可用于监测温度。基于稀土掺杂纳米颗粒荧光的温度传感性能已经在多种系统中得到证明[108]。2007 年 Suzuki 等[109]报道了基于稀土掺杂纳米颗粒的单细胞温度荧光传感分析，使用微注射的方法使材料进入 HeLa 活细胞内部，温度引起的荧光强度变化可用于测量细胞膜温度，温度分辨率优于 0.5℃。利用此方法监测了单个 HeLa 细胞产热过程。采用稀土离子也可以进行单细胞长程动态温度测定[110]，比如将铒和掺钇离子 $NaYF_4$ 上转换纳米粒子用于温度传感，在 980 nm 激发时可经过上转化过程产生强烈的绿色荧光，这些纳米粒子可以均匀分布在活细胞内并且不会导致明显的毒性。

总之，基于新型的原理、材料及技术建立的温度敏感荧光探针层出不穷，性能及应用也不断优化，为在微纳尺度及非接触的温度测定方面提供了更多的工具。

11.4 压力敏感的光学探针

压力与许多物理、化学过程相关。压力已被引入发光化合物的光物理和光化学性质的调控中。压力调节荧光变化一方面与分子内的能级结构或分子间的相互作用有关,另一方面与物质的物理性能(如体积,黏度和介电常数等)有关。压力会影响荧光分子的对称性、能隙、配体和势能表面的空间排列等。除了对分子的状态和构型的影响,压力还可以影响化合物的相变和晶格等。通常,对一些含旋转单元的有机小分子荧光探针而言,压力增大可引起分子堆积加密,相当于局部黏度增大,抑制了分子内旋转所产生的非辐射去活作用,所以可造成此类探针分子的荧光增强。然而,目前基于压力变化而发展的荧光探针仍较少,理论体系相对薄弱[111],因此本节仅举若干例子进行简单介绍。

(1) 基于有机小分子的压力敏感荧光探针

硅杂环戊二烯又称硅咯,是一个含硅的五元环化合物,其最低空轨道(LUMO)的能量低于常见的吡咯、呋喃、噻吩等,这赋予了该类化合物高的电子接受能力和电子传输性能。1,1,2,3,4,5-六苯基硅杂戊环-2,4-二烯(1,1,2,3,4,5-hexaphenyl-silacyclopenta-2,4-diene,HPS)是此类化合物的典型代表,其荧光可随压力的升高而显著增强(图 11-7)。研究表明,荧光增强的原因是压力增加可显著抑制分子内转动而引起的非辐射去活过程[111]。

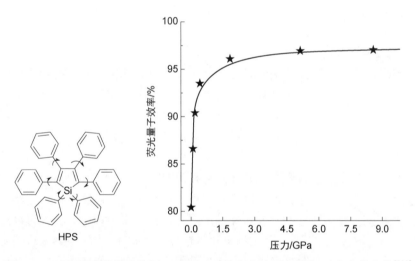

图 11-7 压力敏感的荧光探针(HPS)及其荧光随压力增加而升高的变化[111]

吡啶的荧光发射强度可以从液体到晶体增加 6 个数量级,并随着压力增加而进一步增强[112]。这种现象是由于分子间的 N 孤对电子的 $n\pi^*$ 和 $\pi\pi^*$ 最低激发态的能级反转而引起的,而且吡啶的压力诱导荧光性质变化也仅限于存在晶体缺陷的情况。另外,沉淀或固态荧光探针、黏度敏感的荧光探针通常对压力也敏感,因为沉淀或固态的形成抑制了分子内和/或分子间的运动性,相当于黏度增大,从而可引起荧光增加。

(2) 基于纳米金簇的压力敏感荧光探针

采用原位荧光和红外光谱技术，Zhang 等[113]研究并发现压力可诱导牛血清白蛋白保护的纳米金簇（AuNCs@BSA）的荧光增强，且此现象与相应的配体蛋白构象变化有关。AuNCs@BSA 荧光增强主要归因于在压力改变情况下，配体发生了二级和三级结构变化，BSA 失去了原有的 α-螺旋结构，蛋白质以更灵活的构象状态存在。这些由于压力变化而引起的荧光强度的变化将有助于了解配体在纳米团簇中的重要作用，进而改善纳米团簇的结构及其发光效率。

11.5 酸度敏感的光学探针

酸度是众多化学、生物反应过程的重要环境参数。例如，许多生理过程都和酸度值密切相关，细胞中的酸性或碱性过强会导致心、肺病变或神经类疾病，严重时甚至会危及生命[114]。因此，酸度的准确测量对化学生物学的研究十分重要。由于具有操作简便、反应迅速、灵敏度高等优点，酸度敏感的荧光探针已广泛发展并应用于不同生物体系内部 pH 值的测量。在第 4 章中已有所介绍，这类探针通常含有电负性大的原子或易解离的化学基团（如羟基、羧基、氨基等），并利用质子的结合/解离作用导致光信号的改变而实现检测（图 11-8）。

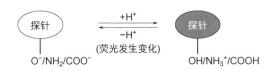

图 11-8 酸度敏感的光学探针的响应机理

目前，已有很多荧光母体用于检测 pH 的探针构建，比如荧光素、罗丹明、BODIPY、萘酰亚胺、花菁、过渡金属配合物、卟啉等。酸度敏感的光学探针响应原理主要包括：基于内酰螺环的"开-关"原理、分子内电荷转移原理（ICT）、光诱导电子转移（PET）原理、荧光共振能量转移（FRET）原理和 AIE 原理等。

(1) 基于内酰螺环的"开-关"原理

荧光素因具有荧光发射波长长、量子产率高、毒性低而被广泛用于酸度的检测。荧光素分子内的氧桥键将两个苯环固定在一个平面内，使分子具有刚性平面结构，因而能产生强烈的荧光。它的结构受体系的酸碱环境而变化，变化过程如图 11-9 所示。在酸性环境中，分子内形成内酰螺环结构，此时没有荧光；在碱性环境中，内酰螺环结构被打开，产生较大的共轭结构，发出强荧光。

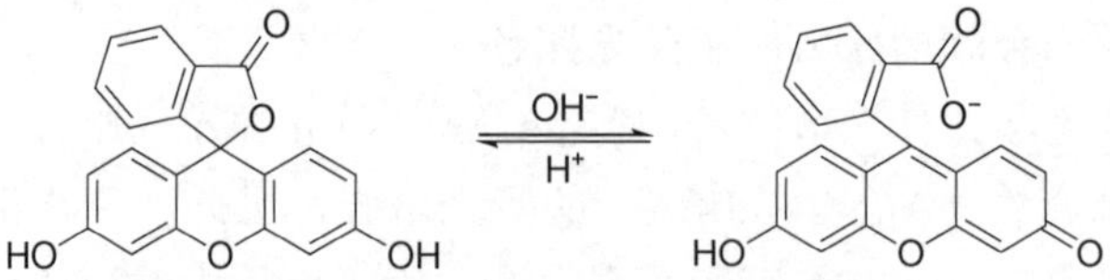

图 11-9 荧光素在不同酸度下的结构变化

然而，荧光素分子本身并不常用于测量细胞内酸度，因为它容易从细胞内泄漏，难以实现定量检测。为了克服这一问题，人们发展了各种荧光素衍生物。

Rink 等[115]于 1982 年以荧光素为母体设计合成了探针 **39**。该探针是目前应用最广泛的酸度荧光探针。由于 **39** 的细胞渗透性差，在实际应用中，一般将其转化成乙酰基甲酯的形式进入细胞，在细胞内经过非选择性酯酶的水解作用又转化为探针 **39**。此探针的 pK_a = 6.98，接近中性，适用于检测细胞质等中性环境的 pH 的变化，并且在生理条件下带有 4~5 个负电荷，能在细胞中保留较长时间。探针 **39** 在 440 nm 和 490 nm 处都可被激发，通过测量两个最大激发峰比值可实现比率测量。

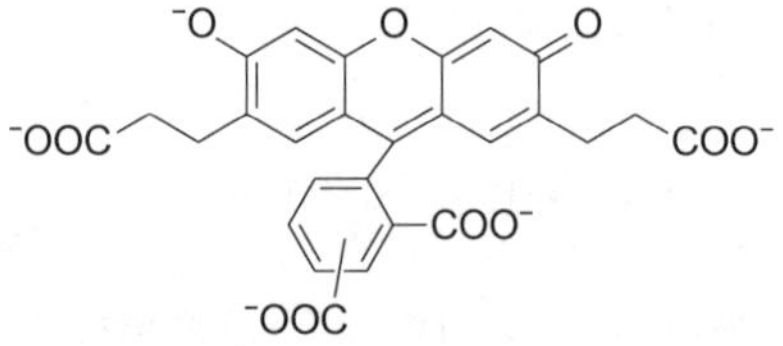

与荧光素类似，罗丹明也可基于内酰螺环的开-闭结构变化实现酸度的检测，并具有良好的光物理性质，如摩尔吸光系数大、光稳定性好、量子产率高、激发和发射波长位于可见区域，且细胞渗透性好，常被用来合成打开型荧光探针。

Zhang 等[116]设计合成了基于罗丹明 B 的酸度荧光探针 **40**。在 pH=7 时，探针 **40** 处于内酰螺环关闭状态，没有荧光。随着 H$^+$ 浓度的增加，酰胺键的 N 原子被质子化，内酰螺环打开，出现荧光。在 pH 从 6.0 降到 4.2 的过程中，探针 **40** 的荧光强度增强了 100 倍。该探针的 pK_a 为 4.85，已成功应用于检测 HepG2 细胞内酸度的变化。

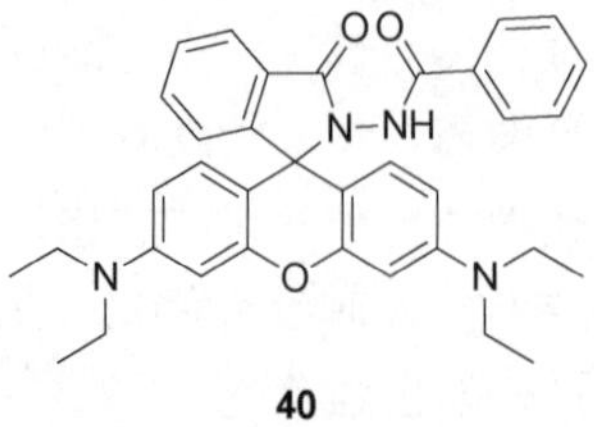

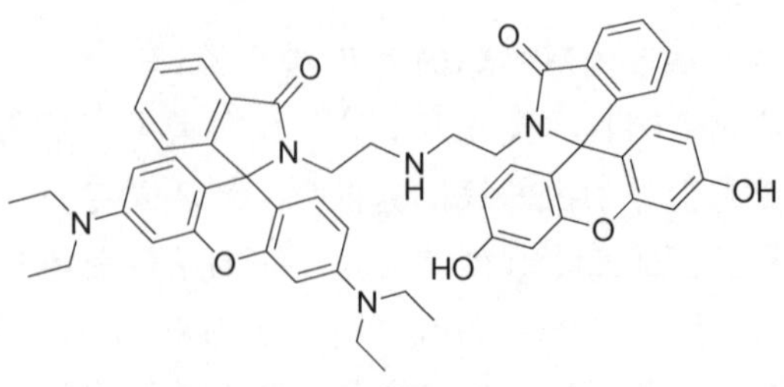

Kim 等[117]将荧光素和罗丹明骨架通过二亚乙基三胺连接在一起,合成了酸度探针 **41**。在中性和碱性条件下,该探针发绿色荧光(λ_{em} = 512 nm);在酸性条件下,绿色荧光显著降低,罗丹明的红色荧光(λ_{em} = 580 nm)显著增强。因此,可利用发射强度的比值($I_{512\,nm}/I_{580\,nm}$)来检测 pH。因为两个荧光团内酰胺的开环反应有不同的 pK_a 值(荧光素 pK_a = 9.2±0.12,罗丹明 pK_a = 3.1±0.02),探针 **41** 在 pH 为 3.2~10 范围内均有响应。细胞成像实验表明,探针 **41** 不仅可定位于酸性的溶酶体,发出红色荧光,还可以分布在细胞质,发出绿色荧光。

(2)基于 ICT 原理

Lin 等[118]基于 ICT 原理合成了一种吡喃并喹啉结构的酸度探针 **42**。在 EtOH/H$_2$O = 4:6(体积比)溶液中,该探针在 pH 7.9~4.0 的范围内表现出比率型荧光响应,并随着 pH 值的降低,其荧光强度在 545 nm 和 485 nm 处分别发生增强和减弱。探针的响应机理是:在酸性条件下,当喹啉环上的 N 原子被质子化时,增加了喹啉环的电子接受能力;随着 pH 的降低,其荧光发射光谱发生约 60 nm 的红移。此探针可用于活细胞中 pH 的荧光成像分析。

Shuang 等[119]设计合成了探针 **43**,其荧光变化产生于从供电子的三苯基胺到吸电子的吲哚之间发生的 ICT 过程。在碱性条件下,吲哚部分接受电子的能力降低,引起共轭程度的降低,该探针的 ICT 过程被阻止,荧光猝灭。但是随着 pH 的降低,ICT 过程恢复。当 pH 降低到 5 时,探针 **43** 在 650 nm 处的荧光强度最大。该探针的 pK_a 是 7.38,细胞成像表明该探针可监测中性细胞质的 pH 变化。

(3)基于 PET 原理

Akkaya 等[120]基于 PET 原理设计了荧光探针 **44**。该探针以 BODIPY 为荧光团,含有羟基的杯芳烃为识别基团。在 pH 2.53~11.54 的范围内,对酸度有良好的响应。该探针的 pK_a 为 6.5,可用于检测细胞内近中性微小的 pH 变化。

Tang 等[121]基于 PET 机理,利用菁类染料合成了酸度探针 **45**,可检测两个酸度范围。该探针的 H$^+$ 结合位点是 3-氨基苯酚,在碱性条件下,由于 PET 作用,不发荧光;在酸性条件下,PET 过程被阻止,探针 **45** 的荧光恢复。**45** 的 pK_a 为 5.14 和 11.31,分别适用于 pH 4~6.5 和 10.5~11.8 的检测,并已用于检测 HepG2 细胞内 pH 的变化。此后,他们又合成了可用于检测生理环境下 pH 的探针 46[122]，H+ 的识别基团为三联吡啶，探针的 pK_a 是 7.1，可用于 pH 为 6.7～7.9 的检测。通过 HepG2 和 HL-7702 细胞的荧光成像分析，显示该探针可以用于生物体系中较小 pH 变化的定量检测。

Zhang 等[123]报道了经吗啉修饰的 BODIPY 类酸度荧光探针 47，可用于细胞内 pH 的检测。该探针以吗啉作为 H+ 识别基团，将其连接在 BODIPY 上而得到。此探针在中性或碱性条件下荧光很强，而在酸性条件下荧光减弱，这是因为吗啉上的叔氨基在酸性条件下被质子化，产生 PET 效应，导致 BODIPY 的荧光发生猝灭。该探针具有良好的光稳定性，已成功用于哺乳动物细胞内的 pH 成像。

（4）基于 FRET 原理

Zhang 等[124]报道了基于 FRET 原理的比率型荧光探针 48。该探针以萘酰亚胺作为 FRET 供体，罗丹明母体作为 FRET 受体，吗啉作为溶酶体靶向基团而构筑。探针 48 的荧光强度比值（$I_{529\,nm}/I_{580\,nm}$）在 pH 4.50～5.50 之间变化十分明显，其 pK_a 值为 4.82，且荧光强度不受金属离子、氨基酸和碱性磷酸酶的干扰，具有高选择性。更重要的是，该探针无细胞毒性，能对 HeLa 细胞中的溶酶体染色。

化合物 **49** 是以菲并咪唑为能量供体、罗丹明 6G 为能量受体而构建的 FRET 型酸度荧光探针[125]。在 pH 3.5～8.0 的范围内，随着 pH 的降低，**49** 在 493 nm 处的荧光逐渐降低，而在 552 nm 处的荧光逐渐增强，且不受金属离子、谷胱甘肽、半胱氨酸和高胱氨酸的影响。该探针细胞毒性低，已被应用于地塞米松诱导 Hct116 细胞内部 pH 变化的成像检测。

Burgess 等[126]利用炔键将荧光素和 BODIPY 荧光团连接起来，设计出一个基于 FRET 原理的比率型酸度探针，其中荧光素单元为能量供体，BODIPY 单元为能量受体。当 pH 大于 7 时，荧光素主要以酚盐的形式存在，量子产率高，此时用 488 nm 激发，通过能量转移，发出的是 BODIPY 的红色荧光；而当 pH 降到 6 左右时，荧光素以酚的形式存在，荧光量子产率降低，FRET 效应被阻断，发出的则是荧光素的绿色荧光。在 pH 4.0～6.5 的范围内，该探针的红色荧光和绿色荧光的比率变化显著，对 pH 响应灵敏，可用于细胞液和细胞核 pH 值的测定。

（5）基于 AIE 原理

童爱军等[127]基于 AIE 原理设计合成了比率型酸度荧光探针 **50**，其溶解在水溶液中荧光很弱，但是在聚合状态或固态时则表现出强荧光。该探针在酸性条件下处于聚合状态，表现出 AIE 增强效应，最大发射波长为 559 nm。当 pH 从 3.43 升至 5.63 时，羧基去质子化，**50** 以阴离子形式溶解在水溶液中，AIE 效应减弱，此过程的 pK_a 为 4.8。当 pH 从 5.63 升至 9.56 时，羟基去质子化，苯酚上氧原子的负电荷使得苯酚到亚胺上的碳原子的电子离域增强，增大了 ICT 效应，在 516 nm 处出现了一个新的发射峰，此过程的 pK_a 为 7.4。在 pH 5～7 的范围内，该探针由橘色变为绿色，在 516 nm 和 559 nm 处的荧光强度比值（$I_{516\ nm}/I_{559\ nm}$）逐渐增大。由于该探针具有良好的稳定性、选择性和膜通透性，所以可采用共聚焦荧光成像，对 HepG2 细胞内的 pH 进行检测。

唐本忠等[128]将四苯乙烯与 N-烷基化的吲哚结合，发展了能发出红光的半花菁类酸度探针 **51**。该探针通过引入四苯乙烯分子，不仅可产生 AIE 效果，又可获得大的斯托克斯位移（>185 nm）。该探针可在很宽的 pH 范围内应用，在 pH 5～7 时，发射中等强度的红色荧光；在 pH 7～10 时，几乎没有荧光；而在 pH 10～14 时，发射强烈的蓝色荧光。通过比较两个发射峰的荧光强度，比率探针 **51** 可以利用共焦成像显微镜和流式细胞仪进行 pH 成像和监测。

综上所述，人们在发展各种环境因素敏感的光学探针方面已取得了长足的进步。然而，目前该领域还存在着许多问题有待于解决和克服。如，许多光学探针存在波长短、水溶性差等缺点，能完美匹配生物微环境检测的探针仍相对较少；又如，许多探针对多重环境因素敏感（如，探针对黏度、极性均非常敏感），这非常不利于对所测得的光信号进行辨别和解析，从而给微环境信息的准确获取带来了困难[1]。因此，发展长波长、水溶性好、对单一环境因素敏感的高选择性光学探针，以更好地满足生物应用的要求，仍是一个颇为重要的课题。人们相信，随着性能更优异的环境敏感光学探针的不断发展，更多的生物微环境信息将被人们所发现。

参 考 文 献

[1] 王可，马会民. 对生物环境因素敏感的荧光探针. 化学进展, **2010**, 22(8): 1633-1640.

[2] Sackett, D.; Wolff, J. Nile red as a polarity-sensitive fluorescent probe of hydrophobic protein surfaces. *Anal. Biochem.*, **1987**, 167: 228-234.

[3] Kim, S. Y.; Semyonov, A. N.; Twieg, R. J.; Horwich, A. L.; Frydman, J.; Moerner, W. E. Probing the sequence of conformationally induced polarity changes in the molecular chaperonin GroEL with fluorescence spectroscopy. *J. Phys. Chem. B*, **2005**, 109: 24517-24525.

[4] Hungerford, G.; Rei, A.; Ferreira, M. I. C. Studies on the interaction of nile red with horseradish peroxidase in solution. *FEBS J.* **2005**, 272: 6161-6169.

[5] Okamoto, A.; Tainaka, K.; Fujiwara, Y. Nile red nucleoside: design of a solvatofluorochromic nucleoside as an indicator of micropolarity around DNA. *J. Org. Chem.* **2006**, 71: 3592-3598.

[6] Chen, S. M.; Li, X. H.; Ma, H. M. New Approach for local structure analysis of the tyrosine domain in proteins by using a site‑specific and polarity-sensitive fluorescent probe. *ChemBioChem*, **2009**, 10: 1200-1207.

[7] Dong, S. Y.; Ma, H. M.; Duan, X. J.; Chen, X. Q.; Li, J. Detection of local polarity of alpha-lactalbumin by N-terminal specific labeling with a new tailor-made fluorescent probe. *J. Proteome Res.*, **2005**, 4: 161-166.

[8] Dong, S. Y.; Zhao, Z. W.; Ma, H. M. Characterization of local polarity and hydrophobic binding sites of beta-lactoglobulin by using N-terminal specific fluorescence labeling. *J. Proteome Res.*, **2006**, 5: 26-31.

[9] Wang, X. C.; Guo, L. H.; Ma, H. M. Analysis of local polarity change around Cys34 in bovine serum albumin during N→B transition by a polarity-sensitive fluorescence probe. *Spectrochim. Acta Part A*, **2009**, 73: 875-878.

[10] Wang, X. C.; Wang, S. J.; Ma, H. M. Characterization of local polarity and structure of Cys121 domain in beta-lactoglobulin with a new thiol-specific fluorescent probe. *Analyst*, **2008**, 133: 478-484.

[11] Wang, S. J.; Chen, S. M.; Ma, H. M. Analysis of local structure of Arg10 domain in apo-alpha-lactalbumin with a polarity-sensitive arginine-specific fluorescence probe. *Sci. China Ser. B, Chem.*, **2009**, 52: 809-814.

[12] Wang, S. J.; Wang, X. C.; Shi, W; Wang, K.; Ma, H. M. Detection of local polarity and conformational changes at the active site of rabbit muscle creatine kinase with a new arginine-specific fluorescent probe. *Biochim. Biophys. Acta*, **2008**, 1784: 415-422.

[13] Weber, G.; Farris, F. J. Synthesis and spectral properties of a hydrophobic fluorescent probe: 6-propionyl-2-(dimethylamino) naphthalene. *Biochem.*, **1979**, 18: 3075-3078.

[14] Tricerri, M. A.; Agree, A. K. B.; Sanchez, S. A.; Jonas, A. Characterization of apolipoprotein A-I structure using a cysteine-specific fluorescence probe. *Biochemistry*, **2000**, 39: 14682-14691.

[15] Kamal, J. K. A.; Zhao, L.; Zewail, A. H. Ultrafast hydration dynamics in protein unfolding: human serum albumin. *Proc. Natl. Acad. Sci. USA.*, **2004**, 101: 13411-13416.

[16] Li, M.; Fan, J.; Li, H.; Du, J. J.; Long, S.; Peng, X. J. A ratiometric fluorescence probe for lysosomal polarity. *Biomaterials*, **2018**, 164: 98-105.

[17] Jones, G. L. L.; Jackson, W. R.; Choi, C.; Bergmark, W. R. Solvent effects on emission yield and lifetime for coumarin laser dyes. Requirements for a rotatory decay mechanism. *J. Phys. Chem.*, **1985**, 89: 294-300.

[18] Jiang, N.; Fan, J.; Xu, F.; Peng, X. J.; Mu, H. Y.; Wang, J. Y.; Xiong, X. Q. Ratiometric fluorescence imaging of cellular polarity: decrease in mitochondrial polarity in cancer cells. *Angew. Chem. Int. Ed.*, **2015**, 54: 2510-2514.

[19] Loving, G.; Imperiali, B. A versatile amino acid analogue of the solvatochromic fluorophore 4-N,N-Dimethylamino-1,8-naphthalimide: a powerful tool for the study of dynamic protein interactions. *J. Am. Chem. Soc.*, **2008**, 130: 13630-13638.

[20] Wang, B.; Zhang, X.; Wang, C.; Chen, L.; Xiao Y.; Pang, Y. Bipolar and fixable probe targeting mitochondria to trace local depolarization via two-photon fluorescence lifetime imaging. *Analyst*, **2015**, 140: 5488-5494.

[21] de Silva, A. P.; de Silva, S. S. K.; Goonesekera, N. C. W.; Gunaratne, H. Q. N.; Lynch, P. L. M.; Nesbitt, K. R.; Patuwathavithana, S. T.; Ramyalal, N. L. D. S. Analog parallel processing of molecular sensory information. *J. Am. Chem. Soc.*, **2007**, 129: 3050-3051.

[22] Kung, C. E.; Reed, J. K. Fluorescent molecular rotors: a new class of probes for tubulin structure and assembly. *Biochemistry*, **1989**, 28: 6678-6686.

[23] Belletete, M.; Sarpal, R. S.; Durocher, G. Excited-state dynamics and viscosity-dependent internal conversion in 3,3-dimethyl-2-phenyl-3*H*-indole. *Chem. Phys. Lett.*, **1993**, 201: 145-152.

[24] Arye, P. P.; Strashnikova, N.; Likhtenshtein, G. I. Stilbene photochrome‑ fluorescence-spin molecules:

covalent immobilization on silica plate and applications as redox and viscosity probes. *J. Biochem. Biophys. Methods*, **2002**, 51: 1-15.

[25] Cohen, B. E.; McAnaney, T. B.; Park, E. S.; Jan, Y. N.; Boxer, S. G.; Jan, L. Y. Probing protein electrostatics with a synthetic fluorescent amino acid. *Science*, **2002**, 296: 1700-1703.

[26] Loutfy, R. O. Fluorescence probes for polymer free-volume. *Pure Appl. Chem.*, **1986**, 58: 1239-1248.

[27] Kung, C. E.; Reed, J. K. Microviscosity measurements of phospholipid bilayers using fluorescent dyes that undergo torsional relaxation. *Biochemistry*, **1986,** 25: 6114-6121.

[28] Sawada, S.; Iio, T.; Hayashi, Y.; Takahashi, S. Fluorescent rotors and their applications to the study of GF transformation of actin. *Anal. Biochem.*, **1992**, 204: 110-117.

[29] Iio, T.; Takahashi, S.; Sawada, S. Fluorescent molecular rotor binding to actin. *J. Biochem.*, **1993**, 113: 196-199.

[30] Haidekker, M. A.; Brady, T. P.; Lichlyter, D.; Theodorakis, E. A. Effects of solvent polarity and solvent viscosity on the fluorescent properties of molecular rotors and related probes. *Bioorg. Chem.*, **2005**, 33: 415-425.

[31] Wang, K.; Shi, W.; Jia, J.; Chen, S. M.; Ma, H. M. Characterization of 2-phenylbenzo[g]quinoxaline derivatives as viscosity-sensitive fluorescent probes. *Talanta*, **2009**, 77(5): 1795-1799.

[32] Zhang, W.; Xu, K. X.; Yue, L. X.; Shao, Z. L.; Feng, Y.; Fang, M. Two-dimensional carbazole-based derivatives as versatile chemosensors for colorimetric detection of cyanide and two-photon fluorescence imaging of viscosity in vitro. *Dyes Pigm.*, **2017**, 137: 560-568.

[33] Li, H. Y.; Shi, W.; Li, X. H.; Hu, Y. M.; Fang, Y.; Ma, H. M. Ferroptosis accompanied by ·OH generation and cytoplasmic viscosity increase revealed via dual-functional fluorescence probe. *J. Am. Chem. Soc.*, **2019**, 141: 18301-18307.

[34] Haidekker, M. A.; Brady, T. P.; Lichlyter D.; Theodorakis E. A. A ratiometric fluorescent viscosity sensor. *J. Am. Chem. Soc.*, **2006**, 128(2): 398-399.

[35] Kuimova, M. K.; Botchway, S. W.; Parker, A. W.; Balaz, M.; Collins, H. A.; Anderson, H. L.; Suhling, K.; Ogilby, P. R. Imaging intracellular viscosity of a single cell during photoinduced cell death. *Nat. Chem.*, **2009**, 1: 69-73.

[36] Liu, F.; Wu, T.; Cao, J. F.; Cui, S.; Yang, Z. G.; Qiang, X. X.; Sun, S. G.; Song, F. L.; Fan, J L.; Wang, J. Y.; Peng, X. J. Ratiometric detection of viscosity using a two-photon fluorescent sensor. *Chem. Eur. J.*, **2013**, 19: 1548-1553.

[37] Zhao, M.; Zhu, Y. Z.; Su, J.; Geng, Q.; Tian, X. H.; Zhang, J.; Zhou, H. P.; Zhang, S. Y.; Wu, J. Y.; Tian, Y. P. A water-soluble two-photon fluorescence chemosensor for ratiometric imaging of mitochondrial viscosity in living cells. *J. Mater. Chem. B: Mater. Biol. Med.*, **2016**, 4: 5907-5912.

[38] Wang, L.; Xiao, Y.; Tian, W.; Deng, L. Z. Activatable rotor for quantifying lysosomal viscosity in living cells. *J. Am. Chem. Soc.*, **2013**, 135: 2903-2906.

[39] Su, D. D.; Teoh, C. L.; Gao, N. Y.; Xu, Q. H.; Chang, Y. T. A simple BODIPY-based viscosity probe for imaging of cellular viscosity in live cells. *Sensors*, **2016**, 16: 1397/1-1397/9.

[40] Peng, X. J.; Yang, Z. G.; Wang, J. Y.; Fan, J. L.; He, Y. X.; Song, F. L.; Wang, B. H.; Sun, S. G.; Qu, J. L.; Qi, J. Fluorescence ratiometry and fluorescence lifetime imaging: using a single molecular sensor for dual mode imaging of cellular viscosity. *J. Am. Chem. Soc.*, **2011**, 133: 6626-6635.

[41] Yang, Z. G.; He, Y. X.; Lee, J. H.; Park, N.; Suh, M.; Chae, W. S.; Cao, J. F.; Peng, X. J.; Jung, H.; Kang, C.; Kim, J. S. A self-calibrating bipartite viscosity sensor for mitochondria. *J. Am. Chem. Soc.*, **2013**, 135: 9181-9185.

[42] Borisov, S.; M, Wolfbeis, O. S. Temperature-sensitive europium(Ⅲ) probes and their use for simultaneous

luminescent sensing of temperature and oxygen. *Anal. Chem.*, **2006**, 78: 5094-5101.

[43] Okabe, K.; Inada, N.; Gota, C.; Harada, Y.; Funatsu, T. and Uchiyama, S. Intracellular temperature mapping with a fluorescent polymeric thermometer and fluorescence lifetime imaging microscopy. *Nat. Commun.*, **2012**, 3: 705.

[44] Wang, X. D.; Meier, R. J.; Wolfbeis, O. S. A fluorophore-doped polymer nanomaterial for referenced imaging of pH and temperature with sub-micrometer resolution. *Adv. Funct. Mater.*, **2012**, 22: 4202-4207.

[45] Bai, F.; Melton, L. A. High-temperature, oxygen-resistant molecular fluorescence thermometers. *Appl. Spectrosc.*, **1997**, 51: 1276-1280.

[46] Hale, S. H.; Melton, L. A. Absolute quantum yields for exciplex fluorescence. *Appl. Spectrosc.*, **1990**, 44: 101-105.

[47] de Silva, A. P.; Gunaratne, H. Q. N.; Jayasekera, K. R.; Ocaallaghan, S. and Sandanayake, K. R. A. S. Temperature-dependent fluorescence of tunable fluorophore-fissile bond systems based on 1-phenyl, 3-aryl delta(2)-pyrazolines as a means of quantitating photofission processes. *Chem. Lett.*, **1995**, 2: 123-124.

[48] Wang, X. D.; Wolfbeis, O. S. and Meier, R. J. Luminescent probes and sensors for temperature. *Chem. Soc. Rev.*, **2013**, 42: 7834-7869.

[49] Uchiyama, S.; De Silva, A. P.; Iwai, K. Luminescent molecular thermometers. *J. Chem. Educ.*, **2006**, 83: 720-727.

[50] Lou, J. F.; Finegan, T. M.; Mohsen, P.; Hatton, T. A. and Laibinis, P. E. Fluorescence-based thermometry: Principles and applications. *Rev. Anal. Chem.*, **1999**, 18: 235-284.

[51] Yang, G. Q.; Liu, X.; Feng, J.; Li, S. Y.; Li, Y. Organic dye thermometry (Chapter 6). In *Thermometry at the Nanoscale: Techniques and Selected Applications* (Eds., Carlos, L. D.; Palacio, F.). London: Royal Society of Chemistry, **2016**, 167-189.

[52] Ross, D.; Gaitan, M.; Locascio, L. E. Temperature measurement in microfluidic systems using a temperature-dependent fluorescent dye. *Anal. Chem.*, **2001**, 73: 4117-4123.

[53] Sakakibara, J.; Adrian, R. J. Whole field measurement of temperature in water using two-color laser induced fluorescence. *Exp. Fluids*, **1999**, 26: 7-15.

[54] Natrajan, V. K.; Christensen, K. T. Two-color laser-induced fluorescent thermometry for microfluidic systems. *Meas. Sci. Technol.*, **2009**, 20: 015401.

[55] Estrada-Perez, C. E.; Hassan, Y. A.; Tan, S. Experimental characterization of temperature sensitive dyes for laser induced fluorescence thermometry. *Rev. Sci. Instruments*, **2011**, 82: 074901.

[56] Jeon, S. M.; Turner, J.; Granick, S. Noncontact temperature measurement in microliter-sized volumes using fluorescent-labeled DNA oligomers. *J. Am. Chem. Soc.*, **2003**, 125: 9908-9909.

[57] Chen, Y. Y.; Wood, A. W. Application of a temperature-dependent fluorescent dye (Rhodamine B) to the measurement of radiofrequency radiation-induced temperature changes in biological samples. *Bioelectromagnetics*, **2010**, 30: 583-590.

[58] Loew, P.; Kim, B.; Takama, N.; Takama, N. and Bergaud, C. High-spatial-resolution surface-temperature mapping using fluorescent thermometry. *Small*, **2008**, 4: 908-914.

[59] Ma, Z. Y.; Guan, Y. P. and Lu, H. Z. Affinity adsorption of albumin on Cibacron Blue F3GA-coupled non-porous micrometer-sized magnetic polymer microspheres. *React. Funct. Polym.*, **2006**, 66: 618-624.

[60] Guan, X. L.; Liu, X. Y. and Su, Z. X. Preparation and photophysical behaviors of fluorescent chitosan bearing fluorescein: potential biomaterial as temperature/pH probes. *J. Appl. Poly. Sci.*, **2010**, 104: 3960-3966.

[61] Guan, X. L.; Su, Z. X. Synthesis and characterization of fluorescent starch using fluorescein as fluorophore: potential polymeric temperature/pH indicators. *Polym. Adv. Technol.*, **2010**, 19: 385-392.

[62] Kim, M.; Yoda, M. Dual-tracer fluorescence thermometry measurements in a heated channel. *Exp. Fluids*, **2010**, 49: 257-266.

[63] Baker, G. A.; Baker, S. N. and Mccleskey, T. M. Noncontact two-color luminescence thermometry based on intramolecular luminophore cyclization within an ionic liquid. *Chem. Commun.*, **2003**, 23: 2932-2933.

[64] Albelda, M. T.; Garcia-Espana, E.; Gil, L.; Lima, J. C.; Lodeiro, C.; de Melo, J. S.; Melo, M. J.; Parola, A. J.; Pina, F. and Soriano, C. Intramolecular Excimer Formation in a Tripodal Polyamine Receptor Containing Three Naphthalene Fluorophores. *J. Phys. Chem. B*, **2003**, 107: 6573-6578.

[65] Chandrasekharan, N.; Kelly, L. A. A dual fluorescence temperature sensor based on perylene/exciplex interconversion. *J. Am. Chem. Soc.*, **2001**, 123: 9898-9899.

[66] Crenshaw, B. R.; Weder, C. Phase separation of excimer-forming fluorescent dyes and amorphous polymers: A versatile mechanism for sensor applications. *Adv. Mater.*, **2005**, 17: 1471-1476.

[67] Lowe, C.; Weder, C. Oligo(p-phenylene vinylene) excimers as molecular probes: deformation-induced color changes in photoluminescent polymer blends. *Adv. Mater.*, **2002**, 14: 1625-1629.

[68] Crenshaw, B. R.; Weder, C. Deformation-induced color changes in melt-processed photoluminescent polymer blends. *Chem. Mater.*, **2003**, 15: 4717-4724.

[69] Crenshaw, B. R.; Kunzelman, J.; Sing, C. E.; Ander, C. and Weder, C. Threshold temperature sensors with tunable properties. *Macromol. Chem. Phys.*, **2010**, 208: 572-580.

[70] Pucci, A.; Di Cuia, F.; Signori, F. and Ruggeri, G. Bis(benzoxazolyl)stilbene excimers as temperature and deformation sensors for biodegradable poly(1,4-butylene succinate) films. *J. Mater. Chem.*, **2007**, 17: 783-790.

[71] Tyson, D. S.; Carbaugh, A. D.; Ilhan, F.; Santos-Perez, J.; Meador, M. A. Novel anthracene diimide fluorescent sensor. *Chem. Mater.*, **2008**, 20: 6595-6596.

[72] Schoof, S.; Gusten, H. Radiationless deactivation of the fluorescent state of 9-Methoxyanthracene and of related meso-substituted anthracenes. *Ber. Bunsen. Phys. Chem.*, **1989**, 93: 864-870.

[73] Fister, J. C.; Rank, D.; Harris, J. M. Delayed fluorescence optical thermometry. *Anal. Chem.*, **1995**, 67: 4269-4275.

[74] Baleizao, C.; Nagl, S.; Borisov, S. M.; Schaeferling, M.; Wolfbeis, O. S. and Berberan-Santos, M. N. An optical thermometer based on the delayed fluorescence of C-70. *Chem. Eur. J.*, **2010**, 13: 3643-3651.

[75] Feryforgues, S.; Fayet, J. P.; Lopez, A. Drastic changes in the fluorescence properties of NBD probes with the polarity of the medium: involvement of a TICT state? *J. Photochem. Photobiol. A.*, **1993**, 70: 229-243.

[76] Chapman, C. F.; Liu, Y.; Sonek, G. J. and Tromberg, B. J. The use of exogenous fluorescent probes for temperature measurements in single living cells. *Photochem. Photobiol.*, **1995**, 62: 416-425.

[77] Feng, J.; Tian, K. J.; Hu D. H.; Wang, S. Q.; Li, S. Y.; Zeng, Y.; Li, Y. and Yang, G. Q. A triarylboron-based fluorescent thermometer: Sensitive over a wide temperature range. *Angew. Chem. Int. Ed.*, **2011**, 50: 8072-8076.

[78] Gota, C.; Okabe, K.; Funatsu, T.; Harada, Y. and Uchiyama, S. Hydrophilic fluorescent nanogel thermometer for intracellular thermometry. *J. Am. Chem. Soc.*, **2009**, 131: 2766-2767.

[79] Qiao, J., Chen, C. F., Qi, L., Liu, M. R., Dong, P., Jiang, Q., Yang, X. Z., Mu, X. Y., Mao, L. Q. Intracellular temperature sensing by a ratiometric fluorescent polymer thermometer. *J. Mater. Chem. B*, **2014**, 2: 7544-7550.

[80] Qiao, J., Dong, P., Mu, X. Y., Qi, L., Xiao, R. Folic acid-conjugated fluorescent polymer for up-regulation folate receptor expression study via targeted imaging of tumor cells. *Biosens. Bioelectron.*, **2016**, 78: 147-153.

[81] Qiao, J., Hwang, Y. H., Chen, C. F., Qi, L., Dong, P., Mu, X. Y., Kim, D. P. Ratiometric fluorescent

polymeric thermometer for thermogenesis investigation in living cells. *Anal. Chem.*, **2015**, 87: 10535-10541.

[82] Qiao, J.; Mu, X. Y.; Qi, L.; Deng, J. J., Mao, L.Q. Folic acid-functionalized fluorescent gold nanoclusters with polymers as linkers for cancer cell imaging. *Chem. Commun.*, **2013**, 49: 8030-8032.

[83] Qiao, J.; Qi, L.; Shen, Y.; Zhao, L. Z.; Qi, C. Shangguan, D. H.; Mao, L. Q.; Chen, Y. Thermal responsive fluorescent block copolymer for intracellular temperature sensing. *J. Mater. Chem.*, **2012**, 22: 11543-11549.

[84] Okabe, K.; Inada, N.; Gota, C.; Harada, Y.; Funatsu, T.; Uchiyama, S. Intracellular temperature mapping with a fluorescent polymeric thermometer and fluorescence lifetime imaging microscopy. *Nat. Commun.*, **2012**, 3: 705.

[85] Bettencourt-Dias, M.; Glover, D. M. Centrosome biogenesis and function: Centrosomics brings new understanding. *Nat. Rev. Mol. Cell Biol*, **2007**, 8: 451-463.

[86] Wiese, S.; Gronemeyer, T.; Ofman, R.; Kunze, M.; Grou, C. P.; Almeida, J. A.; Eisenacher, M.; Stephan, C.; Hayen, H.; Schollenberger, L.; Korosec, T.; Waterham, H. R.; Schliebs, W.; Erdmann, R.; Berger, J.; Meyer, H. E.; Just, W.; Azevedo, J. E.; Wanders, R. J. A.; Warscheid, B. Proteomics Characterization of Mouse Kidney Peroxisomes by Tandem Mass Spectrometry and Protein Correlation Profiling. *Mol. Cell. Proteom.*, **2007**, 6: 2045-2057.

[87] Takei, Y.; Arai, S.; Murata, A.; Takabayashi, M.; Oyama, K.; Ishiwata, S.; Takeoka, S.; Suzuki, M. A nanoparticle-based ratiometric and self-calibrated fluorescent thermometer for single living cells. *ACS Nano*, **2014**, 8: 198-206.

[88] Tsuji, T.; Yoshida, S.; Yoshida, A.; Uchiyama, S. Cationic fluorescent polymeric thermometers with the ability to enter yeast and mammalian cells for practical intracellular temperature measurements. *Anal. Chem.*, **2013**, 85: 9815-9823.

[89] Day, R. N.; Davidson, M. W. The fluorescent protein palette: tools for cellular imaging. *Chem. Soc. Rev.*, **2009**, 38: 2887-2921.

[90] Frommer, W. B.; Davidson, M. W.; Campbell, R. E. Genetically encoded biosensors based on engineered fluorescent proteins. *Chem. Soc. Rev.*, **2009**, 38: 2833-2841.

[91] Donner, J. S.; Thompson, S. A.; Kreuzer, M. P.; Baffou, G.; Quidant, R. Mapping intracellular temperature using green fluorescent protein. *Nano Lett.*, **2012**, 12: 2107-2111.

[92] Valeur, B. Molecular Fluorescence: Principles and Applications. Weinheim: Wiley-VCH, 2002.

[93] Kiyonaka, S.; Kajimoto, T.; Sakaguchi, R.; Shinmi, D.; Omatsu-Kanbe, M.; Matsuura, H.; Imamura, H.; Yoshizaki, T.; Hamachi, I.; Morii, T.; Mori, Y. Genetically encoded fluorescent thermosensors visualize subcellular thermoregulation in living cells. *Nat. Methods*, **2013**, 10: 1232-1238.

[94] Ke, G.; Wang, C.; Ge, Y.; Zheng, N.; Zhu, Z.; Yang, C. J. l/r-DNA molecular beacon: A safe, stable, and accurate intracellular nano-thermometer for temperature sensing in living Cells. *J. Am. Chem. Soc.*, **2012**, 134: 18908-18911.

[95] Yong, K. T.; Law, W. C.; Hu, R.; Ye, L.; Liu, L. W.; Swihart, M. T.; Prasad, P. N. Nanotoxicity assessment of quantum dots: from cellular to primate studies. *Chem. Soc. Rev.*, **2013**, 42: 1236-1250.

[96] Haro-Gonzalez, P.; Martinez-Maestro, L.; Martin, I. R.; Garcia-Sole, J.; Jaque, D. High-sensitivity fluorescence lifetime thermal sensing based on CdTe quantum dots. *Small*, **2012**, 8: 2652-2658.

[97] He, Y.; Zhong, Y. L.; Su, Y. Y.; Lu, Y. M.; Jiang, Z. Y.; Peng, F.; Xu, T. T.;Su, S.; Huang, Q.; Fan, C. H.; Lee, S. T. Water-dispersed near-infrared-emitting quantum dots of ultrasmall sizes for in vitro and in vivo imaging. *Angew. Chem. Int. Ed.*, **2011**, 50: 5695-5698.

[98] Han, B.; Hanson, W. L.; Bensalah, K.; Tuncel, A.; Stern, J. M.; Cadeddu, J. A. Development of quantum dot-mediated fluorescence thermometry for thermal therapies. *Ann. Biomed. Eng.*, **2009**, 37: 1230-1239.

[99] Maestro, L. M.; Rodriguez, E. M.; Rodriguez, F. S.; la Cruz, M. C. I.; Juarranz, A.; Naccache, R.; Vetrone, F.; Jaque, D.; Capobianco, J. A.; Sole, J. G. CdSe quantum dots for two-photon fluorescence thermal imaging. *Nano Lett.*, **2010**, 10: 5109-5115.

[100] Yang, J. M.; Yang, H.; Lin, L. Quantum dot nano thermometers reveal heterogeneous local thermogenesis in living cells. *ACS Nano*, **2011**, 5: 5067-5071.

[101] Albers, A. E.; Chan, E. M.; Mcbride, P. M.; Ajo-Franklin, C. M.; Cohen, B. E.; Helms, B. A. Dual-emitting quantum dot/quantum rod-based nanothermometers with enhanced response and sensitivity in live cells. *J. Am. Chem. Soc.*, **2012**, 134: 9565-9568.

[102] Bayles, A. R.; Chahal, H. S.; Chahal, D. S.; Goldbeck, C. P.; Cohen, B. E.; Helms, B. A. Rapid cytosolic delivery of luminescent nanocrystals in live cells with endosome-disrupting polymer colloids. *Nano Lett.*, **2010**, 10: 4086-4092.

[103] Huang, X.; Neretina, S.; El-Sayed, M. A. Gold nanorods: From synthesis and properties to biological and biomedical applications. *Adv. Mater.*, 2009, 21: 4880-4910.

[104] Shang, L.; Stockmar, F.; Azadfar, N.; Nienhaus, G. U. Intracellular thermometry by using fluorescent gold nanoclusters. *Angew. Chem. Int. Ed.*, **2013**, 52: 11154-11157.

[105] Kucsko, G.; Maurer, P. C.; Yao, N. Y.; Kubo, M.; Noh, H. J. Nanometre-scale thermometry in a living cell. *Nature*, **2013**, 500: 54-58.

[106] Gnach, A.; Bednarkiewicz, A. Lanthanide-doped up-converting nanoparticles: Merits and challenges. *Nano Today*, **2012**, 7: 532-563.

[107] Boyer, J. C.; Vetrone, F.; Cuccia, L. A.; Capobianco, J. A. Synthesis of colloidal upconverting NaYF4 nanocrystals doped with Er^{3+}, Yb^{3+} and Tm^{3+}, Yb^{3+} via thermal decomposition of lanthanide trifluoroacetate precursors. *J. Am. Chem. Soc.,* **2006**, 128: 7444-7445.

[108] Brites, C. D. S.; Lima, P. P.; Silva, N. J. O.; Millan, A.; Amaral, V. S.; Palacio, F.; Carlos, L. D. A luminescent molecular thermometer for long-term absolute temperature measurements at the nanoscale. *Adv. Mater.*, **2010**, 22: 4499-4504.

[109] Suzuki, M.; Tseeb, V.; Oyama, K.; Ishiwata, S. Microscopic detection of thermogenesis in a single HeLa cell. *Biophys. J.*, **200**7, 92: L46-L48.

[110] Vetrone, F.; Naccache, R.; Zamarrón, A.; de la Fuente, D. L.; Sanz-Rodríguez, F.; Maestro, L. M.; Rodriguez, E. M.; Jaque, D.; Solé, J. G.; Capobianco, J. A. Temperature sensing using fluorescent nanothermometers. *ACS Nano*, 2010, 4(6): 3254-3258.

[111] Zhang, T.; Shi, W.; Wang, D.; Zhuo, S. P.; Peng, Q.; Shuai, Z. G. Pressure-induced emission enhancement in hexaphenylsilole: a computational study. *J. Mater. Chem. C*, **2019**, 7: 1388-1398.

[112] Fanetti, S.; Citroni, M.; Bini, R. Pressure-Induced Fluorescence of Pyridine. *J. Phys. Chem. B*, **2011**, 115: 12051-12058.

[113] Zhang, M.; Dang, Y. Q.; Liu, T. Y.; Li, H. W.; Wu, Y. Q.; Li, Q.; Wang, K.; Zou, B. Pressure-induced fluorescence enhancement of the BSA-protected gold nanoclusters and the corresponding conformational changes of protein. *J. Phys. Chem. C*, 20**1**3, 117: 639-647.

[114] 苏美红，聂丽华，马会民. pH 荧光探针的研究进展. 分析科学学报，**2005**, 21: 210-214.

[115] Rink T. J.; Tsien R. Y.; Pozzan T. Cytoplasmic pH and free Mg^{2+} in lymphocytes. *J. Cell. Biol.*, **1982**, 95: 189-196.

[116] Zhang, W.; Tang, B.; Liu, X.; Liu, Y. Y.; Xu, K. H.; Ma, J. P.; Tong, L. L.; Yang, G. W. A highly sensitive acidic pH fluorescent probe and its application to HepG2 cells. *Analyst*, **2009**, 134: 367-371.

[117] Lee, M. H.; Han, J. H.; Lee, J. H.; Park, N.; Kumar, R.; Kang C.; Kim J. S. Two-color probe to monitor a wide range of pH values in cells. *Angew. Chem. Int. Ed.*, **2013**, 125: 6326-6329.

[118] Huang, W. M.; Lin, W.; Guan, X. Y. Development of ratiometric fluorescent pH sensors based on chromenoquinoline derivatives with tunable pK_a values for bioimaging. *Tetrahedron Lett.*, **2014**, 55: 116-119.

[119] Fan, L.; Liu, Q. L.; Lu, D. T.; Shi, H. P.; Yang, Y. F.; Li, Y. F.; Dong, C.; Shuang S. H. A novel far-visible and near-infrared pH probe for monitoring near-neutral physiological pH changes: imaging in live cells. *J. Mater. Chem. B.*, **2013**, 1: 4281-4288.

[120] Baki, C. N.; Akkaya, E. U. Boradiazaindacene-appended calix[4]arene: fluorescence sensing of pH near neutrality. *J. Org. Chem.*, **2001**, 66: 1512-1513.

[121] Tang, B.; Liu, X.; Xu, K.; Huang, H.; Yang, G. W.; An, L. G. A dual near-infrared pH fluorescent probe and its application in imaging of HepG2 cells. *Chem. Commun.*, **2007**, (36): 3726-3728.

[122] Tang, B.; Yu, F. B.; Li, P.; Tong, L. L.; Duan, X.; Xie, T.; Wang, X. A near-infrared neutral pH fluorescent probe for monitoring minor pH changes: imaging in living HepG2 and HL-7702 cells. *J. Am. Chem. Soc.*, **2009**, 131: 3016-3023.

[123] Zhang, J. T.; Yang, M.; Mazi, W.; Adhikari, K.; Fang, M. X.; Xie F.; Valenzano, L.; Tiwari, A.; Luo, F. T.; Liu, H. Y. Unusual fluorescent responses of morpholine- functionalized fluorescent probes to pH via manipulation of BODIPY's HOMO and LUMO energy orbitals for intracellular pH detection. *ACS Sens.*, **2015**, 1: 158-165.

[124] Zhang, X. F.; Zhang, T.; Shen, S. L.; Miao, J. Y.; Zhao, B. X. A ratiometric lysosomal pH probe based on the naphthalimide-rhodamine system. *J. Mater. Chem. B.*, **2015**, 3: 3260-3266.

[125] Reddy G, U.; A, A. H.; Ali, F.; Taye, N.; Chattopadhyay, S.; Das, A. FRET-based probe for monitoring pH changes in lipid-dense region of Hct116 cells. *Org. Lett.*, **2015**, 17: 5532-5535.

[126] Han, J. Y.; Loudet, A.; Barhoumi, R.; Burghardt, R. C.; Burgess, K. A ratiometric pH reporter for imaging protein-dye conjugates in living cells. *J. Am. Chem. Soc.*, **2009**, 131: 1642-1643.

[127] Song, P. S.; Chen X. T.; Xiang, Y.; Huang, L.; Zhou, Z. J.; Wei, R. R.; Tong, A. J. A ratiometric fluorescent pH probe based on aggregation-induced emission enhancement and its application in live-cell imaging. *J. Mater. Chem.*, **2011**, 21: 13470-13475.

[128] Chen, S.J.; Hong, Y. N.; Liu, Y.; Liu, J. Z.; W. T. Leung, C.; Li, M.; T. K. Kwok, R.; Zhao E. G.; W. Y. Lam, J.; Yu, Y.; Tang, B. Z. Full-range intracellular pH sensing by an aggregation-induced emission-active two-channel ratiometric fluorogen. *J. Am. Chem. Soc.*, **2013**, 135: 4926-4929.

第12章　细胞器光学探针及其分析应用

袁林，程丹，龚向阳，吴倩，尹姝璐，卢鹏，张晓兵
化学生物传感与计量学国家重点实验室（湖南大学）

    细胞是生物体结构和功能的基本单位，具有独立生命形式和生命活动，而细胞器是细胞发挥功能不可或缺的部分[1,2]。真核细胞中存在各种细胞器，常见的有细胞膜、线粒体、溶酶体、内质网、高尔基体和细胞核。每个细胞器都通过独立或协同方式发挥各自作用，维持着细胞的正常生理功能及生命活动。

    细胞内的各种化学反应是细胞生命活动的基础。细胞内的生物分子，如金属离子、阴离子、活性氧/氮（ROS/RNS）、含硫生物小分子和生物大分子（如酶）等[3]，通过信号通路或应激反应的方式参与细胞生理和病理过程[4]。生物分子在细胞内的生理作用不仅与浓度相关，而且与在细胞内的位置密切相关[1]。细胞内生物分子的错位可能会影响细胞的正常功能。例如，线粒体中的过氧化氢（H_2O_2）和一氧化氮（NO）作为信号分子，广泛参与生物体内各种信号转导过程[5,6]，但溶酶体中产生的过量活性氧却会引发溶酶体功能障碍，导致细胞凋亡[7]。因此，在细胞内不同细胞器中实现各种生物分子的高时空分辨检测，有助于人类对细胞基本功能的了解，并促进相关疾病防治工作的开展。

    目前，高效液相色谱法（HPLC）和质谱法（MS）等已广泛应用于细胞器中各种生物分子的检测[8]。然而，这些方法前处理需要将细胞器分离，操作繁琐，且不能用于活细胞中生物分子的实时监测。荧光成像作为一种直观、原位、可视化的技术在功能分子标记和检测方面得到了广泛的应用。其中，以有机荧光染料为基础的生物分子标记和分子光学探针具有操作简便、重现性好等优点，可用于细胞内生物分子的原位、实时无损伤检测及其生化过程的追踪[9,10]。目前，大量报道显示：荧光探针与目标物质（或环境因素）相互作用或发生反应后，光学性质发生显著变化（如荧光强度、波长或寿命等），可实现细胞内生物分子的可视化检测。然而，大部分荧光探针缺乏细胞器靶向功能，导致该类探针进入细胞后在

细胞质中自由扩散，无法实现特定细胞器中生物分子（或细胞器微环境）的检测。而具有细胞器定位能力的荧光探针，可以弥补这一缺陷，实现特定细胞器中相关分析物的精准检测，具有更好的应用前景[11,12]。

理想的细胞器靶向荧光探针应具备以下特性：①探针能快速跨过细胞膜和细胞器膜，靶向特定细胞器；②探针在到达细胞器前具有化学惰性；③探针与目标物质（或环境因素）发生特异性相互作用或高效反应后停留在特定细胞器内，荧光信号发生显著变化；④探针不会损伤细胞器或影响其生物学功能，具有很小的或者无细胞毒性；⑤探针合成简单且化学性质稳定。目前，用于细胞器中生物分子（或细胞器微环境）分析的靶向荧光探针并不能满足上述所有要求。

12.1 细胞器靶向光学探针设计策略

目前，细胞器靶向光学探针的设计策略主要有两种：化学分子标记法（一步法）和融合蛋白标签法（两步法）。其中，化学分子标记法是设计细胞器靶向光学探针最常用的策略。随着对细胞器的深入了解，一些化合物（细胞器靶向单元），如天然肽、合成肽[13]以及一些小分子化合物（如线粒体靶向基团-三苯基膦盐）[14]具有细胞器定位能力。研究者最早是将这些小分子连接在药物分子上，发展了具有细胞器定位功能的药物分子，因此，细胞器靶向药物的开发促进了靶向光学探针的发展[15]。

化学分子标记靶向探针设计思路比较简单：将荧光探针与合适的细胞器靶向单元共价连接，靶向单元带动探针进入特定细胞器[16,17][图12-1（a）]。探针分子的性质，如亲脂亲水性、pK_a以及电荷密度等，是影响细胞渗透性和靶向能力的关键因素[18]。因此，设计细胞器靶向探针时必须综合考虑探针的亲脂性、亲水性、pK_a和电荷密度等各种因素[19-21]。例如，药物的亲脂性可用特定溶剂体系中的分配系数（$\lg P$）描述[22]。通常，当 $0 > \lg P > -5$ 时，探针主要定位在溶酶体中；当 $0 > \lg P$（阳离子物种）> -4 时，探针主要定位在细胞核中；当 $5 > \lg P > 0$ 时，探针主要定位在线粒体中；当 $6 > \lg P > 0$ 时，探针主要定位在内质网中；当 $8 > \lg P > 5$ 时，探针主要定位在细胞膜上；当 $8 > \lg P > 0$ 时，探针主要定位在高尔基体中。因此在靶向探针的设计过程中可以结合药物研发中的亲脂性参数，再综合考虑其它参数（如 pK_a 等），对光学探针在亚细胞器中的定位能力进行初步评估。

融合蛋白标签法也是设计细胞器靶向荧光探针常用的策略：第一步，通过基因工程将标签蛋白与特定细胞器中的目标蛋白融合表达；第二步，加入带有标签蛋白靶向单元的光学探针，使之与标签蛋白反应，从而选择性地将光学探针标记在目标细胞器内[23,24]［图 12-1（b）］。融合蛋白标记技术[25-27]主要包括 Snap-tag、Clip-tag、HaloTag、ACP-tag、PYP-tagP、TMP-tag 等。例如，Snap-tag 是 Johnsson 课题组 2003 年发展的一种融合蛋白标签技术[23,24]，其基本原理是通过基因工程技术，将靶细胞器内的蛋白与 O_6-烷基鸟嘌呤-DNA 烷基转移酶（hAGT）融合，再与带有苯甲基鸟嘌呤底物的光学探针反应并释放鸟嘌呤基，最终使探针通过共价键稳定在靶细胞器内（图 12-2）。

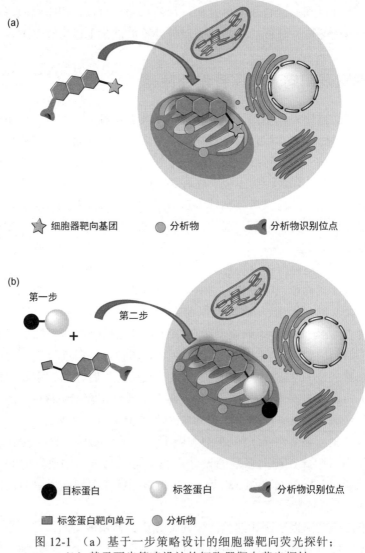

图 12-1 （a）基于一步策略设计的细胞器靶向荧光探针；
（b）基于两步策略设计的细胞器靶向荧光探针

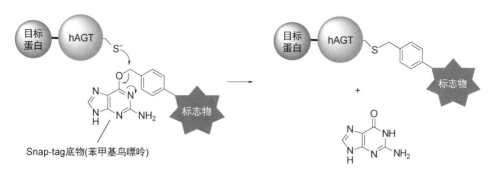

图 12-2　Snap-tag 标记蛋白机理

下面将详细介绍各种细胞器（溶酶体、线粒体、细胞核、细胞膜、内质网及高尔基体）的结构、功能、其靶向光学探针的设计策略以及相关应用举例。

12.2　溶酶体光学探针

12.2.1　溶酶体概述

溶酶体是由单层膜包被的囊状结构，直径约 0.2～0.8 μm，内含 60 余种水解酶，其中酸性磷酸酶（acid phosphate）是溶酶体的常用标志酶，最适 pH 值为 5.0 左右。溶酶体膜与其它生物膜不同：①质子泵利用 ATP 水解释放的能量将 H^+ 泵入溶酶体内，使溶酶体中 H^+ 浓度高于细胞质中浓度 100 倍以上来形成和维持溶酶体的酸性内环境；②具有多种载体蛋白用于各种水解产物向外转运；③膜蛋白高度糖基化，有利于防止自身膜蛋白的降解，以保持溶酶体稳定。溶酶体作为细胞内的"消化器官"，参与细胞一系列代谢和生物活动。

12.2.2　溶酶体靶向探针设计方法

溶酶体中的各类生物活性分子（如 H^+、ROS/RSS/RNS、金属离子等）参与了溶酶体内的各种生化反应，其浓度与分布都会影响细胞的多种生理过程。因此，对溶酶体内生物活性分子进行研究，有助于深入了解溶酶体相关生命活动以及改善溶酶体相关疾病的诊断与治疗。溶酶体靶向荧光探针的设计方法主要是基于溶酶体中独特的 pH 值。一般的溶酶体靶向探针都具有弱碱性基团，即亲脂胺，如最常见的吗啉基团、二甲氨基基团［图 12-3（a）］。当溶酶体靶向探针进入溶酶体，探针中的胺基被质子化，带正电荷的光学探针由于无法穿过溶酶体膜而被束缚在溶酶体中，从而达到靶向溶酶体的目的[28]。例如商业化的 Lyso-Tracker 系列就是基于二甲氨基基团实现溶酶体定位［图 12-3（b）］。

在光学探针的合适位置通过共价连接溶酶体靶向单元（弱碱性基团或其它酸

性细胞器锚定剂）是设计溶酶体靶向探针最常用的方法。当探针中的识别单元与目标分析物之间发生特异性反应，会导致信号单元（荧光团）产生相应的光学信号变化，从而实现选择性检测目标分析物［图 12-3（c）］。事实上，大多数溶酶体靶向探针都是"AND"逻辑门探针，这些探针仅在质子（H^+）和目标分析物共存才发出荧光信号变化。

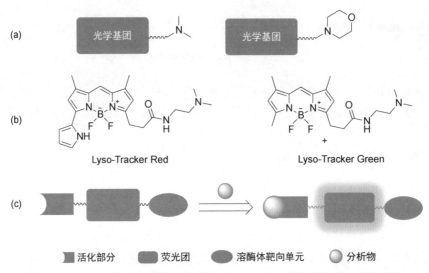

图 12-3 （a）一般溶酶体靶向探针的结构；（b）部分商业化溶酶体定位试剂的结构；（c）溶酶体靶向探针的响应机理示意图

12.2.3 溶酶体靶向探针应用举例

溶酶体 pH 值是维持溶酶体正常消化功能的重要参数，大多数溶酶体酶只有在酸性条件下才能正常工作，各种原因导致的溶酶体 pH 值改变可能会影响溶酶体蛋白酶的多种生理过程，进而影响细胞正常功能[29]。因此，实时监测溶酶体 pH 值的变化有重要意义。2014 年，马会民等[30]报道了一例基于氧杂蒽的近红外比率型 pH 荧光探针 **1**（图 12-4），该探针以典型的吗啡啉基团为溶酶体靶向基团。随着 pH 升高，该探针分子上的酚羟基发生去质子化反应，分子内电荷转移（ICT）效应增强，从而使得其发射波长延长，同时荧光增强。当细胞中 pH 值为 4~6 时，探针具有良好的溶酶体靶向能力及对 pH 值的比率线性关系。此外，基于探针 **1** 的荧光成像结果，研究者发现溶酶体 pH 值随着温度的升高而升高，且这种变化在活细胞中不可逆，进一步说明了热休克时，溶酶体内 pH 值与温度的关系。

溶酶体参与金属代谢的各个方面，同时金属也参与溶酶体酶的传递和激活。在生物系统中，锌(Ⅱ)金属硫蛋白是维持细胞内锌(Ⅱ)稳态的主要细胞质蛋白。在氧化应激过程中，过氧化氢快速进入会使锌(Ⅱ)金属硫蛋白中的半胱氨酸残基氧化为二硫化物，继而释放锌(Ⅱ)，迅速聚集在溶酶体中，改变溶酶体膜的渗透性[31]。因此，监测溶酶体内锌离子水平有助于了解溶酶体病理过程。2016 年，Kyo Han Ahn 等[32]在萘酰亚胺上引入溶酶体靶向单元吗啡啉和锌(Ⅱ)识别单元 *N,N*-二(2-吡啶基)乙二胺（DPEN），构建了一例基于光诱导电子转移（PET）机理的溶酶体靶向锌(Ⅱ)荧光探针 **2**（图 12-4）。该探针与锌(Ⅱ)在 pH 7.4 左右结合后荧光依然很低，但在质子（pH 4.5～5.5）和锌(Ⅱ)共同存在下荧光显著增强。研究者利用该探针成功实现了活细胞溶酶体内锌(Ⅱ)的可视化检测。

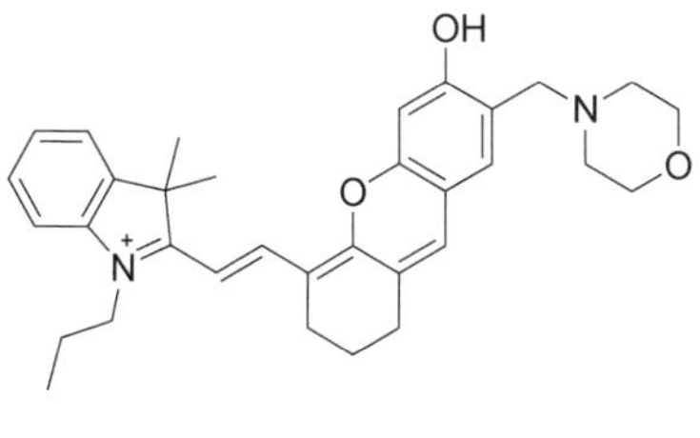

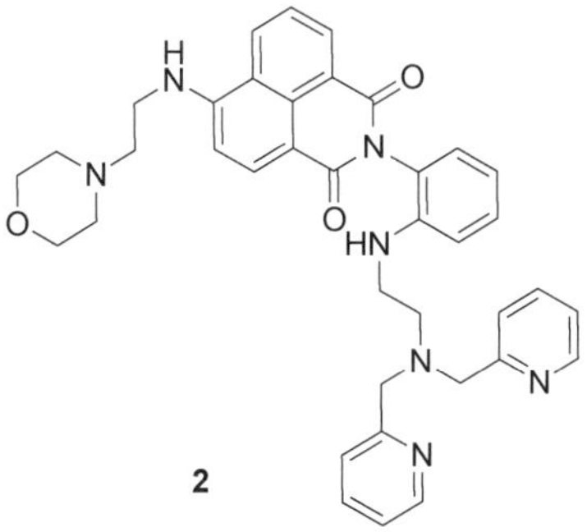

图 12-4 代表性溶酶体靶向荧光探针的结构

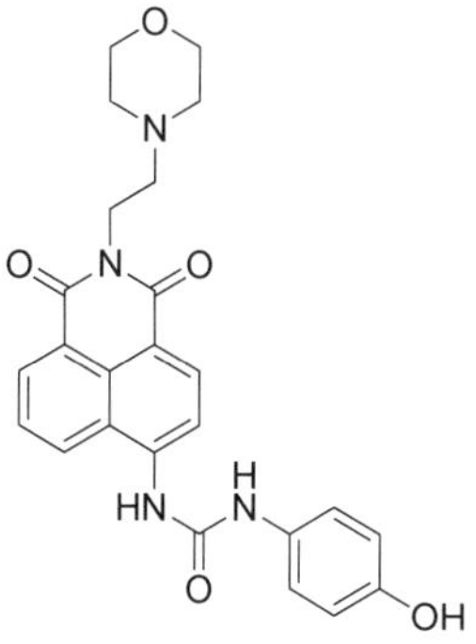

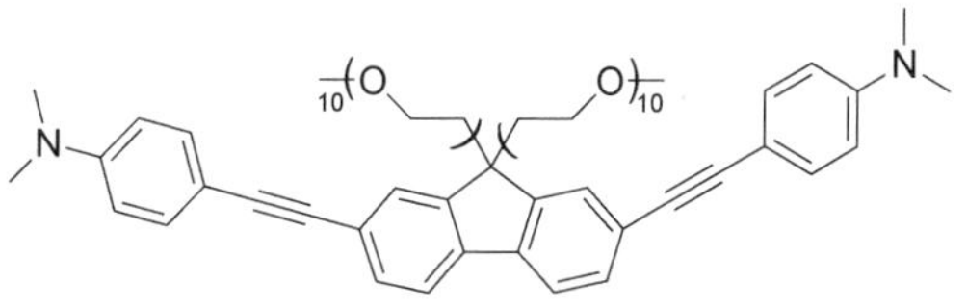

酪氨酸酶是一种溶酶体相关的酶，能催化酪胺或酪氨酸氧化成醌，生成黑色素[33]，酪氨酸酶是黑色素瘤的重要生物标志物之一[34]。此外，酪氨酸酶代谢紊乱可导致严重的皮肤病，如白癜风等[35]。2016 年，马会民等[36]以萘酰亚胺为荧光报告单元、吗啡啉为溶酶体靶向基团、苯酚为酪氨酸酶识别基团，制备了可用于溶酶体内酪氨酸酶活性检测及成像的荧光探针 **3**（图 12-4）。在生理条件下，酪氨酸酶高效的将识别单元苯酚催化羟基化为邻苯二酚。邻苯二酚进一步被氧化为邻二醌，发生分子内重排-消除反应，从探针上脱落，继而释放出强荧光的萘酰亚胺。该探针对酪氨酸酶具有较高的灵敏度和选择性，并被成功用于检测黑色素细胞在补骨脂素和紫外线诱导下酪氨酸酶含量的变化。

为了改善传统溶酶体探针组织渗透性差、细胞毒性大的缺点，2010 年，Kevin D. Belfield 等[37]在具有大双光子荧光活性吸收截面的芴荧光团上引入水溶性基团聚乙二醇和溶酶体靶向单元二甲胺，开发了探针 **4**（图 12-4）。结果表明该探针可以特异性标记细胞内溶酶体，且能实现癌细胞内单个溶酶体高分辨和高对比度的三维成像。

12.2.4　溶酶体靶向探针存在的问题与挑战

虽然在溶酶体靶向荧光探针设计与开发方面，研究者已取得了一些进展和突破，但仍存在一些挑战：

① 目前许多活性生物分子（例如 Ca^{2+}、Mg^{2+} 和各种水解酶）的荧光探针相对较少。事实上，这些生物分子是溶酶体发挥功能和细胞存活的关键因素，因此研究者未来可以设计更多的检测这些活性生物分子的靶向探针。

② 大多数报道的溶酶体靶向荧光探针是基于亲脂碱性靶向基团定位溶酶体。然而长期的细胞培养中，这些分子会引起溶酶体 pH 值升高，使溶酶体内碱化，导致细胞凋亡。

③ 基于亲脂碱性靶向基团发展的溶酶体靶向荧光探针的定位是相对性的，而不是特异性的。由于探针分子也可以与其它酸性细胞器作用，因此对于区分其它酸性环境的细胞器或亚细胞器（如核内体等）仍存在挑战。此外，以往的研究表明，溶酶体中大量的水解酶容易降解荧光探针，导致假性信号产生。

④ 大多数报道的检测金属离子的溶酶体靶向荧光探针都是基于 PET 机理，虽然这是一种成熟且实用的方法，但 PET 探针中的识别基团也可以与溶酶体中质子作用，产生背景荧光，导致假阳性信号。

12.3　线粒体光学探针

12.3.1　线粒体概述

线粒体呈粒状或杆状，直径 0.5~1.0 μm，长 1.5~3.0 μm。在不同的真核细胞中，线粒体的形态和数目存在差异。真核细胞中线粒体的数量及分布是由需求的能量决定的。同一细胞中，线粒体在细胞质中沿着微管向功能旺盛、能量需求量高的部位移动，从而满足细胞的能量需求。线粒体是一种具有双膜结构的细胞器（图 12-5），根据物质和功能的不同，可以将线粒体分为四个部分：外膜、膜间隙、内膜和基质[38]。外膜将线粒体与细胞基质隔离开来，是一种通透性较高的膜结构，表面具有孔蛋白，开放时可以允许小于 6 kDa 的分子通过，使得细胞质和线粒体之间可以快速进行化学交换[39]。内膜向内侧弯曲成嵴，是一种通透性极低的膜结构，限制了分子和离子的透过，膜上富含多种蛋白质，包括载体蛋白、

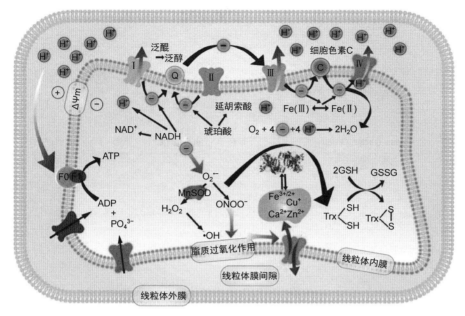

图 12-5 线粒体构成及线粒体内发生的一些生化反应过程

氧化还原酶、电子转移酶和合成生物分子的合成酶。两层通透性不同的膜将线粒体内环境分为膜间隙和基质。其中,膜间隙位于两层膜之间,具有与细胞质相似的化学环境,其特征酶是腺苷酸激酶。基质位于内膜内,具有一定的渗透压,是线粒体完成大部分功能的场所,其特征酶是苹果酸脱氢酶。

作为真核细胞内关键细胞器,线粒体内的各种活性物质,如金属离子(Ca^{2+}、$Fe^{2+/3+}$、Zn^{2+}、Cu^+)、活性氧/氮/硫(ROS/RNS/RSS),参与细胞代谢、信号转导和凋亡等重要生物过程[40]。研究表明,线粒体内活性物质的浓度和时空分布与细胞乃至生物体的功能密切相关,有效检测线粒体内的活性物质有助于理解细胞和生物体生命活动规律以及活性物质与疾病之间的关系。

12.3.2 线粒体靶向探针设计方法

线粒体靶向荧光探针的设计方法主要包括以下几个方面。

(1)针对线粒体较大的跨膜电位,利用亲脂性阳离子设计线粒体靶向探针

由于质子泵的作用,线粒体基质内会产生 180～200 mV 的强负膜电位。基于这一特征,亲脂性的阳离子能够快速穿过线粒体膜,在线粒体基质内以高于 10∶1 的比例积累[41]。因此许多带有正电荷的亲脂性染料对线粒体都具有很强的靶向性,如商品化荧光染料 Mito-Tracker 系列(罗丹明和花菁衍生物)[图 12-6(a)]。根据这一特点,在设计线粒体靶向荧光探针时,可以选用上述特征的荧光染料作为探针荧光团部分,达到靶向线粒体的目的[图 12-6(b)]。

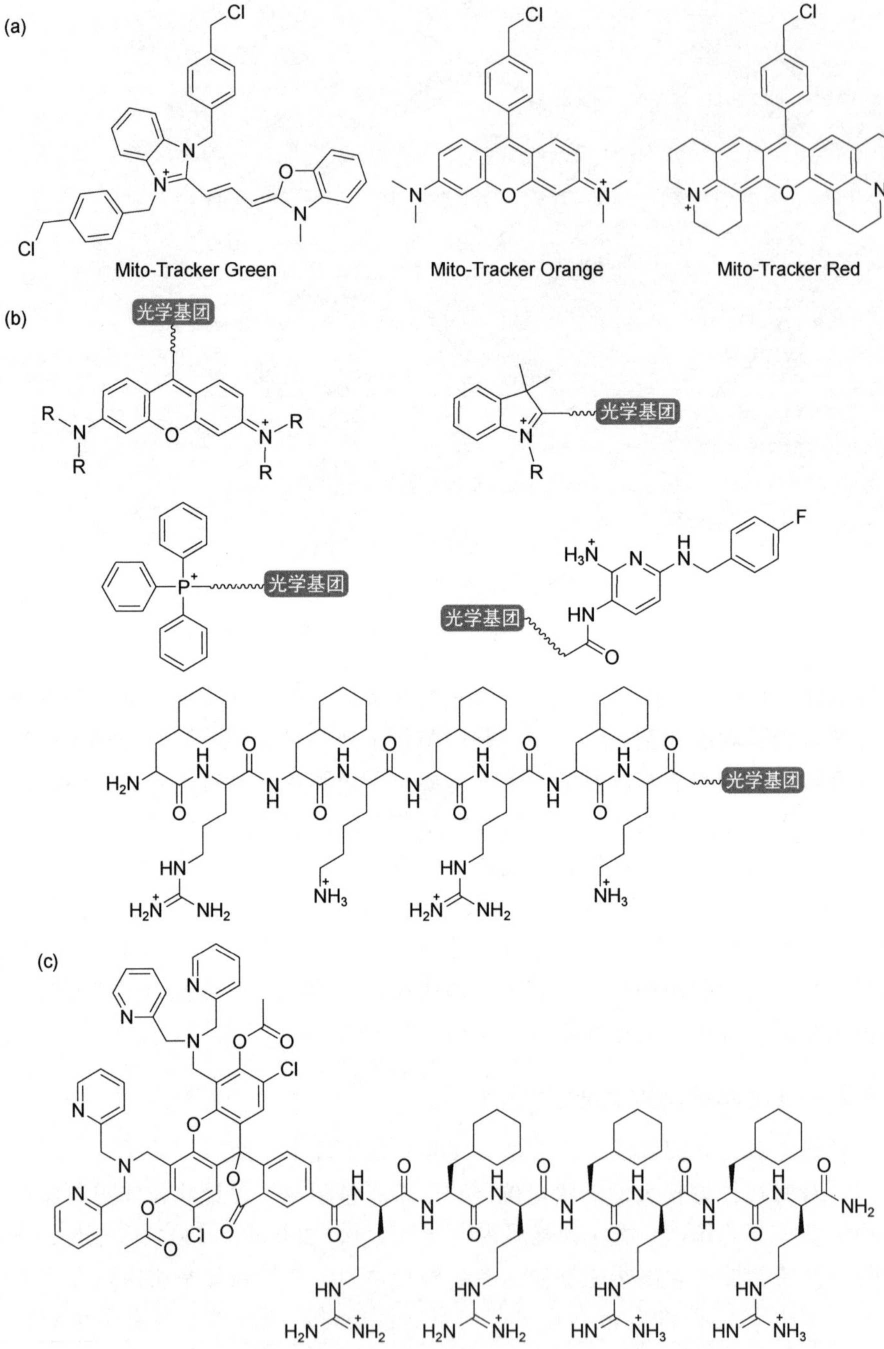

图 12-6 （a）部分商业化线粒体荧光探针（Mito-Tracker 系列）的结构；（b）常用线粒体靶向单元；（c）线粒体靶向探针 **5** 的结构

除一些自身带正电荷的亲脂性荧光染料外，大多数荧光染料如 BODIPY、荧光素、香豆素等都是中性甚至带负电荷的荧光染料。这些荧光染料具有良好的光物理性质，但不能选择性地靶向线粒体，在线粒体靶向探针的设计中受到限制。在这些探针的合适位置修饰亲脂性阳离子定位基团，不仅能改善探针的水溶性和膜通透性，也能使探针准确定位到线粒体中[42,43]。三苯基膦盐（TPP）、季铵盐和 MKT-077 衍生物[12,44]均为高效的线粒体定位基团［图 12-6（b）］。其中，TPP 是一种大分子的有机阳离子盐，由一个磷原子连接 3 个亲脂性的苯基构成，磷原子带正电荷，可以快速穿过线粒体膜，在线粒体基质中发生数百倍的富集。最初 TPP 用于线粒体药物输送，由于易于与线粒体结合且适用性强，因此成为制备线粒体靶向荧光探针中最常用的定位基团。

（2）利用线粒体蛋白导入机制，采用靶向肽进行线粒体探针设计

另一种用于设计线粒体靶向探针的策略是线粒体蛋白导入机制。典型的线粒体靶向蛋白是 N 端有 20～40 个氨基酸的两亲性螺旋信号肽，这些肽中含有大量的正电荷和疏水残基，可以识别线粒体内膜转移酶，用于一些分子的传递，如荧光蛋白[45]等。研究者进一步对长链多肽进行分解，获得了含有碱性氨基酸（如精氨酸、赖氨酸）和亲脂性氨基酸（如苯丙氨酸、环己氨酸）并具有良好线粒体定位功能的阳离子合成肽［图 12-6（b）］。如麻省理工学院 Lippard 等在 Zn^{2+} 离子荧光探针上引入线粒体靶向肽，发展了具有线粒体定位能力的 Zn^{2+} 荧光探针 5 ［图 12-6（c）］，并利用该探针成功实现了线粒体内游离 Zn^{2+} 的检测[46]。

12.3.3 线粒体靶向探针应用举例

虽然线粒体中的呼吸作用电子传递过程精密，但会发生电子泄漏现象。由于泄漏，氧和电子作用产生超氧自由基[47]，继而产生一系列的活性氧（ROS）、活性氮（RNS）以及活性硫（RSS）等。而这些活性物质导致脂质过氧化，阻断分子通路，刺激凋亡蛋白酶激活因子的释放，从而导致细胞凋亡，因此检测线粒体中活性物种的含量变化对研究线粒体功能具有重要意义。2017 年，袁林等[48]报道了一例可以用于线粒体中 $ONOO^-$ 检测的比率荧光探针 6（图 12-7）。该课题组对常见染料进行筛选，成功获得了选择性被 $ONOO^-$ 降解的荧光染料。在此基础上，引入对 $ONOO^-$ 稳定的染料作为能量供体，开发了一类基于荧光共振能量转移的高选择性双光子 $ONOO^-$ 比率荧光探针 6，避免了生物体内其它活性物质的干扰。该探针具有选择性好、灵敏度高、生物相容性好以及线粒体靶向等优点。利用此探针，研究者不仅实现了细胞、组织水平的 $ONOO^-$ 含量变化的检测，也成功实现了炎症损伤模型中微小变化的 $ONOO^-$ 含量检测。

2018 年，袁林课题组[49]又开发了两种可用于线粒体中 $O_2^{·-}$ 检测的荧光探针 7 和 8（图 12-7）。研究者在羟基萘酰亚胺的羟基上修饰各种超氧阴离子识别基团，

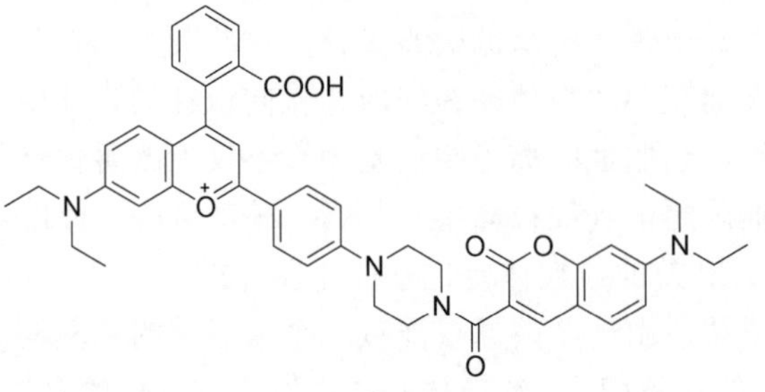

6

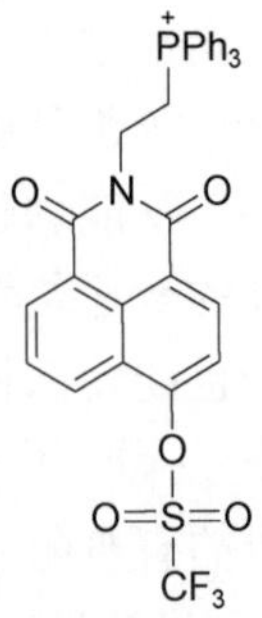

7

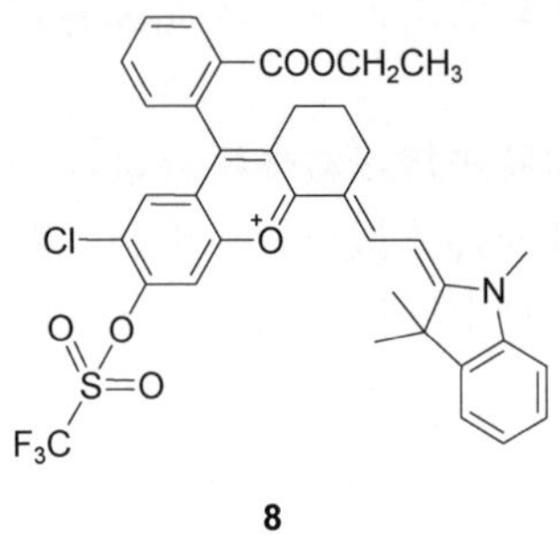

8

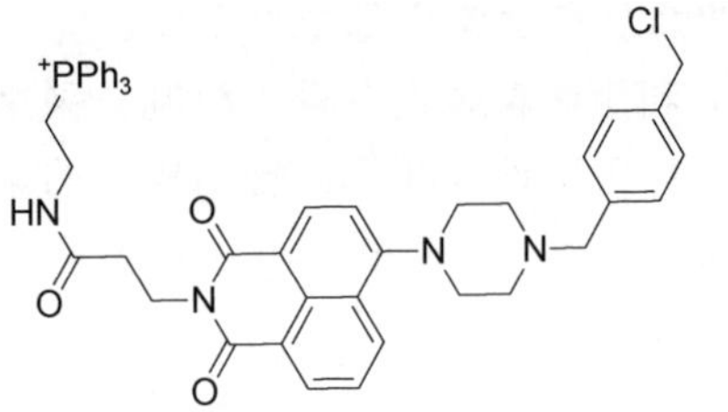

9

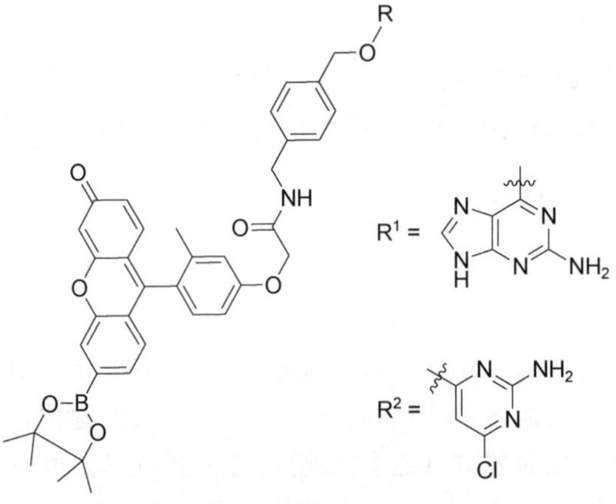

10

图 12-7　代表性线粒体靶向荧光探针 **6** ~ **10** 的结构

构建了一系列荧光探针，通过紫外和荧光分析法等研究了不同识别基团对超氧阴离子的响应性能（如选择性和响应时间等），筛选出了综合性能最优的超氧阴离子识别基团。在此基础上，研究者构建了线粒体靶向的双光子（**7**）和近红外（**8**）荧光探针。其中，**7** 采用羟基萘酰胺为荧光报告单元，三苯基鏻阳离子作为线粒体定位基团，而 **8** 采用的带正电荷的近红外羟基长沙染料为线粒体靶向单元。利用双光子探针 **7** 实现了顺铂诱导肾细胞和组织损伤模型中超氧阴离子的可视化检测，利用近红外探针 **8** 实现了活体水平顺铂诱导肾损伤模型中超氧阴离子含量变化的可视化检测，为研究药物性急性肾损伤提供了新工具。

2014 年，Kim 课题组[50]开发了一种检测线粒体中 pH 变化的荧光探针 **9**（图 12-7）。该探针以连接有哌嗪基团的萘酰亚胺染料为荧光团和识别单元，三苯基膦阳离子为线粒体靶向基团。同时，针对线粒体膜电位变化可能导致探针泄漏的问题，研究者在探针分子上引入苄氯基团。该探针快速进入线粒体后，苄氯与线粒体内蛋白质中的硫醇发生亲核取代反应，将探针稳定固定在线粒体内，实现了线粒体内 pH 变化的定量分析。

另外，利用靶向融合蛋白技术也可实现线粒体靶向标记。例如，Chang 等[51]基于 Snap-tag 标签技术设计合成了 H_2O_2 探针 **10**（图 12-7），该探针特异性和 AGT 融合蛋白结合实现线粒体靶向。当探针与 H_2O_2 反应后，可实现 32 倍的荧光增强。另外，通过转染不同质粒，该探针可实现细胞膜、细胞核和内质网中 H_2O_2 检测，从而提供了一个检测不同亚细胞器中 H_2O_2 含量变化的多功能荧光平台。

12.3.4 线粒体靶向探针存在的问题与挑战

线粒体靶向荧光探针的设计与应用取得了很大进展，但它仍存在许多挑战。

① 利用线粒体较大的跨膜电位特点已经发展了大量的线粒体靶向荧光探针，但这种设计方法也存在很多问题：线粒体膜电位变化可能导致亲脂性阳离子无法再定位于线粒体，使探针从线粒体中逃逸；经典的线粒体定位基团 TPP 等的引入导致探针结构复杂、分子量增大，并且线粒体中阳离子的大量富集也可能影响膜电位（线粒体膜电位去极化），进而影响线粒体功能；季铵盐等线粒体定位基团容易与线粒体中带负电物质发生作用，影响探针的性能和线粒体功能。

② 线粒体内大部分活性物质的浓度都非常低（纳摩尔级以下），线粒体靶向探针的灵敏度需要进一步改善；线粒体内分析物随时间动态变化，但目前的大部分探针都是测量线粒体体内相关物种的累积浓度，发展靶向探针并实现线粒体内分析物的可逆动态监测仍然是难点问题。

③ 大多数报道的线粒体靶向荧光探针都是基于荧光强度的变化，这类探针会受到很多因素的干扰，成像中所获取的信号可能并非是真实的信号。因此，如何确保这些信号的准确性值得研究者思考。

12.4 细胞核光学探针

12.4.1 细胞核概述

细胞核是高度专一化的亚细胞器，是细胞的信息处理和管理中心，由核膜、核纤层、染色质、核仁及核体等组成[52]。细胞核是遗传信息的储存场所，参与细胞遗传及代谢密切相关的基因复制、转录和转录初产物的加工过程。细胞核的核膜由含蛋白质和磷脂分子的双层膜组成，其上有大量的核孔，是生物大分子的通道。核纤层主要成分是核纤层蛋白，整体观呈球形，为细胞核内层核膜下高电子密度的纤维蛋白壳层。染色质是遗传物质在细胞内的存在形式，主要成分是 DNA 和组蛋白。在细胞有丝分裂期，由染色质螺旋化后形成的短棒状小体结构即为染色体，是细胞分裂期遗传物质存在的特定形式。核仁主要由蛋白质和 RNA 组成，占据细胞核的中心，产生核糖体，随后被运送到内质网进行蛋白质合成[53]。细胞内各种生命活动的进行都离不开细胞核。细胞核是细胞生命活动的调控枢纽，也是蕴藏和控制遗传信息的中心。

12.4.2 细胞核靶向探针设计方法

随着荧光成像技术的发展，细胞核靶向的荧光探针引起了研究者们的极大兴趣。细胞核靶向探针的设计方法主要是针对细胞核内含有大量负电荷的 DNA，利用亲水性阳离子进行细胞核靶向探针设计。

细胞核内含有大量负电荷 DNA，可与亲水性较好的阳离子荧光染料通过静电作用紧密结合，由此开发了许多细胞核靶向探针[54]。这些探针的结构一般含有疏水链短、较小尺寸的平面芳香阳离子，其 $\lg P$ 一般在 $-4\sim 0$ 之间。这些性质使探针与蛋白质和脂类的结合能力较弱，从而能够快速进入细胞核，并与双链 DNA 相结合[55]。最常用的细胞核靶向荧光染料［Hoechst 和 DAPI 等，图 12-8（a）］能在 AT 序列富集区域的小沟处与双链 DNA（ds-DNA）选择性结合。2014 年 Hamachi 等发展了一种细胞核靶向荧光探针的通用设计策略——利用 DNA 小槽黏合剂双苯甲酰亚胺（Hoechst）作用细胞核靶向基团，通过在 Hoechst 的羟基位置引入一条柔性长链与其它长波长荧光探针相结合，从而制备合适的细胞核靶向探针[56]［图 12-8（b）］。此外，富含精氨酸、赖氨酸等碱性氨基酸的"核蛋白定位信号（nuclear localization signal，NLS）"类短肽能与核孔复合物发生强相互作用，也能高效地将荧光探针等外源性物质导入细胞核［图 12-8（c）］[55]。

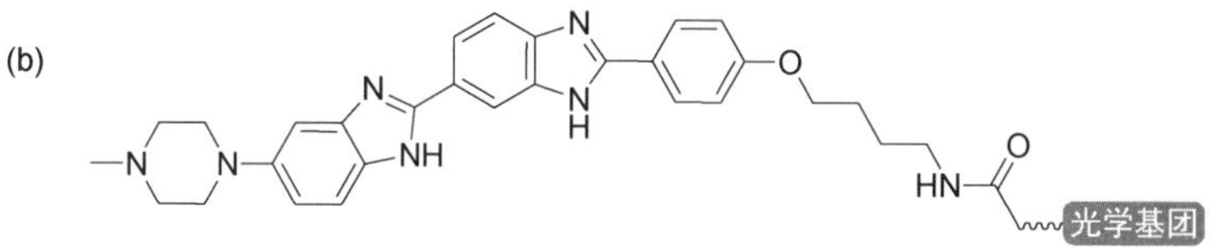

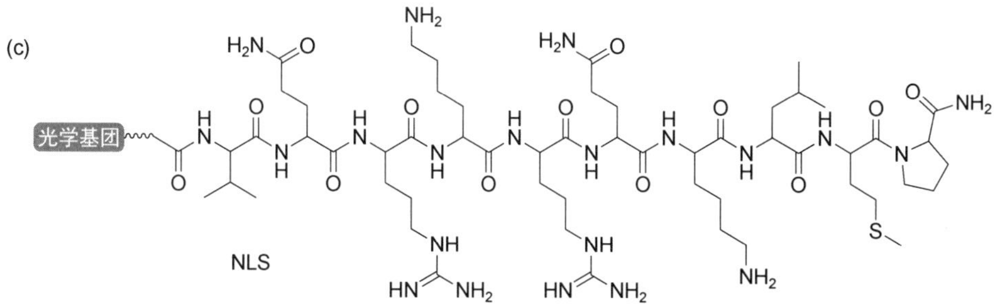

图 12-8 （a）商业化细胞核荧光探针 Hoechst 和 DAPI 的结构；（b）常用细胞核靶向荧光探针设计策略；（c）基于 NLS 基团的细胞核靶向探针设计策略

12.4.3 细胞核靶向探针应用举例

2015 年，Johnsson 等在 Hamachi 课题组发展的细胞核靶向探针基础上，将硅罗丹明与细胞核靶向试剂 Hoechst 通过柔性的碳链连接，开发了一种可用于活细胞内 DNA 超分辨成像的远红光荧光探针 **11**（SiR-Hoechst）（图 12-9）[57]。SiR-Hoechst 须结合 DNA 螺旋上的小沟才能诱导硅罗丹明开环，发出明亮的红色荧光，具有很好的信背比。与传统细胞核荧光探针相比，SiR-Hoechst 的激发和发射光谱均在远红光区域，可避免短波长激发光导致的光毒性以及生物样品自发荧光干扰。利用该探针，研究者实现了活细胞中 DNA 超高分辨成像。

细胞核氧化应激产生的过量活性氧（ROS）会引起 DNA 碱基的氧化修饰或单/双链断裂，其与衰老、癌症和神经退行性疾病等密切相关[58]。2014 年，易涛等[59]利用 NLS 作为细胞核靶向基团、萘酰亚胺为荧光团、硼酸为 H_2O_2 反应位点，构建了一种 H_2O_2 的比率荧光探针 **12**（图 12-9）。研究者利用该探针成功实现了活细胞细胞核中 H_2O_2 的比率荧光成像。

金属离子对维持细胞核正常功能起重要作用。例如钙离子（Ca^{2+}）作为细胞内信号转导的第二信使，在调节激素合成与分泌、骨骼肌收缩、细胞代谢、基因转录、凋亡等生理过程中发挥重要作用。2010 年，Zhang 等[60]设计了一种检测细胞核和细胞质中 Ca^{2+} 的荧光探针 **13**（图 12-9）。该探针由 Ca^{2+} 螯合试剂 1,2-双(2-氨基苯氧基)乙烷-N,N,N′,N′-四乙酸和两个苯并噻唑鎓半花菁染料组成。探针与 Ca^{2+} 配位后，染料上氮原子供电子能力受抑制，导致探针的吸收和激发光谱显著蓝移，发射强度增强。细胞成像结果表明，该探针的乙酰氧基甲基酯衍生物在渗透细胞膜后主要分布于细胞质和细胞核中，在胞质和细胞核间呈现非常清晰的边

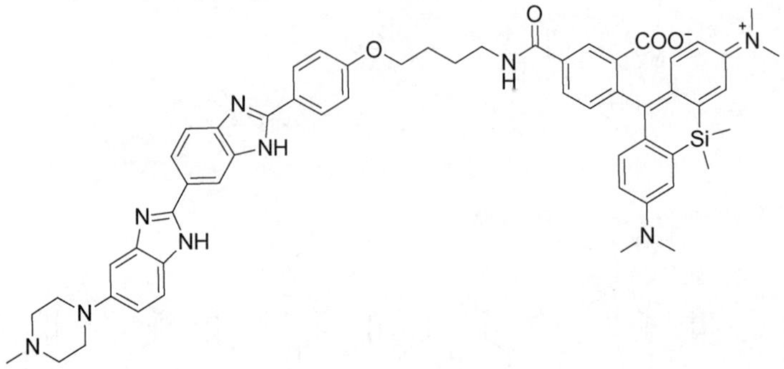

11 (SiR-Hoechst)

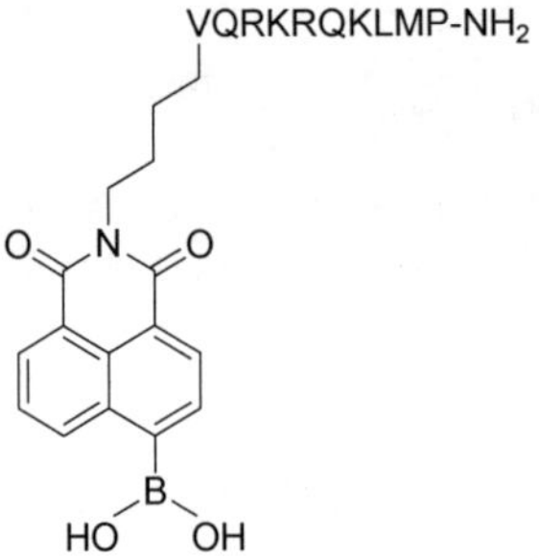

12

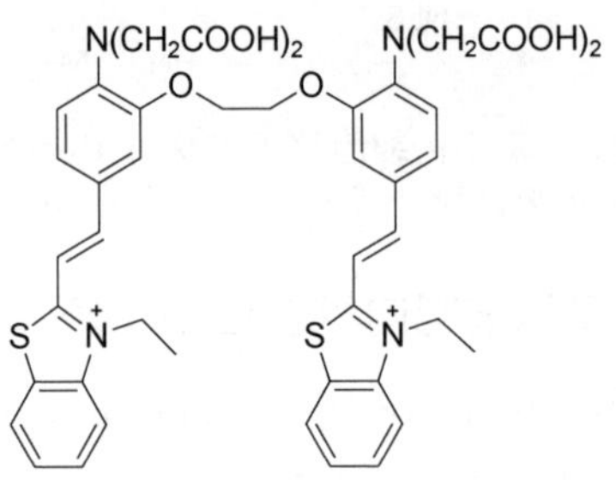

13

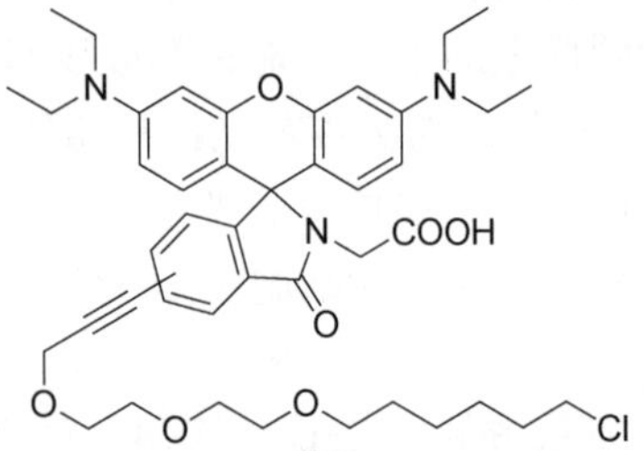

14

图 12-9　代表性的细胞核靶向荧光探针结构

界，可用于细胞质和细胞核中 Ca^{2+}成像检测。

另外，研究者利用融合蛋白技术发展了系列细胞核靶向荧光探针。例如，肖义等[61]在罗丹明内酰胺位点附近引入羧基基团营造分子内酸性环境的方法，设计了罗丹明螺环内酰胺染料，在激活过程中实现了延长螺内酰胺罗丹明亮态寿命的目的。同时利用蛋白标记技术，研究者发展了具有融合蛋白标签底物的甘氨酸罗丹明探针 **14**（图 12-9），实现了活细胞细胞核内组蛋白 H2B 的超分辨成像。

12.4.4　细胞核靶向探针存在的问题与挑战

与其它细胞器靶向荧光探针相比，细胞核靶向荧光探针在细胞核内的选择性仍面临挑战。事实上,许多研究表明,细胞核靶向荧光探针结构的微小变化可能完全改变它们的选择性,导致其核靶向效果变差。实验和定量结构-活性(quantitative structure-activity relationship,QSAR)模型均得出,阳离子数、疏水链长短、平面芳香体系大小和分子维数都是影响分子探针靶向效果的重要因素[62]。因此,开发出良好的细胞核靶向荧光探针,须综合考虑上述问题。

12.5　细胞膜光学探针

12.5.1　细胞膜概述

细胞膜也称质膜,位于细胞外层,是将细胞内环境与外环境分开的双分子层,由外层亲水性的磷酸酯和内层亲脂性的脂肪酸链通过甘油连接构成。其主要成分为脂质和蛋白质。脂质主要包括磷脂、糖脂和胆固醇[63]。动物膜脂种类达九种,膜蛋白种类则更多,依照不同功能分布在膜表面或嵌入膜内或跨膜两侧。通常膜表面蛋白与膜结合力较弱,嵌入或跨膜的蛋白则结合力较强。膜脂和膜蛋白都具有流动性。细胞膜的结构和性质为其行使生理功能提供了基础,除了为细胞器提供稳定环境,同时可以保证细胞与外部环境物质与信息交流。细胞膜上水溶性小分子和气体通过被动扩散维持细胞内、外环境平衡。营养物质和生物分子则通过各种跨膜通道和转运蛋白来维持细胞活动。另外,膜上共价蛋白受体和酶,大多存在于脂筏中(高度糖基化的脂质和蛋白质微区),参与细胞信号传导和蛋白质转运。

12.5.2　细胞膜靶向探针设计

鉴于细胞膜至关重要的作用与生理学功能,许多细胞膜靶向荧光探针已被报道。基于细胞膜的脂质双分子层结构,细胞膜靶向探针的设计方法主要有两种:

① 将膜靶向基团(常为亲脂性烷基链,例如脂肪酸、胆固醇等)通过连接体整合到荧光探针中,使其具有较好的脂溶性。目前利用该方法设计出了多种膜靶向探针[图12-10(a)]。商业化的细胞膜定位试剂DiI和DiO是一种亲脂性膜染料[图12-10(b)],可与磷脂双层膜结合靶向细胞膜。

② 利用细胞膜上特定组分(例如受体)作为探针设计靶标[64]。该类探针特异性结合细胞膜上组分,靶向于细胞膜。

12.5.3　细胞膜靶向探针应用举例

细胞中与生命相关的金属离子（Ca^{2+}、Zn^{2+}、K^+和Mg^{2+}）,通过自由扩散或跨膜通道出入细胞,作为信号元件或酶辅因子发挥作用。例如,Ca^{2+}浓度变化可

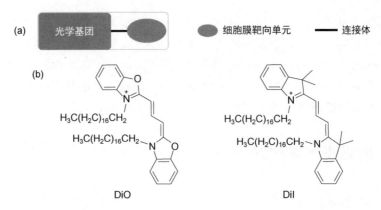

图 12-10 （a）细胞膜靶向探针的结构示意图；（b）代表性商业化细胞膜定位试剂的结构

作为许多细胞过程的信号，有研究表明，细胞膜附近的 Ca^{2+} 浓度高于细胞质基质。因此，开发膜靶向探针监测质膜附近的 Ca^{2+} 含量波动具有重要意义。20 世纪 90 年代初，研究者将亲脂性烷基链与 Ca^{2+} 探针连接，开发了系列膜靶向 Ca^{2+} 荧光探针[65] **15**（图 12-11）。细胞成像实验表明探针 **15** 靶向质膜且对 Ca^{2+} 浓度波动敏感。

与长碳链脂肪酸类似，胆固醇可作为细胞膜定位基团。例如，Taki 等[66]将胆固醇通过三聚乙二醇链与 Zn^{2+} 探针共价结合，设计了基于荧光素平台的胆固醇缀合的 Zn^{2+} 荧光探针 **16**（图 12-11）。由于从 Zn^{2+} 螯合部位到荧光素的 PET 作用，自由探针基本上无荧光，当探针与 Zn^{2+} 螯合，PET 过程受到抑制，探针荧光显著增强。此外，由于锌螯合部位的高度亲水性，探针 **16** 主要定位在细胞膜，可用于可视化监测细胞 Zn^{2+} 摄入以及细胞内 Zn^{2+} 释放等过程。

细胞膜上存在着多种蛋白和酶，它们是支撑细胞结构和维持细胞关键活动的重要组成部分。其中，受体型蛋白酪氨酸磷酸酶（RPTPs）负责维持细胞膜附近大多数蛋白质磷酸酶活性，其失调与多种疾病相关。2013 年，Yao 课题组[67]开发了一种可切换的双光子膜组合示踪剂，实现了对膜相关 RPTPs 活性的成像。该示踪剂由化合物 **17** 和 **18**（图 12-11）构成，化合物 **17** 中的季铵盐基团可以特异性地靶向细胞膜并发出强的双光子荧光，而化合物 **18** 的结构中包含荧光猝灭基团和光控保护基团。当将化合物 **18** 加入化合物 **17** 染色的细胞中时，化合物 **18** 中的磷酸盐与化合物 **17** 中的季铵盐发生静电相互作用，从而导致化合物 **17** 的荧光通过 FRET 效应猝灭。当用紫外光照射细胞，2-硝基苄基保护基团脱去，暴露出的磷酸部分进一步被 RPTPs 水解，从而使化合物 **17** 与猝灭剂分开，荧光恢复。这种组合式的 FRET 体系能够在无物理分离质膜的情况下，成功量化各种哺乳动物细胞中内源性 RPTPs 活性水平。但该组合示踪剂对其它内源性非 PTP 磷酸酶的选择性有待进一步改善。

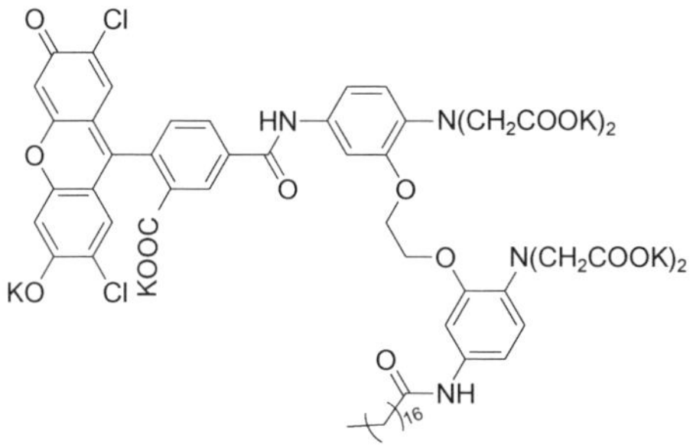

图 12-11　代表性细胞膜靶向光学探针的分子结构

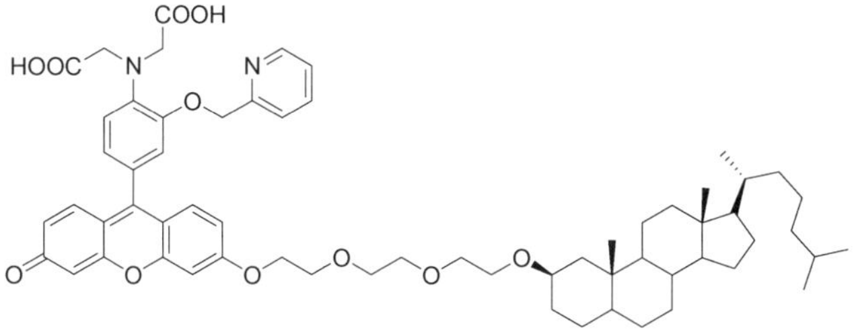

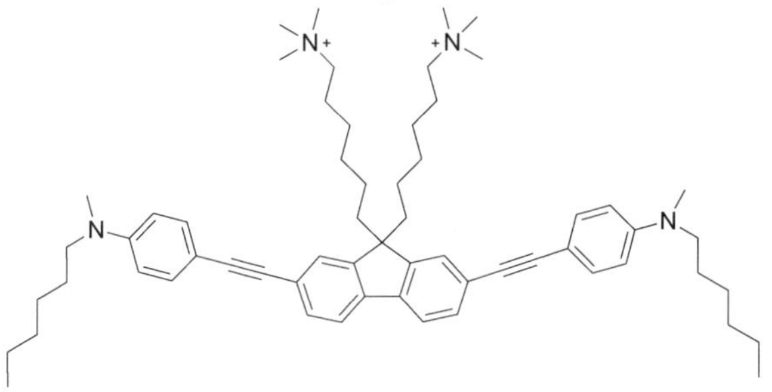

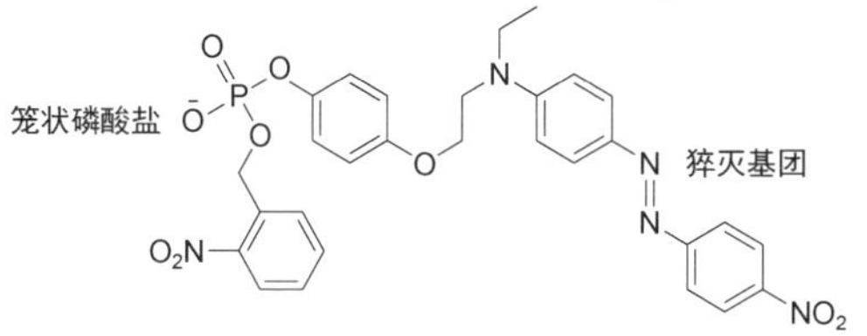

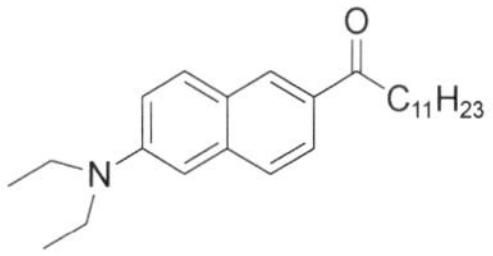

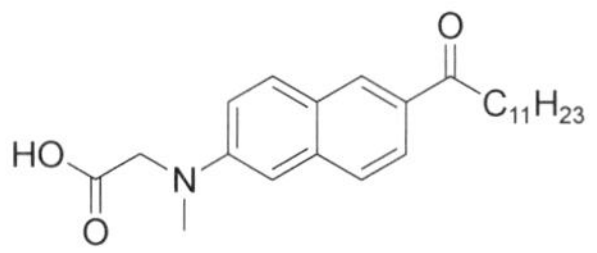

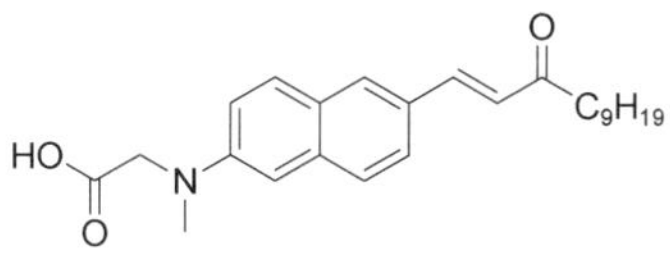

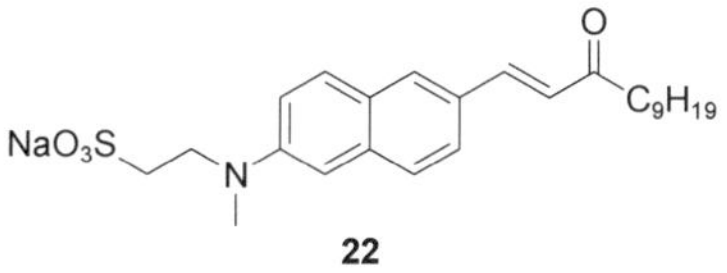

脂筏是嵌入质膜内的结构，富含胆固醇和鞘脂结构域，以及糖基化蛋白质和脂质。脂筏被认为参与多种细胞过程，可影响胆固醇体内平衡、信号转导、膜转运和病原体入侵、蛋白质分选、神经退行性疾病和血管生成等，但确切功能仍存在争论。因此，开发荧光探针有利于深入了解脂筏功能。2007—2011 年间，Cho 等[68-70]对双光子极性膜探针进行了改进，发展了系列膜靶向极性荧光探针 19～22 用于研究脂筏功能（图 12-11）。与探针 19 相比，探针 20 结构中羧酸的引入显著提高了水溶性和敏感性。此外，通过改变膜锚定部分，探针 21 进一步提高了双光子吸收截面值和对环境极性的敏感性。探针 21 选择性用于活细胞脂筏及活组织（100～250 μm 深度）的锥体神经元成像。探针 21 的羧基用水溶性磺酸钠基团取代后生成探针 22，在质膜内稳定积累，在脂筏中荧光增强。进一步研究可以更深入理解脂筏内的化学过程，并且可以将额外的受体结合到脂筏探针中以用于其它分析物监测。

12.5.4　细胞膜靶向探针存在的问题与挑战

目前，细胞膜靶向探针的设计与应用还需要考虑以下问题：

① 探针的扩散。许多膜靶向探针由于水溶性受限制，随着反应时间延长，会扩散到细胞内，产生信号误差影响实验结果，无法满足长时间成像。因此，设计时探针的烃链长度和水溶性就显得尤为重要。

② 细胞膜的关键要素如蛋白通道、酶和脂筏活动，尚未进行充分研究，研究重点可以集中在这些方面。

③ 大多数报道的膜探针靶向在脂质双分子层内，导致荧光团局部累积，影响其光学性质，因此可以设计比率型荧光探针进行校准。此外，仍需进一步提高探针的吸收与发射波长，以减少膜内生物大分子的自发荧光干扰。

12.6　内质网与高尔基体光学探针

12.6.1　内质网与高尔基体概述

内质网（endoplasmic reticulum，ER）是由封闭的管状或扁平囊状膜系统及其包被的腔形成的三维网络结构（图 12-12），厚度约 5～6 nm，较细胞质膜薄，成分为脂类和蛋白质，内含 30 多种酶，其中葡萄糖-6-磷酸酶是内质网的标志酶。内质网体积占细胞总体积的 10%以上，可分为糙面内质网（rough endoplasmic reticulum，rER）和光面内质网（smooth endoplasmic reticulum，sER）。糙面内质网呈扁囊状，排列整齐，其与膜表面附有的核糖体形成复合结构，其功能是合成分泌性蛋白和膜蛋白；光面内质网膜上无核糖体结合蛋白，为分支管状，主要功能是作为信号站，检测钙信号，其包含细胞内最大的钙池[71]。

高尔基体由大小不一、形态多变的囊泡体系组成（图12-12）。电子显微镜所观察到的高尔基体特征性结构由排列较为整齐的扁平膜囊（saccule）堆叠而成。扁平囊膜由光滑的单层膜围成扁平囊状结构，膜表面无核糖体附着，呈弓形或半球形。高尔基体沿轴线从顺面到反面分为5个明显的功能区域：顺面网状结构、顺面膜囊、中间膜囊、反面膜囊、反面网状结构。高尔基体呈平面囊泡结构，位于粗面内质网和细胞核附近，是重要蛋白质、酶转运和分泌的关键细胞器。高尔基体的主要功能是将内质网合成的蛋白质进行加工、分类和包装，并将蛋白分门别类运送至特定的部位或分泌到细胞外。此外，它也参与细胞内金属离子的运输和储存，在膜转化、溶酶体形成等过程中起重要作用[72,73]。

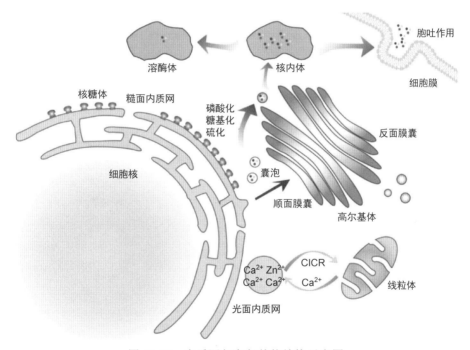

图 12-12 内质网与高尔基体结构示意图

12.6.2 内质网与高尔基体靶向探针设计

（1）内质网靶向探针设计

内质网是一种膜结合的细胞器，参与多种蛋白质、糖原、脂类及胆固醇类物质的合成和分泌，它不仅是蛋白质制造、修饰、折叠和运输的主要场所，还负责其它分子（如脂类和碳水化合物）的合成及 Ca^{2+} 的存储，在细胞中起着重要的代谢作用。然而，许多因素，如未折叠蛋白的积累、葡萄糖的缺乏、氧化应激、缺氧、钙调节改变以及细菌感染等，都会通过诱导内质网应激而影响内质网的完整性，导致神经退行性疾病、中风、阿尔茨海默病、心脏病、糖尿病等多种疾病[74,75]。开发内质网靶向探针用于追踪局部活性物质的含量是研究不同疾病分子机制的一种有效策略。内质网靶向荧光探针的设计策略一般有两种（图 12-13）：

① 利用内质网膜的脂溶性进行探针设计　内质网膜具有良好的脂溶性，该类探针的定位机理主要是利用探针的亲脂性以及自身所带的正电荷靶向定位于内质网上。这类探针是由多环的荧光团和烷基疏水链组成，能穿透质膜。如最早使用的内质网荧光探针 $DiOC_5$ 和 $DiOC_6$ 等 [图 12-13（a）]，主要就是基于此机理靶向定位内质网。

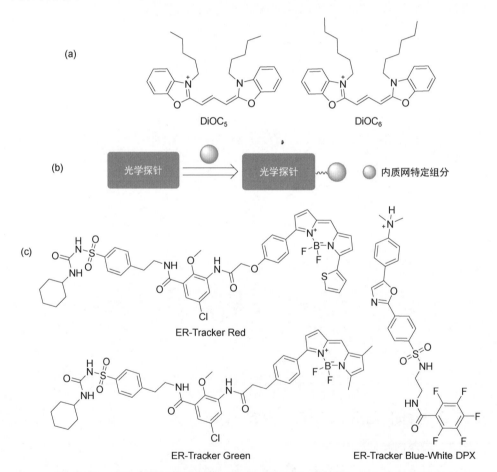

图 12-13 （a）内质网靶向探针 $DiOC_5$ 和 $DiOC_6$ 的结构；（b）内质网靶向探针设计策略；（c）代表性商业化内质网定位试剂的结构

② 利用探针与内质网中特异性物种结合进行探针设计 该类探针的定位机理是：在构建探针分子时，引入可与内质网内蛋白或膜上离子受体特异性结合的基团，使探针定位于内质网［图 12-13（b）］。如传统的内质网靶向定位试剂 ER-Trackers［图 12-13（c）］，结构中的格列本脲与内质网上钾离子通道中磺脲受体结合，从而实现内质网靶向定位。

（2）高尔基体靶向探针设计

高尔基体作为重要的细胞器，其功能异常时会造成细胞甚至生物体严重病变，如代谢性疾病、脊髓损伤以及神经变性疾病等。因此开发高尔基体靶向探针，对细胞代谢研究、疾病诊断治疗均具有重要意义。高尔基体靶向探针的设计方法主要有以下两种：

① 在荧光分子上引入靶向高尔基体定位基团［图 12-14（a）］。目前，靶向高尔基体基团包括多肽和半胱氨酸，定位机理是基于这些基团与高尔基体中半胱氨酸残基受体特异性结合。例如商业化的高尔基体靶向试剂 Golgi-Tracker Red 和 Golgi-Tracker Green［图 12-14（b）］就是基于此机理定位于高尔基体。

② 基于探针与高尔基体内相关生物分子特异性结合。此类探针在构建分子时引入可与高尔基体内相关生物分子特异性结合的基团。当探针进入细胞后与这些生物分子结合实现定位［图 12-14（c）］。基于上述定位机理，研究人员已设计了靶向高尔基体的分子光学探针，用于高尔基体内生物活性物质的成像研究。

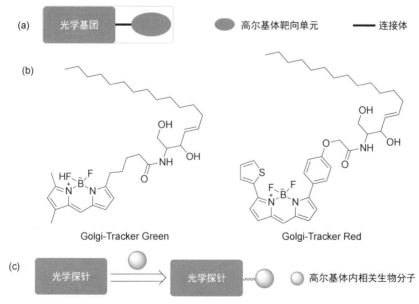

图 12-14 （a）一般高尔基体靶向探针的结构（b）代表性商业化高尔基体定位试剂结构；（c）一般高尔基体探针靶向高尔基体过程

12.6.3 内质网和高尔基体靶向探针应用举例

12.6.3.1 内质网靶向探针应用举例

Cu^{2+}、Zn^{2+} 等金属离子参与内质网重要的生理过程。Kim 等[76]报道了系列 Cu^{2+} 特异性内质网靶向探针。研究者利用亲脂性或糖基化化合物对内质网具有特异定位功能,在萘酰亚胺荧光团上引入乙二醇链构建了探针 **23**(图 12-15)。细胞染色表明,该探针能选择性地定位到内质网中。此外,为了检测内质网的黏度和极性变化,该研究者[77]设计了另一内质网靶向探针 **24**(图 12-15)。采用黏度敏感的 BODIPY 作为分子转子,与极性敏感的荧光团尼罗红结合,通过亲脂链连接构成了探针 **24**(图 12-15)。利用双功能探针,监测到内质网应激后黏度和极性变化。基于相同的亲脂链定位内质网策略,该课题组[78,79]设计了另外两种针对内质网应激的靶向荧光比率探针 **25** 和 **26**(图 12-15),实现了氧化应激过程中内质网黏度变化的可视化。

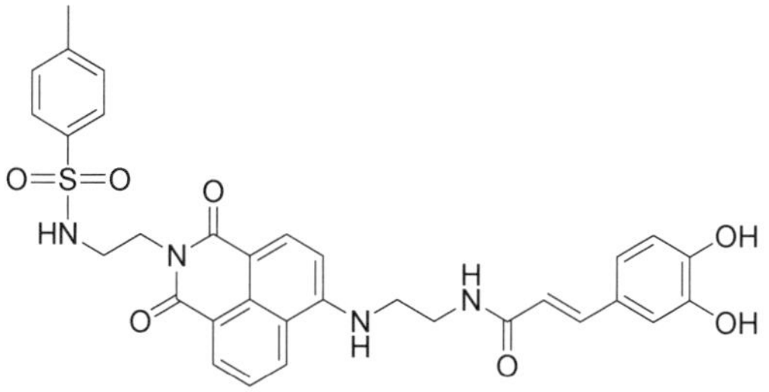

图 12-15　代表性内质网靶向荧光探针的分子结构

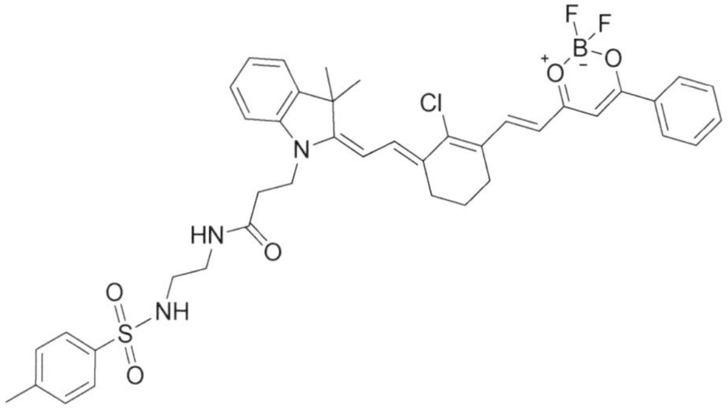

内质网中 ROS 影响蛋白质折叠的二硫键形成，对蛋白质合成至关重要。然而，ROS 过度表达会引起氧化应激，蛋白质过度交联，导致细胞功能异常[80]。因此，开发追踪内质网中 ROS 变化的新型荧光探针，对揭示 ROS 生理和病理功能具有重要意义，有助于提高对疾病的认识。2018 年，唐波等[81]利用双探针、双色成像方法实现了内质网应激细胞及糖尿病心肌组织中超氧阴离子（$O_2^{•-}$）和极性的同时荧光成像。研究者设计了准确靶向内质网、识别 $O_2^{•-}$ 的探针 **27**（图 12-15）。该探针由三部分构成：萘二甲酰亚胺荧光团、$O_2^{•-}$ 的动态荧光响应基团咖啡酸和内质网靶向基团对甲基苯磺酰胺。将此探针与极性探针 **28**[82]（图 12-15）结合，通过双色成像发现在糖尿病心肌组织中 $O_2^{•-}$ 的含量明显升高，同时心肌组织极性变大。

12.6.3.2　高尔基体靶向探针应用举例

铁参与人体中许多重要的生理过程，如氧气运输、DNA 合成、呼吸和代谢反应等。然而，铁过量会引起氧化应激，导致细胞功能紊乱，与神经退行性疾病等密切相关。二价金属离子转运体 1（DMT1）是 Fe^{2+} 的主要转运体，通过细胞膜向细胞内传输 Fe^{2+}，而高尔基体在细胞内铁离子的传递系统中扮演着中枢细胞器的角色。2019 年，Nagasawa 等[83]以 N-氧化物为 Fe^{2+} 反应位点、近红外硅罗丹明染料为荧光团和长碳链脂质为高尔基体靶向基团，构建了一例荧光增强型的高尔基体靶向 Fe^{2+} 荧光探针 **29**（图 12-16）。探针自身背景荧光较低，当 Fe^{2+} 存在时，发生脱氧还原反应，释放出强荧光的硅基罗丹明染料。利用该探针，研究者成功实现了细胞高尔基体中 Fe^{2+} 的高选择性检测，并揭示 VPS35 功能紊乱会引起 Fe^{2+} 在亚细胞内的分布异常。

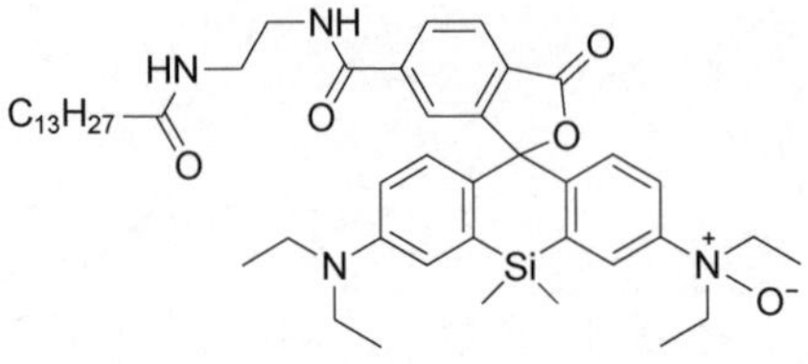

29

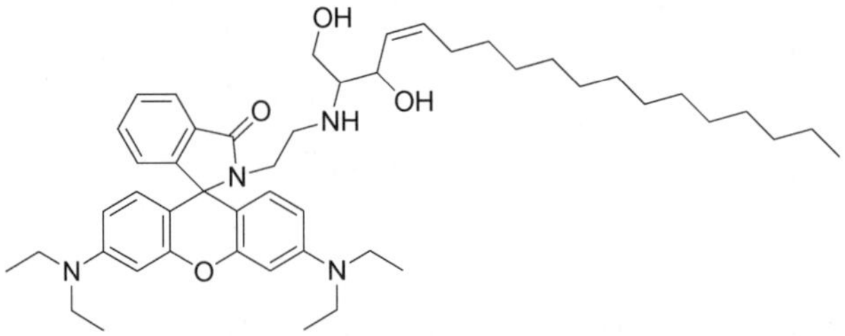

30

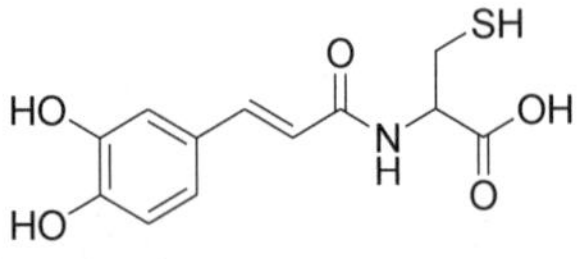

31

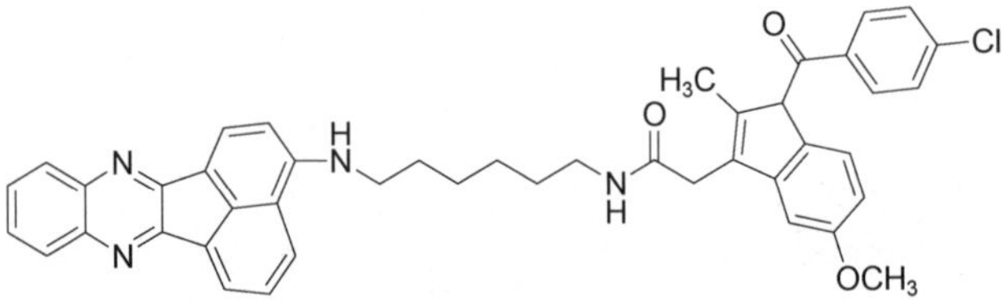

32 (未折叠)

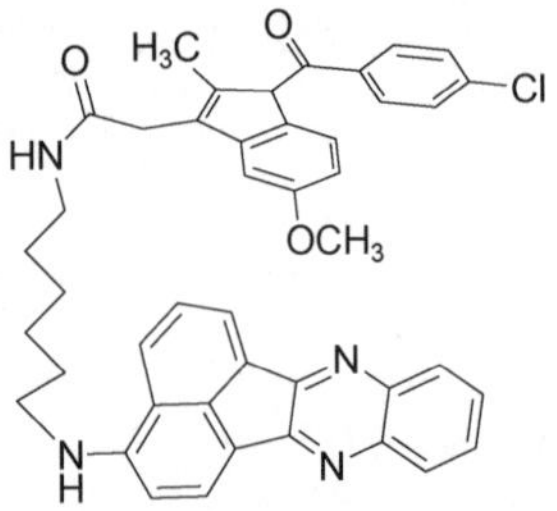

32 (折叠)

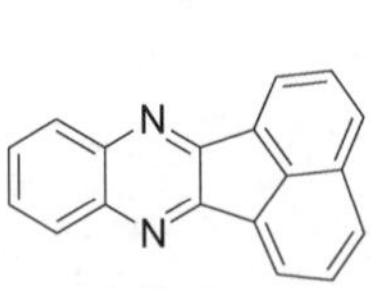

ANQ

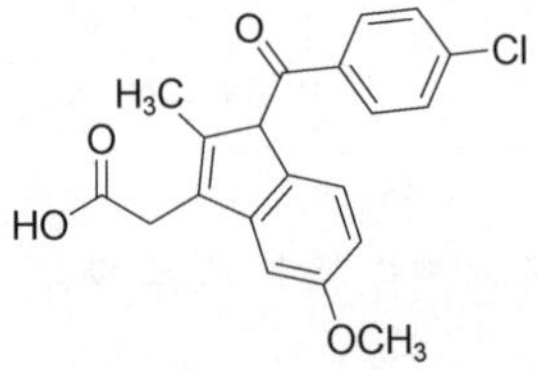

IMC

图 12-16　代表性高尔基体靶向荧光探针的结构

众所周知，高尔基的独特功能与高尔基内的 pH（pH_g）值密切相关。高尔基体中顺面膜囊网状结构（pH 6.7）与其反面膜囊网状结构的（pH 6.0）pH 具有显著差异。此外，蛋白糖基化对 pH_g 的改变也非常敏感。pH_g 失调导致高尔基体功能紊乱，与癌症、皮肤松垂和囊性纤维化等疾病密切相关[84,85]。因此，开发探针实现 pH_g 变化的实时监测，对了解高尔基体的生物学功能和病理过程具有重要意义。2019 年，Dong 等[86]设计合成了高尔基体靶向 pH 探针 **30**（图 12-16）。该探针以罗丹明染料为荧光团，罗丹明螺环为 pH 响应位点，鞘氨醇为高尔基体靶向基团。该探针不仅在体外高灵敏响应 pH，而且可用于实时监测药物引起的细胞内高尔基体 pH 变化及脂多糖介导的小鼠炎症模型中 pH 的改变。

为了揭示肝脏缺血再灌注（IR）损伤的分子机制，2019 年，唐波等[87]开发了一例含有 L-半胱氨酸的探针 **31**（图 12-16）用于高尔基体中 $O_2^{\cdot-}$ 波动的可逆成像。将咖啡酸与高尔基体靶向单元 L-半胱氨酸通过酰胺键连接，研究者制备了探针 **31**（图 12-16）。当探针与 $O_2^{\cdot-}$ 反应时，荧光强度随着 $O_2^{\cdot-}$ 浓度（在 0～5 mmol/L 范围内）升高呈线性增加，检出限为 18 nmol/L。基于高尔基体中丰富的半胱氨酸残基识别受体，探针可以有效地靶向该细胞器。借助探针 **31**，研究者通过双光子荧光成像实现了肝脏缺血再灌注损伤小鼠肝脏内高尔基体中 $O_2^{\cdot-}$ 含量动态波动的监测。

作为蛋白质/酶运输和分泌的机构，高尔基体维持着分子间的浓度平衡。然而，在病态下，某些蛋白的过表达，如癌细胞中生成大量环氧酶-2（COX-2）导致高尔基体功能异常[88]。因此，实时监测高尔基体中特定的蛋白质/酶的含量及动态变化将极大地促进相关疾病的研究。2013 年，彭孝军等[89]设计了开关式荧光探针 **32**（图 12-16），该探针由 COX-2 抑制剂吲哚美辛（IMC）和喹喔啉（ANQ）通过己二胺连接组成。在未结合 COX-2 时，探针主要以折叠构象存在，ANQ 和 IMC 之间形成弱的 π-堆叠相互作用，荧光猝灭。探针与 COX-2 特异性结合后，折叠结构被打开，探针分子处于直链状态，导致 PET 过程抑制，荧光恢复。由于该探针良好的水-油分配系数（$\lg P = 4.6$），其能优先定位于癌细胞的高尔基体。研究者利用该探针也成功实现了癌细胞和正常细胞的区分以及癌细胞高尔基体凋亡过程的观察。

12.6.4 内质网与高尔基体靶向探针存在的问题与挑战

近年来虽然研究者已经报道了一些内质网和高尔基体靶向荧光探针，实现了疾病模型中（如糖尿病、炎症和抑郁症）一些生物活性物质的成像检测，但探针的靶向效率仍有待提高。且大部分内质网和高尔基体靶向探针的靶向机制仍不明确，亟待开发新机制的特异性内质网和高尔基体靶向单元、高效内质网和高尔基体靶向探针。

12.7 总结与展望

分子荧光探针已成为监测生命体系中生物活性分子最有力的工具之一。通常，分子靶向光学探针由光学基团和靶向基团组成，在对细胞器和分析物选择性、灵敏度、响应和生物相容性等方面具有优良的光学性质。目前，靶向荧光探针设计已取得重大进展，并广泛应用于生物学研究。在本章中，我们简要介绍了各种常见细胞器的结构、功能及其相关生理活动，并阐述了细胞器靶向探针设计策略及其相关应用，包括细胞器内各种生物活性分子（金属阳离子、ROS/RNS、硫醇等）成像检测以及一些生物大分子或者细胞器的超分辨成像。尽管细胞器靶向荧光探针已能较好的应用于生物学研究中，但该领域仍存在重大挑战：

① 从药动力学角度看，研究者在设计靶向荧光探针时，发展合适的细胞器靶向单元，将会大大提高靶向探针的实用性，光学探针可通过靶向单元驱动轻松到达靶向细胞器。作为线粒体和溶酶体的细胞器靶向单元，三苯基膦阳离子基团和吗啡啉基团在一定程度上实现了该需求。但其它细胞器，例如细胞核、细胞膜、内质网和高尔基体等仍缺少合适的靶向单元，亟待发展细胞毒性小和靶向性好的细胞器靶向单元。

② 提高传统光学成像分析技术的准确性和可靠性是光学探针和传感分析研究领域的热点之一。生物体内一些生物分子如烟酰胺腺嘌呤二核苷酸（NADH）会产生背景荧光，严重干扰成像结果。开发深红光到近红外区域的靶向荧光探针（650～950 nm）可有效避免生物体自体荧光干扰，而且能改善成像组织穿透能力以及减少对生物基质的光毒性。开发双光子靶向荧光探针能有效解决上述问题，并可实现细胞器长时间三维成像。此外，荧光强度变化型探针成像应用时易受外界因素（如染色区域不均匀、激发光功率的波动）干扰导致错误分析结果。而比率型荧光成像采用两个或多个互不干扰的检测信号比值作为信号输出，能有效避免外界因素干扰大的缺陷，从而极大提高成像检测的准确性。因此，开发近红外和双光子激发且发射在近红外区域的靶向比率荧光探针将是未来发展的方向。

③ 大多数靶向荧光探针的应用仅局限于细胞水平，亟待发展应用于组织及活体研究中的高性能靶向探针。该类靶向荧光探针由近红外（Ⅰ区和Ⅱ区）荧光团和靶向基团组成，预计将成为研究热点。

④ 细胞器靶向荧光探针的荧光光谱和量子产率受一些因素（如pH值、离子强度或结合不同靶标等）影响[90,91]，在某些情况下，可导致它们在亚细胞器的错误分配。

⑤ 除了上述细胞器，细胞内还有些细胞器尚未充分研究，例如微管和脂滴。微管是丝状细胞骨架，参与细胞运动和其它活动。脂滴由磷脂单分子层及脂质构

成，参与细胞代谢活动。研究者已证明细胞内含有微管和脂滴，靶向细胞器光学探针的开发将有助于深入了解这些细胞器功能。

⑥ 随着电泳方法的发展，测定靶向探针在特定亚细胞器的相对分布已成为可能。该方法主要借助于高效液相色谱法（HPLC）、分光光度法或液相色谱与质谱联用法[92]，从细胞中分离出细胞器组分，但分离过程中包括洗涤和离心步骤，导致一些化合物泄漏，因此这些方法的重现性有待改善。

总之，在细胞生命活动的探索过程中，细胞器靶向荧光探针已成为必不可少的工具。目前的研究才仅仅迈开该领域的一小步，还有许多问题待解决。相信在不久的将来，通过研究者的努力，将开发更多高性能的细胞器靶向荧光探针，有助于深入了解细胞器及其相关疾病的发病机理，促进化学、生物学和医药学等多学科的蓬勃发展。

参 考 文 献

[1] Alberts, B.; Johnson, A.; Lewis, J.; Raff, M.; Roberts, K.; Walter, P. Molecular Biology of the Cell. 5th ed. New York: Garland Science, 2008.

[2] Satori, C. P.; Kostal, V.; Arriaga, E. A. Review on recent advances in the analysis of isolated organelles. *Anal. Chim. Acta*, **2012**, 753: 8-18.

[3] Stryer, J. M. B. L.; Tymoczko, J. L. Biochemistry. 5th ed. San Francisco: W. H. Freeman, 2002.

[4] Lodish, H. F. Molecular Cell Biology. 6th ed. New York: W. H. Freeman and Co., 2008.

[5] Winterbourn, C. C. Reconciling the chemistry and biology of reactive oxygen species. *Nat.Chem. Biol.*, **2008**, 4: 278-286.

[6] Smith, R. A.; Hartley, R. C.; Murphy, M. P. Mitochondria-targeted small molecule therapeutics and probes. *Antioxid. Redox Signaling*, **2011**, 15: 3021-3038.

[7] West, R. J.; Sweeney, S. T. Oxidative stress and autophagy. *Autophagy*, **2012**, 8: 284-285.

[8] Olson, K. J.; Ahmadzadeh, H.; Arriaga, E. A. Within the cell: analytical techniques for subcellular analysis. *Anal. Bioanal. Chem.*, **2005**, 382: 906-917.

[9] Lichtman, J. W.; Conchello, J. A. Fluorescence microscopy. *Nat. Methods*, **2005**, 2: 910-919.

[10] Cotruvo, Jr., J. A.; Aron, A. T.; Ramos-Torres, K. M.; Chang, C. J. Synthetic fluorescent probes for studying copper in biological systems. *Chem. Soc. Rev.*, **2015**, 44: 4400-4414.

[11] Zhu, H.; Fan, J.; Du, J.; Peng, X. Fluorescent probes for sensing and imaging within specific cellular organelles. *Acc. Chem. Res.*, **2016**, 49: 2115-2126.

[12] Xu, W.; Zeng, Z. B.; Jiang, J. H.; Chang, Y. T.; Yuan, L. Discerning the chemistry in individual organelles with small - molecule fluorescent probes. *Angew. Chem. Int. Ed.*, **2016**, 55:13658-13699.

[13] Okamoto, K.; Perlman, P. S.; Butow, R. A. Chapter 16 Targeting of green fluorescent protein to mitochondria. *Methods Cell Biol.*, **2001**, 65: 277-283.

[14] Kim, H. M.; Cho, B. R. Mitochondrial-targeted two-photon fluorescent probes for zinc ions, H_2O_2, and thiols in living tissues. *Oxid. Med. Cell. Longevity*, **2013**, 2013: 1-11.

[15] Louzoun-Zada, S.; Jaber, Q. Z.; Fridman, M. Guiding drugs to targetharboring organelles: Stretching drug-delivery to a higher level of resolution. *Angew. Chem. Int. Ed.*, **2019**, 58: 15584-15594.

[16] Dickinson, B. C.; Srikun, D.; Chang, C. J. Mitochondrial-targeted fluorescent probes for reactive oxygen

species. *Curr. Opin. Chem. Biol.*, **2010**, 14: 50-56.

[17] Giraldo, A. M. V.; Appelqvist, H.; Ederth, T.; Ollinger, K. Lysosomotropic agents: impact on lysosomal membrane permeabilization and cell death. *Biochem. Soc. Trans.*, **2014**, 42:1460-1464.

[18] Alamudi, S. H.; Satapathy, R.; Kim, J.; Su, D.; Ren, H.; Das, R.; Hu, L.; Alvarado-Martínez, E.; Lee, J. Y.; Hoppmann, C.; Peña-Cabrera, E.; Ha, H.-H.; Park, H.-S.; Wang, L.; Chang, Y.-T. Development of background-free tame fluorescent probes for intracellular live cell imaging. *Nat. Commun.*, **2016**, 7: 11964.

[19] Alamudi, S. H.; Su, D.; Lee, K. J.; Lee, J. Y.; Belmonte-Vazquez, J. L.; Park, H.-S.; Pena-Cabrera, E.; Chang, Y.-T. A palette of background-free tame fluorescent probes for intracellular multi-color labelling in live cells. *Chem. Sci.*, **2018**, 9: 2376-2383.

[20] Bao, Q. Y.; Liu, A. Y.; Ma, Y.; Chen, H.; Hong, J.; Shen, W. B.; Zhang, C.; Ding, Y. The effect of oil-water partition coefficient on the distribution and cellular uptake of liposome-encapsulated gold nanoparticles. *Colloid. Surface. B*, **2016**, 146: 475-481.

[21] Stéen, E. J. L.; Nyberg, N.; Lehel, S.; Andersen, V. L.; Pilato, P. D.; Knudsen, G. M.; Kristensen, J. L.; Herth, M. M. Development of a simple proton nuclear magnetic resonance-based procedure to estimate the approximate distribution coefficient at physiological pH ($logD_{7.4}$): Evaluation and comparison to existing practices. *Bioorg. Med. Chem. Lett.*, **2017**, 27: 319-322.

[22] Horobin, R. W. Where do dyes go inside living cells? Predicting uptake, intracellular localisation, and accumulation using QSAR models. *Color. Technol.*, **2014**, 130: 155-173.

[23] Keppler, A.; Gendreizig, S.; Gronemeyer, T.; Pick, H.; Vogel, H.; Johnsson, K. A general method for the covalent labeling of fusion proteins with small molecules in vivo. *Nat. Biotechnol.*, **2003**, 21: 86-89.

[24] Keppler, A.; Pick, H.; Arrivoli, C.; Vogel, H.; Johnsson, K. Labeling of fusion proteins with synthetic fluorophores in live cells. *Proc. Natl. Acad. Sci. USA*, **2004**, 101: 9955-9959.

[25] Keppler, A.; Kindermann, M.; Gendreizig, S.; Pick, H.; Vogel, H.; Johnsson, K. Labeling of fusion proteins of O6-alkylguanine-DNA alkyltransferase with small molecules in vivo and in vitro. *Methods*, **2004**, 32: 437-444.

[26] Srikun, D.; Albers, A. E.; Nam, C. I.; Iavarone, A. T.; Chang, C. J. Organelle-targetable fluorescent probes for imaging hydrogen peroxide in living cells via SNAP-tag protein labeling. *J. Am. Chem. Soc.*, **2010**, 132: 4455-4465.

[27] Bannwarth, M.; Correa, I. R.; Sztretye, M.; Pouvreau, S.; Fellay, C.; Aebischer, A.; Royer, L.; Rois, E.; Johnsson, K. Indo-1 derivatives for local calcium sensing. *ACS Chem. Biol.*, **2009**, 4:179-190.

[28] Kaufmann, A. M.; Krise, J. P. Lysosomal sequestration of amine-containing drugs: Analysis and therapeutic implications. *J. Pharm. Sci.*, **2007**, 96: 729-746.

[29] Huizing, M.; Helip-Wooley, A.; Westbroek, W.; Gunay-Aygun, M.; Gahl, W. A. Disorders of lysosome-related organelle biogenesis: Clinicaland molecular genetics. *Annu. Rev. Genomics Hum. Genet.*, **2008**, 9: 359-386.

[30] Wan, Q.; Chen, S.; Shi, W.; Li, L.; Ma, H. M. Lysosomal pH rise during heat shock monitored by a lysosome-targeting near-infrared ratiometric fluorescent probe. *Angew. Chem. Int. Ed.*, **2014**, 126: 11096-11100.

[31] Lee, S. J.; Koh, J. Y. Roles of zinc and metallothionein-3 in oxidative stress-induced lysosomal dysfunction, cell death, and autophagy in neurons and astrocytes. *Mol. Brain*, **2010**, 3: 30-39.

[32] Lee, H. J.; Cho, C. W.; Seo, H.; Singha, S.; Jun, Y. W.; Lee, K. H.; Jung, Y.; Kim, K. T.; Park, S.; Bae, S. C.; Ahn, K. H. A two-photon fluorescent probe for lysosomalzinc ions. *Chem. Commun.*, **2016**, 52: 124-127.

[33] Yan, X.; Li, H. X.; Zheng, W. S.; Su, X. G. Visual and fluorescent detection of tyrosinase activity by using a dual-emission ratiometric fluorescence probe. *Anal. Chem.*, **2015**, 87: 8904-8909.

[34] Angeletti, C.; Khomitch, V.; Halaban, R.; Rimm, D. L. Novel tyramide‐based tyrosinase assay for the detection of melanoma cells in cytological preparations. *Diagn. Cytopathol.*, **2004**, 31: 33-37.
[35] Baharav, E.; Merimski, O.; Shoenfeld, Y.; Zigelman, R.; Gilbrud, B.; Yecheskel, G.; Youinou, P.; Fishman, P. Tyrosinase as an autoantigen in patients with vitiligo. *Clin. Exp. Immunol.*, **1996**, 105: 84-88.
[36] Zhou, J.; Shi, W.; Li, L.; Gong, Q.; Wu, X.; Li, X.; Ma. H. M. Detection of misdistribution of tyrosinase from melanosomes to lysosomes and its upregulation under psoralen/ultraviolet A with a melanosome-targeting tyrosinase fluorescent probe. *Anal. Chem.*, **2016**, 88: 4557-4564.
[37] Wang, X.; Nguyen, D. M.; Yanez, C. O.; Rodriguez, L.; Ahn, H.-Y.; Bondar, M. V.; Belfield, K. D. High-fidelity hydrophilic probe for two-photon fluorescence lysosomal imaging. *J. Am. Chem. Soc.*, **2010**, 132: 12237-12239.
[38] Henze, K.; Martin, W. Essence of mitochondria. *Nature*, **2003**, 426: 127-128.
[39] Alberts, B.; Johnson, A.; Lewis, J.; Raff, M.; Roberts, K.; Walter, P. Molecular Biology of the Cell. 5th ed. New York: Garland Science, 2008.
[40] Xu, Z.; Xu, L. Fluorescent probes for the selective detection of chemical species inside mitochondria. ***Chem. Commun.***, **2016**, 52: 1094-1119.
[41] Smith, R. A.; Hartley, R. C.; Murphy, M. P. Mitochondria-targeted small molecule therapeutics and probes. *Antioxid. Redox Signaling*, **2011**, 15: 3021-3038.
[42] Han, J.; Han, M. S.; Tung, C. H. A non-toxic fluorogenic dye for mitochondria labeling. *Biochim. Biophys. Acta.*, **2013**, 1830: 5130-5135.
[43] Johnson, L. V.; Walsh, M. L.; Chen, L. B. Localization of mitochondria in living cells with rhodamine 123. *Proc. Natl. Acad. Sci. USA*, **1980**, 77: 990-994.
[44] Satori, C. P.; Henderson, M. M.; Krautkramer, E. A.; Kostal, V.; Distefano, M. D.; Arriaga, E. A. Bioanalysis of eukaryotic organelles. *Chem. Rev.*, **2013**, 113: 2733-2811.
[45] Koya, K.; Li, Y.; Wang, H.; Ukai, T.; Tatsuta, N.; Kawakami, M.; Shishido, T.; Chen, L. B. MKT-077, a novel rhodacyanine dye in clinical trials, exhibits anticarcinoma activity in preclinical studies based on selective mitochondrial accumulation. *Cancer Res.*, **1996**, 56: 538-543.
[46] Radford, R. J.; Chyan, W.; Lippard, S. J. Peptide targeting of fluorescein-based sensors to discrete intracellular locales. *Chem. Sci.*, **2014**, 5: 4512-4516.
[47] Mahon, K. P.; Potocky, T. B.; Blair, D.; Roy, M. D.; Stewart, K. M.; Chiles, T. C.; Kelley, S. O. Deconvolution of the cellular oxidative stress response with organelle-specific peptide conjugates. *Chem. Biol.*, **2007**, 14: 923-930.
[48] Cheng, D.; Pan, Y.; Wang, L.; Zeng, Z.; Yuan, L.; Zhang, X.; Chang, Y. T. Selective visualization of the endogenous peroxynitrite in an inflamed mouse model by a mitochondria-targetable two-photon ratiometric fluorescent probe. *J. Am. Chem. Soc.*, **2017**, 139: 285-292.
[49] Lv, Y.; Cheng, D.; Su, D.; Chen, M.; Yin, B. C.; Yuan, L.; Zhang, X. B. Visualization of oxidative injury in the mouse kidney by selective superoxide anion fluorescent probes. *Chem. Sci.*, **2018**, 9: 7606-7613.
[50] Lee, M. H.; Park, N.; Yi, C.; Han, J. H.; Hong, J. H.; Kim, K. P.; Kang, D. H.; Sessler, J. L.; Kang, C.; Kim, J. S. Mitochondria-immobilized pH-sensitive off-on fluorescent probe. *J. Am. Chem. Soc.*, **2014**, 136: 14136-14142.
[51] Srikun, D.; Albers, A. E.; Nam, C. I.; Iavarone, A. T.; Chang, C. J. Organelle-targetable fluorescent probes for imaging hydrogen peroxide in living cells via SNAP-tag protein labeling. *J. Am. Chem. Soc.*, **2010**, 132: 4455-4465.
[52] Cooper, G. M.; Hausman, R. E. The Cell: A molecular approach. 6th ed. Sunderland (MA): Boston University, Sinauer Associates, 2013.

[53] Paine, P. L.; Moore, L. C.; Horowitz, S. B. Nuclear envelope permeability. *Nature*, **1975**, 254: 109-114.

[54] Horobin, R. W.; Stockert, J. C.; Rashid-Doubell, F. Fluorescent cationic probes for nuclei of living cells: why are they selective? A quantitative structure-activity relations analysis. *Histochem. Cell Biol.*, **2006**, 126: 165-175.

[55] Lange, A.; Mills, R. E.; Lange, C. J.; Stewart, M.; Devine, S. E.; Corbett, A. H. Classical nuclear localization signals: definition, function, and interaction with importinα. *J. Biol. Chem.*, **2007**, 282: 5101-5105

[56] Nakamura, A.; Takigawa, K.; Kurishita, Y.; Kuwata, K.; Ishida, M.; Shimoda, Y.; Hamachi, I.; Tsukiji, S. Hoechst tagging: a modular strategy to design synthetic fluorescent probes for live-cell nucleus imaging. *Chem. Commun.*, **2014**, 50: 6149-6152.

[57] Lukinavicius, G.; Blaukopf, C.; Pershagen, E.; Schena, A.; Reymond, L.; Derivery, E.; Gonzalez-Gaitan, M.; D'Este, E.; Hell, S. W.; Gerlich, D. W.; Johnsson, K. SiR-Hoechst is a far-red DNA stain for live-cell nanoscopy. *Nat. Commun.*, **2015**, 6: 8497.

[58] Ikeda, M.; Nakagawa, H.; Ban, S.; Tsumoto, H.; Suzuki, T.; Miyata, N. Development of a DNA-binding TEMPO derivative for evaluation of nuclear oxidative stress and its application in living cells. *Free Radical Biol. Med.*, **2010**, 49: 1792-1797.

[59] Wen, Y.; Liu, K.; Yang, H.; Li, Y.; Lan, H.; Liu, Y.; Zhang, X.; Yi, T. A highly sensitive ratiometric fluorescent probe for the detection of cytoplasmic and nuclear hydrogen peroxide. *Anal. Chem.*, **2014**, 86: 9970-9976.

[60] Zhu, B.; Jia, H.; Zhang, X.; Chen, Y.; Liu, H.; Tan, W. Engineering a subcellular targetable, red-emitting, and ratiometric fluorescent probe for Ca^{2+} and its bioimaging applications. *Anal. Bioanal. Chem.*, **2010**, 397: 1245-1250.

[61] Ye, Z.;Yu, H.;Yang,W.; Zheng, Y.;Li,N.; Bian, H.;Wang, Z.; Liu, Q.;Song, Y.; Zhang, M.; Xiao, Y. Strategy to lengthen the on-time of photochromic rhodamine spirolactam for super-resolution photoactivated localization microscopy. *J. Am. Chem. Soc.*, **2019**, 141: 6527-6536.

[62] Zheng, M. L.; Fujita, K.; Chen, W. Q.; Smith, N. I.; Duan, X. M.; Kawata, S. Comparison of staining selectivity for subcellular structures by carbazole-based cyanine probes in nonlinear optical microscopy. *Chem. Bio. Chem.*, **2011**, 12: 52-55.

[63] 翟中和，王喜忠，丁明孝等. 细胞生物学. 北京：高等教育出版社，2000.

[64] He, X. P.; Tian, H. Lightening up membrane receptors with fluorescent molecular probes and supramolecular materials. *Chem. Rev.*, **2017**, 4: 246-268.

[65] Lloyd, Q. P.; Kuhn, M. A.; Gay, C. V. Characterization of calcium translocation across the plasma membrane of primary osteoblasts using a lipophilic calcium-sensitive fluorescent dye, calcium green C18. *J. Biol. Chem.*, **1995**, 270: 22445-22451.

[66] Iyoshi, S.; Taki, M.; Yamamoto, Y. Development of a cholesterol-conjugated fluorescent sensor for site-specific detection of zinc ion at the plasma membrane. *Org. Lett.*, **2011**, 13: 4558-4561.

[67] Li, L.; Shen, X.; Xu, Q. H.; Yao, S. Q. A switchable two-photon membrane tracer capable of imaging membrane-associated protein tyrosine phosphatase activities. *Angew. Chem. Int. Edit.*, **2013**, 52: 424-428.

[68] Kim, H. M.; Choo, H. J.; Jung, S. Y.; Ko, Y. G.; Park ,W. H.; Jeon, S. J.; Kim, C. H.; Joo, T.; Cho, B. R. A two-photon fluorescent probe for lipid raft imaging: C-laurdan. *ChemBioChem*, **2007**, 8: 553-559.

[69] Kim, H. M.; Jeong, B. H.; Hyon, J. Y.; An, M. J.; Seo, M. S.; Hong, J. H.; Lee, K. J.; Kim, C. H.; Joo, T.; Hong, S. C.; Cho, B. R. Two-photon fluorescent turn-on probe for lipid rafts in live cell and tissue. *J. Am. Chem. Soc.*, **2008**, 130: 4246-4247.

[70] Lim, C. S.; Kim, H. J.; Lee, J. H.; Tian, Y. S.; Kim, C. H.; Kim, H. M.; Joo, T.; Cho, B. R. A two-photon

turn-on probe for lipid rafts with minimum internalization. *ChemBioChem*, **2011**, 12: 392-395.

[71] Mattson, M. P.; LaFerla, F. M.; Chan, S. L.; Leissring, M. A.; Shepel, P. N.; Geiger, J. D. Calcium signaling in the ER: its role in neuronal plasticity and neurodegenerative disorders. *Trends Neurosci.*, **2000**, 23: 222-229.

[72] Shull, G. E.; Miller, M. L.; Prasad, V. Secretory pathway stress responses as possible mechanisms of disease involving Golgi Ca^{2+} pump dysfunction. *Biofactors*, **2011**, 37: 150-158.

[73] Rivinoja, A.; Pujol, F. M.; Hassinen, A.; Kellokumpu, S. Golgi pH, its regulation and roles in human disease. *Ann. Med.*, **2012**, 44: 542-554.

[74] Shore, G. C.; Papa, F. R.; Oakes, S. A. Signaling cell death from the endoplasmic reticulum stress response. *Curr. Opin. Cell Biol.*, **2011**, 23: 143-149.

[75] Kim, I.; Xu, W.; Reed, J. C. Cell death and endoplasmic reticulum stress: disease relevance and therapeutic opportunities. *Nat. Rev. Drug Disc.*, **2008**, 7: 1013-1030.

[76] Lee, Y. H.; Park, N.; Park, Y. B.; Hwang, Y. J.; Kang, C.; Kim, J. S. Organelle-selective fluorescent Cu^{2+} ion probes: revealing the endoplasmic reticulum as a reservoir for Cu-overloading. *Chem. Commun.*, **2014**, 50: 3197-3200.

[77] Yang, Z.; He, Y.; Lee, J. H.; Chae, W. S.; Ren, W. X.; Lee, J. H.; Kang, C.; Kim, J. S. A Nile Red/BODIPY-based bimodal probe sensitive to changes in the micropolarity and microviscosity of the endoplasmic reticulum. *Chem. Commun.*, **2014**, 50: 11672-11675.

[78] Lee, H.; Yang, Z.; Wi, Y.; Kim, T. W.; Verwilst, P.; Lee, Y. H.; Han, G.; Kang, C.; Kim, J. S. BODIPY-coumarin conjugate as an endoplasmic reticulum membrane fluidity sensor and its application to ER stress models. *Bioconjugate Chem.*, **2015**, 26: 2474-2480.

[79] Yang, Z.; Wi, Y.; Yoon, Y. M.; Verwilst, P.; Jang, J. H.; Kim, T. W.; Kang, C.; Kim, J. S. BODIPY/nile‐red‐based efficient FRET pair: selective assay of endoplasmic reticulum membrane fluidity. *Chem. Asian J.*, **2016**, 11: 527-531.

[80] Gao, P.; Pan, W.; Li, N.; Tang, B. Fluorescent probes for organelle-targeted bioactive species imaging. *Chem. Sci.*, **2019**, 10: 6035-6071.

[81] Xiao, H.; Wu, C.; Li, P.; Tang, B. Simultaneous fluorescence visualization of endoplasmic reticulum superoxide anion and polarity in myocardial cells and tissue. *Anal. Chem.*, **2018**, 90: 6081-6088.

[82] Xiao, H.; Wu, C.; Li, P.; Gao, W.; Zhang, W.; Zhang, W.; Tong, L.; Tang, B. Ratiometric photoacoustic imaging of endoplasmic reticulum polarity in injured liver tissues of diabetic mice. *Chem. Sci.*, **2017**, 8: 7025-7030.

[83] Hirayama, T.; Inden, M.; Tsuboi, H.; Niwa, M.; Uchida, Y.; Naka, Y.; Hozumib, I.; Nagasawa, H. A Golgi-targeting fluorescent probe for labile Fe (II) to reveal an abnormal cellular iron distribution induced by dysfunction of VPS35. *Chem. Sci.*, **2019**, 10: 1514-1521.

[84] Rivinoja, A.; Pujol, F. M.; Hassinen, A.; Kellokumpu, S. Golgi pH, its regulation and roles in human disease. *Ann. Med.*, **2012**, 44: 542-554.

[85] Kellokumpu, S.; Sormunen, R.; Kellokumpu, I. Abnormal glycosylation and altered Golgi structure in colorectal cancer: dependence on intra-Golgi pH. *FEBS Lett.*, **2002**, 516: 217-224.

[86] Fan, L.; Wang, X.; Ge, J.; Li, F.; Zhang, C.; Lin, B.; Shuang, S.; Dong, C. A Golgi-targeted off-on fluorescent probe for real-time monitoring of pH changes in vivo, *Chem. Commun.*, **2019**, 55: 6685-6688.

[87] Zhang, W.; Zhang, J.; Li, P.; Liu, J.; Su, D.; Tang, B. Two-photon fluorescence imaging reveals a Golgi apparatus superoxide anion-mediated hepatic ischaemia-reperfusion signaling pathway. *Chem. Sci.*, **2019**, 10: 879-883.

[88] Wlodkowic, D.; Skommer, J.; McGuinness, D.; Hillier, C.; Darzynkiewicz, Z. ER-Golgi network-A future

target for anti-cancer therapy. *Leuk. Res.*, **2009**, 33: 1440-1447.

[89] Zhang, H.; Fan, J.; Wang, J.; Zhang, S.; Dou, B.; Peng, X. J. An off-on COX-2-specific fluorescent probe: targeting the Golgi apparatus of cancer cells. *J. Am. Chem. Soc.*, **2013**, 135: 11663-11669.

[90] Zheng, N.; Tsai, H. N.; Zhang, X.; Rosania, G. R. The subcellular distribution of small molecules: from pharmacokinetics to synthetic biology. *Mol. Pharm.*, **2011**, 8: 1619-1628.

[91] Stephens, D. J.; Allan, Light microscopy techniques for live cell imaging. V. J. *Science*, 2003, 300: 82-86.

[92] Tulp, A.; Fernandez-Borja, M.; Verwoerd, D.; Neefjes, J. in Electrophoresis, John Wiley & Sons, Ltd, 1998, 1288-1293.

索 引

（按汉语拼音排序）

A

氨的检测　334
氨基酸　383
氨基酸的检测　361
胺的检测　334
胺肽酶 N　404
胺肽酶荧光探针　395

B

钯离子　300
半胱天冬酶　412
β-半乳糖苷酶　418
报告基团　284
杯芳烃　383
苯硫酚　344
比率型荧光探针　012，068
芘　341
铂离子　300
卟啉　140

C

超分辨荧光显微成像　053
超分子的主客体识别　103
超氧阴离子　375
沉淀型荧光探针　102
成纤维细胞活化蛋白　410
臭氧　382
传感分析　003
次氯酸根　369
猝灭型荧光探针　011，063

D

打开型光学探针　011，066
大分子光学探针　017
单胺氧化酶　417
单光子激发荧光　022，023
单线态氧　382
蛋白酶　393
电致化学发光　043
动态猝灭　065
动物成像　235
多环芳烃类探针　124

E

二氟二吡咯亚甲基硼　144
二肽基肽酶Ⅳ　407
二氧化硅纳米材料　255

F

发射光谱法　009
方酸菁　158
分析检测　024，029，043
分子内电荷转移　461
分子信标　187
分子转轮　453
酚类物质检测　340

G

高尔基体　498
镉离子　293
汞离子　308，298
共轭结构可变　108

共轭聚合物　178
共价键的形成与切断　099
钴离子　296，305
γ-谷氨酰转肽酶　399
固态型光学探针　102
光学传感分析　006
光学探针　002，087
光学探针设计策略　012
光诱导电子转移　334
硅杂环戊二烯　466
过渡金属离子　291
过氧化氢　367，484
过氧化物酶　206
过氧亚硝基　372

H

含氮碱基　421，422，425
核酸　421
核酸适配体　189
核酸探针　188
核酸荧光探针　428
核酸杂交探针　185
核糖核酸　421
互补配对　428
花菁　152
化学传感
化学发光　039，040
化学分子标记靶向探针　481
化学键切断反应　303，318
活性物种的检测　367
活性氧物种　095

J

基质金属蛋白酶　414
激发光源　024，030，036
激发模式　022
激基缔合物　459
极性敏感的光学探针　448
甲酚紫　135
碱金属离子　285

碱土金属离子　287
焦谷氨酸肽酶　406
解离常数　285，290
金离子　304
金属离子探针　091，285
金属纳米发光材料　246
金属配合物　427
肼的检测　337
静电结合　284，312
静电作用　423，425，429
静态猝灭　064
聚集与沉淀反应　102

K

抗体　191，193

L

酪氨酸酶　419，485
离子检测　284
联氨的检测　337
联吡啶　149
联萘　383
亮氨酸胺肽酶　395
量子点　227，466
邻菲啰啉　149
磷酸酶　420
磷脂　431
硫醇的检测　348
螺吡喃　156
络合反应　312
绿色荧光蛋白　463

M

嘧啶　421

N

纳米光学探针　019
纳米金刚石温度计　465
1,8-萘酰亚胺　146
内质网　498
黏度敏感的光学探针　452

黏度敏感荧光探针　102
镍离子　299
Niemann Pick C 疾病　431
扭转分子内电荷转移　453

O

偶氮类光学探针　121

P

配位反应　091
pH 光学探针　088
偏振光激发　050
嘌呤　421

Q

铅离子　309
羟基自由基　378
亲核反应　318，320
氢键　422，425，429

R

热运动非辐射去活　458
溶酶体　483
溶酶体靶向探针　483
融合蛋白标记技术　482
融合蛋白标签法　481
软硬酸碱原理　091

S

三苯甲烷类光学探针　129
三硝基苯酚　340
上转换发光　033
设计策略　087
生物成像　034，037，265
生物大分子　196，206
生物发光　205，403，414
生物检测和识别　258
石墨烯量子点　237
识别单元　284
试卤灵　134
手性识别　383

双光子激发　028
双光子荧光　402
双光子荧光成像　030
水解反应　305，307
斯托克斯位移　010
斯托克斯位移　334
酸度敏感的光学探针　467

T

碳点　237
碳纳米材料　237
铁离子　298
铜离子　296，305
推-拉电子效应　097
脱氧核糖核酸　421

W

温度敏感的光学探针　457

X

吸收光谱法　008
稀土上转换发光纳米材料　265
系间窜越　461
细胞成像　188，235
细胞核　491
细胞核靶向探针　492
细胞膜　495
细胞膜靶向探针　495
细胞器　480
细胞器靶向荧光探针　481
线粒体　486
线粒体靶向探针　487
香豆素　137
响应模式　063
硝基还原酶　415
小分子光学探针　014，121
锌离子　300

Y

压力敏感的光学探针　475
亚细胞器　405，431

阳离子染料　423
氧化还原反应　094
氧杂蒽　133
一氧化氮　380
遗传　422
阴离子探针　312
银离子　291
印迹杂交　184
荧光猝灭　063
荧光蛋白　197
荧光高分子　174
荧光各向异性　050，085
荧光共振能量转移　070，072
荧光量子产率　010

荧光偏振　083
荧光寿命　077
荧光素酶　205
荧光原位杂交技术　187
荧光增强　066
有机碱染料　425

Z

脂肪酸　431
脂质探针　431
质子-脱质子化反应　087
中性脂贮存性疾病　431
重原子效应　064